TRAITÉ

ÉLÉMENTAIRE

D'ASTRONOMIE PHYSIQUE.

IMPRIMERIE DE BACHELIER,
rue du Jardinet, n° 12.

TRAITÉ

ÉLÉMENTAIRE

D'ASTRONOMIE PHYSIQUE,

Par J.-B. BIOT,

Membre de l'Académie des Sciences et du Bureau des Longitudes ; membre libre de l'Académie des Inscriptions et Belles-Lettres ; professeur de Physique mathématique au Collège de France, et d'Astronomie à la Faculté des Sciences de Paris ; membre des Sociétés royales de Londres et d'Édimbourg ; de l'Académie impériale de Saint-Pétersbourg ; des Académies royales de Stockholm, Upsal, Turin, Munich, Lucques, Berlin, Naples, Messine, Catane et Palerme ; membre honoraire de l'Université de Wilna ; de l'Institution royale de Londres ; de la Société philosophique de Cambridge ; astronomique de Londres ; des Antiquaires d'Écosse ; littéraire et philosophique de Saint-Andrews ; de la Société pour l'avancement des Sciences naturelles, de Marbourg ; de Halle ; de la Société helvétique des Sciences naturelles ; de la Société de Médecine d'Aberdeen ; de la Société italienne des Sciences résidante à Modène ; de l'Académie américaine des Sciences et Arts de Boston ; de la Société littéraire et historique de Québec ; des Académies de Nancy, d'Arras, et de la Société philomatique de Paris.

Omnium rerum principia parva sunt,
sed suis progressionibus usa, augentur.

Cic., de Fin., lib. v.

Troisième Édition, corrigée et augmentée.

TOME PREMIER.

PARIS,

BACHELIER, IMPRIMEUR-LIBRAIRE

DU BUREAU DES LONGITUDES, DE L'ÉCOLE ROYALE POLYTECHNIQUE, ETC.,

QUAI DES AUGUSTINS, N° 55.

1841

AVANT-PROPOS.

Cette troisième édition m'était demandée depuis bien des années ; mais je m'étais toujours refusé à l'entreprendre, connaissant trop bien les difficultés de ces sortes d'ouvrages, et surtout celles que j'éprouverais pour donner à celui-ci les améliorations dont il avait indispensablement besoin.

Le plan général me paraissait logique, et le seul même qu'on pût suivre pour amener graduellement les idées dans leur ordre naturel de succession. Je n'ai pas cru devoir le changer. Plusieurs points de théorie, d'une exposition difficile, me semblaient présentés correctement ; je les ai conservés. Mais d'autres n'étaient pas assez développés, ou manquaient absolument, soit par ma faute, soit aussi parce qu'ils manquaient dans la science même. Le premier volume surtout, par ces deux causes, me semblait presque entièrement à refaire, pour ce qui concerne la théorie de l'atmosphère, celle des réfractions, et l'exposition des instruments. C'est celui que je présente aujourd'hui au public, et je vais indiquer les principaux changements qu'il a subis.

La première exposition de l'aspect du ciel et des mouvements généraux qu'on y observe, exige que l'on se crée des instruments, imparfaits sans doute, mais toutefois indispensables pour définir nettement les particularités de ces phénomènes, avec un premier degré d'approximation. Au lieu de présenter, pour cela, des procédés fictifs, comme je l'avais fait, et comme il semble assez difficile de s'en dispenser, j'en ai employé de réels, qui ont servi effectivement dans les premiers âges de l'Astronomie. Ainsi, pour fixer les conditions de verticalité et d'horizontalité, je joins au fil-à-plomb rigoureux et presque idéal des modernes, les déterminations par l'équilibre de l'eau, usitées chez les Grecs, les Arabes et les Chinois. Le premier tracé d'une ligne méridienne, je le prends dans Proclus, l'un des commentateurs de Ptolémée, puisque Ptolémée lui-même ne donne aucun détail, ne dit pas un mot, sur cette opération fondamentale de l'Astronomie. Pour reconnaître la position de l'équateur céleste et les instants des équinoxes, j'indique le cercle équinoxial établi à Alexandrie par Érathostène, et tant de fois cité dans l'*Almageste*. J'obtiens la première évaluation approchée de l'année tropique, par un procédé d'observations azimutales, rapporté dans les livres sanscrits; mais en faisant remarquer que rien n'atteste que les Hindoux en aient fait matériellement usage. Enfin, puisqu'il faut bien mentionner le gnomon comme un des premiers appareils imaginés pour suivre le mouvement apparent du Soleil, et le seul même qui ait servi pendant tant de siècles, j'emprunte celui du grand astronome chinois Ko-cheou-king, dont les déterminations pourraient, même aujourd'hui, utilement intervenir dans la confection de nos tables du Soleil. Cette application matérielle des instruments anciens pour obtenir les premières mesures approximatives des phénomènes, outre son intérêt historique, m'a paru avoir l'utilité, bien plus essentielle, de faire immédiatement comprendre leur défaut de précision, et la nécessité, ainsi que l'importance, des appareils rigoureux que nous employons aujourd'hui. J'ai complété ce premier exposé, par une Note assez étendue, sur la gnomonique tant ancienne que moderne. On y verra les lignes horaires temporaires des Grecs et des Arabes, exprimées, je crois, pour la première fois, au moyen de formules analytiques très simples, et d'une interprétation très facile. J'en fais l'application numérique à quelques exemples pris dans l'Astronomie du moyen-âge, et dans le monument d'Athènes appelé *la Tour des Vents*. Comme Delambre a traité les mêmes cas, avec beaucoup d'étendue, dans son *Histoire de l'Astronomie* et dans son grand Traité de cette science, on pourra comparer ses méthodes, en partie trigonométriques et synthétiques, aux formes purement analytiques dont j'ai fait usage.

De là je passe à la théorie de l'atmosphère; et, m'appuyant sur les recherches que j'ai publiées dans les *Additions à la Connaissance des Temps* pour 1841, ainsi que dans les derniers volumes des *Mémoires de l'Académie*, je montre comment on peut aujourd'hui l'établir, non plus sur des considérations hypothétiques, dont l'assimilation à l'état réel n'était qu'imparfaitement appréciable, mais d'après des données rigoureuses sur le décroissement simultané de la pression, de la densité et de la température, dans l'étendue de longues colonnes verticales d'air; données que l'on peut obtenir, soit par des ascensions aérostatiques, soit en s'élevant sur de hautes montagnes, ou en lançant dans l'atmosphère des ballons captifs porteurs d'instruments météorologiques qui enregistrent eux-mêmes leurs indications, ou enfin en étudiant les phénomènes crépusculaires, jusqu'à présent trop négligés. Sur ces bases, j'établis la théorie exacte des réfractions atmosphériques, telle que je l'ai présentée dans deux Mémoires annexés à la *Connaissance des Temps* pour les années 1839 et 1842. En discutant ses applications actuelles, je montre ce qu'elles ont de certain, d'incertain, ainsi que les observations qui restent à faire pour les perfectionner ultérieurement.

Les rayons lumineux émanés des astres pouvant être ramenés à une direction de mouvement rectiligne, par la théorie précédente, je considère leur trajet ultérieur dans les appareils qui agrandissent et perfectionnent le pouvoir de la vision. La constitution intime de ces appareils, si essentielle à connaître pour en faire un emploi judicieux, est présentée d'une manière au moins excessivement incomplète, dans les Traités d'Astronomie qui me sont connus; et, dans les Traités de Physique ou même d'Optique, elle l'est avec des restrictions dont les praticiens modernes ont su s'affranchir : de sorte qu'on a peine à concevoir comment des formules théoriques ainsi limitées ont pu conduire l'art à une si grande extension. Euler, il est vrai, dans son grand *Traité de Dioptrique*, a envisagé le problème sous un point de vue très général, quoique non pas encore le plus général qu'il comporte, même en se bornant à de petites incidences. Mais si l'on étudie attentivement ses formules, surtout si l'on essaie de les appliquer numériquement, on reconnaît bientôt qu'elles sont plutôt symboliques qu'explicites; de sorte qu'il faut presque toujours les résoudre dans leurs éléments primitifs pour les

employer. Cet inconvénient, joint à leur complication,
laisse difficilement apprécier la portée des approximations auxquelles on les limite; ce qui est peut-
être la cause pour laquelle la pratique a pu si rarement s'y confier. Lagrange, dans les *Mémoires de
Berlin* pour 1778, a donné un admirable travail d'a-
nalyse, où il considère les inflexions successives d'un
rayon lumineux, transmis à travers un nombre quelconque de lentilles infiniment minces, distribuées sur
un même axe central à des intervalles quelconques,
en supposant ces inflexions très petites, et le rayon
toujours contenu dans un même plan diamétral du
système. Sous ces restrictions, il ramène tous les éléments de sa marche à dépendre de deux suites d'équations aux différences finies, dont à la vérité les intégra-
les ne peuvent s'obtenir que par l'élimination directe,
mais dont la continuité seule met en évidence, de la
manière la plus nette et la plus simple, tous les effets
optiques qui peuvent résulter d'un système ainsi composé. J'avais, il y a bien long-temps, appliqué ce
genre d'analyse, pour mon propre usage, à l'exposition détaillée des instruments dioptriques les plus
usuels, en y ajoutant les conditions générales de leur
achromatisme, que j'exprimais ainsi avec une très
grande simplicité. Mais je n'avais jamais voulu publier
ce travail, parce qu'il me paraissait, comme l'analyse
de Lagrange, être incomplet dans un point essentiel.

Tout appareil optique destiné à perfectionner la vision, ou à la rendre plus puissante, doit offrir une exactitude rigoureuse, quand on se borne à le faire traverser
par des rayons lumineux qui rencontrent toutes les surfaces réfringentes ou réfléchissantes très près de leurs

centres de figure, et en formant de très petits angles
avec leur axe commun. En un mot, la vision doit toujours être parfaite suivant cet axe; et il serait inutile de
vouloir donner à un instrument d'autres qualités, si
l'on n'assurait pas d'abord celle-là. Les relations analytiques qui la lui donnent, doivent donc toujours
être réalisées rigoureusement. Or l'analyse de Lagrange ne les établit qu'en négligeant les épaisseurs
centrales des lentilles, qui, dans les oculaires surtout, sont bien loin d'être des fractions insensibles de
leurs rayons de courbure, et qui peuvent même devenir, dans certains cas, aussi influentes que d'autres
quantités conservées dans le calcul. Mais lorsqu'on
cherche à introduire ces épaisseurs dans les formules
de Lagrange, elles acquièrent une complication en
apparence inextricable; et la même chose arrive
quand on en veut tenir compte dans les formules
d'Euler, qui, par ce motif, finit presque toujours par
les négliger dans l'exposition des résultats généraux.
Je n'avais trouvé, pendant long-temps, aucun moyen
d'éviter cette fâcheuse alternative.

Les formules d'Euler et de Lagrange supposent, en
outre, que les rayons lumineux dont on calcule la
marche, émanent, ou peuvent être censés émaner,
d'un point rayonnant situé sur l'axe central de l'appareil; de sorte que leur incidence s'opère d'abord dans
un plan diamétral mené par cet axe, et suivant lequel
tout le reste de leur trajet continue de s'opérer. Or,
dans la réalité des applications, cette persistance n'a
plus lieu pour les rayons qui émanent d'un point lumineux situé hors de l'axe central, à l'exception de ceux
d'entre eux qui sont primitivement compris dans le plan

diamétral mené par ce point. Il faut donc comprendre aussi les autres dans les formules, si l'on veut qu'elles soient généralement applicables. Ainsi, en résumé, pour avoir les conditions exactes de la vision à travers des appareils optiques suivant des directions très voisines de leur axe, il faut résoudre ce problème en laissant les intervalles des surfaces absolument quelconques, et les faisant agir sur des rayons toujours très peu inclinés sur leur axe central, sans être astreints à le couper. Après bien des tentatives inutiles, je suis enfin parvenu à atteindre ce double but, avec une généralité et une simplicité que je n'espérais pas.

Je considère un nombre quelconque de surfaces sphériques, soit réfringentes, soit réfléchissantes, ou entremêlées de ces deux sortes, qui soient d'abord disposées centralement sur un même axe rectiligne, et dont les ouvertures efficaces soient toutes très petites, comparativement à leurs rayons de courbure individuels. Les intervalles de ces surfaces entre elles, ainsi que les milieux qui les séparent, sont absolument quelconques; et leur système total est plongé dans des milieux antérieurs et postérieurs qui peuvent être identiques ou différents. Un rayon de lumière, d'une réfrangibilité donnée, est introduit dans l'appareil par un point quelconque de l'ouverture efficace attribuée à sa première surface, et dans une direction quelconque relativement à l'axe central : de manière qu'il peut être, ou n'être pas, dans un plan commun avec lui. Mais on l'assujétit expressément à ne former jamais avec cet axe que de très petits angles, moindres qu'une limite donnée, et à rencontrer toutes les surfaces à des distances de leurs centres de figure pareillement restreintes. C'est là ce que j'appelle ses *conditions d'admissibilité*. Après avoir éprouvé successivement l'action réfringente ou réfléchissante de toutes les surfaces, le rayon sort finalement par un certain point de la dernière, dans le milieu réfringent postérieur.

Le problème étant ainsi posé dans toute sa généralité, si l'on donne les ordonnées latérales d'incidence du rayon sur la première surface, ainsi que les angles restreints qu'il forme alors avec trois axes rectangulaires de coordonnées, dont l'un est l'axe central lui-même, j'obtiens les éléments analogues de son émergence sur la dernière surface, par des expressions pareilles à celles de Lagrange, mais encore plus simples, malgré la plus grande généralité des données. L'extension du calcul à trois dimensions ne complique nullement les résultats, parce que les deux projections du mouvement du rayon se trouvent définies par des expressions exactement de même forme, affectées des mêmes coefficients généraux, et toutes deux pareilles à celles qui auraient lieu si le trajet du rayon s'opérait dans un plan diamétral du système.

Ces expressions contiennent trois coefficients analytiques indépendants entre eux, et qui sont fonctions des éléments constitutifs du système considéré. On forme ces fonctions pour chaque nombre donné de surfaces, par une suite d'opérations simples et régulières. Je donne leurs expressions explicites pour autant de surfaces que j'aurai besoin d'en considérer dans les applications.

Ces trois coefficients généraux répondent, dans tout système, à trois éléments physiques que j'assigne, et que j'appelle les *trois éléments spécifiques de l'ap-*

pareil. S'ils sont donnés, le système, quel qu'il soit, est complétement défini; de sorte que tous ses effets optiques peuvent se conclure immédiatement par un petit nombre d'opérations géométriques, les mêmes pour tous les appareils. Il n'est pas plus difficile de les appliquer à un système optique quelconque qu'à une lentille simple. L'évidence, comme la généralité de ce procédé, permettra de l'introduire avec avantage dans les expositions élémentaires. Il donnera rigoureusement la marche des rayons admissibles, ainsi que les foyers définitifs de tout point rayonnant compris dans les conditions d'admissibilité. Deux des éléments spécifiques sont le *grossissement angulaire* produit par le système, et *sa distance focale principale*. Le troisième est le point de l'axe central, où les rayons incidents, qui se sont coupés au centre de figure de la première surface, forment leur foyer final. J'ai été obligé de lui donner un nom assorti à une foule de propriétés remarquables qu'il possède; et je l'ai appelé le *point oculaire* du système optique considéré.

Ce qui se fait par opération géométrique peut toujours s'écrire analytiquement. J'ai donc cherché à exprimer les trois coordonnées focales d'un point rayonnant quelconque, en fonction des trois éléments spécifiques. Or, non-seulement j'y suis parvenu; mais ces expressions, de la dernière simplicité, se sont trouvées aussi les mêmes pour un système optique quelconque que pour une simple lentille. Il ne se manifeste de différence que lorsqu'on y introduit les valeurs numériques des éléments spécifiques, propres à chaque appareil considéré. Ces expressions ont la même forme que celles qu'on donne dans les Traités élémentaires pour une lentille infiniment mince; seulement, dans ce dernier cas, un des éléments spécifiques devient nul, et un autre égal à + 1.

Il est facile de concevoir combien une si grande simplification m'a été utile pour discuter tous les effets généraux des appareils, sans y introduire aucune autre limitation que celle de l'admissibilité primitive des rayons introduits. Aussi ai-je pu donner, presque sans calcul, la solution d'une foule de questions générales que l'on aurait été porté à croire trop complexes pour être traitées analytiquement, sans être particularisées. Par exemple, un corps rayonnant, de forme et de situation données, étant vu à travers un appareil optique quelconque, sous la seule condition d'admissibilité des rayons qui en émanent, quels seront le lieu et la forme de l'image produite? quels changements éprouvera cette image pour les diverses distances de l'objet? et, si cet objet est une sphère, pourquoi l'image dégénérera-t-elle en un simple disque, quand il sera infiniment distant, comme nous l'éprouvons pour les images des astres qui soutendent un angle visuel appréciable? Tout cela n'exige qu'une simple substitution des coordonnées focales, dans l'équation qui exprime la forme et le lieu de l'objet.

Je n'ai pas tiré moins d'avantage de cette simplicité inespérée, pour expliquer les évaluations du grossissement, soit angulaire, soit linéaire, dans toutes sortes d'appareils; pour les assujétir à la condition de la visibilité distincte; pour y montrer séparément les effets propres des systèmes objectifs et des systèmes oculaires qui les composent, quand ils sont, ou ne sont pas, centrés sur un même axe. L'action du système total se

résout par l'analyse dans les actions de ces systèmes
partiels, aussi aisément qu'un opticien les sépare en dé-
montant les instruments. Les conditions d'amplitude
du champ, de l'illumination, de l'achromatisme, se
sont trouvées pareillement expressibles avec une égale
facilité, et toujours par les mêmes formules, dans tous
les appareils.

Et ce n'est pas seulement pour l'exposition des généralités que ces formes nouvelles m'ont été utiles.
Elles ont conservé le même avantage dans les applications numériques, lorsque je les ai employées, soit
pour le calcul des instruments composés de miroirs ;
soit pour apprécier les effets des oculaires simples
dans les grands instruments d'Astronomie, et assigner
les circonstances d'observation auxquelles leur usage
est spécialement convenable ; soit enfin, pour discuter
les procédés microscopiques appliqués à la mesure
des petits angles, par le moyen des réticules à fils,
comme on le fait dans les cercles muraux des observatoires, et dans les grandes lunettes destinées à l'observation des étoiles doubles. L'exposé de toutes ces
déterminations a beaucoup gagné à pouvoir être présenté par des formules complètes et rigoureuses, qui
donnent leur expression analytique pour un système
optique quelconque, et où l'on supprime, non dans le
cours du calcul, mais seulement dans le résultat final,
les quantités que l'on veut définitivement négliger.

Pour terminer l'exposition des procédés optiques,
appliqués à l'Astronomie, je n'aurai plus, dans le
deuxième volume, qu'à restreindre ces formules aux
appareils qui agissent par transmission dans un même
milieu ambiant, afin d'en déduire les conditions parti-

culières à toutes les sortes d'objectifs et d'oculaires,
composés de lentilles. L'identité du milieu ambiant
contracte alors de moitié le calcul de leurs termes, en
leur conservant la même forme; ce qui facilite encore
davantage l'interprétation de leurs conséquences physiques. On verra ainsi, par exemple, que la condition
de stabilité de l'achromatisme, dans les objectifs à
deux lentilles, conduit directement aux systèmes de
courbure que Frauenhofer a employés, et que l'expérience de leur succès a fait aujourd'hui adopter presque généralement pour la construction des grands
objectifs destinés à l'Astronomie. On verra aussi, par
quel artifice, l'achromatisme général des appareils
dioptriques, dont la réalisation directe serait impraticable, peut être suffisamment préparé sur les conditions approximatives dont les opticiens font usage; le
reste de la perfection étant obtenu expérimentalement,
par les variations que certains éléments des appareils
admettent encore après que leurs surfaces réfringentes
sont exécutées. Mais ce complément de la théorie générale, quoique assez court, aurait trop étendu ce premier
volume; et je me suis borné à y comprendre ce qui
était nécessaire pour qu'il offrît en lui-même un ensemble suffisant de théorie et d'applications. Les sujets que
j'y ai traités sont, je crois, ceux pour lesquels l'édition
précédente exigeait le plus de changements, ou du
moins les changements les plus difficiles. Je puis maintenant espérer que le reste de l'ouvrage me donnera
beaucoup moins de peine à perfectionner, comme aussi
il me demandera beaucoup moins de temps.

Paris, 8 février 1841.

TABLE DES CHAPITRES.

ET

INDICATION DES PRINCIPAUX OBJETS QUI Y SONT TRAITÉS.

LIVRE PREMIER.

PHÉNOMÈNES GÉNÉRAUX ET MOYENS D'OBSERVATION.

CHAPITRE VII.

CHAPITRE VIII.

CHAPITRE IX.

FIN DE LA TABLE DU TOME PREMIER.

TRAITÉ

ÉLÉMENTAIRE

D'ASTRONOMIE PHYSIQUE.

LIVRE PREMIER.

PHÉNOMÈNES GÉNÉRAUX ET MOYENS D'OBSERVATIONS.

Avant d'entrer dans les détails des phénomènes astronomiques, je crois utile de montrer ici d'avance au lecteur, le but vers lequel je me propose de le conduire, et le fruit qu'il pourra en recueillir, non-seulement s'il veut devenir lui-même un astronome pratique, mais s'il se destine à une quelconque des sciences qui ont l'étude de la nature pour objet.

L'Astronomie, en effet, lorsqu'on l'envisage philosophiquement, peut être proposée comme le modèle, et le guide le plus sûr de toutes ces sciences, essentiellement fondées sur l'observation.

Plus ancienne que toutes les autres, puisqu'on en suit la trace jusque dans les premiers âges des sociétés humaines, elle offre l'histoire la plus complète et la plus instructive des tentatives, des essais, des efforts et des progrès par lesquels l'esprit humain arrive à la découverte des vérités naturelles.

Plus parfaite aussi, et plus précise, elle présente un ensemble de procédés, de méthodes, de théories, que les autres sciences d'observation peuvent s'approprier avec les plus grands avantages, et qu'elles ne peuvent mieux faire que d'imiter. Et pourtant, ce qui n'est pas moins remarquable, tous ses résultats, si certains, si

étendus, si sublimes, ont dû être obtenus par les indications d'un
seul sens, celui de la vue.

Mais cette disproportion apparente, et presque paradoxale, entre
l'immensité des découvertes astronomiques et la faiblesse de l'organe qui a pu les atteindre, cette disproportion, dis-je, n'étonne
plus lorsque l'on reconnaît l'extrême simplicité, et la régularité
mathématique, des phénomènes auxquels l'astronomie s'applique ;
deux circonstances résultantes de ce que les corps célestes se meuvent à travers les profondeurs de l'espace sans obstacle sensible,
presque comme de simples points matériels, immensément éloignés les uns des autres, et décrivant leurs orbites éternelles dans
un vide parfait.

Rien alors de cette complication que présente ici-bas l'étude des
phénomènes physiques et chimiques, où les effets observables
sont toujours produits par des milliards de particules matérielles
agissant toutes ensemble, et placées à des distances assez petites,
relativement à leurs dimensions propres, pour s'influencer mutuellement avec une puissance d'action qui ne permet plus de considérer, ni même d'apercevoir isolément leurs effets ; complication qui
s'accroît encore par l'intervention de plusieurs principes que nous
ne pouvons ni voir, ni peser, ni saisir ; et qui enfin devient comme
infinie, lorsqu'il s'y joint le mystère d'arrangement et de texture
propre aux corps organisés.

L'étude des mouvements célestes a donc pu être précise, parce
qu'elle était simple. Aussi l'Astronomie est-elle une science de précision que rien n'égale. Ses procédés et ses instruments atteignent,
dans les cieux, des grandeurs et des distances que l'imagination
peut à peine concevoir ; et cependant ils apprécient et mesurent
des quantités dont la petitesse échappe presque à la sensation.
C'est même dans ces petites quantités que se trouvent les éléments
déterminateurs des plus grands phénomènes. Les méthodes qui
lient ces deux extrêmes, et qui permettent de passer avec sécurité
de l'un à l'autre, sont, pour toutes les autres sciences d'observation,
un modèle infiniment utile à étudier, par les applications qu'elles
en peuvent faire à leurs propres recherches. Plusieurs de ces
sciences ont commencé à en profiter ; on peut même dire que c'est

l'esprit des méthodes astronomiques propagées par un homme de génie, M. Laplace, qui a guidé en France la physique et la chimie expérimentales vers les habitudes de précision qu'elles se sont faites, et qu'elles exigent maintenant de ceux qui veulent les avancer.

L'Astronomie, envisagée sous ce point de vue philosophique, offre la plus belle et la plus complète application que l'homme ait faite de son intelligence. En nulle autre étude, il ne s'est montré plus dégagé des liens matériels, et des préjugés que ses sens lui suggéraient. Même, comme je l'ai dit déjà, ce qui rend la grandeur et la précision des résultats plus remarquables, c'est que, pour les obtenir, l'esprit n'a dû employer que les données fournies par un seul sens, celui de la vue. Quelle histoire plus curieuse dans les sciences que celle-là, quand on considère le point de départ, et l'infini où l'on arrive ! Toutefois, en examinant les pas successifs qui ont mené si haut, on n'y voit, comme dans toutes les œuvres humaines, qu'une marche alternée d'inductions, d'erreurs et de rectifications, communes à toutes les autres sciences. D'abord, on n'a que de simples observations d'apparences, mêlées de toutes sortes d'illusions. Puis, la pensée cherchant à exprimer exactement ces faits, et à fixer leur dépendance mutuelle, on voit la théorie qui se forme. Cette théorie, incessamment comparée aux faits immuables, se trouve bientôt insuffisante, incomplète, inexacte dans les détails de ses applications ; ce qui amène le besoin de vérifications plus précises, conséquemment la recherche d'instruments nouveaux, propres à mesurer avec précision ce que l'on n'avait d'abord que grossièrement évalué. Alors les résultats, devenus plus précis, font modifier leur expression théorique conformément aux nouvelles conditions qu'ils ont mises en évidence ; et de là naît bientôt une nouvelle nécessité d'observations plus rigoureuses, conséquemment d'instruments plus subtils encore ; jusqu'à ce qu'enfin toutes les constantes des phénomènes se trouvant bien fixées, on s'élève aux grandes lois physiques ou numériques qui les unissent, et à l'aide desquelles le calcul remonte enfin jusqu'à leur cause, c'est-à-dire à la connaissance des forces qui les produisent comme effets mécaniques, car il ne nous est pas donné d'aller au-delà.

Cet exposé même indique la marche que je devrai suivre dans cet ouvrage, pour lui donner sa plus efficace utilité. Il faut que je présente ainsi l'Astronomie dans ses phases successives, recueillant d'abord les apparences offertes par le simple aspect du ciel, puis les fixant par des observations exactes, les composant en lois, et s'élevant enfin aux forces physiques qui les enchaînent. Mais, au lieu de faire parcourir au lecteur la longue série d'oscillations et d'erreurs qui l'ont souvent retardée, ou égarée, sur le chemin de la vérité, nous procéderons à l'examen des phénomènes, par l'emploi de raisonnements toujours exacts, comme ferait un esprit pur qui discuterait les mêmes données, avec une logique sans défaut. De sorte que l'ensemble des vérités acquises se dépose à mesure dans la pensée selon l'ordre de leur enchaînement nécessaire, et s'y fixe avec toute la force d'une démonstration. Si j'atteins ce but, j'ose croire que le cours d'Astronomie, ainsi dirigé, sera utile au lecteur studieux, non-seulement par les connaissances spéciales qu'il lui aura données, mais encore, et plus peut-être, parce qu'il lui aura communiqué l'intelligence de la philosophie des sciences exactes, en la lui faisant appliquer à chaque instant aux plus grands objets.

CHAPITRE PREMIER.

Spectacle du Ciel.

1. Supposons-nous placés sur un lieu élevé, dans un pays découvert, où la vue soit libre de toutes parts. Le *soleil* vient de se *coucher*; mais la partie du ciel où il a disparu brille encore de sa lumière. Peu à peu cette clarté s'affaiblit, l'obscurité s'accroît, la *nuit* vient, et le ciel, étendu sur nos têtes, semble une voûte parsemée d'une multitude de points étincelants; ce sont les *étoiles*, que l'éclat trop vif du soleil nous empêchait d'apercevoir pendant le *jour*. L'ordre, l'arrangement de ces *astres*, paraît fixe et immuable. Il est le même aujourd'hui qu'il était dans les temps les plus reculés. Les configurations des divers groupes d'étoiles sont encore telles que les anciens les ont décrites, en les rassemblant sous le nom de *constellations*, et les liant, pour aider la mémoire, à des figures d'hommes ou d'animaux. Mais ces astres, assujétis à un ordre constant, se meuvent tous ensemble dans le ciel comme par une rotation générale dont on ne tarde pas à reconnaître les effets. Les uns s'abaissent vers l'*occident*, du côté où le soleil a disparu; bientôt ils se *couchent* et disparaissent comme lui; tandis que du côté opposé, à l'*orient*, d'autres astres se *lèvent* et semblent sortir de dessous l'*horizon*, c'est-à-dire des points de la terre et de la mer où la vue est limitée (*). Après s'être élevés dans le ciel à diverses *hauteurs apparentes*, ils redescendront ensuite, en se couchant à leur tour, comme ceux qui les précédaient. Mais si, dans notre Europe,

---

(*) Les diverses expressions que je signale ici par des lettres italiques, ont, en Astronomie, un sens précis et fixe que je ne puis pas définir encore. Je les prends donc ici d'abord avec tout le vague qu'elles ont dans l'usage vulgaire, pour énoncer seulement les premières apparences des phénomènes. Plus tard, nous fixerons leur valeur scientifique, qu'elles n'ont en effet reçue, pour la plupart, que bien postérieurement à leur emploi général dans la langue parlée.

on se place de manière que l'on ait l'orient à la droite, et l'occident
à la gauche, on voit, dans la partie du ciel qui se trouve en face,
et qui se nomme le *nord*, des groupes d'étoiles qui ne se couchent
point. Telle est, par exemple, la constellation de la grande Ourse
ou du Chariot, qui est connue même des gens de la campagne.
Cette constellation, et plusieurs de celles qui se trouvent dans
cette partie du ciel, ne disparaissent que lorsque l'éclat du soleil
vient les effacer. On peut les voir pendant toute la nuit, et les
suivre jusque dans la partie inférieure de leur marche, car elles
n'atteignent jamais l'horizon. En les observant à divers instants de
la nuit, on les voit prendre dans le ciel des positions renversées,
effet naturel de cette rotation qui leur est commune avec tous les
autres astres; et le centre de leur mouvement, indiqué par ces phénomènes, paraît être un point du ciel situé du côté du nord. Mais
bientôt le ciel blanchit à l'orient; cette clarté devient assez forte
pour effacer les étoiles qui venaient de se lever de ce côté : l'occident seul reste encore obscur; c'est le contraire de ce qui est arrivé
à l'entrée de la nuit. La lumière continuant à augmenter, les étoiles
s'affaiblissent graduellement; enfin elles s'effacent, et le jour se
répand sur tous les objets. C'est le soleil qui va reparaître : il sort
à son tour, et se lève à l'orient comme les autres astres; il monte,
parcourt la voûte du ciel, puis s'abaisse et disparaît, ou se couche
le soir dans la partie opposée : alors tous les phénomènes de la
nuit recommencent dans le même ordre, selon les mêmes lois.

La *lune*, dont nous n'avons point encore parlé, et qui est si remarquable par la grandeur de son disque, par son éclat, et par
les changements qu'elle éprouve dans la configuration de sa partie
lumineuse, changements que l'on nomme ses *phases*, présente
aussi des phénomènes analogues.

Ce mouvement de révolution, commun à tous les astres, et qui
s'accomplit dans l'intervalle d'un jour et d'une nuit, s'appelle le
mouvement diurne.

2. Puisque les étoiles situées du côté du nord, près du pivot,
ou *pôle*, autour duquel le mouvement général s'opère, restent toujours fort au-dessus de l'horizon, tandis que d'autres, plus éloignées de ce point, descendent plus près de l'horizon, et que d'autres

enfin, plus écartées encore, viennent s'y plonger tout-à-fait, on voit que leur *coucher* est l'effet de la grandeur du cercle qu'elles décrivent, et qu'elles vont l'achever sous l'horizon, par dessous la terre, lorsqu'elles disparaissent à nos yeux. La plus évidente analogie nous conduit à étendre cette explication aux étoiles situées dans la partie du ciel opposée au nord, c'est-à-dire vers le *sud*. Ces astres, après leur coucher, achèvent aussi leur révolution par dessous la terre, pour venir, comme le soleil, reparaître à l'orient. Si donc, pour fixer les idées, on conçoit une ligne mathématique, ou *axe de rotation*, autour duquel tout ce mouvement s'exécute, il faudra concevoir, qu'en Europe, cet axe paraît élevé vers le nord et oblique sur notre horizon, c'est-à-dire sur le plan qui, passant par nos yeux et rasant la surface terrestre, sépare la partie visible du ciel de celle qui nous est cachée.

Il ne faut pas se représenter cet axe comme quelque chose de matériel existant réellement dans l'espace; ce n'est qu'une conception géométrique propre à désigner la série des points de l'espace qui paraissent immobiles dans le mouvement général. Il en est de même des *cercles* que les astres nous ont semblé décrire autour de cet axe dans leur révolution diurne; on ne doit entendre par là que la série des points de l'espace où nous les apercevons successivement. Quant à la supposition que ce mouvement diurne soit réellement et exactement circulaire, nous ne l'emploierons ici que comme une hypothèse propre à exprimer les apparences; car, quoiqu'elle soit vraie dans toute la rigueur géométrique, la preuve complète n'en peut être donnée qu'au moyen de mesures très précises, et d'après des considérations que nous sommes forcés de rejeter plus loin.

3. En examinant le ciel pendant un grand nombre de nuits, on remarque quelques astres qui changent de place parmi les étoiles; ceux-là ne font pas toujours partie des mêmes constellations : ils s'approchent peu à peu des unes, s'éloignent des autres, chaque jour d'une quantité presque imperceptible. Ce phénomène est bien plus manifeste pour la lune; car son lieu relatif varie ainsi, fort sensiblement, pendant la durée d'une seule nuit. Mais, même pour les autres astres que je veux indiquer, leurs petits déplacements

accumulés finissent par devenir sensibles, et par les transporter dans des parties du ciel très différentes. C'est pourquoi on les a nommés *planètes*, c'est-à-dire étoiles errantes, par opposition au reste des astres, qui sont, ou qui paraissent relativement immobiles, dans les premiers aperçus. Ceux-ci sont appelés *étoiles fixes*, pour exprimer la permanence relative de leurs positions.

Les planètes connues jusqu'à présent sont au nombre de dix; elles ont reçu des noms particuliers et des signes caractéristiques qui servent à les désigner d'une manière abrégée. Ce sont Mercure ☿, Vénus ♀, Mars ♂, Jupiter ♃, Saturne ♄, Uranus ♅, Cérès ⚳, Pallas ⚴, Junon ⚵ et Vesta ⚶. Les cinq premières peuvent s'apercevoir à la vue simple; elles ont été connues dès la plus haute antiquité. Uranus, découvert plus récemment, peut encore s'apercevoir avec une excellente vue; mais les quatre autres sont si petites que ce n'est qu'avec de très forts instruments d'optique que l'on peut les apercevoir; aussi les a-t-on appelées *planètes télescopiques*. D'après cela on conçoit aisément que leur découverte n'a pas été due au hasard, et à la simple inspection du ciel; cette découverte très récente, est le résultat d'observations délicates, faites méthodiquement, avec des *lunettes* ou des *télescopes*, qui augmentent la puissance de la vue dans une énorme proportion. Nous devrons naturellement faire connaître bientôt ces appareil si précieux à l'Astronomie (*).

Les mouvements des planètes parmi les étoiles se nomment *mouvements propres* ; la lune et le soleil ont aussi des mouvements propres, qui se reconnaissent de la même manière; celui du soleil est surtout remarquable par les phénomènes qu'il produit.

4. Pour l'apercevoir, observez cet astre plusieurs jours de suite lorsqu'il est prêt à se coucher; et, quand il est sous l'horizon, examinez les étoiles qui le suivent et qui se couchent immédiatement après lui; elles seront faciles à reconnaître par les figures

---

(*) Uranus a été découvert par Herschell, le 13 mars 1781; Cérès, par Piazzi, le 1ᵉʳ janvier 1801; Pallas, par Olbers, le 28 mars 1802; Junon, par Harding, le 1ᵉʳ septembre 1803; Vesta, aussi par Olbers, le 29 mars 1807.

qu'elles forment dans le ciel. Dans quelques jours vous ne le verrez plus. Ce seront d'autres étoiles qui suivront le soleil et se coucheront immédiatement après lui. Ces mêmes étoiles, les jours précédents, ne se couchaient que long-temps après le soleil : cet astre s'est donc avancé vers elles *d'occident en orient*, en sens contraire du mouvement diurne. En effet, si vous observez le ciel le matin, quelques instants avant le lever du soleil, vous reverrez les mêmes apparences en sens contraire. Les étoiles qui se lèvent aujourd'hui en même temps, ou presque en même temps que le soleil, se lèveront long-temps avant lui, dans quelques jours. Elles paraîtront s'éloigner de cet astre dans le ciel, d'orient en occident; ou, ce qui revient au même, il se sera éloigné d'elles d'occident en orient; car il est plus simple de supposer au soleil un mouvement propre, que d'en supposer un général et commun à toutes les étoiles par rapport à lui. Par l'effet de ce mouvement propre, le soleil semble parcourir successivement tout le cercle du ciel en allant d'occident en orient.

5. Aussi en regardant le ciel la nuit, dans des saisons différentes, le trouve-t-on tout-à-fait changé. Ce ne sont plus les mêmes étoiles; elles sont arrangées et disposées différemment. Ceci est une conséquence très simple du mouvement propre du soleil. Dans la partie du ciel où il se trouve, la clarté de sa lumière nous empêche d'apercevoir les étoiles à la vue simple, car avec des lunettes on parvient à les voir même pendant le jour. Mais, à mesure que le soleil s'éloigne de ces étoiles par l'effet de son mouvement propre, en allant toujours vers l'orient, elles arrivent au-dessus de l'horizon pendant la nuit et deviennent visibles. Nous découvrons déjà, dans cette circonstance, l'inexactitude des notions grossières que la première vue des phénomènes fait naître, et d'après lesquelles on serait tenté de croire que le ciel est partagé en deux portions qui paraissent sur l'horizon successivement, et dont l'une est occupée par les étoiles, la seconde par le soleil. L'observation exacte et suivie des phénomènes célestes nous fera reconnaître bien d'autres illusions et nous apprendra à y renoncer.

Les seules étoiles situées du côté du nord, et qui ne se couchent point, restent constamment visibles au ciel la nuit, dans tous les

temps. Mais, aux mêmes instants de la nuit, on les voit successivement dans des positions différentes, selon leur situation par
rapport au soleil; et en cela le mouvement propre de cet astre
devient encore sensible.

6. Le mouvement propre du soleil n'est pas exactement dirigé
d'occident en orient, car il est connu de tout le monde qu'en
certains temps le soleil s'élève beaucoup plus sur nos têtes que
dans d'autres, ce qui nous devient surtout sensible par les variations de sa chaleur, d'où résulte la différence des *saisons*. On s'en
aperçoit aussi en observant les points de son lever et de son coucher, qui ne répondent pas toujours, dans l'horizon, aux mêmes
objets terrestres. Mais le premier mouvement propre du soleil,
d'occident en orient, est le plus considérable, puisqu'il lui fait parcourir successivement tout le cercle du ciel; tandis que le second
mouvement dont nous parlons paraît borné entre certaines limites
d'élévation et d'abaissement que le soleil ne dépasse jamais. De tout
cela il résulte que cet astre décrit dans le ciel une route oblique
qui n'est pas tout-à-fait dirigée d'occident en orient, mais qui
s'écarte de cette direction dans certaines limites déterminées.

7. Le mouvement propre de la lune, parmi les étoiles, est aussi
dirigé comme celui du soleil, d'occident en orient, avec des variations de hauteurs beaucoup plus grandes. Les mouvements
propres des planètes suivent aussi le même sens, dans la plus
grande partie de leur cours. Mais il arrive, à certaines époques
déterminées, et différentes pour chaque planète, que son mouvement propre se ralentit peu à peu jusqu'à devenir enfin tout-à-fait
insensible. Alors la planète paraît stationnaire parmi les étoiles.
Après quoi son mouvement recommence, d'orient en occident,
c'est-à-dire dans une direction opposée à ce qu'il était d'abord ;
ce qui fait que la planète, vue parmi les étoiles, semble *rétro-
grader*. Mais, après quelque temps, cette *rétrogradation* se ralentit ;
la planète s'arrête, redevient une autre fois *stationnaire*, puis reprend parmi les étoiles son mouvement *direct* d'occident en orient.
Ces phénomènes, observés dès la plus haute antiquité, se nomment les *stations* et *rétrogradations* des planètes.

Les mouvements propres des planètes, comme celui du soleil,

ne sont pas exactement dirigés d'occident en orient ; elles s'écartent de cette direction jusqu'à certaines bornes qu'elles ne dépassent jamais. Les anciens astronomes avaient remarqué que les cinq qu'ils connaissaient restent toujours comprises dans une zone étroite du ciel, qu'ils avaient nommée *zodiaque*. Mais les planètes télescopiques dépassent beaucoup ces limites.

Lorsque l'on regarde les planètes avec des télescopes qui agrandissent l'angle visuel qu'elles soutendent, angle que l'on nomme *leur diamètre apparent*, elles offrent toutes l'apparence d'un disque arrondi, comme ferait un corps de forme sphéroïdale vu dans un très grand éloignement. Lorsque ce disque, par l'effet du mouvement propre, est amené sur la même direction que quelque étoile fixe, il nous la cache en interceptant la lumière qu'elle nous envoyait. Ce phénomène, qui s'appelle une *occultation*, prouve donc que les planètes sont des corps opaques plus rapprochés de la terre que les étoiles fixes. La lune occulte ainsi fort souvent les étoiles, et même, parfois, les planètes. Elle est donc plus rapprochée de nous que ces dernières, et pareillement opaque. Elle occulte aussi quelquefois le soleil, et l'*éclipse* partiellement ou en totalité. Les étoiles, au contraire, ne présentent jamais de disque sensible, même étant vues avec les télescopes les plus puissants, qui agrandissent jusqu'à 1200 et 1500 fois les angles visuels. Cet angle est donc tellement petit pour les étoiles à la distance où elles sont de nous, qu'une si grande multiplication ne le rend pas sensible ; de sorte que l'image de l'étoile, quoique ainsi grossie, ne semble encore qu'un point brillant, sans dimension appréciable à la vue.

8. Enfin, on découvre de temps en temps dans le ciel quelques astres qu'on n'y apercevait pas auparavant ; qui d'abord paraissent fort petits, peu brillants, et sont ordinairement accompagnés d'une sorte de nébulosité ou de *queue* lumineuse qui les accompagne. Ces astres ont aussi des mouvements propres parmi les étoiles ; mais leur direction est très variable, et ils traversent le ciel dans tous les sens. Il arrive assez ordinairement que leur éclat augmente depuis les premiers instants de leur apparition jusqu'à certaines limites, après quoi il diminue par les mêmes degrés ; et enfin, après un intervalle de temps plus ou moins considérable, on cesse de les apercevoir. La nébulosité, qui presque toujours les

accompagne, les a fait nommer *comètes*, c'est-à-dire *astres chevelus*.

9. Tous les astres dont nous venons de parler font l'objet de la science que l'on nomme Astronomie. Observer et déterminer exactement leurs positions dans le ciel, suivre leurs mouvements, les mesurer avec précision, reconnaître les lois constantes auxquelles ils sont assujétis, et se servir ensuite de ces lois pour prédire leurs positions dans l'avenir, ou assigner celles qu'ils ont eues autrefois, voilà la marche et le but de l'Astronomie. Tel est aussi le sujet que nous nous proposons dans la suite de cet ouvrage.

10. On voit encore, fort souvent, paraître dans le ciel des météores lumineux dont l'apparition ne dure que quelques instants. Ils ne sont visibles, au point d'où ils semblent partir, qu'au moment où ils s'élancent ; et ils ne laissent aucune trace permanente dans la région du ciel où ils vont s'évanouir. Tels sont les globes de feu qui se montrent parfois subitement dans l'espace, suivis d'une queue enflammée, lançant des flammèches brillantes, et qui, après quelques instants d'une course très rapide, éclatent souvent avec grand bruit. Tel est encore le météore instantané que le vulgaire nomme *étoiles filantes*, et qui paraît avoir beaucoup de rapport avec le précédent. Ces phénomènes ont été pendant long-temps regardés comme des effets purement physiques, produits par des vapeurs répandues dans l'air, et qui s'enflammaient accidentellement par des causes que l'on ne pouvait assigner ; mais, depuis peu d'années, on a eu de fortes raisons de penser qu'ils sont également du ressort de l'Astronomie. J'expliquerai plus loin les motifs de cette opinion, ainsi que les idées les plus probables que l'on peut se former sur la nature et la cause de ces *météores*. Ici je me bornerai à dire que le peu de durée de leur apparition, n'est pas un motif suffisant pour les exclure du nombre des astres. Car, à diverses époques, on a vu briller tout-à-coup parmi les étoiles des points lumineux qui ne s'étaient pas montrés jusque alors, qui ont paru pendant long-temps semblables aux étoiles par leur fixité ; et qui, après avoir éprouvé de grandes variations dans leur éclat, ont cessé aussi d'être visibles pour nous. Or, l'inégalité de durée, ou de visibilité, est un caractère accidentel des corps ; et, s'il peut être employé pour les distinguer, il ne ne peut l'être pour les définir essentiellement.

CHAPITRE II.

De la rondeur de la Terre.

11. Nous venons d'exposer les phénomènes les plus apparents que présente le ciel pour un observateur isolé; mais parmi ces phénomènes, celui du lever et du coucher des astres est un des plus singuliers et mérite d'attirer d'abord notre attention. Qu'est-ce donc que cette limite qui nous cache la moitié du ciel et que nous avons appelée l'horizon? Est-elle la même pour les divers pays, ou est-elle différente? Est-il possible de l'atteindre, et que trouve-t-on au-delà?

Toutes ces questions, et beaucoup d'autres encore, se résolvent aisément par les voyages, surtout par les voyages maritimes. Lorsque les navigateurs s'éloignent du rivage, ils voient les édifices et les montagnes s'abaisser peu à peu, et enfin disparaître comme s'ils s'enfonçaient dans les eaux. Cet effet n'est pas dû à l'éloignement, qui fait paraître les objets plus petits; car lorsqu'on perd la terre de vue sur le pont du navire, on l'aperçoit encore du haut des mâts. Pendant ce temps le navire offre les mêmes apparences aux spectateurs qui sont restés sur le rivage; ils le voient s'abaisser peu à peu, et enfin disparaître comme s'il se plongeait dans l'Océan, et précisément de la même manière que le soleil à son coucher. Ces phénomènes, qui s'observent constamment, et dans toutes les directions, prouvent avec évidence que la surface des mers est convexe, et nous cache par sa rondeur les objets éloignés. Car si cette surface était plate, une montagne isolée, ou même une tour élevée au-dessus d'elle, serait toujours aperçue de toutes parts, à moins que les spectateurs ne fussent assez éloignés pour que les dimensions de la montagne ou de la tour devinssent insensibles à cause de la distance; mais cela ne pourrait arriver qu'à des distances très considérables. La base des objets élevés ne disparaîtrait pas plus tôt que leur sommet; ils ne sembleraient pas s'abaisser successivement; et enfin lorsqu'on cesserait de les apercevoir de dessus le pont du navire, on ne les découvrirait pas mieux du haut des mâts.

L'horizon de la mer, qui semble terminer sa surface, n'est donc pas une limite réelle, mais une limite apparente, relative à la position actuelle de l'observateur, et produite par la convexité de la surface des eaux. Les navigateurs que nous voyons partir du rivage nous semblent aller au-delà de cette limite, mais leur horizon se déplace avec eux. Lorsqu'ils ont disparu pour nous, élevons-nous sur une montagne près du bord de la mer, et nous reverrons encore pour quelque temps le même navire, qui nous avait paru se plonger dans les eaux.

C'était un projet hardi et important de reconnaître ce que devient cette barrière apparente, lorsque l'on s'avance toujours vers elle, en allant dans le même sens. Ferdinand Magellan, Portugais de nation, est le premier qui ait réalisé cette entreprise. Il s'embarqua sur l'Océan, et partant d'un des ports du Portugal, se dirigea vers l'occident. Après un long trajet, il rencontra une grande terre, déjà découverte précédemment par d'autres navigateurs qui avaient suivi la même route; c'était le *continent d'Amérique*. N'ayant point trouvé de passage pour continuer sa route vers l'occident, il côtoya cette terre en se dirigeant vers le sud, parvint à son extrémité, la doubla et se trouva ensuite dans une grande mer déjà connue, que l'on nomme la *mer du Sud*. Alors il poursuivit sa route vers l'occident; après un trajet considérable, il aborda aux îles Moluques, et son vaisseau, marchant toujours vers l'occident, retrouva enfin l'Europe, et rentra, comme s'il était venu de l'orient, dans le port d'où il était parti.

12. Cette mémorable expérience, répétée depuis par un grand nombre de navigateurs, prouve que la surface totale des eaux et de la terre est convexe, rentrante sur elle-même, et que le ciel ne lui est adhérent nulle part. Aussi, dans quelque pays qu'on se transporte, voit-on toujours le système général des astres tourner autour de la terre par l'effet du mouvement diurne du ciel.

13. De là on doit conclure que le ciel ne s'appuie pas sur l'horizon de la mer, comme on le croirait en le regardant. Cette illusion vient de ce que le sens de la vue nous indique seulement

l'existence actuelle des objets, sur la direction des rayons visuels qui les rendent sensibles à nos yeux; et qu'ici, manquant de toute notion pour apprécier l'inégalité de distance, nous la jugeons nulle involontairement. Lorsque les rayons venus d'une étoile rasent la surface de la mer, il nous semble que l'étoile est aux extrémités de cette surface. Si l'on conçoit un cône de rayons visuels, qui ait sa pointe dans l'œil du spectateur et qui suive l'horizon de la mer, tous les points du ciel situés sur ces rayons doivent nous paraître contigus à la surface des eaux, comme si le ciel reposait sur elle.

14. Ces résultats ne font connaître la rondeur de la terre que dans un seul sens, d'occident en orient; elle est également sensible du nord au sud, et c'est ce que font aussi connaître les voyages maritimes entrepris dans cette direction. Sur la terre il est difficile de faire cette remarque, parce que l'horizon étant presque toujours terminé par des montagnes plus ou moins élevées, on peut supposer que ce sont elles qui nous cachent ce qui est au-delà. Mais on supplée à ces preuves par une considération plus générale, puisqu'elle s'applique à la terre comme à la mer. Cette considération est fondée sur ce que les mêmes étoiles atteignent sur l'horizon des hauteurs apparentes diverses, à mesure que l'on change de lieu. Par exemple, lorsqu'on part d'un lieu quelconque de la terre et qu'on s'avance vers le sud, on voit les étoiles situées dans cette partie du ciel s'élever de plus en plus sur l'horizon. Les arcs qu'elles décrivent par l'effet du mouvement diurne sont plus étendus. Quelques-unes même que l'on n'apercevait pas dans le pays que l'on quitte commencent à se montrer. Au contraire, les étoiles situées vers le nord s'abaissent. Celles qui étaient toujours visibles, mais qui décrivaient un arc très bas, dans la portion inférieure de leur cours, ne laissent plus voir cet arc, mais le cachent et l'achèvent sous l'horizon; précisément comme, dans les voyages maritimes, les édifices et les montagnes s'abaissent et disparaissent à mesure qu'on s'éloigne. Les mêmes phénomènes se présentent en sens contraire lorsqu'on marche du sud au nord. En changeant ainsi de lieu sur la terre, et marchant toujours du nord au sud, ou du sud au nord, on peut en quelque sorte changer de ciel. On peut même voir le *pôle nord* du ciel descendre aussi sous l'horizon,

et, à l'opposé, paraître un autre pôle, appelé *pôle sud*. Ces phénomènes indiquent encore avec la plus grande évidence la convexité de la terre. Les étoiles sont ici par rapport à nous ce que sont les édifices et les montagnes par rapport au navigateur qui s'éloigne du rivage. La seule différence vient de ce que la vue du navigateur est libre de toutes parts, tandis que sur terre la nôtre est limitée; ce qui nous force de recourir à des signaux célestes pour nous élever au-dessus des obstacles situés sur la surface terrestre, et qui nous cachent sa convexité. C'est par une raison semblable que les points les plus élevés de la terre, comme le haut des montagnes et le sommet des tours, reçoivent d'abord le matin la lumière du soleil, et sont éclairés le soir de ses derniers rayons. Par une conséquence nécessaire, lorsque cet astre se couche pour certains pays, il paraît au plus haut point de sa course pour des contrées plus avancées vers l'occident, tandis qu'il se lève pour d'autres qui sont encore au-delà.

15. Les inégalités qui bornent notre vue sur la surface rigide de la terre nous ont contraints de recourir à ces grands signaux célestes pour reconnaître sa convexité. Mais quelques considérations de géographie physique très simple vont nous conduire à la même conclusion. Nous avons constaté que la surface générale des mers est convexe dans tous les sens. Cela est pour ainsi dire rendu sensible à la vue par la forme circulaire qu'offre toujours au navigateur la courbe de contact, suivant laquelle le cône de rayons visuels émané de son œil limite la portion de la mer qu'il aperçoit. Or, il est facile de prouver que la surface rigide et habitable de la terre diffère partout très peu de celle des eaux dont elle n'est, pour ainsi dire, que la continuation. Car d'abord les continents terrestres sont entourés de tous côtés par les mers qui s'y insinuent par un grand nombre d'ouvertures. C'est ainsi, par exemple, que l'Amérique est séparée en deux parties, qui ne tiennent l'une à l'autre que par une langue de terre fort étroite. De même, l'ancien continent est séparé, et comme divisé, en un grand nombre de parties par plusieurs mers, telles que la Méditerranée, la mer Rouge, le Pont-Euxin, la mer Baltique, qui ne sont que des ramifications de l'Océan auquel elles communiquent. Aucun point de l'intérieur des

continents n'est donc très éloigné de la mer. D'ailleurs on n'observe pas que leurs bords soient nulle part fort élevés au-dessus du niveau des eaux qui les baignent. Il est donc de toute nécessité que leur surface suive à peu près la convexité de l'Océan.

Cela devient encore plus évident, si l'on considère le cours des fleuves dont les continents sont entrecoupés. Plusieurs d'entre eux, tels que le Rhin, le Danube, le Volga, le Nil, l'Amazone, parcourent des étendues de pays très considérables. L'Amazone seule parcourt plus de 600 myriamètres (1200 lieues), et elle reçoit plusieurs rivières qui ont 3 ou 400 myriamètres de longueur (6 ou 700 lieues). Tous ces grands fleuves se rendent à la mer : aucun d'eux n'a des bords très élevés. Ils nous indiquent donc, par la lenteur ou la rapidité de leurs cours, la *pente* des pays qu'ils traversent, c'est-à-dire la différence de leur courbure avec la courbure des mers.

Or, il est facile de voir que cette pente est en général peu considérable ; car tous ces fleuves sont navigables, et leur mouvement devient très lent lorsqu'ils approchent de leur embouchure. La nature nous offre même à cet égard un moyen de nivellement très sûr dans les effets d'un de ses plus grands phénomènes. Deux fois, dans chaque intervalle d'un jour et d'une nuit, l'Océan s'élève et s'abaisse de plusieurs mètres, par un mouvement régulier d'oscillation que l'on nomme *flux* et *reflux*. Les eaux des mers ainsi élevées se précipitent dans l'intérieur des fleuves, et remontent jusqu'à des distances considérables de leur embouchure. Dans l'Amazone, par exemple, elles s'avancent à plus de 100 myriamètres (200 lieues). Il est donc démontré par ce fait que la pente des fleuves diffère peu de la courbure de l'Océan : d'où il résulte encore que la convexité des continents est à peu près la même que celle des mers.

16. La rondeur de la terre se manifeste encore d'une manière très frappante dans plusieurs phénomènes que présente la lune ; mais ceci exige quelques notions préliminaires pour être entendu. On sait que la lune éprouve, dans l'étendue et l'éclat de sa lumière, des variations très sensibles auxquelles on a donné le nom de *phases*. Elle paraît successivement sous la forme d'un *croissant*, d'un *demi-cercle*, d'un *cercle* parfait, après quoi son

disque s'échancre et diminue peu à peu comme il a augmenté. Ces
variations *périodiques*, c'est-à-dire qui se succèdent toujours dans
le même ordre, ont des rapports si frappants avec la position du
soleil, qu'il en résulte avec évidence que la lune est un corps arrondi et opaque que le soleil éclaire ; et dont la face tournée vers
nous, tantôt éclairée, tantôt obscure, ou en partie l'un et l'autre,
selon la situation du soleil, offre toutes les apparences que nous
observons. En effet, cette supposition représente si naturellement
les apparences, comme nous le ferons voir par la suite, qu'il devient impossible d'en douter.

La lune n'étant point lumineuse par elle-même, mais par la seule
lumière qu'elle reçoit du soleil, s'il arrive que, par l'effet de son
mouvement propre, elle vienne à passer entre cet astre et la terre,
il est évident qu'elle doit nous le cacher en tout ou partie. C'est
en effet exactement ce qui a lieu. La lune paraît alors sur le disque du soleil comme une tache noire, et nous empêche de voir
cet astre, ou au moins nous prive d'une partie de sa lumière. Ce
phénomène, que j'ai déjà mentionné dans l'exposition générale
du chap. I, s'appelle une *éclipse de soleil*.

Quelquefois aussi on voit la lune s'obscurcir tout à coup dans le
ciel ; et, dans l'intervalle de quelques heures, perdre, puis reprendre
successivement sa lumière. Le bord de son disque qui disparaît le
premier est aussi le premier à reparaître, précisément comme il
arriverait à un corps opaque et éclairé par un flambeau s'il entrait
dans l'ombre projetée par un autre corps. Ce phénomène, que l'on
nomme une *éclipse de lune*, n'arrive jamais que dans le temps où
la lune paraît entièrement éclairée et opposée au soleil. Il est
naturel d'en conclure que la terre, éclairée d'un côté par le soleil, projette derrière elle, dans l'espace, une ombre dans laquelle
la lune pénètre lorsqu'elle s'éclipse.

C'est la forme de cette ombre projetée sur le disque de la lune
qui rend sensible la rondeur de la terre. Lorsque la lune commence à y pénétrer, la plus grande partie de son disque est encore
éclairée par le soleil. Cette partie lumineuse ne paraît pas terminée par une ligne droite, comme cela arriverait si le contour de
l'ombre terrestre était rectiligne. Elle a la forme d'un croissant,

dont la convexité est tournée vers la partie éclairée de la lune. Cette convexité indique évidemment la rondeur de l'ombre, et par conséquent la rondeur de la terre qui la projette. La même apparence se reproduit encore lorsque la lune commence à se dégager de l'ombre terrestre.

17. En réunissant les résultats de ces observations avec ce qu'ont appris les voyages maritimes, on peut conclure avec certitude que *la terre et les eaux forment une masse arrondie dans tous les sens et isolée dans l'espace.*

18. Quoique cette conclusion soit très certaine, puisqu'elle se déduit logiquement de faits bien constatés, on a peine à concevoir que la terre soit ainsi isolée et soutenue d'elle-même au milieu de l'espace. Cela vient de ce que nous généralisons ici mal à propos l'idée de la pesanteur que nous remarquons dans les corps situés à la surface de la terre. Il n'en résulte pas que la terre elle-même doive tendre vers tel ou tel point de l'espace. Ainsi, lorsque l'observation nous apprend qu'elle se soutient d'elle-même, libre et isolée, il n'y a rien, dans les phénomènes de la pesanteur, qui doive nous porter à en être surpris.

19. Bien plus, puisque la terre est arrondie, les divers peuples qui l'habitent ont la tête tournée vers différents points du ciel. Il en est donc qui nous sont absolument opposés, et dont les pieds sont aussi opposés aux nôtres. On les nomme pour cette raison *antipodes*, et chaque pays a les siens. Cette disposition paraît très singulière, mais elle n'en est pas moins réelle. J'ai placé ici ces considérations pour montrer qu'il ne faut pas s'étonner des vérités nouvelles que l'observation et l'expérience font découvrir. La surprise qu'elles causent vient ordinairement de ce que nous regardons comme des choses générales celles auxquelles nous sommes accoutumés. C'est là un préjugé dont il faut se défaire, et qui se dissipe à mesure que l'on acquiert l'habitude d'observer.

Au reste, lorsque nous serons plus avancés en Astronomie, la rondeur de la terre ne nous offrira plus rien d'extraordinaire. Car, ainsi que je l'ai annoncé déjà, en observant les astres avec des télescopes qui agrandissent beaucoup leurs images, on a remarqué sur plusieurs d'entre eux des phénomènes qui prouvent aussi leur rondeur. De ce nombre sont le soleil, la lune et les planètes. Si la même épreuve appliquée aux étoiles ne parvient pas à leur donner des dimensions sensibles, cela peut être l'effet d'une excessive distance; et il n'en résulte rien d'incompatible avec une configuration sphéroïdale. La rondeur de la terre, qui paraît si singulière au premier coup d'œil, n'est donc qu'une propriété qui lui est commune avec beaucoup d'autres corps, isolés comme elle dans l'espace infini des cieux.

20. La terre étant convexe, les perpendiculaires menées aux divers points de sa surface ne sont pas parallèles entre elles; elles convergent vers son intérieur (*voy*. fig. 2). Si elles se croisaient toutes au même point, la terre serait sphérique. Généralement, la manière dont elles s'inclinent les unes sur les autres indique la forme de la courbure. Car si l'on conçoit une ligne droite flexible AB, *fig*. 1, à laquelle on mène plusieurs perpendiculaires Pp, $P'p'$, $P''p''$, aux points M, M', M'', tant que cette ligne restera droite, les perpendiculaires seront parallèles entre elles. Mais si elle vient à se courber dans un plan, comme la fig. 2 le représente, les perpendiculaires se rapprocheront les unes des autres vers l'intérieur de la courbe, en s'écartant, au contraire, du côté opposé; et ce changement de direction sera d'autant plus marqué que la courbure sera plus forte. La direction de ces perpendiculaires est donc une chose très nécessaire à déterminer relativement à la surface terrestre. Or, elles sont indiquées, dans chaque lieu, par la direction que prennent les corps graves, abandonnés librement à l'action de la pesanteur; car c'est un résultat d'observation que la chute des corps se fait toujours perpendiculairement à la surface des eaux tranquilles, qui indique partout la forme de la surface terrestre, abstraction faite de ses inégalités.

21. Comme ce fait est le base de toutes les connaissances que l'on a acquises sur la figure de la terre et les mouvements célestes, il importe d'en établir la vérité par des épreuves rigoureuses. Cela est d'autant plus nécessaire que la direction de la chute libre, fixée par ces épreuves, fournit pour chaque lieu de la terre une droite physiquement observable, qui est l'élément fondamental du système de coordonnées géométriques auquel les astronomes rapportent les directions de tous les rayons visuels menés aux divers points du ciel. Cette détermination importante sera l'objet du chapitre suivant.

système de coordonnées géométriques auquel les astronomes rapportent les directions de tous les rayons visuels menés aux divers points du ciel. Cette détermination importante sera l'objet du chapitre suivant.

CHAPITRE III.

*Détermination de la direction suivant laquelle la
pesanteur s'exerce en chaque lieu de la terre; définition de la ligne verticale et du plan horizontal.
Moyens de les réaliser expérimentalement.*

22. On appelle *pesanteur* ou gravité la force qui précipite tous
les corps vers la surface terrestre quand on cesse de les soutenir.
Cette force, exercée sur toutes les particules matérielles des corps,
compose leur *poids* total. Or, l'expérience prouve que ce poids ne
varie pas d'une manière appréciable quand on désagrége le corps
pesant, et qu'on le subdivise en un nombre quelconque de parties
infiniment petites. Le poids total est donc la somme des forces
élémentaires qui sollicitent chaque partie isolément; et ainsi ces
forces s'exercent sur ces parties suivant des directions sensiblement parallèles entre elles. Aussi observe-t-on que la chute libre
s'opère pour tous les corps en directions sensiblement parallèles
dans un même lieu.

Mais l'exactitude de ce parallélisme peut être prouvée expérimentalement par une de ses conséquences physiques, avec bien
plus de rigueur que par l'observation directe. Lorsque des forces
parallèles sollicitent tous les points d'un système matériel, on démontre en statique qu'elles peuvent se composer en une résultante
unique, égale à leur somme, et dont la direction passe par un
certain point du système que l'on nomme le *centre des forces parallèles*. Donc, si la gravité s'exerce avec cette condition de parallélisme, il doit y avoir dans chaque corps un pareil centre que l'on
pourra nommer *centre de gravité*, et qui sera tel que, si le corps est
soutenu par ce seul point avec une force suffisante pour résister à
son poids, il ne tombera pas. Réciproquement, s'il ne tombe pas
étant soutenu par une force unique, on sera sûr que la direction
de celle-ci passe par le centre de gravité du corps.

Concevons maintenant, fig. 3, un corps pesant M, de nature quelconque, mais solide, c'est-à-dire dont les parties se tiennent naturellement agrégées les unes aux autres sans se désunir. Tel serait, par exemple, un morceau de métal. Désignons par G le point connu ou inconnu de sa masse, où son centre de gravité est situé. A un point quelconque S de sa surface, fixons un fil SF très fin, flexible, mais non extensible, ou du moins résistant assez à l'extension pour pouvoir soutenir le poids du corps M sans se rompre. Attachons l'autre extrémité F de ce fil à un support fixe et rigide AB qui repose lui-même sur la surface de la terre, de manière à ne pas pouvoir être entraîné vers elle; et après avoir descendu doucement le corps M jusqu'à tendre complétement le fil, abandonnons-le à lui-même au point le plus bas où l'inextensibilité du fil nous permette de l'amener. L'expérience prouve que le corps M se tournera de lui-même dans une certaine position où il s'arrêtera, et demeurera en repos, en tendant le fil suivant une certaine ligne droite SF. La résistance du point fixe F fera donc alors équilibre au poids du corps M. Or, comme elle ne se transmet jusqu'à lui que par l'intermédiaire du fil SF, qui se trouve tendu en ligne droite, il faut que le centre de gravité G soit alors placé sur le prolongement de la droite SF, supposée infiniment mince, et qu'en outre la direction de cette droite coïncide avec celle de la pesanteur qui s'exerce en G. Voilà donc un moyen physique pour manifester cette dernière direction avec d'autant plus de précision que le fil SF sera plus mince. L'appareil que je viens de décrire se nomme *un fil à plomb*.

Concevons maintenant que l'on suspende trois fils pareils A, B, D à peu de distance les uns des autres comme le représente la fig. 4, en donnant à chacun deux ou trois mètres de longueur; et prolongeons indéfiniment, par la pensée, leurs directions propres F_1G_1, F_2G_2, F_3G_3. Si l'on essaie de projeter par la vision le fil A sur le fil B, on verra qu'il s'y aligne parfaitement, et l'occulte dans toute sa longueur sans aucun écart appréciable; de sorte que les deux fils sont compris dans un même plan visuel AB. La même épreuve montrera que A et D sont aussi dans un même plan AD; et enfin D et B dans un même plan DB; toujours avec une égale

rigueur. Or, si nous prolongeons par la pensée ces trois plans, ils
ne pourront avoir qu'un seul point commun C, qui sera aussi le
lieu de concours de leurs communes sections A, B, D, coïncidentes
avec les directions des trois fils. Donc, autant qu'on en peut juger
par cette épreuve, les trois directions de la pesanteur, indiquées
par ces fils, vont converger vers un même point ; ou sont parallèles entre elles, si ce point est infiniment éloigné.

Maintenant suspendons un autre fil à plomb E, toujours à peu
de distance de A et B ; on prouvera de même que A, B, E, se
coupent encore en un seul point, lequel ne pourra être ainsi que
le même point C où concourent les trois précédents. Ce raisonnement pouvant être successivement appliqué à un nombre de fils
quelconque, il en résulte que toutes les directions de la pesanteur,
observées ainsi dans un espace peu étendu, convergent toutes vers
un même point C, ou sont parallèles, autant que les sens peuvent
en juger.

Cette dernière restriction est indispensable ; car quelque rigueur
que paraisse avoir l'épreuve précédente, elle est fondée sur une appréciation physique dont l'exactitude a nécessairement des bornes.
D'abord, si le point de concours C est très éloigné, on ne pourra
pas constater ainsi matériellement son existence, parce que la convergence des fils, quoique réelle, pourra ne pas produire de variation appréciable dans leurs distances mutuelles sur les longueurs
comparativement très petites qu'on peut leur donner. C'est en effet ce que l'on trouve quand on essaie de mesurer ces variations.
Mais, en outre, il se pourrait que les fils, sans être mathématiquement deux à deux dans un même plan, fussent si près d'y être
compris que leur écart ne fût pas sensible à l'épreuve de la vision
appliquée à des directions très rapprochées les unes des autres.
Il faut donc renfermer les conséquences de ces expériences dans
les limites que leur assigne cette possibilité ; et nous le ferons en
disant que, d'après leurs indications, *les directions de la pesanteur, observées dans un espace peu étendu de la surface terrestre,
paraissent être sensiblement parallèles entre elles, ou convergentes vers un point très éloigné.*

23. La direction de la pesanteur, ainsi particularisée pour chaque

point de la surface terrestre, s'appelle *la verticale du lieu* ; et on la détermine, comme je viens de le dire, par la direction du fil à plomb. Si on la conçoit indéfiniment prolongée vers le ciel et vers l'intérieur de la terre, le point supérieur où elle percerait la surface apparente du ciel s'appelle *le zénith* ; l'inférieur s'appelle *le nadir*. Ces deux dénominations, comme beaucoup d'autres employées en astronomie, sont d'origine arabe, parce que ce sont les Arabes qui ont enseigné à l'Europe l'ancienne astronomie grecque, et nous ont transmis ses résultats.

Tout plan mené par la verticale se nomme un *plan vertical*, ou, par abréviation, *un vertical*.

24. Je dis maintenant que *la verticale*, ainsi déterminée, *est, dans chaque lieu, normale à la surface des fluides en repos*.

Pour le prouver, j'ai besoin de rappeler un théorème d'optique relatif aux images des points et des lignes, vus par réflexion spéculaire sur des surfaces planes et polies. Je le ferai d'autant plus volontiers que la réflexion de la lumière offre, pour la rectification des instruments astronomiques, des épreuves excessivement précises, que l'on a sans cesse occasion d'appliquer.

Soit PP, *fig.* 5, un plan poli, au-dessus duquel est situé un point radieux F. Considérons un rayon lumineux rectiligne, et infiniment mince, FI, émané de ce point, et réfléchi par le plan au point I, suivant la direction IR. La condition générale de la réflexion, donnée par l'expérience, c'est que *le rayon incident* FI, *et le rayon réfléchi* IR, *sont dans un plan* FIR *perpendiculaire au plan réflecteur, et lui sont également inclinés*.

Ceci fournit une construction bien simple pour trouver le rayon réfléchi IR qui provient d'un rayon incident quelconque FI. Menez du point radieux F une normale FN au plan réflecteur, et prolongez-la de l'autre côté de ce plan jusqu'à une distance N*f* égale à NF. Par le point *f*, ainsi trouvé, menez *f*I au point d'incidence ; *f*I prolongée déterminera la direction du rayon IR, réfléchi en I.

Au lieu d'un seul rayon parti du point F, concevez-en un pinceau conique très mince ; la même construction appliquée à chacun d'eux vous donnera la direction du pinceau réfléchi, lequel sera aussi un pinceau conique divergent à partir du même point *f* que nous venons de déterminer. Si l'œil d'un observateur, placé en O, sur la direction de ce cône réfléchi, le reçoit dans sa pupille, il éprouvera la même sensation que si les rayons qui lui arrivent émanaient réellement du point f. Il verra donc, en ce point, l'image du point radieux réel F, d'où les rayons sont effectivement partis.

Maintenant, au lieu d'un seul point radieux F, prenons une suite de pareils points, placés en ligne droite, telle que FG, fig. 6. Il faudra, pour trouver l'image de cet ensemble, appliquer à chacun des points qui le composent la précédente construction, et en conclure le lieu géométrique de leurs images individuelles. Or, si nous effectuons d'abord cette opération pour les points extrêmes F, G, les centres de réflexion f, g qui leur correspondent seront évidemment compris dans le plan FNNG, mené par la droite rayonnante, perpendiculairement au plan réflecteur. Et tous les centres de réflexion propres aux autres points intermédiaires tomberont entre ces deux-là sur la ligne droite fg qui les joint. Leur lieu géométrique, où paraît l'image de la droite FG, sera donc aussi une droite fg, égale en tout à FG, mais située au-dessous du plan, dans une position inverse, et géométriquement symétrique. Cette droite idéale conservera toujours la même place tant que FG restera fixe; et, de quelque côté qu'on la regarde, elle produira toujours la même sensation qu'une ligne droite réelle qui s'y substituerait. Par exemple, si l'on place l'œil dans le plan FGNN, qui contient toutes les perpendiculaires au plan réflecteur, les deux droites FG, fg, y paraîtront comprises comme elles le sont dans la construction. Mais, pour peu que l'œil s'écarte de cette direction précise, elles cesseront d'être comprises dans le même plan visuel; à moins toutefois que FG ne fût elle-même perpendiculaire au plan réflecteur, comme le représente la fig. 7, auquel cas la coïncidence dont il s'agit aurait lieu dans toutes les directions autour de FG. Alors la droite idéale fg paraîtrait toujours située exactement sur le prolongement de FG, mais dans une position intervertie. Ceci offre donc un caractère sensible et spécial pour reconnaître, par la réflexion, si une droite est perpendiculaire à un plan poli. C'est ce caractère qui va nous servir pour prouver avec la dernière rigueur que la direction de la verticale est, en chaque lieu, normale à la surface des fluides en repos.

25. Pour l'appliquer, prenons un large vase VV, *fig.* 8, que nous remplirons presque jusqu'au niveau de ses bords avec un liquide qui réfléchira vivement la lumière, comme ferait du mercure, ou de l'eau noircie. Je suppose le vase large, parce que, dans le voisinage des parois, le fluide prend une figure déterminée à la fois par la pesanteur et par l'action que la matière du vase exerce sur lui. Mais cette dernière force, qui est de la nature des forces chimiques, décroissant très vite avec la distance, ses effets deviennent déjà insensibles à une petite distance des parois du vase; et le reste de la surface fluide se dispose sous les conditions d'équilibre déterminées par la pesanteur seule. C'est donc uniquement cette portion indépendante des parois que nous avons ici à étudier, et nous la rendrons d'autant plus étendue que le vase sera plus large.

Or, déjà, il est facile de reconnaître qu'elle est sensiblement plane. Car, en regardant les images des objets qui peuvent s'y réfléchir spéculairement, ces images ont des formes exactement symétriques à celles des objets eux-mêmes, et paraissent situées à égale distance de l'autre côté de la surface, précisément comme les solides symétriques de la géométrie. Ces relations optiques sont en effet celles qui conviennent exclusivement à la réflexion opérée sur un plan poli. Il en résulte, comme cas particulier, que, sur de tels plans, l'image d'une ligne droite est aussi une droite située symétriquement de l'autre côté du plan réflecteur, et nous avons spécialement démontré cette conséquence dans le paragraphe précédent. Or, on l'observe avec autant d'évidence que de rigueur sur toute la portion de la surface fluide qui est tant soit peu éloignée des parois du vase. Cette portion est donc *sensiblement* plane. Ici, comme pour le parallélisme des verticales, nous devons introduire cette restriction. Car les mêmes apparences sensibles subsisteraient encore si la surface réfléchissante, au lieu d'être *mathématiquement* plane, était seulement sphérique, ou même généralement sphéroïdale, avec un très grand rayon. Or on verra en effet, tout-à-l'heure, que c'est là le cas réel.

Maintenant, suspendez au-dessus de cette surface, un fil à plomb FG ; et, pour rendre les effets de l'inversion plus sensibles, prenez pour poids tendant un petit cône homogène de métal, très effilé, ayant sa pointe tournée vers le fluide et presque en contact avec lui. Si vous regardez ce fil par réflexion, vous verrez que son image offre l'apparence du même fil renversée et dirigée sur le prolongement exact du fil réel. La verticale que ce fil représente est donc perpendiculaire au plan réflecteur, d'après le § 24.

Pour mieux constater la rigueur de cette condition, suspendez hors du vase un second fil à plomb F'G', et placez l'œil en O de manière à couvrir exactement FG. L'image fg se trouvera aussi occultée. Mais en écartant l'œil tant soit peu, à droite ou à gauche, vous la verrez reparaître ainsi que FG ; et tous deux suivront la direction du fil F'G' si exactement que vous pourrez les rendre en apparence tangents à son bord dans toute leur longueur. Il sera donc certain par-là que l'image fg, quelle qu'elle puisse être, se trouve entièrement comprise dans le plan vertical mené par les deux fils parallèles FG, F'G'.

Cette épreuve peut se faire autour de FG, dans une direction quelconque, et elle a toujours le même résultat. C'est-à-dire que, si vous suspendez par exemple un troisième fil à plomb F''G'', la nouvelle image fg se trouvera aussi comprise dans le plan vertical mené par F''G'' et par FG. Or, nous avons prouvé, § 24, que les centres de réflexion individuels d'où cette image émane sont toujours situés géométriquement aux mêmes points sous le plan réflecteur, de quelque lieu qu'on la considère, comme si elle était elle-même un objet réel. Donc, ici, le lieu de ces centres est situé à la fois dans les deux plans verticaux menés par FG, ce qui le fait coïncider avec cette ligne prolongée sous la surface fluide, comme l'indiquait le simple aspect de l'image formée. D'après ce qui a été démontré, § 24, une telle coïncidence ne peut avoir lieu que dans le seul cas où toutes les perpendiculaires, menées de divers points de FG au plan réflecteur, sont sur le prolongement de cette ligne même. Cette relation existe donc ici entre la verticale et la surface fluide observée, conformément à l'énoncé qu'il s'agissait de démontrer ; c'est-à-dire que *la surface sensiblement plane des fluides en repos, est, dans chaque lieu, perpendiculaire à la direction de la verticale déterminée par le fil à plomb.*

26. Il est facile de concevoir comment cette relation de perpendicularité contribue à l'équilibre des masses fluides soutenues dans des vases résistants. Les particules matérielles qui composent ces masses sont pesantes, comme celles de tous les autres corps matériels. Quelle que puisse être la direction suivant laquelle la pesanteur s'exerce, il est sûr qu'elle sollicite chaque particule suivant cette même direction. Ainsi, lorsqu'on voit que la masse entière est en équilibre, cela prouve que toutes les particules se sont disposées de manière à ne plus pouvoir céder à l'action de la pesanteur, en s'appuyant pour cela sur les parois rigides du vase qui les renferme, et sur la résistance mutuelle que leur fournit leur propre matérialité. L'équilibre étant ainsi établi, supposez que la masse fluide se trouve terminée en certaines parties par une surface libre, dont la configuration ne soit influencée par aucune force quelconque étrangère à la pesanteur; il faudra nécessairement que la forme de cette surface soit partout perpendiculaire à la direction suivant laquelle la pesanteur s'exerce. Car, cela ayant lieu, cette force ne tendra qu'à enfoncer les particules de la surface dans l'intérieur de la masse dont l'incompressibilité les arrêtera; au lieu que, si la surface lui était oblique, elle tendrait à y faire glisser les particules, sans que rien contrariât son effort; et ainsi le fluide ne resterait pas en repos avec une telle configuration.

Cette condition de perpendicularité subsiste, et suffit encore pour l'équilibre de la surface, lorsque celle-ci est pressée en tous ses points par un autre fluide pesant spécifiquement plus léger, comme l'air presse en tous points la surface des eaux. Car une pareille pression s'exerçant toujours perpendiculairement aux surfaces de contact, la direction de son effort coïncidera avec la direction de la pesanteur si la surface fluide est perpendiculaire à cette dernière force; et l'incompressibilité de la masse, jointe à la résistance des parois supposées rigides, pourra alors soutenir les particules de la surface libre contre ces deux efforts réunis.

27. Mais, comment la masse fluide, toujours composée de parti-

cules pesantes, pourra-t-elle se mettre et se tenir en équilibre si, au lieu d'être contenue dans des vases à parois résistantes qui la soutiennent, et la limitent latéralement, elle se trouve libre dans l'espace et isolée de tout support, comme nous avons reconnu que cela a lieu pour la masse générale de la terre et des eaux? Elle le pourra encore, en prenant une forme telle que sa surface libre soit partout perpendiculaire à la pesanteur agissante en chaque point, et qu'en outre, les efforts qui tendent à enfoncer normalement chaque particule de la surface, égalent la réaction de toutes les pressions intérieures qui tendent à la soulever. Puisque l'ensemble de la terre et des eaux existe ainsi isolé dans l'espace sans que les particules fluides, placées à sa surface, montrent de tendance à se mouvoir latéralement, il faut que la figure extérieure de la masse fluide soit disposée suivant cette condition; et, puisque nous la trouvons arrondie en sphéroïde, il faut que la direction absolue de la pesanteur varie aussi en ses divers *points*, en lui demeurant toujours normale, comme le représente la figure 9. Or, cette direction, que nous avons appelée la verticale, est indiquée en chaque lieu par le fil à plomb. Il faut donc que ces fils, et les verticales qu'ils marquent, s'obliquent entre eux aux divers points de la surface, qu'ils se tournent même en sens contraire aux points opposés; et que la pesanteur qui les dirige sollicite ainsi partout les corps pesants perpendiculairement à cette surface, ou les y retienne pressés par la résistance qu'elle oppose à leur pénétration.

27. En conséquence de cette forme sphéroïdale, lorsqu'on s'élève au-dessus de la surface commune de la terre et des eaux, par exemple sur des montagnes ou en aérostat, on en découvre une étendue d'autant plus grande que l'on s'en éloigne davantage; et le cône de rayons visuels, qui limite cette étendue par son contact avec la surface, s'incline aussi de plus en plus sur la verticale de l'observateur, comme le représente la figure 10. La courbe de contact ainsi formée paraît toujours sensiblement circulaire autour de l'observateur; ce qui confirme encore tous les autres indices par lesquels nous avons déjà reconnu que la forme générale de la masse terrestre est, sinon une sphère exacte, du moins un sphéroïde arrondi dont le rayon est très grand comparativement aux

aspérités qui le recouvrent, quoique ces aspérités nous paraissent énormes quand nous les comparons à nos propres dimensions (*).

28. L'étendue de la surface visible variant ainsi avec la hauteur du point d'observation, elle se réduirait à un point mathématique si l'on pouvait se figurer un observateur dont l'œil fût placé à la surface même de la mer. Pour conserver l'exactitude des expressions parmi ces irrégularités, on est convenu, en astronomie, d'appeler *horizon* un plan mené, par l'œil de l'observateur, perpendiculairement à la verticale. Ce plan est supposé indéfini et prolongé dans tous les sens. Dans la figure 10, HO*h* représente l'horizon, et l'angle HOH′, inclinaison extrême du rayon visuel au-dessous de ce plan, s'appelle la *dépression de l'horizon apparent*, ou simplement la *dépression apparente*. Cet angle est toujours beaucoup plus petit qu'il ne paraît ici dans la figure où l'on a été obligé, pour le rendre sensible, d'exagérer les dimensions de la montagne comparativement à celles de la terre (**).

29. En généralisant ces dénominations, tout plan mené perpendiculairement à la verticale d'un lieu s'appelle en astronomie *plan horizontal*, et toute ligne droite tracée dans un pareil plan est dite *ligne horizontale*. Il est évident qu'une telle ligne est sensiblement perpendiculaire à toutes les verticales menées par ses différents points, dans une petite étendue autour de la verticale primitive.

Ce caractère permet de tracer les lignes horizontales, et de les reconnaître, pour telles, par un procédé très simple et très usuel, représenté *fig.* 11. Construisez un plan de métal bien

---

(*) La montagne du Mongo, en Espagne, sur les bords de la Méditerranée, élevée de 727 mètres, s'aperçoit de la mer comme une petite île à 20 lieues de distance; et réciproquement, du haut du Mongo, on découvre, à 20 lieues dans l'éloignement, les îles d'Iviza et de Formentera, qui, du rivage, ne sont pas visibles. Au Mexique, la cime toujours neigée du pic d'Orizava, qui a 5305 mètres de hauteur, se découvre, suivant M. de Humboldt, à une distance de 60 lieues. Un observateur placé sur le pic, verrait donc aussi son horizon s'étendre à 60 lieues autour de lui.

(**) En supposant la hauteur de la montagne égale à celle du Chimboraço, et la représentant par deux millimètres, comme on l'a fait dans la figure 10, il faudrait, pour conserver les proportions réelles, donner à la terre un rayon égal à $2^m,86\frac{1}{4}$, ou environ 8 pieds de roi, mesures anciennes.

dressé, assez épais pour ne pas se fléchir, et donnez-lui la forme d'un triangle CAB ayant les côtés CA, CB exactement égaux. Marquez le point D milieu de AB, et tracez une ligne fine CD qui se trouvera ainsi perpendiculaire à la base AB. Percez sur CD deux trous très fins P, P′; et, entre P′ et D pratiquez une ouverture OO beaucoup plus large. Prenez ensuite un fil à plomb très fin dont vous passerez l'extrémité supérieure à travers le petit trou P, le retenant ensuite par derrière au moyen d'un nœud, et laissez pendre ce fil de manière que le poids G qui le tire se présente devant l'ouverture OO. Cet appareil sera ainsi semblable au *niveau* vulgaire, que les maçons emploient. Disposez-le en telle sorte que le fil à plomb, par sa tendance libre et naturelle, se trouve coïncider avec la ligne PP′; ce que vous reconnaîtrez lorsqu'il viendra battre contre cette ligne, ou qu'il oscillera également autour d'elle dans les petits mouvements qu'il éprouvera. Cette coïncidence ayant lieu, la ligne PP′ sera verticale. Conséquemment, AB qui lui est perpendiculaire sera horizontale ; et, si vous tendez un long fil HH, de manière qu'il coïncide en direction avec elle, ce fil se trouvera horizontal aussi dans toute sa longueur, du moins s'il ne se fléchit pas sensiblement sous son propre poids.

La détermination ainsi obtenue sera d'autant plus juste que l'on aura fait le plan ACB plus grand, les côtés CA, CB plus précisément égaux, la droite PP′ plus fine, et plus soigneusement perpendiculaire sur le milieu de la base AD. Quoi qu'on fasse, les résultats seront infiniment éloignés du degré d'exactitude que l'astronomie exige et peut attendre ; mais ils fourniront du moins les éléments grossiers d'une première appréciation que nous perfectionnerons progressivement par des méthodes de plus en plus délicates, jusqu'à ce que nous arrivions enfin à cette rigueur presque idéale, que je ne pourrais pas même faire en ce moment concevoir.

Si l'on suppose que le plan CAB, et la droite horizontale HH, tournent simultanément autour du fil à plomb PG, ce fil, coïncidant toujours avec la ligne PP′, HH engendrera un plan perpendiculaire à la verticale PG, conséquemment horizontal au point

D. Par réciproque, si l'on construit autour de D, un plan tel, qu'en y posant AB dans tous les sens, ou seulement dans deux sens différents, le fil PG reste sur la droite PP', le plan sera horizontal. C'est l'épreuve pratique que l'on emploie dans l'architecture pour rendre un terrain plan et de *niveau*.

La figure 12 représente un autre procédé, pareillement très simple, pour tracer dans l'espace une ligne droite horizontale, au moyen de l'instrument vulgairement appelé un *niveau d'eau*. Il se compose d'un tube métallique creux TT, ayant environ un mètre de longueur, et un diamètre intérieur de deux ou trois centimètres. Aux deux bouts T, T, on a luté à angles droits deux tubes de verre de même diamètre, ce qui forme un canal continu à branches recourbées rectangulairement. On remplit ce canal d'eau, non pas entièrement, mais assez pour que TT étant à peu près horizontal, la surface libre de l'eau s'élève en EE de manière à être visible sans déborder. Lorsque, après quelques oscillations, le liquide s'est mis en équilibre, la droite EE, menée tangentiellement aux deux ménisques, est horizontale. Donc, en suivant cet alignement par un rayon visuel prolongé des deux côtés du niveau, on peut déterminer des points HH qui y sont situés; et joignant ces points par une droite, elle sera horizontale aussi.

CHAPITRE IV.

Système de coordonnées rectilignes employées en astronomie pour fixer les directions relatives des rayons visuels. Définition de la ligne méridienne, et de la perpendiculaire menée par les points est et ouest.

30. Nous venons de constater par des preuves certaines, que le système général des eaux et de la terre habitable est un corps de forme sphéroïdale dont toutes les parties sont retenues ensemble par la pesanteur qui presse chacune d'elles vers la masse entière. Nous avons reconnu en outre que ce sphéroïde existe isolé dans l'espace, à une grande distance de tous les astres du ciel; lesquels *semblent* tourner perpétuellement autour de lui par un mouvement de révolution simultané et général dont les phases s'accomplissent dans l'intervalle d'un jour et d'une nuit.

L'expression de doute que je viens d'employer en énonçant ce dernier phénomène peut causer quelque surprise. Car le mouvement de révolution du ciel se présente à nos regards comme un fait évident. Mais lorsqu'on examine les conditions mécaniques dont la réunion serait nécessaire pour l'opérer, on arrive bientôt à douter qu'il soit réel.

En effet, cette révolution simultanée de tous les astres, elle s'accomplit et se répète perpétuellement, sans changer en rien leurs positions relatives, qui sont encore à présent telles que les décrivait Ptolémée il y a dix-sept cents ans. Cette constance de relations exige donc une cause physique qui la maintienne et qui lie ainsi tous les astres entre eux. Mais leurs mutuelles occultations nous ont fait connaître qu'ils sont placés à d'inégales distances de la terre; la lune moins loin que le soleil et les planètes; les planètes moins loin que les étoiles fixes; et celles-ci dans un éloignement immense où toute la puissance de nos télescopes ne peut nous les faire apercevoir que comme de simples points sans dimension appréciable. Toutefois ces points, qui peuvent être autant de soleils, sont aussi à d'inégales distances de nous. Car depuis qu'on les observe avec le télescope, on en a vu quelques-uns se recouvrir mutuellement puis se séparer, par suite de déplacements relatifs qui peuvent être très considérables, quoiqu'ils nous soient à peine perceptibles dans l'éloignement où nous les voyons (*). Puis donc que tous ces corps se suivent et s'accompagnent pendant chaque révolution diurne du ciel, en offrant toujours à nos regards les mêmes relations de position optique, il faut, si ce mouvement est réel, que chacun d'eux ait une vitesse absolue de circulation diurne, exactement proportionnelle à sa distance de la terre; et, par une conséquence nécessaire, il faudra que le seul sphéroïde terrestre exerce un pouvoir quelconque, qui lui soit propre, pour produire, graduer et maintenir cette proportion de mouvement exacte, entre tous les millions d'astres qui tournent ainsi continuellement autour de la terre dans les profondeurs des cieux.

Quoique l'idée d'un tel pouvoir ne présente pas, à la rigueur, une impossibilité mécanique absolue, elle est au moins d'une effrayante complication; et le résultat en est contraire à toutes les analogies que présente l'universalité des autres mouvements physiques observables. Car on n'y voit jamais ainsi un seul corps, ou une seule particule matérielle, régir une infinité d'autres particules par sa seule puissance, et leur imprimer un mouvement commun de circulation autour d'elle, sans qu'il se manifeste, entre les particules ainsi influencées, aucune réaction quelconque dépendante de leurs distances mutuelles; de sorte qu'elles se montrent inertes et insensibles pour toute autre force que pour le pouvoir

---

(*) Ceci a été observé sur les étoiles appelées *Atlas* de la constellation des Pléiades; ρ de la constellation d'Hercule; ω de la constellation du Lion; γ de la constellation de la Couronne, γ de la constellation de la Vierge. Toutes ces étoiles, vues dans des télescopes très puissants, ont paru autrefois *doubles*, c'est-à-dire composées de deux astres distincts, séparés par un très petit angle visuel. Depuis lors, les deux composantes de ces groupes binaires se sont rapprochées, recouvertes, enfin séparées de nouveau. *Rapport adressé par M. Struve à M. d'Ouvaroff*, Saint-Pétersbourg, 1837, pag. 50.

central de la particule qui les régit. Ces deux caractères, d'une action absolument exceptionnelle, s'exerçant avec une complication excessive, donnent une extrême improbabilité physique à l'explication qui les nécessite ; et, quoiqu'elle semble avoir pour elle le témoignage des sens, avant de consentir à l'admettre, il faut chercher si les mêmes apparences observables ne pourraient pas être opérées par quelque autre combinaison mécanique, exempte de si étranges conditions.

Or, en effet il y en a une qui reproduirait toutes les apparences exactement les mêmes, avec une simplicité admirable. Elle consiste à supposer que *la révolution diurne du ciel d'orient en occident n'est qu'une apparence optique, causée par un mouvement de rotation réel de la terre sur elle-même en sens opposé, c'est-à-dire de l'occident vers l'orient.*

D'abord, quant à la conservation des apparences, elle est évidemment complète dans cette manière de les concevoir ; et même, à les discuter logiquement, aucune de leurs particularités n'indique si c'est le ciel qui tourne ou la terre. L'esprit se porte d'abord à la première de ces deux suppositions, par l'habitude que toute notre vie nous donne de voir les mouvements des corps terrestres s'opérer autour de nous comme si la terre était fixe. Et, si en effet elle tourne sur elle-même, ils tourneront aussi avec elle sans que leurs déplacements relatifs en reçoivent de modifications sensibles dans les observations générales que nous en faisons. Mais alors toute la complication du mouvement diurne des astres disparaît ainsi que les difficultés physiques qu'elle entraîne, puisqu'ils deviennent étrangers à cette révolution apparente, et n'ont plus d'autres mouvements que ceux qui peuvent individuellement leur appartenir. Quant à la possibilité que le sphéroïde terrestre tourne ainsi constamment sur lui-même avec tous les corps fixés à sa surface par la pesanteur, bien loin d'être sujette à des difficultés mécaniques, elle est au contraire très conforme aux lois générales des mouvements. Car, pour qu'un corps matériel, isolé dans l'espace, ne tourne pas ainsi sur lui-même, il faut qu'il n'ait jamais été sollicité par aucune force étrangère, ou que, s'il l'a été, la résultante des forces qui ont agi sur lui, se soit toujours dirigée rigoureusement

suivant son centre de gravité. De sorte que l'immobilité d'un
tel corps, et sa non-rotation sur lui-même, sont des circonstances tout-à-fait exceptionnelles. Aussi découvrirons-nous bientôt,
par le télescope, que tous les astres auxquels nous pouvons apercevoir un disque apparent sensible, tournent sur eux-mêmes
avec des vitesses diverses; par exemple, le soleil en vingt-cinq
jours et demi, la lune en vingt-sept jours un tiers, Vénus en
un peu moins d'un jour ($o',973$). Il est donc, à la fois, mé-
caniquement simple, et physiquement analogique, que le sphéroïde
terrestre ait aussi, comme ces astres, un mouvement de rotation sur lui-même, lequel s'accomplissant dans l'intervalle d'un
jour et d'une nuit, nous fera voir tous les astres du ciel comme
tournant ensemble autour de la terre en sens contraire, dans le
même intervalle de temps.

Toute simple et naturelle que soit cette conception, il a fallu à
l'esprit humain des milliers d'années d'observations et de médita-
tions pour y parvenir. Ceux des anciens philosophes qui les premiers la proposèrent furent considérés du vulgaire avec défiance;
et l'immortel Copernic, qui la fit revivre en Europe dans le sei-
zième siècle de notre ère, en développant toutes les analogies qui
l'appuient, fut de son temps joué sur un théâtre comme un rêveur
insensé. Aujourd'hui elle est devenue une notion commune et in-
contestée. Toutefois, dans ce livre destiné à un enseignement
philosophique, nous ne l'admettrons pas encore comme telle, mais
seulement comme offrant une représentation des faits observés,
plus simple, et physiquement plus vraisemblable que la supposition du mouvement réel du ciel. Même, dans les constructions
géométriques qui vont nous servir pour fixer les directions relatives des rayons visuels menés aux différents points du ciel, je
continuerai de considérer la surface terrestre comme un sol immobile sur lequel nous établissons nos instruments; sauf ensuite à
restituer à ceux-ci le mouvement réel de rotation auquel ils parti-
cipent, lorsque nous voudrons discuter les indications qu'il nous
auront fournies pour en conclure les mouvements effectifs des
astres observés.

51. Si la terre tourne réellement sur elle-même, la révolution

diurne du ciel doit paraître s'opérer autour d'un axe rectiligne
idéal traversant l'intérieur de la masse terrestre. Ce mouvement apparent devra même sembler exactement circulaire à un observateur
qui se trouverait placé sur un point quelconque de l'axe de rotation ;
et il le verra constant ou inégal selon que la vitesse réelle avec laquelle la terre tourne sera elle-même uniforme ou variable. Ce sont-
là des particularités qui ne peuvent se prévoir, mais qu'il faut déduire des apparences exactement observées ; et il est d'autant plus
nécessaire de les fixer ainsi qu'elles entreront comme éléments inévitables dans toutes les observations que nous voudrons faire sur
les positions des astres, comme aussi dans toutes les conséquences
que nous en voudrons tirer sur la nature réelle de leurs mouvements. Je vais donc procéder expérimentalement à cette détermination fondamentale, en créant à mesure les moyens d'observation
qu'elle nécessitera ; et qui, de très simples qu'ils seront d'abord,
ariveront bientôt à cette précision presque idéale qui fait la force
et la puissance de l'Astronomie.

32. Dans un lieu où la vue soit libre, et d'où, s'il se peut, l'on
puisse voir le soleil se lever et se coucher sur l'horizon de la mer,
choisissez un terrain déjà à peu près horizontal, et construisez
un massif en pierres de taille, bien cimentées, dont vous nivellerez
la surface supérieure avec tout le soin possible, par les procédés
indiqués dans le chapitre précédent. Procurez-vous ensuite une
grande dalle de pierre ou de marbre, ayant une de ses faces exactement plane, et dont les bords soient creusés en rigole continue
qui affleure exactement la surface travaillée, comme le représente
la fig. 13. Vous pourrez constater avec beaucoup de rigueur l'état
plan de cette surface en éprouvant si une règle bien dressée s'y
applique exactement dans tous les sens, et encore en examinant si
les images réfléchies de lignes droites très fines, y paraissent rectilignes, comme ces lignes mêmes. Établissez alors cette plaque sur
le massif, en telle situation que de l'eau ou du mercure versé dans
la rigole, puisse la remplir complètement de tous côtés, sans déborder nulle part sur le plan. Cette condition obtenue, scellez invariablement la plaque sans qu'elle se dérange. Sa surface sera évidemment horizontale, puisqu'elle coïncidera avec la figure de repos

que prendrait le liquide de la rigole, si on l'augmentait assez pour qu'il vînt la recouvrir. Cette disposition a été effectivement employée à la Chine, vers le milieu du treizième siècle, par les astronomes arabes attachés à la cour de l'empereur Cobylaï; et les premières mesures exactes d'ombres solaires, dont je parlerai tout à l'heure, ont été faites par le grand astronome chinois Cocheonking, vers la même époque, sur de grandes surfaces carrelées de dalles planes, dont il constatait le niveau par ce procédé (*).

Ayez ensuite une règle épaisse et rectangulaire de métal à faces bien planes, formant entre elles des angles exactement droits, ce que la réflexion de la lumière pourra vous servir encore à constater. Par les points H, H′, *fig.* 14, milieu de ses arêtes extrêmes DE, D′E′, tracez une ligne droite très fine qui se trouvera ainsi parallèle aux faces longitudinales. Appliquez ensuite, et fixez aux faces terminales, deux plaques de métal, pareillement planes et rectangles dont les arêtes latérales s'élèvent perpendiculairement à la longueur de la règle. Chaque plaque aura dans son milieu une fente taillée dans le même sens pour laisser passer la lumière. Cela fait, par les points H, H′, tendez dans ces ouvertures deux fils rectilignes HF, H′F′, aboutissant aux milieux des arêtes opposées AB, A′B′. Si vous avez opéré exactement, les deux fils FH, F′H′ seront parallèles entre eux, et perpendiculaires à la droite HH′ avec laquelle ils se

---

(*) L'emploi de l'eau pour obtenir l'horizontalité d'un plan n'a pas été inconnu aux astronomes grecs, auxquels les Arabes ont pu l'emprunter. Théon, dans son commentaire sur l'*Almageste*, décrivant un des instruments de Ptolémée, dit qu'on l'établira sur un plan rendu horizontal, soit par le fil à plomb, soit en y versant de l'eau, et soulevant le plan par de petites cales jusqu'à ce qu'elle y reste en repos. Théon, *édition de Halma*, tome I, pag. 227. Toutefois Ptolémée, lorsqu'il parle du même instrument dans son *Almageste*, n'indique pas cet excellent moyen de rectification. Et, en général, par le peu d'esprit de précision qu'il montre dans la description des procédés d'observation, on peut croire qu'il était seulement bon géomètre et calculateur laborieux, mais médiocre observateur. Nous devons en regretter d'autant plus la perte des ouvrages originaux d'Hipparque, que Ptolémée ne cite que par fragments trop rares, et dont l'*Almageste*, devenu plus populaire à cette époque, nous a probablement privés pour toujours.

trouveront compris dans un même plan visuel, ce que vous pourrez immédiatement vérifier. Alors, si la règle est bien égale d'épaisseur, quand on posera sa face inférieure sur un plan horizontal, tel que EMON, *fig.* 13, la ligne HH′ se trouvera horizontale aussi, et les deux fils HF, H′F′ seront verticaux, ce que vous pourrez vérifier encore en les alignant sur un fil à plomb. Vous aurez ainsi un appareil semblable à l'*alidade de la planchette* de nos arpenteurs, et que j'appellerai une *dioptre* pour en abréger la désignation. Afin que ses indications soient plus précises, je supposerai que la règle a deux ou trois mètres de longueur. Mais la plaque horizontale *fig.* 13, sur laquelle nous allons la poser, pourra être de dimension moindre, si on l'a établie sur un massif de pierre isolé, un peu exhaussé au-dessus du sol, et qu'elle déborde tant soit peu par son contour.

Ces dispositions faites, saisissez la fin d'une nuit sereine; et, le matin, avant le lever du soleil, posez la dioptre sur son plan *fig.* 13, en la dirigeant vers la partie du ciel où le disque de cet astre va paraître sur l'horizon. Puis, plaçant l'œil au-delà des fils dans le plan visuel qui les contient tous deux, tournez graduellement ce plan et la règle, de manière à y comprendre aussi le premier point d'apparition du disque. Tracez alors sur le plan la ligne SO, coïncidente avec une des arêtes longitudinales de la règle. Ce sera la trace du *vertical* dans lequel ce premier point d'apparition s'est montré; et si, par le centre C du plan, vous menez une droite CS parallèle à OS, CS sera la trace du vertical analogue où vous l'auriez observé du point C même; car l'étendue de la plaque est insensible comparativement à l'éloignement de l'astre. Pour rendre cette détermination plus sûre, répétez la même observation sur le point du disque qui quittera le dernier l'horizon; et si la nouvelle droite SO, transportée en CS, se trouve tant soit peu différente, prenez pour CS la moyenne de ces deux directions. Ce sera la trace horizontale du plan vertical dans lequel le centre du disque s'est levé.

Le soir du même jour, répétez les mêmes observations vers l'occident, quand le soleil se couche, vous aurez ainsi une nouvelle droite CS′ qui sera la trace horizontale du plan vertical dans lequel s'est trouvé le centre du disque, lorsqu'il a disparu sous l'horizon occidental. Divisez alors l'angle SCS' en deux parties égales, et menez la droite MCN qui le bissecte ainsi.

Vous pourriez encore déterminer cette ligne à l'aide d'un indicateur plus simple, mais moins sensible, qui est représenté *fig.* 15. CG est un cylindre de métal bien droit, mince, exactement tourné dans le prolongement d'un autre cylindre plus gros HH qui lui sert de base pour le poser sur le plan nivelé de la *fig.* 13. Si ces conditions de construction sont bien remplies, le cylindre CG sera alors vertical; et l'on pourra s'en assurer en voyant s'il s'aligne toujours exactement sur un fil à plomb, quand on tourne sa base sur elle-même. Ceci supposé, on attendra que le soleil paraisse le matin dans le prolongement du plan nivelé, et l'on tracera sur ce plan l'axe de l'ombre projetée par le cylindre vertical CG; ce sera la trace horizontale du vertical où se trouve alors le centre du soleil. On répétera la même opération le soir du même jour; et en bissectant l'angle compris par les deux ombres, on aura la ligne MCN.

Supposons que les observations précédentes aient été faites, en quelque lieu de l'Europe, vers le 22 décembre de notre calendrier vulgaire. C'est le temps de l'année où l'arc diurne, décrit par le soleil, s'élève le moins sur notre horizon; et, dans cette limite de son mouvement propre où, après avoir cessé de descendre, il va remonter de nouveau vers notre zénith, son déplacement diurne dans ce sens est presque inapercevable pendant plusieurs jours, de sorte que son arc diurne est alors presque identique avec celui que décrirait une étoile fixe située au même point du ciel. Ce phénomène se reproduit par une raison semblable vers le 22 juin, lorsque le soleil, s'étant le plus rapproché de notre zénith, va décrire des arcs diurnes désormais moins élevés. Aussi ces deux limites de sa route annuelle ont-elles été appelées *solstices* pour exprimer la constance d'élévation diurne qu'on y observe. Or, si, à ces deux époques, on détermine les directions de son lever et de son coucher, comme je l'ai expliqué tout-à-l'heure, elles seront évidemment bien différentes. Toutefois, dans ces deux cas, la même ligne droite MCN les bissectera exactement.

Ce résultat n'aurait plus lieu, au moins avec autant de rigueur, si l'observation se faisait dans les phases de mouvements intermédiaires où l'arc diurne décrit par le soleil, éprouve un déplacement progressif sensible. Car en supposant, par exemple, qu'il remonte de jour en jour vers notre zénith, si l'astre se lève aujourd'hui en S, *fig.* 16, et se couche en S', cette dernière position ne résultera pas du seul mouvement diurne du ciel, mais de ce mouvement combiné avec le transport de l'astre vers le zénith, pendant qu'il est resté sur l'horizon. Or, on peut aisément y corriger l'effet de cette dernière cause; car après avoir observé le matin l'astre en S, puis le soir en S', il n'y a qu'à l'observer encore le lendemain à son lever, qui aura lieu en un autre point S″ par l'effet du mouvement propre. Alors si l'angle SCS″ est appréciable, on le partagera par une ligne CX, telle que l'angle SCX soit à l'angle total SCS″, comme la durée du jour visible est à la durée totale d'un jour et d'une nuit à l'époque actuelle de l'année. La ligne CX marquera très approximativement la direction où le soleil aurait dû se lever pour se coucher suivant CS', s'il n'avait eu aucun mouvement propre vers le zénith, pendant qu'il est resté sur l'horizon; et alors l'angle XCS' ainsi obtenu se trouvera encore exactement bissecté par la ligne MCN, déterminée aux époques des solstices.

La correction précédente anéantissant l'effet du mouvement propre du soleil vers le zénith, le réduit réellement à l'état d'une étoile qui n'aurait pas de tel mouvement. Nous devons donc nous attendre que la même bissection aura lieu par la ligne MCN si l'angle XCS' était donné par le lever et le coucher d'une étoile quelconque. C'est en effet ce qui a lieu, comme l'on peut le constater en choisissant quelque étoile assez brillante pour pouvoir lui appliquer ce mode d'observation dans l'intervalle d'une même nuit.

53. Ces résultats se réalisent dans tous les lieux de la terre : il existe toujours, pour chaque point de la surface terrestre, une droite horizontale qui bissecte ainsi en deux parties égales les directions horizontales du lever et du coucher de tous les astres visibles; ce caractère même peut servir à la définir. On l'appelle la *ligne méridienne*, ou simplement *la méridienne du point d'observation*. Nous trouverons plus tard des moyens infiniment plus

précis pour déterminer sa direction sur le plan horizontal. Mais le caractère par lequel je la définis en ce moment se trouvera toujours exclusivement lui appartenir.

La méridienne étant prolongée indéfiniment dans le plan de l'horizon qui la contient, détermine dans le ciel deux points opposés qui sont le vrai *sud* et le vrai *nord*. Pour l'Europe, le point sud est situé du côté du ciel où le soleil atteint chaque jour le plus haut point de son arc diurne ; c'est pourquoi on l'appelle aussi le *midi*, comme marquant le milieu du jour. Le point nord, opposé au précédent, se trouve toujours placé vers la partie du ciel où brillent les sept étoiles qui composent la constellation si connue de la grande Ourse ou du Chariot ; et on l'appelle aussi le *septentrion*, parce que ces sept étoiles étaient nommées chez les Romains *septem triones*.

Si, par le centre G d'observation, *fig.* 13, on conçoit dans le plan de l'horizon une autre ligne droite EO perpendiculaire à la méridienne, cette ligne se nomme en astronomie *la perpendiculaire*. Prolongée indéfiniment sur le plan horizontal qui la contient, elle détermine aussi dans le ciel deux points opposés qui sont les vrais points *d'orient* et *d'occident*, ou *l'est* et *l'ouest*. On désigne encore l'est, l'ouest, le nord, le sud, par la dénomination collective de *points cardinaux*.

Enfin le plan mené par la méridienne et la verticale se nomme le *plan du méridien*, ou simplement *le méridien*. Le plan mené par la verticale et la perpendiculaire se nomme *premier vertical*.

34. La méridienne, la perpendiculaire et la verticale constituent pour chaque point de la terre un système d'axes rectangulaires auxquels les astronomes rapportent les directions de tous les rayons visuels menés aux divers points du ciel. Concevons en effet, *fig.* 17, ces trois droites menées ainsi autour d'un point G qui sera leur commune intersection. Soit CS′ la direction d'un rayon visuel rectiligne, dirigé de ce point vers l'astre S′ à un instant quelconque. Par le rayon CS′ et la verticale CZ, menons un plan idéal dont la trace horizontale soit CV. Ce sera le *vertical de l'astre*, § 23 ; et sa direction sera évidemment définie si l'on donne l'angle VCN formé par sa trace avec la ligne méridienne à partir du point nord.

Cet angle se nomme *l'azimuth du vertical* ou *l'azimuth de l'astre*, dénomination qui vient des Arabes; et sa valeur se compte continûment à partir du point nord, dans le plan horizontal, depuis 0° jusqu'à 360°. Il ne reste plus qu'à définir la situation du rayon visuel CS′ dans le vertical ainsi dirigé. Or, elle sera définie si l'on donne l'angle S′CV qui est formé par ce rayon avec la trace horizontale du vertical, et que l'on nomme *la hauteur apparente de l'astre*; ou bien encore si l'on donne l'angle S′CZ formé par ce même rayon avec la verticale, vers le zénith, angle que l'on nomme *la distance zénithale apparente*. Celle-ci est évidemment égale à 90°, moins la hauteur. Telles sont les coordonnées angulaires universellement adoptées en Astronomie.

58. Pour les obtenir, on les *observe* avec des instruments munis de cercles métalliques divisés sur leur circonférence, et dont le type général, dans son abstraction géométrique, est représenté, *fig.* 18. EMON est un des cercles destiné à rester horizontal pour mesurer les azimuths. On l'appelle le *cercle azimuthal*. A son centre s'élève un axe rectiligne idéal CC′Z qui est perpendiculaire à son plan, et qui doit conséquemment rester vertical. Un second cercle est fixe sur cet axe par un de ses diamètres, ce qui rend son plan vertical; et il peut tourner ainsi autour de CC′ dans les directions de tous les verticaux, ce qui fait qu'on le nomme *le cercle vertical*. Une droite idéale C′S, rayon de ce cercle, peut prendre toutes les directions possibles dans son plan, autour du centre C′; on l'appelle *l'axe optique*. Lorsqu'on la dirige vers un astre S′, l'angle S′C′Z, qui est la distance zénithale de l'astre, se lit sur la division circulaire SZ. En même temps, la trace horizontale du cercle vertical se trouve marquée sur le cercle azimuthal par une alidade rectiligne CV, mobile autour du centre C, et que le cercle vertical entraîne en tournant; de sorte que l'azimuth NCV se lit sur la division horizontale NEV, où l'on a marqué préalablement la direction de la méridienne NCM qui passe par son centre. Les deux coordonnées angulaires de l'astre S′ se trouvent ainsi déterminées simultanément.

Ceci n'est qu'une description abstraite, exprimant les conditions géométriques que les instruments matériels doivent réaliser. Mais, dans ceux-ci, les droites CV, C'S sont remplacées par des règles de métal et par des tubes à lunettes, de dimensions sensibles, où il faut retrouver leur direction idéale qui ne coïncide plus physiquement avec les centres C et C'. L'axe vertical C'C cesse aussi d'être vu comme une ligne mathématique; il résulte d'une rotation opérée autour d'un axe matériel où il faut le découvrir et constater sa verticalité, ainsi que son point de rencontre idéal Z, avec la division du cercle vertical. Il faut enfin reconnaître aussi la direction mathématique de la méridienne NCM qui passe par le centre du cercle azimuthal matériel. Toutes ces déterminations exigent des expériences spéciales qui constituent ce que l'on appelle la *rectification des instruments*; et elles doivent être effectuées spécialement pour chacun d'eux selon sa construction, qui même n'est pas toujours destinée à donner les deux coordonnées angulaires de l'astre, mais seulement une d'elles, soit l'azimuth, soit la distance zénithale. Je devrai donc nécessairement suivre aussi cette marche particulière, et expliquer individuellement les rectifications que chaque instrument exigera lorsque nous commencerons à l'employer. Mais les conditions qu'il faudra remplir seront toujours des particularités de l'exposition précédente, limitée aux éléments d'observations que chaque instrument sera destiné à fournir; et ainsi nous n'aurons plus désormais qu'à chercher comment elles doivent être réalisées pour chacun d'eux.

56. Sans anticiper sur cette recherche, j'exposerai ici un procédé d'observation très simple, qui ne peut servir, à la vérité, que pour le soleil, et que la perfection de nos instruments à lunettes a même mis aujourd'hui hors d'usage. Mais je ne puis le passer sous silence parce qu'il a été, pendant de longues suites de siècles, le seul que l'on connût, que l'on employât; et, qu'entre les mains d'observateurs habiles, il a fourni des déterminations devenues précieuses à l'Astronomie par leur ancienneté. Ce sera l'objet du chapitre suivant.

CHAPITRE V.

*Du gnomon et de son usage pour déterminer les lois
générales du mouvement propre du soleil.*

37. Pour donner à cet appareil un degré de précision qui permette d'en tirer des déterminations astronomiques, il faut pouvoir l'adapter à quelque grand édifice voûté, dont les parois soient considérées comme inébranlables. On nivelle le sol intérieur; on le pave de dalles planes bien jointes, et dont la surface commune est rendue exactement horizontale dans toute son étendue. Afin de fixer les idées par un exemple spécial, je supposerai cette construction faite pour nos climats tempérés d'Europe où le soleil, dans sa course diurne, traverse toujours le méridien au-dessus du plan de l'horizon, et au sud du zénith qu'il n'atteint jamais. Alors, à la naissance de la voûte, du côté du sud, on pratique une ouverture dans laquelle on insère une plaque circulaire de métal noirci, percée à son centre d'un trou très fin; et l'on dispose cette plaque perpendiculairement au plan du méridien, obliquement à la verticale, en la dirigeant vers le nord du zénith de manière que sa face méridionale soit toujours exposée aux rayons solaires lorsque l'astre passe au méridien, ou se trouve près de ce plan. Ces dispositions faites, on scelle invariablement la plaque, en interdisant tout accès à la lumière extérieure, excepté par le petit trou percé à son centre, lequel est représenté en C dans la fig. 19. De là, on fait descendre sur le sol un fil à plomb, qui marque, en G, le pied de la verticale passant par le centre du trou C; et l'on mesure, avec tout le soin possible, la hauteur CG. Par le point G on trace sur le sol la méridienne MGN, ainsi que la perpendiculaire EGO, ce qui peut se faire, soit par des déterminations antérieures, soit par des indications que fournit l'instrument lui-même, comme on le verra bientôt. Lorsque le soleil est sur l'horizon, au sud de la plaque, sa lumière, transmise à travers le trou C, jette sur le sol carrelé une image lumineuse de forme elliptique, que l'ombre du reste de la plaque et des parois environne, et qui devient parfaitement distincte par cette opposition. De sorte qu'en dessinant sur le sol le contour de cette image, on a la trace horizontale du cône lumineux qui a traversé le trou C à ce même instant.

L'appareil ainsi disposé se nomme *un gnomon*; il a été employé, pour la première fois, avec les particularités de construction que je viens de décrire, par l'habile astronome chinois Cochéouking, en l'année 1271. La hauteur verticale CG était de 40 pieds chinois, ou environ $12^m,5$; le trou C avait la finesse d'une aiguille. Près de quatre siècles s'écoulèrent avant que les astronomes d'Europe eussent un instrument comparable à celui-là, pour la précision et la grandeur. Il fut construit, en 1653, par Dominique Cassini, à Bologne, dans l'église de Sainte-Pétrone. La hauteur CG était de 83 pieds de Paris, et le diamètre du trou d'un pouce. Il était percé dans une plaque épaisse de bronze scellée à la voûte de l'édifice, comme je l'ai supposé dans la description.

Pour apprécier les indications d'un semblable appareil, il faut d'abord analyser la formation de l'image lumineuse tracée sur le sol. C'est l'objet de la fig. 20, qui offre le profil du cône lumineux transmis par le trou C. Chaque point du disque solaire, tel que S', S'', envoie à travers ce trou un cône mince de lumière qui, à cause de l'éloignement de l'astre, peut être assimilé à un cylindre oblique ayant la surface du trou pour base; et la section de ce cylindre, par le plan horizontal, est une petite ellipse lumineuse dont le centre R', R'' peut être attribué au rayon qui a passé au centre même du trou, avec d'autant moins d'erreur que celui-ci sera plus fin. Tous les cylindres émanés des divers points du disque donneront ainsi autant de petites images qui empiéteront les unes sur les autres, comme la fig. 21 le représente; et le centre de figure de leur ensemble différera très peu du point Σ, *fig.* 20, où aboutirait le rayon SCΣ, mené du centre du disque solaire au centre du trou C. Donc, si l'on mesure sur le sol la distance ΣG, comme on a aussi CG, on connaîtra les deux côtés droits du triangle rectangle ΣCG. Ainsi l'on pourra calculer l'angle en C, lequel est opposé et égal à

SCZ, c'est-à-dire à la distance zénithale du centre du disque solaire
à l'instant où le point Σ a été marqué sur le sol.

En appliquant ceci à l'image Σ de la fig. 19, ou plutôt à son
point central, on voit que le plan ΣGC, mené par le centre de
cette image, est le vertical où se trouve le centre du disque au
même instant. La *ligne d'ombre* ΣG, prolongée idéalement en GV,
au sud du gnomon, marque donc la trace horizontale de ce vertical; et l'angle NGV est l'azimuth du centre du disque compté
du point nord, en allant vers l'est. L'angle ΣGN est évidemment
le supplément de cet azimuth à 180°. Pour l'obtenir, on mènera ΣΠ'
perpendiculaire à la méridienne, et l'on en mesurera la longueur.
Alors, dans le triangle rectangle ΣGΠ', on connaîtra l'hypoténuse
ΣG et le côté ΣΠ' opposé à l'angle en G. Cet angle pourra donc se
calculer, et son supplément sera l'azimuth du centre du soleil. Les
deux coordonnées angulaires de cet astre seront donc fixées (*).

(*) Soit c la hauteur CG du gnomon, l la distance ΣG. Ce sera aussi la
longueur de l'ombre que la verticale ΣG projetterait sur le sol horizontal.
Nommons Z la distance zénithale du centre du disque solaire ou l'angle SCZ. On aura, par les formules trigonométriques actuellement usitées,

$$\tang Z = \frac{l}{c}.$$

Soit maintenant p la perpendiculaire ΣΠ' menée du centre de l'image Σ
sur la méridienne, on aura

$$\sin \Sigma G\Pi' = \frac{p}{l},$$

Donc, en nommant A l'azimuth NGV compté du point nord vers l'est,
et qui est le supplément de ΣGΠ', on aura également

$$\sin A = \frac{p}{l} ;$$ (2)

car le sinus d'un angle est égal à celui de son supplément.

Pour que cette formule indique, par le seul jeu des signes algébriques, de
quel côté du méridien se trouve le soleil, il faudra convenir de considérer
les perpendiculaires p, comme positives quand elles se trouvent à l'ouest
de la méridienne, et comme négatives quand elles sont à l'est. Alors le

58. D'après la disposition que nous avons assignée à l'appareil, lorsque le soleil éclairera la face méridionale de la plaque avant de passer au méridien, l'image lumineuse Σ tombera à l'ouest de la méridienne inférieure GN. Elle tombera sur cette méridienne même quand l'astre sera au méridien ; et elle passera à l'est quand il aura traversé ce plan. Si l'on mesure sa distance au point G , ou $G\Sigma$, dans ces diverses phases, on trouvera que, pour un même jour, c'est sur la méridienne même qu'elle devient la plus courte ; ce qui donne alors à l'angle G sa plus petite valeur dans le triangle variable ΣCG. Or, cet angle est toujours opposé et égal à la distance zénithale de l'astre. Par conséquent le soleil atteint chaque jour sa plus petite distance zénithale quand il passe au méridien ; et , réciproquement, c'est alors que sa hauteur apparente sur l'horizon est la plus grande.

39. Attachons-nous donc d'abord à étudier cette phase remarquable ; et , pour cela, mesurons chaque jour la longueur Σ,G de l'ombre méridienne, pendant toute la durée d'une année solaire, comprenant la révolution entière des saisons (*). Nous trouverons qu'elle atteint son maximum vers le 22 décembre de notre calendrier vulgaire ; et alors ses variations, d'un midi à l'autre, sont presque insensibles. Le soleil décrit donc alors sur notre horizon, ses arcs les plus bas ; et, comme il semble stationnaire dans cet abaissement pendant quelques jours, on appelle cette époque *le solstice d'hiver*. Mais bientôt après, la longueur de l'ombre méri-

---

signe positif de sin A indiquera que l'angle A est moindre que 180° et le signe négatif de ce même sinus indiquera que A surpasse cette valeur. Dans ce dernier cas, l'azimuth du vertical du soleil sera $180° + A$.

La première notion des sinus et des tangentes trigonométriques, se trouve dans un traité d'Albategni, astronome arabe du IXe siècle de notre ère. Les Grecs calculaient les angles par les cordes inscrites au cercle. *Voyez* Delambre, *Histoire de l'Astronomie*, tome II, p. 45, et tome III, p. 16.

(*) Je prends ici le mot *année* dans son acception vulgaire, sans y attacher l'idée d'un intervalle de temps précis, n'ayant pas encore défini en quoi consiste le *temps*. C'est la science seule , qui, en se formant, attache aux mots usuels une signification fixement déterminée. Mais rien n'empêche de les employer d'abord avec tout le vague de leur acception vulgaire, pour donner le premier énoncé des faits.

dienne commence à décroître journellement; ce qui montre que l'arc solaire diurne s'élève. Elle atteint sa plus petite longueur vers le 22 juin; et alors de nouveau elle varie très peu d'un midi à l'autre. Le soleil décrit donc alors ses arcs diurnes les plus voisins du zénith; et il semble s'y fixer pendant quelques jours, ce qui fait qu'on appelle cette époque *le solstice d'été*. Mais bientôt l'astre commence à descendre de cette élévation en se rapprochant du sud. La longueur de l'ombre méridienne augmente chaque jour, jusqu'à ce qu'enfin on la retrouve à son maximum de longueur le 22 décembre. Après quoi elle reprend la même période de variations.

40. Il est naturel de chercher combien cette période embrasse de passages méridiens du soleil. Pour cela, concevons qu'un certain jour nous ayons trouvé à l'ombre méridienne la longueur $\Sigma_1 G$, *fig.* 22, et supposons cette observation faite dans les temps de l'année où le soleil se rapproche journellement du zénith. Le lendemain, l'ombre méridienne sera plus courte; et elle décroîtra ainsi jusqu'au solstice d'été. Alors elle croîtra de nouveau journellement, dépassera le point Σ_1, et continuera ainsi à s'allonger jusqu'au solstice d'hiver. Arrivée à ce terme, elle recommencera de nouveau à décroître, ce qui rapprochera progressivement l'image méridienne du même point Σ_1 où nous l'avions observée d'abord, dans la phase correspondante de ses variations. Mais le retour à la longueur $\Sigma_1 G$ ne s'opère pas exactement après un nombre entier de passages méridiens. Car 365 passages révolus amènent l'image méridienne en S_1, où elle n'a pas encore rejoint le point Σ_1; et 366 l'amènent en S_2 où elle l'a dépassé en se rapprochant du point G. Or, on trouve que l'intervalle $S_2 \Sigma_1$ est à peu près le quart de sa variation diurne totale $S_2 S_1$. Donc, si l'on veut appeler *jour solaire* l'intervalle de temps qui s'écoule entre deux passages consécutifs du soleil au méridien, la période des mouvements de cet astre en hauteur devra contenir à peu près trois cent soixante-cinq jours et un quart ou 365^j,25. Cette période s'appelle *l'année tropique*, parce qu'elle exprime l'accomplissement total des mouvements du soleil en montant et descendant vers le zénith; dénomination tirée du mot τροπή, qui signifie conversion.

L'évaluation précédente peut être matériellement confirmée en continuant d'observer le retour de l'image méridienne vers le point Σ, après quatre périodes complètes de ses mouvements; car la première, qui comprend 365 passages, ayant ramené l'image en S, à une certaine distance au-delà du point $\Sigma_{,}$, la suivante, composée du même nombre, la reculera plus loin de ce point, la troisième plus loin encore; enfin, à la quatrième, l'écart sera sensiblement égal au mouvement de l'image dans l'intervalle d'un jour, ce qui amènera la coïncidence au passage suivant, qui sera cette fois le 366e. On aura ainsi quatre périodes complètes en quatre fois 365 jours, plus 1 jour ou 1461 jours, dont la quatrième partie donnera, pour une seule période 365^j,25; du moins, très approximativement.

41. On obtiendrait le même résultat en observant les retours des levers du soleil au même point de l'horizon avec l'appareil *azimuthal* expliqué § 52 et représenté *fig.* 13. Car, supposons qu'un certain jour on ait tracé, fig. 16, la direction CX du soleil levant dans les temps où cet astre remonte vers le nord. Si on l'observe de nouveau après 365 jours, on trouvera qu'il n'est pas encore revenu en X, et qu'il se lève, par exemple, suivant CS. Mais le lendemain, c'est-à-dire après 366 jours, le lever s'opérera au nord du point X, suivant CS″. Si l'instrument qui donne ces directions est assez grand pour bien apercevoir leur différence, on trouvera que le premier écart angulaire SCX est à peu près le quart de l'écart diurne SCS″; et l'on en conclura encore que la période complète des retours du lever, aux mêmes azimuths, est approximativement 365^j,25; ce que l'on pourra également confirmer par la coïncidence avec la direction CX, après 1461 levers. Cette méthode se trouve dans les livres sanscrits. Mais aucun document n'indique quand elle a été imaginée, ni si les auteurs Hindous en ont réellement fait usage. Et, en général, on n'a pas encore découvert dans leurs traités astronomiques l'exposé d'une seule observation qui leur appartienne authentiquement, ou même qui soit donnée pour telle (*).

(*) *Mémoire sur le cycle indien de 60 ans*, par Samuel Davis. *Asiatic Researches*, etc., tome III, page 212.

42. Si, dans nos climats tempérés d'Europe, pour lesquels j'ai supposé l'appareil spécialement construit, on marque la série des points Σ, Σ_1, Σ_2, *fig*. 19, que parcourt en un même jour le centre de l'image lumineuse, on trouve qu'ils suivent toujours, très approximativement, une branche d'hyperbole dont la méridienne MN est l'axe réel. Mais ces hyperboles varient tous les jours de position, ainsi que de forme. Au solstice d'hiver, et dans les temps qui en sont proches, elles sont convexes par rapport au point G. Au solstice d'été, et dans les temps qui l'avoisinent, elles sont concaves vers ce même point. Entre ces deux époques, elles passent progressivement d'un de ces états à l'autre; de sorte qu'à un certain jour intermédiaire entre les deux solstices, et répondant presque au milieu de leur intervalle, elles coïncident sensiblement avec une ligne droite qq_1q_2, perpendiculaire à la méridienne MN. En admettant cette coïncidence comme exacte dans les limites que peut comporter un tracé graphique, on voit que, le jour où cela arrive, tous les rayons lumineux venus du centre du disque solaire à travers le trou C sont compris dans le plan mené par ce point et par la droite qq_1q_2. Ainsi, *ce jour-là*, le soleil, dans sa marche diurne, suit sensiblement ce plan; et, comme toutes les dimensions d'un gnomon sont infiniment petites comparativement à l'éloignement de cet astre, on voit qu'il doit alors se lever et se coucher sur le prolongement de la ligne qq_1q_2, ou de sa parallèle EO, c'est-à-dire aux vrais points est et ouest de l'horizon. C'est en effet ce que l'on peut observer très approximativement avec l'appareil azimuthal de la figure 13. On conçoit toutefois que ce résultat, ainsi que la permanence dans un même plan pendant tout un jour, ne saurait être absolument rigoureuse, puisque le mouvement propre du soleil dans le sens du méridien, subsistant alors comme dans tout autre temps, doit, pendant qu'il est sur l'horizon, l'écarter tant soit peu du point O, opposé au point E, où nous supposons qu'il se lève. Mais cette déviation s'exerce en sens contraire quand l'astre monte vers le solstice d'été ou redescend vers le solstice d'hiver; de sorte qu'en faisant abstraction du déplacement qui lui est propre, et considérant seulement la route que la révolution du ciel lui fait alors décrire, comme à une étoile qui serait fixe, on peut la supposer exactement comprise dans le plan mené par le point C et la perpendiculaire $qq_{\prime}q_{\prime}$.

43. Il importe de déterminer la direction du plan où s'opère une phase aussi remarquable. Nous connaissons déjà sa trace $qq_{\prime}q_{\prime}$. Reste donc à déterminer son inclinaison sur le plan horizontal. On l'obtiendra en mesurant la longueur $q_{\prime}G$ de l'ombre méridienne le jour où le phénomène a lieu; car alors, dans le triangle rectangle $q_{\prime}CG$, on pourra calculer l'angle C qui est la distance zénithale. méridienne du soleil et le complément de l'inclinaison cherchée. Si l'on détermine aussi, par le même procédé, la distance zénithale méridienne du soleil aux deux solstices, et que l'on construise dans le plan du méridien, *fig.* 23, les trois rayons CS, CQ, CS' menés du point C à cet astre aux trois époques dont il s'agit, on trouvera que la distance zénithale QCZ, correspondante à l'époque que nous considérons, est sensiblement intermédiaire entre les distances zénithales qui correspondent aux deux solstices. Le plan $ECQO$, qui opère cette bissection, s'appelle *le plan de l'équateur céleste*; et les deux époques de l'année où le soleil y arrive s'appellent *les équinoxes*, parce que la durée de sa présence sur l'horizon, qui fait le jour, est alors sensiblement égale à la durée de son absence qui fait la nuit. Cette égalité s'observe ainsi pour tous les points de la surface terrestre sous les mêmes conditions de bissection. Seulement les distances zénithales absolues des rayons CS, CQ, CS' sont généralement différentes en différens lieux; et cette diversité fournit un caractère propre à spécifier leur position relative du sud au nord comme je l'expliquerai plus loin. Quant à l'angle SCQ, ou $S'CQ$ formé par l'équateur avec les deux rayons solsticiaux, on le trouve sensiblement le même pour toute la terre, et sa valeur actuelle diffère peu de $23^{\mathrm{n}}\ 28'$ sexagésimales (*). On

---

(*) Dans la fig. 23, la méridienne MCN, et la perpendiculaire ECO qui passent par le point C, sont désignées par les mêmes lettres qui avaient servi dans la fig. 19, pour désigner leurs analogues menées du point G. Cela a pour but d'indiquer que ces lignes, quoique distinctes dans leur origine, et seulement parallèles dans les deux systèmes, peuvent être censées coïncidentes à leur extrémités célestes, les dimensions du gnomon devenant insensibles, étant vues de la distance où les astres sont placés.

l'appelle *l'obliquité de l'écliptique*, par un motif qui sera expliqué plus loin.

44. On voit dans l'*Almageste* de Ptolémée (*) que, de son temps, et même du temps d'Hipparque, il existait à Alexandrie d'Égypte un grand cercle de cuivre EQOQ', *fig.* 24, placé fixement dans la position de bissection que nous assignons ici au plan ECQO, et qu'on s'en servait pour déterminer l'époque de chaque équinoxe, en observant l'instant où la portion supérieure Q de l'arc, exposée aux rayons solaires, projetait son ombre sur la portion inférieure et concave Q'. Si, ce jour-là, le soleil eût décrit invariablement le plan ECQO, l'ombre de l'arc éclairé se serait projetée ainsi dans le plan même du cercle, pendant toute la durée du jour. Mais cette constance ne pouvait se maintenir aussi long-temps, à cause du mouvement propre de l'astre dans le sens du méridien; et le moment où elle avait lieu donnait l'instant où l'équinoxe arrivait. Toutefois, ce mode de détermination comportait plusieurs genres d'erreurs, comme on le concevra plus tard; et l'une même était irrémédiable. Car elle dépendait d'une cause physique dont on ne tenait pas compte alors, et qui a quelquefois fait indiquer à l'instrument, dans un même jour, deux époques différentes pour un même équinoxe; le soleil paraissant atteindre le plan du cercle, puis le quitter en redescendant vers le sud, et y revenir plus tard en s'élevant de nouveau vers le nord (**).

45. Les deux équinoxes de chaque année ont reçu des dénominations relatives aux phases de température qu'ils ramènent. Celui qui s'opère quand le soleil traverse le plan de l'équateur, en mon-

---

(*) *Almageste*, édition de Halma, liv. III, page 153, 154, 155. Ptolémée a vécu à Alexandrie d'Égypte, vers l'an 130 de l'ère chrétienne, sous l'empereur Antonin II. Hipparque vivait dans le second siècle avant cette ère et est ainsi antérieur à Ptolémée de près de 300 ans. Il était de Bythinie, et a observé à Rhodes. On doute qu'il ait jamais observé à Alexandrie. On présume que le cercle équinoxial, dont nous parlons ici, avait été établi dans cette ville par Ératosthène, ainsi que d'autres instruments dus à la munificence de Ptolémée Philadelphe, environ deux siècles et demi avant l'ère chrétienne.

(**) *Almageste*, édition de Halma, liv. III, pages 154 et 155.

tant vers le nord, s'appelle *l'équinoxe vernal*; le suivant, qui a lieu quand le soleil redescend vers le sud, s'appelle *l'équinoxe automnal*. Le premier s'observe habituellement vers le 21 mars de notre calendrier vulgaire; le second, vers le 22 septembre.

L'année solaire se trouve ainsi partagée par les deux solstices et les deux équinoxes en quatre parts, appelées collectivement *saisons*, qui ont chacune leurs noms et leurs limites universellement fixées comme il suit :

L'intervalle de l'équinoxe vernal au solstice d'été, s'appelle le *printemps*;
      du solstice d'été à l'équinoxe automnal,   *l'été*;
      de l'équinoxe automnal au solstice d'hiver,   *l'automne*;
      du solstice d'hiver à l'équinoxe vernal,   *l'hiver*.

On a cru pendant bien des siècles que ces quatre intervalles partageaient la durée entière de l'année en portions égales. Mais l'observation y fait découvrir des différences qui, même, se trouvent sensiblement diverses à des époques très éloignées. On pourrait constater ce fait avec le gnomon tel que nous l'avons décrit; et c'est par des moyens analogues qu'on s'en est d'abord aperçu. Mais nous aurons bientôt des instruments incomparablement plus parfaits qui nous feront apprécier beaucoup mieux l'existence des différences dont il s'agit, ainsi que leur valeur précise.

46. Si, par le point C, *fig.* 23, on mène dans le méridien une droite indéfinie P′CP, perpendiculaire à la trace méridienne CQ du plan de l'équateur que nous venons de construire, et si l'on établit fixement un long tube creux suivant cette direction, le rayon visuel dirigé dans l'axe de ce tube, vers le nord, marquera dans le ciel le centre apparent du cercle décrit par les étoiles qu'on voit en tout temps sur l'horizon. De sorte qu'en généralisant cette indication, la révolution diurne du ciel entier semble s'opérer autour de la droite P′CP, ce qui a fait donner le nom de *pôles* à ses extrémités indéfinies. Peu importe de quel point de la terre parte cette ligne, le rayon visuel, mené ainsi par l'œil de l'observateur, paraît toujours être l'axe de la rotation générale du ciel. Nous verrons bientôt que les positions relatives des rayons visuels, menés à un même astre fixe, pendant les diverses phases de sa révolution diurne, sont rigoureusement conformes à cet aperçu. Pour le

moment, bornons-nous à en suivre les conséquences sur le soleil, en faisant abstraction du déplacement diurne que cet astre éprouve, dans le sens du méridien, par l'effet de son mouvement propre pendant qu'il est sur l'horizon. Alors si, par le centre C du gnomon, l'on conçoit la ligne droite P'CP, *fig.* 25 et 26, perpendiculaire à l'équateur CQ, le rayon solaire central SC, qui passe par le trou C, décrira chaque jour autour de cette droite un cône droit à base circulaire, dont l'angle au centre SCP restera constant dans toutes les positions successives de l'astre. Cet angle s'appelle *la distance polaire du centre du soleil*. Le même rayon SC, prolongé vers le sol décrira la nappe opposée du même cône. La section de cette nappe par le plan horizontal, mené du point G, sera donc la courbe que l'image lumineuse trace sur le sol ce jour-là. Cette courbe sera ainsi toujours une section conique, qui, dans la disposition particulière que les figures 25 et 26 représentent, sera une branche d'hyperbole, concave vers le point G quand le soleil se trouvera au nord de l'équateur, et convexe quand il sera au sud; comme on le voit dans les figures mêmes, où ces deux positions sont représentées séparement, et indiquées par la nappe ombrée du cône. Entre ces deux extrèmes, l'image lumineuse suivra une ligne droite quand l'astre parcourra l'équateur. Tout cela est conforme aux apparences générales que j'ai indiquées dans la fig. 19. Mais on peut rendre la vérification tout-à-fait géométrique, en formant, pour chaque jour, l'équation du cône droit décrit ainsi par le rayon solaire, selon la valeur actuelle de l'angle au centre SCP. Car, si l'on conçoit la nappe ombrée du cône, coupée par le plan horizontal mené en G au pied du gnomon, l'équation de cette trace, que le calcul donne, coïncidera toujours avec la courbe réellement décrite par l'image lumineuse, quel que soit le jour et le lieu de la terre pour lesquels le calcul est fait. Seulement la forme de la section différera pour le même jour, en différents lieux, selon l'angle plus ou moins aigu que la verticale CG, et par suite le plan coupant horizontal, formera avec l'axe CP du cône solaire (*). En outre, l'identité

(*) Voyez, pour ces détails, l'addition placée à la fin du chapitre.

de la trace diurne, avec une section conique, ne sera complétement exacte qu'aux jours des solstices, parce que, dans les autres temps de l'année le mouvement propre du soleil, du nord au sud ou du sud au nord, fait que l'angle SCP n'est pas rigoureusement constant pendant tout un jour. Mais l'écart est de sens contraire quand l'astre s'éloigne ou se rapproche du zénith.

47. En faisant abstraction de cette circonstance qui devient insensible dans les deux solstices, si l'on prend sur la courbe lumineuse diurne, *fig.* 19, deux points Σ, $\Sigma_{,}$, dont les distances au point G soient égales, on trouve que les angles ΣGN, $\Sigma_{,} GN$ sont égaux entre eux. Ceci offre un excellent moyen pour tracer la ligne méridienne; car il n'y a qu'à décrire du point G comme centre un nombre quelconque de circonférences, de rayons divers, et marquer sur chacune d'elles les deux points où elle est coupée, dans un même jour, par le centre de l'image solaire. Chaque couple de points correspondants ainsi obtenus donnera la direction de la méridienne, en bissectant la corde qui les joint; et s'il y a quelque petite différence entre les lignes ainsi tracées, la moyenne de toutes donnera cette direction très exactement. De plus, si l'on fait retourner par la pensée, vers le sud du zénith, les rayons lumineux qui aboutissent à un même couple de points correspondants Σ, $\Sigma_{,}$, ils auront évidemment des distances zénithales égales, et seront compris dans des plans également éloignés du méridien, ce qui montre que l'arc diurne décrit par le soleil est partagé en deux moitiés symétriques par ce dernier plan; sauf la petite dissemblance produite par le mouvement propre du nord au sud dans l'intervalle d'un jour.

48. Après avoir opéré ainsi en un certain point C, *fig.* 27, concevons que l'on trace, dans le plan horizontal, la perpendiculaire EO, à la méridienne qui passe par ce point; et que, dans le plan vertical de son prolongement, vers l'est, par exemple, on prenne un autre point C′ où l'on opère de même; puis encore, au-delà, un troisième C″, et ainsi de suite en marchant toujours vers l'est. Il est évident que la terre étant sphéroïdale, cette construction continuée donnera une section CC′C″C‴... rentrante sur elle-même; et, d'après l'observation rapportée tout-à-l'heure, l'axe de rotation du ciel semblera toujours passer par le point C, C′, C″, où l'observateur est actuellement placé. Or, cette identité d'aspect ne peut avoir lieu ainsi que dans le cas où l'intervalle des points C, C′..., conséquemment le diamètre de la terre entière, est comme nul, comparativement à la distance des astres observés. Et ce résultat est également nécessaire si la révolution diurne du ciel n'est qu'une apparence produite par la rotation de la terre sur elle-même en sens opposé, comme nous avons vu que cela est très vraisemblable. Cette conséquence sera rigoureusement confirmée plus tard par des observations assez précises pour nous faire connaître la distance absolue des astres qui sont les plus rapprochés de nous; et alors nous parviendrons à y découvrir quelques petites différences d'aspect selon les points de la surface terrestre d'où on les observe au même instant. Mais, si les dimensions du sphéroïde terrestre ne sont pas tout-à-fait inappréciables comparativement à la distance de ces astres, elles sont absolument insensibles, relativement à tous les autres qui composent l'immensité du ciel.

49. Ceci explique très simplement, *pourquoi* les deux rayons solsticiaux CS CS′, *fig.* 23, menés dans le plan QCP qui contient l'axe de rotation diurne, forment entre eux un angle SCS′ qu'on trouve toujours sensiblement constant, de quelque lieu qu'il soit observé. En effet, représentons par PP′, *fig.* 28, la direction indéfinie de cet axe idéal qui devra toujours traverser la terre, et la percer en deux points opposés *p,p′*, que ce soit elle qui tourne ou le ciel. En un point quelconque C, appartenant à la terre, et situé à sa surface ou dans son intérieur, figurons-nous un observateur, qui, à un instant quelconque, mesure ou détermine la distance polaire SCP du centre du soleil. Si la même observation est faite, au *même instant physique*, de tout autre point C′ appartenant aussi à la terre, la petitesse de l'intervalle CC′, comparativement à la distance de l'astre, rendra les rayons CS, C′S sensiblement parallèles entre eux; et la même cause rendra aussi parallèles les deux rayons CP, C′P, dirigés des points C, C′ au pôle apparent P du ciel, autour duquel la rotation diurne semble s'opérer. Ainsi l'angle SCP se trouvera sensiblement égal à SC′P, pourvu qu'il soit observé au

même instant. Il en sera de même de toute autre distance polaire S′CP, S′C′P, sous la même condition de simultanéité. Maintenant, cette condition se trouve naturellement remplie lorsque SCP, S′C′P sont les deux distances solsticiales mêmes, soit la plus grande soit la plus petite, pourvu que chaque observateur les ait exactement déterminées par ce caractère de maximum ou de minimum, chose d'autant plus facile que, dans ces deux positions du soleil, la distance polaire SCP ou S′CP ne varie qu'imperceptiblement. Alors ces deux distances et leur différence SCS′ ou SC′S′ doivent donc avoir sensiblement la même valeur; et les droites QC, QC′ qui bissectent ces angles, doivent aussi sembler partout perpendiculaires à l'axe de rotation apparent du ciel, dès qu'elles paraissent telles en un seul lieu; car elles sont aussi parallèles entre elles. Par une conséquence nécessaire tous les plans menés par ces droites CQ, C′Q perpendiculairement à l'axe de rotation sont parallèles entre eux; et, à cause de la petitesse de la terre, ils vont aboutir, dans le ciel, aux mêmes étoiles, se confondant alors en un seul plan que nous avons déjà nommé l'équateur céleste.

Ce constant parallélisme des droites QC, QC′, dans l'espace absolu, leur donne nécessairement d'inégales inclinaisons QCZ, QC′Z sur les verticales CZ, C′Z′ des différents lieux; et la grandeur de ces inclinaisons détermine l'obliquité moyenne des rayons solaires sur l'horizon de chaque lieu, ce qui est l'élément le plus efficace de sa température annuelle. Ce motif, joint à la facilité de déterminer l'angle QCZ par les observations des solstices, l'a fait employer de toute antiquité comme un élément de position relative des différents lieux, et on lui a donné le nom de *latitude géographique.* D'après la condition même qui le détermine *on voit que la latitude géographique d'un lieu est la distance de l'équateur à son zénith, et qu'elle est aussi égale à la hauteur angulaire du pôle céleste, visible sur son horizon,* en prenant l'expression de *hauteur* dans le sens astronomique que nous y avons attaché § 54. Les points de la terre où cet angle est nul constituent sur sa surface une ligne courbe que l'on nomme l'*équateur terrestre;* et les deux points *p, p′,* où il est droit, sont appelés les *pôles de la terre*. A l'Observatoire de Paris, la hauteur apparente du pôle nord, est d'environ 48° 50′ sexagésimales. Je ne fais que présenter ici ces définitions, pour pouvoir énoncer exactement plusieurs phénomènes remarquables de physique terrestre qui vont bientôt s'offrir à nous, et je reviendrai plus tard sur les procédés d'observation qu'il faut employer pour les appliquer avec toute la précision que les instruments perfectionnés permettent d'atteindre.

50. Les astronomes, pendant bien des siècles, n'en ont pas eu d'autres que le gnomon, et encore l'employaient-ils avec des dispositions infiniment moins précises que celles que je viens d'exposer. Les gnomons grecs n'étaient qu'un cône mince de métal CG, *fig.* 29, érigé verticalement, et projetant son ombre sur le plan horizontal HG. Mais alors, en construisant le profil de cette ombre, dans le plan vertical qui contient le centre du disque solaire, comme le représente la figure, il est évident que ses limites sont très imparfaitement terminées. En effet, soient S′CR′, S″CR″ les deux rayons lumineux extrêmes qui, partant des points, le plus élevé, et le plus bas du disque, viennent affleurer la pointe C du cône CG que l'on désigne par le nom de *style* dans cette application. Toute la portion R′G de la droite HG ne recevra absolument aucun rayon solaire. Car si, par un quelconque de ses points, tel que X on mène une droite au sommet du style, elle se dirigera dans le ciel au-dessus du disque; et, pour le point R′ lui-même, cette droite rencontrera exactement le disque à son sommet le plus élevé. Cette portion R′G sera donc dans l'*ombre pure*. Mais, au-delà de R′, les points situés sur R′H commenceront à *voir* le soleil; et ils découvriront une partie de son disque de plus en plus grande à mesure qu'ils s'éloigneront de R′, jusqu'au point R″ qui commencera à voir ainsi le disque entier; après quoi il en sera ainsi pour tous les points situés au-delà. On aura donc, depuis R′ jusqu'en R″, une dégradation progressive de l'ombre pure que l'on appelle en optique la *pénombre*; et ensuite la *lumière totale* depuis R″ jusqu'à l'infini. Or, il sera impossible, dans ces variations, de connaître le point Σ où tombe le rayon venu du centre du disque; et il sera même très difficile de distinguer le point R′ où l'ombre pure finit,

Mais, en supposant qu'on s'efforçât de la fixer, comme paraissent l'avoir fait les anciens astronomes qui ont employé cet appareil, la distance zénithale qui en résulte est S'CZ, c'est-à-dire celle du bord *supérieur* du soleil, au lieu de la distance SCZ qui est celle de son centre. De sorte que, pour obtenir cette dernière, qui est l'indice réel de la position de l'astre, il faut ajouter à la distance zénithale limitée par l'ombre pure, l'angle S'CS, c'est-à-dire la moitié de l'angle visuel soutendu par le disque, angle qu'on appelle le *diamètre apparent du soleil*, et qui est d'environ 32 minutes sexagésimales. Cette réduction de 16 minutes, est donc nécessaire pour toutes les observations anciennes faites avec un gnomon ainsi disposé, et Ptolémée lui-même n'a pas remarqué l'erreur qui en résultait. Le premier astronome qui l'ait évitée est Cocheouking, qui, en 1271, employa cette modification si simple du gnomon à trou (*), laquelle donne la vraie distance zénithale du centre du soleil.

La plus ancienne observation du gnomon qui nous soit restée des astronomes grecs est celle que Pytheas fit à Marseille vers l'an 350 avant notre ère pour déterminer la distance du soleil au zénith

---

(*) On pourrait soupçonner que Cocheouking reçut ce procédé des astronomes persans attachés, comme lui, à la cour de l'empereur chinois Cobilay. En effet, l'empereur persan Houlagou, frère de Cobilay, qui protégeait beaucoup l'astronomie, avait fait construire à Meragah, sous la direction de l'astronome Nassir-Eldin, un grand observatoire, dans lequel l'image du soleil pénétrait par un trou percé à la voûte et se projetait sur une muraille opposée. *Extrait d'un manuscrit arabe par M. Jourdain.* Or, dans l'*Histoire de l'Astronomie chinoise*, par le père Gaubil, tome II, page 129, on voit que Cobilay fit venir des mathématiciens de la cour de son frère, entre autres un nommé Gemaleddin, qui enseignèrent à Cocheouking les méthodes d'Occident; ce que confirment en effet des passages de livres chinois de cette époque, que M. Stan. Julien m'a traduits, et où l'on donne même la description des instruments construits alors à Péking par les étrangers. Toutefois nous n'y avons pas trouvé la plaque percée d'un petit trou, comme dans le grand gnomon de Cocheouking; mais seulement le mode de nivellement par une rigole pleine d'eau, comme je l'ai décrit *fig.* 13. Pourtant, ce qui semblerait indiquer que le procédé employé par Cocheouking, était d'origine étrangère, c'est que les Chinois qui ne l'avaient jamais employé auparavant, ont cessé d'en faire usage après lui, et sont revenus au gnomon à style.

de cette ville dans les deux solstices, afin d'en conclure sa
latitude géographique. Mais nous avons des observations analogues faites à la Chine, avec le gnomon à style, par le prince
astronome Theheoukong, qui remontent beaucoup plus haut,
puisqu'elles datent de 1100 ans avant notre ère (*). Enfin, on
a la preuve que le gnomon à style était connu en Égypte à
des époques bien plus reculées encore; et qu'on savait même
l'y employer sous des formes plus compliquées que je ne viens
de le dire. Car, parmi les monuments d'antiquité que possède
le musée de Turin, feu Champollion en a découvert un, trouvé
à Thèbes dans des tombeaux dont l'existence remonte à plus de
2000 ans avant l'ère chrétienne, et qui offre tous les caractères
d'un gnomon à style, où le style était oblique au plan vertical,
comme dans les cadrans solaires actuels qui marquent midi dans les
lieux publics. On l'a représenté, *fig.* 30, d'après un dessin exact,
que je dois à M. Plana. Il consiste en un socle carré, de basalte,
admirablement poli, dont deux faces latérales sont soigneusement
sculptées. L'une porte à son milieu deux petites rides parallèles
très légères, laissées en relief des deux côtés du centre du trou,
auquel probablement le style s'insérait; et entre elles, à partir
du centre du trou est tracée une ligne droite d'une finesse extrême
pour recevoir l'ombre du style. Comme indice confirmatif de cette
destination, la face contiguë à celle-ci présente l'image, en pied, du
dieu soleil Phré, tournée vers le côté d'où vient la lumière. La
base du socle se prolongeait parallèlement à la face éclairée, de
manière à former une règle aujourd'hui brisée; et une ins-
cription hiéroglyphique sculptée sur le contour de cette base,
exprime que l'instrument appartenait à un des prêtres appelés
hiérogrammates, qui étaient chargés des études scientifiques relatives à la religion. Or, en effet, Clément d'Alexandrie témoigne que
cette classe de prêtres portaient, dans les cérémonies publiques, de
semblables règles qui étaient des insignes de leurs fonctions (**).

____

(*) *Manuscrit de Gaubil*, publié par Laplace, *Connaissance des Tems*
de 1811, page 429 et suivantes.

(**) Clément d'Alexandrie, *Stromates*.

La petitesse de celle-ci semble indiquer qu'elle était destinée à un pareil usage plutôt qu'à des observations réelles. Mais, en donnant à cet appareil des dimensions plus grandes, il pouvait parfaitement servir pour des déterminations azimuthales analogues à celles de la figure 13, § 52; la règle indiquant la direction perpendiculaire au soleil levant lorsque l'ombre du style tombait sur la raie; et il n'a pas fallu autre chose pour tracer des méridiennes horizontales, comme il paraît que les anciens Égyptiens savaient le faire, puisque plusieurs de leurs édifices, et en particulier les pyramides, ont leurs faces orientées très approximativement suivant cette direction.

54. C'est un fait bien remarquable que Ptolémée, qui parle plusieurs fois d'instruments placés dans le plan du méridien, et qui dit y avoir observé lui-même, ne donne aucune indication quelconque sur la manière dont il déterminait la ligne méridienne. Théon d'Alexandrie, qui a fait sur l'*Almageste* un commentaire très étendu, ne s'explique pas davantage sur ce point. L'unique mention que l'on connaisse d'une opération si importante pour l'astronomie exacte, se trouve dans un ouvrage de Proclus Diadochus, intitulé *Hypotyposes*, lequel a pour objet l'exposition des hypothèses propres à représenter les mouvements des astres, particulièrement celles de Ptolémée. En décrivant un des principaux instruments de l'*Almageste*, qui doit être dirigé dans le méridien, l'auteur enseigne à tracer une méridienne. Pour cela, il prescrit de tracer un cercle autour du pied d'un gnomon *à style;* puis de marquer les points où l'extrémité de l'ombre atteint la circonférence de ce cercle le matin et le soir, et de bissecter l'angle compris entre ces deux ombres égales (*). Ce procédé est évidemment très imparfait. D'abord, parce que le mouvement propre du soleil dans le sens du méridien rend les ombres égales inégalement distantes de la méridienne rigoureuse, excepté aux époques des solstices; ensuite, parce que l'extrémité de l'ombre d'un gnomon à style est toujours incertaine à cause de la pénombre, ce qui ôte toute possibilité de la limiter avec précision à d'égales longueurs. On

---

(*) *Hypotyposes*, page 82, édition de Halma.

pouvait espérer de trouver plus d'exactitude chez les Arabes et les Persans, qui ont connu l'*Almageste* bien avant nous, et qui ont pratiqué long-temps l'astronomie en suivant ses préceptes; de sorte que les procédés dont ils ont fait usage donnent une limite très positive de ce qui était connu avant eux. Or, jusqu'au XIII⁰ siècle de notre ère, les plus habiles de ces astronomes et les plus praticiens, comme Ebn-Jounis et Aboul-Hassan, ne décrivent et n'indiquent d'autre méthode pour tracer une méridienne que l'égalité des ombres d'un gnomon *à style* expliquée par Proclus. Et l'on ne trouve pas autre chose dans le procédé indiqué par eux sous le nom de *cercle indien*, puisqu'il consiste à élever un pareil gnomon au centre d'un cercle horizontal, et à observer les points où l'extrémité de l'ombre entre dans le cercle et le quitte (*). Ceci jette beaucoup de doute sur l'esprit de précision qu'on a voulu leur attribuer, et aussi sur l'exactitude des moyens employés par Ptolémée leur maître; si toutefois l'on veut admettre que Ptolémée a observé lui-même, comme il l'affirme, sans donner aucun détail d'où l'on puisse tirer indubitablement cette conclusion. Cette complète absence de documents précis d'observation, qu'on remarque dans l'*Almageste*, pourrait faire justement soupçonner, comme le croyait Delambre, que Ptolémée aurait été seulement un habile géomètre et un calculateur infatigable, qui aurait rassemblé en un corps de doctrine les travaux des astronomes antérieurs, spécialement d'Hipparque; et dont l'*Almageste*, devenu populaire, a peutêtre fait malheureusement disparaître pour toujours les ouvrages originaux qui nous seraient aujourd'hui si précieux.

52. Les autres instruments, très peu nombreux, que Ptolémée indique comme ayant été employés par lui ou par Hipparque, ont

---

(*) Cette dénomination de *cercle indien* a fait conjecturer que les Persans et les Arabes auraient emprunté beaucoup d'autres notions astronomiques aux Hindous. Mais, puisque le procédé dont il s'agit, d'ailleurs si simple en lui-même, n'est que celui qu'indique Proclus, il serait plus logique d'en conclure que les auteurs dont nous parlons, ne le trouvant pas dans l'*Almageste*, n'ont pas même eu assez de pratique pour l'imaginer, et qu'ils l'ont reçu des Hindous, peut-être en même temps que ce livre, mais comme une invention que les Hindous s'attribuaient.

été reproduits par les Persans et les Arabes, avec des additions de détail où le sentiment d'une plus grande précision dans les observations astronomiques commence à se manifester par d'importantes améliorations. Je rappellerai les principaux en décrivant leurs analogues parmi ceux qui nous servent aujourd'hui. Mais je le ferai plutôt pour montrer le progrès des procédés et des méthodes, que pour en tirer des mesures désormais inutiles à employer par leur imperfection.

53. Les retours successifs du soleil au plan du méridien, ou plus généralement à une même phase de sa révolution diurne, ramenant pour les sociétés humaines les époques nécessaires du repos et du travail, ont été universellement employés sous le nom de *jours solaires*, pour déterminer l'unité civile du temps. Mais les subdivisions de cette unité commune ont été très différentes chez les différents peuples, selon le plus ou moins de précision que leur état social leur donnait le besoin d'y attacher.

Nous autres modernes qui possédons, comme je l'expliquerai par la suite, des instruments mécaniques appelés *horloges*, lesquels divisent le temps par portions exactement égales, indépendamment de la présence ou de l'absence du soleil, et qui annoncent ces parties au public, nous assujétissons toute la révolution diurne du soleil à un mode de subdivision commun et uniforme, sans distinction des phases de lumière ou d'obscurité. Pour cela nous concevons, par l'axe de la révolution diurne, douze plans indéfinis, appelés *plans horaires*, lesquels interceptent entre eux des angles dièdres de 15° sexagésimaux ; de sorte que tout l'espace céleste qui environne cet axe, se trouve ainsi partagé en vingt-quatre segments égaux, comprenant un de ces angles. Puis nous appelons *heure solaire*, la durée de temps, constante ou variable, que le soleil emploie chaque jour pour passer d'un de ces plans au plan suivant. Un d'eux est toujours le méridien ; et la succession des heures se compte à partir de l'instant où le centre du soleil le traverse dans sa nappe inférieure, ce qui constitue l'instant de la révolution diurne qu'on appelle *minuit*, tandis qu'on appelle *midi*, l'instant où le centre traverse la nappe supérieure. En astronomie, les vingt-quatre heures qui composent chaque jour solaire, se comptent sans discontinuité de 1 à 24, depuis un minuit jusqu'au minuit suivant. Mais, dans les habitudes civiles, l'usage a prévalu d'interrompre la numération après douze heures, c'est-à-dire à midi, pour recommencer ensuite ; en distinguant les heures qui précèdent midi par la dénomination spéciale d'heures du *matin*, et celles qui le suivent par la dénomination d'heures du *soir*. Nos horloges mécaniques, tant publiques que particulières, marquent généralement les heures, suivant cet ordre de numération.

Les Chinois qui, plus de douze siècles avant l'ère chrétienne, employaient aussi un mode mécanique de subdivision du temps analogue au nôtre, quoique moins parfait, l'appliquaient de même à toute la révolution diurne du soleil sans discontinuité. Mais ils la partageaient en cent portions égales, que l'on annonçait successivement au public. Elles se comptaient comme les nôtres à partir de minuit. Ils avaient aussi un autre mode de subdivision en douze parties appelées heures, dont ils se servent encore, et qui même est actuellement le seul en usage. Mais on n'est pas assuré que son emploi remonte à une si haute antiquité.

Les Grecs, les Arabes mêmes, jusqu'à l'époque où ils connurent les horloges mécaniques, partageaient le jour solaire différemment. Ils divisaient la durée du jour visible en douze parties égales, appelées *heures de jour*, et celle de la nuit en douze autres, appelées *heures de nuit*. Ces deux sortes d'heures variaient donc en durée pour un même lieu, aux diverses saisons ; et elles étaient aussi différentes en différents lieux à une même époque de l'année solaire, selon que la révolution totale du soleil se trouvait partagée par les deux phases de la nuit et du jour. Ce n'était qu'aux époques des équinoxes qu'elles devenaient égales entre elles, pour la nuit et pour le jour, en même temps que communes à tous les pays. C'est pourquoi on les nommait *heures temporaires* ; tandis qu'on appelait *heures équinoxiales*, les heures égales dont nous nous servons aujourd'hui exclusivement. On verra, dans l'addition placée à la fin de ce chapitre, comment on peut calculer la durée des heures temporaires, en parties des heures équinoxiales, pour un lieu donné de la terre, à chaque époque de la révolution annuelle du soleil.

54. A défaut d'horloges mécaniques pour mesurer ces heures variables, on se servait des ombres solaires projetées par le sommet des styles des gnomons, en marquant sur les courbes diurnes décrites par ces ombres, le point auquel chaque heure arrivait. On verra encore dans l'addition placée à la fin de ce chapitre, la manière dont cette désignation peut s'effectuer, tant pour les heures équinoxiales que pour les heures temporaires.

55. Ces mêmes instruments à ombres solaires, tout imparfaits qu'ils étaient, ont servi encore à constater, que le mouvement propre annuel du soleil, de quelque lieu qu'on l'observe, semble toujours s'opérer suivant un plan oblique à l'équateur céleste, et mené par l'œil de l'observateur; cette dernière circonstance résultant de ce que la terre est comme un simple point, relativement à la distance où l'astre est réellement placé.

Pour en tirer cette déduction, il faut se rappeler que le déplacement successif du soleil, parmi les étoiles fixes, nous le montre marchant toujours de l'occident vers l'orient, par un mouvement propre dirigé obliquement à l'équateur et au méridien, jusqu'à ce qu'il revienne enfin aux mêmes positions dans le ciel, après un nombre de jours solaires, que nous avons reconnu être approximativement égal à 365^j,25. Ce mode annuel de circulation et de retour peut donc être géométriquement représenté, en attribuant à l'astre deux mouvements simultanés et distincts, dont l'un, parallèle à l'équateur, le porte toujours vers l'orient, et l'autre dirigé suivant les plans horaires, est mesuré par les variations diurnes de la distance zénithale méridienne que l'on peut conclure des gnomons. Or, le mouvement parallèle à l'équateur pourra aussi être approximativement imité, si l'on conçoit, par l'axe de rotation diurne, un système de plans horaires séparés les uns des autres par des angles dièdres égaux à

$$\frac{360°}{365,25'}, \text{ ou } 1° - \frac{7}{487}.1°,$$

et que l'on considère le soleil comme transporté d'un de ces plans au plan suivant, dans l'intervalle de deux midis consécutifs. Cela posé, prenons arbitrairement un point C, *fig.* 31, pour représenter le point de la terre où l'on a observé. Par ce point, menons idéalement l'axe PCP′ autour duquel s'opère la révolution diurne du ciel, ainsi que le plan EQOQ′ perpendiculaire à cet axe pour représenter l'équateur. Si de C, comme centre, nous décrivons une sphère d'un rayon quelconque qui coupe l'axe polaire aux points PP′, et le plan équatorial suivant le cercle EQOQ′, les rayons visuels menés de C au soleil, comme à tout autre astre, seront aussi coupés par cette sphère ; et les angles compris entre les rayons auront pour mesure les arcs des grands cercles qu'ils interceptent sur sa surface. Alors il devient très facile de construire graphiquement sur cette surface les points successifs où le soleil s'est projeté au moment de midi. En effet, ayant réalisé matériellement une sphère pareille, marquons-y arbitrairement deux points PP′, aux extrémités d'un même diamètre, pour représenter ceux où elle est percée par l'axe de la révolution diurne ; et traçons-y un grand cercle perpendiculaire à ce diamètre, pour figurer son intersection par le plan de l'équateur. Puis, proposons-nous de marquer sur sa surface les *lieux apparents du soleil*, à midi, en partant d'un certain jour où nous aurons mesuré la distance zénithale méridienne SCZ de cet astre par les observations du gnomon, *fig.* 23. Si nous avons aussi déterminé, comme nous pouvons le faire, la distance constante ZCP de notre zénith au pôle visible, laquelle est le complément de la hauteur apparente et observable de ce pôle, nous en conclurons immédiatement quelle a été la distance polaire SCP du soleil au moment de l'observation. Pour la construire, on décrira, sur la sphère, *fig.* 31, à partir du pôle, un grand cercle Pq′, lequel représentera la trace du plan horaire quelconque, où le soleil se trouvait ce jour-là au moment de midi. Puis, prenant sur ce cercle, à partir du pôle P un arc Ps′ égal à la distance polaire observée, le point s′ où il se termine représentera le lieu apparent du soleil sur la sphère à cet instant. Le lendemain on réitérera la même opération ; seulement il faudra construire la nouvelle distance polaire sur un autre cercle horaire Pq″, dont le plan forme, avec Pq′, un angle

dièdre égal $1° - \frac{7}{487}.1°$ *vers l'est*. Mais rien ne sera plus facile,
puisque cet angle dièdre se trouvera mesuré et exprimé par l'arc
correspondant du cercle équatorial. On aura donc ainsi, sur la
sphère, le lieu du soleil pour le second jour au moment de
midi. On l'obtiendra de même pour le jour suivant et pour tous
les autres, autant qu'on se sera procuré d'observations. Alors,
menant une courbe continue par tous ces points isolés, on verra
qu'elle suit sensiblement un grand cercle de la sphère. De sorte
que, à juger par ces apparences, la route annuelle du soleil s'o-
pérerait dans le plan de ce cercle, mené du centre C, c'est-à-dire
par l'œil de l'observateur.

56. Cette construction par points, des distances polaires du
soleil, sur des globes divisés, pour figurer le mouvement annuel
de cet astre, paraît avoir été usitée chez les Chinois à des
époques au moins aussi anciennes que les observations du gnomon de Tcheoukong. Et même, la division de la circonférence,
adoptée par eux depuis un temps immémorial, s'y trouve rat-
tachée. Car, au lieu de la prendre d'un nombre entier de degrés,
comme tous les autres peuples, ils l'ont faite, et la font encore
aujourd'hui, de 365 parties et $\frac{1}{4}$, conformément au nombre de
jours et de fractions de jour qu'ils trouvaient, ou supposaient,
compris dans l'année solaire. De sorte qu'un degré chinois vaut en
parties des nôtres $\frac{360°}{365,25}$, ou $1° - \frac{7}{487}.1°$, ou, en décimales,
$1° - 0°,0143737166\,3$. Et ils admettaient que de chaque midi, au
midi suivant, le soleil décrivait parallèlement à l'équateur un de
ces degrés juste, précisément comme nous venons de le supposer
dans notre construction.

57. Indépendamment des imperfections matérielles que
comporte toujours un tracé graphique, ce mode de représentation renferme un élément essentiellement douteux et hypothétique, qui est la constance attribuée au mouvement du soleil
parallèlement à l'équateur, entre l'intervalle de deux midis,
pendant toute l'année. Mais ici, comme dans une infinité d'autres
recherches de science, la simplicité de la loi physique qui semble

se manifester, est une indication qu'il faut suivre, pour voir si, en la supposant vraie, elle n'offrirait pas quelque moyen de lever cette incertitude par ses conséquences observables. Supposons donc qu'en effet la route annuelle du soleil dans le ciel soit comprise tout entière dans un plan, mené par le centre de notre sphère idéale, et qui par conséquent la coupe suivant un de ses grands cercles EQOQ'. Ce plan coupera le plan de l'équateur suivant une droite ECO qui passera aussi par le centre C; de sorte que CO et CE seront les directions des deux rayons visuels menés au soleil dans ses deux positions équinoxiales d'une même année. Ainsi, déjà, ces deux rayons, étant construits sur le cercle équatorial, devront s'y trouver opposés en ligne droite. Maintenant du centre C, menons un troisième plan PSQ, perpendiculaire à l'intersection OCE des deux autres, et figurons par SCS', QCQ', les droites suivant lesquelles il les coupe. L'angle aigu SCQ, ou S'CQ', compris entre ces droites, mesurera l'inclinaison mutuelle des deux plans. Ainsi, CS, CS', seront les deux rayons visuels dirigés vers le soleil, aux deux époques de l'année où il s'écarte le plus de l'équateur, soit vers le sud, soit vers le nord; et l'opposition des angles SCQ, S'CQ', montre que ces écarts seront égaux entre eux. Ce seront donc là les vraies places des solstices. Nous aurions donc exactement les valeurs des deux angles, en prenant le complément de la plus petite ou de la plus grande distance polaire annuellement observée, si le soleil arrivait au solstice à l'instant même où il traverse le méridien du lieu où se fait l'observation. Évidemment cette coïncidence d'époque ne peut se réaliser avec rigueur, à chaque solstice, que pour certains lieux de la terre. Néanmoins, on obtiendra encore les angles SCQ, S'CQ', presque sans aucune erreur, en les déduisant des deux distances polaires extrêmes, observées dans un lieu quelconque, parce que les distances polaires solsticiales PS, PS', étant perpendiculaires au plan SEOS', diffèrent infiniment peu de celles qui en sont très voisines. Or, ayant ainsi l'obliquité ω des deux plans, nous pouvons, à l'aide de la trigonométrie sphérique, placer sur la sphère les arcs $q's'$, $q''s''$... QS, compléments des distances polaires de chaque jour, sans faire aucune supposition sur les arcs $q'q''$, $q''Q$, du cercle équatorial qui les sépare (*). En effet, O désignant un des points d'intersection des deux cercles, qui sera si l'on veut l'équinoxe vernal, concevons qu'on nous donne une distance méridienne $q's'$ du soleil à l'équateur, qui ait été observée entre cet équinoxe et le solstice d'été ; puis proposons-nous de la placer à la distance de l'intersection O que l'inclinaison du plan lui assigne. Les arcs de grands cercles q'O, s'O, $s'q'$, formeront un triangle sphérique rectangle en q', dans lequel nous connaîtrons l'angle dièdre en O, qui est l'inclinaison des deux plans, ou ω, plus la distance $q's'$ au plan de l'équateur qui est donnée par l'observation, et que j'exprimerai par d. Alors tous les autres éléments du triangle pourront se déduire de ceux-là. Et si l'on demande, par exemple, l'arc q'O, que je nommerai a, et l'arc s'O que je nommerai l, on les trouvera par les formules

$$\sin a = \frac{\tang d}{\tang \omega}, \quad \sin l = \frac{\sin d}{\sin \omega}.$$

Chacun des arcs a étant ainsi conclu de la distance d qui lui correspond, celle-ci pourra être placée et construite sur la sphère, à partir du point adopté pour représenter l'intersection O, sans supposer que la différence des arcs a entre deux midis est constante pendant toute l'année, comme nous l'avons admis

---

(*) On trouve dans le commentaire d'Hipparque, sur Aratus, un passage où ce grand astronome dit formellement que dans un Traité de lui, aujourd'hui perdu, il a *démontré, par des figures*, des relations d'arcs analogues à celles-là ; et, en effet, ce même commentaire en offre un exemple bien plus difficile qui est rigoureusement calculé. On peut le voir dans l'édition de Petau, page 122, § VII. Comme on ne trouve aucune trace de trigonométrie sphérique dans les ouvrages antérieurs qui nous sont restés des Grecs, ni même dans les résultats qu'ils avaient obtenus, j'en conclus, avec Delambre, que l'on doit attribuer à Hipparque l'invention de cette branche des mathématiques si importante pour l'astronomie. Les Chinois, qui ont pratiqué l'astronomie bien des siècles avant les Grecs, n'ont connu la trigonométrie sphérique que fort tard. Cocheouking, lui-même, la reçut, au XIIIe siècle de notre ère, des astronomes persans ; et par une inaptitude pour les notions exactes qu'on retrouve partout chez ce singulier peuple, il se trompa dans plusieurs applications très simples qu'il en voulut faire, quoiqu'il fût d'ailleurs si soigneux et si habile dans la pratique matérielle des observations.

d'abord. Même, si cette différence varie à diverses époques, nous obtiendrons ainsi sa véritable loi. Il ne restera donc qu'à chercher quelque procédé d'observation qui nous donne la mesure effective de ces différences successives. Car si nous les trouvons toujours conformes au calcul, sur tout le contour du cercle équatorial, la condition du mouvement de l'astre dans un plan se trouvera ainsi confirmée par chaque observation, et l'ensemble de ces vérifications la rendra indubitable.

88. Les arcs $q'O$, $q's'$, que nous venons de considérer, sont réellement deux coordonnées angulaires qui fixent à chaque instant la position apparente de l'astre, relativement à l'équateur, et au plan horaire fixe que l'on mènerait par l'équinoxe vernal. La première $q'O$, ou a, s'appelle l'*ascension droite*, dénomination dont j'expliquerai plus tard le motif; et on la compte, comme je l'ai supposé, à partir de l'équinoxe vernal, en allant vers le solstice d'été, de o° à 360° sans interruption. Ce sens de numération lui fait suivre le mouvement du plan horaire qui contient le soleil; et elle croît ainsi, d'occident en orient, à mesure que ce plan s'avance dans cette direction. L'arc $q's'$, ou d, complément de la distance polaire, s'appelle la *déclinaison* du soleil. C'est la mesure de l'angle que le rayon visuel mené à cet astre forme à chaque instant avec le plan de l'équateur. Comme elle change de sens annuellement, selon que le soleil s'écarte de l'équateur vers le pôle nord ou vers le pôle sud du ciel, on affecte son expression littérale d de signes contraires dans ces deux circonstances pour indiquer l'inversion; et l'on caractérise ordinairement les déclinaisons boréales par le signe $+$, les australes par le signe $-$. J'adopterai désormais cette règle. Mais, le plus souvent, je continuerai d'employer les distances polaires dont les grandeurs seules changent, non le signe, ce qui exempte de cette attention. Enfin, l'arc Os', ou l, qui complète le triangle sphérique, et qui en est l'hypoténuse, s'appelle la *longitude* du soleil. On la compte, comme l'ascension droite, à partir de l'équinoxe vernal O, et dans le même sens qu'elle, de o° à 360°.

89. Le plan qui contient la route annuelle du soleil s'appelle l'*écliptique*, parce qu'il est en quelque sorte le lieu des

éclipses. En effet, la lune ne peut nous cacher le soleil, ou pénétrer dans l'ombre de la terre, que lorsqu'elle se trouve très près de ce plan ou dans ce plan même, sur la direction de la droite indéfinie menée par le soleil et par la terre; soit en *conjonction*, c'est-à-dire du même côté que cet astre, soit en *opposition*, c'est-à-dire du côté opposé.

60. Pour compléter ces définitions, j'ajouterai que, dans les calculs astronomiques, le soleil se désigne généralement par le caractère $\odot$, qui paraît d'une très haute antiquité; car on le trouve employé pour cet usage sur les plus anciens monuments de l'Égypte, et dans les plus anciens caractères chinois.

61. On voit toutefois, par la discussion précédente, que ce mouvement annuel du soleil dans un plan unique, passant toujours par l'œil du spectateur, ne peut être complétement démontré par les seules observations du gnomon; puisqu'elles donnent uniquement une des coordonnées diurnes de cet astre, savoir sa déclinaison, ou sa distance polaire, et que l'autre coordonnée qui est l'ascension droite, a été seulement déduite de l'hypothèse d'un transport uniforme parallèlement à l'équateur, ou de la supposition même que le mouvement s'opérait dans un plan. Il nous faut donc trouver des procédés pour déterminer aussi, jour par jour, cette seconde coordonnée, l'ascension droite; et l'on n'y peut parvenir que par une mesure comparative des intervalles de temps écoulés entre les midis consécutifs. Nous avons aujourd'hui, dans les *horloges mécaniques*, des moyens très exacts pour déterminer ces intervalles, moyens qui ont été inconnus aux anciens, ou qu'ils pouvaient tout au plus suppléer par des procédés d'une extrême imperfection. Il nous faut donc créer ces instruments précis, et en constater l'excellent usage pour sortir de ces déterminations imparfaites. Il faut aussi donner aux mesures des distances zénithales une exactitude qui corresponde à ces nouveaux procédés, et que l'on ne saurait atteindre avec le gnomon, dont l'usage est d'ailleurs borné aux observations du soleil. Cette carrière où nous entrons est celle de l'astronomie moderne, tout-à-fait distincte de l'ancienne par l'esprit de précision qui caractérise ses instruments d'observation, ses

méthodes de calcul, et ses théories mécaniques. Nous allons fabriquer des *lunettes* qui nous feront voir les étoiles, même pendant le jour, et qui détermineront avec une rigueur mathématique la direction des rayons visuels. Nous les adapterons à des cercles métalliques gradués sur lesquels nous pourrons lire avec non moins d'exactitude les valeurs des angles compris entre ces rayons ; et nous réaliserons ainsi matériellement la construction générale, idéalement décrite, *fig.* 18, § 35. Mais, avant d'appliquer ces procédés aux observations astronomiques, il faut étudier les inflexions que la masse de l'air interposée entre nous et les astres fait subir aux rayons de lumière avant qu'ils parviennent à nos yeux ; car ce phénomène, appelé *réfraction*, nous fait voir les astres suivant des directions altérées, et différentes de celles où ils paraîtraient, si ce voile d'air n'existait pas. Heureusement, on peut aujourd'hui calculer directement cette déviation d'après la constitution physique du milieu qui la produit ; et c'est ce que nous allons faire, avant tout, dans les deux chapitres qui vont suivre.

Note sur le § 44, page 54.—A propos du cercle équatorial d'Alexandrie, il ne sera pas inutile de remarquer que, s'il avait pu être dirigé et fixé invariablement dans le plan exact de l'équateur, il aurait eu quelque chose des avantages du gnomon à trou. En effet, le soleil n'étant pas un simple point radieux, mais soutendant un angle visuel sensible, les rayons venus des bords opposés du disque de cet astre, se croisaient au-delà de l'arc supérieur Q, *fig.* 24, de manière à donner à l'ombre la forme d'une lame conique qui allait toujours en s'amincissant. Ainsi, aux instants précis des équinoxes, le tranchant de cette lame se projetait au milieu de l'arc inférieur Q', en laissant sur les bords deux filets de lumière de largeur égale qui devaient faire reconnaître nettement la position centrale de l'ombre, par conséquent l'instant précis où l'équinoxe avait lieu, du moins lorsque le centre du soleil traversait le plan de l'équateur pendant le jour. Mais la position du cercle ayant été fixée d'après des observations faites avec des gnomons à style, participait nécessairement à leur incertitude. Et en outre, l'égalité dont il s'agit, n'était plus observable quand l'équinoxe arrivait pendant la nuit ; de sorte qu'il fallait l'apprécier approximativement, d'après les positions correspondantes de la lame d'ombre, faites la veille et le lendemain du jour où le phénomène mathématique arrivait ; ce qui augmentait l'indétermination de l'époque fixée par ce procédé.

ADDITION RELATIVE A LA GNOMONIQUE.

1. Quelques formules données par les plus simples éléments de la géométrie analytique, serviront à fixer et à étendre les notions présentées dans le § 46 du texte. Elles auront aussi l'avantage de faciliter l'intelligence des ouvrages anciens ou modernes qui traitent de la mesure du temps par les cadrans. On conçoit qu'avant l'invention des horloges mécaniques, ces instruments avaient une utilité qui a dû provoquer beaucoup de recherches sur leur construction. Ptolémée avait composé sur ce sujet un traité spécial intitulé l'*Analemme*, qui paraît ne nous être parvenu qu'incomplet. Plus tard, les Arabes donnèrent une grande extension à cette branche de la géométrie; et il n'est pas invraisemblable que ce fut le calcul des longueurs des ombres qui les conduisit à substituer les sinus aux cordes dans les recherches trigonométriques. Ceux de leurs traités de gnomonique qui ont été traduits, offrent beaucoup de notions précieuses pour l'histoire des mathématiques et de l'astronomie. On en peut voir des extraits fort étendus dans l'*Histoire de l'Astronomie*, par Delambre, qui leur a donné, avec raison, beaucoup d'importance. Mais obligé de suivre, pas à pas, la marche des auteurs originaux qu'il commentait, il a dû employer, comme eux, des considérations et des constructions synthétiques bien souvent pénibles, que l'analyse peut remplacer par des calculs directs avec un grand avantage de clarté et de simplicité. C'est ce qui m'a engagé à placer ici cette addition.

La fig. 32 n'est que la fig. 19 présentée de profil sur le plan du méridien MCN, qui passe par le centre C du trou du gnomon. On y a seulement ajouté l'axe polaire P'CP, mené du point C dans ce plan, et ayant sa trace horizontale en R sur la méridienne MN. En conservant à la figure la spécialité de son application aux contrées *septentrionales*, c'est-à-dire situées au nord de l'équateur, N sera l'extrémité nord de la méridienne, et P le pôle nord du ciel. GCZ est la verticale passant par le centre C, dont j'exprimerai la hauteur CG par c. SCΣ est un rayon solaire qui, passant par C, perce en Σ le plan horizontal; de sorte que ce point Σ appartient à la courbe lumineuse diurne décrite sur le sol, lorsque la distance polaire du centre du soleil est SCP ou Δ, l'angle Δ étant compté à partir du pôle nord P. Je rapporte la courbe à deux axes rectangulaires de coordonnées, x, y, dont l'origine commune sera en G. Les x se compteront sur la méridienne GN, et je les prendrai positives en allant vers le nord. Les y se compteront sur la perpendiculaire, et je les ferai positives en allant vers l'ouest. Supposant donc, par exemple, que Σ soit un des points de la courbe lumineuse situé à l'ouest du méridien, et au nord du premier vertical, la perpendiculaire $\Sigma\Pi_1$, menée de ce point sur la méridienne, sera $+ y$, et $G\Pi_1$ sera $+ x$.

Il faut aussi définir l'inclinaison du plan horizontal sur l'axe polaire $P'CP$, autour duquel le mouvement de rotation s'exécute, car c'est de là que dépend, pour chaque lieu, la nature de la section faite dans le cône de rayons solaires qui traversent le trou C. Je désignerai cette inclinaison par h, *en la comptant toujours du côté où l'angle h est aigu*. De sorte que, suivant les dénominations établies § **49**, l'angle h ou NRP, sera *généralement* la hauteur apparente du pôle visible sur l'horizon du lieu où le gnomon est construit, et la partie GN de la méridienne sera celle qui se dirige vers ce pôle. Dans nos régions d'Europe, et dans tout l'hémisphère terrestre situé au nord de l'équateur, P sera le pôle boréal du ciel, et N le pôle nord de l'horizon. Mais la généralité de la définition précédente est essentielle à conserver, parce qu'elle nous deviendra plus tard très utile. Par ce motif, Δ devra représenter généralement la distance polaire du soleil, comptée à partir du pôle visible P. Ayant ainsi préparé la possibilité de ces extensions, je vais suivre les raisonnements pour le cas spécial où le gnomon est construit dans un lieu situé au nord de l'équateur.

Cela posé, en faisant abstraction du déplacement diurne du soleil, dans le sens du méridien pendant qu'il est sur l'horizon, l'angle SCP ou Δ devra être supposé constant pour tous les points Σ qui composent chaque courbe lumineuse diurne, et cette constance doit la définir. Pour l'exprimer, du point Π_1, origine de l'ordonnée $\Sigma\Pi_1$ ou y, je mène $\Pi_1\pi_1$, perpendiculaire à l'axe polaire, et je joins π_1 à Σ. $\Sigma\Pi_1$ étant perpendiculaire au plan méridien qui contient P'P, la droite $\pi_1\Sigma$ sera aussi perpendiculaire à P'P, d'après la proposition VI du livre V de Legendre. De sorte que les trois côtés, $C\pi_1$, $\pi_1\Sigma$, $C\Sigma$ formeront un triangle rectangle dont l'angle en C sera la distance polaire Δ du soleil, du moins, dans la disposition que nous avons donnée à la figure.

L'hypoténuse $C\Sigma$ de ce triangle est exprimée par $\sqrt{x^2 + y^2 + c^2}$, ce qui donne $\cos \Delta \sqrt{x^2 + y^2 + c^2}$ pour son côté droit $C\pi_1$. Mais ce côté est aussi égal à la différence des projections de GC et de GΠ_1 sur l'axe polaire, c'est-à-dire à $gC - g\pi_1$, g étant le pied d'une perpendiculaire menée de G à cet axe. Or, l'angle GRC étant h, gC est $c \sin h$, et $g\pi_1$ est $x \cos h$. On a donc constamment

$$(1) \qquad c \sin h - x \cos h = \cos \Delta \sqrt{x^2 + y^2 + c^2}.$$

Toutes les valeurs de x et de y qui satisferont à cette relation pour un même Δ, appartiendront à la courbe lumineuse tracée sur le sol par un rayon solaire qui a *d'abord* traversé le trou C. La spécialité de la figure d'où nous l'avons déduite ne la limite point; et on la trouverait la même par toute autre construction, où les expressions algébriques des angles et des lignes seraient employées conformément aux conventions que nous avons établies. Il faut seulement remarquer que le trou C est considéré ici comme un point mathématique, offrant une libre transmission aux rayons solaires, de quelque côté de l'espace qu'ils viennent; ce qui n'aurait jamais lieu qu'incomplètement pour un gnomon réel, dont le trou serait percé dans une plaque métallique insérée aux parois opaques d'un édifice matériel.

Maintenant, sans rien changer aux conventions précédentes, ni même à la figure employée, supposons que le point Σ dût être tracé par un rayon ΣC, qui, venant idéalement de dessous le plan horizontal, aurait percé ce plan *avant* d'arriver au trou C. Alors la distance polaire du soleil pour ce rayon fictif, ne sera plus SCP, mais ΣCP ; et, en la désignant toujours par Δ, l'angle π,CΣ du triangle rectangle en sera le supplément, de sorte que son cosinus sera exprimé par $-\cos\Delta$. Le raisonnement dont nous avons fait usage pour le cas précédent, donnera donc pour celui-ci

$$(2)\qquad c\sin h - x\cos h = -\cos\Delta\,\sqrt{x^2 + y^2 + c^2}\,;$$

de sorte que ces deux cas seront implicitement compris dans l'équation plus générale

$$(3)\qquad (c\sin h - x\cos h)^2 = \cos^2\Delta\,(x^2 + y^2 + c^2),$$

qui est celle d'une section conique complète dont l'axe principal, toujours réel, coïncide avec l'axe des x.

Si, après avoir développé le carré indiqué dans le premier membre, on réunit dans le second tous les termes en x et y, puis que l'on y complète le carré du terme en x, et qu'enfin on use des transformations identiques

$$\sin 2\Delta + \sin 2h = + 2\sin(h + \Delta)\cos(h - \Delta),$$
$$\sin 2\Delta - \sin 2h = - 2\sin(h - \Delta)\cos(h + \Delta),$$
$$\cos^2\Delta - \cos^2 h = + \sin(h + \Delta)\sin(h - \Delta),$$

on trouvera facilement que les éléments déterminatifs de cette section conique ont les expressions suivantes :

abscisses des sommets............ $x_1 = -\dfrac{c}{\operatorname{tang}(h+\Delta)}$, $x_1 = -\dfrac{c}{\operatorname{tang}(h-\Delta)}$,

abscisse du centre.............. $X = -\dfrac{c\sin h\cos h}{\sin(h+\Delta)\sin(h-\Delta)}$,

carré du demi-axe parallèle aux x. $A'^2 = \dfrac{c^2\sin^2\Delta\cos^2\Delta}{\sin^2(h+\Delta)\sin^2(h-\Delta)}$,

carré du demi-axe parallèle aux y. $B'^2 = \dfrac{c^2\sin^2\Delta}{\sin(h+\Delta)\sin(h-\Delta)}$,

paramètre...................... $\dfrac{2B'^2}{A'} = 2c\,\operatorname{tang}\Delta.$

Lorsque h, c et Δ seront donnés, on n'aura qu'à les substituer dans ces formules, et l'on aura tout ce qu'il faut pour décrire la section conique dans sa complète généralité. Il est à remarquer que, d'après ces expressions, le paramètre ne dépend pas de la hauteur du pôle, mais seulement de c et de Δ. Il est donc le même dans tous les lieux de la terre, pour des gnomons d'égale hauteur, Δ étant commun.

2. Mais la courbe résultante de ces éléments comprend tous les points du plan horizontal qui satisfont, soit à l'équation (2), soit à l'équation (1); et ces derniers sont les seuls qui soient applicables à notre problème. Or, ils se distinguent des autres, en ce que les distances zénithales qui les réalisent sont toujours moindres que 90°. En effet, lorsque la distance zénithale atteint cette valeur, le rayon solaire devient horizontal, ce qui éloigne le point d'intersection Σ jusqu'à l'infini; et si elle l'excède, ce rayon vient de dessous le plan horizontal qu'il perce *avant* de rencontrer le trou C, condition que nous voulons exclure. Pour reconnaître les branches de la courbe auxquelles elle pourrait s'appliquer, soumettons ses deux sommets à cette épreuve. Comme ils sont situés sur l'axe des x qui est la méridienne même, les deux rayons solaires qui les donnent, sont compris dans le plan du méridien. Donc, si l'un d'eux $S_1\Sigma_1$, *fig.* 33, est supposé venir de la partie du ciel située *au-dessus* de l'axe polaire PP, relativement à la ligne horizontale MN, l'autre, $S_1\Sigma_2$, correspondant au même Δ, viendra *de dessous* cet axe, lorsque le soleil, en décrivant son cône diurne, sera *descendu* dans cette plage inférieure de son cours. Le premier répondra ainsi à l'instant de la révolution diurne qu'on appelle *midi*, l'autre à l'instant qu'on appelle *minuit*. D'après cela, si on les suppose individuellement réalisés dans les fig. 34 et 35, les conditions attachées à cette réalisation deviendront évidentes, car on devra toujours avoir:

pour le rayon de minuit $S_1\Sigma_1$, *fig.* 34, $Z_1 = \Delta + (90° - h) = \Delta - h + 90°$,

pour le rayon de midi $S_1\Sigma_1$, *fig.* 35, $Z_1 = \Delta - (90° - h) = \Delta + h - 90°$.

La condition nécessaire du premier est donc que h surpasse Δ, afin que Z_1 soit moindre que 90°. Et, en effet, lorsque h n'est qu'égal à Δ, comme le représente la fig. 36, le rayon S_1C devient horizontal, ce qui éloigne infiniment le point d'intersection Σ_1. De sorte que si Δ devenait plus grand, ou h moindre, la rencontre, avec le plan horizontal, aurait lieu au nord du point C, comme si le rayon $S_1\Sigma$, venait de dessous le sol.

La condition analogue du rayon de midi, c'est que $\Delta + h$ soit moindre que 180°. En effet, si $\Delta + h$ était seulement égal à 180°, comme le représente la fig. 37, le rayon $S_1\Sigma$, deviendrait parallèle au plan horizontal, ce qui éloignerait à l'infini le point d'intersection Σ_1; et si $\Delta + h$ excédait 180°, la rencontre avec le plan horizontal aurait lieu, au sud du point C, avant que le rayon venu de S, fût parvenu en C.

3. En bornant nos constructions à l'hémisphère terrestre qui est situé au nord de l'équateur, toutes les valeurs que h peut recevoir sont comprises

entre $0°$ et $90°$. Z_1 ne peut donc être que positif. Mais Z_1 deviendra négatif, si les valeurs de Δ et de h sont assez petites pour que $\Delta + h$ soit moindre que $90°$. C'est ce que représente la fig. 38. Ce cas se réalise nécessairement pendant un certain nombre de jours dans tous les points de la terre où h est moindre que ω, ω étant l'obliquité de l'écliptique; et il arrive lorsque le soleil se trouve au nord de l'équateur. Car, à l'époque du solstice d'été par exemple, Δ devenant égal à $90° - \omega$, si h est moindre que ω, Z_1 devient négatif, de sorte que le soleil se trouve au nord du zénith à l'instant de midi. Et cela sera encore ainsi, jusqu'à ce que l'accroissement progressif de Δ ait rendu $\Delta + h$ égal ou supérieur à $90°$. Ces alternatives sont également indiquées, dans les mêmes circonstances, par le signe que prend l'abscisse x_1, du sommet de la courbe qui correspond à l'intersection Σ_1. Ainsi, dans les contrées où elles s'opèrent, les ombres méridiennes des corps se projettent alternativement vers le nord et vers le sud du zénith, en certains temps de l'année.

Si l'on prend simultanément les deux distances zénithales Z_1 et Z_2 pour une même valeur de Δ, on aura, en éliminant Δ entre elles,

$$Z_1 = Z_2 + 2h - 180°.$$

h est au plus égal à $90°$. Ainsi, $2h - 180°$ est toujours une quantité négative. Or, si Z_2 se réalise, il sera moindre que $90°$. Donc alors Z_1 sera aussi moindre que $90°$; et ainsi il se réalisera nécessairement. Mais l'inverse de cette proposition n'a pas lieu, c'est-à-dire que Z_1 pourra se réaliser sans que Z_2 se réalise, comme le prouvent les exemples rapportés plus haut.

4. Au moyen des indications précédentes, on peut très aisément concevoir toutes les modifications que la courbe lumineuse diurne doit subir annuellement en chaque lieu, par la variation d'ouverture du cône solaire, selon l'angle h que le plan horizontal y forme avec l'axe de rotation. Il faut seulement se souvenir que, dans les résultats du calcul, le passage du rayon solaire central, à travers le trou C, est supposé s'opérer librement de quelque partie du ciel qu'il arrive. De sorte que, pour réaliser ces résultats matériellement, dans toute leur extension analytique, il faudrait supprimer la plaque opaque, ainsi que son support, remplacer ce système par un style vertical CG, terminé en pointe fine, et appliquer idéalement les résultats analytiques au seul rayon solaire central passant par cette pointe à la hauteur c au-dessus du sol.

5. J'éclairerai tout-à-l'heure l'emploi de ces formules par quelques exemples. Mais pour compléter ce qui est d'exposition, j'indiquerai ici une transformation de l'équation de la surface conique qui peut être utile pour discuter certaines pratiques d'astronomie ancienne. Elle consiste à introduire la distance zénithale Z du centre du soleil, et son azimuth, concurremment avec les coordonnées x et y que nous avons jusqu'ici employées. Pour cela je nomme A, *fig.* 32, l'azimuth ΣGN de la ligne d'ombre GΣ,

en le comptant du nord vers l'ouest, conformément aux conventions faites dans la note de la page 49. Alors l'azimuth du vertical, dans lequel le soleil se trouve, étant compté continuement dans le même sens, sera 180 + A, de sorte qu'on pourra toujours le conclure par cette relation quand l'azimuth de l'ombre $G\Sigma$ sera connu. Cela posé, en désignant pour abréger la longueur $C\Sigma$ par r, nous aurons

$$r = \sqrt{x'^2 + y'^2 + c^2} = \frac{c}{\cos Z}, \quad x = c \cos A \, \mathrm{tang}\, Z, \quad y = c \sin A \, \mathrm{tang}\, Z.$$

Et en substituant ces nouvelles expressions dans l'équation (1), elle donne

$$[1] \qquad \sin h \cos Z - \cos A \sin Z \cos h = \cos \Delta;$$

relation qu'on démontrerait immédiatement par la trigonométrie sphérique. A et h étant supposés donnés, si l'on se donne arbitrairement l'azimuth A, elle donnera la distance zénithale Z du centre du soleil, et inversement. De sorte que l'on pourrait ensuite en déduire les coordonnées rectangulaires x et y, qui correspondent à ces éléments, si elles étaient nécessaires à connaître. Pour les applications réelles, il ne faudra admettre comme applicables que les valeurs de Z, qui n'excéderont pas 90°; car les rayons solaires qui répondraient à des distances zénithales plus grandes, viendraient de dessous le plan horizontal, et ne pourraient pas se réaliser physiquement. De plus, en faisant varier A continûment de 0° à 360°, comme nous en sommes convenus, il suffit de faire varier Z depuis 0° jusqu'à 180° pour définir les directions de tous les rayons visuels menés du point C à tous les points de l'espace, sans aucune exception. De sorte, qu'avec cette double convention il serait superflu de considérer des valeurs négatives de Z. Conséquemment, si quelque opération analytique, appliquée à l'équation [1], admettait comme solution des valeurs de Z qui eussent ce caractère, il faudrait en faire abstraction comme étant inapplicables, ou comme ne devant conduire par leur interprétation, qu'à des résultats qui se trouveraient déjà compris parmi ceux que doit donner le système des Z positifs, combiné avec la variabilité attribuée à l'azimuth A, depuis 0° jusqu'à 360°.

6. Je reviens maintenant aux applications de nos formules en coordonnées rectangulaires.

Pour premier exemple, prenons le cas fictif, mais facile à considérer, où le gnomon serait érigé au pôle boréal de la terre, dans le point où sa surface, supposée sphérique, est percée par l'axe de rotation du côté du nord. Cet axe se confondrait alors avec la verticale, *fig.* 39. L'angle h serait droit, et le cône solaire diurne, prolongé vers le sol au-delà du trou C, aurait évidemment pour trace une circonférence de cercle ayant le pied de la verticale pour centre. C'est aussi ce que nos formules indiquent,

Car, en faisant $h = 90°$, les carrés A'^2, B'^2 des deux demi-axes, deviennent égaux entre eux, et ont pour valeur commune $c^2 \tang^2\Delta$. L'équation (3) de la section devient alors

$$(3) \qquad x^2 + y^2 = c^2 \tang^2\Delta.$$

En outre la limite de réalisation des rayons de minuit et de midi, est pour l'un et l'autre

$$Z = \Delta,$$

de sorte qu'elle est égale pour tous deux.

La hauteur CG, ou c, étant donnée, le rayon de la trace circulaire varie avec Δ. Il a d'abord sa plus petite valeur vers le 22 juin, lorsque le soleil est le plus voisin du pôle boréal. Δ est alors égal à $90° - \omega$, ω étant l'obliquité de l'écliptique que je prendrai en nombres ronds de $23° 28'$, ce qui donne $66° 32'$, pour cette limite de Δ. Mais à partir de cette époque, Δ augmente ; et quand le soleil revient dans l'équateur vers le 22 septembre, Δ est $90°$, ce qui rend $\tang\Delta$ infini. Le diamètre de la trace lumineuse grandit donc aussi progressivement, et devient infini vers le 22 septembre. Alors les rayons de minuit et de midi arrivent à leur limite commune $Z = \Delta = 90°$, c'est-à-dire qu'ils sont tous deux horizontaux ; et la circularité de la trace, ainsi que son extension infinie, annoncent qu'il en est ainsi de tous les autres rayons. En effet, ce jour-là, le cône solaire dégénère en un simple plan, celui de l'équateur, qui étant perpendiculaire à la verticale du lieu que nous considérons, s'y confond avec le plan horizontal à cause de la distance infinie de l'astre, comparativement aux dimensions de la masse terrestre.

Après le 22 septembre, Δ continue à croître en surpassant $90°$; $\tang\Delta$, qui appartient ainsi à un angle obtus, diminue de valeur en devenant négative, ce qui n'empêche pas son carré d'être positif. L'équation (3) continue donc d'être possible *analytiquement* ; et elle représente une circonférence de cercle dont le diamètre décroît progressivement jusqu'au 22 décembre, comme la précédente avait grandi depuis le 22 juin. Mais les limites de réalisation des rayons de minuit et de midi étant dépassées, ces circonférences ne sont plus applicables à notre problème gnomonique. Car elles proviennent de rayons solaires fictifs qui, venant idéalement de dessous le plan horizontal, le traverseraient d'abord avant d'arriver au trou C. Cette exclusion s'applique ainsi à toutes les circonférences que l'équation (3) indiquerait, depuis l'équinoxe d'automne où Δ est devenu $90°$, jusqu'à l'équinoxe vernal suivant où il reprend cette valeur, le soleil remontant vers le nord ; ce qui ramène les rayons de minuit et de midi aux limites de distance zénithale où ils peuvent se réaliser. De sorte qu'en ce point de la terre où la verticale coïncide avec l'axe de rotation, il y a successivement six mois de jour, et six mois de nuit, continus.

7. La discussion pour tous les autres lieux se fera exactement de la même manière. Seulement, la forme de la trace lumineuse y subira plus de changements. Pour suivre le progrès de ces variations, en s'éloignant du pôle terrestre, choisissons un autre lieu, où le rayon de minuit puisse encore se réaliser, même quand Δ n'a pas précisément sa plus petites valeur. Il faudra pour cela que h surpasse la moindre limite de ces valeurs qui est $90^\circ - z$, ou environ $66^\circ 32'$. Alors le rayon de midi se trouvera aussi réalisé par une distance zénithale Z, positive, comme le représente la fig. 40. Dans ces conditions, une seule nappe du cône solaire sera coupée obliquement par le plan horizontal, d'où résultera une section elliptique. C'est aussi ce qu'indiquent les valeurs de A'^2 et B'^2 qui sont alors toutes deux réelles et inégales. Partant donc de l'époque du solstice d'été où Δ a sa moindre valeur, cela aura lieu ainsi jusqu'à ce que l'accroissement progressif de Δ ait rendu $h - \Delta$ nul. Car alors Z, atteindra sa limite de 90°, et le rayon de minuit sera horizontal; après quoi Δ augmentant toujours, il cessera d'exister physiquement. C'est encore ce que nos formules montrent. Car la supposition de $h - \Delta = 0$ rend infinis les deux axes A', B' de la section conique, et éloigne à l'infini l'abscisse X de son centre, en laissant fini son paramètre $2c \tan\Delta$. De sorte que l'ellipse dégénère alors en une parabole à laquelle ce paramètre appartient. Aussi l'équation générale (3), limitée par cette même supposition, prend-elle cette forme

$$y^2 = -2cx \tan\Delta - \frac{c^2 \cos 2\Delta}{\cos^2 \Delta};$$

elle exprime donc une parabole ayant pour axe la ligne méridienne, pour paramètre $2c \tan\Delta$, et pour abscisse de son sommet $-\dfrac{c}{\tan 2\Delta}$.

Cette abscisse est toujours positive, car Δ surpasse nécessairement $66^\circ 28'$ qui est sa valeur au solstice d'été, ce qui rend 2Δ obtus et $\tan 2\Delta$ négatif. Ainsi, le sommet de la parabole est situé au nord de la verticale, dans le point où le plan horizontal est percé par le rayon de midi; et le rayon de minuit devenant parallèle à ce plan, la courbe étend sa concavité à l'infini du côté du sud. C'est ce que montre en effet la valeur de x, page 77, qui devient alors infinie et négative. Dans ce cas, le plan horizontal devient parallèle à l'arête du cône formée par le rayon de minuit.

8. Cet état de choses ne dure qu'en jour, ou plutôt qu'un moment. Δ croissant toujours sans que h change, $h - \Delta$ devient négatif. Le plan horizontal commence à couper les deux nappes du cône solaire, et la section considérée dans sa généralité, est une hyperbole à deux branches, fig. 25 et 26. C'est aussi ce qu'indiquent nos formules, page 77. Car $h - \Delta$ étant négatif, le demi-axe B' perpendiculaire aux y devient imaginaire, l'autre restant réel. Les asymptotes de cette courbe font, avec la méridienne, un angle z, dont

la tangente est exprimée par $\dfrac{B'\sqrt{-1}}{A'}$. On a donc

$$\operatorname{tang}\alpha = \pm\,\frac{\sqrt{\sin(\Delta + h)\sin(\Delta - h)}}{\cos\Delta}.$$

La section reste ainsi hyperbolique tant que Δ surpasse h. Elle est conséquemment telle en tous temps, dans les lieux où, comme à Paris, par exemple, le rayon de minuit ne se réalise jamais, même à l'horizon. Mais ses éléments déterminatifs varient, et par suite sa forme, à mesure que Δ change. Plus Δ approche d'être égal à $90°$, plus l'angle α s'ouvre, à cause du dénominateur $\cos\Delta$; ce qui aplatit la courbe. Elle devient une ligne droite lorsque $\Delta = 90°$, ce qui donne $\operatorname{tang}\alpha$ infinie, et rend ses deux asymptotes perpendiculaires à la méridienne. Puis Δ augmentant toujours, elle se courbe de nouveau et rapproche progressivement ses asymptotes comme elle les avait écartées précédemment.

9. La phase rectiligne correspondante à $\Delta = 90°$ est facile à comprendre. En effet, le cône solaire se change alors en un plan dont la trace, sur le plan horizontal, est une droite perpendiculaire à la ligne méridienne. C'est aussi ce que donne l'équation générale (3) pour ce cas spécial où $\Delta = 90°$. Car $\cos\Delta$ se trouvant nul, on en tire pour solution unique

$$x = c\,\operatorname{tang} h,$$

ce qui est l'équation d'une ligne droite parallèle à l'axe des y, conséquemment perpendiculaire à la méridienne, qu'elle coupe à une distance $c\,\operatorname{tang} h$ au nord du pied du gnomon. Il est facile de vérifier qu'en effet une telle ligne est la trace du plan équatorial mené par le trou C perpendiculairement à l'axe polaire. On l'appelle *l'équinoxiale du cadran*, parce qu'elle est décrite dans le temps des deux équinoxes.

10. Mais l'hyperbole complète que notre équation nous donne, a deux branches distinctes. Sont-elles toutes deux réellement décrites chaque jour, ou faut-il choisir l'une des deux? La première supposition est impossible, puisque chaque branche marque par ses asymptotes les directions du lever et du coucher, qu'elle lie sans interruption par les points intermédiaires de son cours. Mais si une seule des branches est décrite chaque jour, comment distinguer celle qu'il faut choisir? Ce choix est indiqué par la distance zénithale du rayon de midi qui est toujours

$$Z_1 = +(\Delta + h - 90°);$$

Ce qui s'applique à la branche dont le sommet a pour abscisse

$$x_1 = -\frac{c}{\operatorname{tang}(\Delta + h)}.$$

La variation de signe que Z_i peut éprouver pour certaines valeurs de h, § 3, répond à l'alternative de position que le changement de signe peut donner à x_i.

A Paris, où h est à peu près $48° 52'$, $\Delta + h$ surpasse toujours $180°$, ce qui rend x_i toujours positive, de sorte que l'image méridienne Σ_i tombe toujours au nord de la verticale. Mais quand le soleil est au nord de l'équateur, Δ est moindre que $90°$; et en le représentant par $90 - d$, on a pour les abscisses des deux sommets

$$x_i = + c \tang(h - d), \qquad x_2 = + c \tang(h + d).$$

Dans ce cas, h surpasse toujours d, de sorte que x_i qui se réalise, est moindre que x_2. C'est donc la branche la plus voisine de la verticale qui est décrite alors, comme le représente la figure 25. Au contraire, lorsque le soleil est au sud de l'équateur, comme dans la fig. 26, Δ surpasse $90°$, et en le représentant par $90° + d$, on a

$$x_i = + c \tang(h + d), \qquad x_2 = + c \tang(h - d).$$

Alors x_i, qui se réalise, surpasse x_2, de sorte que la branche décrite appartient alors au sommet le plus distant. Et en effet il est évident, par les figures mêmes, que, dans ces deux cas, les branches exclues seraient décrites par les rayons que le soleil enverrait de dessous le plan horizontal, en continuant de décrire la nappe conique sur laquelle il se trouve, de sorte que ces rayons ne peuvent pas se réaliser.

11. Les gnomons, érigés dans les lieux publics, ont ordinairement pour but de marquer les divisions du temps appelées *heures solaires*; et alors on leur donne le nom de *cadrans*. Pour définir ces divisions, concevez douze plans, menés par l'axe PP' du cône solaire, et comprenant entre eux des angles dièdres de $15°$, ils diviseront *le cercle diurne* en 24 parties égales, puisque $15°.24 = 360°$. Dans les usages civils, une heure solaire est l'intervalle de temps que le soleil emploie à passer d'un de ces plans au plan suivant, en vertu du mouvement de rotation général du ciel combiné avec son mouvement propre. Et on les appelle, par cette raison, des *plans horaires*. Le plan du méridien est, dans chaque lieu, le premier des plans ainsi choisis. C'est le plan horaire de midi et de minuit. Et chacun des autres se définit en partant de celui-là, d'après le nombre d'angle de $15°$ ou d'heures solaires qui l'en sépare. En astronomie, on compte les heures solaires continûment depuis 0 jusqu'à 24, en allant d'un midi ou d'un minuit, au midi ou au minuit suivant. Dans l'usage ordinaire, on ne compte ainsi que de 0 jusqu'à 12, et l'on recommence, sans doute, pour éviter d'énoncer de trop grand nombre. Pour ce qui va suivre, j'adopterai cet usage, et je compterai ainsi les heures solaires dans le sens du mouvement diurne, c'est-à-dire en suivant le soleil de midi vers minuit.

12. Rien ne serait plus facile que de marquer ces divisions du temps sur un cadran horizontal construit au pôle de la terre, *fig.* 39. Car alors le plan horizontal étant perpendiculaire à l'axe de rotation, il suffirait de diviser une quelconque des circonférences diurnes décrites sur ce plan, en 24 parties égales, commençant au point Σ, où l'image lumineuse marque midi. Puis, menant du centre G des droites à toutes ces divisions, elles seraient les traces horizontales des plans horaires cherchés, et elles mesureraient les angles dièdres compris entre eux. Je les nommerai, par cette raison, *des lignes horaires.*

Quand l'image lumineuse, partie de Σ, continuant à décrire sa circonférence diurne, arriverait sur la première ligne horaire, à l'est de midi, il serait *une heure*; quand elle arriverait à la seconde ligne horaire, il serait *deux heures*, et ainsi de suite jusqu'à 24. Comme tous les cercles décrits à différents jours seraient concentriques, les mêmes lignes horaires serviraient pendant toute la portion de l'année où le soleil paraît sur l'horizon, et si CG était un style vertical, formé par une tige rectiligne de métal, fine et cylindrique, l'ombre de cette tige, à chaque heure marquée, se projeterait entièrement sur la ligne horaire correspondante.

13. On peut, par un artifice très simple, transporter cette construction sur un cadran horizontal quelconque. Soit, *fig.* 41, MN la méridienne du lieu, CG la hauteur verticale du trou C, PRP' l'axe polaire de rotation, contenu dans le plan du méridien, et formant en R, avec la méridienne, un angle h, que nous comptons toujours du côté du pôle visible, où il est nécessairement moindre qu'un droit. Menons idéalement en C le plan de l'équateur, perpendiculaire à l'axe PP'. Ce plan, prolongé vers le sol, le coupera suivant une droite EQO, perpendiculaire à la méridienne MN, et qui sera *l'équinoxiale* du cadran. La position de cette trace est déjà connue par ce qui précède. Mais cette construction même la définit. Car, menant CQ, les triangles RGC, QGC sont rectangles en G. Donc la hauteur CG étant c, et l'angle CRG étant h, on a

$$RG = \frac{c}{\operatorname{tang} h}, \qquad GQ = c \operatorname{tang} h.$$

Conséquemment,

$$RQ = c \left(\frac{1}{\operatorname{tang} h} + \operatorname{tang} h \right) = \frac{c}{\sin h \cos h}.$$

on a aussi, dans les mêmes triangles

$$CQ = \frac{c}{\cos h},$$

valeur que je fixe, parce qu'elle va nous devenir nécessaire. Maintenant, autour du point C, comme centre, avec un rayon quelconque, décrivez une

circonférence que vous diviserez en 24 parties égales, à compter de la
ligne Q'CQ; et du même centre C menez à toutes ces divisions des droites
Cxxiv, Ci, Cii, Ciii... que vous prolongerez en sens contraire, jusqu'à
l'équinoxiale EO. Ces droites seront les traces des plans horaires sur le
plan équatorial. Donc, si vous concevez ces plans construits dans l'espace,
comme ils passent tous par l'axe polaire PP', le point R appartiendra toujours à leur trace sur le plan horizontal, et leur sera commun à tous. Or,
les droites CQ, Ci, Cii, Ciii leur appartiennent aussi; et, conséquemment,
les intersections i, ii, iii, iv... de ces droites, avec l'équinoxiale, sont
aussi des points de leurs traces horizontales. Donc, les droites Ri, Rii, Riii,
sont ces traces mêmes, et nous pouvons les appeler les *lignes horaires* du
cadran horizontal. Car, lorsque la trace lumineuse, venue de C, tombera
sur quelqu'une d'entre elles, le centre du soleil se trouvera toujours dans
le plan horaire auquel elle appartient; et la division où elle aboutit sur
l'équinoxiale EQO, marquera l'heure qui y correspond. Il n'y aura donc
qu'à réaliser la construction précédente pour tracer ces lignes horaires; et
leur intersection, par les courbes lumineuses diurnes, marquera les heures
sur celles-ci.

14. Il est évident que, dans un tel cas, les ombres projetées par la droite
CG sur le plan horizontal, ne coïncident plus avec les lignes horaires
comme dans le cadran construit au pôle. Mais on pourra encore réaliser
ces lignes, en fixant la plaque C sur le prolongement d'une tige métallique BC, droite et cylindrique, que l'on implantera au point R, en la
dirigeant dans le plan du méridien, et lui donnant l'inclinaison h sur la
ligne méridienne RN. Lorsque le centre du soleil se trouvera dans un des
plans horaires, le prolongement de ce plan, au-delà de la tige, sera privé
de lumière; et ainsi l'ombre portée par la tige sur le sol, coïncidera avec
la ligne horaire qui est la trace horizontale du plan. Cette propriété a fait
appeler le point R, *la racine de l'axe du cadran*; et la longueur CR ou

$\dfrac{c}{\sin h}$, s'appelle spécialement l'axe. Cette longueur, ainsi que la position

du point R, se peuvent donc conclure ainsi de C, h étant connu; ou, inversement, CR étant connu et représenté par l, on en déduit $c = l \sin h$.
Ces éléments, d'ailleurs arbitraires, peuvent donc être substitués l'un à
l'autre, comme conditions du cadran.

15. Mais le tracé graphique des lignes horaires, tel que nous venons de le
définir, peut être avantageusement remplacé par un calcul bien simple. En
effet, soit H le nombre de degrés contenus en C sur le cercle équatorial,
entre la ligne Q'CQ, menée dans le plan du méridien, et la division i, ii,
iii... Y de l'équinoxiale que l'on veut considérer. Comme l'équinoxiale
est perpendiculaire au plan du méridien, elle est perpendiculaire à CQ.

Ainsi, le triangle CQY est rectangle; et puisque CQ est $\dfrac{c}{\cos h}$, si l'on con-

sidère une ligne horaire quelconque RX, pour laquelle l'angle en C soit P, on aura

$$\frac{QY}{CQ} = \mathrm{tang}\,P; \qquad \text{d'où} \qquad QY = c\,\frac{\mathrm{tang}\,P}{\cos h}.$$

On peut donc déjà, par cette formule, marquer la division ɪ, ɪɪ, ɪɪɪ... Y sur l'équinoxiale, d'après la valeur de P qu'on se sera volontairement donnée. Il ne reste plus qu'à joindre ces divisions au point commun R, pour avoir les lignes horaires du cadran. Mais ce tracé même peut être remplacé aussi par le calcul, en déterminant l'expression générale de l'angle QRY, ce qui est bien facile, puisque le triangle QRY est rectangle en Q, et que le côté RQ a été trouvé tout-à-l'heure égal à $\dfrac{c}{\sin h \cos h}$. Nommant donc cet angle R, on aura

$$\mathrm{tang}\,R = \frac{QY}{RQ}, \qquad \text{ou} \qquad \mathrm{tang}\,R = \sin h\ \mathrm{tang}\,P.$$

Alors, sans se donner la peine de marquer les divisions ɪ, ɪɪ, ɪɪɪ, sur l'équinoxiale, on déterminera les angles R qui s'en déduisent pour les différentes heures, soit avant, soit après midi, ce qui se fera en donnant pour ces deux cas des signes contraires à P; et l'on mènera du point R autant de droites formant ces divers angles avec la méridienne RQN. Ce seront les lignes horaires cherchées. La formule montre que les valeurs de R seront les mêmes, au signe près, pour les valeurs positives de P que pour les valeurs négatives. Il suffira donc de faire le calcul pour une de ces suppositions, et de tracer les lignes horaires correspondantes, à partir du point R, tant à l'est qu'à l'ouest de la méridienne, sous d'égales inclinaisons, comme le représente la fig. 42, où l'on n'a tracé que ces lignes et l'équinoxiale EQO qui les traverse. Quoique la construction graphique que ce calcul remplace soit très simple, il y a beaucoup d'avantage à pouvoir ainsi l'éviter, parce que les points d'intersection successifs ɪ, ɪɪ, ɪɪɪ, *fig.* 41, où les lignes horaires coupent l'équinoxiale, s'éloignent rapidement les uns des autres, à mesure que P augmente; ce qui les rend bientôt trop distants du point Q, pour que l'équinoxiale pût être prolongée graphiquement aussi loin, comme la fig. 42 elle-même le montre. Cet inconvénient devient extrême lorsque $P = \pm 90^{\circ}$, ce qui répond à la vɪᵉ heure, avant ou après midi. Car alors tang P devient infini, ce qui rend tang R pareillement infini, et R égal à $\pm 90^{\circ}$, quel que soit h. Ainsi, sur tous les cadrans horizontaux, tracés dans des lieux quelconques, les lignes horaires de six heures du matin et de six heures du soir, sont opposées l'une à l'autre et perpendiculaires à la méridienne, conséquemment parallèles à l'équinoxiale. Mais c'est seulement à l'époque des équinoxes que le soleil se lève et se couche sur ces deux directions. Cette propriété des lignes de vɪ heures est évidente par la construction même. Car le plan horaire qui les donne toutes deux, coupe le cercle équinoxial à 90° de la ligne CQ, de sorte que sa trace sur ce cercle est perpendiculaire à CQ, conséquemment parallèle à l'équinoxiale EQO, et conséquemment aussi horizontale. La trace de ce plan horaire ne peut donc être que parallèle à l'équinoxiale EQO, comme la formule, en effet, l'indique.

La tangente d'un angle change de signe et devient négative, lorsque l'angle devient obtus. Cela arrivera donc aux valeurs de $\tang P$, lorsque l'angle P sera plus grand que 6^h; et, comme $\sin h$ est toujours positif, cette inversion de signe se communiquera à $\tang R$, d'où il faudra conclure que l'angle R devient aussi obtus, d'aigu qu'il était auparavant. Il faudra donc continuer de le construire ainsi dans son sens propre avec son nouveau caractère de grandeur, comme le représente la fig. 42; ce qui donnera, autour de la méridienne horizontale MN, un système d'angles horaires, tant aigus qu'obtus, qui se trouveront distribués symétriquement. Rien n'empêcherait de l'étendre ainsi tout autour du point R, jusqu'à remplir la circonférence entière. Mais une partie des lignes horaires ainsi tracées, d'après le calcul, ne se réaliserait pas physiquement par des ombres, parce que le soleil se trouverait toujours au-dessous de l'horizon, à toutes les époques de l'année, lorsqu'il arriverait dans les plans horaires dont elles sont les traces. Nous verrons dans un moment comment on peut déterminer pour chaque lieu, les limites de réalisation des angles R, auxquelles le dessin des lignes horaires, et par conséquent le calcul de leurs angles, doit être borné.

16. Il y a néanmoins un cas où ces lignes ne pourraient plus être ainsi tracées graphiquement, à partir de la racine R de l'axe; c'est celui où le cadran horizontal devrait être construit à l'équateur même. Car alors h étant nul, l'axe polaire P'P, fig. 41, devient parallèle au plan horizontal; et son point d'intersection R, avec ce plan, qui est la racine de l'axe, s'éloigne à l'infini. Mais, par cette circonstance même, les lignes horaires deviennent évidemment toutes parallèles entre elles, et à la méridienne MN. C'est ce que montre aussi l'expression de $\tang R$ qui devient nulle en même temps que $\sin h$, et donne alors l'angle R égal à zéro. Il faudrait donc, par nécessité, dans un tel cas, déterminer directement les points d'intersection I, II, III... sur l'équinoxiale, au moyen de l'expression générale de leur distance au point Q, laquelle se réduit alors à $c \tang P$; après quoi on mènerait par ces points autant de perpendiculaires à l'équinoxiale; ce seraient les lignes horaires demandées. Enfin, on pourrait encore les réaliser physiquement comme ombres, en disposant au nord ou au sud du point C, des tiges métalliques horizontales terminées à ce point, et dirigées parallèlement à la méridienne qui devient ici l'axe polaire. Je n'insiste sur ces particularités que pour préparer une application qu'elles auront plus loin.

17. En résumé, pour construire un cadran horizontal en un lieu quelconque, il faut connaître la direction de la méridienne, et la hauteur h du pôle, visible sur l'horizon du lieu assigné. On doit ensuite donner la hauteur verticale c du point par lequel on veut faire passer le rayon solaire, ou la

longueur l que l'on veut assigner à l'axe du cadran. Ces deux quantités sont liées entre elles par la relation

$$c = l \sin h.$$

Toutes les lignes du cadran se déduisent géométriquement des données précédentes. Mais l'espace plan, destiné à les recevoir, étant toujours borné, la longueur de l'axe l, et le point R où on l'implante, doivent être choisis de manière que le rayon solaire passant par son extrémité C, perce réellement le sol dans l'espace donné, surtout aux heures où l'on a le plus d'intérêt d'observer sa trace. Ces conditions de convenance ne peuvent se prescrire que dans leur généralité; mais elles sont toujours faciles à remplir quand on a tracé un dessin préparatoire du cadran, qui montre les positions relatives des lignes dont il doit se composer, et qui exprime leurs longueurs, en parties de c, ou de l, pris pour unité. Car alors il ne s'agit plus que de reporter ce dessin sur le plan réel, de manière que ses parties les plus essentielles y soient comprises; et cette condition même indique le mode d'application le plus convenable, ainsi que les valeurs limites qu'on peut donner à c ou à l. Je ne m'occuperai donc pas ici de cette opération particulière à chaque emplacement assigné, et je me bornerai à résumer les règles générales du dessin préparatoire, considéré comme susceptible d'une étendue arbitraire.

On y tracera d'abord une ligne droite indéfinie, MN, *fig.* 41, qui représentera la méridienne horizontale. Pour fixer les idées, je supposerai toujours que l'extrémité N est celle qui est dirigée du côté du pôle visible. Alors on y marquera le point R, *racine de l'axe*, soit en le choisissant arbitrairement, soit en le déduisant de G, projection de C, si l'on veut se donner ce dernier point. Dans tous les cas, la distance RG devra être prise égale à $\dfrac{c}{\tang h}$, ou à $l \cos h$; et elle devra être portée sur la méridienne, en allant de R vers N. C'est la projection horizontale de l'axe l. Toutes les lignes d'ombre jetées par cet axe sur le plan du cadran, s'y étendent en divergeant à partir du point R, suivant une direction azimuthale toujours opposée au lieu actuel du soleil.

Soit P l'angle dièdre que le plan d'ombre qui donne une de ces lignes forme avec le plan du méridien vers l'est ou vers l'ouest; l'angle R formé par cette ligne d'ombre avec la méridienne horizontale sera, comme on l'a vu, donné par la formule

$$\tang R = \sin h \, \tang P.$$

La *position* de ces lignes vers l'est ou vers l'ouest de la méridienne, pourra se lier à l'expression algébrique de leurs valeurs, si l'on convient de compter les angles P à partir du point le plus élevé du cercle équatorial fictif, marqué ici 24, en les prenant positifs vers l'est, négatifs vers l'ouest. Car alors les angles R devant être portés autour de la méridienne MN, du côté opposé à l'angle P qui les donne, ils se trouveront positifs vers l'ouest, négatifs vers l'est; ce qui donnera aux portions qu'ils interceptent sur l'équinoxiale, précisément les mêmes relations de signe que nous leur avons attribuées dans les formules générales des intersections de la surface conique par le plan du cadran.

Quand on aura ainsi tracé les lignes horaires entre les limites d'angles où elles se réalisent, et que nous déterminerons dans un moment, on calculera la distance du point R au point Q d'intersection de la méridienne par l'équinoxiale, au moyen des formules

$$RQ = \frac{c}{\sin h \cos h}, \qquad \text{ou} \qquad RQ = \frac{l}{\cos h},$$

et la perpendiculaire menée au point Q, sur la méridienne, sera l'équinoxiale même.

On décrira ensuite, d'après les formules générales ci-dessus données, les courbes lumineuses diurnes émanées du point C, pour toutes les autres distances polaires Δ du soleil que l'on voudra choisir, en comptant toujours ces distances à partir du pôle visible. Ordinairement on en décrit six, que l'on appelle *arcs des signes*. Elles correspondent à des intervalles de 30°, comptés depuis l'équinoxe vernal, sur le cercle oblique que le soleil décrit annuellement, comme nous l'avons déjà reconnu, page 71, et comme je le démontrerai plus rigoureusement dans la suite de cet ouvrage. Les arcs ainsi décrits par cet astre, depuis l'équinoxe vernal, s'appellent les *longitudes* du soleil, § 85. Si on les désigne ici par L, et qu'on nomme ω *l'obliquité de l'écliptique*, on a généralement

$$\cos \Delta = \sin \omega \sin L.$$

En donnant à L, dans cette équation, les valeurs successives

$$\pm 30°, \quad \pm 60°, \quad \pm 90°,$$

on aura les valeurs de la distance polaire Δ correspondantes aux six arcs des signes, que l'on trace habituellement sur les cadrans. Les valeurs positives de cos Δ, données par ce calcul, répondront à des distances polaires Δ, moindres que 90°, et les négatives, à des distances polaires plus grandes que cette limite, toujours en partant du pôle visible sur l'horizon du cadran. D'après les expressions générales que nous avons trouvées pour les éléments des sections coniques ainsi décrites, on voit que leurs dimensions absolues sur le dessin, dépendront de la grandeur attribuée aux deux éléments linéaires c, ou l. On pourra donc ainsi reconnaître aisément les limites qu'il faut donner à ces grandeurs, pour que les courbes qui en résulteront dans le tracé réel, n'excèdent pas l'étendue assignée à ce tracé, du moins dans les parties que l'on désire observer spécialement. Alors on érigera le style vertical c, ou l'axe polaire $l = \dfrac{c}{\sin h}$, dans le plan du méridien, avec ou sans la plaque percée d'un trou, en leur donnant les longueurs ainsi reconnues convenables; et ces éléments s'adapteront d'eux-mêmes aux lignes horaires ainsi qu'aux courbes lumineuses qui auront été déterminées par le calcul.

18. Les points dans lesquels chaque courbe lumineuse est coupée par les diverses lignes horaires, sont évidemment donnés par ces constructions. Mais on peut aussi très aisément assigner leurs coordonnées par le calcul immédiat. En effet, puisque toutes les lignes horaires coupent la ligne méridienne au point R, *fig.* 51, à la distance RG ou $\dfrac{c}{\tang h}$, du côté des x négatifs dont l'origine est en G, si l'une d'elles forme avec cet axe l'angle quelconque R, son équation sera

$$y = \left(\frac{c \cos h + x \sin h}{\sin h} \right) \tang R,$$

ou en remplaçant $\tang R$ par sa valeur en fonction de l'angle horaire P,

$$y = (c \cos h + x \sin h) \tang P$$

on a aussi l'équation générale des courbes lumineuses

$$(3) \qquad (c \sin h - x \cos h)^2 = \cos^2 \Delta (x^2 + y^2 + c^2).$$

En déterminant x et y par ces deux équations, ce seront les coordonnées cherchées, puisqu'elles doivent satisfaire en même temps à l'une et à l'autre.

La manière la plus simple de les obtenir, consiste à carrer d'abord les deux membres de la première équation et à l'ajouter à la seconde, de manière à faire disparaître le terme en x. Ensuite achevant d'éliminer y ou x par la première, on obtient une équation du second degré, qui, résolue, donne un radical rationnel. Les deux racines étant réduites, présentent chacune un facteur commun qu'il faut faire disparaître; après quoi l'on obtient ces deux systèmes de valeurs que je distingue par des accents

<table>
<tr><td align="center">1er système.</td><td align="center">2e système.</td></tr>
</table>

$$x' = c \frac{(\sin \Delta \cos P \sin h + \cos h \cos \Delta)}{(\sin \Delta \cos P \cos h - \sin h \cos \Delta)}, \qquad x'' = c \frac{(\sin \Delta \cos P \sin h - \cos h \cos \Delta)}{(\sin \Delta \cos P \cos h + \sin h \cos \Delta)}$$

$$y' = \frac{c \sin \Delta \sin P}{\sin \Delta \cos P \cos h - \sin h \cos \Delta}, \qquad y'' = \frac{c \sin \Delta \sin P}{\sin \Delta \cos P \cos h + \sin h \cos \Delta}$$

Ces deux systèmes ne diffèrent que par les signes des termes multipliés par $\cos \Delta$. On voit par là qu'ils appartiennent généralement aux points d'intersection de la même ligne horaire, avec les courbes lumineuses d'été et d'hiver, correspondantes à des positions du soleil également éloignées de l'équateur. Lorsque $\Delta = 90°$, ce qui met cet astre dans l'équateur même, les deux systèmes se réunissent et donnent également

$$x' = x'' = c \tan g\, h, \qquad y' = y'' = c\, \frac{\tan g\, P}{\cos h}.$$

Les abscisses x', x'', sont alors l'abscisse unique de l'équinoxiale; et les ordonnées y', y'', sont celles des points d'intersection de cette ligne, par les lignes horaires, § 15.

19. Il nous reste à connaître les angles horaires qui limitent la présence du soleil au-dessus de l'horizon du cadran. Ils répondent évidemment aux époques de la révolution diurne où la distance zénithale de cet astre devient égale à 90°. Ce caractère qui les définit, permet d'assigner aisément leur valeur pour chaque distance polaire donnée du soleil, lorsque l'on connaît la hauteur du pôle visible sur l'horizon du lieu auquel le calcul doit se rapporter. En effet, par un point R, *fig.* 43, pris dans ce plan, menons la méridienne horizontale MN, la perpendiculaire également horizontale EO, et la verticale Z'Z, dont l'extrémité supérieure Z désigne le zénith. Dans le méridien MZN, plaçons l'axe polaire indéfini P'RP, dont la branche RP, dirigée au pôle visible, forme l'angle PRN ou h au-dessus de RN. L'angle PRZ, complément de celui-là, sera $90° - h$. Concevons maintenant que le soleil, désigné par la lettre S, arrive dans le plan horizontal MNEO du lieu. A cet instant le plan SRP sera son plan horaire, dans lequel il se trouve à la distance polaire PRS ou Δ; sa distance zénithale ZRS étant 90°. Ceci reconnu, du point R comme centre, avec un rayon arbitraire, décrivons idéalement une surface sphérique qui coupera le rayon solaire RS au point s, la verticale en z, et la branche supérieure de l'axe polaire en p. Si nous menons sur la sphère les arcs de grands cercles qui joignent ces trois points d'intersection, ils formeront un triangle sphérique zps, dont les trois côtés seront Δ, 90°, et $90 - h$, de sorte qu'ils seront tous trois connus. On pourra donc en conclure un quelconque des angles dièdres compris entre les plans qui contiennent les arcs (Legendre, *Trigon. sphér.*, LXXVI). Or, l'angle en p, formé par le plan PRS avec le méridien, est précisément cet angle horaire correspondant au lever et au coucher de l'astre que nous voulons déterminer; car sa valeur est évidemment la même pour le même Δ dans ces deux circonstances. Je le désignerai spécialement par H. Cherchant donc son expression en fonction des trois arcs, par la formule connue qui exprime généralement cette relation, la condition que l'arc zs, opposé à H, soit 90°, la simplifie en faisant disparaître un de ses termes, et il reste

$$\cos H = -\,\frac{\tan g\, h}{\tan g\, \Delta},$$

expression d'un usage et d'une interprétation bien faciles.

Aux époques des deux équinoxes, le soleil étant dans l'équateur $\Delta = 90°$, ce qui rend $\tan \Delta$ infini, et $\cos H$ nul. L'angle horaire H, dans lequel cet astre se lève et se couche, est donc alors de 90° ou de 6 heures sur tous les horizons, en exprimant par 24 heures le temps total de sa révolution diurne supposée uniforme. L'angle horaire total qu'il parcourt ainsi pendant qu'il est visible, est donc 180° ou 12 heures, c'est-à-dire la moitié d'une révolution entière pour tous les lieux ; de sorte qu'à ces deux époques de l'année, la durée du jour visible, est partout égale à celle de la nuit.

Mais $\cos H$ devient nul encore, quel que soit Δ, lorsque h est nul, c'est-à-dire quand le lieu est situé à l'équateur même. La durée du jour visible est donc, pour tous les points de l'équateur terrestre, constamment égale à celle de la nuit ; et le lever, ainsi que le coucher du soleil, s'y opèrent toujours dans un angle horaire de 90°. Dans toutes les autres régions de la terre h n'étant pas nul, l'angle H varie avec les valeurs de Δ ; et de là résultent les variations périodiques dans la durée des jours qu'on y observe annuellement. Pour les pays situés au nord de l'équateur, par exemple, si l'on compte la distance Δ à partir du pôle boréal du ciel, elle aura sa plus petite valeur au solstice d'été, ce qui donnera à $\cos H$ la plus grande valeur négative qu'il peut atteindre. L'angle H sera donc alors obtus, ce qui produira des jours visibles de plus de douze heures, et ce seront les plus longs jours de l'année. Depuis cette époque, Δ augmentant, la valeur négative de $\cos H$, diminuera ainsi que l'angle obtus H ; ce qui rendra la durée du jour visible progressivement moindre, quoique plus grande encore que celle de la nuit. L'égalité aura lieu quand Δ sera 90°, ce qui ramène le soleil dans l'équateur céleste. Au-delà de ce terme, l'angle Δ continuant à croître, deviendra obtus, ce qui change le signe de sa tangente et rend $\cos H$ positif. L'angle H est donc alors moindre que 90°, ce qui donne des jours de moins de 12 heures, et d'autant plus courts que Δ devient plus grand. La limite de ce décroissement répond à la plus grande valeur de Δ, qui a lieu au solstice d'hiver, et donne le plus court jour visible de l'année ; après quoi Δ recommençant à décroître, les jours augmentent de nouveau comme ils avaient diminué précédemment. Et les mêmes phases d'accroissement, comme de diminution, s'opèrent ainsi périodiquement à des époques inverses, pour les régions situées au nord ou au sud de l'équateur.

20. Ces rapports de l'angle H avec la durée plus ou moins longue du jour visible, lui a fait donner le nom d'*arc semi-diurne*. Pour exprimer la succession de ses valeurs, de manière à en rappeler la périodicité, désignons par u, la quantité dont il excède 90°, u devant devenir négatif, lorsque H sera moindre que cette limite. Nous aurons alors, dans une acception générale,

$$H = 90° + u, \quad \text{et par suite,} \quad \sin u = \frac{\tan h}{\tan \Delta}.$$

Cette expression de u le donne positif quand le soleil est au nord de l'équateur, négatif quand il est au sud, et lui assigne dans ces deux cas, des valeurs égales pour des écarts égaux. Les variations de H suivent donc aussi cette symétrie dans leur succession.

21. Nous autres modernes, qui avons des horloges mécaniques, propres à mesurer des intervalles de temps égaux, nous divisons, comme je l'ai dit, la durée moyenne d'un jour et d'une nuit en 24 parties égales, appelées *heures solaires moyennes*, que nous considérons comme constantes dans tous les temps de l'année, et que nous employons comme telles dans les usages civils. Mais, avant que ces instruments fussent inventés, les Grecs, et aussi après eux les Arabes, divisaient la durée variable du jour ou celle de la nuit, chacune en 12 parties égales que l'on appelait *heures temporaires*, lesquelles avaient ainsi des durées variables en différentes saisons et en différents lieux, puisque ces deux circonstances font varier u et par suite l'angle H. D'après cette définition, *la durée d'une heure temporaire de jour*, exprimée en degrés, était généralement $\frac{180° + 2u}{12}$, ou $15° + \frac{1}{6}u$, u étant déterminé par l'expression de son sinus donnée plus haut. À l'époque des équinoxes, u devenant nul, chacune de ces heures contenait 15° juste, comme nos heures actuelles ; et on les désignait alors par le nom d'*heures équinoxiales*, pour rappeler l'époque de l'année où elles se réalisaient. Ces expressions se trouvent universellement employées dans les écrits des astronomes de l'antiquité et du moyen âge, de sorte qu'il était nécessaire d'en indiquer ici la signification, ainsi que l'équivalent numérique.

22. Ces heures variables, étant alors les seules qui fussent employées dans les usages civils, ce sont elles que l'on trouve inscrites sur les cadrans des anciens. Et comme ces cadrans, ceux des Grecs du moins, ne portaient qu'un style droit CG, perpendiculaire à leur plan, c'était l'extrémité libre de ce style, qui se projetant sur les diverses courbes lumineuses diurnes, marquait l'arrivée successive du soleil aux différentes heures. Le lieu de ces points, pour une heure de même dénomination, ne devait donc plus se trouver sur une même ligne droite passant par la racine R de l'axe polaire idéal, puisqu'ils tombaient sur les traces de plans horaires différents. Nous verrons dans un moment par quel moyen très simple on pouvait encore les marquer sur un cadran, non-seulement horizontal, mais construit sur un plan quelconque ; car c'est pour arriver à cette généralité que j'insiste avec tant de détails sur les cadrans horizontaux.

23. En effet, l'énoncé général propre à ceux-ci va nous donner, tout de suite, avec la plus grande facilité, le moyen de tracer des cadrans sur tout autre plan, dirigé dans un sens quelconque, relativement au méridien et à l'horizon.

Pour abréger le discours, j'indiquerai ce plan par la lettre O. Puisqu'il est donné, on connaît son inclinaison et sa trace sur le plan horizontal du lieu. Soit celle-ci T'T, *fig.* 44. Par un point quelconque R, pris sur cette trace, je mène la méridienne horizontale MN, et l'axe polaire indéfini P'P, en désignant par P le pôle visible sur l'horizon du lieu, et par N l'extrémité indéfinie de la méridienne du côté de ce pôle. Le plan mené par ces deux lignes constitue le méridien du lieu, et contient la verticale RZ dont Z est aussi l'extrémité indéfinie du côté de P, de sorte que Z marque le zénith. Alors le plan mené par R, perpendiculairement à la méridienne, est le plan vertical d'est et ouest, dont je figure la trace horizontale par HH'. Si le lieu où l'on opère est situé au nord de l'équateur terrestre, P sera le pôle nord du ciel, et H' le point est de l'horizon. S'il est situé au sud, P désignera le pôle sud et H' le point ouest. A cela près, la figure servira pour les deux cas.

Le plan géométrique O a deux faces, sur chacune desquelles on peut demander que le cadran soit construit. Pour les distinguer, je remarque qu'en supposant le plan opaque, l'une *voit* seulement la branche RM de la méridienne horizontale; l'autre, la branche RN. Je désignerai chaque face par la lettre M ou N, appartenant à la branche qu'elle *voit*, et dont elle serait éclairée si cette branche RM ou RN était lumineuse. Le cadran à construire devra donc être spécifié par cette même dénomination. Toutes les droites menées dans le plan O, par le point R de sa trace, ont aussi deux faces que je désignerai de la même manière, par le nom de la face M ou N du plan sur laquelle on veut les considérer.

Enfin, la définition complète du plan O exige que l'on donne son inclinaison sur le plan horizontal, avec l'indication du sens dans lequel on la mesure. Je suppose donc cet élément fixé. Pour plus de généralité, j'admettrai d'abord qu'il est oblique à l'axe polaire P'P; me réservant de considérer à part le cas beaucoup plus simple où il lui serait parallèle, auquel cas la droite P'RP de notre figure s'y trouverait comprise en totalité.

Maintenant je prends le point R pour représenter la racine de l'axe du cadran demandé, axe dont j'exprimerai la longueur par l'. On peut toujours se donner ainsi arbitrairement ce point R, dans une construction idéale et géométrique, sauf à en reporter les résultats, par des parallèles, sur toute autre ligne horizontale du plan O, où l'on voudra que ce cadran soit tracé. L'axe l', partant de R, devra coïncider en direction avec l'axe polaire indéfini P'RP, en se dirigeant vers P, ou vers P' selon la face du plan O que l'on aura désignée pour recevoir son ombre; et cette alternative devra être décidée d'après les éléments donnés du plan, desquels il faudra déduire si la face désignée voit le pôle P ou le pôle P'. Mais dans tous les cas, lorsque le centre du soleil se trouvera dans le méridien du lieu, figuré ici par MRZN, et qu'il éclairera l'une ou l'autre face du plan O, l'ombre de l' se trouvera aussi dans ce méridien; et par conséquent elle se projettera sur la trace verticale du plan, laquelle sera ainsi la ligne horaire de midi ou de minuit sur le cadran demandé. Comme cette trace résulte des éléments donnés du plan, et peut géométriquement s'en déduire, je la désignerai par Xtt — Xtt', afin d'indiquer sa propriété comme ligne horaire, sans spécifier d'ailleurs celle de ses branches qui devra effectivement recevoir l'ombre de t' sur le cadran demandé, et sans prétendre non plus décider laquelle des deux devra marquer spécialement l'instant de midi, ou de minuit, dans le lieu assigné pour la construction. La lettre t, ou t' que j'annexe à Xtt, désigne seulement la branche qui se dirige du même côté que T ou T', relativement au plan vertical d'est et ouest.

Je mène ensuite, par l'axe polaire P'P, un plan perpendiculaire au plan O, et je figure par SRS' la droite suivant laquelle ils se coupent. Ce sera la projection de l'axe polaire P'P sur le plan O. Puisqu'il est défini de position, on pourra déterminer l'angle PRS ou P'RS' formé par ces deux droites, angle que je représente par h', en le supposant mesuré du côté du plan O, où il est moindre qu'un droit. Ce sera la hauteur apparente du pôle P ou P' sur chaque face du plan O. On pourra déterminer aussi l'angle dièdre NPS ou MP'S', que le plan perpendiculaire au plan O forme avec le méridien MZN du lieu où le cadran est construit. Je désigne cet angle par l', en le supposant aussi mesuré du côté du méridien où il est aigu. Je donnerai tout-à-l'heure les formules très simples par lesquelles ces diverses quantités se déduisent des éléments qui fixent la position donnée du plan O. Pour le moment, il suffira que nous puissions les supposer connues.

Maintenant, puisque la terre est un sphéroïde arrondi, il existe sur sa surface deux lieux inconnus, où le plan horizontal est parallèle au plan O sur lequel nous venons d'opérer. Et les dimensions du sphéroïde étant insensibles, comparativement à l'éloignement du soleil, ou pouvant être censées telles dans des constructions graphiques, nous pouvons aussi, nous devons même, considérer ces trois plans parallèles comme se confondant en un seul, relativement à la direction des rayons solaires. Dans chacun des lieux ainsi définis, le plan horizontal ne reçoit la lumière que sur une de ses faces, à cause de l'opacité de la masse terrestre. Mais l'illumination se succède de l'un à l'autre, comme sur les deux faces de notre plan O. En outre, chacun d'eux voit sur son horizon un pôle céleste de nom différent, à une égale hauteur apparente; d'où il résulte que des gnomons ayant la même longueur d'axe, y décriraient les mêmes sections coniques à des époques de l'année inverses, l'un réalisant les branches d'été pendant que l'autre réaliserait les branches d'hiver, et inversement. Car notre équation (1) de la trace lumineuse ne change pas quand on y change la distance polaire Δ du soleil en $180° - \Delta$, pourvu que l'on y change simultanément h en $180° + h$. Tous ses résultats ont donc lieu encore pour les deux faces de notre plan O, $fig.$ 44, en donnant aux cadrans tracés sur chacune d'elles, des axes l' d'égale longueur. Or, pour l'horizon idéal que chacune de ces faces représente, le plan perpendiculaire PRS, P'R'S' est vertical. De plus, c'est le méridien, puisque étant vertical il contient l'axe polaire P'P. Ainsi, S'RS' est la méridienne horizontale qu'on y tracerait.

Enfin h', tel que nous l'avons mesuré, est la hauteur apparente du pôle P, ou P' qui s'y trouve visible, et vers lequel s'élève l'axe RP, ou RP' du gnomon propre à chaque face du plan O. On a donc tous les éléments nécessaires pour construire sur chacune de ces faces, un cadran horizontal dont la racine de l'axe sera en R. Il ne s'agit plus que de choisir la longueur RC' ou l' que l'on veut donner à cet axe. Car on en déduira aussitôt la longueur C'G' ou e' de la perpendiculaire menée de son sommet à la méridienne fictive SS', ainsi que la projection RG' de l'axe, par les relations générales

$$e' = l' \sin h', \quad \mathrm{RG}' = l' \cos h',$$

ou bien encore on déduira l' de e', si l'on veut prendre la hauteur e' et le point G' pour données. Tout le reste du calcul, tant des lignes horaires que des arcs des signes, s'effectuera ensuite exactement comme il a été dit plus haut. Il suffira même de le faire, et d'en tracer les résultats, pour un seul des deux cadrans. Car la longueur l' de l'axe étant supposée la même, ils sont identiques, et il ne s'y manifestera de différence que dans les époques auxquelles leurs lignes analogues, d'ombre ou de lumière, seront réalisées par le mouvement du soleil.

J'ai exclu le cas où le plan donné O contiendrait l'axe polaire; il nous est maintenant facile de le considérer. En effet, nos deux horizons fictifs sont alors situés sur deux points opposés de l'équateur terrestre, ce qui, à cause de la petitesse négligeable de la masse de la terre, met aussi cet axe dans leur prolongement. Le cadran qu'il faudra décrire sur le plan O, contenant l'axe polaire, sera donc un cadran horizontal construit pour un lieu quelconque de l'équateur. C'est-à-dire qu'il faudra tracer dans le plan O une droite dirigée suivant l'axe polaire, et fixer hors du plan, parallèlement à cette droite, l'axe matériel l', dont les ombres rectilignes formeront les lignes d'heures équinoxiales, tandis que l'extrémité, ou les extrémités de l', décriront les courbes lumineuses diurnes, soit qu'on y adapte ou qu'on n'y adapte pas la plaque percée d'un trou C.

25. La méridienne fictive SRS', sur laquelle l'axe l' se projette, *fig. 44*, s'appelle la *sousstylaire* du cadran. Les sections coniques qui forment les arcs des signes, ont toujours leur axe principal sur sa direction, autour de laquelle leurs branches s'étendent symétriquement. Mais les plans horaires dont il faut calculer ici les traces, pour l'application réelle, quoique toujours espacés entre eux par des angles dièdres de 15°, si l'on veut avoir nos heures modernes, ne devront pas avoir pour origine le plan du méridien fictif P'SRSP. Car alors leurs traces sur le plan O marqueraient les heures solaires à partir de ce méridien, au lieu qu'on veut les avoir à partir du méridien réel MRZN. Mais la modification à faire pour obtenir ce résultat est bien facile. En effet, il n'y a qu'à déterminer l'angle dièdre NPS, ou MP'S', compris entre ces deux méridiens, lequel est une conséquence de la position donnée du plan O. Je l'ai déjà désigné par P'. Ce sera justement l'angle horaire, dont le plan doit couper le plan O, suivant la

ligne horaire $\text{XII} - \text{XII}'$, qui marquera midi et minuit, dans le lieu réel où les cadrans tracés sur les deux faces de ce plan doivent être employés. Prenant donc, § 17, la formule générale relative à ces lignes qui deviendra ici

$$\tang R = \sin h'\, \tang P,$$

on y fera $P = P'$, et l'on en tirera l'angle correspondant R que la sous-tylaire $S'RS$ doit former, dans le plan O , avec la ligne $\text{XII} - \text{XII}'$ sur les deux cadrans. Faisant ensuite P égal à P' plus ou moins un multiple quelconque de $15°$, on aura les angles R analogues pour toutes les autres lignes horaires qui marqueront des heures équinoxiales, comptées du méridien réel du lieu.

L'emploi de cette formule, comme de toute autre qui contient des lignes trigonométriques , laisse le choix libre entre différents angles qui peuvent également y satisfaire. Mais ici , ce choix se trouve toujours fixé par les opérations mêmes qui précèdent l'emploi de la formule, ainsi qu'on le verra plus tard. J'en fais la remarque pour établir d'avance la nécessité d'une telle détermination.

26. Supposons maintenant qu'au lieu de marquer sur le cadran des heures égales , on demande d'y marquer des heures temporaires propres au lieu pour lequel il est construit. On va voir que nos formules rendent cette opération très facile.

En effet, la hauteur du pôle visible dans le lieu donné étant h, différente de h', l'arc semi-diurne, pour une distance polaire quelconque Δ du soleil, y sera , d'après le § 20,

$$H = 90 + u, \quad u \text{ étant déterminé par l'équation } \sin u = \frac{\tang h}{\tang \Delta}.$$

Alors , en comptant les heures temporaires à partir de midi , l'expression de la N^e heure en degrés, sera :

$$N.15° + \frac{N}{6}\, u,$$

le nombre N pouvant être positif ou négatif, mais n'ayant de valeurs que depuis o qui répond à midi, jusqu'à 6, qui répond aux instants du lever et du coucher du soleil. L'angle P correspondant à cette N^e heure, sur l'horizon fictif , sera donc

$$P = P' + N.15° + \frac{N}{6}\, u.$$

Pour abréger, je ferai

$$P' + N.15° = a, \qquad\qquad \frac{N}{6} = b;$$

alors l'expression de cet angle horaire deviendra :

$$(1) \qquad P = a + bu,$$

qu'il faudra toujours joindre avec

$$(2) \qquad \sin a = \frac{\operatorname{tang} h}{\operatorname{tang} \Delta}.$$

Maintenant, nommons x', y', les coordonnées du point où la courbe lumineuse correspondante à la distance Δ est coupée, sur l'horizon fictif, par la ligne horaire correspondante à cet angle P. Nous aurons, d'après le § 18, en considérant un seul système d'intersection,

$$(3) \qquad x' = c' \, \frac{(\sin \Delta \cos P \sin h' + \cos h' \cos \Delta)}{\sin \Delta \cos P \cos h' - \sin h' \cos \Delta},$$

$$(4) \qquad y' = \frac{c' \sin \Delta \sin P}{\sin \Delta \cos P \cos h' - \sin h' \cos \Delta}.$$

Nous n'avons qu'à éliminer entre ces quatre équations, les trois quantités variables a, P, Δ; et l'équation résultante en x', y', exprimera, sur l'horizon fictif, le lieu géométrique de tous les points d'intersection qui composent la N° ligne horaire temporaire, que nous avons considérée.

Cette élimination, qui paraît très difficile, se simplifie extrêmement par la remarque suivante. Au temps de l'équinoxe, $\operatorname{tang} \Delta$ étant infini, a est nul, et l'angle P se réduit à a; $\cos \Delta$ est aussi nul alors, et $\sin \Delta$ est 1. Ces suppositions étant introduites dans (3) et (4), on trouve, *pour ce cas particulier*,

$$x' = c' \operatorname{tang} h', \qquad y' = c' \, \frac{\operatorname{tang} a}{\cos h'},$$

résultats qu'on pouvait facilement prévoir d'après la fin du § 18. Maintenant, déterminons les variations générales de x' et de y', autour de ces valeurs; c'est-à-dire formons généralement les quantités $x' - c' \operatorname{tang} h'$ ou $\dfrac{x' \cos h' - c' \sin h'}{\cos h'}$, et $y' - c' \dfrac{\operatorname{tang} a}{\cos h'}$ ou $\dfrac{y' \cos a \cos h' - c' \sin a}{\cos a \cos h'}$. Cela est facile, puisque les expressions générales de x' et de y' nous sont données. En effectuant le calcul, on trouvera que la seconde de ces quantités contient à son numérateur les deux termes

$$\sin \Delta \cos h' \sin P \, \cos a - \sin \Delta \cos h' \sin a \cos P$$

ou, en isolant leur commun facteur,

$$\sin \Delta \cos h' \, (\sin P \cos a - \sin a \cos P),$$

ce qui équivaut à

$$\sin \Delta \cos h' \sin (P - a);$$

et comme $P - a$ est généralement égal à bu, ces termes se réduisent à

$$\sin \Delta \cos h' \sin bu.$$

Avec cette simplification, qui est seule nécessaire à indiquer, on trouvera définitivement

$$x' \cos h' - c' \sin h' = \frac{c' \cos \Delta}{\sin \Delta \cos P \cos h' - \sin h' \cos \Delta},$$
$$y' \cos a \cos h' - c' \sin a = c' \frac{(\sin \Delta \cos h' \sin bu + \sin a \sin h' \cos \Delta)}{\sin \Delta \cos P \cos h' - \sin h' \cos \Delta};$$

alors, en divisant ces équations membre à membre, le dénominateur disparaîtra, et l'on aura

$$\frac{y' \cos a \cos h' - c' \sin a}{x' \cos h' - c' \sin h'} = \sin a \sin h' + \cos h' \, \mathrm{tang}\, \Delta \sin bu,$$

ou, en remplaçant $\mathrm{tang}\, \Delta$ par sa valeur $\dfrac{\mathrm{tang}\, h}{\sin u}$, tirée de (2),

$$(5) \qquad \frac{y' \cos a \cos h' - c' \sin a}{x' \cos h' - c' \sin h'} = \sin a \sin h' + \cos h' \, \mathrm{tang}\, h \, \frac{\sin bu}{\sin u}.$$

L'élimination n'est pas encore complétement effectuée. Pour l'achever rigoureusement, il faudrait tirer de cette équation la valeur de u en x' et y', la substituer dans (2) pour avoir Δ, puis éliminer u et Δ dans P, et enfin substituer ces dernières valeurs dans l'une des deux équations en x' et y'. Cette série d'opérations serait d'une complication impraticable; mais la seule connaissance de leur succession nécessaire suffit pour montrer que l'équation résultante, si on la formait ou si on l'indiquait, serait de l'espèce de celles qu'on appelle transcendantes, c'est-à-dire qui ne sont pas expressibles en termes algébriques finis. Heureusement ces difficultés analytiques peuvent être éludées dans les applications réelles; et l'équation (5) va nous suffire pour effectuer très simplement ces dernières, sinon avec une rigueur absolue, du moins avec une suffisante approximation.

27. Supposons d'abord la constante b nulle, ce qui a lieu quand $N = o$, c'est-à-dire l'heure de midi. Alors $\sin bu$ devenant nul, la variable u disparaît complétement; l'équation restante entre x' et y' étant du premier degré, représente une ligne droite. La ligne horaire temporaire de midi est donc une ligne droite, comme dans les heures égales. Cela était évident d'avance, puisque cette ligne est la méridienne même d'où l'on compte également ces deux systèmes d'heures. Mais c'est aussi ce que dit l'équation (5). Car, la droite qu'elle exprime alors, forme avec l'axe des x' un angle dont la tangente est $\sin h' \tang a$, ou $\sin h' \tang l'$, puisque N est nul. En outre, elle coupe cet axe du côté des x' négatifs, dans un point dont l'abscisse est $-\dfrac{c'}{\tang h'}$; de sorte qu'il coïncide avec la racine de l'axe l'. Ces deux propriétés caractérisent la ligne de midi du lieu.

Considérons maintenant la ligne horaire de 6 heures pour laquelle $N = 6$, et qui répond à l'instant du lever ou du coucher du soleil. Pour ce cas, b étant 1, le rapport $\dfrac{\sin bu}{\sin u}$ devient aussi égal à l'unité, ce qui fait encore disparaître u, et laisse encore l'équation d'une ligne droite. Les heures horaires temporaires du lever et du coucher seront donc marquées par une ligne droite pour toute l'année; et cette ligne sera donnée par l'équation (5) ainsi réduite, de sorte qu'elle sera

$$y' \cos u = x' (\sin a \sin h' + \cos h' \tang h) \brace \quad \text{ligne de six heures}$$
$$+ c' (\sin a \cos h' - \sin h' \tang h) \quad \text{temporaires.}$$

Excepté à ces deux limites, l'angle u ne disparaîtra pas rigoureusement. Mais il disparaîtra encore par approximation, c'est-à-dire que son influence deviendra très peu sensible, s'il doit toujours être borné à de très petites valeurs. En effet, les petits angles étant à très peu près proportionnels à leurs sinus, le rapport $\dfrac{\sin bu}{\sin u}$ sera alors très approximativement égal à $\dfrac{bu}{u}$, ou b.

Pour savoir quand cette supposition sera admissible, il faut reprendre, dans l'équation (2), l'expression exacte de $\sin u$, qui est

$$\sin u = \frac{\tang h}{\tang \Delta}.$$

On voit alors que cela n'aura lieu qu'autant que la hauteur apparente h du pôle visible sera peu considérable dans le lieu où le cadran doit être employé. Supposons par exemple $h = 45°$, et donnons à Δ sa moindre valeur annuelle qui a lieu au solstice d'été. On a alors, à très peu près, $\Delta = 90° - 23°28' = 66°32'$. Avec ces données on trouve $u = 25°43'45'',70$. Ce sera donc là sa plus grande valeur annuelle. Maintenant, puisque les lignes de 0^h et de 6^h sont rigoureusement rectilignes, évaluons l'erreur de l'approximation pour la 3º heure, qui donne b, ou $\dfrac{N}{6}$, égal à $\dfrac{1}{2}$. L'angle bu sera donc alors $\dfrac{1}{2} u$ ou $12°51'52'',85$. Si l'on forme le rapport exact $\dfrac{\sin bu}{\sin u}$ avec ces valeurs, on le trouve égal à $0,512874$, tandis que le rapport des arcs est seulement $0,5$. L'erreur serait donc peu considérable, même pour ce cas extrême ; et, dans une opération qui n'est que graphique, il n'y aurait aucun inconvénient à la tolérer. Ainsi, jusqu'à cette hauteur du pôle, les lignes horaires temporaires peuvent toujours être considérées et construites comme des lignes droites, données par l'équation (5), où l'on remplace $\frac{\sin bu}{\sin u}$ par b. On aura donc ainsi, après les réductions,

$$(6) \quad y' \cos a = x' (\sin a \sin h' + b \cos h' \, \text{tang} h) + c' (\sin a \cos h' - b \sin h' \, \text{tang} b),$$

à quoi il faut joindre

$$a = \text{P}' + 15°.\text{N}, \qquad\qquad b = \frac{\text{N}}{6}.$$

Ce sera l'équation générale des lignes horaires temporaires pour des lieux peu distants de l'équateur. Il faut se rappeler que P' est l'angle dièdre NPS ou MP'S', *fig.* 44, que le plan horaire de la sousstylaire forme avec le méridien du lieu ; et N le rang ordinal de l'heure temporaire que l'on veut considérer, avant ou après le passage à ce méridien. On voit donc que, dans cette limite d'approximation, les lignes horaires temporaires seront encore de simples droites comme celles de nos cadrans modernes. Mais elles ne passeront point par la racine R de l'axe, et leurs inclinaisons sur la méridienne SRS' de l'horizon fictif seront différentes. Toutefois, on les pourra toujours calculer et construire avec autant de facilité par l'équation (6), lorsque l'on aura les éléments numériques qui définissent chacune d'elles dans cette équation.

Si le plan donné O, sur lequel le cadran doit être construit, était parallèle à l'axe de la révolution diurne, l'angle h' serait nul, et l'équation (6) deviendrait

$$y' \cos a = x' b \, \text{tang} h + c' \sin a.$$

Dans ce cas, les lignes horaires temporaires ne seraient donc pas parallèles à l'axe polaire, comme elles le seraient sur un cadran horizontal réellement construit dans un lieu de l'équateur. Elles formeraient avec cet axe un angle dont la tangente serait $\frac{b \, \text{tang} h}{\cos a}$, de sorte qu'il varierait dans le même cadran avec b et a, conséquemment avec la dénomination de la ligne horaire. Toutefois, le parallélisme se rétablirait généralement si h était nul, c'est-à-dire si le lieu était situé à l'équateur même. Mais, dans ce cas, u devient constamment nul, ce qui fait que les heures temporaires deviennent toutes égales aux équinoxiales ; ou, à proprement parler, il n'y a plus d'heures temporaires.

Les Grecs et les Arabes, qui ont cultivé l'astronomie bien avant nous, habitaient des pays méridionaux où l'approximation précédente était parfaitement applicable. Ils l'avaient d'abord constatée probablement par l'expérience, et ils s'en sont ensuite constamment servis. On marquait d'abord un des points de chaque ligne horaire sur l'équinoxiale où sa détermination est la plus facile. Puis, on en marquait deux autres, que l'on déterminait spécialement sur les branches opposées de l'hyperbole qui répondait aux deux solstices. Alors on joignait ces trois points par une ligne continue, que l'on aurait pu tracer comme exactement droite, si l'on en avait su en calculer les propriétés générales et les éléments déterminatifs. Mais ces notions étaient trop composées pour s'obtenir par la géométrie pure usitée alors, à moins peut-être d'y employer des efforts que l'utilité du sujet ne méritait pas. On peut voir encore des restes de cette complication dans les recherches, très exactes d'ailleurs, que Delambre a consacrées à ce sujet dans les tomes II et III de son *Histoire de l'Astronomie*. Et l'avantage de l'analyse se fera sentir avec évidence, si l'on compare les constructions détournées et pénibles dont il a fait usage, avec les formules directes et simples que nous venons d'employer. Je dois ajouter toutefois, qu'avant la publication de son ouvrage, les propriétés géométriques des lignes horaires antiques, et leur forme rigoureuse, avaient été démontrées généralement, et avec beaucoup d'élégance, par M. W.-A. Caldell, dans un Mémoire inséré au tome VIII des *Transactions de la Société royale d'Edimbourg*.

27. La formule qui donne la valeur de l'arc semi-diurne sur un horizon quelconque, lorsqu'on y connaît la hauteur du pôle visible, donnera également cet arc pour l'horizon fictif où la hauteur du pôle est h'. En indiquant par un accent les quantités qui s'y rapportent, l'arc H' sera donné par les deux équations

$$H' = 90^\circ + u', \qquad \sin u' = \frac{\tang h'}{\tang \Delta}.$$

On pourra donc ainsi calculer le plus grand angle horaire dans lequel le soleil se lèvera ou se couchera chaque jour, sur la face du plan O où le cadran est construit ; et ces angles répondront aux phénomènes inverses sur la face opposée, par conséquent sur le cadran supplémentaire qu'on y construirait. On aurait donc ainsi pour chaque jour, et pour chaque face, les limites extrêmes des angles horaires qui pourraient s'y réaliser, et conséquemment des lignes horaires qu'il faudrait y tracer, si le plan O était librement exposé, dans l'espace, aux rayons solaires. Mais, pour que ces lignes s'y réalisent réellement par des ombres, il faudra encore que le soleil se trouve aussi sur l'horizon réel du lieu où le cadran est construit, ce qu'on connaîtra par les valeurs contemporaines des arcs semi-diurnes qui s'y rapportent. Il ne faudra donc conserver, et tracer sur chaque face, que les lignes horaires dont les angles satisferont à la fois à ces deux conditions de réalité.

28. Pour terminer cette exposition, il ne reste plus qu'à donner les formules par lesquelles on peut déterminer les angles P', h', et assigner sur le cadran les positions exactes de la ligne méridienne, de la soustylaire, ainsi que la dénomination du pôle céleste vers lequel l'axe polaire *l* doit être dirigé.

On les obtient de la manière la plus simple et la plus directe par les méthodes générales de la géométrie analytique. Pour la clarté de l'exposition, je supposerai que le lieu où l'on opère est situé au nord de l'équateur terrestre. Alors, dans la fig. 44, qui va nous servir de type, P sera le pôle nord, et N le point nord de la méridienne horizontale MN. Ceci convenu, je rapporte tous les points de l'espace à trois axes de coordonnées rectangulaires x, y, z, ayant leur origine commune au point R. Les deux premières seront prises dans le plan horizontal du lieu, et les mêmes dont j'ai déjà fait usage. C'est-à-dire que les x se compteront sur la méridienne, positivement en allant de R vers N, et les y sur la perpendiculaire, positivement en allant de R vers l'ouest, qui sera ici désigné par la lettre H. Les z se compteront sur la verticale, et je les prendrai positives en allant de R vers le zénith marqué par la lettre Z. J'emploierai d'ailleurs, comme précédemment, la lettre h pour désigner l'angle PRN, hauteur apparente du pôle visible dans le lieu où l'on opère ; et, d'après cette définition même, h ou PRN, compté du point N vers le zénith, sera toujours compris entre o et 90°. Lorsque les formules seront établies sur ces spécifications pour un lieu quelconque situé au nord de l'équateur terrestre, on pourra les appliquer à un point situé au sud sans y faire aucun changement. Seulement, dans la figure, P devra désigner alors le pôle sud du ciel, et H le point est de l'horizon ; de sorte que, dans l'interprétation des formules, les y positives devront alors être censées dirigées vers l'est, les x positives l'étant toujours du côté du pôle visible P. Ceci convenu, je reprends la première spécialité d'énoncé relative au pôle nord, pour rendre l'exposition plus claire.

29. Devant supposer, pour ce qui va suivre, les formules générales de la géométrie analytique, relatives à la ligne droite et au plan, je les emprunterai à l'*Essai de Géométrie analytique*, 8ᵉ édition, en rappelant seulement au besoin les pages de cet ouvrage où elles se trouvent établies.

Nous devons d'abord former les équations de l'axe polaire PRP. Comme il est compris dans le plan du méridien, qu'il passe par l'origine R, et qu'il fait l'angle h avec l'axe des x, au-dessus du plan horizontal, du côté des x positifs, ses équations seront

$$(1) \qquad\qquad y = 0, \qquad\qquad z = x \tang h.$$

Il faut maintenant définir le plan O mené par l'origine R, et qui doit contenir le cadran. J'emploierai pour cela d'abord l'angle NRT ou $+\alpha$, que la branche *boréale* RT de sa trace horizontale forme avec l'axe des x positifs, *du côté de l'ouest*, de sorte que $+\alpha$ sera l'azimuth de cette trace, compté du point nord de la méridienne, *vers l'ouest*. Je prendrai ensuite pour deuxième donnée, l'inclinaison du plan O sur le plan horizontal, mesurée à

l'ouest de la trace T'RT, et je la désignerai par $+ i$. Pour chaque valeur
donnée de l'azimuth z, le plan O peut avoir une infinité de positions autour
de sa trace horizontale, depuis $i = 0$ jusqu'à $i = 180°$. J'admettrai cette
étendue de variation. Alors, en faisant varier z depuis 0 jusqu'à $\pm 90°$,
nous définirons tous les plans qui pourront être menés ainsi par l'origine R. On pourrait obtenir le même résultat par d'autres modes de variation de z et de i. Par exemple, si l'on voulait faire varier z continûment
de $0°$ à $360°$, il suffirait de faire varier i de $0°$ à $+ 90°$; et cette convention s'emploie en effet dans plusieurs problèmes astronomiques. Mais elle
donnerait ici des résultats d'une interprétation moins facile que celle que
nous venons d'adopter.

Pour introduire les éléments z et i dans les formules analytiques, on
prendra l'équation générale d'un plan passant par l'origine des coordon-
nees, qui est

$$A x + B y + z = 0.$$

Et, en l'assujétissant à reproduire, par son inclinaison et la direction de sa
trace horizontale, les éléments donnés, on trouvera

$$A = + \sin z \, \tang i, \qquad\qquad B = - \cos z \, \tang i;$$

de sorte que son équation, ainsi déterminée, deviendra

$$(2) \qquad x \sin z \, \tang i - y \cos z \, \tang i + z = 0;$$

et l'on peut vérifier *à posteriori* qu'en effet elle remplit les deux conditions
demandées. L'introduction de l'inclinaison i (*Essai*, page 143), établit
entre A et B une relation du second degré qui attribue au système de
ces coefficients deux valeurs différentes par le signe dont elles sont affectées. Mais l'ambiguité se lève, en remarquant que si z est nul, ce qui
fait coïncider la trace T'RT avec l'axe des x, l'inclinaison i, selon nos
conventions, doit se compter positivement de l'ouest vers le zénith ; ce
qui exige que $\frac{z}{y}$ soit alors égal à $+ \tang i$, comme la formule (2) le donne,
et non pas $- \tang i$, comme le donnerait l'autre solution, qui, par conséquent, supposerait l'angle i compté depuis le plan horizontal vers le
zénith, mais du côté est de la trace T'T.

Cette équation est commune aux deux faces du plan O, qui, en effet,
dans leur abstraction géométrique, comprennent les mêmes points de
l'espace; et cependant ces faces doivent être distinguées l'une de l'autre
dans le problème gnomonique dont nous nous occupons. Mais, d'après
ce qui a été remarqué plus haut, cette distinction ne devient nécessaire
que pour appliquer le même cadran sur chaque face, dans son sens
propre, de manière que l'axe soit dirigé vers le pôle qu'elle voit. Quand
nous en serons là, il faudra sans doute déduire des éléments donnés du

plan, la dénomination du pôle céleste P, ou P' que chaque face regarde, et vers lequel l'axe qu'on y adapte doit être dirigé. Mais cette diverse exposition des deux faces, relativement aux pôles célestes, n'altère pas leur coïncidence géométrique; et conséquemment elles ne peuvent pas être distinguées, sous ce rapport, dans une équation de lieu, applicable à leurs points communs.

Le plan O étant défini, son intersection par le plan vertical des x, z, sera la ligne méridienne XII — XII' des deux cadrans. Les équations de cette ligne seront donc

$$(3) \qquad y = 0, \qquad\qquad z = - x \sin u \tan i;$$

et elle sera ainsi définie sans ambiguité, dans toutes les positions qu'elle peut prendre selon les valeurs de i et de u. En supposant le plan O libre dans l'espace, et opaque, les ombres méridiennes des deux axes RP, RP' se projetteront toujours sur cette ligne lorsque le soleil les éclairera au moment de son passage au méridien du lieu. Et ainsi l'on comptera toujours en ce lieu, midi, ou minuit, quand ce phénomène arrivera.

C'est donc là une des lignes horaires du cadran, et des plus importantes; par conséquent il faut pouvoir l'y tracer. On le fera très commodément si l'on détermine l'angle XIIRT, ou M, que sa branche boréale XII forme avec la branche boréale RT de la trace horizontale, pourvu que l'on parvienne en outre à assigner si cet angle doit être porté à partir de RT, *au-dessus* du plan horizontal, vers les z positifs, ou *au-dessous*, vers les z négatifs. Le premier problème n'est qu'une application de la formule générale qui donne l'angle de deux droites dont on a les équations (*Essai*, page 114), l'une étant ici la droite XII — XII' que nous venons de définir, et l'autre la trace horizontale T'T qui a pour équations

$$z = 0, \qquad\qquad y = x \tan u.$$

Mais cette formule donne l'angle M par son cosinus, qui lui attribue analytiquement deux valeurs; et l'ambiguité s'accroît quand on veut tirer de ce cosinus l'expression de sa tangente qui nous sera ici plus commode, parce que cela exige l'extraction d'une racine carrée qui introduit une alternative de signe qu'il faudrait discuter. On peut éviter cet embarras de la manière suivante, qui est également conforme aux règles générales de la géométrie analytique, mais qui définit immédiatement le sens dans lequel doivent être construites les nouvelles quantités angulaires que l'on veut employer.

Je rapporte, *fig.* 45, tous les points du plan O à deux axes rectangulaires de coordonnées x'', z'', pris dans sa surface, et ayant le point R pour origine commune. Les x'' se compteront positivement sur la branche boréale RT de sa trace, en allant de R vers T; et les z'' positivement en s'élevant de cette trace au-dessus du plan horizontal, négativement au-dessous. Les limites de variation que nous avons fixées à l'inclinaison i du plan O sur le plan horizontal, ne permettant jamais à ses deux nappes supérieures et inférieures d'intervertir leurs positions, les deux coordonnées z'' et z seront toujours de même signe. Maintenant, considérons dans le plan un point quelconque O, *fig.* 45, dont RX, XY, YO soient les trois coordonnées primitives x, y, z. Si, de ce point, nous menons OX'' perpendiculaire à la trace RT, ce sera y'', et x'' sera X''R. Or z est la projection de z'' sur la verticale YO ou $z''\sin i$; et RX'' ou x'' est la somme des projections de RX et de XY sur la trace RT, ce qui donne pour sa valeur $x\cos\alpha + y\sin\alpha$. On a donc ainsi pour tout point quelconque O du plan,

$$z = z''\sin i, \qquad x'' = x\cos\alpha + y\sin\alpha,$$

sous la condition, évidemment, que les trois coordonnées x, y, z aient entre elles la relation nécessaire pour y satisfaire, c'est-à-dire qu'elles appartiennent à un point du plan O.

Cette condition est remplie par les points de la ligne horaire méridienne Xıн — Xıн', qui a pour équations

$$(3) \qquad x = 0, \qquad z = -x\sin\alpha\,\mathrm{tang}\,i.$$

Substituant donc à x et à z les valeurs en x'' et z'' qui y correspondent, son équation, sous cette nouvelle forme, devient

$$z'' = -x''\,\frac{\mathrm{tang}\,\alpha}{\cos i}.$$

D'après cela, si l'on désigne, comme ci-dessus, par M, l'angle qu'elle forme avec la trace boréale RT qui est ici l'axe des x'', cet angle étant compté positivement de RT vers les z'' positifs, c'est-à-dire en s'élevant *au-dessus* du plan horizontal, on aura

$$(4) \qquad \mathrm{tang}\,M = -\frac{\mathrm{tang}\,\alpha}{\cos i}.$$

L'angle M pourrait se compter ainsi continûment depuis o jusqu'à 36o°. Mais, comme sa connaissance a seulement pour objet de définir la position de la ligne horaire méridienne, autour de l'horizontale RT, il sera plus simple, et aussi légitime, d'interpréter tang M, comme appartenant toujours à un angle aigu qui doit être porté à partir de RT, *au-dessus* du plan horizontal s'il est positif, *au-dessous* s'il est négatif. J'adopterai donc cette convention.

50. La formule qui donne ainsi l'angle M est d'une grande importance dans le problème qui nous occupe, parce qu'elle sert à tracer, dans le plan O, la direction de la ligne horaire méridienne sans aucune ambiguité. En effet, ce plan étant donné, *fig.* 44, on peut toujours y tracer une ligne droite horizontale qui se trouvera parallèle à la trace horizontale TT', ou plutôt

qui deviendra cette trace même, si l'on veut y transporter idéalement le plan horizontal. Prenant donc arbitrairement un point R sur la droite tracée, on y marquera arbitrairement un autre point *plus boréal* qui représentera T. Puis, on construira sur RT l'angle aigu M, à partir du point R, tel que la formule (4) le donne, en lui attribuant la position supérieure ou inférieure que son signe exprimera. Alors, menant une droite indéfinie dans le plan, sous cette inclinaison à l'horizontale, à partir de l'origine R, ce sera la ligne horaire méridienne du plan O, laquelle sera commune à ses deux faces. Réciproquement, si quelque autre procédé avait fait connaître la direction de cette ligne dans le plan O, et sa position relativement à l'horizontale, en lui appliquant la construction précédente, on en déduirait l'angle M de la formule (4), et par conséquent la valeur du rapport $-\dfrac{\tang z}{\cos i}$; de sorte qu'il suffirait de déterminer un des deux éléments z ou i pour avoir aussitôt l'autre par cette relation.

Dans les traités de gnomonique on emploie ordinairement, au lieu de l'horizontale, la droite qui lui est perpendiculaire et que l'on nomme *la verticale du plan du cadran*. J'en avertis pour faire connaître le sens de cette expression. Mais je conserverai l'emploi de l'horizontale qui me semble plus immédiat.

Un cas échappe à la construction précédente; c'est celui où la trace horizontale TT′ serait perpendiculaire à la méridienne. Car alors autour d'un point R pris sur cette ligne, on ne pourrait plus distinguer une branche australe et une branche boréale. Mais, dans un tel cas, cette distinction deviendrait inutile, puisque l'intersection du plan O par le méridien, c'est-à-dire la ligne horaire méridienne, serait évidemment perpendiculaire à l'horizontale. C'est aussi ce qu'indique la formule (4), puisque z étant égal à $\pm 90°$, $\tang M$ devient infini comme $\tang z$, ce qui rend l'angle M droit.

31. Il faut maintenant former l'équation du plan RPS mené par l'axe polaire PP′ perpendiculairement au plan O. Ce plan passant par l'origine R, son équation aura généralement la forme

$$A'x + B'y + z = o.$$

Et, en l'assujétissant aux conditions assignées, on trouvera

$$A' = -\tang h, \qquad B' = \frac{1 - \sin z \, \tang i \, \tang h}{\cos z \, \tang i}.$$

Il n'y a aucune ambiguïté dans les signes de A′ et de B′. Car, d'abord, en faisant y nul, il faut que sa trace sur le plan des x, z fasse l'angle $+$ h avec la branche RN des x positives, ce qui donne A′; et ensuite la condition de perpendicularité des deux plans est

$$AA' + BB' + 1 = 0,$$

ce qui donne B′ sans ambiguité, puisque A, B et A′ sont connus.

L'intersection SRS′ de ce plan et du plan O est *la soustylaire du cadran*. Pour trouver ses équations, il faut reprendre l'équation du plan O qui est

$$Ax + By + z = 0,$$

où l'on a

$$A = + \sin \alpha \, \mathrm{tang}\, i, \qquad\qquad B = - \cos \alpha \, \mathrm{tang}\, i;$$

et en la combinant avec celle du plan perpendiculaire, nous aurons

$$(AB' - A'B)x + (B' - B)z = 0, \qquad (AB' - A'B)y - (A' - A)z = 0;$$

ce sont les équations cherchées de la soustylaire SRS′.

Puisqu'elle est dans le plan O, on peut l'exprimer par une équation unique entre les coordonnées x'', z'', comptées dans ce plan, à partir de la trace horizontale RT, comme nous l'avons fait pour la ligne horaire méridienne. Pour cela il faut faire encore :

$$z = z'' \sin i, \qquad x'' = x \cos \alpha + y \sin \alpha.$$

L'expression de z, mise dans les équations des deux projections, donne x et y en z''. Substituant donc ces valeurs dans l'expression de x'', il vient

$$x'' (AB' - A'B) + z'' [(B' - B) \cos \alpha - (A' - A) \sin \alpha] \sin i = 0;$$

c'est l'équation de la soustylaire SRS′, dans le plan O. D'après cela, si l'on nomme S l'angle qu'elle forme avec la trace horizontale RT, cet angle étant compté à partir de cette trace, conformément au signe des coordonnées x'', c'est-à-dire positivement *au-dessus* du plan horizontal et négativement *au-dessous*, on aura, sans ambiguité,

$$(5) \qquad \mathrm{tang}\, S = - \frac{(AB' - A'B)}{[(B' - B) \cos \alpha - (A' - A) \sin \alpha] \sin i};$$

et substituant les valeurs de A, B, A′, B′, on trouvera, après quelques réductions,

$$(5) \qquad \mathrm{tang}\, S = \frac{\sin i \, \sin h - \sin \alpha \, \cos i \, \cos h}{\cos \alpha \, \cos h}.$$

La valeur de l'angle S se construira exactement comme celle de M autour de l'horizontale RT, menée à volonté dans le plan donné ; et elle fera connaître immédiatement la position de la soustylaire SRS′, relativement à cette horizontale. On a déjà celle de la ligne horaire méridienne $X_{III} - X_{III}'$. Ces deux lignes fondamentales du cadran seront donc déterminées ainsi avec sûreté, sans avoir besoin d'aucune autre règle que de donner aux lignes trigonométriques leurs valeurs conformes aux conventions faites plus haut pour z et i.

52. Il faut maintenant calculer l'angle PRS, que l'axe polaire forme avec la soustylaire PS, et qui mesure son inclinaison sur le plan O. Cet angle, que j'ai déjà désigné par h', § **23**, est un élément fondamental du cadran demandé; car il exprime la hauteur apparente du pôle visible sur l'horizon idéal qui correspond à chaque face du plan O. On le déterminera aisément par la formule générale qui donne le sinus de l'angle compris entre une droite et un plan dont on a les équations. (*Essai*, p. 145.) Employant celles que nous avons trouvées pour le plan O et pour l'axe polaire, on obtiendra

$$(6) \qquad \pm \sin h' = \sin h \cos i + \sin z \sin i \cos h.$$

J'affecte le premier membre du signe $\pm$, parce que la formule qui donne $\sin h'$ renferme des radicaux qui comportent cette alternative. Comme, d'ailleurs, un même sinus appartient à deux angles de la forme h' et $180 - h'$, on voit que chaque valeur numérique obtenue pour le second membre, donnera le choix entre deux couples pareils, l'un positif, l'autre négatif, dont les angles ne différeront que par le signe qui y sera attaché. La cause de cette multiplicité est évidente. D'abord, l'alternative du signe tient à ce que l'on peut mesurer l'angle d'un plan et d'une droite sur l'une ou l'autre face du plan. Puis, l'alternative des valeurs dans chaque couple, vient de ce que, sur chaque face, la droite forme avec le plan deux angles supplémentaires l'un de l'autre, que l'on peut à volonté prendre comme exprimant son inclinaison sur le plan. Or, déjà, pour l'application que nous voulons faire, il ne faut prendre dans chaque couple que celle des deux valeurs qui donne h' aigu. Quant à l'opposition du signe, nous y aurons égard en appliquant cette même valeur aux deux faces du plan. Tout se réduira donc à calculer le second membre de l'équation (6), d'après les valeurs données de ses éléments, et à prendre pour h' le sinus de l'angle aigu correspondant, sans nous inquiéter du signe qui l'affecte.

Mais il faut savoir placer cet angle h' sur chaque face du plan, à partir du point R, de manière que celle de ses branches qui figure l'axe polaire se dirige vers le pôle que cette face voit. Pour cela il suffit de considérer, que si la face M ou N du plan O voit le pôle P, toute droite menée dans ce plan par le point R verra aussi le même pôle, par sa face M ou N de même dénomination. Maintenant, supposant la fig. 46 tracée dans le plan du méridien, j'y place la méridienne horizontale MRN du lieu, et l'axe polaire P'RP dont la branche RP, dirigée vers le pôle *élevé* sur l'horizon du lieu, forme l'angle aigu h avec la branche MN de la méridienne. Puis je prends l'équation de la ligne horaire méridienne $X_{III} - X_{III}'$ sur le plan méridien, laquelle, d'après le § 29, est

$$(3) \qquad z = - x \sin \alpha \ \mathrm{tang}\, i;$$

et représentant par (M) l'angle aigu que sa branche boréale forme avec l'axe RN des x positifs, *fig.* 45, j'ai

$$\mathrm{tang}\,(M) = - \sin \alpha \ \mathrm{tang}\, i.$$

Je construis alors la droite Xᴍ — Xᴍ′ au moyen de cet angle, en la portant au-dessus de RN s'il est positif, au-dessous s'il est négatif. Puis, considérant une de ses faces, par exemple celle qui voit le point N de la méridienne, et que j'appelle sa face N, j'examine si elle voit le pôle céleste P comme dans la fig. 46, ou le pôle céleste P′, comme dans la fig. 47. Le résultat de cette épreuve s'applique à toute la face homologue N du plan O, et décide ainsi vers quel pôle céleste il faut diriger l'axe du cadran construit, soit sur cette face, soit sur l'autre.

53. Les déterminations précédentes suffiraient, comme on va le voir, pour construire le cadran demandé, sans avoir besoin de calculer l'angle dièdre NPS ou MP′S′, *fig.* 44, que le plan horaire de la soustylaire forme avec le méridien du lieu. Néanmoins, ce calcul pourra servir de vérification, et comme il est très facile, je ne crois pas inutile de l'indiquer. Pour cela, je reprends l'équation du plan horaire de la soustylaire que nous avons vue être, § 51,

$$A'x + B'y + z = 0,$$

les coefficients A′ et B′ ayant pour valeurs

$$A' = - \mathrm{tang}\, h, \qquad\qquad B' = \frac{1 - \sin \alpha \ \mathrm{tang}\, i \ \mathrm{tang}\, h}{\cos \alpha \ \mathrm{tang}\, i}.$$

L'angle dièdre cherché est celui que le plan dont il s'agit forme avec le plan des x et z. Je l'ai déjà désigné par P′, § 23 et § 25. En conservant cette dénomination, les formules générales de la géométrie analytique (*Essai*, page 143), donneront

$$\cos P′ = \frac{B'}{\sqrt{1 + A'^2 + B'^2}};$$

conséquemment,

$$\pm\, \mathrm{tang}\, P′ = \frac{\sqrt{1 + A'^2}}{B'} = \frac{1}{B' \cos h};$$

et enfin, mettant pour B′ sa valeur,

$$\pm\, \mathrm{tang}\, P′ = \frac{\cos \alpha \ \sin i}{\cos i \ \cos h - \sin \alpha \ \sin i \ \sin h}.$$

Je mets le double signe devant le premier membre, à cause des radicaux qui comportent cette alternative; et, comme chaque tangente donnée répond à deux angles de la forme, P', et $180 + P'$, on voit qu'ici, comme dans l'expression de $\sin h'$, on aura pour P' deux couples de valeurs égales et de signe contraire, dont les relations seulement seront différentes, étant de la forme $\pm P'$, $\pm (180° + P')$. Cette multiplicité est encore due à la diversité des angles par lesquels on peut mesurer l'angle de deux plans, et des faces entre lesquelles ces angles peuvent être comptés. Mais on verra tout-à-l'heure que, dans les applications, celle des valeurs de P' qu'il faut adopter, est indiquée sans aucune incertitude par la nature même des résultats déjà obtenus; de sorte qu'il serait superflu de chercher à la fixer par quelque nouvelle condition applicable à son expression même, ce qui aurait l'inconvénient de fatiguer inutilement la mémoire pour la retenir, et l'esprit pour l'employer.

54. Je vais maintenant éclaircir l'usage de ces formules par quelques exemples. Mais comme mon but, en les donnant ici, a été surtout de faciliter au lecteur l'intelligence des traités que les astronomes anciens, et ceux du moyen âge, ont écrit sur la construction des cadrans, dont ils se sont beaucoup occupés, parce que c'était la meilleure manière qu'on eût alors de mesurer le temps, il faut que j'indique les expressions qu'ils employaient pour en énoncer les conditions, et que je montre à transformer les données dont ils se servaient dans les éléments dont j'ai fait usage.

Le plus simple des cadrans, après l'horizontal, serait celui que l'on construirait sur un plan vertical perpendiculaire à la méridienne du lieu, ce qui le ferait coïncider avec le *premier vertical*. Un tel cadran est dit *vertical* et *non déclinant*. Tous les plans des autres cadrans se définissent d'après leur écart de cette position normale, tant pour la direction de leur trace horizontale, que pour leur obliquité à l'horizon.

La *déclinaison d'un cadran* est l'angle que la branche boréale de sa trace horizontale forme avec la ligne d'est et ouest, cet angle étant mesuré du côté où il est aigu. Dans la fig. 44, la déclinaison serait *vers l'ouest* et égale à l'angle HRT. Dans les fig. 48 et 49 elle serait *vers l'est* et égale à H'RT. Dans ces deux cas, cet élément est facile à traduire en azimuths $+a$ comptés du point nord de la méridienne, vers l'ouest, tels que nous les avons employés. En effet, on aura évidemment,

$$\text{déclinaison D } vers\ l'ouest, \qquad a = + (90 - D),$$
$$\text{déclinaison D } vers\ l'est, \qquad a = - (90 - D),$$

Le défaut de verticalité du plan s'exprime par son *abaissement* L, compté du zénith, en y joignant l'indication des quadrans vers lequel l'abaissement s'opère. Dans la fig. 48, par exemple, l'abaissement L serait l'angle ZRV compté *vers le sud-est*; dans la fig. 49, ce serait l'angle ZRV compté vers le *nord-ouest*. C'est toujours le complément de l'inclinaison sur le plan horizontal prise du côté de l'horizon qui est énoncé. Cet élément pourra donc toujours être traduit sans incertitude en inclinaison i, comptée à partir du plan horizontal du côté de la trace où se trouve le point ouest H, comme nos formules le supposent. Dans la fig. 48, par exemple, l'angle d'*abaissement* ZRV, compté *vers le sud-est*, étant I, on ferait $i = 90 + I$. Dans la fig. 49, au contraire, l'angle ZRV ou I étant compté *vers le nord-ouest*, on ferait $i = 90 - I$.

Je vais donner quelques exemples de ces différents cas, pris dans le traité de Delambre sur l'Astronomie ancienne et du moyen âge. Le lieu où l'on opère est toujours supposé situé au nord de l'équateur.

35. Premier exemple : la hauteur du pôle boréal $h = 48°$. Le plan décline de 40° *vers l'est*. Son abaissement est 10° *vers le sud-est*. C'est le cas de la fig. 48. On demande de construire un cadran sur la face *australe* du plan.

La déclinaison étant 40° *vers l'est*, on a

$$\alpha = - (90° - 40°) = - 50°.$$

L'abaissement étant 10° *vers le sud-est*, on a

$$i = 90° + 10° = + 100°.$$

Il ne reste plus qu'à mettre ces données dans nos formules, en se conformant aux règles générales qui fixent les signes des lignes trigonométriques dans les différents quadrans. Ici par exemple, où l'angle i est obtus, il faut se rappeler qu'en général $\sin (90 + a) = + \cos a$ et $\cos (90° + a) = - \sin a$. Mais je dois supposer que le lecteur possède ces notions élémentaires.

Je cherche d'abord quel est le pôle céleste que chaque face du plan voit. Cela se décide par la construction auxiliaire expliquée § 32. L'application en est ici représentée dans la fig. 50. Le plan de la figure est la face orientale du méridien du lieu, et MRN la méridienne horizontale. Par le point R je mène l'axe polaire P'RP, ayant sa branche boréale RP élevée de 48° au-dessus de la branche boréale MN de la méridienne. Puis, je prends l'équation de la ligne horaire méridienne $X_{III} - X_{III}'$ entre les coordonnées z et x, laquelle est

$$(3) \qquad z = - x \sin \alpha \, \text{tang} \, i,$$

et je cherche l'angle (M), que sa branche boréale RX_{III} forme avec la branche horizontale de la méridienne. Cet angle est déterminé en grandeur et en position par la formule

$$\text{tang} (M) = - \sin \alpha \, \text{tang} \, i,$$

qui, en mettant pour α et i leurs valeurs, donne

$$\text{tang} (M) = - 4,344154, \qquad\qquad (M) = - 77°2'15'',08.$$

Le signe négatif de (M) montre qu'il doit être porté *au-dessous* de la branche RN de la méridienne; ce qui donne à la ligne horaire XII—XII′ la position représentée *fig.* 50. Cet angle, ajouté à 48°, donnant une somme moindre que 180°, j'en conclus que la face supérieure de la droite XII—XII′, qui est ici boréale, puisqu'elle voit le point N de la méridienne, voit aussi le pôle boréal P du ciel. Par conséquent, sa face australe voit le pôle austral P′. Cette conclusion s'étend aussi aux deux faces homologues du plan donné. Or, le cadran doit être construit sur sa face australe; donc l'axe devra être dirigé vers le pôle austral du ciel qui est ici l'inférieur. Il faudra donc placer la racine R de l'axe, au plus haut point de l'espace préparé sur le plan, pour recevoir le tracé.

Ceci reconnu, je procède à la confection du dessin qui doit servir de modèle. A cet effet, je mène, *fig.* 51, une droite indéfinie représentant une horizontale tracée sur la face australe du plan, et j'y choisis à volonté un point R pour racine de l'axe. Comme le plan dévie *vers l'est*, j'écris à l'extrémité de droite la lettre T qui caractérise la branche boréale RT de l'horizontale, et je place à gauche la lettre T′ qui indique sa branche australe. Je place aussi à droite du dessin le mot *orient*, à gauche le mot *occident*, pour rappeler l'exposition de la face sur laquelle il doit être porté. Je prends ensuite, § 29, la formule

$$(4) \qquad \operatorname{tang} M = -\frac{\operatorname{tang} a}{\cos l},$$

qui donne l'angle M formé par la branche boréale RXII de la ligne de 12 heures avec la branche boréale RT de l'horizontale. En substituant les valeurs données pour a et l, je trouve

$$\operatorname{tang} M = -6,863o363, \qquad \text{d'où} \qquad M = -81°42′35″,57.$$

Le signe négatif de M montre que cet angle doit être porté au-dessous de la branche RT. Je trace donc la ligne méridienne XII — XII′ suivant cette condition, en caractérisant toujours par la lettre t sa branche boréale qui est ici l'inférieure. Comme l'axe parti de R devra être dirigé aussi vers le pôle inférieur, on voit que son ombre méridienne devra se projeter sur cette branche RXII, laquelle marquera conséquemment l'heure de midi. Or, la marche des ombres, sur le cadran, s'opère en sens contraire de celle du soleil, c'est-à-dire d'occident en orient. Par conséquent, les lignes horaires situées à gauche de RXII ou à l'occident du dessin, se réalisant les premières, marqueront les heures du matin; et les lignes horaires situées à droite de RXII ou à l'orient, marqueront les heures du soir; ce qui détermine le sens de leur numération, ainsi que les dénominations qu'il faudra leur attribuer.

Je trace de même la soustylaire d'après la formule qui exprime l'angle S que sa branche boréale forme avec RT. Cette formule établie § 54 est

$$(5) \qquad \tang S = \frac{\sin i \, \sin h - \sin \varkappa \, \cos i \, \cos h}{\cos \varkappa \, \cos h}$$

En calculant séparément ces deux termes d'après les données assignées, je trouve

$$\tang S = + 1,701557 - 0,206946 = + 1,494611,$$

d'où

$$S = + 56°12'52'',89.$$

Le signe positif de l'angle S indique, que, dans la fig. 51, il doit être porté au-dessus de RT. Je le place donc ainsi, et je trace la soustylaire SRS'. Comme l'axe parti de R devra se diriger vers le pôle inférieur, on voit qu'à une certaine époque de la journée son ombre se projettera sur la branche australe RS', qui est ici inférieure. Or, cette branche se trouve ici à l'occident de RX_{III} sur laquelle se porte l'ombre méridienne. Ce phénomène aura donc lieu avant midi ; et en effet, d'après l'ordre de succession des heures que nous avons déjà constaté, la branche RS' de la soustylaire se trouve dirigée parmi les lignes horaires du matin.

Nous pouvons maintenant déterminer, sans aucune incertitude, l'angle $S'RX_{III}$ compris entre les ombres qui se réalisent sur la soustylaire et sur la méridienne. Cet angle est ici égal au supplément de M + S, M et S étant considérés en faisant abstraction des signes qui indiquent leurs positions relatives. Or, la somme M + S est 137°55'28'',56. On aura donc ici

$$S'RX_{III} = R = 42°4'31'',44.$$

Dans l'ordre de déduction que nous suivons ici, cet angle R se conclut toujours *après* que l'on connaît les branches de la soustylaire et de la ligne méridienne sur lesquelles l'ombre de l'axe doit effectivement se projeter. On l'obtient donc alors, sans aucune ambiguïté, en grandeur et en position, tel qu'il se réalise sur le cadran même que l'on veut construire, les déterminations précédentes ayant exclu toute autre solution qui emploierait les angles supplémentaires, ou qui s'appliquerait à la face opposée du plan. Mais ces solutions, qu'il faut rejeter, donneraient beaucoup d'embarras si l'on voulait employer immédiatement les expressions analytiques des sinus et des tangentes, avant d'avoir ainsi limité les angles qu'on en doit conclure. Car, en vertu de leur généralité, elles donnent à la fois ces angles et leurs analogues algébriques dont on n'a pas besoin ; de sorte qu'il faudrait discerner dans chaque cas ceux que l'on cherche, au moyen de considérations particulières qu'il ne serait pas toujours facile d'appliquer avec sûreté ; tandis qu'on s'exempte tout-à-fait de cette peine, en suivant la marche adoptée ici.

8..

Nous allons maintenant déterminer l'angle h' que l'axe polaire forme avec le plan du cadran. Il est donné par la formule

$$(6) \qquad \pm \sin h' = \sin h \cos i + \sin a \sin i \cos h,$$

qui, avec les éléments assignés, donne

$$\pm \sin h' = -0,12904575 - 0,50479660 = -0,63384235,$$

d'où

$$\pm h' = 39^\circ 20' 3''.$$

Ici nous n'avons pas à nous inquiéter du double signe, qui résulte des deux positions que l'on peut donner à l'angle h', en l'appliquant à l'une ou à l'autre face du plan. Nous n'avons pas non plus à considérer les deux solutions supplémentaires qui donneraient l'inclinaison de l'axe sur chaque face mesurée du côté où elle surpasse 90°. La seule valeur à employer pour chaque face, est donc

$$h' = 39^\circ 20' 3'';$$

nous avons eu tout-à-l'heure

$$R = 42^\circ 4' 31'' 44.$$

Or, d'après les §§ **17** et **25**, l'angle dièdre P', formé par le plan horaire de la soustylaire avec la ligne horaire méridienne RX_{III}, se trouve lié aux deux précédents par la relation

$$\tan R = \sin h' \tan P'.$$

Il se trouve donc ici déterminé sans ambiguité, puisque R et h' sont connus. En le calculant ainsi, on trouve

$$\tan P' = 1,42431 26, \qquad\qquad \text{d'où} \qquad\qquad P' = 54^\circ 55' 39'', 28.$$

Cette valeur s'accorde exactement avec celle qu'on obtiendrait par la formule directe', § **33**,

$$\pm \tan P' = \frac{\cos a \sin i}{\cos i \cos h - \sin a \sin i \sin h};$$

seulement cette dernière aurait laissé le signe de P' incertain. A cela près, elle offrira toujours une vérification utile des calculs antérieurs.

Connaissant l'angle P', ainsi que la position de la ligne de midi, et le sens dans lequel marchent les heures sur le cadran, on aura les lignes horaires antérieures ou postérieures à midi, en diminuant ou augmentant P' d'autant de multiples de 15°. De sorte que pour la n^e heure comptée ainsi du méridien du lieu, on aura

$$\tan R = \sin h' \tan (P' \mp n \cdot 15^\circ).$$

Le signe — qui affecte n devra être employé pour les heures antérieures au midi du lieu, et le signe + pour les heures postérieures à cette époque. Il étant connu, la ligne horaire se tracera sous cet angle, autour de la soustylaire, à droite tant que Il sera positif, à gauche quand il deviendra négatif.

On pourra ensuite, connaissant h', calculer les hyperboles diurnes qui correspondent aux diverses valeurs Δ, que l'on voudra assigner à la distance polaire du soleil, et qui seraient décrites par le rayon solaire central, en affleurant le sommet de l'axe CR, ou en traversant le trou C, si l'axe est terminé par une plaque opaque. Ces hyperboles devront être construites autour de la soustylaire comme axe principal, précisément comme elles se réaliseraient sur l'horizon fictif, où h' serait la hauteur du pôle austral du ciel. Si l'on voulait lier chaque hyperbole à la phase physique de l'année solaire où elle se produirait sur cet horizon, il faudrait compter les Δ en partant de ce pôle. Et ensuite il faudrait prendre le supplément de chaque Δ, pour reporter ces indications au lieu boréal réel où le cadran est construit, ce qui intervertirait l'ordre des phénomènes physiques qui les accompagnent. C'est-à-dire que l'été du cadran sera l'hiver du lieu, et inversement.

Ces opérations étant effectuées, donneront le cadran représenté dans la figure 52 que je tire de l'*Astronomie du moyen âge*, par Delambre, page 561, *fig.* 141. Il l'a construite sur les mêmes éléments dont nous avons fait usage, et avec les mêmes angles que nous en avons déduits. Si l'on voulait tracer un cadran sur la face boréale du même plan, la figure serait exactement la même, il ne faudrait que l'intervertir en l'y appliquant ; de manière que l'axe se trouvât dirigé vers le pôle boréal, au lieu de l'être vers le pôle austral. La ligne horaire méridienne et la soustylaire seraient les prolongements des précédentes au-dessus de l'horizontal T'T ; et il y aurait toujours la même relation entre les époques auxquelles l'ombre de l'axe interverti couvrirait chacune de ces deux lignes, du moins si le plan était isolé dans l'espace de manière que le soleil, en accomplissant son cercle diurne, pût éclairer effectivement chacune des deux faces sans que la lumière fût interceptée.

Il n'en sera pas ainsi en réalité sur les deux cadrans, à cause de l'interposition de la masse terrestre au-dessous de l'horizon du lieu assigné ; et par conséquent on connaîtra les angles horaires qui limitent réellement leur usage, en déterminant, pour chaque saison, ces angles, par la condition que le rayon solaire soit horizontal. Un calcul pareil appliqué à l'horizon fictif que chaque face représente, donnera de même les angles horaires limites, auxquels cette face peut recevoir les rayons solaires. Si on les désigne par P pour la face australe, en les comptant positifs avant le midi de la soustylaire, l'angle horaire correspondant au méridien du lieu sera P' + P, P' étant l'angle dièdre compris entre les deux méridiens, tel que nous l'avons déterminé plus haut. Il sera donc bien facile de voir si la somme P' + P ou la différence P' — P tombe dans les limites d'angles horaires pour lesquels le soleil est réellement sur l'horizon du lieu où le cadran est construit; et d'en conclure si le lever et le coucher du soleil sur l'une ou l'autre face s'opéreront physiquement dans ce lieu, aux diverses époques pour lesquelles on l'a calculé. J'ai déjà expliqué ce calcul précédemment, ainsi que les formules qu'il exige, dans le § 19.

Lorsque l'on veut transporter sur un emplacement donné le dessin préparatoire dont nous venons de déterminer toutes les parties, il convient de calculer l'ombre méridienne la plus longue que le cadran doive réellement exprimer dans le cours de l'année solaire, et de limiter la longueur de l'axe l' en telle sorte qu'elle puisse se réaliser. Cela sera toujours facile par les formules que nous avons données, puisque toutes les quantités linéaires y sont exprimées en fonction de l' ou de c', comme éléments de longueur. Dans les anciens cadrans des Grecs qui se sont conservés jusqu'à nous sur quelques monuments, l'axe polaire l' n'est pas employé, ce qui tient à ce qu'ils se servaient d'heures temporaires qui étaient marquées par le sommet C', *fig.* 44, d'un style droit $C'G'$ perpendiculaire au plan du cadran. Cette circonstance fait que, dans ces cadrans, et dans les dessins qu'on en a donnés, on n'a pas indiqué la racine R de l'axe oblique, mais seulement le point G', pied du style droit normal au plan.

56. Voici un second exemple que je présenterai beaucoup plus brièvement. La déclinaison du plan est encore vers l'est; mais l'inclinaison à l'horizon est très différente. C'est le cas de la fig. 49.

Le lieu est au nord de l'équateur; la hauteur du pôle boréal du ciel $h = 50°$;

la déclinaison du plan $D = 45°$ *vers l'est*;

donc
$$a = -(90° - 45°) = -45°;$$

abaissement $I = 70°$ *vers le nord-ouest*;

donc
$$i = 90° - 70° = +20°.$$

Le cadran doit être construit sur la face australe du plan.

Pour employer ces données, je construis d'abord, comme précédemment, la figure 53 dont le plan est la face orientale du méridien. J'y trace la droite MN, pour représenter la méridienne horizontale; et d'un point quelconque R, choisi sur cette ligne, je mène l'axe polaire P'RP, en faisant l'angle PRN de 50°. Puis, prenant l'équation de la ligne horaire méridienne en zz,

$$(3) \qquad z = -\sin a \tan i,$$

je calcule l'angle (M) que sa branche boréale forme avec la branche boréale RN, au moyen de la formule

$$\tan(M) = -\sin a \tan i$$

et en substituant les valeurs données de a et de i, j'ai

$$\tang (M) = + 0,25736583, \qquad (M) = + 14°25'57'',91.$$

Le signe positif de (M) montre qu'il doit être porté au-dessus de RN. Ceci donne à la ligne horaire méridienne $X_{III} - X_{III}'$ la position représentée dans la fig. 53. H étant aussi positif et plus grand que (M), il en résulte que la face supérieure de la ligne horaire, qui est ici l'australe, puisqu'elle voit le point M de la méridienne, voit aussi le pôle céleste boréal P. Cette conclusion s'applique à toute la face australe sur laquelle on veut construire le cadran. L'axe devra donc être dirigé vers ce pôle P, et comme il est supérieur, il faudra placer la racine R de l'axe dans le bas de l'emplacement destiné au tracé.

Procédant alors au dessin préparatoire, *fig.* 54, je mène une droite indéfinie qui représente une horizontale tracée sur la face australe du plan donné ; et ayant choisi à volonté, sur cette ligne, un point R pour racine de l'axe, je marque son extrémité de droite par la lettre T qui caractérise la branche boréale RT, et j'applique à l'autre la lettre T' qui désigne la branche australe. J'écris aussi le mot *orient* à droite du dessin, et le mot *occident* à gauche, pour rappeler l'exposition de la face sur laquelle le dessin doit être porté.

Je m'occupe alors d'y tracer la ligne méridienne $X_{III} - X_{III}'$, d'après la valeur de l'angle M donnée par la formule

$$(4) \qquad \tang M = - \frac{\tang a}{\cos i},$$

laquelle donne ici

$$\tang M = + 1,0641778, \qquad \text{d'où} \qquad M = + 46°46'50'',95.$$

Le signe positif de cet angle montre qu'il doit être porté au-dessus de la branche RT de l'horizontale. Je trace donc la ligne horaire méridienne suivant cette condition, ce qui rend sa branche boréale supérieure à l'horizontale T'RT ; et comme l'axe parti de R doit être dirigé aussi vers le pôle supérieur, son ombre méridienne tombera sur la branche RX_{III} et non sur RX_{III}'. Alors, les heures du matin se réaliseront par leurs ombres, à gauche, ou à l'occident, de RX_{III} ; et les heures du soir, à droite, ou à l'orient de cette ligne ; ce qui détermine leurs dénominations, et le sens suivant lequel il faudra les écrire sur le cadran.

Je trace de même la soustylaire d'après la formule

$$(5) \qquad \tang S = \frac{\sin i \sin h - \sin a \cos i \cos h}{\cos a \cos h},$$

qui donne ici

$$\tang S = + 0,5790994 + 0,9396926 = 1,5187920.$$

d'où

$$S = + 56° 38' 18'',14.$$

Cet angle étant aussi positif, montre que la branche boréale RS de la soustylaire s'élève aussi au-dessus de l'horizontale TRT. L'axe du cadran, qui part de R, devant être dirigé au pôle supérieur, jettera son ombre à une certaine heure sur cette branche boréale ; et, puisqu'elle se trouve à l'occident de RXIII, sur laquelle se porte l'ombre méridienne, cela arrivera parmi les heures du matin, entre lesquelles la branche RS de la soustylaire se trouve en effet comprise, d'après le sens de numération des heures, reconnu précédemment.

Nous pouvons maintenant déterminer, sans incertitude, l'angle SRXIII, compris entre les ombres qui se réalisent sur la soustylaire et sur la méridienne. Cet angle que nous avons nommé R est ici égal à S — M. Sa valeur est donc

$$R = 9° 51' 27'',59.$$

Je calcule maintenant l'angle h' par la formule

$$(6) \qquad \pm \sin h' = \sin h \cos i + \sin a \sin i \cos h,$$

qui étant réduite en nombres, et interprétée seulement pour des angles aigus, donne

$$\pm \sin h' = + 0,7198466 - 0,1547405 = + 0,5651059.$$

d'où l'on tire, $\qquad \pm h' = 34° 24' 34'',67.$

Nous savons que le double signe est l'indice de l'inversion de l'angle sur les deux faces du plan, et nous aurions pu nous dispenser de l'écrire. Connaissant ainsi h' et R, nous pouvons en déduire l'angle dièdre P', formé par le plan méridien avec le plan horaire de la soustylaire, puisqu'on a

$$\tang R = \sin h' \, \tang P'.$$

On trouve ainsi

$$\tang P' = 0,3074904, \qquad \text{d'où} \qquad P' = 17° 5' 31'',80.$$

Comme vérification, je calcule aussi cet angle par la formule directe

$$\pm \tang P' = \frac{\cos a \sin i}{\cos i \cos h - \sin a \sin i \sin h},$$

et je trouve exactement le même résultat. Toutes les déterminations précédentes sont donc numériquement correctes.

La valeur trouvée pour l' servira pour calculer et construire toutes les lignes horaires que l'on voudra marquer sur le cadran, ou qui pourront s'y réaliser. La valeur de h' servira pour calculer et construire les hyperboles que l'on y voudra tracer, lorsque l'on aura assigné la longueur l' que l'on veut donner à l'axe polaire, ou la distance c de son sommet au plan du cadran. On aura ainsi la fig. 55, que j'emprunte encore à l'*Histoire de l'Astronomie du moyen âge*, par Delambre, et qui, sauf quelques petites erreurs, est construite sur les mêmes nombres que nous venons d'obtenir.

Dans ce qui précède, j'ai rapporté les valeurs numériques des sinus et des tangentes pour rendre explicitement sensibles les signes des termes qui les composaient. Je me bornerai désormais à donner les valeurs des angles déduits. J'ai d'ailleurs à peine besoin de dire que tous les calculs numériques sur lesquels ces évaluations reposent, ne peuvent être effectués qu'avec les tables de logarithmes.

57. Je choisirai pour dernier exemple un cas où la déclinaison du plan est vers l'ouest. Je le prends dans un monument grec qui existe encore à Athènes, et que l'on nommait *la Tour des Vents*. On en trouve la description détaillée dans les *Antiquités d'Athènes*, de Stuart.

C'était une tour octogone, à parois verticales, portant, sur chacune de ses faces, un cadran qui marquait les heures temporaires dont les ombres pouvaient s'y réaliser. Les styles qui projetaient ces ombres n'existent plus. Mais, suivant l'usage général de cette époque, ils devaient être perpendiculaires au plan de chaque face, de sorte que leur longueur se trouve représentée par c' dans nos formules. On peut donc la retrouver d'après les dimensions absolues qu'offrent divers éléments du tracé. Et comme les planches de Stuart sont faites sur une échelle de proportions connue, elles fournissent les éléments nécessaires à cette détermination.

Soit, fig. 56, l'octogone qui sert de base à la tour. D'après les dénominations que porte la figure, on voit que deux des faces sont perpendiculaires au méridien, deux lui sont parallèles, et les quatre autres font avec lui des angles de 45°; elles partagent donc le tour d'horizon en huit demi-quadrans. Je me bornerai ici à présenter le calcul pour la face dirigée au sud-ouest. On aura ainsi pour cette face,

la déclinaison $D = 45^\circ$ vers l'ouest,   donc $a = +90 - D = +45^\circ$;
l'abaissement compté du zénith $I = 0$, $i = 90^\circ$.

Il faut encore connaître la hauteur du pôle sur l'horizon du lieu, telle qu'on l'a employée dans le tracé des huit cadrans. Elle est immédiatement indiquée par les deux cadrans décrits sur les faces orientale et occidentale, cadrans que j'ai reproduits ici, dans les fig. 60 et 61. En effet, ces faces étant parallèles au méridien du lieu, contiennent dans leur plan l'axe polaire. L'équinoxiale qu'on y voit tracée est donc perpendiculaire à cet axe; et ainsi l'angle qu'elle forme avec l'horizontale est le complément de la hauteur h du pôle. On trouve ainsi

$h = 37°30'$. La latitude exacte d'Athènes, telle que l'assignent les observations modernes, donnerait $h = 37°58'$. Hipparque l'estimait à $37°$. L'erreur du nombre adopté résulte probablement, en partie, de ce qu'elle aura été déterminée par les observations d'un gnomon à style, qui, sans compter leur incertitude propre, font toujours h trop faible d'une quantité égale au demi-diamètre apparent du soleil, ou de $15'$ environ. Dans tous les cas, c'est la valeur employée, $h = 37°30'$, qu'il faut introduire dans les calculs pour retrouver le tracé effectué.

Je cherche d'abord la dénomination du pôle céleste qui est visible sur la face que nous considérons. Pour cela, sur la projection de l'octogone, *fig.* 56, je conçois le plan MN du méridien qui traverse cette face. Puis, sur la face occidentale de ce plan, je décris la fig. 57, où je trace la méridienne horizontale NM, ainsi que l'axe polaire P'RP, P désignant le pôle boréal du ciel. L'angle PRN est alors de $37°30'$. Je calcule ensuite l'angle (M) que la section méridienne de la face $X_{III} - X_{III}'$ forme avec l'horizontale NM. Il est donné par la formule

$$\tan (M) = - \sin a \, \tan i.$$

Or, ici, i étant égal à $90°$, $\tan i$ devient infinie, et pareillement $\tan (M)$, ce qui donne (M) égal à $-90°$. De sorte que la ligne horaire méridienne $X_{III} - X_{III}'$ se trouve perpendiculaire à la méridienne NM, conséquemment verticale ; et l'on voit que cela arrivera toujours ainsi quand le plan du cadran sera perpendiculaire à l'horizon. Menant donc $X_{III} - X_{III}'$ suivant cette condition, dans la fig. 57, il en résulte que la face boréale de cette ligne, tournée vers N, voit le pôle boréal P du ciel, et l'autre le pôle austral P'. Cette conclusion est commune aux deux faces du plan où elle se trouve. D'après cela, puisque c'est la face australe du plan, qui doit recevoir le cadran, ce sera le pôle austral du ciel qui y sera visible, et vers lequel l'axe polaire P' devra être dirigé.

Je forme alors la figure 58 sur la face donnée du cadran, et j'y place sa trace horizontale TT'. Ici, le bout nord T de cette trace, qui est aussi l'occidental, est situé à gauche de la figure ; le bout opposé T' est au contraire à la fois austral et oriental. J'y écris ces indications qui résultent du sens même de la déclinaison assignée au plan.

Cela fait, je détermine l'angle M que la branche boréale X_{III}' de la ligne horaire méridienne forme avec RT. Il est donné par la formule

$$(4) \qquad \tan M = - \frac{\tan a}{\cos i}.$$

Puisque $i = 90$, son cosinus est nul, ce qui rend $\tan M$ infinie et $M = -90°$. C'est ce qui était évident d'avance par ce qui précède, puisque la section méridienne du plan était verticale ; et l'on voit que cela arrivera ainsi dans tous les cadrans verticaux. Ici, comme dans le calcul de (M) que nous avons fait tout-à-l'heure, le signe négatif de l'angle n'est qu'un résultat de la continuité des formules analytiques qui le donneraient tel, si i était tant soit peu moindre que $90°$. Car, d'ailleurs, cette valeur limite $90°$, rend ici l'application du signe indifférente.

Je cherche maintenant l'angle S, formé par la branche boréale de la soustylaire avec RT. La formule (5) qui le donne se trouve simplifiée par la valeur particulière $90°$, attribuée à i, et elle se réduit à

$$\tang S = \frac{\tang h}{\cos \alpha}.$$

En y mettant pour h et α leurs valeurs données, on trouve

$$S = + 47° 20' 26''.$$

Je mène donc la soustylaire sous cet angle. L'axe polaire P, devant être dirigé vers le pôle inférieur, se projettera sur sa branche inférieure RS′, qui est ici australe. Cette branche de la soustylaire tombe donc parmi les heures du soir.

A présent il faut chercher l'angle h' qui exprime la hauteur apparente du pôle visible sur la face du cadran. La condition de $i = 90$ simplifie la formule (6) qui le donne, et elle se réduit à

$$\pm \sin h' = + \sin \alpha \cos h.$$

En prenant la valeur aiguë de h', et l'affectant du signe positif, comme s'appliquant au pôle visible sur la face, on trouve

$$h' = 34° 7' 26'',33.$$

L'angle R, compris sur le cadran, entre la soustylaire et la méridienne, est ici le complément de S. On a donc

$$R = 42° 39' 40'' ;$$

de là on tire l'angle horaire auxiliaire P′ par la formule

$$\tang R = \sin h' \tang P′,$$

qui donne ici

$$P′ = 58° 40' 0'',50.$$

Enfin, pour vérification, je cherche cet angle P′ par son expression directe, qui étant ici simplifiée par la valeur particulière $i = 90$, se réduit à

$$\pm \tang P′ = - \frac{1}{\sin h \tang \alpha},$$

et cette expression réduite en nombres, en faisant abstraction de son double signe, donne exactement la même valeur de P′.

Tous les éléments déterminatifs du cadran étant connus, on y pourra placer les courbes diurnes, et les lignes horaires, soit temporaires, soit modernes, d'après leurs formules établies précédemment; il en résultera la fig. 59 que j'emprunte à l'*Histoire de l'Astronomie ancienne* de Delambre, tome II, page 502. J'y joins aussi, pour l'instruction du lecteur, la fig. 60, représentant le cadran oriental, et la fig. 61, représentant le cadran occidental. Celle-ci n'est que la précédente, vue par transparence. Les lignes horaires marquées sur ces trois figures 59, 60, 61, sont temporaires; et l'on peut constater que, conformément à nos formules, celles des cadrans d'orient et d'occident font, avec l'horizontale, conséquemment avec l'axe polaire, des angles variables, de sorte qu'elles ne sont pas parallèles entre elles, comme le seraient nos lignes horaires modernes pour un tel cas. On trouverait de même, et avec une facilité égale, leurs directions ainsi que leurs propriétés, tant sur ces cadrans que sur les cinq autres, en faisant attention qu'elles sont décrites par le sommet d'un style perpendiculaire aux cadrans, et ayant la longueur indéterminée c qu'il faut déduire des dimensions mêmes que les parties du cadran présentent. Si l'on essaie de faire ces calculs, il sera utile d'en comparer la marche, toujours directe et exempte d'ambiguité, avec les considérations de trigonométrie sphérique sur lesquels Delambre dirige les siens, et dont il lui faut varier sans cesse l'interprétation, relativement aux signes des angles, pour les pouvoir appliquer à chaque cas donné. On y trouvera, je crois, un exemple de plus des grands avantages que présente l'analyse méthodiquement employée.

58. Je n'ai parlé dans cette addition que des cadrans qui doivent être tracés sur des surfaces planes. Mais les mêmes considérations et les mêmes méthodes s'étendraient aisément à des surfaces quelconques. En effet, la surface dont il s'agit étant donnée, ainsi que le point extérieur ou intérieur R d'où l'on veut faire partir l'axe polaire, dont la longueur soit l, menez par cet axe le méridien du lieu, et son intersection, avec la surface donnée, sera la ligne méridienne. Par ce même axe, concevez douze plans formant entre eux les angles dièdres qui conviennent aux intervalles d'heures que l'on veut obtenir. L'intersection de la surface, par ces plans, donnera les lignes sur lesquelles l'axe l projettera son ombre aux heures assignées. Et ainsi leur détermination se réduira toujours à un simple problème de géométrie descriptive.

CHAPITRE VI.

De l'Atmosphère.

62. La terre est partout couverte d'un fluide rare et transparent que l'on nomme l'*air*, et dont la totalité forme autour d'elle une enveloppe que l'on appelle l'*atmosphère*. C'est au travers de cette enveloppe que nous voyons les astres ; il est donc nécessaire d'étudier sa nature et d'examiner l'influence que son interposition peut avoir sur les apparences que nous observons.

L'air est beaucoup plus léger que la plupart des autres corps, mais cependant il n'est pas dépourvu de pesanteur. Un ballon de verre dans lequel on a fait le vide pèse moins que lorsqu'il est rempli d'air.

L'air est compressible, c'est-à-dire qu'en pressant une masse d'air on peut lui faire occuper des espaces successivement moindres. Il est élastique, c'est-à-dire qu'il tend à reprendre son volume primitif lorsqu'il a été comprimé.

On peut en donner pour exemple une vessie gonflée que l'on presse entre les mains, un ballon gonflé qui bondit sur la terre.

Enfin l'air, comme tous les autres corps matériels, est dilatable par l'influence de la chaleur. Un ballon gonflé crèvera si on l'échauffe ; il deviendra flasque si on le refroidit.

63. La constitution de l'atmosphère étant un résultat nécessaire de ces propriétés physiques, il est aisé d'en conclure plusieurs de ses particularités. Puisque l'air est pesant, les couches inférieures de l'atmosphère sont plus comprimées que les supérieures dont elles supportent le poids. Mais, en vertu de leur élasticité, elles doivent résister à cette pression, et faire effort pour s'étendre. Par conséquent, si l'on prenait un certain volume d'air à la surface de la terre, et qu'on le portât plus haut dans l'atmosphère, il devrait s'y dilater, c'est-à-dire y former un volume plus considérable. L'expérience en a été faite à la suggestion de Pascal en 1648. On a pris une vessie à demi pleine d'air à la surface de la terre ; on l'a fermée avec soin, et on l'a portée sur le sommet d'une haute montagne (le Puy-de-Dôme). A mesure que l'on s'élevait, la vessie se gonflait par la dilatation de l'air. Au haut de la montagne, elle parut toute pleine. En descendant, elle se désenfla peu à peu ; et, rapportée au lieu du départ, elle se trouva flasque comme auparavant. Cette expérience a été répétée depuis un grand nombre de fois, toujours avec le même résultat.

64. Tout le monde sait que si l'on plonge dans un liquide un tube ouvert par les deux bouts, quand on aspire l'air par l'extrémité supérieure du tube, le liquide monte au-dessus du niveau. C'est un effet de la pression de l'air. Avant l'expérience, tous les points de la surface du liquide étaient également pressés par les colonnes d'air situées au-dessus d'eux. Quand on aspire l'air du tube, les molécules du liquide qui se trouvent dans son intérieur sont déchargées en partie du poids qu'elles supportaient ; et tous les points de la surface primitive, ne se trouvant plus pressés également, le liquide doit s'élever du côté où la pression est moindre. Cette ascension doit se continuer jusqu'à ce que le poids de la colonne du liquide élevée dans le tube, joint à l'élasticité, et au poids de l'air qui y était resté, forme une pression égale à celle de l'air extérieur. En effet, quand cette égalité est établie, si l'on prolonge idéalement la surface plane et extérieure du liquide, jusque sous la colonne soulevée, toutes les molécules liquides situées dans ce plan, soit en dedans du tube, soit au dehors, sont pressées de haut en bas exactement, comme elles l'étaient avant qu'on eût fait le vide partiel au-dessus de quelques-unes d'entre elles. Par conséquent elles doivent rester en équilibre, dans ces nouvelles circonstances, comme auparavant.

On voit donc que, s'il était possible d'ôter tout l'air contenu dans l'intérieur du tube, le liquide s'y élèverait jusqu'à ce que son poids, joint à la pression exercée par les vapeurs qu'il peut émettre, fît équilibre à la pression totale de l'atmosphère sur la portion de la surface restée libre. Ainsi, en pesant la colonne de liquide soulevée, et y ajoutant la tension, ainsi que le poids de la vapeur formée intérieurement, on aurait la mesure exacte de cette pression sur la portion de surface qui forme la base de la colonne soulevée.

65. On parvient à ce but d'une manière fort simple, imaginée et réalisée d'abord par Toricelli. On prend un tube de verre fermé par un des bouts; on le remplit de liquide, et bouchant très exactement, avec le doigt, son orifice ouvert, on le renverse; puis on le plonge par cette extrémité dans un vase découvert et rempli de la même liqueur; après quoi, ôtant le doigt, on abandonne les particules liquides à leur libre communication. Alors, si le tube est assez grand, le liquide s'abaisse de lui-même dans son intérieur, jusqu'à faire équilibre à la pression de l'atmosphère, tant par son poids propre, que par le poids, et la force élastique, des vapeurs qu'il émet.

Il est clair que plus le liquide sera pesant, plus la colonne comprise dans l'intérieur du tube sera courte. Pour éviter les longs tubes, on emploie le mercure, qui est le plus pesant de tous les liquides connus, et qui a de plus l'avantage de n'émettre à la température ordinaire qu'une vapeur dont le ressort propre est insensible. Le vide formé au-dessus de la colonne soulevée est donc alors parfait, s'il n'est pas resté de bulles d'air adhérentes au tube, ou mêlées au mercure. Ainsi, le poids de cette colonne mesure exactement la pression totale que l'atmosphère exerçait. On voit la disposition de cette expérience dans la fig. 62. L'appareil ainsi réduit est d'un usage continuel en physique, en chimie, en astronomie; et la multitude de ses applications lui a fait donner le nom général de *baromètre*, qui signifie mesure de la pesanteur.

Il y a plusieurs conditions essentielles à remplir pour le préparer et l'observer, de manière qu'il fournisse des indications exactes et toujours comparables. Elles sont expliquées dans les traités de physique; mais l'instrument est si usuel que l'astronome doit indispensablement les connaître et les avoir toujours présentes. Je vais donc les rappeler succinctement.

66. Il faut d'abord que le mercure soit purifié par la distillation pour en exclore toute substance étrangère qui pourrait s'y trouver

mêlée accidentellement. Car un tel mélange altérant sa pesanteur spécifique propre, les différents baromètres, ainsi construits, ne seraient plus comparables entre eux, puisque des colonnes d'égale longueur n'auraient pas le même poids dans tous. Cette opération exige même des précautions particulières; car, lorsque le mercure est distillé avec le contact de l'air atmosphérique, on assure qu'il se forme un peu d'oxide qui s'y dissout et le rend spécifiquement plus pesant. Il faudrait donc, à la rigueur, mesurer directement la pesanteur spécifique du mercure distillé avant d'en faire usage. Mais si cette précaution était seulement prise pour les baromètres conservés dans les grands observatoires, cela suffirait; parce que tous autres baromètres leur étant comparés, la différence des colonnes observées dans les mêmes circonstances donnerait la correction à faire pour que ses indications se trouvassent ramenées à celles du baromètre étalon; du moins si les autres conditions de bonne construction que je vais décrire étaient d'ailleurs remplies.

Le mercure étant introduit dans le tube barométrique, il faut l'y faire bouillir de nouveau pour chasser toutes les particules d'air et d'eau qui pourraient être renfermées dans sa masse, ou adhérer aux parois intérieures du verre. Car, après le renversement, cet air, ainsi que l'eau vaporisée, se répandraient dans l'espace devenu libre au haut du tube; et leurs ressorts réunis, s'ajoutant au poids de la colonne de mercure intérieure contre laquelle ils s'exercent, celle-ci deviendrait plus courte que si elle était surmontée par le vide parfait; de sorte qu'on ne pourrait plus considérer sa longueur comme mesurant toute la pression de l'atmosphère extérieure.

Lorsque cette opération est terminée, on chauffe avec précaution l'extrémité ouverte du tube qu'il a fallu laisser vide de mercure, pour que ce fluide ne fût pas lancé au dehors pendant l'ébullition. Ensuite, on achève de remplir cette partie avec du mercure bouilli et chaud; puis, appliquant le doigt sur l'orifice ouvert de manière à le boucher exactement, sans laisser de vide, on renverse le tube pour plonger cet orifice dans la masse de mercure qui est exposée à la pression de l'atmosphère. Alors, d'*ordinaire*, le mercure intérieur descend aussitôt dans le tube et se met à la hauteur qui balance cette pression. Mais s'il a très long-temps bouilli dans le tube, il y reste quelquefois d'abord adhérent sans descendre à moins qu'on ne l'y détermine par de petites secousses. Peut-être même reste-t-il toujours quelque trace de ce phénomène; de sorte qu'il conviendrait en général d'attendre quelques semaines avant d'employer un nouveau baromètre afin d'être sûr que le mercure y a pris l'état définitif de liberté qui le fait obéir uniquement à la pression.

Il reste enfin à mesurer exactement la longueur de la colonne soulevée. Cela se fait diversement selon que le tube du baromètre est droit ou recourbé sur lui-même, en deux branches parallèles, comme un siphon.

67. Pour les baromètres à tubes droits, une des dispositions les plus commodes est représentée *fig.* 63. C'est celle qu'avait imaginé un habile artiste français appelé Fortin. Le tube de verre est renfermé dans un tube de cuivre qui le protége, et qui est fendu dans sa longueur, afin que l'on puisse apercevoir la colonne de mercure. Ce système est attaché, par le haut, à un anneau de suspension, mobile dans deux sens rectangulaires; de sorte que la colonne se tient toujours verticale par l'effet de son propre poids, lorsque l'instrument est attaché à quelque point fixe par cet anneau, et peut se balancer librement. La cuvette, dans laquelle le tube plonge, a un fond mobile qui s'élève et s'abaisse à volonté, par le moyen d'une vis V, ce qui fait monter ou descendre le niveau intérieur du mercure dans la cuvette. Quand on veut observer la hauteur du baromètre, on se sert de ce mouvement pour amener la surface du mercure de la cuvette parfaitement en contact avec l'extrémité inférieure P d'une tige d'ivoire très fine, qui est fixée verticalement dans l'intérieur de l'appareil. Ce contact se constate en voyant si la pointe de la tige coïncide avec son image observée par réflexion sur la surface du mercure. Le tube de cuivre porte des divisions, dont l'origine répond très exactement à l'extrémité inférieure de cette pointe. Il ne reste donc plus qu'à voir à quel point de ces divisions répond l'extrémité supérieure de la colonne de mercure. Pour que cette observation puisse se faire avec plus d'exactitude, le tube de cuivre porte un anneau de même métal CC qui peut être transporté sur les diverses parties

de sa longueur, et y rester fixé par un leger frottement. Cet anneau entraîne avec lui une petite division auxiliaire qui, comparée à la division principale, permet d'apprécier au moins jusqu'aux dixièmes de millimètres. Je décrirai plus loin cette ingénieuse invention due à un géomètre français appelé *Vernier*, et qui en a conservé le nom. Elle est universellement appliquée dans tous les instrumens d'astronomie pour apprécier les fractions de leurs divisions principales. Ici la pièce annulaire qui l'entraîne, porte deux petites lames courbes, placées devant et derrière le tube transparent, et terminées par des arêtes bien nettes, perpendiculaires à la longueur du tube; de sorte que le plan visuel qui les affleure, se trouve aussi perpendiculaire à la colonne de mercure, et devient horizontal quand celle-ci est rendue verticale dans l'état de suspension de l'instrument. Ce plan visuel sert à déterminer exactement le sommet de la colonne soulevée. Pour cela, l'instrument étant suspendu, on fait mouvoir le vernier jusqu'à ce que le plan de mire devienne exactement tangent à la convexité supérieure du mercure. Alors la division tracée sur le tube vous indique précisément la distance comprise entre le plan de mire du curseur, et l'extrémité inférieure P de la pointe d'ivoire. Cette distance est la longueur de la colonne barométrique, élevée au-dessus du niveau intérieur de la cuvette. C'est par conséquent cette longueur qui mesure la pression de l'atmosphère au moment où l'on a observé. Il est presque inutile de dire que, pendant toute l'opération, l'instrument doit être maintenu dans une situation parfaitement verticale, condition que l'on remplit en le laissant pendre librement sur sa suspension.

68. Pour rendre toutes les observations de ce genre comparables entre elles, il est nécessaire de déterminer la température du mercure qui compose la colonne barométrique. Car le mercure, comme tous les autres corps, se dilate par la chaleur; et des expériences très exactes, faites par Lavoisier et Laplace, ont prouvé que, pour chaque degré du thermomètre centésimal, la dilatation de son volume est égale à $\dfrac{1}{5550}$ du volume primitif, que la même masse occupait à $0°$. Il suit de là qu'une même masse de mercure, moulée en

un cylindre d'un rayon constant, occupera plus de longueur, à mesure que sa température s'élèvera davantage; et son allongement sera proportionnel à la dilatation de son volume. Conséquemment, pour juger de la masse par la longueur, il faudra ramener toutes les observations à une même température, par exemple à celle de $0°$, ce qui se fera, en retranchant de la colonne observée $\frac{1}{5550}$ de sa longueur si la température est élevée de $1°$ au-dessus de $0°$, $\frac{2}{5550}$ si elle est élevée de $2°$, $\frac{3}{5550}$ si elle est élevée de $3°$, et ainsi de suite. On facilite le calcul de cette réduction, en mettant la fraction $\frac{1}{5550}$ sous la forme $\frac{2}{11100}$ qui lui est équivalente, et qui offre un diviseur plus simple.

Pour connaître exactement la température de la colonne barométrique, on enchâsse un petit thermomètre très sensible dans la monture même de l'instrument, et l'on note le degré que ce thermomètre indique. Il est visible, en effet, que la température de l'appareil ne peut pas changer sans que le thermomètre, qui fait corps avec lui, ne se ressente de ces variations. Cette température peut être assez différente de celle de l'air extérieur, non-seulement quand le baromètre est placé dans un appartement fermé, mais même quand il est exposé à l'air libre. Car les variations de la température affectent bien plus rapidement un fluide raré et léger, comme l'air, qu'une masse solide, comme celle du mercure et du cuivre, dont le baromètre est formé.

La réduction précédente suffirait si la longueur de la colonne de mercure était mesurée sur une échelle de divisions non dilatable. Mais cette échelle est tracée sur un tube de cuivre, dont la substance s'allonge aussi à mesure que la température monte, ce qui agrandit l'intervalle compris entre les divisions qui y sont tracées. Pour avoir égard à cet effet, soit l la longueur absolue de la colonne de mercure, au moment où on l'observe; et désignons par n le nombre de divisions dilatées qu'elle occupe à la température t où se fait l'observation. Si chacune de ces divisions comprend un nombre l de millimètres à la température de $0°$, sa grandeur absolue à t degrés sera $l(1+ct)$, c étant la dilatation linéaire du cuivre pour $1°$ centésimal. Ainsi, la longueur l observée à la température t contiendra un nombre de millimètres égal à $n(1+ct)$. De sorte que si l'intervalle l mesuré à $0°$ est par exemple 1^{mm}, comme cela a lieu ordinairement, il faudra, pour avoir l, multiplier le nombre observé n par $1+ct$; ce qui donnera une correction de sens contraire à la précédente. Afin de l'évaluer en nombres, je remarque que, pour $1°$ centésimal, la dilatation linéaire du cuivre pur est $\dfrac{1}{58200}$, et celle du laiton, ou cuivre allié de zinc, est $\dfrac{1}{53300}$. On ne s'écartera donc pas sensiblement de la vérité, en prenant $c = \dfrac{1}{55500}$ qui est à très peu près intermédiaire entre ces deux valeurs. Mais alors c se trouve être justement $\dfrac{1}{10}$ de la dilatation cubique du mercure employée dans la première réduction. De là résulte donc cette règle fort simple. *Quand on aura le nombre apparent* n *de divisions occupé par la colonne de mercure à la température* t, *et qu'on aura calculé la réduction* $\dfrac{nt}{5550}$ *qu'elle exige pour être ramenée à* $0°$, *il suffira d'en retrancher le dixième de sa valeur pour avoir la correction totale et définitive, qu'il faut employer et retrancher du nombre de divisions lu sur l'échelle de cuivre.* Pour conclure ensuite le nombre de millimètres que la lecture, ainsi corrigée, exprime, il faudra, par une expérience préalable, et une fois faite, constater l'intervalle vrai que comprennent les divisions de l'échelle de cuivre à la température de $0°$, et s'assurer, par exemple, qu'elles expriment réellement alors des millimètres, si ce sont des millimètres que l'artiste a prétendu y tracer.

69. Enfin, pour tirer parti des observations barométriques, autrement que comme simple indication actuelle de la pression de l'atmosphère, il faut encore, ainsi qu'on le comprendra tout-à-l'heure, déterminer très exactement la température propre de l'air, dans le lieu même, et dans l'instant où la longueur de la

colonne de mercure est mesurée. Cela se fait avec un thermomètre fort sensible, exposé à l'air libre et à l'ombre, mais loin des murailles et de tous les autres corps doués d'une température propre et persistante, qui pourraient influencer trop fortement ses indications, non-seulement par leur contact, que l'on évite, mais aussi par un échange immédiat de chaleur rayonnée. Toutefois, l'éloignement ne suffit jamais pour empêcher l'effet total de cet échange, puisque le thermomètre se trouve toujours inévitablement exposé au rayonnement des corps terrestres, et de la portion de l'atmosphère qui l'environne. On peut, il est vrai, l'affaiblir en dorant la boule du thermomètre, ou en la plaçant dans un espace environné d'écrans métalliques polis, par lesquels le rayonnement extérieur est plus abondamment réfléchi qu'il n'est absorbé. Mais alors l'impression immédiate du contact de l'air en devient plus lente; et d'ailleurs le thermomètre demeure toujours soumis à l'influence des écrans eux-mêmes, dont la température propre peut n'être pas la même que celle de l'air. De là il résulte que la détermination exacte de celle-ci est une opération très difficile; et quoique la théorie mathématique de la chaleur indique des moyens assurés de l'obtenir, on n'est pas encore parvenu à les réaliser pratiquement. Cela est d'autant plus à regretter, qu'elle est un élément essentiel de plusieurs déterminations astronomiques, particulièrement des réfractions que l'atmosphère produit; et l'incertitude où l'on est encore sur sa véritable mesure, en produit une correspondante dans l'appréciation exacte de ce phénomène qui affecte toutes les observations. On peut toutefois présumer que la température apparente qu'on observe, n'est que très peu différente de celle de l'air, surtout si, aux précautions que j'ai indiquées, on ajoute celle d'imprimer à l'instrument, avant de l'observer, un mouvement de circulation qui accroisse le contact du fluide sur lui.

70. Quant au thermomètre même, son usage continuel dans la chimie et dans la physique a fait rechercher et découvrir tous les moyens de le perfectionner, ce qui me dispense d'entrer ici dans les détails de sa construction. Je rappellerai seulement une particularité contre laquelle il est bon d'être en garde. L'obli-

gation où l'on est de faire bouillir le mercure dans la boule même
où il est contenu, fait que celle-ci se refroidit plus rapidement à
l'extérieur qu'à l'intérieur, ce qui lui donne une constitution intes-
tine inégale dont l'uniformité est très lente à se rétablir. Tant
qu'elle ne l'est pas, la capacité de la boule varie, en devenant
toujours moindre, et le zéro des divisions s'élève, ce qui empêche les indications d'être comparables. Peut-être préviendrait-on
cet effet si l'on faisait refroidir le thermomètre avec beaucoup de
lenteur, après que le mercure y a bouilli. Mais un effet analogue,
quoique moins considérable, se reproduit encore, soit dans ce
même sens, soit dans un sens contraire, toutes les fois que le
thermomètre se trouve exposé rapidement à de grandes différences de températures, dont il faut observer la succession, avant
que sa boule ait complétement atteint le volume stable et définitif qu'elle prendrait sous l'influence de chacune d'elles en
particulier, si elle y restait long-temps soumise. C'est là une
cause d'erreurs dans les indications de cet instrument, qu'on
ne doit pas négliger dans des expériences très précises. Mais,
en général, lorsqu'on emploiera un thermomètre à quelque suite
continue d'observation, il faudra éviter la portion principale de
ce genre d'erreurs, en vérifiant d'abord la position actuelle de
ses points fixes; puis, évitant de le faire passer brusquement dans
des températures fort distantes. Et il sera sage de répéter de temps
en temps cette vérification.

Pour rassembler toutes les données qui s'y rapportent, je rappellerai que, outre la division centésimale du thermomètre dont
j'ai supposé que l'on faisait usage, il y en a deux autres que
l'on trouve fréquemment employées dans les observations d'astronomie. L'une est dite de Réaumur, l'autre de Fahrenheit,
du nom des physiciens qui les ont accréditées. Dans les thermomètres de Réaumur, le point du tube où la colonne de
liquide intérieure s'arrête, à la température de la glace fondante, est marqué 0°. Le point correspondant pour la température de l'eau bouillante est marqué 80°. Et comme, dans la
division centésimale, où les limites de la division sont les mêmes,
ce même intervalle est exprimé par 100, on voit que chaque degré

de Réaumur vaut $\frac{100}{80}$ ou $\frac{5}{4}$ de degré centésimal. Dans les thermomètres de Fahrenheit, le point de la congélation de l'eau est marquée 32°; celui de l'ébullition 212°, ce qui donne pour leur intervalle 180°. Par conséquent, chaque degré de Fahrenheit vaut $\frac{100}{180}$ ou $\frac{5}{9}$ de degré centésimal. Pour que ces indications soient exactement comparables entre elles, il faut définir la pression atmosphérique sous laquelle l'ébullition de l'eau a été opérée quand le point supérieur de la division a été fixé. Relativement aux thermomètres centésimaux, cette pression est mesurée par une colonne de mercure à la température de la glace fondante, et ayant pour longueur $0^m,76$. Ainsi, quand on veut employer un pareil thermomètre, il faut d'abord s'assurer qu'il satisfait exactement à cette condition. Cela est rendu facile par deux circonstances. La première, c'est que la pression normale $0^m,76$ diffère peu de celle qui a lieu habituellement à la surface de la terre; la seconde, c'est que près de cette limite de pression, une variation de $2^{mm},7$ dans la longueur de la colonne barométrique, produit, à fort peu près, une variation de $\frac{1}{10}$ de degré centésimal dans la température de l'ébullition de l'eau. Il n'y a donc qu'à porter le thermomètre à la température de l'eau distillée bouillante sous la pression atmosphérique actuelle; puis, ayant observé la colonne barométrique qui la mesure, et l'ayant réduite à la température de la glace fondante, si elle se trouve être $760^{mm} + h$, le thermomètre devra marquer

$$100° + \frac{h}{27},$$

h étant aussi supposé exprimé en millimètres. La quantité dont il sera en excès ou en défaut sur elle sera son erreur à cette extrémité de l'échelle des divisions. Cette épreuve et la réduction qui en est la suite sont toujours indispensables quand on veut réduire les indications des thermomètres construits en Angleterre à notre division centésimale. Car le terme de l'ébullition y est ordinairement réglé sous la pression de 30 pouces anglais de mercure, ce qui fait 762^{mm}, chacun de ces pouces valant $25^{mm},4$ à fort peu près. D'après cela, le point 212, dans un thermomètre anglais de Fahrenheit, bien réglé, répond à la température centésimale

$$100° + \frac{2°}{27}.$$

Je ne parle ici que du terme supérieur de la division; mais je suppose que l'on vérifie également le terme inférieur en plaçant le thermomètre dans de la glace pilée et fondante pour constater que le point inférieur de la division a été bien fixé, et ne s'est pas déplacé avec le temps.

71. Ces règles générales étant établies, je reviens au baromètre à niveau mobile que nous avons décrit. Lorsqu'on veut le transporter, on tourne la vis inférieure qui élève le niveau de la cuvette, de manière que sa capacité diminuant, le mercure la remplisse en totalité, et remonte ensuite, par son excès de volume, jusqu'au sommet du tube. Alors on renverse l'instrument où l'air ne peut plus rentrer; on le met dans un étui convenablement préparé, et on le transporte. Lorsqu'on veut observer de nouveau, on commence par remettre l'appareil dans une situation verticale; on abaisse le fond mobile, le mercure descend, et on le laisse ainsi descendre jusqu'à ce que son niveau dans la cuvette affleure l'extrémité inférieure de la tige d'ivoire; puis on achève l'observation comme nous l'avons dit plus haut. Dans toutes ces manipulations, il faut soigneusement éviter les mouvements brusques, surtout lorsque, après avoir fait remonter le mercure dans le tube, on renverse l'instrument pour le transporter. Car la vis qui opère cette ascension a dû être réglée par l'artiste, de manière qu'il reste un petit espace vide au haut du tube pour que la colonne de mercure ne puisse jamais y être refoulée jusqu'à se rompre. Or, cet accident arriverait, par suite de cette précaution même, si on laissait tomber rapidement la colonne de mercure intérieure sur le bout fermé du tube en le renversant. Lorsque cette opération est faite avec modération, le choc de la colonne sur ce bout fermé doit faire entendre un petit coup sec, qui prouve que le vide existe réellement dans le tube. Si, au contraire, ce choc s'opérait sans bruit, comme contre un corps mou, ce serait une preuve qu'il est rentré de l'air dans le tube, lequel devrait alors être démonté, et soumis de nouveau à l'ébullition. Mais en maniant toujours l'instrument avec précaution, cette introduction d'air n'a pas lieu d'une manière appréciable, même après beaucoup d'années; et quoique, à la rigueur, le mercure contenu dans la cuvette mobile doive absorber toujours un peu d'air, il n'en passe pas sensiblement dans le tube intérieur.

72. La longueur de la colonne barométrique ainsi observée, au même instant, dans le même lieu, avec des baromètres également purgés d'air et construits avec une perfection égale, n'est pas exactement la même. Elle est d'autant moindre, que les tubes sont plus étroits; et la preuve que cette variété du diamètre intérieur est le seul élément qui la modifie, c'est que la différence cesse d'être presque sensible au-delà d'une certaine largeur du tube que l'on pourrait fixer, par exemple, à deux centimètres. La cause de ce phénomène est la même qui fait que l'eau s'élève au-dessus de son niveau, et que le mercure s'abaisse au-dessous dans les tubes très étroits, appelés pour cette raison *capillaires*. On conçoit, sans autre explication, qu'un effet analogue doit avoir lieu dans nos tubes barométriques. Il doit se produire aussi dans le réservoir où le tube plonge, mais à un degré moindre, parce que son diamètre est toujours plus large que celui du tube. Ces deux actions inégales se contrarient mutuellement. En outre, la courbure du mercure, dans le réservoir, influe diversement sur le niveau d'où la hauteur se compte, selon le point de la courbure au-dessus duquel la pointe de la tige d'ivoire vient affleurer. Tous ces éléments doivent être mis en compte pour obtenir la hauteur exacte de la colonne qui est soulevée uniquement par la pression de l'atmosphère. Heureusement M. Laplace est parvenu à déterminer l'influence de chacune de ces particularités, d'après les attractions à petite distance que la masse du mercure exerce sur elle-même ou éprouve de la part des vases qui la contiennent. Les formules de ce grand géomètre ont servi à M. Bouvard pour calculer des tables qui expriment numériquement toutes les corrections à faire, selon le diamètre du tube barométrique et la distance de la pointe aux parois du réservoir. Ces tables, avec leur explication, se trouvent dans le tome VII des *Mémoires de l'Académie des Sciences*, pages 280 et 322, et tout observateur qui emploie ce genre de baromètre, devra nécessairement y recourir pour donner une exactitude absolue à ses résultats. C'est pourquoi j'ai cru devoir les rapporter en note à la fin du présent chapitre, avec une application à un exemple qui en montrera l'usage.

75. On évite complétement l'effet que nous venons d'expliquer en opposant à elle-même la cause qui le produit, comme on le voit dans l'appareil représenté *fig.* 64, et que l'on nomme le *baromètre à siphon*. Ce baromètre n'a pas de cuvette, ou plutôt le tube lui-même en sert. Il est recourbé par le bas, comme le montre la figure, et forme par conséquent deux branches parallèles CS et CN. Pour obtenir cette disposition, on commence par prendre un tube rectiligne dont la longueur totale est égale à SCN; et, tournant en bas le bout fermé S, on remplit la portion SC de mercure que l'on y fait bouillir avec toutes les précautions indiquées plus haut. Cela fait, on recourbe à la lampe la portion CN; puis on renverse tout le système, de manière que le bout fermé S redevient le supérieur. La colonne de mercure qui remplissait cette branche, étant plus longue que la colonne barométrique ordinaire, et par conséquent plus pesante que la pression atmosphérique, tombe par l'excès de son poids, et passe en partie dans la branche ouverte CN. Cela posé, si le point N est le sommet de la convexité du mercure dans la branche ouverte, et que le point S soit le sommet de sa convexité dans la branche fermée, il est évident que la différence de niveau de ces deux points est précisément la longueur de la colonne de mercure qui est soutenue par la pression que l'atmosphère exerce sur la surface N de la branche ouverte; et, pour que cette différence de niveau soit indépendante de l'effet de la capillarité que nous avons reconnue dans les tubes simples, il suffit que les deux branches du tube, vers les deux extrémités N et S de la colonne, aient des diamètres intérieurs à peu près égaux; car alors les tendances à la dépression étant égales de part et d'autre, se contre-balanceront mutuellement; du moins si l'état du mercure dans les deux branches, ouvertes et fermées du tube, reste assez semblable pour que les ménisques qui terminent les colonnes y prennent et y conservent à très peu près les mêmes courbures. Cette identité pourrait bien ne pas avoir lieu complétement, à cause de l'absorption de l'air et de la vapeur aqueuse qui s'opère seulement dans la branche ouverte. Mais on suppose la différence négligeable.

Il ne reste donc plus qu'à mesurer la différence de niveau des deux points N et S : pour cela on trace une division AH, verticale et parallèle aux branches du tube. Un curseur horizontal HS, pareil à celui des baromètres simples, se meut parallèlement à lui-même le long de cette division. On rend d'abord le plan de mire tangent à une des extrémités de la colonne, par exemple au sommet de la convexité supérieure S, et l'on note le point correspondant de la division, qui sera par exemple H. Puis on descend le curseur sur l'autre extrémité de la colonne en N, et l'on répète la même observation. Supposons que le point correspondant de la division soit h, la distance Hh, que la division indique, sera la différence de niveau des deux points NS, et par conséquent la longueur de la colonne barométrique.

On rend l'observation plus exacte encore en adaptant au curseur une petite lunette dans l'intérieur de laquelle on a tendu horizontalement un fil très fin. On observe alors, avec la plus grande précision, l'instant où ce fil vient affleurer la surface du mercure dans chacune des deux extrémités de la colonne.

M. Gay-Lussac a fait au baromètre à siphon une modification qui le rend portatif et d'un usage infiniment commode pour les voyageurs. Lorsque le baromètre est fait, on ferme à la lampe d'émailleur l'extrémité de la branche la plus courte, désignée par Y, *fig.* 65. Dans cet état, le baromètre, complétement fermé, serait inaccessible à l'air extérieur, et conséquemment ne pourrait pas indiquer les changements de pression que cet air éprouve. Mais, pour rétablir la communication, on pratique intérieurement, vers le milieu de la branche Y, une petite saillie terminée par un trou extrêmement fin et capillaire T. Ce trou permet bien à l'air d'entrer dans la branche CY ; mais il ne permet pas au mercure d'en sortir à cause de la force avec laquelle il le repousse en vertu de sa capillarité. Ainsi, quand on a observé la différence de niveau des deux extrémités S, N, de la colonne, si l'on renverse doucement le tube, une partie du mercure rentre dans sa longue branche CX, comme le montre la figure 66, et achève de la remplir ; le reste tombe dans la branche la plus courte CY, mais ne peut s'échapper à cause de la petitesse du trou latéral T. On peut donc transporter l'appareil dans cette position ; il sera toujours ouvert pour l'air et fermé pour le mercure. Seulement il faut que le tube soit rétréci en C à son coude, afin que l'effort de la capillarité maintienne ce coude toujours rempli, même après le renversement.

Pour rendre l'appareil transportable, on entoure le tube d'une enveloppe solide dans laquelle on le lute. On peut même, et ceci est un très grand avantage, envelopper entièrement la plus longue branche, et se borner à observer les variations du mercure dans la plus courte. Il suffit pour cela que les diamètres de ces deux branches soient exactement les mêmes dans les parties N et S que les deux extrémités vont parcourir. Car alors, si la pression atmosphérique vient à varier, le mercure baissera autant dans une des branches qu'il s'élèvera dans l'autre; ainsi, pour connaître la variation totale que la longueur de la colonne barométrique éprouve, il suffira de mesurer son changement dans une des branches, par exemple dans la plus courte, et d'en prendre le double. Afin d'obtenir cette égalité, on choisit un tube de verre qui soit, à peu de chose près, cylindrique; on le coupe en deux parties environ au milieu de sa longueur, et l'on se sert de ces deux moitiés pour former les deux extrémités de la colonne, en les soudant à d'autres tubes de verre d'un diamètre quelconque. On peut encore atteindre le même but avec un tube qui ne serait pas d'un égal diamètre dans toute sa longueur. Il faudrait alors le diviser en parties de capacités égales par le procédé que l'on emploie dans la construction des thermomètres. Connaissant ainsi le rapport de capacité des deux branches, on pourrait calculer l'élévation du mercure dans l'une d'après son abaissement observé dans l'autre. Mais cela serait moins commode que l'égalité de capacité des deux branches à laquelle il est facile d'arriver.

Le baromètre portatif que nous venons de décrire, d'après M. Gay-Lussac, peut être enfermé dans une canne et transporté partout avec la plus grande facilité. On y adapte, comme aux autres, un petit thermomètre enchâssé dans la monture même, et qui sert à mesurer la température du mercure. Enfin, pour que les mouvements brusques que la colonne de mercure peut recevoir en voyage ne la portent pas avec trop de force contre les extrémités du tube de verre, ce qui pourrait le briser, on gêne ces mouvements par un rétrécissement local, pratiqué dans le tube tout près de ses extrémités X, Y, de manière que son diamètre intérieur, dans ces points, soit beaucoup moindre qu'il ne l'est au-dessus et au-dessous. Par ce moyen, lorsque la colonne de mercure est chassée avec force vers un des sommets du tube, son mouvement se ralentit nécessairement en passant par cet orifice étroit, et elle arrive à l'extrémité même avec une trop petite vitesse pour pouvoir la briser. Il faut prendre le tube assez long, et faire le rétrécissement assez près de ses bouts, pour que le sommet S de la colonne ne s'élève pas jusque là dans les observations; car si cela arrivait, le tube devenant très étroit dans ces points, la dépression produite par la capillarité deviendrait très considérable, et pourrait occasioner de grandes erreurs dans les hauteurs observées. Ce rétrécissement du tube, près de son extrémité, est une précaution que l'on a soin d'employer dans tous les baromètres destinés à être portés en voyage.

Les avantages réels que présente la construction précédente sont, en partie, balancés par la presque impossibilité de réparer l'instrument en voyage, lorsqu'il lui arrive quelque accident; tandis qu'il est toujours très facile de réparer le baromètre à cuvette de Fortin, pourvu seulement que l'on ait quelques tubes de rechange et une petite provision supplémentaire de mercure que l'observateur sache y faire bouillir. Aussi le dernier semble-t-il être assez généralement préféré aujourd'hui par les voyageurs.

74. En employant des instruments tels que ceux que je viens de décrire, et en s'en servant avec toutes les précautions que j'ai recommandées, on fera des observations barométriques aussi exactes que l'état actuel de la physique le permet. Nous pourrons donc étudier la constitution réelle de l'atmosphère en portant à diverses hauteurs les deux appareils ainsi préparés; mais, pour apprécier complétement les résultats qu'ils nous donneront, il faut rappeler d'abord ce que la chimie a fait connaître sur la nature des substances qui la composent.

75. Dans tous les pays de la terre, et à toutes les hauteurs où l'on a pu s'élever, l'air atmosphérique est un mélange presque uniquement formé de gaz oxigène et de gaz azote, dont les proportions en volume sont 21 et 79 sur 100. Il s'y joint, en outre, quelques millièmes d'acide carbonique, et de petites quantités de vapeur aqueuse, qui n'offrent ni la même constance ni la même égalité de répartition. Mais la proportion en est toujours contenue dans des limites très étroites. On n'y a point découvert d'autres gaz; et s'il en existait en quantité notable, à quelque élévation que ce pût être, les conditions physiques de leur diffusion les auraient fait se répandre, avec le temps, jusque dans les régions inférieures où leur existence aurait pu se constater.

Cet air, lorsqu'il est séparé de toute vapeur aqueuse, suit les lois d'élasticité et de dilatabilité communes à tous les gaz permanents. A température constante sa force élastique est réciproque au volume qu'on lui fait occuper. Cette relation a été trouvée par Mariotte, et MM. Dulong et Arago l'ont confirmée en soumettant une même masse d'air sec à des pressions barométriques variables, depuis $0^m,76$, jusqu'à 27 fois cette longueur. Or, comme ils n'y ont pas reconnu d'altération sensible dans tout cet intervalle, on doit admettre qu'elle s'étend beaucoup au-delà. Pour la dilatabilité, si l'on représente par 1 le volume qu'occupe une certaine masse d'air atmosphérique sec, à la température de la glace fondante, et sous une certaine pression barométrique, ce volume, sous la même pression, mais à une autre température, exprimée par t degrés du thermomètre centésimal, devient $1 + 0,00375\, t$. Cette loi a été découverte par MM. Gay-Lussac et Dalton. Elle est commune à tous les gaz permanents, et elle s'étend sans modifications appréciables à toutes les variations de volume qu'on a pu leur faire subir.

Enfin nous avons trouvé, M. Arago et moi, qu'à la température de la glace fondante, et sous la pression barométrique d'une colonne de mercure de $0^m,76$ animée par la force de la gravité qui s'exerce à Paris, la densité de l'air atmosphérique sec est $\frac{1}{10462}$ de celle du mercure; ou, réciproquement, le poids spécifique du mercure est 10462 fois celui de l'air sec.

Au moyen de ce résultat et des lois précédentes on peut calculer la densité de cet air pour une pression et une température quelconque.

76. Mais jusqu'ici nous le supposons complétement exempt de vapeur aqueuse, et il n'est jamais tel dans les couches atmos-

phériques, surtout dans celles qui sont voisines de la terre et des
eaux. Il a donc fallu déterminer expérimentalement les conditions
d'un tel mélange, et elles sont heureusement très simples. Pour
chaque température, un espace donné ne peut contenir qu'un
certain poids déterminé d'eau à l'état de vapeur; et ce poids est
le même, que l'espace soit vide ou déjà occupé par un gaz permanent quelconque. Il n'y a de différence que pour la facilité de
la diffusion qui est diminuée par la présence du gaz comme obstacle
mécanique. Cela posé, lorsque la vapeur aqueuse est introduite
dans l'air atmosphérique sec, en quantité égale ou inférieure à celle
qui pourrait se maintenir au même état dans un espace vide,
d'après la température actuelle, cette vapeur se maintient aussi
telle dans l'air et accroît son élasticité. Mais elle diminue en même
temps sa densité; car M. Gay-Lussac a trouvé que, à force élastique égale, la densité propre de la vapeur aqueuse est seulement
$\frac{10}{16}$ de celle de l'air atmosphérique sec; de sorte qu'en se mélant
à lui elle doit le rendre moins dense si la force élastique du
mélange est supposée la même.

77. Au moyen des données précédentes, on peut déterminer
numériquement la densité de l'air atmosphérique sous une pression, et à une température quelconque, lorsque la quantité de
vapeur aqueuse qu'il renferme est définie par la portion de la
pression totale que cette vapeur supporte dans le mélange ainsi
formé (*); seulement ce calcul suppose que les mêmes lois d'élasti-

-----

(*) Prenons pour unité de densité celle du mercure à 0°. Soit p la pression
totale que l'air atmosphérique supporte sur l'unité de surface dans le cas
proposé; ϖ la portion de cette pression que soutient la vapeur aqueuse qui
s'y trouve mêlée; enfin t la température commune du mélange. Si l'on exprime, pour abréger, par ε le coefficient 0,00375, et par G l'intensité de la
gravité qui a lieu à Paris, la densité de ρ de l'air humide aura l'expression
suivante

$$\rho = \frac{p - 100\,\varpi}{7951^{m},12.G\,(1 + \varepsilon t)}.$$

La pression p se mesure par le poids de la colonne barométrique

cité et de dilatabilité subsistent sans altération dans tous les cas que l'on compare.

78. Examinons maintenant les indications que le thermomètre et le baromètre nous donnent, lorsqu'on les porte simultanément à diverses hauteurs dans l'atmosphère, en s'élevant sur des montagnes ou dans des aérostats. Et considérons d'abord les résultats fournis par le second de ces instruments.

79. Quels que soient la saison et le climat où l'on opère, on trouve généralement que la température de l'air va en décroissant à mesure que la hauteur augmente, sauf quelques faibles anomalies accidentelles qui s'observent seulement dans les couches les plus basses, conséquemment les plus susceptibles d'être modifiées par le contact ou le rayonnement du sol.

La loi de ce refroidissement en fonction de la hauteur n'est pas connue. Elle varie dans les couches inférieures avec les saisons, et la température, avec la configuration et la nature du terrain sur

---

élevée sur l'unité de surface. Soit h la longueur actuelle de cette colonne, réduite à la température de $0°$, dans un lieu où l'intensité de la gravité est g. Comme nous prenons ici pour unité de densité celle du mercure à cette même température, on aura

$$p = gh.$$

La tension w doit être exprimée de la même manière. Quand elle sera connue, ainsi que p, on aura, par la formule précédente, en mettant pour t la valeur assignée par la température actuelle de l'air.

Si l'air devenait sec, w serait nul; si de plus il était à la température de la glace fondante, t serait nul également. Si enfin on opérait à Paris sous la pression de $0^m,76$ de mercure à $0°$, p serait égal à $G \cdot 0^m,76$: on aurait donc alors

$$p = \frac{0^m,76}{7951^m,12} = \frac{1}{10462}.$$

C'est le résultat que nous avons trouvé M. Arago et moi. Pour plus de détails sur ces calculs et sur leurs applications à l'atmosphère, on peut consulter le Mémoire sur les Réfractions, inséré dans la *Connaissance des Temps* pour 1839; et le Mémoire sur la constitution de l'Atmosphère, inséré dans la *Connaissance des Temps* pour 1841.

lequel ces couches reposent. Même, dans les couches les plus élevées que l'on ait pu atteindre, on l'a trouvée sensiblement quoique peu différente, sous différents climats. Je rapporterai bientôt ce que la discussion des observations indique de constant, parmi ces variétés. Mais déjà le fait seul d'un décroissement progressif de la température suffit pour limiter la quantité de vapeur aqueuse qui peut conserver l'état aériforme à chaque hauteur. Aussi observe-t-on que cette quantité décroît, en général, à mesure qu'on s'élève ; de manière à produire habituellement une sécheresse extrême à sept ou huit mille mètres d'élévation, comme M. de Humboldt l'a observé sur les sommets élevés des Andes, et M. Gay-Lussac dans l'ascension aérostatique qu'il a faite à Paris. La régularité de ce phénomène est souvent troublée, surtout à des hauteurs moindres que les précédentes, par l'arrivée de nuages que les vents soulèvent des régions inférieures, ou par des précipitations locales et accidentelles d'eau ou de neige, qui peuvent même, momentanément, intervertir l'état habituel de décroissement de l'humidité à mesure qu'on s'élève. De tels accidents ne peuvent évidemment être ni calculés ni prévus. On se borne donc à les constater quand ils se présentent. La proportion de vapeur aqueuse existante ainsi à chaque hauteur dans l'atmosphère, se détermine par des instruments de physique appelés *hygromètres*. Malheureusement leur emploi pratique laisse encore beaucoup à désirer.

80. Si nous considérons de même les indications données par le baromètre à diverses hauteurs, nous voyons qu'elles attestent aussi une diminution habituelle de la pression et de la densité de l'air à mesure qu'on s'élève, diminution également modifiable, surtout dans les couches inférieures, par les accidents météorologiques. Ainsi, en joignant ces indications à celles du thermomètre et de l'hygromètre, on obtient l'expression exacte de tous les éléments physiques qui constituent l'atmosphère aux diverses hauteurs où les instruments peuvent être portés. Il ne reste plus qu'à chercher dans leur rapprochement les lois mathématiques qui les unissent.

81. Mais pour découvrir des lois pareilles, il ne faut évidem-

ment pas considérer l'atmosphère dans l'état d'agitation accidentel que lui communiquent les vents, les orages et les autres accidents météorologiques, qui ne durent que peu d'instants. Le seul but accessible que l'on puisse se proposer, c'est de déterminer l'état moyen et régulier autour duquel oscillent ces perturbations accidentelles, qui échappent à tout examen. Même, pour rendre cette recherche plus simple, nous admettrons que, si la terre tourne journellement sur elle-même, ce que nous avons vu être très vraisemblable, ce mouvement a dû se communiquer, peu à peu, par frottement, à toutes les parties de l'atmosphère enveloppante, de manière à l'amener enfin à tourner simultanément avec le sphéroïde qu'elle recouvre, et à se trouver en repos par rapport à lui. En outre, par le même motif, nous supposerons, au moins dans un premier aperçu, que ce sphéroïde est une sphère exacte, ce qui s'écarte très peu de la vérité, comme on le verra par la suite. De sorte que l'on pourra aisément rectifier l'erreur de cette hypothèse par une appréciation subséquente, si la nature du phénomène que nous voulons examiner est assez régulière pour qu'on puisse utilement lui appliquer ce degré de précision.

82. Si la densité de l'air et sa température pouvaient être les mêmes à toute hauteur qu'elles sont à la surface de la terre, il serait facile de calculer l'élévation que l'atmosphère doit avoir pour équilibrer par son poids total la pression barométrique observée à cette surface. En effet, prenons pour exemple le cas où la pression inférieure serait $0^m,76$, la température $0°$, et supposons l'air exempt de toute vapeur aqueuse. Dans ces circonstances une colonne de mercure de 1 millimètre de hauteur égalerait en poids une colonne d'air atmosphérique de même base, ayant pour hauteur 10462 millimètres ou $10^m,462$; de sorte qu'en s'élevant de cette quantité dans l'atmosphère fictive, on verrait la colonne barométrique baisser de 1^{mm} et se réduire à $0^m,759$. Conséquemment la pression totale $0^m,76$ équilibrerait une hauteur d'air égale à 760 fois $10^m,462$, ou $7951^m,12$. Mais la compressibilité de l'air rend ce résultat très différent de la vérité, et les couches inférieures de l'atmosphère sont beaucoup plus denses que les supérieures, qui supportent un poids graduellement moindre à mesure qu'elles sont

plus hautes. Cela devient en effet sensible sur les montagnes, et lorsqu'on s'élève en aérostat, à de grandes hauteurs, l'air devient si rare qu'on a de la peine à respirer. Aussi pour faire baisser de 1 millimètre la colonne de mercure qui reste alors dans le tube barométrique, il ne suffit plus de s'élever de $10^m,462$; il faut une différence de hauteur bien plus considérable, et progressivement croissante, à mesure que l'on est placé plus haut. L'inégale température de l'air, à des hauteurs diverses, modifie encore ce résultat. Voyons donc quels secours l'expérience et le calcul peuvent fournir pour apprécier l'effet résultant de toutes ces circonstances réunies.

85. Dans l'état de repos relatif que nous avons attribué à la masse gazeuse, concevons un baromètre porté verticalement à une distance quelconque de la surface terrestre où il existe encore de l'air. Si l'on isole, par la pensée, à cette élévation, une tranche d'air tellement mince qu'elle puisse être censée homogène, son poids actuel devra faire équilibre au décroissement de longueur que la colonne barométrique éprouve quand on s'élève à la surface supérieure de la tranche idéale, ainsi isolée. Ceci étant exprimé analytiquement, fournit déjà une relation qui doit généralement exister dans tout l'intérieur de la masse gazeuse, entre les hauteurs, les densités, et les pressions correspondantes. C'est ce que j'appellerai *l'équation différentielle de l'équilibre*.

Pour que cette équation soit tout-à-fait exacte il faut y introduire deux circonstances qui ne peuvent être établies et appréciées que postérieurement à l'exposition actuelle, mais que je vais d'avance indiquer. La première est l'affaiblissement de la gravité à mesure qu'on s'élève. Car l'intensité de cette force est, sur une même verticale, sensiblement réciproque au carré des distances au centre de la terre, d'où résulte une diminution relative de poids, à masse égale, dans les couches d'air les plus élevées. La seconde circonstance, qui influe en sens contraire de la précédente, est l'accroissement de la force centrifuge à mesure que les particules s'éloignent de l'axe de rotation. Cette force est proportionnelle à leur distance à l'axe. L'effet de ces deux modifications est très peu sensible dans notre atmosphère parce que sa hauteur, comme nous allons bientôt le voir, est extrêmement petite comparativement au rayon de la sphère terrestre, ce qui rend les deux variations dont il s'agit presque nulles dans la mince épaisseur qu'elle embrasse; surtout quand on se borne, comme nous allons le faire, à considérer d'abord l'état de superposition des couches d'air dans une même verticale, ou sur des verticales très peu différentes. Néanmoins, pour laisser au raisonnement toute sa rigueur, on peut concevoir que les résultats obtenus, en négligeant ces actions secondaires, n'offriront qu'une première approximation qu'il faudra corriger en y introduisant plus tard leur influence, si toutefois les observations sur lesquelles on s'appuie paraissent assez exactes pour qu'on puisse espérer d'y démêler ces effets.

84. Nous avons vu précédemment, § 77, que la densité de l'air atmosphérique peut se calculer en nombres lorsque l'on connaît sa température, la pression qu'il supporte, et la portion de cette pression que soutient la vapeur aqueuse mêlée avec lui. On a constaté expérimentalement que ce calcul est encore exact dans les plus hauts degrés de raréfaction que l'air peut subir, lorsque sa température est comprise entre les limites qui ont lieu naturellement à la surface de la terre. En l'appliquant aux couches aériennes qui composent l'atmosphère, on a une seconde relation analytique entre les éléments qui doivent le constituer à l'état d'équilibre. Mais cela suppose que l'air, devenu en même temps très froid et très rare, comme il l'est dans les hautes régions de l'atmosphère, suit encore les mêmes lois d'expansibilité et de dilatabilité, ce qu'on n'a pas constaté expérimentalement pour ces deux circonstances réunies. De sorte que les conséquences qu'on pourrait déduire des calculs se trouvent jusqu'ici bornées par le manque de cette notion qu'il serait pourtant facile d'acquérir.

85. Or, voici une considération qui lui donne beaucoup d'importance. Dans l'intérieur de l'atmosphère, l'expansibilité propre de chaque couche d'air est contenue par le poids de toutes les couches qui sont au-dessus d'elle; c'est là précisément ce que l'équation différentielle de l'équilibre exprime. Mais, puisque l'atmosphère se termine à une certaine hauteur, qui est même très petite, ainsi que je l'ai annoncé, les particules d'air situées à sa surface limite

ne sont plus retenues par une telle cause. Conséquemment il faut que leur état physique soit alors modifié de manière qu'elles aient perdu la faculté de s'étendre indéfiniment quand aucun poids ne les comprime. Mais, la seule particularité spéciale qui soit attachée à leur situation, c'est une grande raréfaction jointe à un grand froid. Il faut donc que l'air atmosphérique ait la propriété de perdre son ressort sous ces deux conditions réunies, et qu'il prenne alors l'état d'*un liquide non évaporable*. Car, s'il restait évaporable ou expansible, la couche limite se dissiperait dans l'espace; après quoi la couche immédiate inférieure n'étant plus comprimée, se dissiperait aussi à son tour; et, successivement, toute l'atmosphère finirait par s'évanouir. Cette nécessité d'une condition physique qui prévienne l'expansion de la surface externe, avait été indiquée par M. Laplace comme inhérente à toute atmosphère gazeuse d'une étendue finie; mais M. Poisson l'a spécifiée, comme je viens de le dire. Il a montré que la limitation de notre atmosphère devait résulter de cette condition; et non pas de ce que la densité à la surface extrême serait nulle, ainsi que l'on avait coutume de le supposer. Il a même présenté, comme exemple, une constitution fictive d'atmosphère où l'équilibre serait encore possible avec une densité limite très considérable, pourvu que la condition finale de non-expansibilité y fût jointe. J'ajoute que cela résulte de l'équation même par laquelle l'équilibre est établi; car elle cesse d'être possible quand la densité ne conserve pas une certaine valeur, si petite qu'elle puisse être, lorsque la pression s'évanouit.

86. D'après les définitions précédentes, les éléments constitutifs des couches aériennes sont au nombre de cinq, savoir : la température, la pression, la tension de la vapeur aqueuse, la densité et la hauteur. Nous venons de voir qu'ils sont liés entre eux analytiquement par deux relations générales, dont l'une est l'équation différentielle de l'équilibre, et l'autre, par laquelle la densité s'exprime, § 77, peut être appelée *l'équation de dilatabilité*, dont l'application est toutefois sujette à la restriction établie dans le paragraphe précédent. Supposant donc celle-ci admissible dans toute l'étendue de l'atmosphère, ou rectifiée d'après l'expérience pour

pouvoir s'y appliquer, on voit que si l'on pouvait obtenir, expérimentalement ou par théorie, deux autres relations générales entre les cinq quantités inconnues que nous venons d'énumérer, les quatre premières, qui sont les éléments physiques des couches aériennes, se trouveraient assignables en fonction de la hauteur seule; et ainsi la constitution de l'atmosphère serait définie complètement. Même, comme la vapeur aqueuse n'existe plus en quantité sensible lorsque la hauteur surpasse 6 ou 7000 mètres au-dessus de la mer, une seule relation théorique ou expérimentale, ajoutée aux deux premières, suffirait pour toute la partie de l'atmosphère située au-dessus de cette hauteur. Quant aux couches plus basses, non-seulement la présence de la vapeur ne peut y être négligée, mais elle s'y trouve souvent distribuée en proportion irrégulièrement variable avec la hauteur, de manière à ne pouvoir être représentée par aucune loi fixe ou même continue. Il faut donc renoncer à embrasser ces accidents arbitraires dans un calcul général, et essayer seulement d'y soumettre les cas où la proportion de la vapeur peut être supposée décroître avec continuité. Or, comme sa quantité est toujours très petite dans toutes les couches, pour des cas pareils, et qu'elle s'affaiblit graduellement de manière à devenir insensible quand la pression est réduite à environ $\frac{3\lambda}{100}$ de sa valeur au niveau de la mer, on peut l'exprimer avec une suffisante approximation en fonction de cet élément au moyen d'une loi de décroissement parabolique qui, partant de la tension actuellement observée dans la couche inférieure, va expirer dans celle où la pression est ainsi réduite à o,38. Alors la définition complète de toute l'atmosphère ne se trouve plus dépendre que de la recherche d'une seule relation auxiliaire, soit théorique, soit expérimentale, entre les valeurs simultanées de ses autres éléments dans une couche quelconque (*).

____

(*) Nommons p, la pression totale qui s'exerce dans la couche inférieure que je suppose voisine du niveau de la mer; et désignons par ϖ, la tension actuelle de la vapeur aqueuse qui s'y trouve mêlée. Soient p et ϖ les éléments analogues pour une couche quelconque où $\frac{p}{p_0}$ surpasse o,38. La loi

87. Concevons, par exemple, que l'atmosphère fût complètement exempte de vapeur aqueuse, et que la densité à toute hauteur y fût proportionnelle à la pression p; ce qui donnerait $\frac{p}{p_i}$ égal à $\frac{\zeta}{\zeta_i}$, en marquant toujours d'un accent inférieur les quantités qui appartiennent à la couche la plus basse. L'équation de dilatabilité, § 77, donne aussitôt comme conséquence que la température sera partout constante; et l'équation d'équilibre, § 83, étant intégrée dans la même condition de proportionnalité, ajoute que les différences de hauteur entre deux couches quelconques seront proportionnelles aux différences des logarithmes des pressions correspondantes. Alors l'atmosphère s'étend indéfiniment dans l'espace en se raréfiant toujours. Mais j'ai annoncé que l'atmosphère réelle est limitée; et de plus la température y est généralement décroissante de bas en haut. L'hypothèse précédente n'exprime donc pas sa constitution véritable.

Aussi, lorsqu'on essaie de calculer de cette manière la hauteur

---

de décroissement supposée de ϖ donnera pour son expression générale

$$\frac{\varpi}{\varpi_i} = A'\left(\frac{p}{p_i}\right) + B'\left(\frac{p}{p_i}\right)^2 + C';$$

A', B', C', étant trois constantes indéterminées dont la valeur se fixera d'après les conditions indiquées dans le texte. En effet, ces conditions donnent

$$1 = A' + B' + C', \quad 0 = 0,38\,A' + \overline{0,38}^2\,B' + C', \quad 0 = A' + 2 \cdot 0,38\,B';$$

de là on tire

$$A' = -1,97711, \quad B' = +2,60146, \quad C' = +0,37565.$$

$\frac{\varpi}{\varpi_i}$ se trouve ainsi généralement défini en fonction de $\frac{p}{p_i}$. Mais cette expression ne doit être employée que pour les couches où $\frac{p}{p_i}$ surpasse 0,38; et dans toutes les autres, il faut faire ϖ nul. (Mémoire sur la constitution de l'atmosphère, page 86.)

d'une colonne d'air, d'après le rapport observé des pressions
extrêmes, en lui attribuant partout la température de la station inférieure, on trouve habituellement cette hauteur trop grande. Et
inversement, on la trouve trop petite si on lui attribue partout la
température de la station la plus élevée. On peut donc espérer une
sorte de compensation, à la vérité empirique, en supposant une
température constante intermédiaire entre ces deux-là. C'est ce qu'a
fait M. Laplace ; et en y joignant l'emploi des données les plus
exactes sur le poids et la dilatabilité de l'air, avec quelques modifications adroites pour les adapter à son état moyen d'humidité, il a
composé une formule qui donne très approximativement les différences de niveau des couches d'air d'après les indications du baromètre et du thermomètre dans les deux stations extrêmes. Je la
rapporte ici en note. On peut voir dans la *Mécanique* de M. Poisson,
tome II, p. 626, comment elle se tire de l'équation de l'équilibre
avec les suppositions approximatives que je viens d'indiquer (*).

88. Puisque les pressions ne s'affaiblissent pas assez rapidement
lorsqu'on les suppose proportionnelles à la première puissance des
densités, essayons de les prendre proportionnelles à leur seconde
puissance, ce qui suppose le rapport $\dfrac{p}{p_{\prime}}$ égal à $\left(\dfrac{\rho}{\rho_{\prime}}\right)^{2}$. Alors l'équa-

---

(*) Les deux points extrêmes de la colonne d'air étant supposés placés
dans une même verticale à la latitude Ψ, et a étant le rayon de la terre
dans la station inférieure, la différence de niveau z entre ces points est exprimée par cette formule de la manière suivante :

$$z = \frac{18337^{m},46}{1 - 6,002588 \cos 2\Psi} \left[1 + \frac{2(t + t_{\prime})}{1000} \right] \left(1 + \frac{z}{a} \right) \log \left[\frac{h_{\prime} \left(1 + \frac{z}{a} \right)^{2}}{h} \right].$$

$t_{\prime}$ et $h_{\prime}$ expriment la température centésimale de l'air et la longueur de la
colonne barométrique observées dans la station inférieure ; t et h sont les
quantités analogues pour la station supérieure. Les longueurs $h_{\prime}$, h sont supposées ramenées toutes deux à une même température, par exemple à celle
de la glace fondante. La lettre a représente le rayon de la terre à la station
inférieure. On peut, avec une approximation toujours suffisante, prendre
ce rayon à 6366198^{m}, ce qui est sa valeur moyenne au niveau des mers.
La différence de niveau cherchée z entre dans les deux membres de cette

tion de l'équilibre est encore intégrable ; et en la joignant à la condition de dilatabilité, elle donne une atmosphère d'une étendue finie, où les différences des températures sont proportionnelles aux différences de niveau ; ce qui s'observe en effet très approximativement dans les couches voisines de la surface terrestre. Mais le décroissement des températures, déduit de ce calcul, est trois fois plus rapide que celui qu'on observe habituellement ; ce qui contracte beaucoup trop l'atmosphère supposée, et lui assigne seulement une hauteur d'environ 16000^m, beaucoup moindre que celle qu'on doit le plus vraisemblablement lui attribuer. Par une conséquence de cette contraction, les différences de niveau, calculées avec le décroissement théorique des températures, se trouvent généralement trop petites. De sorte que les erreurs données par cette seconde hypothèse sont habituellement de sens contraire à celles que la première produisait.

89. D'après cela, il est évident qu'on devra se rapprocher davantage de la réalité, au moins pour les hauteurs qui nous sont accessibles, si l'on représente le rapport $\dfrac{p}{p_1}$ des pressions

---

équation ; mais comme elle est toujours très petite, relativement au rayon a qui la divise dans le second membre, on fera d'abord un premier calcul en négligeant les termes de ce second membre qui contiennent la fraction $\dfrac{z}{a}$; et la valeur ainsi obtenue pour z sera suffisamment approchée pour les calculer ; de sorte qu'on obtiendra la vraie valeur de z par une seconde approximation où on les emploiera.

Si les deux stations n'étaient pas dans la même verticale, mais que l'inférieure fût au niveau de la mer, et la supérieure sur la surface plus élevée d'un continent voisin, M. Poisson prescrit de remplacer la fraction $\dfrac{z}{a}$ dans le second membre par $\dfrac{5}{8}\dfrac{z}{a}$, afin d'avoir approximativement égard à l'attraction de la protubérance terrestre dont le continent est formé. Il faut opérer ainsi, par exemple, lorsque, ayant observé h à la surface d'une pareille protubérance, on veut trouver la hauteur de ce lieu au-dessus du niveau de la mer. Mais cette modification ne devrait plus être employée si la station supérieure était un pic étroit et isolé, s'élevant sur la surface de la mer environnante.

par une expression composée des deux premières puissances du rapport des densités, telle que $A\left(\dfrac{\rho}{\rho_1}\right) + B\left(\dfrac{\rho}{\rho_1}\right)^2 + C$; les lettres A, B, C, désignant trois coefficients constants qui devront être déterminés par l'expérience. Ceci revient géométriquement à construire le lieu des pressions et des densités par une parabole du second degré, dont l'axe est parallèle aux pressions. Or, en effet, sans pouvoir affirmer que cette simple formule représente complétement la dégradation des pressions dans toute l'atmosphère, en conservant aux coefficients A, B, C des valeurs constantes dans toute son étendue, on trouve du moins que, dans une même colonne verticale, elle suit cette dégradation de très près entre des couches fort distantes, avec les mêmes valeurs des coefficients, déterminées pour chaque circonstance donnée.

90. Ceci peut se prouver par les observations de l'état de l'air, recueillies dans les ascensions aérostatiques, ou dans les voyages terrestres sur de hautes montagnes; et de pareilles observations, ainsi combinées, fournissent un moyen expérimental aussi simple que sûr pour étudier la constitution réelle de l'atmosphère. Supposons en effet que l'aéronaute ou le voyageur aient observé le baromètre, le thermomètre, et aussi l'hygromètre dans un grand nombre de points de la colonne d'air qu'ils ont parcourue; et qu'ils l'aient fait à des époques assez rapprochées, ou par des méthodes de compensation telles, que l'état de la colonne puisse être considéré comme sensiblement constant pendant qu'ils la parcouraient. Il n'y aura aucun besoin de connaître l'élévation absolue ou relative de ces stations. Les données observées suffiront pour calculer quelles étaient la pression et la densité dans chacune d'elles, d'où l'on déduira leurs rapports avec les quantités analogues appartenant à la couche inférieure (*). Or, en supposant les stations assez

____

(*) Je joins ici le résumé de la marche qu'il faut suivre pour obtenir ces deux éléments.

On a vu précédemment, page 143, la formule qui sert à calculer la densité d'une couche quelconque, en prenant pour unité celle du mercure à 0°. Si l'on désigne par des indices inférieurs la densité et les autres éléments

nombreuses pour qu'on puisse construire le lieu géométrique des deux éléments ainsi exprimés, si la nature de ce lieu est telle qu'on puisse la reconnaître, ou seulement la représenter par une suc-

---

propres à la couche la plus basse, qui, dans la présente recherche, doit être supposée reposer sur la mer, ou sur un point du sphéroïde terrestre, peu supérieur à ce niveau, comme cela avait lieu dans l'ascension de M. Gay-Lussac, on déduira de l'expression citée

$$\frac{\rho}{\rho_1} = \frac{(p - 100\,\varpi)(1 + \alpha t_1)}{(p_1 - 100\,\varpi_1)(1 + \alpha t)}.$$

On pourra donc ainsi exprimer la densité ρ d'une couche quelconque en parties de la densité inférieure ρ_1, prise pour unité. Ceci est ce que j'appelle l'*équation de dilatabilité*. Voyons comment on peut la réduire en nombres.

D'abord le rapport $\dfrac{p}{p_1}$, entre les pressions, se déduit des colonnes barométriques observées. En effet, lorsque ces colonnes sont ramenées à une même température, celle de la glace fondante, et à l'influence d'une même gravité que je supposerai être celle de la couche inférieure, le rapport de leurs longueurs ainsi réduites, est celui de leurs poids respectifs ; et par conséquent il exprime aussi le rapport des pressions extérieures qui soutenaient ces colonnes dans le tube vide d'air.

J'ai expliqué, § 68, comment on peut faire avec simplicité, la réduction à $0°$, lorsque la division est tracée sur une échelle de cuivre. Je la supposerai ici effectuée. Soient h, h_1 les longueurs des colonnes barométriques ainsi réduites ; h_1 appartenant à la station inférieure. Alors, si l'on représente par g la gravité qui anime h, et par g_1 la gravité qui anime h_1, les poids respectifs de ces colonnes seront gh et $g_1 h_1$. Donc, en représentant par p et p_1 les pressions extérieures qui soutenaient ces poids, on aura

$$\frac{p}{p_1} = \frac{gh}{g_1 h_1}.$$

Or, en nommant a le rayon du sphéroïde terrestre dans la couche inférieure, et z la hauteur d'une couche aérienne quelconque située exactement ou à peu près dans la même verticale au-dessus de ce niveau, on a très approximativement, comme on le verra par la suite,

$$\frac{g}{g_1} = \frac{a^2}{(a+z)^2}.$$

cession d'expressions paraboliques, physiquement équivalentes
aux observations dans les amplitudes d'erreurs qu'elles comportent, la constitution réelle du milieu atmosphérique se trou-

---

ce qui donne définitivement

$$\frac{p}{p_i} = \frac{a^3}{(a+z)^3}\,\frac{h}{h_i}.$$

Cette expression peut se simplifier en considérant que la hauteur z est
toujours une fraction très petite de a, de sorte que le rapport $\frac{a^3}{(a+z)^3}$
se réduit sensiblement à $1 - \frac{3z}{a}$. Pour réduire cette correction en nombres,
il suffit de prendre a égal à 6366198^m qui est sa valeur moyenne. A la
vérité, il faut connaître aussi z qui est la hauteur relative de la station ;
mais la petitesse de la fraction à évaluer permet de prendre pour z la valeur
que donne la formule barométrique de M. Laplace. Cette évaluation, quoique empirique, sera toujours assez approchée pour l'usage qu'on en fait ici.

Les tensions ϖ_i, ϖ de la vapeur aqueuse, actuellement existantes dans
les couches observées, se déduisent des indications de l'hygromètre, par des
méthodes qui sont exposées dans les traités de physique. Elles consistent
généralement à réduire dans un certain rapport les tensions maximum
correspondantes aux températures t et t', pour les adapter à l'état présent
de l'air. Ces tensions maximum peuvent s'obtenir à vue par une table que
l'on trouvera à la fin de ce Traité, et que j'ai déduite d'expériences faites
par MM. Gay-Lussac, Arago et Dulong. Leurs valeurs y sont exprimées
en millimètres de mercure à 0°, animés par la gravité qui a lieu à Paris.
Mais comme elles sont généralement fort petites dans l'état naturel de
l'air, et qu'elles entrent même ordinairement affaiblies dans les tensions
actuelles ϖ et ϖ_i, on peut, sans erreur appréciable, les supposer animées
par la même gravité g_i qui agit dans la station inférieure. Ce qui simplifie
les calculs en permettant d'employer immédiatement ces valeurs en milli-

mètres de mercure, dans l'expression précédente de $\frac{p_i}{p}$, sans autre réduc-

tion que celle qui est exigée par l'indication actuelle de l'hygromètre pour
chaque couche où on l'a observé.

Soient donc θ, θ_i les tensions actuelles qui s'en déduisent par les indications de l'hygromètre. Elles seront immédiatement comparables à h_i, ce qui
donnera

$$\frac{\varpi}{p_i} = \frac{\theta}{h_i}, \quad \frac{\varpi_i}{p_i} = \frac{\theta_i}{h_i}.$$

Les expressions de p, ϖ, ϖ_i étant introduites dans le second membre de l'é-

vera ainsi complétement définie en fonction de la hauteur pour toute l'épaisseur traversée. Ces relations expérimentales, étant combinées avec les équations d'équilibre et de dilatabilité, suffisent pour déterminer tous les éléments physiques de l'état de l'air dans la hauteur qu'elles embrassent. Alors, d'après les caractères plus ou moins évidents de simplicité, de continuité, qui se trouveront empreints dans la relation obtenue expérimentalement, on pourra estimer jusqu'à quel point le principe de la diffusion des gaz rend sa prolongation ultérieure vraisemblable avec ou sans modification ; et, dans tous les cas, on en tirera des limites d'évaluation pour l'état des couches supérieures. J'ai appliqué ce mode de discussion à une série de vingt-une observations que M. Gay-Lussac a faites dans son mémorable voyage aérostatique où il s'est élevé jusqu'à 7000 mètres de hauteur. Je l'ai appliqué aussi aux opérations barométriques faites par M. de Humboldt et M. Boussingault sur les pentes du Chimboraço et de l'Antisana, la constance du climat de ces régions permettant d'appliquer, aux observations faites à peu d'intervalle, de légères réductions qui les rendent comme simultanées entre elles. Voici les résultats qui s'en

---

quation de dilatabilité, p_1 disparaîtra, et l'on aura $\frac{t}{p_1}$ en fonction des données de l'observation.

Si l'hygromètre n'a pas été observé dans les couches supérieures, il faut au moins qu'il l'ait été dans la couche inférieure, ce qui donnera ϖ_{1}. Alors on en pourra déduire ϖ en ϖ_{1}, pour chaque pression p, d'après la formule approximative qui a été expliquée page 150.

Connaissant ainsi les rapports $\frac{t}{p_1}$, et $\frac{p}{p_1}$ pour chaque station où les éléments météorologiques ont été observés, on pourra construire graphiquement le lieu géométrique qui les unit, ce qui permettra d'en saisir l'ensemble. Cela se fera, par exemple, en prenant les $\frac{p}{p_1}$ pour abscisses et les

$\frac{t}{p_1}$ pour ordonnées. Ensuite, avec les valeurs numériques de ces rapports régularisés au besoin par sa condition de continuité, on déterminera les coefficients A, B, C des paraboles successives qui les unissent, et dont il a été parlé § 88.

sont déduits, et que je rapporte moins encore pour leur valeur propre que pour montrer les connaissances qu'on pourra obtenir sur la constitution de l'atmosphère par des expériences semblables, lorsqu'elles auront été suffisamment multipliées en différentes saisons et sous différents climats.

91. Les pressions et les densités successivement observées par M. Gay-Lussac ayant été rapportées chacune à l'unité de leur espèce qui avait été déterminée pendant le même temps à l'Observatoire de Paris, j'ai construit le lieu géométrique formé par ces valeurs en prenant les pressions pour abscisses et les densités pour ordonnées. Il a été tel que le représente la figure 67, c'est-à-dire presque rectiligne. On peut même le considérer comme exactement rectiligne pour les seize plus hautes stations. Ces circonstances étant introduites dans les équations d'équilibre en dilatabilité, conduisent aux conséquences suivantes :

1°. Depuis la surface de la terre, jusqu'à la hauteur d'environ 7000^m, à laquelle M. Gay-Lussac est parvenu, l'abaissement total observé de la température a été de 38°,40 cent. ; mais il n'a pas été réparti uniformément dans cet intervalle. La vitesse du décroissement s'est accélérée à mesure que la hauteur augmentait. Dans la couche d'air immédiatement inférieure, une diminution de 1° centésimal de la température répondait à une différence de niveau de 196^m. A la hauteur de 6952^m le même abaissement n'exigeait plus que 156^m. La densité de l'air était alors réduite à 0,5 et la pression à 0,4341724, de ce que l'une et l'autre étaient à la surface du sol. Je rapporte ces résultats dégagés des petites anomalies accidentelles qui ont pu s'y mêler.

2°. Dans les vingt-deux stations aériennes où M. Gay-Lussac a observé, les densités se trouvent décroître moins rapidement que les pressions, ce qui s'accorde avec l'idée d'une densité finale encore subsistante à l'extrême limite de l'atmosphère où la pression s'évanouit.

92. Si la relation rectiligne qui a existé entre les pressions et les densités dans les seize dernières observations de M. Gay-Lussac pouvait être supposée se continuer dans tout le reste de l'atmosphère, c'est-à-dire jusqu'à ce que la pression devînt nulle, on

trouve que la hauteur totale de l'atmosphère serait d'environ
23000^m; et, à sa limite, l'air conserverait une égale densité à
0,09666, ou presque $\frac{1}{10}$ de la densité primitive qu'il avait au niveau de l'Observatoire lors de l'expérience dont il s'agit. De sorte
qu'il faudrait qu'il fût liquéfié par le refroidissement, et même
réduit à un état non évaporable, pour ne pas se dissiper avec une
densité pareille, n'étant contenu par aucune pression. Ces conséquences résultent rigoureusement de la relation rectiligne continuée.
Mais elles supposent aussi la persistance des lois de dilatabilité
et de compressibilité qu'il faudrait constater expérimentalement
pour les circonstances de température et de raréfaction assignées
ainsi par le calcul; et, en outre, rien ne prouve que le lieu rectiligne donné par les seize dernières stations de M. Gay-Lussac,
doive se continuer sans modification jusqu'à la limite de l'atmosphère.

Sans rien préjuger sur les relations que les pressions et les densités peuvent avoir entre elles au-delà des couches dont l'état a pu
être constaté par l'observation, si l'on admet seulement que la
pression, la température et la densité continuent d'y décroître ensemble, on peut assigner à la densité finale de l'atmosphère une
limite qui dépend uniquement de sa hauteur. Et plus la dernière
couche aérienne dont l'état a pu être observé est haute, plus la
limite dont il s'agit approche de la réalité. Par exemple, si l'on
attribuait à l'atmosphère une hauteur de 62300^m, ce qui diffère
peu des évaluations ordinairement adoptées, il résulte des observations de M. Gay-Lussac que la densité finale de l'air à sa limite
extrême serait moindre que $\frac{24}{100000}$ de sa densité habituelle au
niveau de la mer. Mais la hauteur de l'atmosphère prise ici pour
base, n'offre aucune certitude comme on le sentira plus loin
quand j'indiquerai le phénomène duquel on la déduit. Il est au
contraire très vraisemblable qu'elle est en réalité beaucoup moindre; ce qui ne permet pas d'assigner à la densité finale une limite
certaine aussi restreinte, du moins par ce genre de considération.

95. La forme presque rectiligne de la courbe construite avec les
densités et les pressions dans l'ascension de M. Gay-Lussac m'a
permis de représenter ses diverses parties avec une exactitude

presque rigoureuse par des paraboles successives, telles que je les ai indiquées dans le § 89. L'axe de ces paraboles était toujours parallèle aux pressions, comme nous l'avions prévu; et leurs coefficients seuls sont progressivement modifiés de manière à leur faire toujours suivre le lieu réel. La substitution de ces paraboles permet donc de calculer avec une sûreté complète les hauteurs successives des couches d'air où il avait été fait des observations. Or, les résultats ainsi obtenus ont seulement différé de quelques mètres de ceux que donnait la formule barométrique de M. Laplace; de sorte que si la hauteur était l'unique élément qu'on voulût obtenir, l'emploi immédiat de cette formule aurait suffi; ce qui tient évidemment à la forme presque rectiligne que le lieu réel s'est trouvé offrir. Mais les fondements empiriques sur lesquels elle repose ne permettraient pas d'en déduire la dégradation véritable que suivent les éléments des couches à diverses hauteurs. L'emploi des paraboles successives est donc toujours indispensable pour cette détermination. Et l'application en est si exacte que, dans l'ascension de M. Gay-Lussac, par exemple, une seule parabole conduite de la station inférieure à la plus élevée avec l'adjonction d'une troisième station intermédiaire, s'écarterait à peine des résultats observés dans tous les autres points. Ceci encore était une conséquence nécessaire de la forme presque rectiligne que présentait alors le lieu géométrique construit entre les densités et les pressions correspondantes. Ainsi le même mode de représentation devra toujours réussir lorsque la relation de ces deux éléments présentera ces deux caractères de simplicité et de régularité, et que l'on peut constater par la construction même de leurs valeurs. Or, ce devra être là le cas le plus ordinaire, puisque l'expression analytique employée nous avait déjà été indiquée par les erreurs habituellement contraires des termes qui la composent. Seulement, pour en faire usage, il faut que les observations faites dans la colonne d'air soient complètes et puissent être considérées comme simultanées. On réalisera aisément cette condition dans une ascension de quelques heures si l'on a soin d'observer la pression, la densité, la température et l'état hygrométrique de l'air, d'abord en s'élevant, puis en redescendant lorsqu'on traverse les mêmes couches; ce que l'on peut aisément reconnaître sur les montagnes par l'identité des lieux, et en aérostat, avec une approximation suffisante, par le retour à la même pression. Car, à moins que l'atmosphère n'eût éprouvé de grandes perturbations dans l'intervalle, cas qu'il faut toujours exclure pour étudier sa constitution d'équilibre, la moyenne des observations correspondantes devra compenser à très peu près les petits écarts occasionés par leur défaut de simultanéité rigoureux. Toutefois, dans les cas exceptionnels que je viens de signaler, si l'impossibilité d'un plus long séjour dans les lieux où les observations auront été faites, oblige à les employer pour obtenir une évaluation approchée de la hauteur, la méthode précédente offrira encore le moyen le moins imparfait d'y parvenir, surtout si l'on a multiplié autant qu'on le peut les déterminations des densités et des pressions entre les points extrêmes de la colonne aérienne dont on veut évaluer la longueur. Car, après avoir construit le lieu qui les exprime, on n'aura qu'à en joindre les points successifs par des paraboles ou par des lignes droites, et leurs différences successives de niveau étant calculées sur ces éléments, donneront l'évaluation la moins inexacte de l'intervalle entre les couches extrêmes. Ces considérations ont été complètement confirmées par les observations simultanées du baromètre, du thermomètre et de l'hygromètre, que les membres de la Commission scientifique du Nord ont faites d'après les remarques précédentes, en divers points de plusieurs colonnes verticales d'air, au Spitzberg et au cap Nord. Car, non-seulement la variation des températures, entre les mêmes stations, s'y est trouvée inégale à différents jours, même consécutifs; mais, en outre, le lieu géométrique des pressions et des densités qui en résultait, a présenté de telles diversités de forme, qu'une seule observation intermédiaire entre les stations extrêmes, ne suffisait pas pour donner une valeur constante de leur différence de niveau, et qu'il aurait fallu les multiplier bien davantage pour suivre assez approximativement la succession réelle des densités. Sans doute, la nature du climat où ces observations ont été faites, explique facilement de pareilles variations, surtout dans les petites hauteurs, à cause de l'inégalité considérable qui doit y exister presque toujours entre la température accidentelle de l'air inférieur, et celle du sol refroidi par les longs hivers. Mais des inégalités analogues, quoique plus faibles, doivent se produire dans tous les pays; et les seules observations des températures extrêmes des colonnes d'air, ne peuvent évidemment les faire connaître, ni par conséquent suffire pour évaluer la longueur de ces colonnes d'après leur poids local.

94. Les opérations barométriques faites par M. de Humboldt et M. Boussingault, sur la pente du Chimboraço et de l'Antisana, dans les Andes du Pérou, étant calculées et discutées de la même manière, m'ont donné, comme celles de M. Gay-Lussac, une relation sensiblement rectiligne entre les densités et les pressions, pour toutes les stations élevées de plus de deux mille mètres au-dessus du niveau de la mer Pacifique. Ceci paraît donc être un fait général, inhérent au mode de superposition des couches atmosphériques au-delà d'une certaine hauteur. Par une conséquence nécessaire de cette loi, le décroissement des températures, dans cette portion de la colonne aérienne observée, allait aussi en s'accélérant proportionnellement à la densité; mais cette accélération était un peu plus rapide que dans l'ascension de Paris. Connaissant ainsi tous les éléments des couches pour ces deux lieux, en fonction de leur hauteur, au-dessus de la mer la plus voisine, j'ai calculé leur élévation respective pour des densités égales; et la comparaison des nombres ainsi obtenus a mis en évidence une singulière relation entre les états des deux colonnes d'air.

Si l'on part de la couche inférieure, qui avait à Paris une même densité que celle qui reposait sur la mer Pacifique, les intervalles d'égale densité ont été d'abord plus grands et d'un poids plus considérable à Paris que dans la région où M. de Humboldt observait, et que je désignerai, pour abréger, par la dénomination géographique d'équatoriale. Depuis 2440^m de hauteur dans cette région, jusque vers 3000^m, la différence totale, soit d'épaisseur soit de poids, s'est trouvée à peu près constante; et, dans son maximum, qui avait lieu vers 3000^m, elle était pour la hauteur

environ 250^m, pour le poids, à peu près 22^{mm},83 de mercure à
0°, animés par la gravité équatoriale. Au-dessus de 3000^m c'était
dans la colonne équatoriale que les intervalles successifs d'égale
densité devenaient plus épais et plus lourds ; et quand la densité
a été idéalement réduite à 0,4, la hauteur où cette densité existait
surpasse de 300^m la couche de même densité à Paris. De sorte que,
si un tel état de choses était supposé avoir lieu simultanément dans
une atmosphère momentanément en équilibre, cet équilibre devrait
se rompre par la distribution inégale des couches d'égale densité ;
les inférieures tendant à tomber lentement de Paris vers l'équateur
terrestre, les supérieures de l'équateur vers Paris. Nous verrons
plus loin que l'excès relatif de température imprimée aux régions
équatoriales par la radiation solaire, étant combiné avec la force
centrifuge du mouvement de rotation à laquelle l'air participe,
produit dans l'atmosphère des courants constants qui ont lieu précisément dans les deux sens que je viens de désigner. Mais je suis
très loin d'en vouloir inférer une preuve statique de ce grand phénomène météorologique, le temps et les circonstances des observations que nous venons de comparer n'offrant pas la simultanéité
et l'identité nécessaires pour une pareille déduction. Je ne présente
ce rapprochement que comme un exemple des conséquences physiques auxquelles ce genre de discussion pourra conduire lorsque
l'on aura occasion de l'appliquer à des observations barométriques
complètes faites dans des lieux éloignés', avec toutes les conditions qui pourront les rendre exactement comparables entre elles.
Je me borne même à l'indiquer ici, par anticipation ; car il
suppose la connaissance de divers détails tant astronomiques que
géographiques dont je n'ai pas pu encore parler en détail. Mais
il n'y aura en cela aucun inconvénient logique, si l'on n'y voit
pour le moment que l'énoncé général d'un système de faits
dont quelques-uns peuvent déjà être admis comme purement
matériels, le reste devant être repris et discuté plus tard pour
en vérifier la réalité et les conséquences. Cette marche, successivement progressive et rétrograde, est essentiellement inhérente à l'astronomie, qui ne peut s'établir que par une succession
continuelle d'approximations toujours de plus en plus exactes,

jusqu'à ce qu'enfin l'ensemble des faits qu'elle embrasse soit rigoureusement démontré dans tous leurs rapports.

95. Si la relation rectiligne entre les densités et les pressions, qui a lieu dans les observations de M. de Humboldt, était prolongée jusqu'à la limite de l'atmosphère, elle y laisserait une densité finale égale à $0,138263$ de celle qui avait lieu au niveau de la mer Pacifique; et elle donnerait la hauteur totale de l'atmosphère au-dessus de cette mer égale à 20679^m. Cette valeur de la densité finale est sensiblement plus forte que celle qui résulterait des observations de Paris; et, par une conséquence nécessaire, la hauteur totale de l'atmosphère qui y correspond se trouverait inférieure d'environ 2 000 mètres à celle que donnerait la droite de M. Gay-Lussac. Mais, indépendamment des variations que les accidents météorologiques des couches inférieures peuvent introduire dans les résultats de ce calcul, ils ont été obtenus ainsi, dans la supposition de la persistance du lieu rectiligne qui n'est nullement certaine; et en outre, sans tenir compte de la force centrifuge due au mouvement de rotation de la Terre, laquelle étant plus forte à l'équateur qu'à la latitude de Paris, doit, indépendamment de toute autre cause, rehausser la hauteur équatoriale, et y affaiblir conséquemment la densité limite, dans une proportion que le calcul seul ainsi complété pourrait faire connaître.

96. N'ayant jusqu'ici aucune notion positive et certaine de la hauteur à laquelle l'atmosphère peut s'étendre, nous devons recueillir soigneusement tous les indices généraux qui peuvent nous fournir quelque probabilité sur un élément aussi important. Or, les observations que nous venons de comparer s'accordent pour établir que le décroissement de la température s'accélère à mesure que l'on s'éloigne de la surface terrestre. M. Poisson est parvenu à ce même résultat par des considérations purement théoriques, fondées sur les lois de la propagation de la chaleur de proche en proche par communication directe dans chaque colonne verticale d'air, en faisant seulement abstraction du rayonnement réciproque des particules aériennes et de l'absorption de chaleur qu'elles peuvent exercer. Mais ces deux particularités négligées produisent des effets de sens contraires; et si leur intervention modifie quelque peu

l'accélération du décroissement, il est très vraisemblable qu'elle ne saurait la rendre nulle ou l'intervertir totalement; de sorte que la théorie comme l'expérience s'accordent ainsi pour en constater la réalité. Or, en l'appliquant à la continuation des températures observées par M. Gay-Lussac, on en déduit une limite de hauteur que l'atmosphère terrestre ne peut pas excéder. Pour cela je pars de la couche aérienne où la densité a été trouvée égale à 0,5, la pression étant 0,4341724. Puis, à cette hauteur, qui était de 6951^m,87, je fais commencer une relation des pressions aux densités telle que le décroissement des températures ne s'accélère plus, mais conserve ultérieurement la même valeur qui a été observée à cette station. Cette relation continuée jusqu'à la limite où la pression serait nulle, assigne à l'atmosphère une hauteur totale de 47347^m, avec une densité finale infiniment faible. Et toute relation qui accélérerait le décroissement ultérieur au lieu de le rendre ainsi constant, donnerait une hauteur totale moindre avec une densité finale plus grande. On peut donc, l'accélération étant admise, considérer cette hauteur comme nécessairement plus grande que celle de l'atmosphère réelle; sauf les modifications probablement très petites, que pourrait apporter à ce résultat l'action de la force centrifuge due au mouvement de rotation de la Terre, dont on n'a pas jusqu'ici tenu compte dans ce genre de calculs. La dimension de l'atmosphère, par rapport à la terre supposée sphérique, est représentée dans la fig. 68, conformément à l'évaluation certainement trop forte que nous venons d'obtenir. La même considération permet d'apprécier l'excessive raréfaction que l'air éprouve déjà à des hauteurs bien moindres que cette limite extrême. Si l'on cherche, par exemple, sur la courbe de décroissement constant qui continue les observations de M. Gay-Lussac, quelle serait la hauteur où la pression barométrique serait réduite à 1 millimètre de mercure à 0°, on la trouve égale à 34144^m; et, d'après les principes de cette évaluation, on voit qu'elle serait plutôt trop forte que trop faible. La densité correspondante à cette pression réduite, serait 0,0046219 de sa valeur à la surface terrestre, et la température serait 184° au-dessous de zéro. La rareté de l'air, à cette petite hauteur, serait donc déjà aussi grande que sous les récipients de nos meilleures machines pneumatiques.

97. Les observations barométriques faites à l'équateur, par M. de Humboldt et par M. Boussingault, ont été favorisées par une circonstance propre aux lieux qui sont dans cette condition géographique, surtout quand ils se trouvent au niveau de la mer. La température de l'air, et la pression, y sont l'une et l'autre presque constantes. Le baromètre y éprouve seulement une petite oscillation diurne invariablement réglée sur le mouvement du soleil, et M. de Humboldt l'avait observée avec un tel soin qu'il pouvait assigner la longueur exacte de la colonne barométrique, l'heure du jour étant donnée. Voici les phases de ce phénomène telles qu'il les rapporte dans la relation de son voyage. La hauteur moyenne du baromètre y est désignée par H, et ses variations au-dessus ou au-dessous de ce terme sont exprimées en fraction de ligne du pied de Paris (*). Ces mêmes résultats sont représentés graphiquement dans la fig. 69, où les vingt-quatre divisions égales, prises sur la ligne AB, désignent des heures solaires; ce qui permet de saisir d'un coup d'œil la marche totale du phénomène dans l'intervalle d'un jour.

PHASES de l'oscillation.	HEURES du jour comptées de midi.	LONGUEUR de la colonne barométrique.	MOUVEMENT de la colonne dans l'intervalle des heures désignées.	
Minimum relatif.	4^h du matin....	$H - 0^l,2$	}	...... monte.
Maximum absolu.	9 du matin....	$H + 0,5$	} }	...... descend.
Minimum absolu.	4 du soir.....	$H - 0,4$	})	...... monte.
Maximum relatif.	10 du soir.....	$H + 0,1$	}	...... descend.
Minimum relatif.	4 du matin. .	$H - 0,2$	}	

(*) Si l'on veut convertir ces évaluations en millimètres, il faut les multiplier par $\frac{1000000}{443296}$, ou très approximativement par $2 + \frac{11}{43}$ qui est la valeur, en millimètres, d'une ligne du pied de Paris.

On voit par la figure, comme par les nombres, qu'il y a deux périodes, l'une diurne, l'autre nocturne, d'effet inégal. La première, qui est la plus forte, s'accomplit de 4^h du matin à 4^h du soir, et produit d'abord un mouvement ascendant total de $0^l,7$ suivi d'un mouvement descendant total de $0^l,9$. La seconde, qui a lieu de 4^h du soir à 4^h du matin, produit d'abord un mouvement ascendant total de $0^l,5$ suivi d'un mouvement descendant total de $0^l,3$. D'autres observateurs donnent des nombres un peu différents, même pour l'équateur et au niveau de la mer, selon les localités. L'amplitude de la plus grande variation descendante paraît être de $2^{mm},5$ à 3^{mm}; et se terminer à trois heures du soir plutôt qu'à quatre. Mais cette limite comporte nécessairement quelque indétermination.

Si, en se tenant toujours dans la ligne équatoriale, on passe du niveau de la mer sur les montagnes les plus élevées, on y retrouve habituellement presque la même constance dans la température et dans la pression atmosphérique, qui sont seulement toutes deux affaiblies; et la variation barométrique diurne s'y montre encore avec la même régularité, assujétie à des périodes semblables, répondant aux mêmes heures, avec la seule différence d'une moindre amplitude, comme M. de Humboldt et M. Boussingault l'ont constaté. Il n'en est plus ainsi quand on s'éloigne de cette région équatoriale où l'influence calorifique des rayons solaires est à peu près la même dans tous les temps de l'année. Alors le baromètre et le thermomètre éprouvent des variations accidentelles d'autant plus grandes qu'on s'en écarte davantage, et que les hauteurs méridiennes du soleil deviennent plus inégales en différentes saisons. Pourtant si, dans les climats soumis à ces inégalités, on réunit les observations barométriques et thermométriques d'un grand nombre d'années et qu'on en prenne la moyenne, les effets accidentels se trouvant en très grande partie compensés les uns par les autres, on finit encore par retrouver avec évidence les traces de la variation barométrique, avec ses périodes fixées aux mêmes heures du jour, et seulement avec des valeurs de plus en plus affaiblies. C'est ce qui a été constaté pour Paris, par un travail semblable que M. Bouvard a fait sur onze

années d'observations où le baromètre et le thermomètre avaient
été cotés quatre fois chaque jour, savoir : à neuf heures du matin,
à midi, à trois heures et à neuf heures du soir (*). Les observations de nuit manquant, on ne pouvait chercher que la portion
diurne du phénomène; or elle s'est manifestée avec évidence dans
les moyennes de ces onze années. La variation de 9^h du matin à 3^h
du soir s'est montrée descendante comme à l'équateur, mais elle a
été seulement de $0,^{mm}756$; et l'ascendante, qui la suit de 3^h à 9^h
du soir, a été seulement de $0^{mm},373$ ou la moitié environ. A l'équateur le rapport de ces deux mêmes variations serait de $\frac{3}{5}$ d'après les
nombres donnés par M. de Humboldt. Ces valeurs s'affaiblissent
encore davantage dans les contrées plus boréales quand on essaie
de les manifester de la même manière; et enfin le phénomène devient tout-à-fait insensible vers la latitude de 60°, comme il le devient à de très grandes hauteurs sous l'équateur même. On ne connaît pas jusqu'ici sa cause physique; mais la loi de sa dégradation
et l'ordre de ses phases semblent indiquer qu'il est lié à l'action
calorifique du soleil sur l'atmosphère, de sorte que son amplitude
et les périodes de ses phases doivent probablement varier avec
les saisons. C'est en effet ce qui paraît résulter des nombreuses
observations que M. Bouvard a pu comparer. L'élévation absolue
des lieux, leur température moyenne, et peut-être aussi les accidents de leur situation, paraissent encore modifier considérablement ce phénomène dans les régions éloignées de l'équateur
où son amplitude devient très faible. Car, par exemple, à l'hos-
pice du grand Saint-Bernard, dont la hauteur au-dessus de la
mer est de 2491 mètres, la période de 9^h du matin à 3^h du soir
est ascendante et non descendante, comme M. Bouvard l'a remarqué (**).

98. C'est une question importante de physique terrestre de savoir si la pression moyenne de l'atmosphère au niveau des grandes

---

(*) Mémoire sur les observations météorologiques. *Académie des Sciences*,
tome VII, p. 267.

(**) *Bibliothèque universelle de Genève*, tome XLI, page 281.

mers qui communiquent ensemble est constante ou inégale en diverses régions. Pour arriver à cette connaissance il faut d'abord avoir, dans un grand nombre de points situés au niveau ou près du niveau des mers, des suites d'observations barométriques assez exactes et assez nombreuses pour que les oscillations accidentelles de la pression et les erreurs de l'observateur lui-même, puissent se détruire par compensation dans leur moyenne ou du moins s'y affaiblir au point de n'y avoir plus qu'une influence insensible. Il faut ensuite réduire toutes ces observations à une même température, par exemple, à celle de la glace fondante, et au niveau de la mer la plus voisine, si elles ne sont pas faites exactement à ce niveau. Enfin, il faudrait encore, pour une complète rigueur, les ramener toutes à un même instant physique d'observation pour pouvoir les considérer comme simultanées, et aussi à une même gravité, parce que l'intensité de cette force est inégale dans les diverses latitudes, et c'est elle qui détermine le poids de la colonne par lequel se mesure la pression (*). En effectuant toutes ces réductions, sauf les deux dernières, sur toutes les observations connues qui pouvaient servir à cet usage, M. le professeur Schouw, de Copenhague, a obtenu le tableau suivant qui réunit l'ensemble de ses résultats pour diverses latitudes sur le méridien moyen de l'Océan Atlantique (**); j'y ai inséré la hauteur barométrique moyenne trouvée pour Paris, par M. Bouvard, et réduite au niveau de ce même océan. J'y ai ajouté aussi les températures moyennes de l'air qui répondent à ce point et aux deux points extrêmes que le tableau embrasse.

(*) Si les observations étaient faites sur le même méridien, la simultanéité s'obtiendrait en prenant les longueurs des colonnes barométriques pour la même heure du jour qui se trouverait ainsi répondre à la même phase de la variation diurne. Mais lorsque deux lieux sont situés sur des méridiens différens, ils comptent au même instant des heures solaires différentes, et par conséquent il faut prendre des phases également différentes de la période diurne pour avoir des pressions barométriques qui répondent au même instant.

(**) Note sur la hauteur moyenne du baromètre au niveau de la mer. *Annales de Chimie et de Physique*, tome LIII, page 113.

LATITUDE.	LONGUEUR MOYENNE de la colonne barométrique réduite à la température de la glace fondante et au niveau de la mer.	TEMPÉRATURE MOYENNE de l'air au lieu d'observation, en degrés centésimaux.
	mm.	
$0°$......	760,215	$+ 27°,5'$ Humboldt et Bous-
10.......	761,343	singault.
20.......	763,599	
30......	764,727	
40.......	762,471	
48,50'...	761,410.................	$+ 11°$
50.......	760,215	
60.......	756,831	
65......	751,191	
70.......	753,417	
75.......	756,831	$- 17°$ Parry.

Je reviendrai plus tard sur quelques particularités physiques qui sont indiquées par la marche des nombres que ce tableau renferme. Pour le moment je me bornerai à en déduire une circonstance très importante du phénomène que nous examinons.

Si l'on considère d'abord les longueurs des colonnes baromé-triques, on voit qu'elles sont peu différentes entre elles. Mais les températures de l'air qui y correspondent le sont beaucoup, et elles s'abaissent considérablement à mesure que la latitude aug-mente. Or, la densité de l'air dépend de ces deux éléments combi-nés; et si on la calcule pour les trois latitudes relativement aux-quelles je les ai rapportés, on trouve que la condensation produite par le refroidissement fait bien plus que compenser le petit affai-blissement de pression que le tableau indique pour la dernière de ces latitudes. Ainsi la densité moyenne de l'air qui repose sur la surface de la mer devient de plus en plus grande à mesure que l'on s'éloigne de l'équateur terrestre pour se rapprocher des pôles; de sorte que, pour retrouver la densité équatoriale, il faudrait s'élever à une certaine hauteur au-dessus du niveau de la mer, et d'autant plus que la latitude est plus grande. De là il résulte que, depuis ce niveau jusqu'à une certaine élévation, les couches aériennes comprises entre des limites d'égale densité sont plus lourdes hors de l'équateur qu'à l'équateur même ; et, comme la pression totale à ce niveau est partout presque égale ou peu différente, il faut par compensation que les couches supérieures soient dans un état inverse de densités et de poids ; ce qui est précisément la conclusion à laquelle nous avons été conduit en comparant les observations barométriques faites dans l'atmosphère, au-dessus de Paris, par M. Gay-Lussac, avec leurs analogues faites par M. de Humboldt, à l'équateur (*).

(*) Pour confirmer ceci par des nombres, indiquons par l'indice 1 inférieur les quantités qui se rapportent à la couche aérienne inférieure qui repose sur la mer à l'équateur ; et désignons par des indices de valeurs différentes les quantités analogues relatives à une autre latitude quelconque, comprise dans le tableau de la page 170. Les densités ρ_1, ρ_2, des couches aériennes correspondantes à ces divers éléments, auront les expressions suivantes, où l'unité de densité est celle du mercure à 0°.

$$\rho_1 = \frac{p_1 - 100\,\varpi_1}{795\mathrm{i}^m,12\,G\,(1+\alpha t_1)}, \quad \rho_2 = \frac{p_2 - 100\,\varpi_2}{795\mathrm{i}^m,12\,G\,(1+\alpha t_2)}, \dots \text{etc.}$$

Évaluons d'abord les tensions ϖ de la vapeur aqueuse. Si elles avaient toutes la valeur que comporte la température moyenne de l'air dans la couche inférieure que nous considérons, la table que l'on trouvera à la fin du troisième volume, les donnerait exprimées en millimètres de mercure à 0°, et elles seraient

$$
\begin{array}{ll}
 & \quad\quad\quad^{\text{mm}} \\
\text{à} + 27°,5, & + 28{,}631, \\
\text{à} + 11,0, & \quad\ 9{,}243, \\
\text{à} - 17,0, & \quad\ 0{,}839.
\end{array}
$$

Maintenant il faut voir quelle portion de ces tensions totales doit être appliquée avec vraisemblance à l'état moyen de l'air.

À l'équateur, l'influence presque constante de la chaleur solaire, imprime à la couche d'air qui repose sur la mer un mouvement ascendant continuel qui supprime le principal obstacle à la diffusion de la vapeur. On peut donc admettre que la tension est sensiblement totale dans cette couche. Mais

98. L'abaissement progressif du mercure dans le baromètre, et tous les phénomènes produits par la rareté de l'air à mesure qu'on s'élève, s'observent également dans tous les pays de la terre. Il faut

---

cette supposition n'est plus applicable aux autres latitudes; et, pour celle de Paris, par exemple, on devra se rapprocher davantage de la vérité en portant pour x la moitié de la valeur de la tension totale qui répond à la moyenne des températures, ce qui donne $4^{mm},621$. Enfin, la difficulté de la diffusion paraissant devoir être encore plus grande, à l'île Melville, à cause de la plus grande densité de l'air, j'y considérerai x comme sensiblement nul. Ces valeurs déduites de x étant respectivement multipliées par $100 s$ ou $\frac{3}{8}$, on obtiendra les résultats suivants :

Latitude.	Valeur de $100 s x$, exprimée en millimètres de mercure à 0°.
A l'équateur...... 0°	$10,736$
Paris............ 48,50′,14	$1,733$
Île Melville...... 75°	$0,$

Les colonnes de mercure ainsi calculées, sont censées animées par la gravité qui a lieu à l'Observatoire de Paris; mais à cause de leur petitesse on peut, sans erreur sensible, leur appliquer la gravité locale; de sorte que chacune d'elles pourra être immédiatement retranchée de la colonne barométrique correspondante qui est ainsi réduite à 0°. Appliquant alors à chacun des résidus la valeur particulière de la gravité qui l'anime, on aura

A l'équateur.	Sous la latitude de Paris.	A l'île Melville.
$f_1 = \dfrac{g_1 \cdot 0^{mm},749478}{7931^{mm},12G\,(1+\alpha t_1)}$	$f_2 = \dfrac{g_2 \cdot 0^{mm},759677}{7931^{mm},12G\,(1+\alpha t_2)}$	$f_3 = \dfrac{g_3 \cdot 0^{mm},75683}{7931^{mm},12G\,(1+\alpha t_3)}$

Les gravités g_1, g_2, g_3, sont celles qui ont lieu au niveau de la mer; si l'on prend pour unité celle qui a lieu aussi sous la latitude de 45°, on aura

nécessairement en conclure que l'atmosphère terrestre forme autour
de la terre une enveloppe qui l'embrasse de toutes parts, et dont la
densité, diminuant avec la hauteur, finit par devenir tout-à-fait
insensible à une hauteur qui, d'après les analogies développées
plus haut, ne doit pas atteindre 47 000 mètres. Ainsi la masse arrondie de la terre, entourée de son atmosphère comme d'une
couche très mince, *existe dans l'espace isolée et dans le vide;*

---

sensiblement pour toute autre latitude Ψ,

$$g = 1 - 0,002588 \cos 2\Psi;$$

et d'après les trois valeurs données de Ψ, on trouvera

$$g_1 = 1 - 0,002588, \quad g_2 = 1,0003456, \quad g_3 = 1,0022412.$$

G est la gravité à l'Observatoire de Paris, dans une salle située environ
à 65^m de hauteur au-dessus du niveau de la mer. D'après cela, G diffère
de g_1 non-seulement à cause de cette hauteur, mais aussi à cause de la
protubérance continentale sur laquelle Paris est situé. En ayant égard à
cette circonstance, M. Poisson trouve

$$G = \frac{g_1}{1,0009125}.$$

Rien ne manque donc pour calculer $\rho_1, \rho_2, \rho_3,$ d'après les trois températures moyennes données; et il est évident que ces trois densités croîtront
très notablement avec la latitude.

Pour avoir une idée sensible de ce phénomène, supposons que, dans les
deux dernières stations, on porte le baromètre dans l'air à une certaine hauteur. Les colonnes barométriques diminueront, et deviendront par exemple
h_2, h_3. En même temps, la température moyenne de la couche élevée sera
généralement plus basse que t_2 et t_3; ce qui ralentira encore le décroissement initial des densités. Donc, si nous calculons les nouvelles densités
$\rho_2, \rho_3,$ sans tenir compte de l'abaissement des températures, elles seront
trop faibles. Cela posé, cherchons quelles valeurs il faudra donner ainsi
à h_2 et h_3, pour obtenir une densité égale à ρ_1. La condition de cette égalité
sera évidemment

$$h_2 = \frac{g_1(1 + \alpha t_2)}{g_2(1 + \alpha t_1)} \cdot 0,749478, \quad h_3 = \frac{g_1(1 + \alpha t_3)}{g_3(1 + \alpha t_1)} \cdot 0,749478;$$

et en mettant pour les quantités indiquées leurs valeurs numériques prises

vérité bien curieuse à connaître, et que les préjugés nés de nos habitudes rendraient tout-à-fait incroyable si nous n'y étions conduits par la force irrésistible de la raison appliquée à des faits vrais et bien observés.

99. Puisque nous ne voyons les astres qu'à travers l'épaisseur de cette enveloppe d'air, il devient essentiel d'examiner les effets que

---

sur les documents qui précèdent, on aura

	Sous la latitude de Paris : h_2.	À l'île Melville) h_3.
	^{m} 0,70538	^{m} 0,63348
Ce qui étant retranché des pressions totales correspondantes................	0,76141	0,75831
Il reste pour la diminution de la colonne barométrique qui fait retrouver la densité équatoriale...............	^{mm} 0,05603	^{mm} 0,12381

Soient z_2, z_3, les hauteurs inconnues auxquelles il faudrait s'élever dans les deux stations pour obtenir ces abaissements dans le baromètre. Les colonnes aériennes ainsi définies auront à leur sommet une densité égale ou probablement supérieure encore à la couche qui repose sur la mer à l'équateur. Donc, jusqu'à ces hauteurs au moins, il y aura dans l'atmosphère inférieure des hautes latitudes, un excès de poids qui, pour Paris, sera de 56 millimètres de mercure à o°, et qui, pour l'île Melville, s'élèvera jusqu'à 124. C'est bien plus que ne m'avait donné l'ascension de M. Gay-Lussac, comparée aux observations équatoriales de M. de Humboldt. Mais le sens même de cette différence est d'accord avec la nature du phénomène, la température des couches inférieures ayant été à Paris fort supérieure à la moyenne, lorsque M. Gay-Lussac s'est élevé. Maintenant, comme le poids total de l'atmosphère entière se trouve être presque le même, à toutes les latitudes, d'après les valeurs rapportées des pressions, le grand excès de poids des couches inférieures dans les hautes latitudes doit nécessairement être compensé par une diminution correspondante dans les couches plus hautes, résultat que les observations comparées de MM. Gay-Lussac et Humboldt indiquaient également.

son interposition avec les diverses particularités qui l'accompagnent peut produire sur les rayons lumineux par lesquels nous apercevons ces corps. Je vais décrire brièvement ceux de ces phénomènes qui sont le plus essentiels à l'astronomie.

L'air, malgré sa transparence, intercepte sensiblement la lumière, et la réfléchit comme tous les autres corps. Mais les particules qui le composent étant extrêmement petites et très écartées les unes des autres, on ne peut les apercevoir que lorsqu'elles sont réunies en grande masse. Alors la multitude des rayons lumineux qu'elles nous envoient produit sur nos yeux une impression sensible, et nous voyons que leur couleur est bleue. En effet, l'air donne une teinte bleuâtre aux objets entre lesquels il s'interpose. Cette teinte colore très sensiblement les montagnes éloignées, et elle est d'autant plus forte qu'elles sont plus distantes de nous. Aussi pour peindre les objets éloignés faut-il diminuer leur éclat, ou, suivant l'expression reçue, les *éteindre* et affaiblir leurs couleurs propres par une teinte générale de bleu plus ou moins foncée. C'est encore la couleur propre de l'air qui forme l'azur céleste, cette voûte bleue qui paraît nous environner de toutes parts, que le vulgaire appelle le ciel, et à laquelle tous les astres paraissent attachés. A mesure que l'on s'élève dans l'atmosphère, cette couleur devient moins brillante. La clarté qu'elle répand diminue avec la densité de l'air qui la réfléchit, et sur le sommet d'une haute montagne, ou dans un aérostat fort élevé, le ciel paraît d'un bleu presque noir.

100. L'air n'est pas lumineux par lui-même, car il ne nous éclaire point pendant l'obscurité. La lumière qu'il nous envoie lui vient du soleil et des astres. Sa couleur prouve qu'il réfléchit les rayons bleus en plus grande quantité que les autres; car on sait par expérience que la lumière est composée de rayons différents qui produisent sur nos yeux la sensation de diverses couleurs, et ce que l'on nomme la couleur d'un corps n'est que celle des rayons qu'il nous réfléchit. L'air est donc autour de la terre comme une sorte de voile brillant qui multiplie et propage la lumière du soleil par une infinité de répercussions. C'est par lui que nous avons le jour lorsque le soleil ne paraît pas encore sur l'horizon. Après le lever de cet astre, il n'y a pas de lieu si retiré, pourvu que l'air puisse s'y introduire, qui n'en reçoive de la lumière, quoique les rayons du soleil n'y arrivent pas directement. Si l'atmosphère n'existait pas, chaque point de la surface terrestre ne recevrait de lumière que celle qui lui viendrait directement du soleil. Quand on cesserait de regarder cet astre, ou les objets éclairés par ses rayons, on se trouverait aussitôt dans les ténèbres. Les rayons solaires, réfléchis par la terre, iraient se perdre dans l'espace, et l'on éprouverait toujours un froid excessif. Le soleil, quoique très près de l'horizon, brillerait de toute sa lumière ; et immédiatement après son coucher, nous serions plongés dans une obscurité absolue. Le matin, lorsque cet astre reparaîtrait sur l'horizon, le jour succéderait à la nuit avec la même rapidité.

On peut juger de ces conséquences par ce que l'on éprouve déjà sur les hautes montagnes, où cependant la densité de l'air n'est pas même réduite à la moitié de sa valeur à la surface du sol. Non-seulement la température moyenne annuelle y est déjà très froide, mais à peine reçoit-on d'autre lumière que celle qui vient directement du soleil et des astres. La clarté que l'air raréfié réfléchit est si faible que lorsqu'on est placé à l'ombre on voit, dit-on, les étoiles en plein jour (*).

101. Au contraire, par l'effet de l'atmosphère, les rayons du soleil éclairent tout le ciel et se répandent dans tous les sens par des réflexions multipliées. Cette multiplicité devient surtout manifeste par les caractères de polarisation propres à la lueur réfléchie, que présentent toutes les parties de l'atmosphère, même à

(*) De Saussure, dans son ascension au mont Blanc, rapporte ce fait, non comme l'ayant observé lui-même, mais comme l'ayant entendu affirmer par ses guides. M. Boussingault, dans ses voyages sur les sommets les plus élevés des Andes, n'a pas non plus réussi à le voir, quoiqu'il l'ait tenté plusieurs fois dans les circonstances en apparence les plus favorables. On ne peut donc l'affirmer positivement. Quant à la couleur foncée et presque noire du bleu du ciel à ces grandes hauteurs, M. Boussingault l'a constatée aussi, en attribuant toutefois une partie de cet effet à la fatigue de l'organe visuel. Ascension au Chimborazo, *Annales de Chimie et de Physique*, tome LVIII, page 172.

une grande distance angulaire du lieu du soleil, et lorsqu'il est déjà depuis long-temps disparu sous l'horizon, comme M. Arago l'a reconnu, et comme on peut le constater d'après lui. D'après cela, le soir, lorsque le soleil a quitté l'horizon, les régions élevées de l'atmosphère nous renvoient encore sa lumière; et, par suite de ce phénomène, que l'on nomme *crépuscule du soir*, nous ne passons que peu à peu, et par une gradation insensible, du jour à l'obscurité. La même chose a lieu le matin vers l'orient lorsque le soleil est encore sous l'horizon : sa lumière réfléchie et répandue par l'atmosphère forme l'*aurore*, ou le *crépuscule du matin*.

100. La durée de ces phénomènes dépend donc de la hauteur de l'atmosphère, ou, pour parler plus exactement, de celle des parties de l'air dont la densité est encore assez grande pour renvoyer une lumière sensible. Aussi cette durée varie-t-elle avec l'état de l'air; elle est en général plus grande lorsque les couches inférieures qui réfléchissent le plus abondamment la lumière, ont été plus dilatées par la chaleur du jour. C'est pour cela, comme on peut le croire, que le crépuscule du soir est plus long que le crépuscule du matin. L'observation exacte de ces phénomènes pourrait sans doute donner des notions utiles sur l'épaisseur de l'atmosphère; et il serait bien à désirer qu'elles fussent suivies dans cette intention par les observateurs qui habitent des contrées où le ciel est habituellement plus serein que dans les nôtres. Quelques observations faites accidentellement par Lacaille, en revenant du Cap de Bonne-Espérance en Europe, lui firent voir la limite de la lueur crépusculaire avec l'apparence d'un cercle bien défini, dont l'abaissement progressif et la disposition se pouvaient parfaitement constater. On admet généralement que cette disparition a lieu à l'horizon, quand le soleil est abaissé de 17 ou 18° au-dessous de ce plan. De là on déduit que les dernières particules d'air, capables de réfléchir sensiblement la lumière, ne seraient pas à une hauteur plus grande que 59 000 mètres, même en admettant que la lueur observée résulterait d'une seule réflexion; et cette évaluation devient considérablement moindre, lorsqu'on la fait résulter de deux réflexions successives, ou même de plusieurs, ce qui est certainement le cas réel. Le célèbre géomètre Lambert a donné

dans sa photométrie des formules qui embrassent ces diverses
suppositions, et il démontre incontestablement, d'après les faits,
que celle d'une seule réflexion est inadmissible. C'étaient là les
seules indications que l'on eût sur l'épaisseur de l'atmosphère,
avant que l'on eût remarqué la limite beaucoup plus restreinte
qu'indique l'accélération du décroissement des températures à
mesure qu'on s'élève ; et l'on voit combien elles étaient incer-
taines. Pour refaire aujourd'hui les calculs de Lambert, il faudrait tenir compte de la multiplicité presque indéfinie des radiations successives constatées par l'observation de M. Arago, ce qui
semble devoir accroître considérablement les difficultés, en prou-
vant toutefois que la hauteur, déduite d'une seule réflexion, doit
être fort supérieure à la hauteur réelle. Ces indications, tout
imparfaites qu'elles sont encore, nous ramènent donc vers l'évaluation beaucoup plus restreinte que nous a donnée le décroissement des températures. Et c'est surtout pour montrer cet accord,
autant que pour engager les observateurs à reprendre l'étude des
phénomènes crépusculaires, que j'ai rapporté ici les conséquences
auxquelles ils donnent lieu. Car elles ne peuvent être démontrées
et calculées qu'en tenant compte des inflexions que les rayons
lumineux, tant directs que réfléchis, subissent en traversant l'atmosphère. Et ainsi je ne puis entrer dans ces calculs qu'après
avoir exposé la théorie des réfractions.

102. Plusieurs phénomènes fréquents, bien qu'accidentels, oc-
casionent temporairement de grandes perturbations dans la densité relative des couches d'air, et modifient considérablement les
lois régulières que leur superposition dans l'état d'équilibre pourrait présenter.

103. Ces perturbations paraissent avoir pour une de leurs causes
principales l'inégalité d'action calorifique du soleil sur les diverses
parties de la surface terrestre, inégalité d'où résultent des mouvements qui mêlent ensemble des couches d'air de diverse température inégalement imprégnées de vapeur aqueuse, et chargées de
quantités inégales d'électricité. Ces mélanges forment ou déterminent les vents, les nuages, la pluie, les brouillards, la neige, la
grêle et les autres *météores*. Les *vents* sont produits par l'air, qui se

déplace avec plus ou moins de vitesse. Les *nuages* sont des amas de vapeurs aqueuses que l'on suppose déjà réunies en vésicules très minces prêtes à se résoudre en eau : leur élévation au-dessus de la surface de la terre est ordinairement peu considérable, et le sommet des hautes montagnes en est souvent enveloppé. En se plaçant sur ces montagnes, ou s'élevant dans un aérostat, on se trouve quelquefois plongé dans les nuages. C'est ainsi qu'on a reconnu qu'ils sont formés de vapeurs aqueuses. Comme ils nagent dans l'air par un excès de légèreté spécifique, ils doivent monter plus haut quand l'air est plus dense, et descendre quand il devient plus rare. On remarque en effet que leur hauteur augmente ou diminue, selon que le baromètre monte ou descend. Si, par une cause quelconque, un nuage vient à éprouver un refroidissement très rapide, les vapeurs aqueuses qui le composent se condensent, non pas en eau liquide, mais en neige, en grêle ou en frimats.

Ces amas de vapeurs étant éclairés par le soleil, nous réfléchissent sa lumière plus fortement que l'air qui les environne, quoiqu'ils soient moins denses que lui. Cet astre les éclaire encore lorsqu'il est déjà pour nous sous l'horizon. Le matin ils reçoivent ses rayons avant que nous puissions l'apercevoir. Alors la lumière qui les colore est rougeâtre comme celle que nous recevons du soleil couchant. Les sommets des hautes montagnes couvertes de neiges éternelles présentent aussi un phénomène analogue résultant de la même cause. Ils paraissent aussi colorés en rose le matin et le soir lorsque le ciel est serein. L'existence de ces neiges et leur permanence sont des suites nécessaires de la diminution générale de la température à mesure qu'on s'élève dans l'air. Mais la hauteur relative à laquelle on les trouve dans les diverses régions dépend aussi de la température de la terre à sa surface, que nous ne pourrons étudier que plus tard après avoir déterminé les lois du soleil qui en modifie puissamment la distribution.

104. Au milieu des agitations accidentelles que l'atmosphère éprouve, on reconnaît certains phénomènes de mouvements assujetis à une marche régulière, et que l'on nomme les *vents alisés*. Ils sont produits par l'action calorifique du soleil sur la

masse gazeuse de l'atmosphère, combinée au mouvement de rotation que cette masse partage avec le sphéroïde qu'elle recouvre. Pour en simplifier l'exposition et la théorie, je les présenterai en supposant la terre tout-à-fait sphérique. Si j'ai besoin pour cela d'employer quelques considérations que nous n'ayons pas encore complétement fixées dans ce qui précède, elles ne dépasseront pas de simples notions géographiques. Et j'aime mieux, en les admettant, placer ici des faits inhérents à la constitution de l'atmosphère, que de les présenter plus loin isolément, par trop de scrupule pour l'ordre logique rigoureux.

La cause première de ces mouvements, c'est que les portions de la surface terrestre que le mouvement de rotation expose successivement aux rayons solaires, en sont d'autant plus échauffées qu'elles les reçoivent suivant des directions plus voisines de la verticale. Cette inégalité d'effet, conforme aux théories physiques, se vérifie avec évidence dans nos contrées d'Europe, où les diverses élévations de l'arc diurne décrit par le soleil, produisent de si grandes différences de température dans le cours de l'année. Il n'en est pas ainsi à l'équateur et dans les contrées qui en sont peu distantes, parce que le cercle diurne décrit par le soleil leur est toujours presque vertical. Pour attacher à ce phénomène une idée précise, traçons sur la sphère terrestre deux petits cercles parallèles à l'équateur, à une distance telle que leur verticale forme avec ce plan un angle égal à l'obliquité de l'écliptique, supposée approximativement égale à 23° 28'. De tels cercles se nomment les *tropiques terrestres*. Les points qui y sont situés ont, une fois chaque année, le soleil à leur zénith au moment de midi. Cela arrive le jour de notre solstice d'été pour le tropique situé au nord de l'équateur, qu'on appelle le *tropique boréal*, et le jour de notre solstice d'hiver pour le tropique situé au sud, qu'on appelle le *tropique austral*. La zone terrestre comprise entre ces deux cercles, s'appelle généralement, en géographie, la *région équatoriale*, ou *intertropicale*.

Décrivons encore autour des pôles terrestres, deux petits cercles à une distance telle que les verticales y forment un angle de 23° 28' avec l'axe de rotation. C'est ce qu'on appelle les *cercles polaires.* Les points qui y sont situés, voient une fois, chaque année, le centre du disque solaire atteindre un seul instant leur horizon dans l'alignement de la ligne méridienne, au moment de midi ; et, une autre fois, ils le voient décrire tout entier son cercle diurne sans se coucher, en venant seulement toucher l'horizon dans le même alignement, à l'instant de minuit. Ces phénomènes ont lieu aux jours des solstices. Les deux calottes sphériques, comprises entre les cercles polaires et le pôle correspondant, se nomment, en géographie, les *régions polaires.* On les distingue aussi en boréale et australe, selon le pôle auquel chacune appartient. Pour tous les points situés sur ces portions de la surface terrestre, il y a un certain nombre de jours dans l'année pendant lesquels le centre du disque solaire reste entièrement caché sous l'horizon ; l'arc diurne décrit par l'astre se trouve tout entier au-dessous de ce plan. Et aux sommets des deux calottes, qui sont les deux pôles terrestres, il y a ainsi, chaque année, six mois de jour et six mois de nuit continus.

Ces définitions étant établies, donnons à la terre son mouvement de rotation diurne autour de l'axe qui passe par ses pôles. Si, à un instant quelconque, on mène par son centre, une droite au centre du soleil, et un plan perpendiculaire à la droite, ce plan coupera la sphère terrestre suivant un grand cercle qui séparera sa surface en deux hémisphères, dont l'un situé du côté du soleil verra actuellement cet astre, et aura le jour, tandis que l'autre sera actuellement dans l'obscurité ; du moins en faisant abstraction de la grandeur du disque solaire, et des réfractions qui le rendent encore visible, lorsqu'il se trouve réellement à quelques minutes au-dessous de l'horizon. Or, dans cette succession continue de jours et de nuits, les régions équatoriales seront celles qui recevront en somme les rayons du soleil à de moindres distances de leur zénith, de sorte que l'action calorifique de cet astre y sera plus forte que partout ailleurs. Il devra donc en résulter un excès habituel d'échauffement de l'air, dans ses couches inférieures en contact avec la surface ; et, par suite, une dilatation de cet air qui lui imprimera un courant ascendant continuel. Le vide inférieur que ce courant tend à produire, appelle l'air inférieur des régions plus voisines des pôles, qui n'éprouve pas la même cause de dilatation au même degré. Et ce remplacement continuel doit forcer les colonnes équatoriales supérieures à se déverser vers ces régions. De sorte que si ces causes étaient seules agissantes, il y aurait un courant ou vent inférieur continuel des pôles vers l'équateur, et un courant ou vent supérieur, également continuel, qui serait dirigé de l'équateur vers les régions polaires.

Mais ici intervient une autre circonstance à laquelle nous n'avons pas eu encore égard. La surface terrestre, en tournant perpétuellement sur elle-même, agit par friction sur les couches inférieures de l'atmosphère, et tend à leur communiquer sa vitesse propre. Celles-ci, agissant de même sur les supérieures, les entraînent à leur tour; et, par cette communication de mouvement continuée depuis que la terre existe, l'atmosphère entière a dû finir par tourner simultanément avec la surface rigide inférieure, de manière à être, par rapport à elle, dans un état moyen de repos relatif. Or, tous les points de cette surface rigide accomplissant leur rotation diurne dans un même temps, leur vitesse absolue de circulation est inégale, et proportionnelle à la grandeur de la circonférence que chacun d'eux décrit. Elle est donc la plus grande sur l'équateur même, qui décrit le plus grand cercle. De là elle décroît progressivement en allant vers chaque pôle où elle devient mathématiquement nulle; et, entre ces deux extrêmes, elle est partout proportionnelle à la distance de chaque point à l'axe commun de rotation. Donc, lorsque la couche d'air inférieure s'écoule des pôles vers l'équateur, appelée par l'aspiration du courant ascendant équatorial, les molécules qui la composent arrivent, en chaque point de leur voyage, avec une vitesse de rotation propre qui est moindre que celle des régions terrestres où elles se trouvent successivement transportées. Un corps solide, ou un observateur, situé en ces régions, les choque donc en vertu de l'excédant de vitesse qui le porte de l'occident vers l'orient, ce qui lui fait éprouver la même impression que s'il était choqué par elles en sens contraire, avec une force égale. Et, comme elles ont en outre leur vitesse d'accès vers l'équateur, elles agissent ainsi sur lui en vertu d'une résultante formée de ces deux mouvements. L'observateur qui se suppose fixe, ou le corps solide qui est situé à la surface terrestre, se trouve donc impressionné comme il le serait par *deux vents constants inférieurs. L'un nord-est dans les régions boréales de la terre, l'autre sud-est dans les australes.* C'est ce que montre la fig. 70. Ces deux vents inférieurs se nomment les *vents alisés.*

Mais, à mesure que l'air polaire lèche la surface terrestre en s'approchant de l'équateur, il prend graduellement, par friction, une partie plus ou moins considérable de l'excédant de vitesse rotatoire qui lui manquait originairement. De sorte qu'à son arrivée entre les tropiques, sa composante nord et sud, produite par le mouvement d'aspiration, se trouve être relativement la plus marquée, et souvent la seule sensible. En outre, l'inégalité de grandeur des cercles décrits, par conséquent des vitesses de rotation, est alors très faible. Ces deux circonstances se réunissent donc pour donner ainsi aux vents alisés une direction presque nord et sud, avec une énergie décroissante à mesure que l'on approche davantage de l'équateur. Car alors le nouvel air commence à partager le mouvement d'ascension équatorial, modifié lui-même par la situation actuelle du soleil au nord ou au sud de l'équateur. Aussi, les régions intertropicales n'offrent-elles plus de vents alisés certains, mais des alternatives irrégulièrement variées de calmes et de vents, venant tantôt du sud, tantôt du nord, ce qui leur a fait donner le nom de *variables* par les marins.

Suivons maintenant la marche des colonnes d'air qui, ayant été aspirées et enlevées par le courant ascendant équatorial, vont se déverser vers les régions plus rapprochées des pôles. Lorsque cet air retombe vers la terre, rien ne lui a encore ôté la grande vitesse de rotation de l'est vers l'ouest qu'il avait acquise pendant son séjour à l'équateur. En arrivant dans les régions inférieures sur lesquelles il tombe, il se meut donc vers l'est plus rapidement qu'elles ne font elles-mêmes, et il doit ainsi choquer les objets terrestres fixes, comme ferait un vent venant de l'ouest.

Cet effet est inverse de celui que le seul transport de l'air inférieur vers l'équateur produirait dans ces mêmes régions ; et, selon qu'il s'y trouvera plus fort ou moins énergique, le vent dominant inférieur sera dirigé, en moyenne, vers l'ouest ou vers l'est.

Ces résultats théoriquement déduits des causes physiques de mouvement qui agissent inégalement, mais avec constance sur les diverses parties de l'atmosphère, sont confirmées en tout point par les observations.

D'abord, on doit en inférer que les vents alisés inférieurs, nord-est et sud-est, seront les plus marqués et les plus fixes dans les régions de la terre, ou plutôt des mers libres, où la variation successive des cercles diurnes décrits sera la plus rapide, surtout si ces régions sont assez distantes de l'équateur pour que le courant venu des pôles n'ait pas encore notablement perdu l'infériorité de sa vitesse primitive de rotation ; et si elles sont en même temps assez distantes des pôles, pour que le déversement des colonnes supérieures n'ait pas encore fait descendre l'air équatorial jusqu'à la surface terrestre. Ces circonstances paraissent se réunir de la manière la plus avantageuse entre les latitudes, soit boréales, soit australes, de 10 et de 30 degrés. Aussi les parties des mers, comprises dans ces limites, sont celles où les vents alisés inférieurs *nord-est* et *sud-est*, règnent habituellement, avec le plus de constance et d'énergie, en tirant toutefois plus ou moins du nord ou du sud, selon l'intensité relative et locale des deux forces dont ils résultent.

Par une autre conséquence de ces considérations, qui est aussi une épreuve positive de leur justesse, dans ces mêmes régions, les nuages élevés marchent invariablement en sens contraire du vent alisé inférieur. Sur le sommet du Pic de Ténériffe, à la hauteur de 3700 mètres, il souffle, d'après l'observation du capitaine Basil Hall, une brise constante venant du sud-ouest, directement contraire à l'alisé inférieur qui est nord-est. La latitude de ce pic est de 28° 16′ 21″ boréale. Il se trouve ainsi compris dans les limites que nous venons d'assigner. Mais on voit que déjà l'air équatorial s'y trouve descendu à peu de distance de la surface de la terre. Aussi n'est-on pas loin alors du terme boréal de l'alisé nord-est.

On a un autre exemple frappant de ces phénomènes dans les Antilles, que la considération même du phénomène qui nous occupe a fait partager en deux groupes, les unes plus à l'est appelées *îles du vent*, les autres plus à l'ouest, dites *îles sous le vent*. Deux de celles-ci, Saint-Vincent et la Barbade, sont situées relativement l'une à l'autre, comme le représente la figure 71, la première étant au sud-ouest de la seconde. La navigation de Saint-Vincent à la Barbade est très difficile, à cause du vent alisé inférieur nord-est, qui règne constamment. Néanmoins, une grande éruption volcanique ayant eu lieu à Saint-Vincent, en 1812, il tomba à la Barbade une immense quantité de cendres volcaniques qui dut ainsi nécessairement y être portée à travers les couches aériennes supérieures, à la distance de plus de trente lieues. J'ai eu moi-même de ces cendres qui me furent données par des témoins oculaires du phénomène; et des vaisseaux qui se trouvaient alors dans ces parages, plus loin que la Barbade, en eurent leur pont couvert. Le courant ascensionnel, produit par l'éruption, avait ainsi élevé ces cendres jusqu'à la hauteur où règne le courant supérieur produit par le déversement de l'air équatorial, qui, par son excès de vitesse rotatoire propre, joint à son mouvement de chute vers le pôle boréal, les poussait comme un vent de sud-ouest.

Ce courant descendu vers la surface terrestre dans nos régions plus boréales d'Europe, y devient sensible par la prédominance marquée des vents d'ouest qui s'y font sentir. On a une preuve bien évidente de ce fait dans la durée relative du temps que les bâtiments à voiles emploient pour traverser l'Atlantique, en allant vers l'ouest ou vers l'est. D'après un relevé des passages faits en six ans, par les paquebots à voiles, employés à un service régulier de communication mensuelle entre Liverpool et New-York, on a trouvé que la durée moyenne du passage d'Europe en Amérique, en allant de l'est vers l'ouest, est de 43 jours, tandis que le retour d'Amérique en Europe, de l'ouest vers l'est, est seulement de 23.

La marche des deux grands courants atmosphériques, inférieur et supérieur, des pôles vers l'équateur et de l'équateur vers les pôles, s'accomplit surtout avec régularité dans les mers libres, par exemple dans le vaste Océan Pacifique, à une grande distance des côtes. Car, partout où une grande étendue de terres existe dans la zone équatoriale, mais à quelque latitude hors de l'équateur, cette surface rigide s'échauffe par l'absorption des rayons solaires, beaucoup plus fortement que ne ferait la surface des eaux, surtout dans la saison de l'année où le soleil s'approche de son zénith. Alors, le centre d'aspiration se trouve déplacé et transporté sur cette surface, vers laquelle l'air inférieur afflue nécessairement, tant des latitudes plus élevées que de l'équateur même, appelé de part et d'autre par le courant ascendant énergique qui s'y produit. De là résultent des vents inférieurs qui soufflent périodiquement dans ces localités, de l'est ou de l'ouest, selon la position actuelle du soleil, de manière à être, en certains temps, en opposition avec la direction du vent alisé général et régulier, que l'on s'attendrait à y rencontrer à pareille latitude. Mais ils s'expliquent par les mêmes principes, en tenant compte des circonstances spéciales qui les occasionnent; et l'on pourrait à juste titre les appeler des *alisés locaux*.

Le capitaine Hall en rapporte un exemple remarquable qui a lieu dans l'Océan Pacifique, entre la baie de Panama et la péninsule de Californie, depuis 8° jusqu'à 22° de latitude nord. La disposition du continent américain, dans ces parages, est telle que la représente la fig. 72. Si le plateau du Mexique n'existait pas, nul doute que l'alisé général n'y soufflât du nord-est avec son habituelle constance. Mais lorsque le soleil, se trouvant au nord de l'équateur, darde ses rayons perpendiculairement sur cette vaste étendue des terres mexicaines, il y produit une telle chaleur, et par suite un courant ascendant si énergique, que l'air équatorial inférieur est alors aspiré vers ces régions, et s'y transporte avec sa grande vitesse de rotation primitive de l'ouest vers l'est. Alors, dans tous les points intermédiaires de ce trajet, il se trouve choquer les objets terrestres avec l'excès de cette vitesse sur celle qui est propre à leur latitude, et ils se trouvent ainsi impressionnés comme par un vent énergique venant de l'ouest, ou du sud-ouest; de sorte que le passage de la baie de Panama à la pointe de Californie, devient excessivement pénible ou presque impossible dans cette saison. Mais il n'en est plus ainsi à l'époque de l'année où le soleil est revenu au sud de l'équateur. Alors, le maximum d'échauffement n'a plus lieu sur le plateau du Mexique, mais sur la partie australe de la mer et du continent américain; et l'alisé inférieur reprend, dans la région boréale, sa marche générale venant du nord-est. Il devient donc favorable pour passer de la baie de Panama à la péninsule de Californie, et défavorable pour en revenir.

Des circonstances analogues produisent les vents périodiques réguliers que l'on rencontre dans les mers de l'Inde, et que l'on appelle les *moussons*. Pour s'en rendre compte, et même pour en prévoir le sens et l'époque, il ne faut que jeter les yeux sur la carte de ces régions dont les linéaments sont retracés *fig.* 73. Quand le soleil est dans ses plus grandes déclinaisons boréales, la péninsule de l'Indostan, le nord de l'Inde et la Chine étant fortement échauffées, il s'élève de toute leur surface un courant ascendant qui attire par aspiration l'air équatorial inférieur à rotation rapide. La vitesse d'accès de cet air, jointe à l'excès de sa vitesse de rotation propre, produit donc un vent du sud-ouest dans tous les lieux qu'il traverse, par conséquent dans les mers de la Chine, la baie de Bengale et l'Océan indien. Cela s'appelle la *mousson du sud-ouest*. C'est réellement l'alisé local de ces régions.

Il n'a plus lieu quand le soleil a repris ses déclinaisons australes. Alors, le centre d'aspiration a passé sur les parties australes de la mer, de l'Afrique et de l'Australie. L'air des terres boréales appelé vers le centre d'aspiration s'y transporte avec son infériorité relative de vitesse vers l'est. En traversant ainsi les mers de l'Inde, il y produit alors un vent de nord-est qui est réellement l'alisé général. On l'appelle la *mousson du nord-est*. L'application judicieuse des mêmes principes ferait sans doute reconnaître ou prévoir l'existence des vents dominants à de certaines époques dans des localités où l'on n'en suppose que d'accidentels.

Indépendamment de l'intérêt scientifique qu'offrent par eux-mêmes ces grands phénomènes, ils sont d'un service continuel et général pour le commerce et la navigation. J'ai donc pensé qu'il serait utile de donner ici, comme je viens de le faire, une notion exacte des principes sur lesquels leur théorie repose, avec l'indication des considérations locales qu'il faut faire intervenir pour en tirer de justes conséquences, que l'expérience puisse réaliser. Le fond de cette théorie est dû à Hadley. Mais pour spécifier les modifications qu'elle exige, et sans lesquelles on n'en déduirait souvent que de très fausses conséquences, je me suis surtout aidé d'une dissertation spéciale du capitaine Basil Hall, à laquelle je ne puis mieux faire que de renvoyer le lecteur qui désirerait étudier avec plus de détails cette curieuse question de la physique du globe (*).

105. Indépendamment de la réfraction que nous allons tout-à-l'heure étudier d'une manière spéciale, l'atmosphère, interposée entre nous et les astres, est la source de beaucoup d'autres illusions que le vulgaire prend pour des réalités, mais que le physicien éclairé apprécie par ses observations, et redresse par son jugement.

Par exemple, tout le monde peut remarquer que la partie du ciel, qui est au-dessus de nos têtes, semble plus près que celle qui avoisine l'horizon. On observe la même chose dans tous les pays : c'est une suite de la rondeur de l'atmosphère. La couche d'air qui la forme et qui est concentrique à la terre, est coupée par notre horizon en deux parties, l'une supérieure qui est visible, l'autre inférieure qui est cachée. Ces segments sont inégaux, parce que nous sommes placés à la surface de la terre. Celui qui est au-dessus de nos têtes est plus étendu dans le sens de l'horizon que dans le sens de sa hauteur. Telle est la cause réelle de l'apparence qu'il nous présente.

(*) Le Mémoire original de Hadley se trouve dans les *Transactions philosophiques*; la dissertation du capitaine Hall se trouve dans son ouvrage intitulé : *Fragments of voyages and Travels*, tome 1er, chap. VII.

C'est pour cela que nos yeux supportent aisément la vue du soleil à son lever et à son coucher, au lieu que son éclat nous éblouit, lorsqu'il est élevé sur l'horizon. Dans le premier cas, la lumière qu'il nous envoie traverse une plus grande épaisseur d'air, et d'un air plus dense. Une plus grande partie de cette lumière est donc interceptée, et c'est ce qui affaiblit son éclat. Il en est de même de tous les autres astres. Les vapeurs répandues dans l'air, près de la terre, augmentent beaucoup cet effet; car on voit quelquefois des brouillards assez épais pour qu'on ne puisse plus distinguer un objet à quelques pas de distance. Notre position sur la face terrestre, doit donc faire juger l'atmosphère plus allongée dans le sens de l'horizon que vers le zénith.

106. Cette cause bien réelle est fortifiée par une autre qui n'est qu'apparente. La partie de l'atmosphère qui est au-dessus de nos têtes, ne nous offre aucun objet connu d'après lequel nous puissions apprécier sa profondeur. Au contraire, dans la couche d'air qui est près de l'horizon, nous voyons des maisons, des forêts, des montagnes, et beaucoup d'autres objets sur l'existence et la grandeur desquels nous ne formons aucun doute. Leur présence nous prouve donc une succession de parties et un éloignement réel, dont l'idée est fortifiée par la dégradation de leur teinte. Nous jugeons ainsi que l'atmosphère doit s'étendre horizontalement au-delà de tous ces corps, tandis que vers le zénith, rien ne nous indique sa hauteur. Cette comparaison nous porte à la juger à la fois plus allongée et plus basse qu'elle ne l'est réellement. Nous lui supposons une courbure beaucoup plus aplatie que la véritable.

Ainsi un navire vu isolé, à une grande distance, semble plus près qu'il ne l'est réellement, parce que la surface de la mer étant uniforme, n'offre aucun moyen de comparaison qui puisse indiquer la succession de ses parties et l'éloignement réel des objets. Mais si plusieurs navires paraissent à la fois sur la mer, et passent entre nous et celui que nous observons, nous commençons à prendre une idée plus juste de son éloignement, et plus les objets intermédiaires se multiplient, plus notre jugement se rapproche de la vérité. Nous n'avons pas cette ressource pour redresser l'erreur de nos sens, lorsque nous estimons, d'après eux, la forme de l'atmosphère. Les moyens de comparaison nous manquent dans le sens vertical, c'est ce qui nous la fait juger trop basse. Au contraire, nous en avons, ou nous en supposons trop, dans le sens de l'horizon. Leur nombre et leur grandeur nous trompent d'une autre manière, en nous faisant supposer autour de nous une étendue immense; double cause qui produit une double erreur.

107. De là résulte encore une autre illusion, dont il est impossible de se défendre. C'est un fait très aisé à remarquer, que le soleil et la lune paraissent beaucoup plus grands à leur lever et à leur coucher, que lorsqu'ils sont vers le haut du ciel. De même les groupes d'étoiles qui n'occupent qu'une petite place lorsqu'ils sont vus à une médiocre hauteur, paraissent très grands à l'horizon; mais cette augmentation n'a rien de réel : c'est une erreur de nos sens et de notre imagination.

Lorsqu'un observateur placé au point O, *fig*. 74, à la surface de la terre, regarde la lune à l'horizon, l'angle visuel L'Ol'' est plus petit d'environ $\frac{1}{66}$, que l'angle L'Ol'' sous lequel paraît cet astre quand il est près du zénith. Cela peut se prouver par le calcul, comme nous le verrons par la suite, et c'est aussi ce que l'on trouve quand on mesure ces angles avec des instruments. Ainsi, en jugeant d'après ces seules données, la lune devait paraître au moins aussi grande et même un peu plus grande au zénith qu'à l'horizon; cependant c'est le contraire qui arrive. Cela vient de ce qu'en général, nous n'estimons pas la grandeur réelle d'un objet par la seule considération de l'angle visuel sous lequel nous l'apercevons. Il nous faut encore un autre élément, qui est la distance de l'objet, et nous estimons cette distance par comparaison avec d'autres corps. Or il n'y en a aucun entre nous et la lune lorsqu'elle est près du zénith, ou du moins il n'y a que l'atmosphère, qui est peu profonde dans ce sens, et dont la matière est à peine visible. Trompés par cette absence de corps intermédiaires, nous en concluons que la lune est fort près de nous. Au contraire, à l'horizon, nous la supposons fort éloignée, parce qu'alors les vallées et les montagnes qui nous en séparent, s'étendent au loin devant nos yeux. L'éclat de sa lumière, beaucoup plus faible à l'horizon qu'au zénith favorise encore cette illusion, en nous rendant pour ainsi dire sensible l'interposition de l'atmosphère. De là vient qu'en voyant toujours cet astre sous le même angle, nous le supposons alternativement très petit et très grand. En cela nous jugeons selon la mode habituelle, que nous avons pratiquée tant de fois qu'elle nous est devenue naturelle et involontaire; mais elle n'est pas applicable dans cette circonstance, parce qu'elle suppose que l'on connaît la distance qui se trouve ici mal appréciée.

Ce que nous venons de dire explique également pourquoi le soleil et les groupes d'étoiles paraissent beaucoup plus grands à l'horizon que lorsqu'ils sont plus élevés.

Ces illusions cessent dès que l'on n'aperçoit plus d'objets étrangers. On pourrait les détruire en regardant la lune à travers un tube ou un rouleau de carton noirci qui ne laisse voir qu'elle seule, et dont l'ouverture soit exactement remplie par son disque. En conservant à ce tube la même ouverture, la lune ne paraîtra pas plus grande à l'horizon que près du zénith. Il en sera de même si on la regarde à travers un verre enfumé, parce que l'obscurité de la teinte ne laisse voir que l'objet lumineux, et nous cache tout le reste. Il faut seulement placer l'œil de manière à n'apercevoir aucun des corps environnants. L'interposition du verre enfumé agit encore ici très puissamment par la grande diminution qu'il produit dans l'intensité de la lumière, soit à l'horizon soit au zénith, diminution qui rend la différence absolue très petite, et par conséquent très difficile à juger.

108. J'ai exposé ces illusions avec quelque détail, pour montrer qu'il ne faut pas trop nous fier aux témoignages de nos sens, lorsque les circonstances ne permettent pas de vérifier ces témoignages les uns par les autres. Ce sont des instruments que nous avons reçus de la nature pour juger ce qui est hors de nous. Chacun d'eux a son genre d'indication et de preuve, mais aucun ne suffit à lui seul pour établir notre jugement d'une manière solide, de même qu'un seul doigt ne suffirait pas pour toucher, saisir et comparer les objets. Nous devons donc, lorsque leur concours nous manque, rester dans une défiance extrême, et apprécier soigneusement cha-

cune des conclusions auxquelles nous pouvons parvenir. Les mouvements des astres, que nous ne pouvons suivre qu'avec le sens de la vue, offrent des exemples multipliés de ces illusions. Par cette raison, leur étude est plus capable que toute autre de donner à l'esprit cette sage réserve qui convient dans les sciences physiques.

Note sur les corrections à faire aux observations barométriques, pour y corriger les effets de la capillarité.

Je me proposais de donner ici les tables calculées par M. Bouvard, pour ces réductions, comme je l'ai annoncé page 137. Mais M. le commandant Delcros m'a depuis communiqué la table suivante qui a été pareillement calculée, d'après la théorie de M. Laplace, par M. le professeur Schleyermacher, de Darmstad, en prenant pour données les rayons du ménisque formés, soit par le mercure dans les deux branches du tube, si le baromètre est à siphon, soit dans le tube et dans l'anneau qui sert de cuvette, si le baromètre est construit comme ceux de Fortin. Cela suppose seulement que, dans le dernier cas, la pointe d'ivoire porte sur le sommet du ménisque de la cuvette, disposition la plus généralement adoptée aujourd'hui, tandis que les tables de M. Bouvard supposent cette pointe placée sur une partie spéciale de la courbure, ce qui est assez difficile à réaliser. Comme d'ailleurs on pourra consulter, au besoin, les tables de M. Bouvard, dans le volume de l'Académie que j'ai cité, j'ai pensé qu'il y aurait plus d'utilité à substituer ici celles de M. Schleyermacher, en les accompagnant de deux exemples qui en montrent l'application. Ces exemples m'ont été pareillement fournis par M. Delcros, qui a reconnu le bon usage de ces tables par des épreuves directes, avec toute la certitude que pouvait fournir sa longue et intelligente pratique de ce genre d'observations.

Si le baromètre est un simple siphon, pour corriger les hauteurs, il faut calculer séparément les dépressions qui affectent les deux branches; et la différence, positive ou négative, de ces dépressions', sera la correction à appliquer à la hauteur observée.

Soit un siphon ayant $6^{mm},60$ de diamètre intérieur,

$$\text{et la hauteur actuelle du ménisque}\begin{cases}\text{supérieur.}\dotfill = 0,4 \\ \text{inférieur.}\dotfill = 0,9\end{cases}\ ^{mm.}$$

La table donne

Dépression supérieure. $\dotfill = + 0,476$ (mm.)

Dépression inférieure. $\dotfill = - 0,979$

D'où, dépression actuelle ou correction. $\dotfill = - 0,503$

Supposons la hauteur observée. $\dotfill = 760,850$

On aura la hauteur actuelle absolue. $\dotfill = 760,347$

La dépression produite par le ménisque annulaire d'une cuvette, étant la moitié de celle qui a lieu dans un tube de diamètre égal à la largeur de l'anneau, il en résulte que cette table fournit le moyen de ramener les hauteurs brutes, données par les baromètres à cuvette, à leur valeur absolue.

Soit un baromètre à cuvette, ayant un tube de $8^{mm},0$ de diamètre intérieur, surmonté d'un ménisque de $1^{mm},0$ de flèche; le ménisque annulaire de la cuvette, ayant 10 millimètres de base et son ménisque $1^{mm},6$ de hauteur. On entrera dans la table avec:

Le rayon du tube. . . . . $= 4,0$, et la flèche du ménisque, $= 1,6$,
Le rayon du ménisque annulaire, $= 5,0$, et sa flèche. . . . . $= 1,6$,

ce qui donnera

Dépression supérieure. . . . . $= + 0,546$
Dépression inférieure . . . . $= - 0,214$

Dépression actuelle. . . . . $= + 0,332$
Supposons la différence du niveau observée des sommets des
deux ménisques . . . . $765,485$

Il en résultera : la hauteur absolue actuelle. . . . . $= 765,817$

Table de la dépression de la colonne barométrique due à l'action du ménisque qui la surmonte.

Arguments… Rayon du tube, et flèche du ménisque en millimètres.

HAUTEUR du ménisque en millimètres.	RAYON DU TUBE EN MILLIMÈTRES.					
	0,5	1,0	2,0	3,0	4,0	5,0
	mm.	mm.	mm.	mm.	mm.	mm.
0,1	4,975	1,262	0,299	0,121	0,060	0,034
0,2	8,912	2,450	0,595	0,242	0,120	0,069
0,4	12,560	4,377	1,152	0,476	0,240	0,138
0,6	12,646	5,581	1,643	0,695	0,354	0,205
0,8	»	6,098	2,057	0,893	0,460	0,247
1,0	»	6,171	2,338	1,066	0,546	0,299
1,2	»	»	2,541	1,205	0,630	0,308
1,4	»	»	2,658	1,316	0,702	0,390
1,6	»	»	2,699	1,392	0,758	0,428
1,8	»	»	2,681	1,449	0,805	0,468

CHAPITRE VII.

Des réfractions produites par l'atmosphère.

109. Ayant exposé dans le chapitre précédent tout ce que l'expérience a fait connaître sur la constitution de l'atmosphère, nous allons étudier les déviations que cette enveloppe gazeuse doit imprimer aux rayons lumineux qui nous viennent des astres. Car tout le monde sait, qu'en général, les mêmes objets sont vus dans des directions différentes, lorsqu'on interpose, entre eux et l'œil, des corps diaphanes d'une certaine épaisseur, terminés par des surfaces d'inégale courbure, ou diversement inclinées sur la ligne de vision. Ce phénomène, appelé *réfraction*, dépend de ces deux circonstances, et aussi de la nature ainsi que de la constitution du milieu interposé. Je vais en rappeler les lois générales pour les milieux qui, ainsi que les gaz et les liquides, ne sont pas astreints à un mode défini d'agrégation moléculaire. Un tel mode, qui s'observe seulement dans les corps que l'on appelle cristallisés, produit certaines particularités spéciales que nous n'avons pas ici à considérer.

110. Si, dans la sphère de radiation qui émane des corps lumineux, et qui nous les rend visibles de toutes parts, on isole par la pensée une ligne droite menée d'un des points d'un tel corps à un autre point de l'espace, la portion de la radiation qui est dirigée suivant cette droite, est ce que l'on appelle en physique un *rayon lumineux*. Pour obtenir la réalisation approchée de cette conception abstraite, ou interpose dans la radiation générale une plaque opaque percée d'une petite ouverture; et le pinceau très fin qui s'y propage étant étudié, on applique à chaque rayon idéal qui le compose les caractères que l'expérience y a fait reconnaître. On constate ainsi les faits suivants.

Lorsqu'un rayon lumineux est transmis dans le vide, ou dans un milieu matériel indéfini, non cristallisé, dont la nature et la densité sont partout constantes, il s'y propage en ligne droite. Il continue encore ainsi, sans déviation, lorsqu'il rencontre en quelque point de sa route, un autre milieu non cristallisé, de constitution différente, mais aussi constante en elle-même, pourvu que la surface de séparation des deux milieux, au point où le rayon la traverse, soit normale à sa première direction. Mais si elle lui est oblique, le rayon se détourne au point de passage, d'une manière en apparence brusque ; et il se met à suivre une autre droite, dont la direction, relativement à la première, s'obtient par deux règles générales que je vais énoncer.

Soit MIM', *fig.* 75, la surface commune de séparation des deux milieux que j'appellerai A et B ; RI la ligne droite que le rayon suit dans A, IR' celle qu'il suit dans B. I s'appelle le *point d'incidence.* Menez en I un plan tangent TT' à la surface de séparation ; la réfraction du rayon au point I s'opérera exactement comme si les deux milieux étaient séparés par le plan TT'. La courbure de la surface autour de I n'aura aucune influence appréciable sur les résultats.

Par le point I menez au plan tangent une normale NIn que vous supposerez prolongée indéfiniment dans les deux milieux. Le mouvement de transmission étant de R vers I, l'angle RIN s'appelle l'*angle d'incidence,* et R'In l'*angle de réfraction.* Ces définitions posées, la relation du *rayon incident* RI, au *rayon réfracté* R'I, se trouve fixée par les deux lois suivantes :

1°. Le rayon incident, et le rayon réfracté sont tous deux compris dans un même plan contenant la normale NIn, et par conséquent aussi normal, dans le point d'incidence, à la surface commune des deux milieux ;

2°. Quelle que soit l'obliquité du rayon incident sur cette surface, tant qu'il peut pénétrer le second milieu, le sinus de l'angle d'incidence, est, au sinus de l'angle de réfraction, dans un rapport constant, qui dépend de la nature des deux milieux, ainsi que de leur densité relative, mais nullement de la grandeur des angles sous lesquels le rayon passe de l'un dans l'autre. Quand les deux milieux sont de même nature, mais de densité inégale, le rayon se rapproche de la normale dans le plus dense. Soit par exemple B plus dense que A, l'angle R'In sera moindre que RIN. Il sera plus grand au contraire si A est plus dense que B.

13.

Mais ceci peut encore arriver, A étant moins dense que B s'il est d'une autre nature. Dans ces deux derniers cas, il y a nécessairement une limite de RIN, pour laquelle le rapport constant des sinus donnerait le sinus de R'In' plus grand que l'unité, résultat mathématiquement impossible à réaliser puisqu'il ne peut exister un tel sinus. Aussi, pour cette limite de RIn et pour toutes ses valeurs plus grandes, le rayon réfracté IR' ne se forme pas physiquement. Aucune portion de la lumière de RI ne passe dans B. Tout se réfléchit en I dans le premier milieu, sous la même distance angulaire de la normale, égale à RIN.

Les deux lois générales de la réfraction que nous venons d'énoncer, s'observent encore quand le premier milieu A est le vide même, B étant matériel. Alors la réfraction produite par le corps B est la plus forte qu'il puisse imprimer au rayon à égale incidence. Dans ce cas, le rapport constant du sinus d'incidence, dans le vide, au sinus de réfraction, s'appelle l'*indice de réfraction absolu* du milieu B.

111. Lorsque l'on considère la lumière comme une matière physiquement émise, un rayon lumineux tel que nous l'avons tout-à-l'heure défini, est formé par la succession plus ou moins durable d'une multitude de corpuscules, de dimension insensible, et se suivant avec une extrême vitesse sur une même droite. On suppose, entre eux et les molécules des corps matériels, une attraction réciproque qui n'est sensible qu'à de très petites distances, mais qui alors devient assez énergique pour modifier leur mouvement de translation. Ces définitions étant posées, une analyse mathématique dont l'idée est due à Newton, démontre tous les phénomènes que je viens de rappeler. Elle prouve que le rapport constant des sinus est généralement inverse du rapport des vitesses de transmission dans les deux milieux en contact ; de sorte que l'indice de réfraction d'un corps quelconque, non cristallisé, est égal au rapport des vitesses de la lumière dans ce corps et dans le vide. De là elle déduit les conditions sous lesquelles la lumière peut, ou ne peut pas, se transmettre d'un milieu dans un autre qui lui est contigu. Dans ce système d'idées, la force attractive que chaque milieu exerce sur la lumière, dépend de sa nature et de sa densité locale ; c'est-à-dire du nombre relatif d'éléments moléculaires qui se trouvent compris autour de chaque point, dans l'étendue infiniment petite de distance où l'attraction exercée est sensible. Alors, pour définir comparativement cette force, il faut chercher un effet qui lui soit proportionnel, et le ramener, pour chaque corps, ou même pour chaque point d'un corps, au cas où il serait produit par d'égales densités. La théorie dont il s'agit trouve ce caractère de proportionnalité dans l'accroissement que reçoit le carré de la vitesse de transmission, quand la lumière passe du vide dans un milieu quelconque. Alors cet accroissement, divisé par la densité locale, donne la mesure de la force attractive exercée en chaque point du milieu réfringent. C'est ce que Newton, l'auteur de cette théorie, a nommé *le pouvoir réfringent des corps* (*). Sa mesure numérique s'obtient, pour chaque milieu donné, d'après l'observation des réfractions qui s'y opèrent dans des circonstances physiques définies. Car n étant alors l'indice de réfraction absolu du milieu, et ρ sa densité, le pouvoir réfringent actuel a pour valeur $\dfrac{n^2 - 1}{\rho}$. Nous avons déterminé en particulier ce pouvoir, M. Arago et moi, pour l'air atmosphérique, soit sec, soit mêlé de vapeur aqueuse, à tous les degrés de raréfaction que l'on peut artificiellement produire, et entre les limites de température atmosphérique qui ont lieu naturellement à Paris. Les résultats que nous avons obtenus, étant les bases nécessaires de la théorie des réfractions produites par l'atmosphère, je dois en donner ici une idée précise.

Nous avons constaté d'abord que le pouvoir réfringent *actuel* de l'air atmosphérique sec est toujours exactement proportionnel à sa densité ; d'où il suit qu'en le divisant par la valeur *actuelle* de cette densité, on a pour l'expression de son pouvoir une quantité constante. Toutefois, nous ne pouvons affirmer que cette constance se maintiendrait encore avec une égale rigueur,

---

(*) Voyez la *Mécanique Céleste*, tome IV, liv. X, chap. I. Voyez aussi, pour une exposition élémentaire de cette théorie, mon *Traité de Physique expérimentale et mathématique*, tome III, chap. III, page 255.

si l'air, amené aux derniers degrés de raréfaction que nous lui
avons fait subir, eût été en outre exposé à un froid excessif,
comme il doit l'être vers les limites de l'atmosphère; car nous
ne l'avons pas observé avec ces deux circonstances réunies. En
supposant qu'il pût être alors privé de tout ressort, jusqu'à être
converti en liquide, il est vraisemblable que son pouvoir réfringent éprouverait quelque variation. Car cela arrive ainsi quand
on fait subir à d'autres corps des changements de cet ordre.
Mais l'expérience montre que ces variations sont ordinairement
peu considérables. Par exemple, le pouvoir réfringent de l'eau liquide surpasse à peine celui de sa vapeur; et il excède seulement
de $\frac{1}{7}$ celui qu'exercent ses principes constituants à l'état de gaz,
avant d'être combinés, quoique cette opération les condense dans
une proportion énorme. Tout porte donc à croire qu'il en serait
encore ainsi, dans le cas où l'air, vers les limites de l'atmosphère,
se trouverait liquéfié par un froid très intense; et comme il serait
probablement alors dans un état de raréfaction extrême, l'influence de cette petite variation sur son pouvoir réfringent *actuel*
devrait être infiniment peu sensible. Nous pouvons donc, d'après
ces considérations, la négliger, et attribuer à l'air sec, dans toute
l'atmosphère, un pouvoir réfringent absolu constant.

Mais cet air se trouve mêlé à une certaine quantité de vapeur
aqueuse, dont la proportion à diverses hauteurs est inégale, et
varie même accidentellement. Quelle doit être l'influence de cette
vapeur sur les réfractions? D'abord on peut la calculer avec beaucoup d'approximation en attribuant à la vapeur le même pouvoir
réfringent qu'on observe dans l'eau liquide; on trouve alors, qu'à
densité égale, elle doit réfracter un peu plus que l'air atmosphérique
sec. Mais, d'une autre part, quand la vapeur aqueuse est mêlée
à cet air, sa densité *actuelle* est seulement $\frac{10}{16}$ de celle du volume
d'air sec qu'elle remplace. Il faut donc réduire dans le même
rapport, son pouvoir réfringent calculé à densité égale, pour lui
donner la valeur actuelle qu'il a réellement dans le mélange. On
trouve alors que l'excès de sa valeur propre est presque exactement compensé par l'infériorité de la densité. Ce résultat, que
M. Laplace avait ainsi établi par induction, s'est trouvé comple-

tement confirmé par des expériences directes que nous avons faites
M. Arago et moi sur le pouvoir réfringent de la vapeur seule.
A l'aide de procédés plus délicats encore, M. Arago a trouvé
depuis, qu'avec sa densité réduite, la vapeur a un très petit
excès de pouvoir réfringent actuel. Mais sa faible proportion
dans l'atmosphère y rend l'influence de cet excès complétement
insensible ; de sorte que, dans le calcul des réfractions éprouvées
par l'élément lumineux, on peut toujours substituer idéalement à
l'air humide, un air sec de même température, et qui soutien-
drait la même pression. Il est toutefois essentiel de remarquer
que cette substitution s'applique seulement aux effets optiques ;
car l'infériorité de densité de l'air humide subsiste toujours, et
doit être conservée dans les conditions d'équilibre qui dépendent
du poids (*).

(*) Comme l'usage de ces résultats est continuel en astronomie, je vais les
fixer ici par des nombres, d'après les expériences que nous avons faites,
M. Arago et moi.

Si l'on prend pour unité de densité celle de l'air atmosphérique sec, à la
température de la glace fondante, et sous la pression d'une colonne de
mercure de $0^m,76$, à cette même température, dans un lieu quelconque où
la gravité soit g, tandis qu'elle est G à l'Observatoire de Paris, le pouvoir
réfringent actuel de cet air, dans le même lieu, sous les conditions précédentes, aura la valeur numérique suivante que je représente par $4k$:

$$4k = 0,000588768 \frac{g}{G}.$$

Alors, dans ce même lieu, à la température t, sous la pression d'une colonne de mercure h, réduite à 0°, et animée par la même gravité g, la
densité ρ de l'air atmosphérique sec sera

$$\rho = \frac{h}{0^m,76 (1 + t.0,00375)},$$

et son pouvoir réfringent *actuel*, dans ces nouvelles circonstances,
sera $4k\rho$.

Maintenant, si cet air, au lieu d'être sec, est mêlé d'une quantité quelconque de vapeur aqueuse qui s'y maintient à l'état aériforme, on aura
le pouvoir réfringent actuel du mélange, en lui substituant idéalement de
l'air sec qui aurait la même température t, qui serait soumis à la même
pression h, et auquel on appliquerait son propre coefficient k dont je viens
de donner la valeur. De sorte que la densité ρ de cet air fictif, étant évaluée

112. Dans la conception mécanique des phénomènes de réfraction, la constance qu'on observe dans le rapport du sinus d'incidence au sinus de réfraction, exprime que deux milieux en contact, ne peuvent pas modifier la vitesse de transmission du rayon lumineux parallèlement à leur surface commune, mais seulement dans le sens perpendiculaire. De sorte que la composante de la vitesse, parallèle à cette surface, reste la même, avant comme après la réfraction (*). Ceci est une conséquence évidente

---

par la formule précédente, le pouvoir réfringent actuel du mélange humide sera $4k_\rho$.

(*) Soit, *fig.* 75, u la vitesse de transmission de l'élément lumineux dans le milieu A, u_1 sa vitesse dans le milieu B. L'une et l'autre sont constantes dans chaque milieu, lorsque l'élément lumineux se trouve à une distance sensible de leur surface commune, près de laquelle seulement il commence à éprouver les variations d'attraction qui infléchissent sa route. Or, quand il se meut dans le milieu A avec la vitesse u, suivant la direction RI, avant la réfraction, cette vitesse peut se décomposer en deux autres, l'une $u \sin \theta$ parallèle au plan tangent TT′, par conséquent à la surface commune en I, l'autre $u \cos \theta$ qui lui est perpendiculaire. La même décomposition appliquée dans le milieu B à la vitesse u_1 qui s'exerce suivant IR₁, donnera deux composantes $u_1 \sin \theta'$, $u_1 \cos \theta$, analogues aux précédentes et de même sens qu'elles. Mais la composante perpendiculaire $u \cos \theta$, a pu seule être modifiée par l'inégalité des forces attractives des deux milieux; et ces forces, qui s'exercent perpendiculairement aux surfaces limites, n'ont pu altérer en rien la composante parallèle $u \sin \theta$; laquelle doit ainsi se trouver encore la même après que le rayon a pénétré le second milieu. Or, dans la nouvelle direction qu'il y a prise, cette composante parallèle se trouve être alors exprimée par $u_1 \sin \theta_1$; on devra donc avoir

$$u_1 \sin \theta_1 = u \sin \theta;$$

et comme les vitesses u, u_1, sont constantes pour chaque milieu, on voit que le rapport $\dfrac{\sin \theta}{\sin \theta_1}$, du sinus d'incidence au sinus de réfraction, est constant, et égal à $\dfrac{u_1}{u}$; c'est-à-dire inverse des vitesses de transmission dans les deux milieux.

Ceci n'aurait plus lieu évidemment si la constitution de chaque milieu ne devait pas être supposée symétrique autour de la normale à sa surface limite. Car cette symétrie est la cause qui rend la résultante des attractions également dirigée suivant cette normale, les composantes parallèles du mode d'action supposé. Car, étant ici exercée par des corps d'où l'on exclut expressément toute régularité d'agrégation, toutes les forces attractives, dirigées au point d'incidence, sont distribuées symétriquement autour de la normale à la surface commune des deux milieux. Ainsi leurs composantes parallèles à cette surface se détruisent mutuellement par paires; de sorte qu'il ne peut rester qu'une résultante normale. Cette considération conduit à une conséquence importante. Soient trois milieux non cristallisés, A, A_1, A_2, où les vitesses propres de transmission de la lumière soient respectivement u, u_1, u_2. Dans le passage de A à A_1, le rapport constant des sinus sera $\dfrac{u_1}{u}$. Il sera $\dfrac{u_2}{u}$ dans le passage de A à A_2; et enfin $\dfrac{u_2}{u_1}$ dans le passage de A à A_2. Or, cette dernière fraction est égale au rapport des deux précédentes. On pourra donc former sa valeur d'avance, celles-là étant trouvées, et voir si l'expérience directe y est conforme. C'est ce qui a lieu rigoureusement.

Concevons maintenant, non plus trois milieux, mais un nombre quelconque A, A_1,... A_n, *fig.* 76, disposés consécutivement, et séparés les uns des autres par des plans, tous parallèles entre eux. Soit RI un rayon, qui transmis d'abord dans le premier milieu passe de là au second, puis au troisième, et enfin au dernier A_n, où il prend la direction finale $I_n R_n$. Toutes les normales menées en I, I_1,... I_n, aux surfaces de passage, seront évidemment parallèles entre elles. Alors le premier angle de réfraction $n I I_1$ sera égal au second angle d'incidence $N_1 I_1 I$; et la même correspondance aura lieu dans chacun des passages suivants. Maintenant, posez, pour le premier passage, le rapport constant

---

à la surface se détruisant par couples autour du point d'incidence. Cette condition manque dans les corps cristallisés dont la forme primitive n'est ni un octaèdre régulier ni un cube. Aussi la réfraction s'y opère suivant d'autres lois, au moins pour une partie de la lumière dont se compose le rayon incident, si la forme primitive est symétrique autour d'une droite unique; et, pour toute cette lumière, dans le cas général où cette symétrie n'a pas lieu.

des sinus, ou la constance de la vitesse latérale primitive qui est la même chose. En désignant les deux angles par θ et $\theta_{,}$, comme je l'ai fait dans la figure, il faudra écrire d'abord pour ceux-ci, la condition générale, $u_{,} \sin\theta_{,} = u \sin\theta$. Mais la même notation, appliquée au second passage, donnera $u_{,} \sin\theta_{,} = u_{,} \sin\theta_{,}$; puis $u_3 \sin\theta_3 = u_2 \sin\theta_{,}$, et ainsi jusqu'au dernier en I_n. Les mêmes produits se trouveront donc amenés tour à tour dans l'un et l'autre membre des égalités successives; de sorte que si l'on ajoute ces égalités ensemble, tous les intermédiaires disparaîtront, et il ne restera que les quantités appartenantes au premier et au dernier milieu. On aura ainsi définitivement que $v_n \sin\theta_n$ est égal à $u \sin\theta$, ce qui est précisément la même relation qu'on aurait trouvée si le rayon eût été transmis immédiatement du premier dans le dernier milieu, sans tenir aucun compte des intermédiaires. Conséquemment, quels que puissent être leur nature individuelle et l'ordre de leur succession, dans cette condition de parallélisme, la valeur définitive de l'angle θ_n sera la même toujours. L'expérience confirme encore rigoureusement ce résultat.

115. Pour ne pas compliquer l'exposition précédente, j'ai fait abstraction d'un phénomène qui accompagne toujours la réfraction, lorsqu'elle s'opère sur la lumière *naturellement émise*. Chaque filet de cette lumière, si délié qu'il soit, est composé d'une infinité de filets inégalement réfrangibles et qui ont chacun la faculté d'exciter dans notre œil la sensation d'une couleur déterminée. Lorsque ces filets, d'abord confondus suivant une même direction RI, *fig.* 77, passent d'un milieu dans un autre, en subissant une réfraction, chacun d'eux est assujéti aux deux lois générales de ce phénomène. C'est-à-dire, d'abord, que tous les filets diversement réfractés sont dans un même plan normal à la surface d'incidence, et contenant le rayon incident commun. Mais l'expérience montre que les différents filets prennent, après la réfraction, des directions diverses qui les séparent, et ce phénomène s'appelle *la dispersion de la lumière*. Toutefois si, dans le faisceau ainsi dispersé, on isole un quelconque des filets composants, et qu'on lui fasse subir une seconde réfraction, puis une

troisième, ou un nombre quelconque, on trouve qu'il se disperse d'autant moins qu'il a été primitivement mieux isolé ; et l'on peut l'épurer ainsi au point de n'éprouver plus de dispersion sensible. Alors, en mesurant les déviations ultérieures que la réfraction lui fait subir, on trouve que le rapport du sinus d'incidence au sinus de réfraction reste constant sous toutes les incidences, ce qui est la seconde loi du phénomène. Cette seconde loi est donc commune à tous les rayons lumineux, aussi bien que la première qui consiste dans la coïncidence du plan d'incidence et du plan de réfraction. Seulement, chaque rayon, composé d'une même espèce d'éléments lumineux, a un indice de réfraction unique qui lui est propre et qui le caractérise. On l'appelle alors un rayon *simple* ou *homogène*. La diversité de ces rapports peut provenir, soit de ce que les filets divers auraient, dans un même milieu, des vitesses inégales ; soit de ce que, ayant des vitesses égales, ils seraient inégalement attirés.

La faculté colorifique propre des divers rayons se manifeste après la réfraction quand on les reçoit isolément dans l'œil, ou quand on fait tomber leur ensemble sur un corps qui, après les avoir reçus, les renvoie par radiation dans tous les sens, comme un carton blanc ou un verre dépoli. La lumière que l'on nomme blanche, parce qu'elle produit dans nos organes la sensation de la blancheur, est la plus composée de toutes. Chaque filet de cette lumière, étant dispersé par la réfraction, va peindre sur les surfaces blanches une image oblongue, où l'on distingue principalement sept nuances qui se suivent dans l'ordre indiqué par ce vers alexandrin,

Violet, indigo, bleu, vert, jaune, orangé, rouge.

En désignant chaque filet par la nuance propre dont il donne la sensation, les rayons violets subissent toujours la plus grande réfraction, les rouges la plus petite, et les autres des réfractions intermédiaires, dont la relation de grandeur avec les extrêmes, varie avec la nature des milieux entre lesquels la réfraction s'exerce, suivant des lois encore inconnues.

L'effet de la dispersion est d'autant plus sensible dans un même milieu, que l'angle de réfraction y est plus grand ; et si le milieu peut être condensé dans certaines limites, sans que son pouvoir réfringent absolu éprouve d'altération sensible, la dispersion croît et décroît avec la densité, en même temps que la réfraction. Ce phénomène se produit dans les gaz comme dans les autres milieux réfringents matériels ; seulement, la faiblesse de la densité l'y rend plus difficilement perceptible. Aussi l'observe-t-on dans les rayons qui ont traversé l'atmosphère, quand on choisit les circonstances les plus propres à le manifester, et que nous découvrirons bientôt.

114. Considérons idéalement un des filets simples, que la réfraction ne peut plus disperser. Soit A (fig. 76) le milieu dans lequel il a été émis, et A_n le dernier milieu dans lequel on l'observe, après qu'il a traversé un nombre quelconque de milieux intermédiaires non cristallisés, terminés par des surfaces parallèles entre elles. Si nous appliquons à ce filet simple, la théorie que nous avons exposée en général dans le § **112**, la dernière vitesse u_n, dépendra de la vitesse u que l'élément lumineux aura prise dans le premier milieu A, après qu'il se sera suffisamment éloigné du point d'émission pour que sa marche ultérieure, dans ce milieu, soit devenue constante. Et ainsi, l'influence de cette vitesse primitive se fera sentir, dans le dernier rapport de réfraction que l'on observera. Or, quelle que soit la nature du milieu A, où la lumière a été émise, et quelle que soit l'origine, céleste ou terrestre, de cette lumière, la dernière vitesse u_n, dans un même milieu A_n, se trouve être toujours la même pour chaque filet simple, qui affecte l'œil par une sensation de couleur définie. C'est un fait que M. Arago a spécialement constaté par un grand nombre d'expériences, aussi variées que précises. De là il résulte donc que la première vitesse u de chacun de ces filets est aussi la même dans chaque milieu A, quelles que soient la cause et les circonstances de son émission. Cette identité absolue devrait paraître peu vraisemblable si l'on considère la diversité des conditions physiques dans lesquelles il se produit de la lumière. Mais la difficulté cesse, lorsque l'expérience nous apprend, que les rayons appelés par nous lumineux, sont compris dans une radiation générale complexe qui émane des corps matériels ; radiation composée de parties distinctes, quoique congénères, mélangées en proportions variables dans les émanations des différens corps ; lesquelles parties, étant reçues séparément, ou simultanément, par toutes sortes de substances, comme par notre rétine, y produisent des élévations de température, ou des phénomènes chimiques, ou enfin la vision, selon leur qualité propre, et selon l'espèce d'excitabilité de la substance, ou de l'organe, qui les reçoit. Car, alors, l'égalité de vitesse que nous observons dans chaque espèce de lumière, de quelque source qu'elle nous arrive, et dans quelque milieu qu'elle se développe, atteste seulement l'irritabilité spéciale de notre organe pour cette vitesse-là ; laquelle serait seule apte à y produire la sensation habituelle de couleur qui s'y trouve attachée. M. Arago a depuis long-temps déduit cette dernière conséquence de certaines particularités des réfractions astronomiques, que j'aurai plus tard occasion d'exposer ; et beaucoup d'autres faits, découverts ou remarqués depuis, lui donnent une grande probabilité (*).

113. Si l'on applique les considérations précédentes au milieu gazeux qui enveloppe la terre, on concevra que la lumière des astres, avant d'arriver jusqu'à nous, doit y éprouver des modifications analogues à celles que je viens de décrire, et dont le sens est facile à prévoir. D'abord, en remplaçant idéalement l'air humide par de l'air sec, d'un pouvoir réfringent actuellement égal, pour ne considérer que les phénomènes de la réfraction, l'atmosphère ramenée ainsi à une composition uniforme, se trouvera composée de couches concentriques, dont les densités croîtront généralement en approchant de la terre. Les rayons lumineux qui la traversent sont donc dans le même cas que s'ils passaient successivement par différents milieux, de même nature, à densités croissantes. Ils doivent donc s'infléchir vers la terre à mesure que la densité augmentera. Ce phénomène est indiqué dans la fig. 78, où le polygone $I I_1 I_2 I_3 \ldots$ représente les directions successives que prendrait un rayon lumineux homogène en traversant

---

différentes couches sphériques d'air A, A_1, A_2, A_3...., dont les densités varieraient par intermittences brusques.

Toutefois, comme la densité de l'air, en approchant de la surface terrestre, ne croît pas brusquement, mais par degrés insensibles, le rayon lumineux ne décrira pas réellement un polygone en traversant l'atmosphère. Sa route sera une ligne courbe, concave vers la surface terrestre, comme le représente la fig. 79; ou, ce qui revient au même, ce sera un polygone d'un nombre infini de côtés.

Lorsque le rayon lumineux arrive en O, à la surface de la terre, un observateur placé dans ce point, le reçoit suivant sa dernière direction OS'; et comme nous supposons toujours les objets sur la direction des rayons lumineux que nous en recevons, l'observateur jugera que l'astre S est en S'. S'il mesure sa *distance apparente au zénith*, il la trouvera égale à ZOS'; tandis que, dans cette supposition d'une densité continûment croissante vers le centre, la *distance zénithale vraie*, qui s'observerait directement à travers le vide, est réellement plus grande et égale à ZOS. La différence S'OS de ces deux angles se nomme la *réfraction astronomique*.

L'effet de la réfraction astronomique est donc généralement de faire voir les astres plus élevés au-dessus de l'horizon HH qu'ils ne le paraîtraient par la vision directe. Toutefois, cette déviation est beaucoup moindre en réalité qu'on ne l'a représentée dans la figure, où il a fallu exagérer considérablement l'épaisseur de l'atmosphère et son pouvoir réfringent total pour indiquer la courbure de la trajectoire lumineuse.

Il se produit un effet analogue entre deux points éloignés de la surface terrestre : quand on observe, par exemple, la hauteur d'une montagne (voy. *fig*. 80). L'observateur placé en O ne voit pas l'objet terrestre O' sur la direction de la droite OO', mais sur le prolongement de la dernière tangente OT menée de son œil à la trajectoire lumineuse qui se forme entre lui et l'objet O'. On a nommé ce phénomène *réfraction terrestre*. Mais cette dénomination me paraît impropre, aussi bien que celle de *réfraction astronomique*. Car ces effets ne sont produits ni par la terre,

ni par les astres. Ils résultent uniquement de la puissance réfringente de l'air. C'est pourquoi je les comprendrai sous la dénomination générale de *réfractions atmosphériques*.

116. Après avoir fait connaître, d'une manière générale, l'existence de ces phénomènes, je vais indiquer comment on parvient,
par le calcul, à en trouver les lois précises ; je dis indiquer, car
c'est seulement au moyen d'une analyse très profonde qu'on peut
les démontrer complètement. Toutefois l'exposition que j'en vais
faire sera un préliminaire essentiel pour une étude plus approfondie.

117. On considère d'abord un observateur placé en O, *fig*. 81,
sur un point quelconque du sphéroïde terrestre. Comme ce sphéroïde entier diffère très peu d'une sphère, ainsi qu'on le verra
plus tard, son action locale sur l'atmosphère, aux environs du
point O, peut être remplacée très approximativement par celle
d'une sphère exacte, qui lui serait tangente en ce point, et qui,
ayant une densité moyenne égale à la sienne, exercerait en O la
même attraction, c'est-à-dire y produirait une pesanteur de même
intensité. C'est ce que j'appellerai désormais la sphère *pondéralement osculatrice*, ou simplement osculatrice en O (*). Comme l'atmosphère a très peu de hauteur comparativement au rayon du
sphéroïde, et qu'elle imprime aux trajectoires lumineuses une courbure très faible, à cause de son peu de densité, la zone d'air que
la vision embrasse du point O est très restreinte ; de sorte qu'on
peut la considérer comme reposant sur la sphère osculatrice, et
assujetie ainsi dans sa couche inférieure à en suivre la configuration. Or, en effet, quand on porte le baromètre, le thermomètre
et l'hygromètre à diverses hauteurs, dans une étendue d'air
ainsi limitée, on y trouve les indications de ces instruments
sensiblement les mêmes sur les différentes verticales, si ce n'est
dans le cas de très grandes perturbations accidentelles qu'il
faut exclure du calcul parce qu'on ne saurait prévoir la grandeur,

---

(*) D'après l'expression de la pesanteur propre aux sphéroïdes très peu
différents d'une sphère, *Méc. céleste*, tome II, page 95, le rayon de la sphère,
qui leur est pondéralement osculatrice, n'a jamais qu'une différence de ce
même ordre, avec le rayon vecteur compté à partir de leur centre de gravité.

ni même le sens , des réfractions qui en résulteraient. En se bornant donc au cas habituel, on suppose que la petite portion de
l'atmosphère totale , embrassée par la vision autour du point O ,
est constituée semblablement sur chaque rayon de la sphère pondéralement osculatrice , à égale distance du centre C ; en laissant
d'ailleurs tous les éléments de cette constitution , dans le sens vertical, entièrement arbitraires. Les couches d'égal pouvoir réfringent
sont ainsi censées sphériques , et concentriques à ce centre ; mais
seulement dans la portion de l'air que la vision embrasse du point O.
Et le décroissement de leurs pouvoirs, dans le sens vertical, y est
supposé propre à la localité , ainsi qu'à l'instant où se font les observations. Cela n'empêche pas même que ces couches ne puissent
avoir un mouvement de transport horizontal , ou plus exactement
parallèle à la surface de la sphère. Car un tel mouvement ne trou-
blerait pas la sphéricité de leur constitution relative ; et il ne chan-
gerait pas non plus sensiblement leur mode d'action sur l'élément
lumineux , parce que la transmission de la lumière à travers la petite épaisseur de l'atmosphère est tellement rapide , que les vents
les plus violents ne produiraient pas un déplacement appréciable
des molécules d'air, pendant qu'elle s'opère. La supposition de
sphéricité des couches n'arrête ainsi leur mouvement que dans le
sens vertical, pour prévenir leur mixtion ; et cette particularité est
à remarquer, parce qu'elle adapte les bases du calcul à l'une des
circonstances les plus fréquentes, comme les plus générales, de
l'état réel.

Les mêmes considérations peuvent s'appliquer au cas où la
station d'observation serait élevée à une certaine hauteur au-
dessus de la surface générale de la terre. Car, en concevant la
verticale de la station prolongée inférieurement jusqu'au niveau
de la contrée environnante, on pourra toujours mener à celle-ci
sa sphère pondéralement osculatrice, qui supportera la totalité des
couches aériennes, et déterminera leur sphéricité approximative
pour tout l'horizon de l'observateur.

118. Concevons maintenant un élément lumineux L, *fig.* 81,
qui , venu des régions éloignées de l'espace, où il se mouvait
dans le vide suivant la direction SL , pénètre dans une atmosphère

ainsi constituée. Si, par le centre des couches réfringentes, qui est aussi celui de la sphère osculatrice substituée au sphéroïde terrestre, on mène un plan qui contienne la direction primitive SL, l'atmosphère entière se trouvera divisée par ce plan, en deux portions égales, et symétriquement disposées par rapport à lui. Elle ne pourra donc exercer sur l'élément lumineux aucune action résultante, normale au plan, et qui tende à l'en faire sortir. Par conséquent il continuera de s'y mouvoir, depuis son entrée dans l'atmosphère jusqu'à l'œil de l'observateur. Or, dans les conditions d'osculation ici adoptées, un pareil plan sera nécessairement vertical au point de la terre où l'observateur se trouve, puisqu'il contient le rayon de la sphère qui aboutit à ce point, et qui est la normale même du sphéroïde. La courbe décrite, quelle qu'elle puisse être, sera donc nécessairement comprise tout entière dans le plan vertical qui passe par l'astre d'où l'élément lumineux est émané; et comme la distribution des pouvoirs réfringents dans notre atmosphère, indique que cette courbe sera généralement concave vers la terre, il en faut conclure que *l'effet de la réfraction atmosphérique se portera tout entier dans le sens vertical, de manière à augmenter les hauteurs apparentes, et à diminuer les distances au zénith.*

Mais l'intensité de ces effets ne sera pas égale pour toutes les hauteurs apparentes. Par exemple, si l'élément lumineux vient du zénith, sa direction primitive étant dirigée au centre des couches réfringentes, il n'en sera écarté latéralement par aucune d'elles, puisqu'elles agiront symétriquement tout autour de cette direction; et il arrivera jusqu'à l'observateur sans se dévier. *La réfraction atmosphérique deviendra donc nulle au zénith.* C'est ainsi que le lieu apparent d'un objet ne change pas quand on le regarde perpendiculairement à travers une plaque de verre à faces parallèles, ou à travers un nombre quelconque de pareilles plaques superposées. Pour l'élément lumineux venant du zénith, toutes les couches réfringentes présentent aussi leurs plans tangents parallèles, et il les pénètre perpendiculairement; de sorte que sa vitesse seule s'accélère sans qu'il se dévie.

Si nous suivons cette analogie, l'expérience prouve que la

réfraction des rayons sur une même surface augmente avec leur obliquité. *La réfraction atmosphérique devra donc croître à mesure que les trajectoires lumineuses descendront vers l'horizon,* puisque alors les directions de l'élément lumineux deviendront de plus en plus obliques aux couches réfringentes. C'est ce que nous avons déjà prévu.

119. Il faut maintenant passer de ces aperçus généraux aux détails précis du phénomène, et déterminer les modifications qui doivent s'opérer dans le mouvement primitif de l'élément lumineux, selon ses divers degrés d'obliquité. Je vais tâcher de faire comprendre d'une manière exacte, quoique élementaire, comment on y peut parvenir.

Soit M, *fig.* 81, un point quelconque situé sur la trajectoire lumineuse SLMO, qui arrive en O, à l'observateur, sous la distance zénithale apparente S'OZ ou θ, COZ est la verticale de l'observateur; et CO, ou a, est le rayon de la sphère osculatrice en O. Menons du point M, la tangente MT à la trajectoire, et le rayon vecteur MC dirigé au centre C de la sphère. Nommons r ce rayon, v l'angle MCZ qu'il forme avec le rayon a, au centre de la sphère osculatrice; et enfin v', l'angle CMT qu'il forme avec la tangente en M.

L'élément lumineux étant arrivé en M, où sa vitesse de translation actuelle est dirigée suivant MT, décrivons idéalement autour du centre C une surface sphérique avec le rayon CM. Cette surface partagera l'atmosphère entière en deux portions concentriques; l'une supérieure que l'élément lumineux M va quitter, et qui tend à le retenir; l'autre inférieure qu'il va pénétrer, et qui l'attire vers son centre. Ces actions s'exercent toutes deux suivant CM, à cause de la sphéricité supposée des couches d'égal pouvoir réfringent. Mais elles sont de sens contraires; et, habituellement, dans notre atmosphère, l'inférieure domine, parce que les pouvoirs réfringents croissent dans ce sens. La théorie des attractions à petite distance, montre qu'il résulte de là une force centrale variable, dirigée vers le point C, et dont l'effet consiste à donner à l'élément lumineux, dans chaque couche aérienne, la même vitesse qu'il y aurait acquise, s'il y était parvenu immédiatement en sortant du vide. Nommant 1 la vitesse de la lumière dans le vide, le carré de la nouvelle vitesse excède toujours 1, d'une quantité qui dépend de la nature de l'air et de sa densité à la distance r du centre, où l'élément lumineux est parvenu. Et, pour la même nature d'air, si la densité est seulement augmentée ou diminuée, dans les limites de variations qui laissent subsister l'état gazeux, cet accroissement, suivant les expériences, varie dans le même rapport. Soit donc ρ la densité de l'air en M à la distance r du centre, $4k$ un coefficient dépendant de sa nature chimique, lequel dans une atmosphère sphérique, de composition généralement non uniforme, devra être supposé fonction de r. La vitesse de la lumière en M sera $\sqrt{1+4k\rho}$; et si nous caractérisons par un accent inférieur les quantités qui appartiennent à la couche inférieure O dans laquelle l'observateur est placé, la vitesse en O sera $\sqrt{1+4k_1\rho_1}$. Le produit $4k\rho$ est la quantité que j'ai indiquée dans le n° 111 sous le nom de pouvoir réfringent.

Cela posé, on démontre en mécanique que, dans tout mouvement opéré par une force centrale, quelle que soit la loi suivant laquelle elle agisse, les vitesses, en divers points d'une même trajectoire, sont réciproques aux longueurs des perpendiculaires menées du centre des forces sur les tangentes. Ici, pour le point M, la perpendiculaire CP est $r\sin v'$; pour le point O elle est $a\sin\theta_1$, puisque la distance apparente θ_1 est déterminée par la dernière tangente en O. Ces deux produits seront donc réciproques aux vitesses correspondantes dont nous venons de former l'expression. On aura donc généralement

$$\frac{r\sin v'}{a\sin\theta_1} = \frac{\sqrt{1+4k_1\rho_1}}{\sqrt{1+4k\rho}}, \text{ ou } \sin v' = \frac{a}{r}\frac{\sqrt{1+4k_1\rho_1}}{\sqrt{1+4k\rho}}\sin\theta_1 \quad (1).$$

Soit I le point d'intersection des deux tangentes menées ainsi à la trajectoire, aux points M et O. L'angle aigu TIO, compris entre ces tangentes, est évidemment égal à l'angle PCP₁ compris entre les droites CP, CP₁ qui leur sont respectivement perpendiculaires. Or, l'angle PCM est $90° - v'$; et retranchant v on a PCO qui est

$90° - v - v'$. De même P,CO est $90° - \theta_,$. Otant de celui-ci l'angle PCO, on a P,CP ou TIO, égal à $v + v' - \theta_,$. Cette relation très simple est toutefois essentielle à remarquer par la facilité qu'elle donne pour l'interprétation de divers résultats de calcul.

L'équation précédente (1) exprime déjà un caractère fondamental de la trajectoire lumineuse. Si la constitution de l'atmosphère est donnée analytiquement, on en déduira kp en r. Quant à $k,\rho,$, il doit être aussi donné, conformément à cette constitution, pour la couche où l'on veut que l'observateur soit placé; et enfin la distance zénithale apparente $\theta,$ doit être donnée aussi, pour définir la trajectoire que l'on veut considérer particulièrement. Ainsi, pour chaque valeur de r, qui serait arbitrairement choisie, l'équation précédente déterminera l'angle v', ou CMT. Mais elle ne fera pas connaître l'angle MCZ ou v que le rayon vecteur MC forme avec la verticale de l'observateur, ce qui serait cependant nécessaire pour diriger la droite CM, et construire complétement le point M de la trajectoire. Toutefois cet angle v est lié à v' et à r par la théorie générale des courbes; et c'est ainsi qu'on le conclut. Mais la relation de ces éléments est différentielle, de sorte qu'il faut effectuer une intégration pour obtenir leurs valeurs finies en fonction de r seul. C'est en cela que consiste la difficulté *analytique* du problème des réfractions, dans chaque constitution atmosphérique supposée.

Quand on a franchi ce pas, on connaît complétement toute la trajectoire, correspondante à la distance apparente $\theta,$ qu'on s'est donnée. On peut donc calculer l'excès de l'angle initial LAZ, sur le final L'OZ, ou LEL'. C'est la déviation totale opérée dans la route de l'élément lumineux depuis son entrée dans l'atmosphère en L, jusqu'en O, où il arrive à l'observateur. Il est visible que cet excès est la somme intégrale de toutes les petites flexions, graduellement effectuées dans la trajectoire, depuis L jusqu'en O. Si l'on désigne généralement par θ l'angle MTZ, formé par la tangente quelconque MT, avec la verticale de l'observateur, ce sera la somme des variations que l'angle θ a subies depuis sa première valeur LAZ, au moment où l'élément lumineux est entré dans l'atmosphère, jusqu'à sa valeur finale L'OZ ou $\theta,$

quand il est arrivé à l'observateur. Désignons généralement par
R_{θ_1} cette somme, qui exprime l'angle LEL′ des deux tangentes
extrêmes. Ce sera, comme on va le voir, l'élément principal,
et presque unique de la correction qu'il faut faire à la distance
zénithale apparente ZOS′ ou θ_1, pour avoir la distance zénithale
vraie ZOS, que l'on observerait directement à travers le vide, et
que je nommerai Z. En effet cette correction que l'on veut
obtenir, est $Z - \theta_1$, ou SOS′. Or, dans le triangle OES, si nous
désignons par S l'angle à l'astre, l'angle extérieur en E, ou R_{θ_1},
égalera la somme des deux intérieurs qui lui sont opposés.
Par conséquent, l'un d'eux SOS′, qui est la correction même
que l'on cherche, sera $R_{\theta_1} - S$. Mais elle a déjà pour expression
$Z - \theta_1$. On aura donc généralement

$$Z - \theta_1 = R_{\theta_1} - S; \quad \text{d'où} \quad Z = \theta_1 + R_{\theta_1} - S.$$

Ainsi, en supposant que l'on connaisse l'angle S, si l'on calcule
R_{θ_1}, on pourra, par cette formule, conclure la distance vraie Z,
d'après la distance apparente observée θ_1; et inversement.

Cet angle S est le diamètre apparent que soutend la trajectoire
lumineuse vue de l'astre. Or, le peu de hauteur de l'atmosphère,
fait que la longueur totale de la trajectoire est toujours très petite.
Elle l'est surtout comparativement à la distance où les astres sont
de la terre. En outre sa courbure totale est aussi très faible à
cause du peu de force réfringente de l'air. Quand on parvient dans
la suite de l'astronomie, à connaître la distance rectiligne OS, pour
la lune, qui est de tous les astres le plus rapproché de nous, si
l'on essaie de calculer l'angle S relativement à elle, on trouve
qu'il est à peine perceptible, même en plaçant la trajectoire dans
les positions les plus favorables pour l'agrandir; et alors il se confond avec des inégalités beaucoup plus considérables de la réfraction qui échappent à tout calcul, parce qu'elles sont accidentelles (*). On le néglige donc habituellement, ce qui revient à

____

(*) Cette proposition sera démontrée numériquement dans une note placée à la fin du présent chapitre.

considérer la tangente initiale SLA, comme sensiblement parallèle au rayon visuel direct OS qui irait de l'observateur à l'astre à travers le vide. Cette supposition étant admise, on a simplement

$$(2) \qquad Z = \zeta_1 + R_{\theta_1} ;$$

et alors tout se réduit à trouver, par le calcul analytique, la valeur de R_{θ_1}, pour une distance apparente θ, quelconque.

L'exposition précédente suppose uniquement que, dans le trajet de l'élément lumineux, l'atmosphère se trouve composée et constituée d'une manière semblable sur tous les rayons r, en laissant d'ailleurs sa constitution absolument arbitraire sur chaque rayon. Cette identité est la condition unique, mais nécessaire, pour que la force qui agit sur l'élément lumineux soit purement centrale, et qu'ainsi on puisse lui appliquer la propriété générale de ces forces qui nous a donné l'équation (1). Maintenant, dans l'atmosphère terrestre, telle qu'elle existe, cette équation fondamentale peut être simplifiée. Car, d'après les faits rapportés, § 111, on peut y remplacer les pouvoirs réfringents variables k, k_1, par un pouvoir réfringent constant k, affecté non pas aux densités réelles, mais aux densités fictives qu'aurait de l'air atmosphérique sec, pour les mêmes températures et les mêmes pressions que le thermomètre et le baromètre indiquent. Concevons donc idéalement les densités ρ, ρ_1 ainsi calculées : l'équation (1) adaptée à l'atmosphère réelle deviendra

$$\sin \zeta' = \frac{a}{r} \frac{\sqrt{1 + 4 k \rho_1}}{\sqrt{1 + 4 k \rho}} \sin \zeta_1 ,$$

et la valeur numérique de k sera celle qui a été donnée dans la note du § 111.

120. Mais le problème, réduit à ce point, conserve encore une difficulté physique qui paraît, au premier aspect, insurmontable. Il semble en effet que, pour le résoudre, il faut indispensablement connaître le mode exact de superposition, et la constitution individuelle des couches aériennes que le rayon lumineux traverse, afin de pouvoir former leurs pouvoirs réfringents, et en introduire

la succession dans le calcul. La substitution que l'on peut faire du pouvoir réfringent de l'air sec à celui de l'air humide, d'après le § 111, permet, il est vrai, de déterminer ce pouvoir d'après la pression et la température seules, sans connaître la quantité présente de vapeur aqueuse. Mais cette quantité influe sur le poids d'où la pression résulte ; et ainsi l'on ne peut définir la succession des pressions, si l'on ne connaît comment la proportion de la vapeur varie ; de sorte que cette connaissance paraît toujours devoir être indispensable. Cela est en effet ainsi à la rigueur ; et l'on a vu, dans le chapitre précédent, que, même en calculant le décroissement de la vapeur aqueuse par des évaluations moyennes qui suffisent dans l'état habituel de l'atmosphère, le décroissement des densités ainsi corrigées, ne peut encore être assigné qu'empiriquement.

Toutefois, lorsque la trajectoire lumineuse ne descend pas très près de l'horizon, où son trajet, à travers les couches aériennes, leur est le plus oblique, par exemple lorsque la distance zénithale apparente z, n'excède pas $75°$ sexagésimaux, la réfraction peut s'obtenir, non pas rigoureusement, mais avec une approximation toujours sûre, et dans des limites connues d'erreur, uniquement d'après des données physiques observables dans la couche même où le rayon parvient à l'œil, ce qui est l'un des plus importants résultats de cette théorie. Pour comprendre comment cela est possible, il faut considérer que, dans les conditions de limitation supposées ici, la route du rayon n'est plus très oblique aux plans tangents des couches successives ; de sorte que ces plans menés aux divers points $I, I', I''...,$ fig. 78, se trouvent alors, sinon parallèles, du moins peu obliques les uns aux autres, circonstance encore favorisée par la grandeur des sphères auxquels ils sont tangents, et par le peu de courbure de la trajectoire. Or, s'ils étaient exactement parallèles, on retomberait sur le cas de transmission successive exposé § 112 ; c'est-à-dire que la direction finale du rayon en O, dans la dernière couche aérienne, serait précisément la même que s'il y était entré directement en sortant du vide, suivant sa direction primitive SI. Bien que ce résultat n'ait pas lieu exactement dans le cas actuel, à cause de la courbure des couches et de la trajectoire, il s'en faut de peu qu'il ne se réalise, puisque les circonstances qui le déterminent sont presque reproduites. Alors, en y limitant les formules générales, les deux premiers termes de leur développement se trouvent exprimer l'effet du parallélisme exact, joint à la presque totalité de la correction qu'il faut y faire ; avec la particularité favorable que les éléments physiques dont ces deux termes se composent, sont entièrement déterminables par des observations faites dans la couche d'air où se trouve l'observateur. On peut même assigner les limites d'erreur que la réfraction ainsi calculée comporte, pour chaque distance apparente ζ, à laquelle on veut l'appliquer. De sorte qu'en se bornant au cas où l'erreur possible serait inappréciable par les observations, ou seulement négligeable, il suffit d'adapter les résultats aux conditions météorologiques actuelles que la dernière couche d'observation présente, pour obtenir la valeur de la réfraction totale, sans avoir aucun besoin de connaître la succession des pouvoirs réfringents intermédiaires qui ont agi sur l'élément lumineux (*). On peut donc calculer

---

(*) Ce cas remarquable d'approximation a été signalé pour la première fois par Oriani, dans les *Ephémérides de Milan*, pour l'année 1788, avec le caractère qui le rend indépendant de l'état des couches aériennes éloignées de l'observateur. M. Laplace l'a reproduit dans le tome IV de la *Mécanique céleste*. Mais les équations du mouvement de la lumière employées par ces deux géomètres, et appliquées après eux à la même question, supposent implicitement une atmosphère de composition uniforme, conséquemment exempte de vapeur aqueuse, ou dans laquelle la tension de cette vapeur est partout proportionnelle à la pression. La première de ces conditions n'a jamais lieu dans l'atmosphère réelle ; la seconde ne peut y exister que dans des cas spéciaux ; et dans d'autres elle devient physiquement impossible. Il était donc essentiel de savoir jusqu'à quel point, la distribution réelle de la vapeur aqueuse quelle qu'elle pût être, devait modifier l'approximation employée. C'est ce que j'ai fait dans un Mémoire sur les Réfractions joint à la *Connaissance des Temps* de 1839. J'y ai montré que le même caractère d'indépendance subsiste encore, sinon rigoureusement, du moins avec une possibilité d'erreur toujours insensible, dans le cas général où la constitution des couches atmosphériques varierait d'une manière quelconque par le mélange des vapeurs aqueuses qui peuvent y exister accidentellement. J'ai

d'avance des tables numériques de ces valeurs pour chaque distance zénithale où l'évaluation ainsi obtenue peut être admise, en y joignant les modifications qu'il faut y faire pour les approprier à l'état de la couche inférieure dont les variations accidentelles ne dépassent jamais certaines bornes faciles à constater. Il existe en effet de pareilles tables qu'on insère habituellement dans les recueils astronomiques publiés chaque année dans les divers pays de l'Europe pour préparer d'avance, aux navigateurs et aux astronomes, les éléments variables des mouvements célestes qu'ils pourront observer. Tels sont, en France, la *Connaissance des Temps*, et, en Angleterre, le *Nautical Almanach*. Je supposerai désormais que le lecteur a entre les mains ces ouvrages usuels, et j'en tirerai au besoin les réfractions que j'aurai l'occasion d'employer. On conçoit aisément que, dans ces applications, les distances zénithales effectivement observées, et les circonstances météorologiques des observations, ne tombent presque jamais exactement sur un des nombres déjà calculés dans la table. Mais elles s'y trouvent toujours comprises entre deux termes qui en sont peu éloignés. Alors, on suppose que, entre ces termes si voisins, la différence des résultats est sensiblement proportionnelle à la différence des données physiques; et, par une simple proportion on voit ce qu'il faut ajouter ou retrancher aux nombres de la table, pour avoir les vrais résultats actuels. Ceci est une *interpolation* absolument semblable à celle que l'on fait en se servant de tables de logarithmes, lorsqu'on a un logarithme qui ne s'y trouve pas exactement compris. On agit de même pour les hauteurs observées du baromètre et du thermomètre, quand elles diffèrent de celles que la table désigne. Au moyen des corrections dépendantes de ces deux instruments, la même table de réfraction servira, sur les montagnes et dans les plaines, pourvu,

---

assigne, en outre, les limites d'erreur entre lesquelles l'évaluation approchée se trouve nécessairement comprise pour chaque distance zénithale apparente, d'où l'on peut conclure les valeurs de ces distances auxquelles on peut l'employer avec sûreté dans les observations. Ces limites ne dépendent que de l'épaisseur de l'atmosphère et se resserrent d'autant plus qu'on la suppose moindre. *Voyez* le Mémoire cité, page 70.

toutefois, que les distances zénithales observées n'excèdent pas la limite de 75°, à laquelle on doit borner ce mode d'approximation. Quant à l'hygromètre, qui indique l'humidité actuelle de l'air, on a cru jusqu'ici pouvoir se dispenser d'y avoir égard, à cause de l'égalité qui existe entre les pouvoirs réfringents de l'air atmosphérique sec, et mêlé de vapeur aqueuse, lorsqu'il a, dans ces deux états, la même température et qu'il supporte la même pression. Il semblait donc qu'en observant le thermomètre et le baromètre, d'où ces deux éléments physiques dépendent, on pouvait idéalement remplacer l'air atmosphérique de la couche inférieure par une couche d'air sec, et prendre la réfraction qui convenait à cette supposition. Cela est vrai en effet pour le calcul des termes qui dépendent seulement du pouvoir réfringent actuel. Mais, en examinant la formule théorique par laquelle la réfraction se calcule, même dans les valeurs limitées de distances zénithales que nous considérons ici, on voit que, parmi les quantités qui la composent, il en est une où la tension de la vapeur aqueuse, existante dans la couche inférieure, entre comme élément essentiel, par suite du changement que cette vapeur produit sur le poids spécifique de l'air, non sur son pouvoir réfringent. C'est ce qu'on reconnaît aisément d'après l'expression exacte des réfractions atmosphériques, limitée aux distances zénithales que nous considérons ici (*). Heureusement, le terme dont il s'agit, n'a qu'une faible influence dans les applications de la formule aux climats tempérés. Mais elle deviendrait plus sensible dans les pays chauds; et surtout elle s'accroît considérablement dans les réfractions près de l'horizon dont nous allons parler tout-à-l'heure. Pour obtenir l'extrême précision que l'astronomie actuelle cherche à atteindre, on ne doit plus négliger rien de ce qui peut être apprécié exactement.

Comme il sera utile pour l'appréciation de divers résultats astronomiques que le lecteur ait une notion précise des réfractions que l'interposition de l'atmosphère fait éprouver aux rayons lumineux, je joins ici le tableau de leurs valeurs calculées directe-

---

(*) Voyez les additions à la *Connaissance des Temps* de 1839, page 71.

ment pour Paris jusqu'à 75° de distance zénithale avec l'approximation que je viens d'indiquer, en supposant la température de l'air à 10° centésimaux, et la pression barométrique mesurée par une colonne de mercure à cette même température, ayant $0^m,76$ de longueur. Pour montrer tout de suite l'ensemble du phénomène, j'y joins, par avance, les valeurs analogues obtenues jusqu'à 90° 3o' de distance du zénith, mais par des considérations bien moins certaines, comme on le verra tout-à-l'heure. J'extrais ces nombres du recueil des tables astronomiques publié par le Bureau des Longitudes de France. Ils sont déduits des formules de M. Laplace; par conséquent on n'y a pas tenu compte de l'hygromètre. On peut supposer qu'ils répondent au degré moyen d'humidité de l'air qui a lieu à l'Observatoire de Paris. Si les circonstances météorologiques différaient de celles que je viens d'indiquer, leur valeurs changeraient suivant certaines proportions que la théorie indique, et qui étant également calculées pour les diverses indications du baromètre et du thermomètre, entre les limites de leurs variations naturelles, sont jointes aux valeurs fondamentales dans le recueil que je viens de désigner. Je ne les rapporterai point ici, ne voulant offrir qu'un exemple général. On les déduit de l'expression générale et analytique de la réfraction totale, propre à la constitution atmosphérique que l'on considère, en y faisant varier le pouvoir réfringent d'une très petite quantité, résultante des variations que la température et la pression inférieure éprouvent autour des valeurs moyennes qu'on leur attribue (*).

(*) C'est ainsi qu'a opéré M. Bessel, en calculant ces réductions, pour les tables de réfractions qu'il a insérées dans ses *Fundamenta astronomiæ.* M. Ivory a fait de même dans son Mémoire sur les réfractions astronomiques inséré aux *Transactions philosophiques* de 1823. Les corrections météorologiques des tables françaises sont calculées par une approximation un peu moins exacte, comme M. Ivory en a fait la remarque dans le Mémoire que je viens de citer. Et il pourrait en résulter, dans les réfractions presque horizontales, de très petites erreurs, qui, à la vérité, se confondent avec les autres incertitudes bien plus graves que ces réfractions comportent toujours.

Distances zénithales apparentes.	Réfractions en secondes sexagésimales.	Distances zénithales apparentes.	Réfractions en minutes et en secondes sexagésimales.
0°	0″0	40°	0′ 48″9
1	1,0	41	0.50,6
2	2,0	42	0.52,4
3	3,1	43	0.54,3
4	4,1	44	0.56,2
5	5,1	45	0.58,2
6	6,1	46	1. 0,3
7	7,2	47	1. 2,4
8	8,2	48	1. 4,6
9	9,2	49	1. 6,9
10	10,3	50	1. 9,3
11	11,3	51	1.11,8
12	12,4	52	1.14,4
13	13,5	53	1.17,2
14	14,5	54	1.20,1
15	15,6	55	1 23,1
16	16,7	56	1.26,2
17	17,8	57	1.29,6
18	18,9	58	1 33,1
19	20,0	59	1.36,7
20	21,2	60	1.40,6
21	22,4	61	1.44,8
22	23,5	62	1.49,2
23	24,7	63	1.53,9
24	25,9	64	1.58,9
25	27,2	65	2. 4,3
26	28,4	66	2.10,2
27	29,7	67	2.16,5
28	31,0	68	2.23,2
29	32,3	69	2.30,6
30	33,6	70	2 38,8
31	35,0	71	2.47,7
32	36,4	72	2.57,6
33	37,8	73	3. 8,5
34	39,3	74	3.20,6
35	40,8	75	3.34,3
36	42,3		
37	43,9		
38	45,5		
39	47,2		
40	48,9		

Distances zénithales apparentes.	Réfractions.	Distances zénithales apparentes.	Réfractions.
75° 0′	3′34″3	85° 0′	9′54″3
76. 0	3.49,8	85.10	10.10,9
77. 0	4. 7,5	20	10.28,3
78. 0	4.27,9	30	10.46,7
79. 0	4 51,7	40	11. 6,1
80. 0	5.19,8	50	11.26,6
10	5.25,1	86. 0	11.48,3
20	5.30,4	10	12.11,3
30	5.35,9	20	12.35,6
40	5.41,5	30	13. 1,3
50	5.47,4	40	13.28,5
81. 0	5.53,5	50	13.57,3
10	5.59,9	87. 0	14.28,1
20	6. 6,4	10	15. 0,9
30	6.13,1	20	15.36,0
40	6.20,0	30	16.13,4
50	6.27,1	40	16.53,2
82. 0	6.34,4	50	17.36,3
10	6.41,9	88. 0	18.22,2
20	6.49,6	10	19.11,5
30	6.57,7	20	20. 4,8
40	7. 6,3	30	21. 1,9
50	7.15,3	40	22. 3,4
83. 0	7.24,7	50	23. 9,6
10	7.34,7	89. 0	24.21,2
20	7.44,9	10	25.38,6
30	7.55,6	20	27. 2,2
40	8. 6,6	30	28.32,0
50	8.18,2	40	30. 9,3
84. 0	8.29,9	50	31.54,3
10	8.42,3	90. 0	33.46,3
20	8.55,3	10	35 45,9
30	9. 9,0	20	37.53,6
40	9.23,4	90.30	40.10,0
50	9.38,4		
85. 0	9.54,3		

Cette table est censée s'appliquer à l'ensemble des rayons lumineux, sans égard à la diversité de leurs facultés colorifiques et des indices de réfraction qui y correspondent. Jusqu'ici les astronomes n'ont pas tenu compte de la dispersion opérée par l'atmosphère sur les rayons lumineux venus des astres, quoiqu'ils aient constaté l'existence sensible de ce phénomène, et qu'ils en aient même déterminé l'étendue dans certains cas que je rapporterai plus loin, pour en donner une notion précise.

121. Il nous faut maintenant arriver au cas plus difficile, où l'abaissement de la trajectoire lumineuse la rend trop oblique aux couches aériennes pour que l'approximation précédente puisse être employée. Alors la distribution des pouvoirs réfringents a une influence trop grande sur la réfraction correspondante à chaque distance zénithale pour que l'on puisse la négliger ; et l'on est ainsi contraint inévitablement de connaître cette loi, ou de la supposer, pour évaluer les réfractions en nombres. Il y a même des difficultés de calcul si considérables pour en obtenir généralement l'expression analytique, dans une atmosphère de constitution donnée, que les géomètres ont été conduits à sacrifier la rigueur d'une représentation physique réelle de l'atmosphère terrestre, pour se borner aux représentations approximatives qui pouvaient se prêter aux intégrations.

Toutefois cette difficulté mathématique peut désormais être éludée d'une manière fort simple. Il suffit pour cela de considérer que, dans l'état calme et régulier de superposition des couches aériennes, seul cas auquel on puisse prétendre appliquer le calcul, leurs pouvoirs réfringents ne doivent pas varier de l'une à l'autre par intermittences brusques, mais par une dégradation continue et lente. Non-seulement ces deux conditions se vérifient par l'expérience dans les couches où nous pouvons nous élever, mais le seul principe de la diffusion des gaz en établit la nécessité dans une atmosphère dont toutes les parties communiquent librement entre elles. D'après cela, une constitution atmosphérique quelconque étant admise, et définie analytiquement, on peut, dans un petit intervalle, au-dessus et au-dessous de chaque couche, substituer aux lois de décroissement générales, une expression

approchée, plus simple, qui est justement conforme à ce mode
de dégradation parabolique, dont l'application successive représente si bien l'état réel de l'atmosphère, comme nous l'avons vu
dans le chapitre précédent. Alors on parvient aisément à calculer
en nombres la portion de la réfraction totale qui s'opère dans le
petit intervalle d'épaisseur auquel chacune de ces paraboles
s'applique. Et en formant ainsi leurs résultats partiels pour toute
l'étendue de l'atmosphère supposée, la somme donne la réfraction totale qui correspond à chaque distance zénithale apparente,
dans la constitution particulière que l'on a considérée. Ce calcul
n'a besoin d'être fait que pour les distances zénithales qui excèdent 75°, puisque les réfractions correspondantes à des distances
moindres sont données avec beaucoup plus de facilité, et avec
certitude, par le premier mode d'approximation qui leur est
propre et que j'ai exposé dans le paragraphe précédent.

Mais ici se présente un sujet de doute. Toutes les lois de constitution atmosphérique que nous pouvons imaginer, sont fondées
sur les présomptions que peut suggérer l'état réel des couches
aériennes dans lesquelles nous pouvons porter des instruments;
et leur plus grande hauteur n'a pas excédé jusqu'ici 7000^m. Ce
n'est là qu'une petite portion de l'atmosphère totale, quoique,
à la vérité, la plus influente sur les réfractions à cause de la su-
périorité relative des densités qui s'y trouvent comprises. Le
principe de la diffusion des gaz permet sans doute d'admettre que
les lois de dégradation observées dans cette première épaisseur
doivent s'étendre encore fort au-delà. Même, pour les plus grandes
hauteurs, elles ne peuvent s'écarter que peu à peu de la vérité;
et l'influence de leur erreur sur les réfractions calculées, devient
aussi de moins en moins à craindre, puisqu'en même temps la
densité de l'air réfringent s'affaiblit. Mais l'état de ce fluide à la
limite extrême de l'atmosphère nous étant inconnu et inaccessible, même par conjecture, nous ne savons pas comment s'y
succèdent ses contractions, ni quelle densité finale il y conserve;
de sorte que nous ne pouvons avec aucune vraisemblance lui appliquer alors la continuation des lois physiques que nous observons
ici bas. Heureusement cette dernière difficulté peut encore être

éludée. En effet, toutes les trajectoires lumineuses en s'éloignant de la terre, s'inclinent graduellement sur la verticale de l'observateur, comme le représente la fig. 81. C'est-à-dire que si, à un quelconque de leurs points tel que M, on conçoit une tangente MT et la verticale MC correspondante, l'angle CMT, compris entre ces droites, devient moindre à mesure que le point M est plus élevé. Cela a lieu même ainsi pour la trajectoire qui arrive horizontale en O à l'observateur, laquelle est représentée dans la figure par OO′Σ; et on le prouve pour celle-ci dans toute son étendue, tant par l'observation immédiate de l'angle OO′C lorsqu'on se place sur elle en O′ à diverses hauteurs, que par le secours d'un théorème mathématique qui lie généralement ce fait avec le sens de la variation que les réfractions éprouvent près de l'horizon, à mesure que les trajectoires lumineuses s'abaissent (*). D'après cela, quand le calcul numérique de la réfraction a été conduit jusqu'à une certaine hauteur dans l'hypothèse atmosphérique adoptée, on arrive toujours à une couche O′ encore bien éloignée de la limite de l'atmosphère réelle, et pour laquelle l'angle formé en O′ par la tangente avec la verticale, est déjà devenu assez petit pour qu'on puisse employer l'approximation expliquée dans le numéro précédent. Car la verticale CO′ étant prolongée vers Z′, l'angle T′O′Z′ est réellement la distance zénithale apparente du reste de la trajectoire pour un observateur qui serait placé en O′. On peut donc apprécier, d'après cet angle, l'erreur que le reste de la réfraction pourra comporter si on la calcule par la méthode d'approximation; et les limites de cette erreur se trouvent considérablement resserrées par l'affaiblissement de la densité en O′ où aucune intervention de la vapeur aqueuse n'est plus à craindre. Quand on est ainsi assuré que l'approximation suffit, on l'applique; et l'évaluation ainsi obtenue, devient indépendante de la constitution des couches plus hautes; ou, pour s'exprimer plus exactement, toutes les variétés possibles de superposition de ces couches supérieures produisent dans la réfraction totale des dif-

---

(*) Voyez les Additions à la *Connaissance des Temps* pour 1839, pages 43 et 55.

férences si petites, que l'observation faite ici bas en O, avec nos instruments, ne saurait les apprécier. Tout se réduit ainsi à trouver des lois de constitution atmosphérique, dont l'application puisse être étendue jusqu'à ces hauteurs limitées, ce qui en rend la recherche accessible à nos expériences. Voilà pourquoi, sans qu'on s'en fût jamais rendu compte, des formes de constitution atmosphériques très diverses, imaginées par les géomètres d'après les seules analogies tirées des couches inférieures, ont pu donner assez approximativement les réfractions pour l'atmosphère entière, quoique ces hypothèses assignassent aux dernières couches aériennes des états considérablement différents les unes des autres, conséquemment de la réalité. Mais aussi, inversement, lorsqu'on a formé sur de telles lois, des tables de réfractions qui concordent sensiblement avec les observations des réfractions réelles, concordance que l'on peut en effet constater comme nous le verrons plus tard, on n'en peut tirer aucune conséquence ni aucune induction sur l'état réel des couches extrêmes de l'atmosphère, puisqu'il n'a, sur ce phénomène, qu'une influence trop faible pour que nous puissions l'apprécier.

122. L'exposition précédente va faire aisément comprendre la marche et la portée des diverses tentatives que les géomètres ont successivement faites pour parvenir à calculer les réfractions correspondantes aux grandes distances zénithales. Je n'aurai presque qu'à les raconter, pour qu'on prévoie et qu'on apprécie les résultats qu'elles ont dû fournir. Je dois entrer dans ce détail historique, parce que quelques-unes des formules ainsi obtenues ont été trop célèbres et trop employées pour les laisser ignorer au lecteur; mais aussi, et surtout, parce qu'il verra ainsi nettement ce qui reste à faire pour porter cette théorie fondamentale de l'Astronomie au degré de perfection qu'elle peut recevoir.

123. Il est essentiel de remarquer d'abord que toutes les tentatives pour déterminer théoriquement les réfractions produites par l'atmosphère, ont été entreprises avant que l'on eût les moyens de constater expérimentalement sa constitution réelle, ou qu'on sût la conclure de leurs indications. Il n'y a pas plus de trente

ans que l'on connaît avec précision les lois de dilatabilité de l'air et des vapeurs, les conditions de leur mélange à l'état aériforme, leurs densités relatives, l'influence de cette densité et de la température sur le pouvoir réfringent de l'air, enfin l'énergie absolue de ce pouvoir même, qui est l'élément fondamental des réfractions qu'il peut exercer. Toutes ces notions fondamentales étant maintenant acquises, il ne faut que les employer dans les ascensions aérostatiques, et dans les opérations barométriques faites sur de hautes montagnes pour déterminer la constitution physique réelle de l'atmosphère jusqu'aux limites de hauteur où le mode de superposition des couches influe sensiblement sur les réfractions. Mais on n'a songé à ce moyen que très récemment; et le nombre des expériences assez exactes pour y servir est encore si rare qu'on ne peut pas jusqu'ici en déduire des résultats d'une application générale. Par ces divers motifs les auteurs des tables de réfractions, les plus récentes, ont été inévitablement contraints de suppléer à cette donnée certaine par des hypothèses plus ou moins vraisemblables; et l'on a dû agir de même, auparavant, pour tous les autres éléments physiques de la question quand ils n'étaient pas encore déterminés. Toutefois les résultats obtenus ainsi n'auraient pu être employés avec quelque confiance, si l'on n'avait pas trouvé un moyen indirect de les vérifier par leurs applications mêmes; et voici comme on y est parvenu. Nous avons déjà vu que les plus simples observations du mouvement diurne du ciel le présentent comme circulaire et uniforme. S'il est réellement tel, on conçoit que les réfractions produites par l'atmosphère altéreront en apparence ces conditions de régularité; mais les dérangements qu'elles y introduiront, devront uniquement dépendre de l'élévation apparente des astres sur l'horizon de chaque observateur, et être les mêmes pour tous quand cette élévation est la même, sauf les variations accidentelles que la diversité des circonstances météorologiques occasionnera. Ceci reconnu, on devra en conclure que les dérangements dont il s'agit ne sont pas propres aux astres, mais résultent de l'interposition de l'atmosphère; et alors on pourra déterminer leurs grandeurs actuelles, ainsi que leurs lois générales, en comparant les positions apparentes des astres,

observées à diverses distances du zénith , avec celles qui devraient
résulter d'un mouvement de rotation circulaire, uniforme et égal
pour tous. C'est ce qu'ont fait les astronomes , et ils avaient
constaté ainsi , non-seulement l'existence des réfractions atmosphériques, mais encore, approximativement, leurs relations de grandeur à diverses distances du zénith , et à peu près leurs valeurs
moyennes jusqu'à l'horizon même , pour un observateur placé à
la surface de la terre, avant que l'on eût entrepris de les calculer théoriquement. J'expliquerai plus loin les méthodes employées pour ces déductions , lorsque j'aurai fait connaître les
instruments perfectionnés , au moyen desquels on peut fixer avec
précision la marche apparente du mouvement diurne du ciel. Ici
je me bornerai à dire que les valeurs obtenues astronomiquement
par cette voie indirecte , ont servi de données aux hypothèses
des géomètres. Aujourd'hui que tous les éléments physiques de
la réfraction sont connus , et que la constitution réelle de l'atmosphère peut être constatée assez approximativement pour les
y introduire, et qu'enfin un calcul purement mathématique peut
déduire les réfractions atmosphériques de ces données immédiates
aussi exactement , ou même plus exactement qu'on ne le ferait
en les concluant des observations célestes , il m'a paru plus convenable de les établir d'abord comme je l'ai fait par cette marche
directe , de les employer ensuite pour rectifier les apparences
diurnes du ciel exactement observées , et d'obtenir ainsi , avec
une rigueur logique , les circonstances réelles du mouvement
diurne du ciel , dépouillées de toutes les illusions étrangères. En
général , le perfectionnement des sciences physiques consiste à
ramener ainsi chacune d'elles à dépendre du plus petit nombre
possible de données expérimentales directement déterminées ;
mais elles se créent rarement d'une manière aussi parfaite ; et
pour les réfractions , par exemple , les résultats composés , déduits des observations astronomiques , ont été d'abord les seuls
éléments sur lesquels la théorie pût se diriger.

124. La première tentative que l'on ait faite pour calculer
théoriquement les réfractions produites par l'atmosphère , est
due à Dominique Cassini. Il supposait la terre enveloppée d'un

milieu réfringent distinct de l'air, ayant une forme sphérique et une densité uniforme, à la surface duquel les rayons venus des astres se brisaient suivant un certain rapport constant du sinus de réfraction au sinus d'incidence, après quoi ils continuaient leur route en ligne droite jusqu'à l'observateur. De là il déduisait la relation que les grandeurs des réfractions devaient avoir entre elles à diverses distances du zénith; et deux réfractions exactement observées à des distances inégales, lui déterminaient toutes les autres. Il forma ainsi une table dont les nombres, limités aux conditions météorologiques moyennes dans lesquelles ses observations étaient faites, suivent en effet une marche remarquablement exacte jusque vers 70° de distance zénithale. Cela est tout simple; et même l'accord aurait dû être plus complet encore si les observations employées eussent été rigoureuses, et faites dans une même condition atmosphérique. Car l'hypothèse d'une densité uniforme, bien que différant de la réalité, doit, comme toute autre, donner des résultats exacts dans ces limites de distance zénithale où le mode de distribution des couches aériennes n'a qu'une influence insensible sur la réfraction entière. Mais cette indépendance n'ayant plus lieu pour des distances zénithales plus grandes, l'erreur de l'hypothèse doit s'y faire sentir; et aussi la table de Cassini devient-elle très défectueuse pour les réfractions voisines de l'horizon. Elle fut publiée par lui en 1661 (*).

123. Trente ans après, lorsque Newton eut découvert la théorie des attractions à petite distance, il fit de grands efforts pour l'appliquer au calcul des réfractions atmosphériques; et l'on a de lui une table que Halley a publiée après sa mort dans les *Tran-*

(*) Elle a été reproduite, dans le *Traité d'Astronomie* publié par Cassini fils, en 1740, avec quelques explications sur les principes qui lui servent de fondement. Delambre en donne aussi un abrégé dans son *Traité d'Astronomie théorique et pratique*, tome I, chap. XIII. Mais il n'en apprécie pas à beaucoup près le mérite à sa juste valeur, si l'on *considère l'époque de l'invention, et l'imperfection des données qui pouvaient servir alors pour la réaliser.*

sactions philosophiques de 1721. Mais on a long-temps ignoré sur quels fondements il l'avait calculée. La correspondance de Newton avec Flamsteed, publiée en 1835, a fait enfin retrouver toutes les traces de ce travail. On a pu y reconnaître que Newton avait découvert les vrais principes mathématiques desquels dépend le calcul des réfractions atmosphériques, qu'il en avait déduit les véritables équations différentielles propres à leur détermination, telles qu'on les a formées depuis, lorsqu'on ignorait qu'il les eût déjà trouvées ; et enfin que le manque de données physiques, et d'observations astronomiques exactes, a seul empêché qu'il ne les obtînt avec une complète rigueur (*).

Newton avait établi, dans son *Traité de Philosophie naturelle*, les conditions exactes d'équilibre d'une atmosphère gazeuse, où la pression serait partout proportionnelle à la densité. Cette proportionnalité suppose la température constante dans toutes les couches ; mais Newton l'ignorait, les conditions de dilatabilité n'étant pas connues alors. Elle suppose, en outre, la tension de la vapeur aqueuse nulle, ou partout proportionnelle à la pression. C'est ce que Newton ignorait également ; et même il ne faisait que commencer à soupçonner l'influence exercée sur les réfractions par les changements de pression et de température de l'air. Quant au décroissement de celle-ci, dans l'atmosphère

---

(*) Ce point d'histoire scientifique est discuté avec détail dans une analyse de la correspondance de Newton avec Flamsteed, insérée au journal des *Savans*, année 1836. Les titres de Newton à la découverte de la théorie des réfractions atmosphériques, y sont établis sur l'énoncé même qu'il donne de ses tentatives. La table qu'il dit avoir calculée pour le cas d'une atmosphère où la pression serait proportionnelle à la densité, est identifiée à celle que Halley a publiée sous son nom, par l'accord rigoureux de la réfraction que cette table donne pour la distance zénithale de 87° avec le nombre que Newton dit avoir obtenu dans l'hypothèse précédente. Et en extrayant de la table même le petit nombre d'élémens physiques nécessaires pour effectuer le calcul que cette hypothèse exige, on retrouve pour diverses distances zénithales des réfractions exactement conformes à celle que la table assigne ; ce qui démontre qu'elle a été en effet calculée par les véritables conditions de cette théorie. Voyez aussi les Additions à la *Connaissance des Temps* pour 1839, page 95 et suivantes.

réelle, ce fait ne lui était pas connu. Sur ces notions limitées, il calcula sa table de réfractions par des formules exactes, pour ce système d'atmosphère. Mais, au lieu d'en déterminer les constantes par quelques réfractions bien déterminées pour des distances zénithales peu considérables, comme l'avait fait Dominique Cassini, il voulut la plier à des observations voisines de l'horizon que lui avait communiquées Flamsteed, et qui étaient fort imparfaites. Alors sa table, bien qu'exacte comme déduction de calcul, s'est trouvée peu d'accord avec les réfractions réelles, même dans les distances zénithales où l'erreur de la constitution atmosphérique supposée n'a pas d'influence; et elle dut paraître aux astronomes bien moins acceptable que celle de Cassini, quoiqu'elle fût réellement le résultat d'une grande découverte et d'un immense travail.

Newton avait d'abord essayé la supposition d'une atmosphère où les densités décroîtraient par différences égales pour des augmentations égales de hauteur. Nous pouvons aujourd'hui démontrer que, dans une pareille atmosphère les températures décroissent aussi suivant cette même relation; et qu'en outre les pressions se trouvent partout proportionnelles aux carrés des densités. Newton ignorait ces conséquences. Il calcula d'une manière peu exacte les réfractions propres à ce système d'atmosphère, et l'abandonna pour celui dont j'ai parlé plus haut. S'il l'avait suivi davantage, ou plus approfondi, il aurait très vraisemblablement reconnu une loi très simple qui s'y trouve renfermée, et qui est devenue célèbre depuis par l'usage presque général qu'en ont fait les astronomes. Elle peut s'énoncer très approximativement de la manière suivante. *Dans un même état de l'air, les réfractions à diverses distances apparentes du zénith, sont proportionnelles aux tangentes de ces distances diminuées d'un certain multiple de la réfraction que l'on peut évaluer en moyenne à* $3\frac{1}{4}$. Le coefficient de la proportionnalité, ainsi que le multiple, varient avec les circonstances météorologiques actuelles; mais on peut toujours déterminer leurs valeurs d'après les indications du baromètre, et du thermomètre, dans la couche aérienne où se fait l'observation. Toutefois, l'influence du multiple étant très atténuée par la petitesse de la réfraction à laquelle il est affecté comme coefficient, les astronomes se bornent d'ordinaire à lui attribuer une certaine valeur fixe, moyenne entre toutes celles qu'il peut prendre, et ils négligent ensuite les petites variations qu'il peut éprouver. Alors le coefficient de la proportionnalité est seul rendu variable proportionnellement à la densité actuelle de l'air dans le lieu où se fait l'observation.

126. Le célèbre astronome Bradley qui employa le premier cette règle, et dont le nom y est resté attaché, ne l'a très vraisemblablement pas tirée d'une déduction théorique, comme Newton aurait pu le faire. Mais, dans la table de Newton, les réfractions, pour des distances zénithales peu considérables, étaient évidemment à peu près proportionnelles aux tangentes de ces distances. Et Halley, en publiant la table de Newton, avait même fait remarquer d'après lui, que, pour des distances très petites, ce rapport devenait rigoureux. Bradley aura sans doute cherché empiriquement à modifier la proportion de manière que toutes les distances fussent comprises dans la même formule. Or, pour cela, il fallait que la distance zénithale ne restât pas seule sous le signe tangente, dans la proportionnalité; afin que la réfraction ne devînt pas infinie à l'horizon, où cette distance atteint 90°. Une idée heureuse lui aura suggéré d'introduire avec elle, sous ce signe, un multiple de la réfraction même; et il aura déterminé ce multiple par l'effet même qu'il devait avoir, c'est-à-dire en reproduisant la réfraction horizontale que ses observations astronomiques lui indiquaient. Comme il avait su donner, à celles-ci, une précision si grande qu'on ne l'a pas encore surpassée, il a pu obtenir ainsi un accord qui aurait échappé à tout observateur moins exact, comme moins inventif (*).

(*) Désignons par R_{θ_1} la réfraction correspondante à la distance apparente quelconque θ_1. L'expression qui se déduit du décroissement des densités en progression arithmétique se présente sous cette forme

$$\tang n R_{\theta_1} = \frac{m-1}{m+1}.\tang\left(\theta_1 - n R_{\theta_1}\right);$$

Malgré la célébrité que cette règle de Bradley a obtenue parmi les astronomes, quoiqu'elle soit encore aujourd'hui employée

---

m et n sont deux coefficients numériques, communs à toutes les trajectoires, et qui dépendent seulement de l'état de l'air dans la couche où l'observateur est placé. Ils varient donc avec cet état; et d'après leurs expressions générales, on peut calculer les valeurs particulières qu'ils doivent prendre, lorsqu'il est défini par les observations du baromètre, du thermomètre et de l'hygromètre.

La distance apparente θ, devenant $90°$, R_{q}, est la réfraction horizontale que je représenterai pour abréger par R_{q}, q étant un quadrans. L'arc qui est sous le signe tangente dans le second membre, devient donc alors $90° - nR_{q}$, de sorte que l'adjonction du multiple nR_{q} empêche la tangente de devenir infinie dans cette circonstance. Or $\mathrm{tang}\,(90° - nR_{q}) = \dfrac{1}{\mathrm{tang}\,nR_{q}}$; substituant donc ceci dans le second membre, et faisant aussi $\theta = 90°$ dans le premier, il vient pour ce cas

$$\mathrm{tang}^2\,nR_{q} = \frac{m-1}{m+1},$$

On a donc ainsi, d'abord, une relation entre les coefficients m, n, et la réfraction horizontale R_{q}. Ce résultat substitué dans l'équation générale, fait disparaître m, et il vient

$$\mathrm{tang}\,nR_{\theta_1} = \mathrm{tang}^2\,nR_{q}\,.\,\mathrm{tang}\left(\theta_1 - nR_{\theta_1}\right).$$

La réfraction, même horizontale et au niveau de la mer, est toujours un petit angle qui surpasse à peine un demi-degré; et comme le multiple n diffère peu en moyenne de $3\,\dfrac{1}{4}$, on voit que nR_{q} ne pourra guère excéder $2°$, et les autres produits nR_{θ_1} seront tous moindres encore. Pour des angles ainsi limités, le rapport des tangentes est presque exactement le même que celui des arcs. D'après cela, dans l'équation précédente, le rapport $\dfrac{\mathrm{tang}\,nR_{\theta_1}}{\mathrm{tang}\,nR_{q}}$ pourra être remplacé par $\dfrac{nR_{\theta_1}}{nR_{q}}$ ou $\dfrac{R_{\theta_1}}{R_{q}}$; ce qui donne approximativement

$$R_{\theta_1} = R_{q}\,\mathrm{tang}\,nR_{q}\,\mathrm{tang}\left(\theta_1 - nR_{\theta_1}\right),$$

c'est l'expression que j'ai énoncée dans le texte. On voit que l'équation n'est pas encore complétement résolue par rapport à θ_1, puisque cette inconnue entre dans les deux membres; mais il y a divers moyens de la dédans des observatoires du premier ordre, on peut démontrer qu'il y a une impossibilité absolue à ce qu'elle représente les réfractions atmosphériques exactement. Si l'on détermine les constantes qu'elle renferme, d'après les véritables valeurs du pouvoir réfringent de l'air et de sa densité, on en déduit à la vérité des résultats très conformes aux observations jusque vers 75° de distance zénithale, parce que, dans ces limites, les réfractions sont sensiblement les mêmes dans tous les systèmes d'atmosphères. Mais, à des distances apparentes plus grandes, les nombres ainsi calculés deviennent trop faibles. Leurs différences successives, près de l'horizon, ne suivent plus les lois de variations exigées par le décroissement initial des densités qui s'observe dans les couches inférieures de l'air, en vertu du théorème indiqué p. 224; et le décroissement de température qui s'en déduit pour ces couches, est trois fois au moins plus rapide que le décroissement réel. Si, au contraire, on assujétit les constantes à ces dernières conditions, les réfractions calculées deviennent fautives pour les distances zénithales moindres que 75°. L'accord complet pour toutes les distances zénithales est donc impossible.

Toutefois, on pourrait employer approximativement cette loi si l'on voulait calculer seulement la portion de la réfraction qui s'opère entre deux couches aériennes de hauteur peu différentes, parce que le décroissement des densités dans l'atmosphère réelle, étant en général peu rapide, on pourrait supposer, avec une certaine approximation, que, dans l'intervalle des deux couches, il suit sensiblement une progression arithmétique en passant de l'une à l'autre. Or, ce mode de décroissement imprime alors une propriété remarquable à la portion de la réfraction qui se produit ainsi entre deux points donnés. Car soient M', M'', ces points (*fig.* 82). Si l'on mène en chacun d'eux les tangentes M'T', M''T'' à la trajectoire lumineuse qui va de l'un à l'autre, l'angle aigu M'IT'', ou M''IT', compris entre ces deux tangentes, sera

---

gager que j'aurai occasion d'indiquer plus loin. Voyez, pour plus de détails sur cette loi de Bradley, les Additions à la *Connaissance des Temps* pour 1839, page 90 et suivantes.

la portion de la réfraction totale qui s'opère depuis M′ jusqu'à
M″, § 119. Maintenant, dans le système de décroissement que
nous considérons, cet angle M″IT′ ou M′IT″ se trouve être en
rapport sensiblement constant avec l'angle M′CM″, ou v formé au
centre des couches par les deux verticales menées aux points M′
et M″. Ainsi, en supposant cette constitution générale pour toute
l'atmosphère, l'arc que ces mêmes verticales interceptent sur une
trajectoire quelconque, répondra toujours à une quantité égale
de réfraction ; et, sur la même trajectoire, cette quantité sera
proportionnelle à l'angle au centre v, que les verticales y interceptent. Il est évident d'ailleurs que le coefficient de la proportionnalité dépend de l'état absolu de l'air, et de la raison attribuée à la progression arithmétique, suivant laquelle s'opère le
décroissement des densités.

127. Comme on ignorait en quoi avait consisté le travail de
Newton sur les réfractions atmosphériques, beaucoup de géomètres après lui, entreprirent de les calculer dans la même supposition d'une atmosphère où les densités étaient proportionnelles
aux pressions ; car on croyait alors, avec lui, que l'atmosphère ne
pouvait être constituée autrement. Le célèbre astronome Mayer,
aussi ingénieux physicien que géomètre habile, introduisit dans
le calcul les corrections dépendantes du baromètre et du thermomètre, sous la vraie forme et avec la vraie valeur qu'elles doivent avoir, lorsqu'on peut toutefois les adapter seulement à la
couche inférieure, comme cela a lieu dans cette loi de densité, et
comme on supposait que cela devait être en général. Le géomètre
Kramp traita aussi le problème dans le système d'atmosphère de
Newton, et l'on peut dire qu'il l'épuisa sous le rapport mathématique ; mais ce n'était pas encore le cas de la nature. M. Laplace entreprit le premier d'adapter plus exactement le calcul
aux conditions physiques réelles qui, de son temps, étaient mieux
connues. Pour y parvenir, il démontra d'abord, qu'en employant
la véritable valeur du pouvoir réfringent de l'air, et les lois
réelles de ses variations pour diverses densités, les réfractions
calculées présentaient des erreurs de sens inverse quand on supposait les pressions proportionnelles à la première puissance des

densités, ou à leur seconde puissance. Elles étaient trop fortes dans le premier cas et trop faibles dans le second. Ceci est en effet conforme à ce que nous avons reconnu précédemment, § 87 et § 88, sur le sens opposé d'erreur que ces deux hypothèses présentent quand on veut les employer pour représenter le décroissement des densités dans l'atmosphère. M. Laplace raisonna donc ici, comme nous l'avons fait alors. Il chercha une forme de constitution atmosphérique, mêlée de ces deux-là, et qui se prêtât cependant aux intégrations analytiques générales, que l'on s'astreignait alors à employer. Cette idée était la même qui l'avait déjà guidé dans la composition de sa formule barométrique. Appliquée aux réfractions elle lui donna les tables que le Bureau des Longitudes a adoptées et que l'on emploie généralement en France. Après lui, M. Ivory réalisa le mélange des deux progressions d'une manière infiniment plus simple, en exprimant les pressions par une expression parabolique, composée des deux premières puissances des densités ; ce qui se rapproche en effet singulièrement des paraboles atmosphériques auxquelles les observations physiques conduisent, comme je l'ai exposé dans le chapitre précédent. Mais, restreint par les notions trop incomplètes que l'on avait alors sur la constitution réelle de l'atmosphère, et sur le parti que l'on pouvait tirer des observations déjà faites pour la définir plus exactement, M. Ivory n'employa, pour toute l'atmosphère, qu'une parabole unique, ce que l'ascension aérostatique de M. Gay-Lussac, et les opérations barométriques de MM. de Humboldt et Boussingault ne permettent pas d'admettre. En outre, il ne donna point à cette parabole de terme constant, ce qui rend la densité nulle en même temps que la pression, résultat que que les lois de la mécanique ne permettent pas d'admettre comme rigoureux, et que les observations citées tout-à-l'heure ne présentent pas comme vraisemblable. Enfin, il admit que cette même parabole pouvait physiquement servir dans tous les lieux de la terre, dans toutes les températures, et pour tous les états d'humidité de l'air, toutes conditions de constance qui ne peuvent exister. Mais ces imperfections n'étaient que l'expression rendue évidente de ce qui manquait alors aux données physiques pour que le problème des réfractions pût être enfin résolu avec succès, en conformant les calculs aux réalités. Je ne les signale ici que pour achever de rendre sensible la nécessité des expériences que j'ai indiquées plus haut, comme propres à faire atteindre cet important résultat. M. Ivory a repris de nouveau ce sujet dans les *Transactions philosophiques* de 1838, et il a employé une savante analyse, pour y introduire avec une suffisante approximation les conditions statiques dépendantes de la vapeur aqueuse, en même temps qu'il a donné aux résultats de ses calculs, la juste limitation de localité et d'application moyenne qui leur convient. Mais la relation qu'il a supposé exister entre les densités de l'air humide à diverses températures, me paraît n'être physiquement exacte que pour le seul cas où les tensions de la vapeur aqueuse seraient, dans toutes les couches aériennes, proportionnelles aux pressions totales qui s'y exercent ; ce qui donne à ces couches une composition chimique uniforme comme mélange de vapeur et d'air sec (*). Cette uniformité n'est pas compatible avec les conditions moyennes de l'existence de la vapeur aqueuse dans l'atmosphère. Elle était tacitement supposée par l'analyse des géomètres qui ont calculé des tables de réfraction avant M. Ivory. Et, si je ne me trompe, ce savant, dans le dernier travail que je viens de citer, en a seulement introduit les conséquences statiques plus exactement qu'on ne l'avait fait avant lui, sans se rapprocher davantage des réalités quant à la présence moyenne ou accidentelle de ces élémens à diverses hauteurs.

La relation parabolique entre les pressions et les densités, si heureusement imaginée par M. Ivory, a sur celle de M. Laplace l'avantage que l'on peut immédiatement y introduire le décroissement des températures, dans la couche inférieure de l'air, contiguë à la surface terrestre, tel que les observations l'établissent pour le lieu auquel la table doit être appliqué ; et comme cet élément a une grande influence sur la variation des

---

(*) *Transactions philosophiques*, pour 1838, 11e partie, page 199.

réfractions près de l'horizon, l'emploi exact qu'on en fait ainsi doit nécessairement rapprocher le calcul des réalités. Dans la loi empirique adoptée par M. Laplace, au contraire, ce décroissement initial résulte, comme conséquence, des autres données admises; et la valeur qu'on lui trouve ainsi est beaucoup plus rapide que celle qui s'observe dans la région moyenne de l'Europe. Mais la parabole de M. Ivory, et la loi de M. Laplace, ont le défaut commun, que le décroissement ultérieur des températures, pour un même intervalle de hauteur, devient plus lent à mesure qu'on s'éloigne de la surface terrestre, au lieu que l'expérience, d'accord avec les théories physiques, montre qu'il doit devenir alors de plus en plus rapide. La table de réfractions établie par M. Bessel, dans ses *Fundamenta Astronomiæ*, est, je crois, la seule qui satisfasse à cette condition d'accélération; et elle est aussi conforme à l'expérience dans les grandes hauteurs, en ce que le lieu géométrique des densités et des pressions y devient absolument rectiligne. Mais elle s'écarte de la réalité en faisant commencer cette droite dans la couche inférieure même, et la continuant dans toute l'atmosphère. L'inclinaison de la droite hypothétique sur l'axe des pressions, a été déterminée par M. Bessel, de manière à satisfaire à l'ensemble des observations de Bradley, qui supposent des trajectoires lumineuses embrassant toute l'atmosphère réelle. Par une conséquence inévitable, le décroissement des températures ainsi obtenu, s'est trouvé beaucoup plus lent que la réalité dans les couches inférieures, où l'accélération uniforme qu'on lui attribuait, commençait trop tôt. Aussi paraît-on s'accorder aujourd'hui à reconnaître que la table de M. Bessel ne représente pas les variations des réfractions dans les petites hauteurs apparentes, avec toute l'exactitude qu'on était porté à en espérer, ce qui tient à la grande influence exercée sur ces variations par le décroissement initial des températures, dont la valeur y est fautive (*).

(*) Soit p_1 la densité dans la couche inférieure de l'air où l'observateur se trouve et dont je représente le rayon par r_1. Appelons généralement ρ la densité dans toute autre couche, dont le rayon est r, et faisons pour abréger

128. La fin de la table insérée page 220, présente les valeurs numériques des réfractions ainsi obtenues théoriquement pour Paris, par les formules de M. Laplace, depuis 75° de distance zénithale jusqu'à 90° 30′, en supposant, comme dans le reste de cette table, la température de l'air 10° cent., et la pression barométrique 0^{m},76 de mercure à cette même température, dans la couche aérienne où l'observateur est placé. Quoique les éléments météorologiques des couches supérieures aient aussi une influence sensible, et même considérable, sur la réfraction pour ces grandes distances au zénith, l'indication des instruments dans la couche inférieure suffit, ou est censée suffire, parce que l'état des autres couches s'en déduit et entre dans les résultats de la formule, conformément à la constitution atmosphérique supposée. Aussi l'application de la table numérique aux circonstances

$$\frac{r - r_{\scriptscriptstyle 1}}{r} = s_{\scriptscriptstyle 1}$$

la variable s représentera à très peu près la hauteur au-dessus de la couche inférieure. Si l'on désigne par e le nombre dont le logarithme hyperbolique est 1, l'expression générale des densités adoptée par M. Bessel est

$$\rho = \rho_{\scriptscriptstyle 1} e^{-c's},$$

c' étant un coefficient constant qui doit être déterminé par l'expérience, et dont il a obtenu la valeur par la condition que les réfractions déduites de cette constitution d'atmosphère satisfissent à l'ensemble des observations de Bradley. Cette expression étant introduite dans l'équation de l'équilibre des couches, donne entre les densités et les pressions une relation rectiligne; et en y substituant pour c' la valeur numérique trouvée par M. Bessel, d'après les observations de Bradley, on en déduit une hauteur de l'atmosphère égale à 28488 mètres, avec une densité finale égale à 0,036145, la densité inférieure étant 1. L'inclinaison de la droite sur l'axe des pressions se trouve être 43° 56′ 44″,12, plus faible que toutes celles qui ont été observées par MM. Gay-Lussac, Humboldt et Boussingault; et cette circonstance donne un décroissement initial des températures qui est aussi beaucoup trop lent puisqu'il est de 854^{m},16 pour 1° centésimal. Ces résultats s'obtiennent aisément, lorsqu'on introduit la relation des densités de M. Bessel avec sa valeur de c' dans les formules générales de mon Mémoire sur la constitution de l'atmosphère, inséré dans la *Connaissance des Temps* de 1840.

météorologiques propres de chaque observation, exige-t-elle certaines corrections liées à cette constitution même, et que la théorie en déduit généralement pour les transformer en nombres, comme je l'ai annoncé page 219.

On voit que, dans les grandes distances zénithales, la réfraction croît avec beaucoup plus de rapidité que dans les petites. Aussi a-t-on eu soin de calculer alors ses valeurs pour des intervalles de distances beaucoup moindres, afin que les valeurs intermédiaires, entre deux termes de la table, puissent être conclues par une interpolation suffisamment exacte, en supposant les différences des distances zénithales proportionnelles aux différences des réfractions.

106. La table précédente ne conduit que jusqu'à 90°30′ de distance zénithale. C'est beaucoup plus qu'il ne faut pour les astronomes. Car, d'après l'exposition que nous venons de faire, on doit comprendre combien les évaluations théoriques doivent devenir douteuses pour des trajectoires si basses, dans l'état encore si imparfait des hypothèses atmosphériques sur lesquelles on les a établies. On peut même craindre que les observations astronomiques faites aujourd'hui à de grandes distances zénithales sur la foi des tables actuelles, ne soient complètement inutiles pour l'avenir. Car, d'abord, les réfractions réelles qui y correspondent dépendent sans aucun doute de l'état hygrométrique accidentel de l'air, en tant qu'il influe sur son poids actuel, conséquemment sur la succession des pressions à diverses hauteurs. Elles dépendent aussi du décroissement actuel de la densité qui est plus ou moins rapide en divers temps et en diverses régions. Même, par une circonstance dont il serait difficile de se rendre compte, mais qui est un résultat mathématique, lorsqu'on cherche la loi suivant laquelle les réfractions diminuent en s'élevant de l'horizon vers le zénith, on trouve qu'à partir de ce plan, elles commencent par dépendre uniquement de deux données physiques, dont une est la densité de la couche aérienne où l'observateur est placé, et l'autre la vitesse avec laquelle le décroissement de la densité commence à s'opérer au-dessus de cette couche même, sans que l'état des couches éloignées vers l'hori-

zon y ait aucune influence (*). Or, non-seulement les tables jusqu'à présent calculées, ne tiennent aucun compte de ces variations, en quoi elles ne peuvent être exactes; mais par cela même qu'elles les supposent nulles, il arrive qu'on n'observe pas, ou qu'on observe d'une manière très incomplète, les éléments physiques qui pourraient servir à les déterminer; ce qui empêchera que l'on puisse jamais appliquer aux observations actuelles les corrections qu'elles exigent, même quand on en aura introduit un jour l'influence dans la théorie calculée. Aussi, par un juste sentiment de prudence, les astronomes s'efforcent-ils d'établir les éléments des mouvements célestes sur des observations faites assez près du zénith pour que le mode réel de superposition des couches atmosphériques n'y ait qu'une influence négligeable, ce qui les limite à peu près à $74°$ de distance zénithale, comme on l'a vu plus haut. Toutefois, lorsque l'observateur est placé sur le sommet de très hautes montagnes, il peut suivre, matériellement le mouvement des astres jusqu'à des distances zénithales plus grandes que $90°$, et même au-delà des termes que la table générale embrasse; ce qu'il est très utile de faire lorsque l'occasion s'en présente, afin de constater par cette sévère épreuve le degré plus ou moins grand d'approximation des diverses hypothèses atmosphériques sur lesquelles les tables peuvent être fondées. Il faut donc savoir comment leur application doit être étendue à ces cas peu usuels.

On y parvient par un artifice très simple. Concevez la trajectoire lumineuse OLS, *fig.* 83, prolongée indéfiniment, suivant les loix qui la régissent, tant au-dessous de l'horizon vers l'astre S, qu'au-dessus, du côté opposé de la verticale, vers S′. Elle aura nécessairement du côté de S, un point M qui sera plus bas que tous les autres, et dans lequel sa direction deviendra parallèle aux couches aériennes, conséquemment horizontale. De plus, à cause de la sphéricité admise des couches, la trajectoire devra être supposée

---

(*) Mémoire sur les Réfractions, inséré dans la *Connaissance des Temps* pour 1839, page 55.

symétrique de part et d'autre de ce point. Mais elle ne sera curviligne que dans l'étendue de l'atmosphère terrestre. Ainsi, depuis l'astre S, jusqu'à son entrée en L, elle sera d'abord une simple ligne droite SL; et de même, depuis sa sortie en L″, elle se prolongera vers S″ suivant sa dernière tangente. Maintenant, si, du point O, on mène aussi à l'astre la droite OS au-dessous de l'horizon apparent, la réfraction cherchée sera égale à l'angle L′OS, formé par cette ligne OS avec L′OL″, tangente de la trajectoire au point O. De même, en menant du point M, la droite MS terminée à l'astre, et la droite H′MH″ tangente à la trajectoire, l'angle H′MS sera la réfraction horizontale en M. Or, à cause du peu d'épaisseur de l'atmosphère comparativement à la grande distance des astres, les lignes OS, MS peuvent être censées parallèles entre elles, et à celle qui est le dernier prolongement de la trajectoire; ou ce qui revient au même, les angles formés par ces trois droites, au centre de l'astre, peuvent être considérés comme infiniment petits (*). Si donc nous répétons la même opération de l'autre côté de la trajectoire vers S″, et que nous menions des points O et M des droites OS″, MS″, parallèles à sa dernière direction, l'angle S″OL″ sera la réfraction d'un astre élevé au-dessus de l'horizon du point O autant que le premier est abaissé au-dessous; et l'angle H″MS″ égal à H′MS, à cause de la symétrie de la courbe, représenterait encore la réfraction horizontale au point M. Ainsi, en nommant cette réfraction R, on aura l'angle rectiligne...
SOS″ = SMS″ = 180° — 2R. Or, comme on a d'ailleurs autour du point O : L′OS + SOS″ + L″OS″ = 180°, il s'ensuit évidemment L′OS + L″OS″ = 2R; d'où enfin L′OS = 2R — L″OS″; c'est-à-dire que *la réfraction d'un astre observé au-dessous de l'horizon est égale au double de la réfraction horizontale au point le plus bas de la trajectoire, moins la réfraction d'un second astre fictif, aussi élevé au-dessus de l'horizon que le premier est réellement abaissé au-dessous.* Cette dernière partie de la

---

(*) Cette proposition a déjà été indiquée § 119, page 213; et j'en ai renvoyé la démonstration à une note placée à la fin du présent chapitre.

réfraction s'obtient immédiatement par les tables. Pour obtenir aussi la première, on cherche, par le calcul, quelle doit être la densité de l'air au point le plus bas de la trajectoire. Cela est facile lorsque l'on connaît l'inclinaison initiale de cette courbe au point O, ou l'abaissement apparent de l'astre, et les circonstances météorologiques qui ont lieu actuellement en ce point. Car alors, l'hypothèse de constitution atmosphérique employée pour construire les tables, donne la loi suivant laquelle les densités doivent croître en descendant vers M. Et même, la densité spécialement propre à ce dernier point, ainsi que sa distance au centre des couches, s'obtiennent ainsi toujours, sans aucune difficulté d'intégration, d'après la seule condition d'horizontalité qui le caractérise. La densité en M étant connue, on en déduit la réfraction horizontale R suivant la même loi, et l'on connaît ainsi les deux quantités dont la différence forme la réfraction cherchée, pour l'astre réel S. Au moyen de calculs semblables, on peut étendre, et l'on étend en effet les tables de réfraction aux divers degrés de dépression apparente où l'on peut avoir occasion d'observer. C'est ainsi qu'on a calculé les derniers nombres du tableau rapporté page 220.

150. Jusqu'ici, ces tables ne tiennent pas compte de la dispersion que l'atmosphère imprime aux rayons lumineux, en les réfractant. Il faut donc considérer les nombres qu'elles donnent, comme s'appliquant aux rayons jaunes les plus brillants du spectre, qui ont aussi un indice de réfraction à peu près moyen entre tous les autres. La force dispersive de l'atmosphère est toutefois très manifeste, surtout dans les grandes distances zénithales. La belle étoile Fomalhaut, observée par M. Struve à 88° 33′ du zénith, lui a présenté une image prismatique oblongue, dont le diamètre vertical soutendait un angle de 22″, et l'horizontal, un angle de 8″. Le même astronome assure que cet effet est perceptible jusque vers 60° de distance zénithale, quand on se sert d'instruments dont le pouvoir amplifiant est considérable (*). La même cause doit donner des réfractions un peu dif-

---

(*) Struve. *Stellarum compositarum mensuræ micrometricæ.* Introductio, LV.

férentes aux étoiles qui paraissent diversement colorées ; mais on n'a pas jusqu'ici suffisamment apprécié ces effets.

131. En général, on a pu voir, par l'exposition précédente, que la théorie des réfractions, quoique si importante pour l'astronomie, laisse encore beaucoup à désirer, quant à la détermination exacte des éléments météorologiques sur lesquels elle repose. C'est pourquoi, après l'avoir présentée ici telle qu'elle existe, il me semble qu'il peut être utile d'en spécifier nettement les imperfections actuelles, de les réduire à leurs moindres termes jusqu'à présent inévitables, et d'indiquer quelques observations qui pourraient servir pour en apprécier la portée, comme aussi pour en atténuer les effets.

132. La théorie, telle qu'on la conçoit jusqu'à présent, et telle que je l'ai exposée, suppose : 1° que les couches d'égal pouvoir réfringent sont, dans chaque lieu, parallèles à la surface générale du sphéroïde terrestre qui les supporte, par conséquent concentriques à la surface de la sphère qui est osculatrice à ce sphéroïde dans le lieu d'observation ; 2° avec cette forme, elle les considère comme étant en équilibre les unes sur les autres ; 3° elle attribue à la succession de leurs densités une loi de décroissement qu'elle suppose exacte, et toujours la même dans toute la hauteur de l'atmosphère ; 4° elle admet que, dans chaque couche, où l'observateur va se placer, il peut déterminer expérimentalement, par le baromètre et le thermomètre, la pression locale et la température propre de l'air, de manière à en déduire sa densité, et par suite son pouvoir réfringent. Examinons jusqu'à quel point ces diverses suppositions sont conformes aux réalités physiques, et indispensables au calcul des réfractions que l'atmosphère produit.

133. Je commence par discuter le dernier point qui est le plus immédiatement accessible. D'abord, quant au baromètre, lorsque cet instrument est lui-même fixe, dans une position stable, il est de fait que la colonne de mercure intérieure n'offre jamais d'oscillations sensibles, même dans les plus grandes agitations de l'air ambiant. Ainsi, quelle que soit l'énergie de ces agitations, les forces comprimantes ou expansives qu'elles développent n'ont rien de brusque, du moins dans les limites d'indications que l'instrument peut atteindre ; de sorte que, entre ces limites, il exprime exactement la pression locale et actuelle exercée dans la couche d'air où il est placé. Mais la température propre de l'air n'est pas exprimée ainsi par l'indication immédiate du thermomètre. Car cet instrument accuse à la fois la somme des effets produits sur lui par le contact de l'air dans lequel il plonge et par les quantités de chaleur rayonnante échangées entre lui et les corps qui l'environnent à distance. La théorie de la chaleur apprend à séparer ces effets (*). Mais les épreuves qu'elle exige pour le faire seraient d'une application très délicate ; de sorte que, jusqu'à présent, on se borne à employer l'indication thermométrique immédiate, comme exprimant la température propre et réelle de l'air ; sans avoir aucune notion de l'erreur que cette supposition peut comporter dans chaque cas donné. Toutefois, on peut présumer avec vraisemblance qu'elle est la moindre possible, lorsque la couche dans laquelle le thermomètre plonge, étant elle-même sensiblement calme, se trouve en contact prolongé avec des corps d'une température uniforme, qu'elle doit probablement partager. Ces conditions se réalisent quelquefois pour la couche aérienne inférieure, et on les considère avec raison comme indiquant les circonstances les plus favorables à l'appréciation des températures vraies de l'air. Aussi cherche-t-on toujours à s'en approcher, en donnant à l'air intérieur des observatoires, une communication aussi libre que possible avec l'air du dehors. Mais celui-ci éprouve fréquemment des variations de température que les parois solides d'un observatoire et les instruments métalliques qu'il renferme ne peuvent partager qu'après un certain temps ; et, jusqu'à ce qu'ils aient atteint cette égalité, ils modifient la température de l'air qui les touche. De sorte qu'on ne sait pas alors si c'est le thermomètre intérieur, ou l'extérieur, ou une fonction des deux qu'il faut employer pour calculer la densité de la dernière couche d'air que les tables de réfractions supposent toujours comme donnée fondamentale. J'indiquerai plus loin des épreuves qui éclaireraient cette question, en

---

(*) *Théorie mathématique de la Chaleur*, par M. Poisson, p. 448, § 201.

faisant connaître immédiatement la portion de la réfraction totale qui s'opère dans les couches mêmes où l'inégalité de température se produit ; et en faisant discerner les valeurs numériques correspondantes que les tables lui attribuent, selon qu'on emploie dans le calcul telle ou telle température de la couche inférieure. Mais l'exposition de ces procédés sera mieux comprise après que nous aurons étudié spécialement le mouvement des trajectoires lumineuses dans les basses régions de l'air, comme nous allons avoir occasion de le faire dans les pages suivantes.

154. Examinons maintenant la distribution des pouvoirs réfringents dans l'atmosphère, distribution que la théorie actuelle suppose la même sur toutes les verticales qui environnent le point d'observation. Je ne crois pas que cette égalité soit appuyée sur aucun fait, et il s'en produit tous les jours sous nos yeux qui lui sont évidemment contraires. Ainsi l'on observe souvent dans l'atmosphère des courants d'air de sens différents les uns au-dessus des autres, dont le mouvement de transport peut être difficilement supposé tout-à-fait horizontal, et universel pour tout l'horizon visible. Le réchauffement du sol, par les rayons solaires, son refroidissement quand il rayonne vers l'espace libre, doivent, indépendamment de toute autre cause accidentelle, produire habituellement dans les couches inférieures des courants ascendants et descendants, dont les conditions doivent varier sur les diverses verticales de chaque région terrestre, en raison de la nature du sol, ce qui rend impossible l'exacte identité des densités à d'égales hauteurs, par conséquent, la configuration sphérique des couches d'égale densité que la théorie actuelle suppose, comme aussi l'état d'équilibre de ces couches qu'elle admet également. On a, pour ainsi dire constamment, la preuve matérielle de ces perturbations accidentelles, et je dirais presque locales de l'atmosphère, lorsqu'on observe attentivement dans les lunettes astronomiques des étoiles si voisines des pôles célestes, que leur mouvement de rotation diurne est presque insensible pendant de courts intervalles de temps. Car, en amenant leurs images tout près des fils d'araignée qui sont tendus au foyer de ces instruments, comme je l'expliquerai plus tard, on les voit presque toujours agitées de petits mouvements vibratoires qui, tour à tour, les rapprochent et les éloignent de ces fils, au point de les cacher quelquefois derrière leur épaisseur, puis de les faire reparaître, en quelques instants. La circularité des couches atmosphériques d'égale densité, et leur état d'équilibre, ne peuvent donc pas être admis comme des conditions réelles et rigoureuses, en présence de pareils phénomènes. Heureusement, lorsque les distances zénithales apparentes ne s'écartent pas du zénith au-delà de 74°, ce qui comprend toutes les observations habituellement destinées aux mesures des mouvements célestes, le calcul des réfractions n'exige pas indispensablement la première de ces deux conditions; et la seconde n'influe sur leur valeur que pour une proportion très petite qui doit se trouver sensiblement exacte dans la moyenne de quelques observations, les petites erreurs qu'elle peut introduire étant de nature à se compenser les unes par les autres.

Pour établir ces résultats, je m'appuierai sur un fait universellement constaté par les observations; c'est que, dans tous les lieux de la terre, la réfraction est *habituellement* nulle au zénith.

On reconnaîtra bientôt que ceci peut être constaté par les épreuves les plus délicates, quand j'aurai décrit les instruments spécialement destinés à observer très près de ce point. S'il y a quelques rares exceptions à cette règle, elles ont été plutôt soupçonnées que constatées effectivement par des mesures; et l'on ne peut les considérer que comme résultantes de perturbations extraordinaires opérées dans l'atmosphère, accidentellement, et temporairement. Puis donc que, dans l'état habituel, un élément lumineux qui pénètre l'atmosphère suivant une verticale, continue de suivre cette direction jusqu'à la surface terrestre, sans être sensiblement dévié, il devient évident que, dans cet état, les forces réfringentes qui agissent sur lui sont elles-mêmes dirigées suivant les verticales, ou s'en écartent assez peu pour ne produire que des composantes latérales incapables, en somme, d'effets qui tombent sous nos sens. Cette dernière conclusion est toutefois la seule qu'on doive admettre. Le décroissement des densités ne pouvant pas être rigoureusement identique sur toutes les verticales d'une même région, du moins près de la surface terrestre, comme nous l'avons reconnu d'abord, il est impossible que de pareilles composantes ne se développent pas, ne fût-ce qu'aux surfaces de contact des différentes colonnes. Mais, par cette notion même de leur cause, on voit qu'elles peuvent avoir, à chaque instant, des valeurs et des directions très diverses sur les différents points d'une même verticale, comme aussi sur des verticales différentes, ce qui, joint à leur faiblesse, doit rendre leurs effets susceptibles de se compenser rapidement dans la moyenne de quelques observations. Admettant donc une telle moyenne pour les anéantir s'ils ne sont pas toujours insensibles, nous pourrons nous dispenser d'y avoir égard, et considérer l'élément lumineux, comme continuellement sollicité par des forces réfringentes purement verticales; ces forces pouvant, sur chaque verticale, suivre des lois d'intensité quelque peu différentes entre elles au même instant.

Or, dans un lieu donné, les verticales concourent sensiblement au centre de la sphère qui est osculatrice, en ce lieu, à la surface générale du sphéroïde terrestre. Donc, si l'on considère un élément lumineux introduit dans l'atmosphère, suivant une direction quelconque, la trajectoire sensible qu'il décrira résultera de sa vitesse primitive propre, combinée avec la force réfringente dirigée constamment au centre de la sphère, et ainsi l'on pourra lui appliquer les théorèmes relatifs à ce genre de mouvement.

Considérons, sur la trajectoire lumineuse, un point quelconque M', *fig.* 82, situé dans une couche dont la densité soit ρ', le pouvoir réfringent k', et r' la distance rectiligne $M'C$ au centre de la sphère osculatrice. D'après ce qui a été dit, § 119, page 211, la vitesse de l'élément lumineux en M' sera $\sqrt{1+4k'\rho'}$; et la perpendiculaire CP', menée du centre C sur la tangente en M', aura pour longueur $r'\sin v'$, v' étant l'angle formé par r' avec cette tangente. Les mêmes notations appliquées à tout autre point M'' de la trajectoire, donneront des résultats analogues. $\sqrt{1+4k''\rho''}$ sera la vitesse en M''; et $r''\sin v''$ exprimera la longueur de la perpendiculaire CP''. Or, d'après la théorie des forces centrales, ces perpendiculaires doivent, comme je l'ai dit, être toujours en raison inverse des vitesses qui leur correspondent. En appliquant ici cette relation, nous aurons généralement

$$r'' \sin v'' \sqrt{1 + 4k''\rho''} = r' \sin v' \sqrt{1 + 4k'\rho'} \qquad (1).$$

C'est l'équation (1) du § 119 généralisée seulement dans sa notation. Mais il y a plusieurs remarques importantes à faire sur son usage.

D'abord, le caractère central de la force réfringente nous a été donné par des trajectoires traversant l'atmosphère libre, loin de tout corps terrestre qui en pût modifier l'état naturel. On ne pourrait donc pas l'étendre, sans vérification, au cas où le rayon lumineux passerait dans le voisinage de pareils obstacles; par exemple, s'il rasait les flancs d'une montagne, immédiatement exposés aux rayons solaires, ou s'il pénétrait dans une vallée profonde, dont les parois empêcheraient la libre expansion des couches aériennes. Il pourrait, dans de tels cas, s'établir des mouvements locaux, qui produiraient dans les densités des variations assez intenses, comme assez obliques aux verticales, pour donner des composantes latérales sensibles; et alors les trajectoires ne pourraient plus se calculer par les seules forces réfringentes verticales, comme le suppose l'équation (1).

Mais la liberté d'extension étant admise, cette équation n'exige nullement que l'atmosphère soit en repos. Elle admet tous les mouvements intérieurs qui peuvent s'y produire et mêler accidentellement des couches de densités diverses, ou intervertir l'ordre habituel de leur superposition, pourvu seulement que ces mouvements et ces mélanges s'opèrent toujours dans le sens vertical, sans produire des variations latérales de densité capables de dévier sensiblement le rayon lumineux. Il est vrai que, à la rigueur, les vitesses de ces mouvements devraient se composer avec la vitesse propre des molécules lumineuses, pour former la vitesse apparente de ces dernières, relativement à l'observateur. Mais, comme on le verra plus loin, la transmission de la lumière est si excessivement rapide, que les agitations les plus violentes de l'atmosphère sont presque sans proportion avec elle; de sorte qu'elles ne peuvent produire, dans le mouvement de l'élément lumineux, aucune modification appréciable, si ce n'est par les diverses densités qu'elles amènent sur sa route, et qui influent sur les pouvoirs réfringents successifs auxquels il est soumis. Il suffit donc de considérer cette succession telle qu'elle existe actuellement sur chaque trajectoire, comme si d'ailleurs les molécules aériennes étaient immobiles; et alors l'équation différentielle de cette trajectoire se trouve complétement déterminée par les conditions générales de la théorie des courbes combinées avec l'équation (1) qui exprime le caractère central des forces agissantes.

155. De là on déduit rigoureusement, que, pour chaque distance apparente θ_1, la réfraction totale R_{θ_1}, a une expression de cette forme,

$$R_{\theta_1} = A \tang \theta_1 + B \tang^3 \theta_1, \qquad (2)$$

dans laquelle A et B sont des coefficients dont les valeurs se calculent entre des limites connues d'erreur, par la seule condition de nullité du pouvoir réfringent à la limite de l'atmosphère, et de son intensité actuelle dans le point où l'observateur est placé, sans avoir aucun besoin de connaître la loi de sa succession intermédiaire entre ces termes extrêmes (*). Or, tant que la distance zénithale apparente θ_1 n'excède pas $74°$, la réfraction correspondante R_{θ_1}, s'obtient ainsi entre des limites d'erreur insensibles aux observations. Car, même à $74°$ l'erreur de cette évaluation ne peut pas dépasser $0'',277$, pour un observateur qui serait placé au niveau des mers (**). La réfraction R_{θ_1} peut donc se calculer ainsi depuis le zénith jusqu'à cette dernière distance zénithale, avec les seuls éléments météorologiques actuellement existants au point d'observation, sans autre incertitude que celle que leur détermination comporte.

Ce calcul, il est vrai, ne peut se faire complétement qu'en sup-

---

(*) Additions à la *Connaissance des Temps* de 1839, page 65.
(**) *Ibid.*, page 70.

posant les couches aériennes à l'état d'équilibre, ce qui n'est pas admissible en général, et n'a vraisemblablement jamais lieu en toute rigueur. Mais cette supposition n'affecte qu'une partie extrêmement petite des coefficients A et B, laquelle est de l'ordre $k_1 \frac{l}{a}$,

k_1 étant le pouvoir réfringent au point d'observation, et $\frac{l}{a}$ une fraction dont la valeur moyenne, au niveau de la mer, excède à peine $\frac{1}{1000}$; de sorte que l'effet en devient insensible dans les observations voisines du zénith, où $\tan g\, \theta_1$ est aussi une petite fraction. Et même, pour les plus grandes valeurs des distances zénithales auxquelles la formule est limitée, il n'en peut résulter qu'une très petite erreur, dont la quantité, ainsi que le signe, doivent être variables, selon que l'état réel de l'air s'écarte dans un sens ou dans un autre de l'état d'équilibre supposé. Alors on peut anéantir l'effet de cette erreur, en prenant une moyenne entre les observations faites à différents jours, pour la même distance apparente; et c'est là vraisemblablement la cause la plus ordinaire des petits écarts de quelques secondes que l'on trouve entre les résultats partiels corrigés de la réfraction par la formule précédente, même pour des distances zénithales qui n'excèdent pas 45°.

Sauf ce très petit terme, qui suppose l'équilibre, la formule (2), non plus que l'équation (1) dont elle dérive, n'établit aucune nécessité de relation quelconque entre la succession des pouvoirs réfringents distribués sur les trajectoires, qui répondent à des distances zénithales différentes. Et puisque la réfraction R_{θ_1}, propre à chacune d'elles, ne dépend que des valeurs extrêmes du pouvoir réfringent, qui sont les mêmes pour toutes, il s'ensuit que l'expression qui la donne exige uniquement la direction centrale des forces réfringentes, mais nullement la sphéricité des couches de pouvoir réfringent égal, comme nous l'avions supposé d'abord, et comme on le suppose ordinairement; considération importante, puisqu'elle donne à la formule une généralité d'application qui était indispensable pour l'adapter aux réalités.

136. Malheureusement cette indépendance de la sphéricité ne peut plus être obtenue quand les distances zénithales dépassent les limites de grandeur auxquelles la formule (2) est bornée. Il est bien vrai qu'alors l'équation (1) ne suppose encore que la centralité des forces réfringentes. Mais la réfraction qui s'en déduit dépend de la succession des pouvoirs réfringents intermédiaires, d'autant plus notablement que les trajectoires s'éloignent davantage du zénith ; et, pour l'obtenir, il faut se donner cette succession. Or, avec le peu d'étude que l'on a fait jusqu'ici de l'atmosphère réelle, on n'a pas pu faire mieux que d'admettre des lois de successions communes à toutes les verticales suivant lesquelles les forces devaient être dirigées, ce qui revient à supposer les couches d'égal pouvoir réfringent exactement sphériques, circonstance que les parties inférieures de l'atmosphère présentent peut-être bien rarement avec une complète rigueur. Et enfin, par le même manque de données météorologiques, on s'est réduit à prendre la loi du décroissement des densités, suivant les verticales, la même dans tous les temps comme dans tous les lieux ; quoique, pour les couches inférieures du moins, cette constance et cette universalité soient démenties par des faits de la dernière évidence, comme nous l'avons reconnu en examinant la constitution de l'atmosphère dans le chapitre précédent.

137. Dans la nécessité où l'on s'est trouvé, et où l'on sera peut-être long-temps encore, d'employer ces suppositions, il est essentiel d'apprécier la portée des erreurs qui peuvent accidentellement résulter de leur usage. C'est à quoi l'on peut parvenir à l'aide d'un système d'observations que j'ai déjà annoncé et que j'expliquerai plus loin. Mais auparavant il faut que je montre comment on peut mesurer expérimentalement cette portion inférieure de la réfraction qui s'opère dans les couches d'air les plus voisines de la terre, et que l'on nomme, pour cette raison, la *réfraction terrestre*.

138. D'après l'idée que j'en ai déjà donnée, *fig.* 80, elle consiste, comme l'astronomique, dans l'angle TOO', formé par la dernière tangente OT de la trajectoire lumineuse, avec la droite OO' menée directement à l'objet O'. Seulement, ce dernier ne

pouvant plus être supposé à une distance infinie, son éloignement intervient nécessairement dans la mesure de l'angle TOO',
comme nous avons trouvé que cela arriverait pour l'astre S,
fig. 81, s'il n'était pas censé infiniment distant. Afin de fixer
nettement les particularités propres à ce cas, convenons que, dans
la fig. 82 déjà employée, M' et M″ soient deux signaux terrestres
qui soient réciproquement visibles l'un de l'autre à travers l'air,
sans autre obstacle matériel interposé entre eux. Cette condition
même les rendra assez voisins pour que les verticales qui y correspondent puissent être censées comprises dans un même plan,
et concourantes en un certain point C qui sera le centre de la
sphère osculatrice à la surface générale du sphéroïde terrestre,
déterminée par le prolongement idéal de la surface des mers, dans
la région où les deux objets sont situés. Soit H′H″ la section de
cette sphère par le plan des deux verticales ; M′H′, M″H″, seront
les *hauteurs absolues* des deux points M′, M″ au-dessus de la sphère
osculatrice ; et si, du même centre C, avec le rayon CM', on
décrit une autre sphère dont la section, par le plan des verticales, soit l'arc de cercle M′h″, la portion M″h″ de la plus
longue verticale, sera ce que l'on appelle la *différence de
niveau* des deux points, laquelle est égale à la différence de
leurs hauteurs absolues. Maintenant, s'il n'y avait pas d'air interposé, ou si cet air était dépourvu de force réfringente, les deux
objets se verraient mutuellement, suivant la corde rectiligne
M′M″, qui les joint ; et les angles Z′M′M″, Z″M″M′, formés par
leurs verticales respectives avec cette corde, seraient ce que l'on
nomme leurs *distances zénithales vraies et réciproques*. Mais l'action réfringente de l'air interposé empêche cette visibilité directe, et l'opère par une trajectoire courbe, dont chaque point
n'aperçoit que la dernière tangente T′M′, T″M″. De sorte que
les angles Z′M′T′, Z″M″T″, que je nommerai Z′, Z″, sont les *distances apparentes réciproques*, qu'on observe mutuellement de
ces deux points. L'excès des distances vraies sur celles-ci, ou
les angles T′M′M″, T″M″M′, sont donc les *réfractions locales*,
que je désignerai désormais par δ′ et δ″, en leur attribuant le
signe positif, quand la réfraction opérée élèvera l'image des

objets au-dessus de la corde rectiligne, comme le représente la figure; et leur donnant le signe négatif s'il arrivait qu'elle les abaissât accidentellement au-dessous, ce qui rendrait les distances apparentes plus grandes que les distances vraies. Cela posé, I étant le point d'intersection des deux tangentes, l'angle aigu T'IM'', ou T''IM', compris entre elles, sera évidemment la somme de toutes les flexions que la trajectoire éprouve depuis M'' jusqu'en M'. Aussi sera-t-il égal à la somme des deux angles IM'M'', IM''M' ou δ', δ'', qui lui sont intérieurement opposés dans le triangle rectiligne IM'M'', et qui représentent respectivement les deux *réfractions terrestres* opérées en M' et M''. Cette relation exprimée donnera donc

$$I = \delta' + \delta''.$$

Si l'objet M'' s'éloignait à l'infini, le peu d'épaisseur de l'atmosphère rendrait la tangente initiale M''T'' presque coïncidente avec la ligne de vision directe M''M'. La réfraction partielle T''M''M' ou δ'' deviendrait donc nulle ou insensible, ce qui permettrait de la négliger; et l'angle I, calculé théoriquement pour toute la trajectoire, jusqu'à la limite de l'atmosphère, donnerait la réfraction cherchée δ' qui a lieu au point d'observation M'. C'est en effet ce que nous avons reconnu § **119**, page 213. Mais, dans le cas des objets terrestres, l'angle I exprime seulement la somme des deux réfractions locales, dont aucune n'est théoriquement négligeable; et l'on n'en peut pas conclure chacune d'elles isolément.

139. Cette somme est liée aux deux distances zénithales apparentes et à l'angle au centre M'CM'' ou v, par une relation très simple, d'autant plus essentielle à connaître qu'elle est indépendante de la constitution atmosphérique. Pour la découvrir, il suffit de considérer que les angles intérieurs du quadrilatère CM'IM'' doivent faire, en somme, 360°. Formant donc cette égalité, avec leurs expressions individuelles, on aura évidemment

$$v + 180^\circ - Z' + 180^\circ - I + 180^\circ - Z'' = 360^\circ,$$

d'où l'on tire

$$I = 180^\circ + v - Z' - Z'';$$

et en substituant pour I sa valeur générale $\delta' + \delta''$,

$$(3) \qquad \delta' + \delta'' = 180^o + v - Z' - Z'',$$

on parviendrait immédiatement au même résultat, en considérant le triangle CM'M'' formé par les deux rayons vecteurs, CM', CM'', et la corde rectiligne M'M''; ce que j'appellerai dorénavant le *triangle vrai*, pour le distinguer du triangle mixtiligne formé par les deux rayons et la trajectoire courbe. En effet, dans ce triangle vrai, l'angle en M' est $180^o - (Z' + \delta')$; l'angle en M'' est $180^o - (Z'' + \delta'')$, et le troisième angle est v. Leur somme étant égalée à 180°, donne le résultat précédent.

Il importe beaucoup de remarquer que cette relation subsisterait encore sans modification, si les deux distances zénithales Z', Z'', avaient été observées à des instants différents, de manière à appartenir à des trajectoires lumineuses distinctes. Cela devient évident par la seule inspection de la fig. 84, qui représente un cas pareil, et à laquelle néanmoins le même raisonnement peut être appliqué, en construisant le quadrilatère formé par les deux rayons terrestres et par les deux tangentes des trajectoires lumineuses qui avaient lieu lorsque chacune des distances zénithales a été observée ; ou encore, en considérant le triangle vrai M'IM'' déduit de ces distances augmentées des réfractions qui y correspondent. D'après cette remarque, *si l'on connaît l'angle au centre v compris entre les verticales des deux points d'observation, M', M'', et qu'on ait mesuré les deux distances zénithales réciproques simultanément, ou non simultanément, l'équation (3) fera toujours connaître la somme $\delta' + \delta''$ des deux réfractions locales, qui affectaient les distances zénithales ainsi observées, quelle qu'ait été d'ailleurs la constitution des couches aériennes lorsque les observations ont été faites; et sans aucune supposition quelconque sur la centralité ou la non-centralité des forces réfringentes qui ont agi sur l'élément lumineux transmis.*

Mais cette relation ne détermine point la différence $\delta' - \delta''$ des deux réfractions; et il est essentiel de remarquer que cette différence pourrait, dans certains cas, devenir numériquement une somme, si la constitution des couches aériennes aux instants des observations était telle que les deux réfractions δ', δ'' fussent de sens contraire, ce dont on a fréquemment des exemples quand les trajectoires lumineuses sont ainsi dirigées à travers les couches inférieures de l'atmosphère, suivant des directions peu différentes de l'horizontalité.

140. Dans la pratique généralement suivie jusqu'à présent par les observateurs, lorsque les deux distances zénithales réciproques Z', Z'', ont été observées *simultanément*, ce qui les fait appartenir à une même trajectoire lumineuse, on complète la détermination des réfractions locales δ', δ'', en introduisant une hypothèse qui consiste à les supposer égales entre elles. Alors chacune devient égale à $\frac{1}{2}(180^\circ + v - Z' - Z'')$; de sorte qu'ayant observé Z', Z'', et connaissant v, on obtient, *ou l'on croit obtenir*, chacune des réfractions locales par cette expression.

Il est évident toutefois que la séparation des deux réfractions δ', δ'', ne doit pas se conclure ainsi, par une supposition non démontrée. Dans ce cas de simultanéité, auquel la fig. 82 s'applique, si la constitution de l'atmosphère réfringente est donnée, avec la distance rectiligne CM' de l'observateur au centre des couches, et la distance zénithale apparente Z' de l'objet observé, ces conditions déterminent complétement la trajectoire lumineuse $M'M''$, pour toute l'étendue de son cours. Lors donc qu'en partant de M', on la borne au rayon vecteur CM'' formant avec CM' l'angle connu v, la longueur de ce rayon vecteur se trouve fixée théoriquement, ainsi que la position du point M''; et la direction de la corde $M'M''$, par rapport aux deux tangentes, doit en résulter. Il ne peut donc y avoir lieu d'introduire une nouvelle hypothèse, puisque tous les éléments du résultat sont déterminés.

Malheureusement, pour éviter d'y recourir, il faudrait, ou du moins il semble qu'il faudrait, connaître *exactement* la constitution actuelle des couches d'air entre les points M', M'', et pouvoir y appliquer le calcul. Or, généralement, cette constitution n'est pas connue; et elle est si variable qu'on ne peut la prévoir. En outre, quand on la connaîtrait, l'appréciation théorique des deux réfractions δ', δ'', pourrait y être très difficile; et elle deviendrait tout-à-fait impossible, dans l'état actuel de nos connaissances, si les couches d'égal pouvoir réfringent se trouvaient accidentellement dérangées de l'état sphérique, comme il est naturel que cela arrive, et comme on en a de nombreux exemples pour les couches très basses de l'atmosphère.

141. Mais ces difficultés, qui excluent une solution rigoureuse quand on les envisage ainsi mathématiquement dans leur généralité abstraite, perdent beaucoup de leur force, quand on limite leur effet aux circonstances particulières que la question présente; et, en s'aidant de celles-ci, on parvient à les résoudre avec une approximation toujours suffisante, excepté peut-être dans quelques cas extraordinaires dont les observations mêmes vous avertissent, et que l'on peut conséquemment éviter.

142. Pour cela il faut remarquer d'abord que, lorsque deux objets terrestres sont réciproquement visibles l'un de l'autre, leurs hauteurs absolues $M'H'$, $M''H''$, au-dessus de la surface générale du sphéroïde terrestre, *fig.* 82, sont nécessairement très petites, comparativement aux dimensions de ce sphéroïde; et la même condition de petitesse a lieu aussi pour l'angle au centre c compris entre leurs verticales, lequel n'a jamais atteint $1°\,3o'$ dans les opérations géodésiques les plus vastes que l'on ait jusqu'ici exécutées. Il est même très rare qu'il ne soit pas fort au-dessous de cette valeur. Alors, en substituant au sphéroïde réel, la sphère qui lui est osculatrice suivant $H'H'$, la masse d'air interposée entre les deux objets aura déjà cette surface sphérique pour limite inférieure, et c'est seulement dans cette petite étendue de hauteur et de distance qu'il faut y représenter, d'une manière suffisamment exacte, le décroissement des densités. Or, l'étude de l'atmosphère nous a appris que la loi actuelle de ce décroissement, dans les couches qui nous sont accessibles, peut être déterminée très approximativement par les indications du baromètre et du thermomètre, transportés en divers points d'une même verticale; et qu'il se trouve ainsi expressible par des lois paraboliques, dont ces indications donnent les coefficients. En limitant ces expressions à de petites épaisseurs d'air, comme la

question actuelle l'exige, elles se simplifient encore; et entre des intervalles d'épaisseur qui pourraient aller jusqu'à 2400^m, la variation des densités se trouve parfaitement représentée par une fonction de la forme $i_1 s + i_2 s^2$, dans laquelle s est la quantité variable $\dfrac{r - r_1}{r}$, et i_1, i_2 deux coefficients numériques qui se déduisent des paraboles barométriques observées. Ceci suppose à la vérité les couches sphériques, et en équilibre. Mais, quand on introduit cette expression variable de la densité dans l'équation des trajectoires lumineuses, on voit qu'elle n'y entre que multipliée par le coefficient k qui représente le pouvoir réfringent de l'air, et qui est d'une petitesse excessive. Cette circonstance atténue donc extrêmement les petites erreurs que pourrait renfermer l'expression approchée des densités; et elle affaiblit de même les effets qui pourraient résulter d'une configuration accidentelle des couches, qui serait quelque peu différente de la sphérique. Car le rétablissement théorique de la sphéricité reviendrait à substituer idéalement, en certains points de la masse d'air, une densité un peu différente de la véritable, substitution dont le coefficient k affaiblirait les conséquences. Maintenant, avec cette expression simplifiée de la densité, toutes les difficultés de l'intégration cessent; et l'on obtient l'équation algébrique de la trajectoire lumineuse, conforme à l'état actuel de l'air, que les paraboles barométriques assignent, de sorte que l'on peut discuter tous ses caractères et toutes ses particularités.

Pour les connaître en nombres, dans un cas réel qui pût servir d'exemple général, j'ai appliqué la méthode précédente à l'état de l'air qui avait lieu à Paris, lors de l'ascension de M. Gay-Lussac. Puis, afin d'étudier la trajectoire lumineuse, dans une amplitude d'angle au centre, ainsi que de hauteur, qui dépassât tous les besoins habituels de la géodésie, j'ai supposé que du point M′ situé à l'Observatoire de Paris, on voyait dans l'horizon apparent un signal M″, séparé de la verticale CM′ par un angle au centre égal à 1° 30′, ce qui rendait la trajectoire horizontale en M′, et faisait la distance zénithale apparente Z′M′T′, ou Z′ égale à 90°. Le calcul établi sur ces éléments m'a donné l'excès de hauteur $M''h''$ du signal, égale à $1846^m,06$, en prenant pour CM' 6366198^m, qui est la longueur moyenne du rayon de la terre, en mètres, comme on le verra plus loin. J'ai obtenu en outre la distance zénithale apparente et réciproque $Z''M''T''$ ou $Z'' = 91°16'27'',9$; la réfraction locale en M', $\delta' = 6'55'',89$, et en M'', $\delta'' = 6'36'',21$. Ces deux réfractions différaient donc entre elles, seulement de $19''68$; et, en les supposant toutes deux égales à la moitié de leur somme $13'32'',10$, l'erreur, sur chacune d'elles, n'aurait été que de $9'',84$. Si donc, après avoir observé les deux distances apparentes, telles que je viens de les rapporter, on eût conclu leur somme par la connaissance de l'angle au centre, et qu'on en eût pris la moitié $6'46'',05$ pour représenter chaque réfraction, elles se seraient trouvées fautives seulement de cette petite quantité. Alors, en ajoutant chacune d'elles à sa distance apparente, on aurait eu les distances vraies $Z'M'M'' = 90°6'46''05$, $Z''M''M' = 91°23'13''95$; d'où l'on aurait tiré les angles $CM'M''$, $CM''M'$ formés par le rayon et la corde rectiligne, puisqu'ils sont les suppléments de ceux-là. Les trois angles du triangle vrai $CM'M''$ étant ainsi connus, on en aurait déduit trigonométriquement le rapport du côté CM'' ou r'' à CM' ou r', et par conséquent leur différence en mètres, laquelle se serait trouvée ainsi égale à $1854^m,02$, ce qui excède seulement de $7^m,96$ le résultat rigoureux. Il y a quelques précautions à prendre pour effectuer ces calculs avec exactitude ; je les expliquerai tout-à-l'heure. Pour le moment, je me borne à en énoncer les résultats, afin de montrer que, même dans un cas aussi exagéré de différence de niveau et d'angle au centre, la supposition de l'égalité des deux réfractions locales ne peut donner que de très petites erreurs lorsque les densités suivent les lois de décroissement paraboliques qu'on observe dans l'état régulier de l'air. Mais ces erreurs deviennent encore bien moindres, quand l'angle au centre rentre dans ses limites habituelles. Car, si on le fait de $30'$ par exemple, Z' restant toujours égale à $90°$, on trouve d'abord rigoureusement la distance apparente réciproque

$$Z'' = 90°25'17'',746;$$

puis, la différence de niveau $M''h''$, est $204^m,313$; enfin les valeurs rigoureuses des réfractions locales sont : en M', $2'21'',456$;
en M'', $2'20'',798$, de sorte que l'excès de la première sur
la seconde n'est plus que de $0'',657$. Alors la différence de niveau conclue de l'hypothèse de leur égalité différerait à peine
de la véritable. Cette hypothèse peut donc être employée sans
inconvénient dans les applications pratiques, lorsque le décroissement des densités offre la continuité que nous lui supposons.
Car l'horizontalité attribuée à la trajectoire, dans l'une des deux
stations, réalise la plus grande condition possible d'inégalité,
entre les angles formés par des tangentes avec une même corde (*).
Or, de là résulte un grand avantage pratique, puisque la somme
des deux réfractions pouvant se conclure des deux distances
zénithales apparentes par la connaissance de l'angle au centre,
on en tire aussitôt les deux réfractions locales δ', δ'', et tous
les éléments du triangle vrai $CM'M''$, sans avoir besoin de recourir
au calcul de la trajectoire rigoureuse, comme je l'ai fait d'abord
dans les exemples précédents.

145. Toutefois l'emploi de cette approximation exige deux
conditions indispensables. La première, c'est que le décroissement des densités entre les deux stations suive la loi parabolique simple que nous avons employée. Car, s'il s'y trouvait assez
complexe pour que sa représentation exigeât la succession de
plusieurs paraboles différentes, la condition de centralité des
forces réfringentes restant néanmoins toujours remplie, il faudrait suivre pour chacune d'elles les inflexions de la trajectoire
par les formules rigoureuses que j'ai indiquées, en fractionnant
l'angle au centre total en autant de parties correspondantes; et
alors les inclinaisons des verticales extrêmes sur les tangentes qui
y correspondent pourraient différer de l'égalité beaucoup plus

---

(*) On sentira la certitude de cette conséquence, en considérant que,
dans le cas traité ici, les portions de trajectoires lumineuses considérées
approchent extrêmement d'être des arcs d'hyperboles du second degré, et
très peu courbes, dont le sommet coïncide avec le point d'horizontalité
de la trajectoire.

que dans les cas précédents. La seconde condition, c'est que les deux distances zénithales Z', Z'', correspondantes aux extrémités de l'arc de la trajectoire, soient *simultanées*, c'est-à-dire aient été observées toutes deux au même instant physique, afin que les réfractions locales qui y correspondent appartiennent à une même trajectoire lumineuse. Car, puisqu'elles sont sensiblement égales entre elles, sous la condition de cette identité, elles sont essentiellement inégales lorsqu'elles appartiennent à des trajectoires différentes. Négliger cette inégalité, ce serait supposer implicitement que l'état de la masse d'air, interposé entre les deux objets, est resté, ou s'est restitué le même, aux deux époques où les observations des distances zénithales ont été faites ; et l'erreur qui en résulterait serait égale à toute la variation que l'une des réfractions aurait subie, en passant d'une époque à l'autre.

Or, que de telles variations se produisent et deviennent quelquefois fort considérables, c'est ce que l'on peut constater en observant d'une même station le même signal à différents jours pendant un certain espace de temps. Car si la réfraction ne changeait pas, la distance zénithale apparente devrait rester la même ; au lieu qu'on la trouve variable, d'autant plus que les circonstances météorologiques sont plus diverses, et le signal plus éloigné. La même conclusion se tire de l'équation

$$(3) \qquad \delta' + \delta'' = 180° + v - (Z' + Z'')$$

lorsqu'on l'applique à des observations de distances zénithales réciproques faites à des époques différentes, entre deux stations déterminées. Car alors v étant constant, si les réfractions δ', δ'' restaient les mêmes, la somme $Z' + Z''$ des distances zénithales apparentes devrait rester constante aussi, au lieu qu'on la trouve changeante, et d'une manière souvent, en apparence, fort capricieuse. Cet effet s'apprécie bien mieux encore lorsque l'on connaît l'angle au centre v, et qu'on peut l'introduire dans le second membre de l'équation (3) avec les distances apparentes observées Z', Z''. Car alors on trouve la somme $\delta' + \delta''$ quelquefois nulle, ou même négative, quoiqu'elle soit positive le plus souvent.

On verra plus loin comme l'angle v peut être ainsi connu, et par quelles opérations spéciales on le détermine. Je me borne ici à énoncer le fait.

144. Ces variations des réfractions locales pourraient être corrigées de la manière la plus exacte, même dans les observations non simultanées, en déterminant pour chaque cas d'observation la trajectoire particulière qui doit y correspondre, selon les valeurs que les coefficients des paraboles barométriques auraient alors. Mais on peut atteindre plus simplement le même but avec une précision qui sera presque toujours suffisante, au moyen d'une formule approximative dont les éléments se déduisent de ces coefficients. D'après cette formule, qu'on démontre théoriquement, la portion de la réfraction totale, qui, dans chaque état donné de l'air, s'opère entre deux couches, dont les densités sont ρ', ρ'', est sensiblement proportionnelle à l'angle au centre v, compris par l'arc de la trajectoire lumineuse que l'on considère. De sorte qu'en nommant c le coefficient actuel de cette proportionnalité, qui est commun à toutes ces trajectoires, on a (*) pour chacune d'elles,

$$\delta' + \delta'' = cv,$$

(*) Soit ρ' la densité de l'air à l'une des stations prise pour point de départ des hauteurs, p' la pression que l'air y supporte. Si ρ et p désignent les éléments analogues pour une couche aérienne quelconque peu distante au-dessus ou au-dessous de celle-là, il y aura entre ces quantités la relation parabolique

$$\frac{p}{p'} = A\left(\frac{\rho}{\rho'}\right) + B\left(\frac{\rho}{\rho'}\right)^2 + C,$$

A, B, C sont des coefficients déterminés par des observations de densités et de pression faites dans quelques-unes des couches auxquelles la parabole doit s'appliquer. Maintenant, supposons que la station supérieure soit de ce nombre, et marquons de deux accents les quantités qui s'y rapportent.

Appelons x le rapport $\frac{r'' - r'}{r'}$ qu'il suffira de déterminer approximativement, comme on pourrait le faire par la formule barométrique, ou par la différence de niveau calculée d'après l'une des distances zénithales et l'angle au centre, sans avoir égard à la réfraction. Enfin, désignons par t' la température propre de l'air dans la station où la pression est p'; et soit $æ'$ la

donc, en y joignant la condition d'égalité des deux réfractions, qui est aussi elle-même très approchée de la vérité, quand on

---

portion de cette pression que la vapeur aqueuse y supporte. Il faudra d'abord calculer une quantité auxiliaire l, telle qu'on ait

$$l = 7951^{m},12 \; \frac{G}{g'} \frac{(1 + \imath t') \, p'}{(p' - 100\varpi')}.$$

G est l'intensité de la gravité à l'Observatoire de Paris, et g' cette intensité à la station prise pour point de départ où la densité est p'; $\imath$ est le coefficient de la dilatation des gaz 0,00375. Enfin, la tension ϖ' se déduit des indications hygrométriques, et se trouve ordinairement exprimée par le poids d'une colonne de mercure à 0°, animée par la gravité locale. Si on l'emploie ainsi dans l, il faudra exprimer pareillement p' par la longueur h' de la colonne barométrique totale qui s'observe à la station, après l'avoir réduite aussi à 0°, de température. Ayant déterminé l, on aura

$$c = \frac{kp'\left(1 - \frac{1}{2}\imath'\right)\left(\frac{p' + p''}{p'}\right)}{\left(\frac{l}{p'}\right)\left[A + B\frac{(p' + p'')}{p'}\right]\left[1 + 2kp'\frac{(p' + p'')}{p'}\right]}.$$

k est le pouvoir réfringent de l'air atmosphérique sec sous la densité 1. Soit $[p]$ la densité de cet air à l'Observatoire de Paris, à la température de la glace fondante, lorsque la pression est mesurée par une colonne de mercure de $0^m,76$ à cette même température. Nous avons trouvé, M. Arago et moi,

$$k[p] = 0,0005887 68.$$

Maintenant, dans tout autre lieu où la gravité sera g, supposons l'air atmosphérique sec, à la température de t degrés, et soumis à une pression mesurée par une colonne de mercure de la longueur h réduite à la température 0. Sa densité actuelle p exprimée en $[p]$ sera

$$p = \frac{gh\,[p]}{G.0^m,76\,(1 + \imath t)},$$

ce qui donne

$$kp = 0,0005887 68 \; \frac{gh}{G.0^m,76\,(1 + \imath t)}.$$

En appliquant ceci aux deux stations entre lesquelles la trajectoire lumineuse doit s'étendre, il faudra calculer les densités p', p'', avec les colonnes barométriques totales h', h'', comme si l'air était actuellement sec, parce

ne considère qu'un très petit arc d'une même trajectoire, ou obtient pour la valeur de chacune d'elles,

$$\delta' = \tfrac{1}{2} cv, \qquad \delta'' = \tfrac{1}{2} cv,$$

que l'air atmosphérique humide réfracte la lumière sensiblement comme l'air sec, sous la même température et la même pression. Alors tous les éléments de c seront réductibles en nombres, et l'on connaîtra ainsi sa valeur pour l'intervalle de densités considéré. A la rigueur, l'intensité de la gravité g n'est pas tout-à-fait la même dans les deux stations, à cause de leur inégale distance au centre de la Terre; et si on la désigne par g', dans celle où la densité est ρ', on aura à fort peu près dans l'autre où la densité est ρ'':

$$g'' = g' . \frac{\rho'^{\frac{1}{3}}}{\rho''^{\frac{1}{3}}} ;$$

mais habituellement, si ce n'est toujours, on pourra se dispenser d'avoir égard à cette petite inégalité. Je ne l'indique ici qu'afin de n'omettre aucun élément des résultats. Pour bien fixer l'usage de ces formules je donnerai l'exemple suivant de leur application.

Lors de l'ascension de M. Gay-Lussac, en prenant l'Observatoire de Paris pour station inférieure, on avait à cette station

$$l = 8917^m,29; \qquad \frac{l}{r} = 0,00140\,0724, \qquad \rho' = [\rho]\,0,8983084.$$

La parabole qui liait les pressions aux densités depuis cette station jusqu'à plus de trois mille mètres de hauteur avait pour coefficients

$$A = 0,9566439, \qquad B = 0,1201460.$$

Je suppose que, dans ces circonstances, on demande la valeur du coefficient c pour tout l'intervalle compris entre la station inférieure et la couche d'air où l'on avait $\rho'' = \rho'\,0,83903\,93$. Cela correspond à une hauteur où la valeur approximative de s'' est $0,00028\,989$. Ces données sont les mêmes qui ont servi de base au premier exemple de calcul rigoureux dont j'ai rapporté les résultats dans le texte, page 257. En les employant, on trouve

$$c = 0,1473252.$$

Maintenant, si l'arc de trajectoire formé entre les deux couches d'air doit comprendre un angle au centre, égal à $1^\circ 30'$ ou $5400''$, la somme des réfractions opérées sur cet arc sera $5400''. c$ ou

$$\delta' + \delta'' = 13'15''556;$$

Tandis que le calcul rigoureux de la même trajectoire donne. . . . . $\delta' + \delta'' = 13.32,100$

Donc, erreur de l'approximation. . . . . $-16''544$.

Soient maintenant Z', Z'' deux distances zénithales apparentes réciproques, qui n'ont pas été observées simultanément, il faudra déterminer les valeurs c', c'', du coefficient c pour les deux états de l'air qui ont eu lieu quand on observait chacune d'elles, puis lui appliquer la réfraction locale et actuelle qui s'en déduit. On aura ainsi les deux distances vraies

$$Z' + \delta' = Z' + \tfrac{1}{2} c' v, \qquad Z'' + \delta'' = Z'' + \tfrac{1}{2} c'' v;$$

ces distances étant connues, ainsi que l'angle v, et le rayon vecteur CM' ou r' d'une des stations, tous les éléments du triangle vrai sont déterminés, et la différence de niveau $r'' - r'$ devient calculable par l'une ou l'autre des deux distances, comme si la réfraction n'eût pas existé; ce qui permet de vérifier ces distances l'une par l'autre, d'après l'égalité des différences de niveau que l'on en déduit, comme on peut le voir dans la note jointe ici au texte où j'expose les formules les plus simples, comme les plus exactes, pour effectuer ces calculs (*).

Cette erreur déjà bien petite s'affaiblit rapidement à mesure que l'approximation s'applique à une moindre épaisseur d'air. Prenons par exemple

$$\rho'' = \rho'.0{,}98100\,5,$$

ce qui répond approximativement à

$$s'' = 0{,}00003\,209.$$

Ce sont les données de notre second calcul rigoureux. Nous trouverons alors

$$c'' = 0{,}15644\,65.$$

Le coefficient c devient ainsi un peu plus fort dans les couches plus basses. Supposons maintenant $v = 30' = 1800''$, comme nous l'avons fait dans le calcul exact, on aura pour cet arc de trajectoire

$$\delta' + \delta'' = 4'\,41''604$$

Tandis que le calcul rigoureux a donné. . . . . $\delta' + \delta'' = \underline{4.42,254}$

$\qquad$ Erreur de l'approximation. . . . . $- 0''650.$

Cette erreur devient donc alors presque insensible.

(*) Soient dans les *fig.* 82 et 84, Z', Z'' les deux distances zénithales apparentes, observées, ou observables, en M' et en M''; et nommons δ', δ'' les

145. Ces différences sont presque toujours l'élément spécial, ou même unique, que l'on a en vue, quand on cherche à déter-

---

réfractions locales qu'il faut ajouter à chacune d'elles pour avoir les distances zénithales vraies, comptées de la corde rectiligne M'M". En appliquant au triangle vrai CM'M", la proportion des sinus des angles aux côtés opposés, on aura

$$(4) \qquad r' \sin (Z' + \delta') = r'' \sin (Z'' + \delta''),$$

r' et r'' sont les rayons CM', CM"; et ainsi $r'' - r'$ est la différence de niveau cherchée. Pour l'obtenir d'une manière simple et aisément réductible en nombres, je prends, comme inconnue auxiliaire, la fonction symétrique $\dfrac{r'' - r'}{r'' + r'}$; et la représentant par x, j'ai

$$\frac{r'' - r'}{r'' + r'} = x,$$

d'où
$$r'' = \frac{r'\,(1 + x)}{(1 - x)} \quad \text{et} \quad r'' - r' = \frac{2r'x}{1 - x};$$

substituant l'expression de r'' en x dans l'équation (4) et dégageant x, on trouve

$$x = \frac{\tan \frac{1}{2}(Z' - Z'' + \delta' - \delta'')}{\tan \frac{1}{2}(Z' + Z'' + \delta' + \delta'')};$$

mais les distances zénithales Z', Z'' étant réciproques, et les points M', M" d'où elles sont prises étant séparés l'un de l'autre par l'angle au centre v, on a toujours, § **159,**

$$(2) \qquad Z' + Z'' + \delta' + \delta'' = 180^\circ + v.$$

Substituant le second membre de cette équation dans le dénominateur de x, il vient

$$x = \tan \tfrac{1}{2} v . \tan \tfrac{1}{2}(Z'' - Z' + \delta'' - \delta').$$

Jusqu'ici nous n'avons rien fait qui spécifiât si les distances zénithales Z', Z'' sont prises sur la même trajectoire lumineuse ou sur des trajectoires différentes, pourvu que les réfractions locales δ', δ'', soient calculées avec les valeurs du coefficient c qui leur est propre. Ainsi, l'expression précédente de x s'applique également à ces deux cas. Admettons d'abord l'identité de la trajectoire. Il faudra que les deux distances Z', Z'', aient été observées au même instant physique. Alors, si l'état de l'air a été tel que le décroissement des densités puisse être représenté par une même pa-

miner les valeurs des réfractions terrestres. Or, il n'est pas inutile
de savoir que l'on pourrait encore *mathématiquement* les obtenir

---

rabole dans l'intervalle de hauteur des deux stations, comme cela arrive
le plus ordinairement, les trajectoires lumineuses jouiront de la propriété
que nous leur avons reconnue dans l'ascension de M. Gay-Lussac, que
les réfractions locales δ', δ'' y soient sensiblement égales aux deux extrémités d'un arc peu étendu. Leur différence $\delta'' - \delta'$ qui seule reste dans
l'expression de x pourra donc être censée nulle, et la valeur de x pourra
ainsi se calculer en fonction des seules distances zénithales observées et
de l'angle au centre sans avoir besoin de connaître, d'une manière plus
précise, l'état de l'air interposé.

L'ouvrage intitulé *Nouvelle description géométrique de la France* (tome 1,
p. 234), contient l'exemple d'un nivellement opéré avec ces conditions de
réciprocité et de simultanéité, par MM. les ingénieurs géographes Bonne,
Epailly et Béraud, entre la laisse de basse mer à Brest, et le sommet du
dôme du Panthéon à Paris. Malheureusement, cette importante publication, la seule peut-être qu'on ait jamais exécutée avec un pareil soin sur
un aussi grand arc, n'est pas accompagnée d'indications météorologiques
au moyen desquelles on puisse définir l'état des couches d'air traversées
par les rayons lumineux, lorsque les distances zénithales s'observaient.

De telles indications, si on les possédait, permettraient de vérifier les
distances zénithales réciproques les unes par les autres. En effet, si dans
la dernière expression de x on élimine complétement une des deux distances
avec la réfraction qui l'accompagne, il vient

$$x = \frac{\tang \frac{1}{2} v}{\tang \left(Z' + \delta' - \frac{1}{2} v\right)},$$

ou bien

$$x = -\frac{\tang \frac{1}{2} v}{\tang \left(Z'' + \delta'' - \frac{1}{2} v\right)}.$$

Or, les indications météorologiques permettraient de calculer les deux réfractions δ', δ'', soit exactement, soit approximativement; et chaque couple
de distances réciproques ainsi employé devrait donner la même valeur
de x, si les observations étaient faites avec exactitude dans un état régulier
de l'air, ce qu'on reconnaîtrait par l'identité même des résultats.

La même vérification s'applique avec un égal avantage aux distances
zénithales réciproques, qui n'ont pas été observées simultanément, ce qui
est le cas le plus ordinaire, et de beaucoup le plus facile à réaliser. Alors
les deux réfractions δ', δ'', n'appartiennent plus à une même trajectoire
lumineuse, ou du moins on ne peut les supposer telles avec la moindre
apparence; on ne peut donc plus les faire égales dans l'expression de x, à

sans connaître l'angle au centre e, si les distances zénithales apparentes réciproques étaient observées simultanément dans les deux

moins de s'exposer à toute l'erreur résultante de leur variation accidentelle.
Mais, admettons qu'en mesurant chaque distance, on ait recueilli les indications nécessaires pour calculer la parabole barométrique qui liait alors
les pressions aux densités dans l'intervalle des stations. On pourra, avec
cette donnée, calculer chacune des réfractions δ', δ'', soit exactement, soit
approximativement, par leurs expressions $\frac{1}{2} c' v$, $\frac{1}{2} c'' v$. Alors on en déduira
les valeurs isolées de x, qui devront, comme tout-à-l'heure, se vérifier dans
chaque couple par la condition de leur identité.

Ayant x, on en déduira $r'' - r'$, avec toute la précision et toute la facilité désirables, en mettant son expression sous cette forme :

$$r'' - r' = 2r'x + \frac{2r'x^2}{1-x}.$$

Le terme en x^2 sera toujours si petit, qu'on pourrait souvent le négliger.
L'emploi de l'inconnue auxiliaire x permet ainsi d'obtenir très simplement
la différence de niveau $r'' - r'$, sans recourir aux développements en série
que l'on y faisait précédemment intervenir. (*Voyez* Delambre, *Système
métrique*, tome II, pages 714, 737 et suivantes ; *Traité d'Astronomie*, tome III,
page 572.)

Dans ces calculs, le rayon r' est supposé connu en mètres. Pour l'obtenir ainsi, il faut d'abord connaître, dans ce système de mesures, le rayon R
de la surface sphérique, osculatrice au prolongement des mers dans l'intervalle des deux stations. Il faut en outre connaître la hauteur du point M'
au-dessus de cette surface. Soit cette hauteur H', on aura

$$r' = R + H'.$$

Dans les grands nivellements géodésiques, un des points de départ de la
chaîne des stations est toujours la laisse de basse mer. Alors, H' est nul pour
ce premier point. La théorie de la figure de la terre fait connaître R en
mètres pour chaque point de sa surface ; on aura donc l'excès de hauteur
de la seconde station par nos formules, en donnant à R sa valeur intermédiaire entre les deux stations. Cet excès ajouté à H' composera la nouvelle valeur de H' qu'il faudra employer pour passer à la troisième station,
en la combinant avec la nouvelle valeur de R correspondante à ce second
intervalle ; et l'on continuera ainsi de proche en proche jusqu'à l'extrémité
de la chaîne des stations, en comptant toujours les hauteurs au-dessus
de la sphère osculatrice entre deux stations consécutives.

Ces opérations sont ordinairement accompagnées de triangulations horizontales, qui, pour chaque station M', dont le rayon est r', *fig.* 82 et 84,

stations, et qu'en outre on y eût déterminé, à ce même instant, la température propre de l'air, ainsi que la pression barométrique qu'il supporte. Cela supposerait seulement que les forces refringentes sont dirigées verticalement dans toute la masse d'air qui sépare les deux objets réciproquement observés. Mais la loi du décroissement de leur intensité sur chaque verticale pourrait être absolument quelconque.

En effet, la simultanéité des observations des distances zénithales, jointe à leur réciprocité, les ferait appartenir à une même trajectoire lumineuse; et la verticalité des forces réfringentes assujettirait cette trajectoire à la condition générale des courbes décrites en vertu de forces centrales, laquelle consiste en ce que les vitesses en chaque point doivent être toujours réciproques aux perpendiculaires, menées des centres des forces sur les tangentes. Ainsi, en conservant les dénominations déjà employées n° **154**, page 248, on aurait, entre les deux stations M'M″, la relation

$$(1) \qquad r'' \sin v'' \sqrt{1 + 4k\rho''} = r' \sin v' \sqrt{1 + 4k\rho'}.$$

Or, v', v'' sont les angles formés par les rayons vecteurs de la tra-

---

font connaître la corde horizontale M'h″, terminée à la verticale de l'autre station. Soit L la longueur de cette corde en mètres, on aura dans le cercle CM'h°

$$2r' \sin \tfrac{1}{2} v = L,$$

ce qui donnera l'angle au centre v. Mais de là on tire,

$$2r' \tang \tfrac{1}{2} v = \frac{L}{\cos \tfrac{1}{2} v},$$

Ainsi, l'on voit que la corde L entre déjà comme facteur dans l'expression de $r'' - r'$, de sorte qu'on a seulement besoin de l'angle v pour calculer les autres termes de cette expression. Le rayon terrestre r', dont la longueur est très grande, disparait donc ainsi de la valeur cherchée, et s'y trouve remplacé par la corde L qui est toujours bien moindre, de sorte que les erreurs des distances zénithales Z', Z'', et des réfractions δ', δ'', ne portent définitivement leur influence que sur cet élément linéaire. C'est là l'avantage propre de la méthode qui emploie ainsi la corde L et l'angle au centre v.

jectoire avec les tangentes. Donc en appliquant ceci à la *fig*. 82, l'un d'eux serait la distance zénithale observée elle-même, et l'autre son supplément, ce qui donnerait toujours

$$\sin v' = \sin Z', \qquad \sin v'' = \sin Z''.$$

Par conséquent l'équation précédente deviendrait

$$(1) \qquad r'' \sin Z'' \sqrt{1 + 4k\rho''} = r' \sin Z' \sqrt{1 + 4k\rho'}.$$

Le rapport des rayons r', r'' est supposé connu; les densités ρ', ρ'' peuvent se conclure des observations météorologiques faites en M' et en M'' au moment des observations; enfin les deux distances zénithales Z', Z'', sont observées. Les facteurs qui multiplient r' et r'' sont donc complétement calculables; et ainsi l'équation donnera $r'' - r'$ en fonction de r', c'est-à-dire la différence de niveau des deux points en fonction du rayon qui est connu. Cela suppose *uniquement* que la trajectoire est décrite en vertu d'une force centrale, comme le veut l'équation (1), quelle que soit d'ailleurs la loi suivant laquelle cette force varie sur une même verticale, et d'une verticale à une autre (*).

(*) Pour effectuer le calcul numérique de $r'' - r'$ avec facilité et précision, il faut, comme dans la note de la page 265, introduire l'inconnue auxiliaire x, telle qu'on ait

$$\frac{r'' - r'}{r'' + r'} = x,$$

d'où l'on tire

$$r'' = r' \frac{(1 + x)}{(1 - x)}, \quad \text{et} \quad r'' - r' = \frac{2r'x}{1 - x}.$$

Cette substitution étant introduite dans l'équation (1), elle donne

$$x = \frac{\sin Z' \sqrt{1 + 4k\rho'} - \sin Z'' \sqrt{1 + 4k\rho''}}{\sin Z' \sqrt{1 + 4k\rho'} + \sin Z'' \sqrt{1 + 4k\rho''}}.$$

Le numérateur et le dénominateur du second membre sont l'un et l'autre formés de quantités très peu différentes de l'unité, ce qui rendrait difficile l'évaluation exacte de leur rapport si on leur laissait cette forme.

La centralité des forces réfringentes est une condition physique, essentielle et commune à tous les calculs que l'on peut faire pour évaluer la réfraction atmosphérique. Et ici, comme dans la méthode qui emploie l'angle au centre, l'influence d'un petit écart dans la sphéricité des couches d'égal pouvoir réfringent se trouverait affaiblie par le coefficient k qui multiplie les densités extrêmes. Mais, en examinant les formules données par la première méthode, on voit que la différence de niveau $r''-r'$ s'obtient par une expression dans laquelle le rayon terrestre r', qui est fort considérable, se trouve multiplié par le facteur $\tang \frac{1}{2} v$ qui est toujours une quantité très petite dont l'interven-

---

Mais on l'évite en introduisant deux nouvelles quantités auxiliaires ω et ω', telles qu'on ait

$$\omega = \frac{\sin Z' - \sin Z''}{\sin Z' + \sin Z''} = \frac{\tang \frac{1}{2}(Z' - Z'')}{\tang \frac{1}{2}(Z' + Z'')},$$

$$\omega' = \frac{\sqrt{1 + \tfrac{1}{4}k\rho'} - \sqrt{1 + \tfrac{1}{4}k\rho''}}{\sqrt{1 + \tfrac{1}{4}k\rho'} + \sqrt{1 + \tfrac{1}{4}k\rho''}} = \frac{2k(\rho' - \rho'')}{1 + 2k(\rho' + \rho'') + \sqrt{1 + \tfrac{1}{4}k(\rho' + \rho'') + 16k^2\rho'\rho''}}.$$

Ces deux inconnues, d'après leurs formes, se calculeront très exactement avec une parfaite simplicité. La seconde pourra même toujours se simplifier considérablement, en la bornant aux deux premières puissances de k, ce qui réduit son expression à

$$\omega' = \frac{k(\rho' - \rho'')}{1 + 2k(\rho' + \rho'')}.$$

Or, en employant ces nouvelles inconnues, x prend cette forme très simple,

$$x = \frac{\omega + \omega'}{1 + \omega\omega'},$$

et l'on en tire

$$r'' - r' = \frac{2r'(\omega + \omega')}{(1 - \omega)(1 - \omega')}.$$

de sorte que l'on aura ainsi très aisément l'une et l'autre, quand ω et ω' seront calculés.

Les valeurs numériques de k et des densités ρ', ρ'' s'obtiendront ici comme dans la note du § 144, page 262, en calculant les densités d'après les pressions barométriques totales, comme si l'air était privé d'humidité.

tion l'affaiblit. Et, en mettant ce produit sous la forme $\dfrac{2\,r'\,\sin\frac{1}{2}c}{2\cos\frac{1}{2}c}$, auquel cas son dénominateur est presque égal à 2, le numérateur exprime la corde rectiligne $M'h''$ (*fig.* 82), comprise entre les verticales extrêmes de la trajectoire dans le cercle dont le rayon est r'. Ainsi, en définitive, cette corde, toujours bien moindre que le rayon r', se substitue réellement à lui dans ces formules. Or sa longueur s'obtient très exactement en mètres par les triangulations horizontales qui accompagnent d'ordinaire les grands nivellements. Ainsi l'exactitude de sa détermination, et sa petite étendue, rendent doublement avantageux de l'employer comme base linéaire des distances zénithales. Mais dans l'équation générale (1), où il n'entre d'autre élément linéaire que le rayon terrestre r', toutes les erreurs que l'on peut commettre dans la mesure des distances zénithales, et que l'on doit toujours y présumer, s'appliquent sur ce rayon comme base, ce qui augmente leur influence dans une proportion très dangereuse. Ainsi, tout exacte qu'est l'équation (1), fondée sur la seule condition de la centralité des forces réfringentes, il faut en réserver l'usage pour des épreuves théoriques destinées à constater ce caractère, ou, à défaut de l'autre méthode, pour des cas dans lesquels l'angle au centre c ne serait pas connu, et ne pourrait être déterminé par l'observation. On a ainsi continuellement, dans les sciences physico-mathématiques, l'occasion et la nécessité d'examiner les formules théoriques sous le double point de vue de leur justesse en théorie, et de l'influence que les erreurs inévitables des observations qu'elles emploient pourraient exercer sur leurs résultats.

146. L'impossibilité de connaître l'angle au centre se présente, par exemple, lorsqu'un observateur, placé dans une station d'où l'on découvre, sans obstacle, l'étendue indéfinie de la mer, entreprend de déterminer sa hauteur au-dessus de cette surface, en observant la distance zénithale du contour apparent de la convexité qui termine l'horizon visible. Cette distance, dans la *fig.* 85, est l'angle $Z''M''T''$, formé par la verticale

de l'observateur avec la dernière tangente de la trajectoire lumineuse qui touche la mer en M'. On l'a représenté plus grand que 90° parce qu'il est habituellement tel ; et la quantité dont il excède cette limite, ou l'angle T″M″H, s'appelle, par ce motif, la *dépression* de l'horizon apparent. Alors, le point de tangence en M' étant inconnu, l'angle au centre M'CM″ l'est également, ainsi que sa corde ; de sorte que le rayon CM″ de la sphère osculatrice à la surface de la mer est l'unique élément que l'on peut employer pour déterminer la hauteur M″H″. Or c'est là un cas de distances zénithales simultanées ainsi que réciproques, puisque la trajectoire lumineuse qui limite le contour apparent de l'horizon, est supposée devenir horizontale en M', tandis que l'on observe en M″ la direction de son dernier élément. Appliquant donc l'équation générale (1) à cette trajectoire, Z' sera 90° exactement, et l'autre distance zénithale Z″ sera l'angle Z″M″T″ que l'on a mesuré. Si donc l'observateur détermine en outre les éléments météorologiques qui fixent les valeurs actuelles de la densité de l'air à sa station, et à la surface de la mer aux environs du point de tangence, il obtiendra la différence de niveau $r''-r'$ par cette équation ; et il n'y a aucun autre moyen par lequel il puisse la conclure rigoureusement de l'observation qu'il a faite (*).

(*) Ceci est une application très simple de la formule générale en x et x', démontrée dans le § 145, page 269. En effet, la condition de tangence donne d'abord $Z' = 90°$. Si, de plus, on représente par i la dépression de l'horizon apparent observée, laquelle est toujours simultanée avec Z', on aura $Z'' = 90° + i$. De là il résulte

$$x = \text{tang}^2 \tfrac{1}{2} i, \qquad x = \frac{x' + \text{tang}^2 \tfrac{1}{2} i}{1 + x'\, \text{tang}^2 \tfrac{1}{2} i},$$

et par suite, la différence de niveau

$$r'' - r' = \frac{2r' \left(x' + \text{tang}^2 \tfrac{1}{2} i \right)}{(1 - x') \left[1 - \text{tang}^2 \tfrac{1}{2} i \right]^2}$$

où, plus commodément pour le calcul numérique,

$$r'' - r' = 2r' x + \frac{2r' x^2}{1 - x}$$

Réciproquement, si l'observateur connaît la $M''H''$ hauteur de sa
station au-dessus de la mer, par quelque autre procédé, et qu'il

---

Soit, par exemple,

$$i = 1°16'27'',90, \qquad \rho' = [\rho]\,0,8983084, \qquad \frac{\rho'-\rho''}{\rho'} = 0,83903926.$$

Ce sont les éléments de la différence de niveau que j'ai rapportée § **142**,
page 257, comme calculée sur la trajectoire rigoureuse. Ici, avec les valeurs
données de i et des densités, on trouve

$$\omega' = 0,00002\,12725\,036, \qquad \omega = 0,00012\,36953\,40.$$

En calculant x, il est à peu près inutile de tenir compte du produit $\omega\omega'$
ou $\omega'\tan g^2 i$ au dénominateur, car il n'influerait ici que sur les cent-mil-
lièmes de mètre, et ainsi ce terme sera habituellement négligeable. Toutefois, en y ayant égard, dans l'exemple actuel, on a

$$x = 0,00014\,49678\,432,$$

ce qui ne diffère de $\omega + \omega'$ que d'une fraction décimale du treizième ordre.
Maintenant, si l'on prend le rayon $r' = 6366198^{\text{m}}$, comme j'ai supposé
qu'on l'avait fait précédemment, on trouve

$$r'' - r' = 1845^{\text{m}},788 + 0^{\text{m}},268 = 1846^{\text{m}},056.$$

Le calcul fait sur la trajectoire rigoureuse a donné 4 millimètres de plus ;
et cette petite différence sur un si grand nombre de mètres provient sans
doute des dernières décimales négligées, ou employées dans les calculs
logarithmiques des deux opérations, d'ailleurs si éloignées l'une de l'autre
par la manière dont elles emploient les données physiques. Je n'ai même
poussé aussi loin ici la précision des évaluations numériques que pour
faire ressortir cet accord.

La méthode précédente est la seule rigoureuse que la théorie de la réfraction fournisse. Mais on lui substitue, pour l'ordinaire, une approximation dont je vais exposer le principe d'une manière plus exacte qu'on ne
le fait habituellement.

Les deux distances zénithales apparentes $Z' = 90°$ et $Z'' = 90°+i$, étant
réciproques, si l'on nomme δ', δ'' les réfractions locales qui y correspondent, et que l'on désigne par v l'angle au centre inconnu, on aura, entre
ces éléments, la relation générale trouvée page 254 :

$$Z' + Z'' + \delta' + \delta'' = 180° + v, \qquad \text{qui devient ici} \qquad i + \delta' + \delta'' = v.$$

Or, les distances Z', Z'', sont, en outre, simultanées. On peut donc admettre

détermine aussi expérimentalement les deux densités ρ', ρ'' qui terminent la trajectoire tangente, il pourra conclure la distance zéni-

---

approximativement que la somme $\delta' + \delta''$ des deux réfractions est proportionnelle à l'angle au centre inconnu v. Alors, si l'on suppose que le coefficient actuel de cette proportionnalité est c pour l'état de l'air, et l'intervalle d'épaisseur où l'on opère, on aura

$$\delta' + \delta'' = cv, \qquad \text{conséquemment} \qquad v = \frac{i}{1 - c};$$

par le même motif de simultanéité, les deux réfractions δ', δ'', peuvent être supposées égales entre elles, si toutefois l'on admet que le décroissement des densités n'éprouve pas d'inflexions dans l'épaisseur d'air traversée par la trajectoire; alors chaque réfraction devient $\frac{1}{2} cv$ ou $\frac{1}{2} \frac{ci}{1 - c}$. On a donc tous les éléments nécessaires pour calculer la différence de niveau par les formules de la page 266 :

$$x = \frac{\tang \frac{1}{2} v}{\tang \left(Z' + \delta' - \frac{1}{2} v \right)}, \qquad r'' - r' = \frac{2r'x}{1 - x};$$

mais puisque $Z' = 90°$ et $\delta' = \frac{1}{2} cv$, il en résulte

$$Z' + \delta' - \frac{1}{2} v = 90° - \frac{1}{2}(1 - c) v = 90° - \frac{1}{2} i;$$

donc, en remplaçant ainsi $\frac{1}{2} v$ par sa valeur en i, il vient

$$x = \tang \frac{1}{2} \left(\frac{i}{1 - c} \right) . \tang \frac{1}{2} i;$$

x étant ainsi connu en fonction de c, et de la dépression observée i, on en déduira $r'' - r'$.

Soit par exemple, comme tout-à-l'heure,

$$i = 1°16'27'',90,$$

et joignons-y, pour cet intervalle de hauteur, la valeur de c trouvée page 263, laquelle est

$$c = 0,1473252.$$

Le calcul fait sur ces éléments donnera d'abord

$$v = \frac{i}{1 - c} = 1°29'40'',6.$$

thale apparente $Z''M''T''$ ou $90° + i$, sans avoir besoin de la mesurer;
et cette fois, sans l'exagération d'erreurs que la détermination de
la hauteur entraîne, comme on peut le voir ici en note (*).

---

la valeur exacte devrait être $1°30'$; ainsi l'erreur de l'évaluation approximative n'est que de $19'',4$. Substituant i et c, dans l'expression de x, on trouve

$$x = 0,00014507, \qquad \text{et par suite,} \qquad r'' - r' = 1847^{m},354.$$

Nous avons vu que la valeur exacte est $1846^{m},060$. L'erreur de l'approximation serait donc tout-à-fait insensible, comparativement aux incertitudes des observations.

Mais cette approximation exige que l'on connaisse la *valeur actuelle* du coefficient c, dans les circonstances dans lesquelles on opère. Or, pour l'avoir exactement, il faut déterminer par l'expérience les densités ρ', ρ'', aux deux limites de la trajectoire. La difficulté de cette détermination est donc commune aux deux méthodes.

Dans la pratique ordinaire on ne cherche pas ainsi la valeur actuelle de c, et on lui substitue une valeur moyenne toujours la même. De là des erreurs inévitables. Car si, par exemple, en conservant la même dépression, on prenait $c = 0,1564465$ qui convient au même état de l'air dans des couches plus basses, comme on l'a vu, page 264, on trouverait la différence de niveau

$$r'' - r'' = 1867^{m},334,$$

ce qui la donne trop forte de $21^{m},27$. A cette difficulté de connaître la vraie valeur actuelle de c, il faut ajouter les incertitudes mêmes de la dépression observée, produites par l'indétermination très fréquente qui existe dans le contour apparent de l'horizon, et aussi par les perturbations que le contact de la mer imprime aux densités des couches inférieures. D'après ces motifs réunis, la différence de niveau qu'on déduit de ce genre d'observation n'est peut-être pas plus exacte, ou même aussi exacte, que celle qu'on tirerait immédiatement des paraboles barométriques, si on les déterminait par des observations faites simultanément au bord de la mer, à la station élevée, et en quelques points intermédiaires de la colonne d'air.

(*) Le rapport $\dfrac{r'' - r'}{r'' + r'}$, que nous avons ici nommé x, étant connu, on pourrait déduire la dépression i de la relation trouvée dans la note précédente entre $\tan^2 \frac{1}{2} i$, x et x'. Mais il sera aussi simple de calculer i par une relation générale qui existe entre les $\cot^2 Z'$ et $\cot^2 Z''$ aux deux extrémités d'un arc de trajectoire lumineuse, et que ceci va nous donner l'occasion de démontrer.

18..

La distance Z'', diminuée de 90°, lui donnera la dépression i qui correspond à sa hauteur $M''H''$ et aux circonstances atmosphé-

---

On la tire immédiatement de l'équation fondamentale

$$(1) \qquad r'' \sin Z'' \sqrt{1 + 4k\rho''} = r' \sin Z' \sqrt{1 + 4k\rho'} ;$$

pour cela il faut y prendre l'expression d'un des deux sinus, par exemple $\sin Z''$, en déduire $\sin^2 Z''$, $\cos^2 Z''$, et diviser cette seconde quantité par la première, pour former $\cot^2 Z''$. On trouve ainsi

$$(2) \quad \cot^2 Z'' = \cot^2 Z' + \left[\frac{(r''-r')(r''+r')}{r'^2} - \frac{4k(\rho'-\rho'')}{1+4k\rho'} \cdot \frac{r''^2}{r'^2} \right] (1 + \cot^2 Z').$$

Dans le cas particulier que nous considérons, la trajectoire devient horizontale au point de tangence M'. On a donc $Z' = 90°$, ce qui rend nul $\cot Z'$; et, en faisant $Z'' = 90° + i$, i sera la dépression demandée de l'horizon apparent. Il viendra donc alors

$$\tan^2 i = \frac{(r''-r')(r''+r')}{r'^2} - \frac{4k(\rho'-\rho'')}{1+4k\rho'} \cdot \frac{r''^2}{r'^2}.$$

Cette expression s'accorde avec celle de $\tan^2 \frac{1}{2} i$ que l'on déduirait de la relation entre x et x' obtenue dans la note précédente. Mais sa liaison avec l'équation générale (2) va tout-à-l'heure nous être utile pour éclaircir certains phénomènes que l'on observe accidentellement.

Leur possibilité est indiquée par l'expression même de $\tan^2 i$. Des deux termes qui la composent, le premier est toujours positif; et le second est habituellement négatif, parce que, à moins de perturbations particulières, la densité inférieure ρ' est plus grande que ρ''. La dépression i s'affaiblira donc pour une même station, à mesure que cet excès s'accroîtra. Supposez maintenant que, par l'effet accidentel d'un décroissement très rapide des densités, le terme négatif, dépendant de la réfraction, se trouve égaler ou surpasser le premier qui dépend de la hauteur de la station au-dessus de la mer; la dépression i deviendra nulle dans le premier cas, de sorte que l'horizon apparent s'élèvera jusqu'à coïncider avec le plan horizontal vrai, mené par l'œil de l'observateur. Dans le second cas, i deviendra imaginaire, c'est-à-dire que aucune trajectoire lumineuse, arrivant à l'œil de l'observateur, ne pourra satisfaire à la condition de tangence qu'en a supposée. Ou, inversement, si l'on suppose une trajectoire émanée d'un point de la mer tangentiellement à sa surface, elle ne pourra pas arriver à l'observateur, la rapidité du décroissement la ramenant dans les couches inférieures avant qu'elle se soit élevée jusqu'à lui.

Mais on pourra encore, dans de telles circonstances, apercevoir des points éloignés de la mer par des trajectoires qui n'auraient pas été émises

riques actuelles. Cette détermination est indispensable pour les observations astronomiques qui se font en mer à bord des vais-

---

tangentiellement, c'est-à-dire pour lesquelles $\cot^2 Z'$ ne serait pas nul dans l'équation (2). Car, quel que soit l'excès négatif du terme qui dépend de la réfraction sur celui qui dépend de la hauteur, il est toujours fort petit à cause du coefficient k qui l'affecte. On peut donc toujours concevoir des trajectoires lumineuses émises sous des directions assez rapprochées du zénith, pour que le terme libre $\cot^2 Z'$ égalât et surpassât la partie négative de $\cot^2 Z''$, ce qui rendra Z'' réel. Mais pour qu'une telle trajectoire puisse parvenir à l'observateur, il faut qu'elle atteigne dans l'intervalle un maximum de hauteur qui la fasse ensuite redescendre vers lui. Parmi toutes celles qui, partant de points divers, remplissent ces deux conditions, il y en a une qui s'élève plus haut que toutes les autres, et qui revient à l'observateur sous une direction la plus rapprochée de sa verticale. Celle-là termine pour lui l'horizon apparent qui paraît alors plus haut que l'horizon vrai.

Ce phénomène se produit lorsque la mer est accidentellement beaucoup plus froide que les couches d'air situées à une certaine hauteur au-dessus de sa surface. Alors son contact imprime aux couches les plus basses un excès de condensation relatif qui ramène vers elles les trajectoires dont l'émission s'est opérée suivant des directions très rapprochées de la surface froide. Nous avons observé ce fait, M. Mathieu et moi, à Dunkerque, en nous plaçant, dans de pareilles circonstances, à une très petite hauteur au-dessus de la surface de la mer. L'horizon apparent semblait s'élever autour de nous comme si nous eussions été placés dans un fond.

La formule rigoureuse que nous venons d'employer exige que l'on connaisse les densités ρ', ρ'' au point de tangence et à la station. Mais ici on retrouve la difficulté de déterminer avec certitude les températures d'où ces densités dépendent. On pourrait encore trouver la dépression i par l'approximation qui suppose la réfraction proportionnelle à l'arc, si l'on connaissait le coefficient c de cette proportionnalité. Pour cela il n'y a qu'à reprendre l'équation

$$x = \operatorname{tang} \tfrac{1}{2} \left(\frac{i}{1-c} \right) . \operatorname{tang} \tfrac{1}{2} i,$$

trouvée dans la note précédente, et en tirer i, puisque x est ici donné. Cela se fera très simplement en lui donnant d'abord cette forme

$$\operatorname{tang}^2 \tfrac{1}{2} i = x \, \frac{\operatorname{tang} \tfrac{1}{2} i}{\operatorname{tang} \tfrac{1}{2} \left(\frac{i}{1-c} \right)}.$$

seaux. Car l'instabilité de la station ne permettant pas alors l'emploi d'un fil à plomb fixe, pour déterminer la direction de la verticale, on mesure les hauteurs apparentes des astres au-dessus de l'horizon apparent limité par les trajectoires lumineuses tangentes à la surface de la mer; et l'on ramène ces hauteurs à partir du plan horizontal vrai M'H, en soustrayant de leur valeur observée, la dépression actuelle i, calculée théo-

---

En effet, les angles $\frac{1}{2} i$ et $\frac{1}{2} \frac{i}{1-c}$ étant toujours très petits dans les applications, leur rapport est presque égal à celui de leurs tangentes; et en développant celles-ci suivant les puissances des arcs, on verrait aisément que la différence très petite est de l'ordre ci^2. Or, cette différence n'entre dans le second membre que multipliée par x qui est aussi toujours une fraction excessivement petite. On devra donc obtenir déjà une très grande approximation en substituant seulement le rapport des arcs à celui des tangentes dans le facteur de x, ce qui donnera

$$\tan g^2 i = (1 - c).x.$$

Quand on aura trouvé i par cette formule, si l'on voulait obtenir une approximation plus grande, il n'y aurait qu'à employer cette valeur pour calculer les deux tangentes et trouver leur rapport rigoureux. Mais la première évaluation sera toujours assez approchée, comme on va le voir. En effet, supposons

$$r'' - r' = 1846^m,06, \qquad r' = 6366198^m, \qquad c = 0,1473252.$$

La station ainsi définie sera une des plus hautes d'où l'on puisse avoir l'occasion d'observer des dépressions. Or, ces éléments donneront d'abord

$$x = \frac{r'' - r'}{r'' + r'} = 0,000244968175,$$

et de là on tire $\qquad\qquad i = 1^\circ 16' 26'' 33,$
tandis que la valeur exacte de i est, comme on l'a vu, $i = \underline{1^\circ 16.27,90},$

de sorte que l'erreur de l'approximation est $\qquad\qquad 1''57.$

Cette erreur est insensible, comparativement à celle que les observations de ce genre comportent. On pourrait donc toujours s'en tenir à la formule approchée. Mais elle exige toujours que l'on connaisse la véritable valeur du coefficient c qui convient à l'intervalle d'air dans lequel on a opéré, et nous avons vu que sa détermination suppose les densités extrêmes connues vers les limites de la trajectoire. Cet élément est donc nécessaire aux deux méthodes, pour qu'on puisse les appliquer exactement.

riquement pour l'élévation où l'on se trouve au-dessus des eaux
environnantes. Mais par malheur cette dépression est extrêmement
variable. Elle n'a pas même toujours le sens que son nom indique. Car, en l'observant à terre, et d'une station très peu
élevée au-dessus de la mer, pour s'assimiler à ce qui se passe
à bord des vaisseaux, on la trouve quelquefois nulle, ou même
négative, de sorte que dans ce dernier cas, l'horizon apparent
est supérieur, et non pas inférieur, au plan horizontal vrai. En
l'étudiant ainsi successivement de diverses stations inégalement
élevées, dans un même état de l'air, on reconnaît que ces variations dépendent surtout des accidents de densité qui affectent
la portion la plus basse des trajectoires tangentes ; et de là résultent quelquefois des apparences fort extraordinaires qui me
restent à décrire, moins pour en tirer des particularités calculables, que pour signaler leurs causes habituelles, auxquelles il
faut se soustraire autant qu'il est possible pour obtenir des résultats susceptibles d'un calcul régulier.

147. Ces apparences s'observent surtout, lorsque les couches
inférieures de l'air ont éprouvé quelque changement soudain de
température que la surface de la Terre ou des eaux n'a pas
complétement partagé. Alors le contact immédiat de cette surface, produit dans la couche la plus basse de l'air une perturbation locale de température qui la soustrait à la loi générale
existante actuellement dans les couches plus hautes. Et de là
résultent des variations de densité dont la rapidité, ainsi que
le sens, influent considérablement sur les trajectoires lumineuses
qui traversent la masse d'air soumise à ces influences diverses,
suivant des directions peu inclinées à l'horizon.

Concevons, par exemple, qu'une plaine de sable, d'une grande
étendue et presque horizontale, soit exposée quelque temps, ou
seulement quelques instants, aux ardeurs du soleil. Les rayons
calorifiques de cet astre, s'y trouvant arrêtés, élèveront soudai-
nement sa température au-dessus de celle de l'air ambiant, qui
les a transmis presque sans absorption. Alors, la couche inférieure de cet air qui touche le sol, s'échauffant par contact,

acquerra une force élastique plus grande que ne lui assignait sa simple communication avec les couches supérieures. Elle se dilatera donc en soulevant ces couches, jusqu'à ce qu'elle se soit mêlée avec elles ; et tant que ce mélange ne sera pas complétement opéré, elle se trouvera, quoique plus basse, avoir actuellement une moindre densité, par conséquent un moindre pouvoir réfringent. Le même effet se réitérant sur les particules d'air descendantes qui la remplacent, il en résultera un état de mouvement et d'échange continuel, pendant lequel la densité des couches ira en croissant depuis la surface du sol jusqu'à une certaine hauteur, ordinairement fort petite, après quoi elle deviendra sensiblement constante, et diminuera ensuite avec la hauteur, conformément à la constitution habituelle de l'atmosphère. Les circonstances étant telles, si l'on conçoit un observateur placé dans la couche de densité moyenne, et regardant un objet éloigné situé aussi dans cette couche, il le verra de deux manières : directement à travers la couche d'air de densité sensiblement uniforme qui l'en sépare ; puis, aussi, indirectement, par des trajectoires lumineuses réfléchies dans les couches voisines du sol. Ces trajectoires, d'abord dirigées de l'objet vers la surface terrestre sous une certaine inclinaison, entrent dans les couches de moindre densité, s'y réfractent en prenant une direction plus approchante de l'horizontale, puis se relèvent, et rentrant dans les couches supérieures dont la densité les attire, reviennent passer par l'œil de l'observateur. Il y aura alors deux images au moins de l'objet : l'une droite, par vision directe ; l'autre renversée, par la réflexion.

148. Il faut rapporter à ces causes un phénomène très curieux, qui est connu des marins sous le nom de *mirage*, et que l'armée française a eu plusieurs fois l'occasion d'observer dans l'expédition d'Égypte. Le terrain de la Basse-Égypte est une vaste plaine, presque exactement horizontale. Son uniformité n'est interrompue que par quelques éminences, sur lesquelles sont situés les villages qui, par ce moyen, se trouvent à l'abri de l'inondation du Nil. Le soir et le matin, l'aspect du pays est tel que le comporte la

disposition réelle des objets et leur éloignement. Mais lorsque la surface du sol s'est échauffée par la présence du soleil, le terrain semble terminé, à une certaine distance, par une inondation générale. Les villages, qui se trouvent au-delà, paraissent comme des îles situées au milieu d'un grand lac. Sous chaque village on voit son image renversée, comme elle paraîtrait effectivement dans l'eau. A mesure que l'on approche, les limites de cette inondation apparente s'éloignent, le lac imaginaire qui semblait entourer le village se retire, enfin il disparaît entièrement, et l'illusion se reproduit pour un autre village plus éloigné. Ainsi, comme le remarque Monge, de qui j'emprunte cette description, tout concourt à compléter une illusion qui est quelquefois cruelle, surtout dans le désert, parce qu'elle présente vainement l'image de l'eau dans le temps même où l'on en aurait le plus grand besoin. Monge a expliqué ce phénomène, d'après les lois de l'optique, dans le Ier volume de la *Décade égyptienne*, et son explication revient à celle que nous donnons ici.

149. On observe à peu près la même chose à la mer dans des temps très calmes, lorsque la surface de la mer se trouve accidentellement plus chaude que l'air supérieur. Alors un navire, vu dans le lointain et à l'horizon, offre quelquefois deux images, l'une directe, l'autre renversée; celle-ci absolument pareille à l'autre, souvent égale en intensité, en un mot parfaitement semblable à l'effet de la réflexion dans un miroir. De là est venu le nom de *mirage* que les marins ont donné à ce phénomène. Comme il est produit par la différence des températures de l'eau et de l'air, il se montre ordinairement dans les changements subits de température, la densité de la mer ne permettant pas à sa surface de partager ces variations aussi vite que l'atmosphère; et le calme de l'air y est nécessaire pour que les couches d'inégale densité restent suffisamment distinctes. Mais, d'un autre côté, la température des eaux et l'évaporation qui se fait continuellement à leur surface, s'oppose à ce qu'elles prennent une température aussi élevée que la surface sablonneuse d'un terrain aride. Par ces raisons, le phénomène des doubles images se montre plus rarement à la mer et y dure peu; au lieu qu'il est journalier en

Égypte et sur quelques plaines sablonneuses (*) où les mêmes circonstances se reproduisent presque tous les jours aux mêmes hauteurs du soleil.

150. Nous avons observé, M. Mathieu et moi, un grand nombre de phénomènes de ce genre à Dunkerque, sur le bord de la mer, et je les ai discutés dans les Mémoires de l'Institut, année 1809. J'ai prouvé que les trajectoires consécutives, qui partent de l'œil de l'observateur, se coupent sur leurs secondes branches de manière à former une caustique au-dessous de laquelle aucun point ne peut être aperçu. Dans la fig. 86, la courbe LT représente cette caustique, et OMS est la trajectoire limite, menée de l'œil de l'observateur tangentiellement au sol. Je la nomme *trajectoire limite*, parce qu'elle limite la hauteur où se fait le renversement. Dans la figure citée, tous les points situés au-dessus de cette trajectoire ne peuvent envoyer à l'observateur qu'une seule image; ceux qui sont dans l'espace SLT lui en envoient deux, l'une supérieure qui est droite, l'autre inférieure qui est renversée; enfin les points situés au-dessous de la caustique, dans l'espace MLT, ne pouvant en envoyer aucune, sont invisibles; de sorte qu'un objet mobile, un homme, par exemple, qui s'éloigne successivement à diverses distances, présente les apparences successives rapportées *fig.* 87. Cet état de choses peut quelquefois produire des images non-seulement doubles mais multiples, et dont les rapports de grandeur avec les états réels sont si bizarres qu'elles les rendent tout-à-fait méconnaissables.

151. Lorsque la vision se fait ainsi par des trajectoires convexes vers la terre ou vers la mer, la réfraction est négative; l'horizon apparent est beaucoup plus abaissé qu'il ne devait l'être relativement à la hauteur où l'on observe. Les marins doivent donc se méfier de ce phénomène, qui tendrait à leur donner des erreurs considérables dans leur latitude; car les expériences directes, faites au bord de la mer, comme je l'expliquais tout-à-

---

(*) Par exemple, à Dunkerque, sur la laisse de basse mer, au pied et à l'ouest du Risban.

l'heure, montrent que ces erreurs peuvent souvent aller à 4 et 5 minutes de degré. L'horizon apparent sera ainsi abaissé quand la mer sera plus chaude que l'air. Au contraire, si elle est plus froide, le décroissement des densités suit une loi beaucoup plus rapide qu'à l'ordinaire, et l'horizon apparent s'élève à une hauteur trop considérable. Le décroissement opéré par cette cause est quelquefois assez rapide pour élever l'horizon apparent *au-dessus du plan horizontal* de l'observateur. Alors la trajectoire lumineuse qui limite ce faux horizon n'est pas tangente à la surface de la mer au point d'où elle part, parce qu'un élément lumineux ainsi émis ne pourrait pas s'élever dans les couches supérieures. Il faut que cet élément parte sous une certaine obliquité pour arriver à l'observateur placé dans ces couches. La trajectoire atteint alors un certain maximum de hauteur où elle devient horizontale avant de lui arriver, et la vision a lieu par sa branche descendante. Ce phénomène a déjà été indiqué théoriquement dans la note de la page 276.

On éviterait ces erreurs en n'observant pas les hauteurs des astres au-dessus de l'horizon de la mer, mais au-dessus d'un horizon artificiel, formé par une surface réfléchissante plane et rendue horizontale, que l'on placerait hors des couches inférieures où se fait toujours la variation extraordinaire de la densité; telle serait, par exemple, la surface supérieure d'un fluide en repos. Mais ce moyen n'est pas toujours d'un usage facile; et à bord des vaisseaux il est tout-à-fait impraticable à cause du mouvement de la mer. Dans ce cas, l'erreur pourrait se corriger, si, comme l'avait proposé Wollaston, on mesurait la distance angulaire totale comprise entre deux points de l'horizon de la mer, diamétralement opposés. En effet, l'excès de cette somme sur deux angles droits donnera le double de la dépression apparente de l'horizon qui a lieu actuellement, du moins si on la suppose uniforme sur tout son contour, ce qui peut bien ne pas toujours avoir lieu. Dans le cas de cette uniformité, on connaîtra la dépression actuelle en prenant la moitié du résultat. Malheureusement, cette observation des deux horizons est très difficile à faire avec exactitude. Mais s'il n'est pas en notre pouvoir de rectifier l'erreur qui se produit dans ces circonstances, il est du moins utile d'être prévenu de son existence et du sens où elle peut agir, afin de pouvoir s'en défier. Peut-être, si les températures de l'air étaient déterminées par l'observation dans la couche en contact avec la mer, et dans celle où l'observateur se trouve, parviendrait-on dans beaucoup de cas à appliquer ici les principes généraux exposés page 275, et à calculer théoriquement la dépression apparente actuelle, connaissant la hauteur de la station au-dessus de la mer. Mais l'expérience peut seule apprendre si les irrégularités capricieuses de ce phénomène peuvent être éludées ou appréciées ainsi (*).

152. En général, les rayons lumineux par lesquels nous apercevons les astres, étant écartés de leurs positions vraies par la réfraction, toutes les relations angulaires que l'on peut établir entre ces rayons, diffèrent de celles qui auraient lieu entre les distances rectilignes, si l'atmosphère n'existait pas. Or, ce sont ces dernières relations qu'il faut connaître pour établir les vrais mouvements des corps célestes. Mais les altérations que la réfraction y produit, résultant presque toujours du seul effet vertical qu'elle exerce sur les distances zénithales, on peut toujours calculer les

---

(*) M. Arago a rassemblé dans la *Connaissance des Temps* de l'année 1827, un grand nombre de dépressions de l'horizon de la mer, observées avec l'instrument de Wollaston, par plusieurs navigateurs très habiles, avec la désignation des températures actuelles de l'eau et de l'air qui avaient lieu pendant ces observations. Mais, outre l'incertitude qui reste toujours dans la température propre de l'air quand on la conclut des indications apparentes du thermomètre, il est malheureusement arrivé que les températures n'ont été ainsi déterminées qu'aux deux surfaces extrêmes de la couche d'air traversée par le rayon lumineux, sans aucune observation de l'état intermédiaire. Or, la connaissance de cet état eût été fort essentielle pour la discussion des résultats, surtout quand la mer a été plus chaude que l'air, ce qui établit nécessairement des courants ascensionnels, et peut produire, même à de très petites hauteurs, une inversion dans la loi du décroissement des densités, comme nous en avons eu des exemples, M. Mathieu et moi, à Dunkerque. Une telle inversion ne peut plus avoir lieu quand la mer est plus froide que l'air, le décroissement des densités étant alors nécessairement continu dans cette circonstance. Aussi les observations relatives à ce cas présentent-elles en général plus de régularité que celles qui sont faites la mer étant plus chaude que l'air.

corrections que chaque mesure angulaire exige selon le plan dans lequel elle est faite pour être convertie en élément vrai. C'est ce ce que nous verrons à mesure que les corrections dont il s'agit nous deviendront nécessaires. Pour le moment, je me bornerai à rassembler ici quelques effets spéciaux de la réfraction sur lesquels il est bon d'être prévenu.

133. Dans l'état le plus habituel de l'atmosphère, la vision des objets qui lui sont extérieurs s'opère par des trajectoires concaves vers la surface terrestre dans toute l'étendue de leur cours. La réfraction produite sur ces trajectoires doit donc nous rendre les astres visibles avant qu'ils se soient élevés au-dessus du plan mené par notre œil tangentiellement au sphéroïde terrestre. A leur coucher nous devons les voir encore quand ils sont déjà au-dessous de ce plan.

Par la même raison, on peut voir la Lune éclipsée dans l'ombre de la Terre, quoique le Soleil et elle paraissent tous deux sur l'horizon, l'un à l'occident, l'autre à l'orient. Il suffit que ces deux astres soient diamétralement opposés l'un à l'autre, et que l'un d'eux, le Soleil, par exemple, se trouve très peu élevé au-dessus de l'horizon. Alors la Lune, qui lui est opposée, se trouve très peu abaissée au-dessous de ce plan, et la réfraction, en l'élevant, parvient à la faire paraître au-dessus. Ce phénomène a été observé à Paris le 19 juillet 1750.

134. C'est encore par un effet de la réfraction atmosphérique que le Soleil à l'horizon paraît ovale et aplati dans le sens vertical, même dans les temps les plus calmes et les plus sereins (*voy*. fig. 88). Tous les points de son disque sont alors élevés par l'effet de la réfraction, mais ils le sont inégalement : les points inférieurs le sont plus que les supérieurs, parce qu'ils sont plus près de l'horizon où la réfraction est plus forte. Le disque du Soleil doit donc alors sembler aplati, dans le sens vertical. Sur les hautes montagnes, et sur les hauteurs situées sur les bords de la mer, cet aplatissement paraît très considérable; il va quelquefois jusqu'à un cinquième du diamètre apparent du Soleil. Le disque de la Lune présente les mêmes phénomènes (*).

(*) Il est facile de calculer cet aplatissement pour un astre d'un diamètre

A la verité, le diamètre horizontal est aussi changé par les mêmes causes. Car la réfraction élevant les points lumineux dans

---

apparent donné, placé dans un cas aussi donné de réfraction purement vertical. Comme cela exige un emploi des tables de réfraction qui n'est pas habituel, mais qu'il peut être utile de connaître, j'en donnerai un exemple.

Le diamètre apparent du Soleil, vu au haut du ciel, abstraction faite de toute réfraction, est à fort peu près, en valeur moyenne, de 32' de degré sexagésimal. Supposons-le tel; puis, plaçons le bord inférieur du disque à la distance zénithale *apparente* de 90°, l'observateur étant au niveau de la mer, la température $+$ 10°, la pression barométrique 0^m,76.

Ces conditions météorologiques de la couche aérienne inférieure sont celles que suppose la table de réfractions rapportée § **120**, page 220. Les nombres qu'elle donne seront donc immédiatement applicables au cas proposé.

La distance zénithale apparente Z du bord inférieur étant 90 degrés, la réfraction correspondante, d'après la table, est 33' 46",3. La distance zénithale *vraie*, que je désignerai par Z_1 sera donc Z plus cette réfraction;

ainsi l'on aura. . . . . $Z_1 = 90°\ 33'\ 46",3$
Retranchons de là le diamètre apparent vrai 32',
le reste sera la distance zénithale *vraie* du bord su-
périeur. Et en la nommant Z'_1, il viendra. . . . . . $Z'_1 = 90°\ 1'\ 46",3$.

Il faut maintenant chercher la distance *apparente* Z' qui correspond à cette distance vraie. La table ne la donne pas immédiatement, étant construite pour être consultée d'une manière inverse; mais on peut l'en déduire par interpolation.

D'abord, la quantité à ôter de Z', doit être moindre que 32', puisque si elle était de 32' le diamètre vertical ne serait pas raccourci par la réfraction. En effet, si j'essaie même pour Z', 89° 30', la table donne la réfraction 28' 32",0, ce qui ajouté à 89° 30' donnera pour la distance vraie 89° 58' 32",0, valeur moindre que Z'_1, et trop faible de 3'14",3 ou 194",3.

Je descends donc d'un terme dans la table, c'est-à-dire de 10' ou 600", ce qui suppose pour Z', 89° 40'. Alors la réfraction sera 30' 9",3; et la distance vraie 89° 10' 9",3, valeur plus grande que Z'_1, et trop forte de 8' 23",0 ou 503". Ainsi, la vraie valeur de Z' est comprise entre 89° 30' et 89° 40'.

Maintenant, la différence des distances zénithales essayées est 10' ou 600", et elle a produit dans la distance vraie une variation totale de 194",3+503",0 ou 697",3. Alors, il n'y a qu'à désigner par $+z$ la véritable augmentation qu'il faut faire à l'une des distances essayées, à la première par exemple, pour détruire exactement l'erreur qu'elle a donnée dans la distance vraie, erreur qui s'est trouvée être 194",3; et si les termes de la table ont été assez rap-

les plans verticaux où ils se trouvent; et tous les plans verticaux se réunissant au zénith, un arc, même horizontal, se trouve par là diminué. Mais cet effet, produit uniquement par la convergence des verticaux, est beaucoup moindre que l'effet direct et vertical de la réfraction. C'est pourquoi l'aplatissement vertical du disque est seul aperçu.

155. Ceci suppose l'air dans son état ordinaire, où la densité est décroissante de bas en haut. Des phénomènes contraires auraient lieu si la densité des couches inférieures décroissait en approchant de la surface de la Terre, comme cela arrive quand la mer est plus chaude que l'air. Alors le disque du Soleil, en pénétrant dans ces couches, s'allonge par le bas et présente quelquefois une image renversée. D'autres fois, l'irrégularité des densités multiplie les inflexions du rayon, et l'on voit alors plusieurs images

---

prochés pour que l'on puisse calculer les intermédiaires par simple proportion entre les limites qu'ils comprennent, on aura

$$600'' : 697'',3 :: z : 194'',3,$$

ce qui donne

$$z = \frac{116586 \, 00''}{6973} = 167'',19 = 2'47'',19.$$

Cette quantité ajoutée à $89°30'$ donnera donc la distance zénithale apparente du bord supérieur du disque qui convient aux circonstances assignées,

et ainsi cette distance sera. . . . . $Z' = 89° \, 32' \, 47'',19$
Or, la distance apparente du bord supérieur était
donnée. . . . . $Z = 90°$

Différence ou diamètre apparent vertical du disque
réfracté. $0° \, 27' \, 12'',81.$

On voit donc qu'il est bien moindre que $32'$. L'inégalité de la réfraction sur les deux bords du disque l'a diminué de $4' \, 47'',19$ ou de $\frac{1}{16}$ presque exactement.

On pourrait vérifier aisément qu'en effet la valeur trouvée ici pour Z' est exacte; car, exprimant une distance apparente, on peut tirer immédiatement de la table la réfraction qui y répond. Cela se fera encore par des parties proportionnelles; et en effectuant ce calcul on retrouvera la distance vraie assignée.

du Soleil ; ou bien son disque se déforme tellement qu'il devien[t]
méconnaissable ; on en voit un exemple dans la fig. 89, où l'on [a]
réuni diverses apparences, que nous avons observées, M. Mathieu
et moi, à Dunkerque.

186. Enfin nous nous sommes assurés, par des expériences dé-
cisives, que la trajectoire décrite par les rayons lumineux, dans
les couches inférieures de l'atmosphère, n'est pas toujours entièrement concave vers la surface terrestre, comme dans la réfraction
ordinaire, ou entièrement convexe, comme dans le mirage, mais
qu'elle subit quelquefois des inflexions successives dans ces deux
sens opposés. De là résultent des dépressions de l'horizon apparent
qui ne s'accordent pas avec les hauteurs d'où on les observe ; des
apparitions d'objets éloignés que la rondeur de la terre cache ordinairement ; des images doubles, quelquefois triples des objets
situés près de l'horizon ; enfin tous les phénomènes de réfraction
extraordinaire qui ont lieu dans les couches inférieures de l'atmosphère, comme je l'ai fait voir dans le Mémoire que j'ai cité
plus haut.

Il me resterait maintenant à montrer comment la seule comparaison des observations astronomiques peut conduire à des résultats exactement conformes à ce que nous venons de conclure des
seules données physiques. Cet accord est en effet aussi exact qu'on
puisse le désirer dans les cas où la régularité des densités permet
de soumettre le phénomène à un calcul continu. Mais cette manière, en quelque sorte inverse d'établir les lois de la réfraction
atmosphérique, exige que l'on suppose le mouvement diurne
du ciel exactement circulaire ; car c'est en ramenant à cette condition de circularité les positions apparentes et successives d'un même
astre supposé sans mouvement propre, que l'on en conclut alors
la quantité de la réfraction dans chacun de ces cas. Or, quoique
cette méthode ait été effectivement la première employée par les
astronomes pour évaluer les réfractions atmosphériques, long-
temps avant que les géomètres aient pu leur en fournir la mesure
théorique, la circularité qu'elle suppose est en elle-même un phénomène si important, qu'il m'a paru plus utile de ne pas le
prendre hypothétiquement pour base, mais de l'établir au con-

traire comme déduction, en tirant d'abord les lois de la réfraction des seules données physiques, comme on peut le faire aujourd'hui, sauf à en confirmer ensuite la vérité par leur application au mouvement diurne lorsqu'il sera démontré circulaire. C'est ce que je ne manquerai pas de faire quand nous aurons établi ainsi directement cette propriété.

157. En discutant dans le § **154** les particularités physiques propres à constater la distribution réelle des pouvoirs réfringents dans l'atmosphère, à diverses hauteurs, j'ai parlé de petites agitations que l'on observe presque toujours dans les images des étoiles, lorsqu'on les observe à travers des lunettes munies d'un fort grossissement. On remarque souvent, même à la vue simple, des mouvements de ce genre; et lorsqu'ils sont très vifs, les images qui se succèdent étincellent de couleurs brillantes, où l'on distingue surtout le rouge et le vert. Ce phénomène s'appelle *la scintillation des étoiles*. Les disques de la Lune et des planètes ne le présentent pas, au moins d'une manière appréciable. Leur image semble toujours tranquille. Ces effets sont surtout sensibles dans les climats où l'air est rarement serein; ils le sont moins, et plus rarement, dans ceux où le ciel est plus pur. On les observe principalement aux approches de la pluie lorsqu'elle va suivre une longue sécheresse. Le tremblement des étoiles est alors si marqué, qu'il devient un signal pour les matelots. Ces conditions de sa production indiquent qu'il dépend de changements rapides de densités, qui se succèdent en différents sens sur les divers points de l'air que traversent les éléments lumineux; et puisque, d'ailleurs, on ne le voit que sur les étoiles dont le disque est insensible, il faut que la grandeur même de l'image l'exclue. Mais comment l'exclut-elle? et comment la réduction du centre rayonnant à un simple point, permet-elle l'apparence de trépidation des images ainsi que leurs changements de couleurs? C'est une question de physique fort délicate. M. **Arago** a rattaché très nettement, et très complétement, tous ces résultats au phénomène de physique connu sous le nom d'interférences; mais son travail n'ayant été communiqué que verbalement à l'Académie au moment où ceci s'imprime, je craindrais d'en donner une idée inexacte, et je ne puis que l'indiquer.

158. La réfraction que les rayons lumineux éprouvent lorsqu'ils passent de l'air dans un milieu plus dense, obliquement à leur surface commune, avait déjà été remarquée par Ptolémée, qui avait même constaté expérimentalement les inégales déviations opérées ainsi sous des incidences diverses (*). L'application de cette propriété à l'atmosphère était trop évidente, pour qu'on n'en conclût pas l'existence d'une pareille réfraction sur les rayons qui la traversaient. Aussi Ptolémée en tira-t-il cette conséquence qui fut après lui adoptée par tous les astronomes. Mais l'effet était trop faible pour qu'on pût l'apprécier, ou même chercher à en tenir compte, tant que les procédés d'observations comportaient des erreurs beaucoup plus grandes. Tycho-Brahé fut le premier qui les améliora assez pour qu'il parût enfin nécessaire et possible d'appliquer aux positions apparentes une correction dépendante de la réfraction atmosphérique; mais ce fut seulement du temps de Cassini et de Bradley qu'ils devinrent assez précis pour faire réellement apprécier cette correction avec une suffisante certitude. Je rapporterai plus loin les méthodes par lesquelles on est parvenu ainsi à l'établir, en adoptant l'exacte circularité du mouvement diurne du ciel, comme une condition fondamentale des mouvements vrais, à laquelle les positions apparentes doivent satisfaire étant convenablement corrigées. Mais la théorie physique de la réfraction exposée dans ce chapitre, exemptant de recourir à cette hypothèse, il m'a semblé plus logique de la présenter ici d'abord; d'autant que malgré les imperfections qui y restent encore, et que j'ai fait ressortir, elle substitue avantageusement des lois physiques, démontrées et certaines, aux relations empiriques qui seules peuvent être déduites de la simple observation.

159. Je terminerai ce long chapitre par l'exposition d'un procédé que j'ai annoncé § 155, page 245, comme pouvant faire

---

(*) *Optique* de Ptolémée. Delambre, *Histoire de l'Astronomie ancienne*, tome II, page 411.

apprécier l'étendue des erreurs que l'appréciation imparfaite des températures propres de l'air, et les perturbations accidentelles de la sphéricité des couches aériennes les plus basses peuvent produire dans les valeurs des réfractions astronomiques, calculées théoriquement.

Ce procédé repose sur l'emploi de distances zénithales réciproques et simultanées faites entre l'intérieur de l'observatoire et un signal placé au dehors, à une hauteur et une distance suffisantes pour être sorti des couches aériennes inférieures dans lesquelles la perturbation locale existe. Je suis contraint, pour l'exposer, d'employer l'indication de quelques instruments qui seront décrits plus tard. Mais je ne les présente ici que comme servant à mesurer des distances zénithales d'objets fixes, ce qui peut toujours être provisoirement admis; et je n'aurais pas eu ailleurs l'occasion de revenir sur ce sujet.

Pour fixer les idées, je prends l'Observatoire de Paris comme exemple. Dans le plan du cercle méridien, employé habituellement aux observations de distances zénithales, on choisit, sur quelque colline distante, qui sera si l'on veut, pour nous, Montmartre, un point où l'on établit une station d'observation, abritée par une simple tente ou par une cabane légère. On y dispose, dans une même verticale, deux petites lampes pour servir de signaux, tant de nuit que de jour, et on les amène exactement sous le fil vertical du cercle, ou assez près pour qu'on puisse y réduire leurs distances zénithales par la mesure de leur écart (*). Entre ces deux signaux, et dans le même plan, on place le centre d'un cercle répétiteur manœuvré par un observateur M″, *fig.* 82. Peut-être y aura-t-il pour le moment, quelque difficulté à rendre ce cercle portatif exempt d'erreurs absolues, ou d'apprécier leur portée possible; mais c'est là un inconvénient temporaire, dû à l'imperfection actuelle de ces instruments, et qui n'est pas inhérent au procédé lui-

---

(*) Je suppose que ces lampes seront visibles de jour avec les instruments; si elles ne l'étaient pas, il faudrait y joindre des mires disposées suivant les mêmes principes, sans qu'il fût d'ailleurs besoin de s'astreindre à l'identité des positions.

même. Dans l'observatoire fixe, en M', on établira aussi deu x petites lampes, mais on les disposera sur une ligne horizontale, à droite et à gauche de l'objectif du cercle, lorsque la lunette sera dans la situation nécessaire pour voir M''. Il va sans dire que les deux stations seront munies de baromètres comparés entre eux, ainsi que de thermomètres tant intérieurs qu'extérieurs. Mais la station M'', sous une tente ou sous une cabane ouverte, ayant une communication libre avec l'air du dehors, pourra ne présenter habituellement qu'une différence nulle ou insensible entre les indications thermométriques qu'on y observera ; et l'on devra s'astreindre à ce qu'il en soit ainsi. Dans la station fixe M' au contraire, il faudra choisir les circonstances où la différence des indications extérieures et intérieures sera la plus grande possible, même en cherchant au besoin à l'accroître artificiellement ; et il faudra, en outre, saisir aussi les circonstances inverses de calme, comme de modération dans la température, où les thermomètres du dedans et du dehors seront dans les conditions les plus favorables pour s'accorder.

Ces dispositions faites, à des instants convenus et correspondants, les observateurs M' et M'' prendront les distances zénithales réciproques Z', Z'' de leurs signaux respectifs ; ou du moins, ils s'arrangeront pour réduire leurs résultats à la condition de simultanéité. D'après la position intermédiaire, et connue, que leurs instruments occupent entre les signaux observés, chacun d'eux pourra déduire de ses observations, la distance zénithale apparente du centre de l'autre station, comme s'il avait pointé directement sur ce centre. Les directions des deux rayons visuels simultanés, ainsi définies, seront donc tangentes à une même trajectoire lumineuse, passant par les positions moyennes réciproquement observées.

Or on connaît, ou l'on peut exactement connaître, l'angle compris au centre de la Terre entre les verticales des deux stations. D'après ce qui été démontré page 254, cet élément, combiné avec les distances zénithales observées, détermine la somme $\delta' + \delta''$ des réfractions locales en M' et M'', c'est-à-dire l'angle aigu i, formé en I, par les deux rayons visuels tangents à la trajectoire lumineuse. Cet angle i est la portion de la réfraction

totale qui s'est opérée, depuis le point supérieur M″ de la trajectoire, jusqu'au point M′ inférieur, au moment des observations;
et sa valeur est obtenue ainsi, quel qu'ait pu être l'état des couches aériennes intermédiaires : je la désignerai désormais par S.

Cela posé, l'observateur M″ placé sur la colline, prendra le supplément de la distance zénithale qu'il aura mesurée, et il la considérera comme exprimant la distance apparente Z‴ d'un astre
fictif qui serait placé sur la même trajectoire de l'autre côté du
zénith, conséquemment ici vers le nord (*). Avec la hauteur barométrique qu'il aura observée, et les indications thermométriques intérieures ou extérieures, que l'on suppose concordantes,
il calculera par les tables usuelles, la réfraction totale qui convient à la distance zénithale Z‴ dont il s'agit, c'est-à-dire la somme
totale des inflexions qui se seraient opérées sur la même trajectoire lumineuse si elle fût arrivée du nord, en M″, après avoir traversé l'étendue de l'atmosphère supérieure. Soit R‴ cette réfraction ainsi calculée. En y ajoutant S et nommant R′ la somme qui
en résulte, on aura $R' = R''' + S$.

R′ sera la *vraie* réfraction qui convient à la distance zénithale
apparente Z′ mesurée en M′ dans l'intérieur de l'Observatoire, en
considérant cette distance comme appartenant au même astre fictif,
idéalement observé en M″. Or l'observateur M′ peut aussi calculer
directement la réfraction R′ par les mêmes tables, en prenant pour
donnée la distance apparente Z′ et les indications météorologiques,
tant intérieures qu'extérieures, propres à sa station ; et comme la
portion de la trajectoire supérieure au point M″ se trouve commune, la
différence des deux valeurs obtenues pour R′ donnera l'erreur qui,
dans de telles circonstances, résulterait de l'emploi des tables, non
pour toute l'étendue de l'atmosphère entière, mais seulement pour
la petite portion de la trajectoire lumineuse qui est comprise entre

---

(*) J'ai supposé la station M″ plus élevée que M′ pour la faire sortir des
couches inférieures où les conditions de sphéricité sont les plus troublées.
Je suppose aussi cet excès de hauteur assez grand relativement à la distance, pour que M″ voie toujours M′ *au-dessous* de son propre horizon, dans
toutes les variations que les réfractions peuvent parcourir.

les deux stations. Les éléments de cette erreur seront : 1° l'indication thermométrique extérieure ou intérieure dont on aura fait usage pour calculer la densité de l'air et son pouvoir réfringent dans la couche inférieure; 2° la perturbation survenue dans l'état de sphéricité admis par les tables; 3° le décroissement initial des densités, différent de la loi qu'elles supposent, et qu'elles emploient comme invariable. En choisissant les circonstances les plus propres à rendre sensibles chacune de ces particularités, on pourra apprécier leur influence relative et connaître le sens, ainsi que l'ordre de grandeur, des erreurs qu'elles peuvent occasionner. Avec ces données, mais seulement en les possédant, il deviendra possible d'examiner si la théorie fournirait quelque approximation suffisante pour corriger ces erreurs, ou si l'unique moyen d'y échapper serait d'élever les stations d'observation au-dessus des couches d'air dans lesquelles les causes qui les produisent agissent habituellement; car il ne saurait y avoir d'autre alternative.

Si l'on suppose que l'on connaisse aussi la différence de niveau des deux stations M' et M″, ce qui peut être admis sans difficulté dans les circonstances que nous considérons, on pourra, sans aucun emploi des tables de réfraction, et par les seules observations réciproques que je viens de définir, constater les perturbations qui seraient survenues dans l'état de sphéricité des couches inférieures, et apprécier l'erreur qu'elles peuvent introduire dans les réfractions calculées, lorsqu'on les détermine soit d'après les températures apparentes de l'air, extérieures ou intérieures, soit d'après les températures propres si l'on parvenait à les obtenir. Pour cela il suffit de reprendre la relation générale qui existe entre les directions successives des mouvements produits par des forces centrales, et qui s'applique ainsi aux trajectoires lumineuses, dans l'état sphérique des couches d'égale densité. Cette relation est celle que j'ai établie dans le § 145, page 269; et, en conservant les notations que j'ai employées alors, elle est

$$r'' \sin Z'' \sqrt{1 + \tfrac{4}{3} k \zeta''} = r' \sin Z' \sqrt{1 + \tfrac{4}{3} k' \zeta'}. \qquad (1)$$

On voit, par son inspection seule, que si la distance apparente Z'', réellement observée en M'', est donnée, ainsi que les rayons r', r'', et les circonstances météorologiques d'où ϱ' et ϱ'' dépendent, cette relation détermine Z', c'est-à-dire la distance zénithale réciproque qui doit s'observer *simultanément* en M', si les couches d'égale densité sont sphériques, quelle que soit d'ailleurs la loi intermédiaire de ces densités. En comparant donc le Z' observé avec le Z' calculé ainsi, successivement, par les températures propres, extérieures et intérieures, on saura, 1° si la condition de sphéricité est altérée de manière à donner une erreur sensible sur la réfraction; 2° quelle est celle des deux températures qui la donne moindre, ou qui la rend insensible, si ce dernier cas peut arriver; 3° enfin, la même épreuve répétée avec les températures apparentes dans les conditions les plus favorables à la sphéricité, montrera l'ordre d'erreur qui peut résulter de leur substitution aux températures de l'air.

Mais, pour effectuer avec exactitude les calculs que cette recherche exige, il ne faudrait pas chercher directement la distance zénithale Z' par l'équation (1); il faut transformer préalablement cette équation comme je l'ai fait dans la note de la page 276, de manière à obtenir cot Z' qui sera toujours très petite dans les circonstances où nous nous plaçons, parce que la portion de la trajectoire lumineuse comprise entre M' et M'', sera toujours très peu élevée sur l'horizon de M'. Alors on aura

$$\cot^2 Z' = \cot^2 Z'' + \left[\frac{(r'-r'')(r'+r'')}{r''^2} + \frac{4h(\varrho'-\varrho'')}{(1+4h\varrho'')} \frac{r'^2}{r''^2} \right] (1+\cot^2 Z''),$$

expression qui sera toujours très facile à calculer numériquement par les tables ordinaires de logarithmes dans les conditions où nous nous plaçons. Rien n'empêchera donc d'en conclure Z', pour l'employer aux épreuves indiquées plus haut.

Dans l'application rigoureuse de ces procédés, il faudrait employer les températures propres de l'air, tant intérieures qu'extérieures, et non pas les températures apparentes, données par les indications immédiates des thermomètres. Mais comme, jusqu'à présent, ces dernières sont les seules que l'on obtienne, il faudra commencer d'abord par s'en servir afin de connaître les erreurs qui résultent de leur usage dans les circonstances que nous considérons. Si, un jour, on parvient à obtenir les températures propres elles-mêmes, dégagées des effets de rayonnement que le thermomètre y mêle, il ne faudra qu'introduire leurs valeurs dans le calcul des observations réciproques déjà faites pour en obtenir les résultats vrais.

Le travail que je propose ici d'entreprendre est aujourd'hui indispensable à l'astronomie ; et les moyens que j'ai indiqués pour l'effectuer me semblent, j'oserais presque dire, les seuls applicables à la question physique qu'il a pour but, puisque des expériences indépendantes de l'état de sphéricité des couches d'air, peuvent seules la résoudre. Les travaux des géomètres ont posé les fondements mathématiques de la théorie des réfractions ; la détermination expérimentale des propriétés physiques de l'air et de son pouvoir réfringent, en a fixé les éléments abstraits. Mais l'étude de l'atmosphère réelle, telle qu'elle existe, a peut-être été jusqu'ici trop négligée dans leur application ; et elle semble maintenant être l'unique moyen de compléter cette théorie en lui donnant des bases physiques exemptes de toute hypothèse.

NOTE I

Sur la manière de calculer le coefficient de la réfraction terrestre dans une atmosphère de constitution donnée.

———

Lorsque les géomètres veulent déterminer le coefficient de la réfraction terrestre, ils le déduisent de la constitution atmosphérique qu'ils adoptent, en limitant à de petites hauteurs l'expression générale des densités propre à cette constitution. Mais ce calcul se fait ordinairement par des voies détournées et assez pénibles, qui ne laissent pas assez apercevoir le principe de l'approximation employée; ce qui expose les observateurs qui en veulent faire usage à lui attribuer des applications qu'elle ne comporte point. Par exemple, on a souvent supposé que la valeur numérique du coefficient, déterminée pour des trajectoires lumineuses voisines du niveau de la mer, pouvait être employée en tout temps, comme à toute hauteur, au-dessus de ce niveau, en faisant seulement varier la densité initiale qui l'accompagne. Et l'on a cru qu'on obtenait ainsi les valeurs des réfractions, propres à la couche d'air où cette densité existait actuellement. Mais l'inexactitude de cette interprétation se décèle par ses conséquences mêmes; car il en résulterait que la somme des réfractions opérées sur un même arc d'une même trajectoire lumineuse, se trouverait différente, proportionnellement aux densités prises pour point de départ, selon qu'on la calculerait en remontant de bas en haut sur la trajectoire, ou en la descendant. Je crois donc utile de fixer ici le principe exact de ces déductions, en formant l'expression générale du coefficient dont il s'agit, pour toute constitution atmosphérique assignée, et pour une hauteur quelconque des couches d'air entre lesquelles on l'applique. Comme le calcul repose sur l'équation différentielle des trajectoires lumineuses, que je n'ai pu qu'indiquer page 212, il sort inévitablement des bornes d'un ouvrage élémentaire; et ainsi l'exposition que j'en vais faire s'adressera seulement aux personnes qui peuvent étudier les principes analytiques de cette théorie, dans le livre X de la *Mécanique céleste*.

Pour plus de clarté, j'emploierai une notation un peu différente de celle dont M. Laplace a fait usage dans cet ouvrage. Mais j'aurai soin de la ramener à la sienne, lorsque cela pourra avoir de l'utilité.

Considérons d'abord spécialement une certaine couche aérienne placée à la distance r' du centre de la Terre. Nommons ρ' sa densité, p' la pression qu'elle supporte, g' l'intensité de la gravité qui s'y exerce. Soit aussi l' la longueur d'une colonne d'air *fictive*, ayant partout la densité ρ', et qui, animée par la gravité g', équilibrerait par son poids la pression p'. On aura, d'après ces conditions,

$$p' = \rho' g' l'.$$

La longueur l' est un élément d'abréviation commode à introduire, parce qu'il entre explicitement dans toutes les formules, dont il fait disparaître à la fois la pression p' et la gravité g'; mais il est d'ailleurs purement idéal.

Désignons maintenant par ρ la densité d'une couche aérienne quelconque dont le rayon est r; et faisons, avec M. Laplace,

$$\frac{r'}{r} = 1 - s;$$

ρ sera généralement une fonction de s dépendante de la constitution d'atmosphère que l'on veut considérer. Nommons encore, comme lui, $d\theta$ l'élément différentiel de la réfraction qui s'opère dans l'amplitude infiniment petite dv comprise entre deux rayons vecteurs infiniment voisins de la trajectoire lumineuse. Si l'on prend pour unité la vitesse de la lumière dans le vide, et que l'on désigne par k le pouvoir réfringent de l'air pour la densité 1, on aura généralement

$$d\theta = -\frac{2k(1-s)\left(\frac{d\rho}{ds}\right)}{1+4k\rho}\,dv.$$

Cette équation est la même que M. Laplace emploie page 277 du livre cité, à cela près qu'il y désigne par la lettre n la vitesse de l'élément lumineux dans le vide. L'intensité de la force accélératrice qui sollicite la molécule lumineuse en chaque point de la trajectoire, est représentée ici par

$$-2k\left(\frac{d\rho}{dr}\right) \quad \text{ou} \quad -2k\frac{(1-s)^2}{r'}\left(\frac{d\rho}{ds}\right).$$

En bornant l'expression de $d\theta$ aux nivellements géodésiques, pour lesquels seuls la connaissance de la réfraction terrestre est nécessaire, la condition de visibilité réciproque des stations consécutives, y rendra toujours l'angle v très petit; et les valeurs de la variable s seront aussi toujours très petites, dans l'intervalle de hauteur que l'intégrale doit embrasser. On sait d'ailleurs qu'en général la densité des couches aériennes varie, sur un même rayon r, avec lenteur et continuité, ce qui communique les mêmes propriétés à la force accélératrice qui fait décrire la trajectoire. Admettant donc que ces caractères généraux subsistent, ou ne soient que peu troublés, dans la petite étendue de variation des quantités v et s que doit embrasser l'intégrale, on voit que l'on aura une valeur déjà très approchée de celle-ci, en substituant au coefficient variable de dv, un coefficient moyen et constant, formé avec les valeurs moyennes des facteurs qui composent le coefficient réel. D'après cela, si l'on désigne par s'' et ρ'' les valeurs de s et de ρ à la limite extrême de l'intégrale, comme elles sont 0 et ρ' à l'origine des s, il faudra d'abord remplacer ρ au dénominateur par $\frac{1}{2}(\rho' + \rho'')$, et s au numérateur par $\frac{1}{2}s''$, ce qui donnera, au lieu du facteur $1 - s$,

$$1 - \frac{1}{2}s'' = \frac{1}{2}\frac{(r' + r'')}{r''}.$$

Ensuite, si l'on désigne les valeurs extrêmes du facteur différentiel par $\left(\frac{d\rho}{ds}\right)_0$ et $\left(\frac{d\rho}{ds}\right)_s$, la première ayant lieu quand $s = 0$, et la deuxième quand $s = s''$, il faudra remplacer $\left(\frac{d\rho}{ds}\right)$ par la demi-somme de ces valeurs. Le coefficient variable de $d\nu$ étant rendu constant par cette approximation, l'intégrale en ν peut s'effectuer, et en la commençant à la station d'où partent les s, dans la couche dont la densité est ρ', on aura

$$(1)\qquad \theta = -k\,\frac{\dfrac{(r' + r'')}{2r''}\left[\left(\dfrac{d\rho}{ds}\right)_0 + \left(\dfrac{d\rho}{ds}\right)_s\right]}{1 + 2k(\rho + \rho'')}\nu.$$

ν est l'amplitude totale de l'angle au centre compris entre les rayons vecteurs extrêmes de la trajectoire, et θ est la somme totale des inflexions, par conséquent des réfractions, successivement opérées dans cet intervalle sur chacun de ses éléments. L'expression de θ montre que, dans les limites de l'approximation ici obtenue, cette somme, pour toutes les trajectoires comprises dans la même épaisseur d'air, est proportionnelle à l'angle ν. Mais sa valeur absolue dépend des valeurs extrêmes de ρ et de s, ainsi que du mode de décroissement des densités, caractérisé par les valeurs extrêmes de $\left(\frac{d\rho}{ds}\right)$, dans la masse d'air que la trajectoire parcourt.

Supposons maintenant que l'on veuille transporter l'origine des s dans la couche d'air dont le rayon est r''. Si nous désignons leurs nouvelles valeurs par σ, il faudra faire

$$\frac{r''}{r} = 1 - \sigma. \qquad \text{Or, nous avons déjà } \frac{r'}{r} = 1 - s,$$

on aura donc généralement

$$s = \frac{r'' - r'}{r''} + \frac{r''}{r''}\sigma, \qquad \text{ce qui équivaut à } s = s'' + \frac{r''}{r''}\sigma.$$

Alors, si l'on demande la somme des réfractions opérées dans l'amplitude ν entre les couches aériennes qui ont pour rayons r'' et r''', l'expression précédente de θ étant appliquée aux nouveaux symboles, donnera, dans les mêmes conditions d'approximation,

$$(2) \qquad \theta = - k \; \frac{\frac{(r'' + r''')}{2r''}\left[\left(\frac{d\rho}{d\sigma}\right)_0 + \left(\frac{d\rho}{d\sigma}\right)_s\right]}{1 + 2k\,(\rho'' + \rho''')}\, v.$$

Je dis d'abord que ces deux formules (1), (2), sont concordantes entre elles ; de sorte que, si l'on emploie la seconde pour redescendre de la couche d'air où $r = r''$ à celle où $r = r'$, la somme des réfractions, dans cette épaisseur d'air, se retrouvera la même, à égale amplitude, que celle que la première formule donnerait. Pour le faire voir, il faut remarquer que les coefficients différentiels, calculés à partir des deux origines, sont liés généralement l'un à l'autre par les relations établies entre les variables s et σ ; c'est-à-dire qu'on a toujours

$$\left(\frac{d\rho}{ds}\right) = \left(\frac{d\rho}{d\sigma}\right)\left(\frac{d\sigma}{ds}\right) \quad \text{Or,} \; \left(\frac{d\sigma}{ds}\right) = \frac{r''}{r'} ; \quad \text{donc généralement} \; \left(\frac{d\rho}{ds}\right) = \frac{r''}{r'}\left(\frac{d\rho}{d\sigma}\right).$$

Maintenant : lorsque $\sigma = 0$, on a $r = r''$, et $s = s''$; conséquemment

$$\left(\frac{d\rho}{ds}\right)_0 = \frac{r''}{r'}\left(\frac{d\rho}{d\sigma}\right)_0.$$

Lorsque $r = r'$, on a $\sigma = \frac{r' - r''}{r'} = - \frac{r''}{r'}\,s''$,

ce qui donne $s = 0$; conséquemment alors $\left(\frac{d\rho}{ds}\right)_0 = \frac{r''}{r'}\left(\frac{d\rho}{d\sigma}\right)_s$,

d'où résulte $\qquad \left(\frac{d\rho}{d\sigma}\right)_0 + \left(\frac{d\rho}{d\sigma}\right)_s = \frac{r'}{r''}\left[\left(\frac{d\rho}{ds}\right)_0 + \left(\frac{d\rho}{ds}\right)_s\right].$

Dans ces mêmes circonstances le facteur $\frac{r'' + r'''}{2r''}$ devient $\frac{r'' + r'}{2r'}$, et le facteur $\rho'' + \rho'''$ devient $\rho'' + \rho'$. En substituant ces diverses valeurs dans l'expression de $d\theta$, elle donne identiquement la même valeur que l'expression en s, pour le même arc v. Cette identité doit en effet s'obtenir dans toute approximation régulièrement calculée ; car elle signifie seulement que, sur un même arc d'une même trajectoire, la somme des réfractions opérées se retrouve égale, soit qu'on la calcule en montant ou en descendant.

Appliquons notre expression générale de θ à la notation adoptée par M. Laplace pour représenter le décroissement des densités, et nous en déduirons sa formule, qui devra se trouver assujétie à la condition précédente. Il démontre d'abord, page 347, que, si la température était constante dans toute l'atmosphère, et que l'on mit l'origine des s dans la couche aérienne dont la densité est ρ', on aurait généralement

$$(3) \qquad \rho = \rho' . e^{-\frac{r'}{l'} s},$$

e étant le nombre dont le logarithme hyperbolique est l'unité, et l' la constante fictive dont j'ai défini plus haut la signification, ainsi que la valeur. Mais cette expression donnerait un décroissement des densités beaucoup plus rapide qu'on ne l'observe dans l'atmosphère réelle. Car, en supposant, par exemple, que la densité ρ' soit celle qui a lieu à la température $0°$, quand la pression p' est équilibrée par une colonne de mercure de $0^{\mathrm{m}},76$, à cette même température, et animée par la gravité qui a lieu à Paris, ce qui met l'origine des variables s au niveau de la mer sous la latitude de cette ville, l'expression précédente de ρ, développée suivant les puissances de s, et bornée à la première, donnerait

$$\rho = \rho' \left(1 - 798,37.s\right);$$

tandis que, dans ces mêmes circonstances, pour satisfaire au décroissement réel des températures, et à la réfraction horizontale observée, tels que M. Laplace les adopte, il trouve, page 278, qu'on doit prendre

$$\rho = \rho' \left(1 - 571,551.s\right).$$

On voit doit donc que, pour plier l'expression (3) de ρ à l'état réel, en laissant en évidence sa connexion physique avec le cas d'une température constante, il faut affecter l'exposant $\frac{r'}{l'}$, d'un facteur S, qui sera généralement une fonction de s dépendante du décroissement *actuel* des températures, et auquel on pourra donner la forme

$$S = l + l_1 s + l_2 s^2 + l_3 s^3 \ldots \text{etc.},$$

$l, l_1, l_2 \ldots$ étant des coefficients numériques, résultant du mode actuel de décroissement des températures, à partir de la couche où commencent les variables s. On aura donc alors, dans l'état réel et donné de l'atmosphère,

$$\rho = \rho' e^{-\frac{r'}{l'} S s},$$

d'où l'on tire généralement

$$\frac{d\rho}{ds} = -\frac{r'}{l'} \frac{d(Ss)}{ds}.\rho.$$

Ainsi, dans les cas particuliers où $s = 0$ et $s = s''$, on aura

$$\left(\frac{d\rho}{ds}\right)_0 = -\frac{r'}{l'} \left[\frac{d(Ss)}{ds}\right]_0 .\rho', \qquad \left(\frac{d\rho}{ds}\right)_s = -\frac{r'}{l'} \left[\frac{d(Ss)}{ds}\right]_s .\rho''.$$

En substituant ces deux valeurs dans notre expression générale de θ, pour l'amplitude v, la somme des réfractions opérées sur un arc de trajectoire compris dans cette amplitude, devient

$$\theta = \frac{k\left(\dfrac{r'+r''}{2r''}\right)\dfrac{r'}{l'}\left\{\rho'\left[\dfrac{d(Ss)}{ds}\right]_0 + \rho''\left[\dfrac{d(Ss)}{ds}\right]_s\right\}}{1 + 2k(\rho'+\rho'')} \cdot v.$$

M. Laplace, considérant que l'angle v est toujours très petit dans les applications, néglige, dans le facteur *définitif* qui multiplie k, tous les termes affectés des puissances de k ou de s, ce qui lui permet d'y faire ρ'' égal à ρ' et r'' égal à r'. L'expression de θ ainsi réduite, devient donc

$$2k\rho' \cdot \frac{r'}{l'}\left[\frac{d(Ss)}{ds}\right]_0 v, \quad \text{ou} \quad 2k\rho'\frac{ir'}{l'}v;$$

c'est précisément celle qu'il a donnée, page 278.

Supposons, maintenant, qu'en plaçant ainsi l'origine des s à une certaine hauteur, par exemple au niveau de la mer, on ait trouvé que, dans certaines circonstances atmosphériques, telles que nous les avons spécifiées ci-dessus, le coefficient $\dfrac{ir'}{l'}$ est égal au nombre 571,55r. Devra-t-on en conclure que dans ces mêmes circonstances, ou à toute autre époque, si l'on se place dans une couche aérienne quelconque, dont la densité actuelle soit ρ'', la somme des réfractions, dans l'amplitude v, sur des trajectoires peu distantes de cette couche, sera généralement $2k\rho''.571,55r$, le facteur qui exprime la densité étant seul changé? Telle est l'assertion qui a été énoncée dans plusieurs ouvrages.

Mais il est évident qu'elle serait inexacte, même quand l'état atmosphérique n'aurait pas varié. Car, en prenant r'' assez peu différent de r' pour que l'approximation pût s'appliquer à tout l'intervalle d'épaisseur $r'' - r'$, la somme des réfractions opérées dans cette épaisseur, pour l'amplitude v, sur une même trajectoire, serait $2k\rho'.571,55r.v$ par la première évaluation, et $2k\rho''.571,55r.v$ par la seconde : de sorte que cette somme se trouverait différente, dans la proportion des densités ρ', ρ'', selon qu'on la calculerait en montant ou en descendant, ce qui implique une contradiction physique. A plus forte raison ne pourrait-on pas opérer de cette manière si l'état atmosphérique avait varié depuis la première évaluation de $\dfrac{ir'}{l'}$; car ce facteur aurait dû changer aussi pour s'adapter aux nouvelles conditions de décroissement.

C'est aussi ce que montre l'expression exacte de θ, lorsque l'on transporte l'origine des s à la hauteur où la densité est ρ; car le coefficient $\dfrac{ir'}{l'}$ change pour s'appliquer à la nouvelle densité prise comme terme de départ, même quand l'état atmosphérique reste constant. En effet, en désignant par σ les nouvelles variables comptées de la couche où la densité est ρ'', on a généralement

$$s = s'' + \frac{r'}{r''} \sigma;$$

par conséquent, l'expression de ρ en s est

$$\rho = \rho'' e^{ -\frac{r'}{l'} \left\{ (Ss)_{_0} + \frac{r'}{r''} \left[\frac{d\,(Ss)}{ds} \right]_{_0} \sigma + \frac{1}{1.2\,r''^2} \left[\frac{d^2\,(Ss)}{ds^2} \right]_{_0} \sigma^2 + \dots \text{etc.} \right\} },$$

ou, en isolant le premier terme de l'exposant,

$$\rho = \rho'' e^{ -\frac{r'^2}{l'r''} \left\{ \left[\frac{d\,(Ss)}{ds} \right]_{_0} \sigma + \frac{1}{1.2\,r''} \left[\frac{d^2\,(Ss)}{ds^2} \right]_{_0} \sigma^2 + \frac{1}{1.2.3\,r''^2} \left[\frac{d^3\,(Ss)}{ds^3} \right]_{_0} \sigma^3 \dots \text{etc.} \right\} }.$$

Pour conserver plus complétement l'analogie avec le cas d'une température constante, je remarque que, alors, les pressions étant proportionnelles aux densités, les l sont inverses des gravités à diverses hauteurs, et par conséquent proportionnelles aux carrés des distances au centre des couches. Introduisant donc auxiliairement une nouvelle constante l'', telle qu'on ait

$$l'' = l' \frac{r''^2}{r'^2},$$

le coefficient exponentiel de toute la série sera $-\dfrac{r''}{l''}$. Si l'on fait de plus, par abréviation,

$$\Sigma = \left[\frac{d(Ss)}{ds} \right]_{_0} + \frac{1}{1.2} \frac{r'}{r''} \left[\frac{d^2\,(Ss)}{ds^2} \right]_{_0} \sigma + \frac{1}{1.2.3} \frac{r'^2}{r''^2} \left[\frac{d^3(Ss)}{ds^3} \right]_{_0} \sigma^2 \dots \text{etc.},$$

on aura généralement

$$\rho = \rho'' e^{ -\frac{r''}{l''} \Sigma \sigma },$$

d'où l'on tire

$$\frac{d\rho}{d\sigma} = - \frac{r''}{l''} \frac{d\,(\Sigma\sigma)}{d\sigma} \cdot \rho.$$

Σ est donc la fonction qui dépend du décroissement des températures, à partir de la couche aérienne où les variables σ commencent.

Ces expressions en σ sont tout-à-fait analogues à celles que nous avions obtenues en s, à cela près que les coefficients numériques i, i_1, i_2.... sont maintenant remplacés par les quantités $\left[\dfrac{d(Ss)}{ds} \right]_{_0}$, $\dfrac{1}{1.2\,r''} \left[\dfrac{d^2\,(Ss)}{ds^2} \right]_{_0}$, etc. ...

Si on les introduisait dans l'expression complète de θ, pour calculer la somme des réfractions sur les trajectoires comprises entre les densités ρ'', ρ', on la retrouverait la même que précédemment, comme nous l'avons démontré en général. Je vais donc me borner ici à vérifier cette identité pour l'expression incomplète de M. Laplace, sauf les quantités qu'il s'est permis de négliger. En la prenant ici en σ et ρ'' telle nous l'avons prise tout-à-l'heure en s et ρ', c'est-à-dire en la limitant de même, elle sera évidemment

$$2k\rho''\frac{r''}{l''}\left[\frac{d(\Sigma\sigma)}{d\sigma}\right]_0 \cdot v, \quad \text{au lieu de} \quad 2k\rho'\frac{r'}{l'}\left[\frac{d(Ss)}{ds}\right]_0 \cdot v.$$

Or en effet ces deux quantités sont égales dans les limites d'approximation adoptées; car d'abord on a eu précédemment

$$\left(\frac{d\rho}{ds}\right)_0 = -\frac{r'}{l'}\left[\frac{d(Ss)}{ds}\right]_0 \rho',$$

ce qui transforme la seconde valeur en $-2k\left(\frac{d\rho}{ds}\right)_0 \cdot v$.

Par une raison pareille la première valeur se transforme en $-2k\left(\frac{d\rho}{d\sigma}\right)_0 v$.

Or, on a en général

$$\frac{d\rho}{d\sigma} = \left(\frac{d\rho}{ds}\right)\frac{ds}{d\sigma} = \frac{r'}{r''}\left(\frac{d\rho}{ds}\right).$$

En outre, quand $\sigma = 0$, $s = s''$; conséquemment

$$\left(\frac{d\rho}{d\sigma}\right)_0 = \frac{r'}{r''}\left(\frac{d\rho}{ds}\right)_s, \quad \text{et par suite} \quad -2k\left(\frac{d\rho}{ds}\right)_0 v = -2k\frac{r'}{r''}\left(\frac{d\rho}{ds}\right)_s v,$$

ce qui équivaut à $-2k\left(\frac{d\rho}{ds}\right)_0 v$, quand on néglige les termes affectés des puissances de s dans le coefficient *définitif* de v, comme le fait M. Laplace. Cette limitation revient évidemment à considérer, dans le coefficient de v, la force accélératrice comme sensiblement constante sur l'arc de la trajectoire compris entre les densités ρ' et ρ''; mais l'identité du coefficient devient rigoureuse quand on emploie notre expression complète de θ, comme nous avons commencé par le démontrer.

La table de réfraction calculée par M. Bessel dans ses *Fundamenta Astronomiæ*, est établie sur une loi de densité approximative dont l'expression est

$$\rho = \rho' e^{-c's},$$

c' étant un coefficient que l'on suppose constant dans toute l'atmosphère, au-dessus de la couche d'où l'on compte les variables s. De là on tire généralement

$$\frac{d\varphi}{dz} = -c\varphi.$$

Si l'on introduit cette expression dans notre équation (1), page 299, elle donnera la somme θ des réfractions opérées dans l'amplitude v, sur une trajectoire lumineuse quelconque, comprise entre la couche inférieure d'où l'on compte les z et dont le rayon est r', jusqu'à la supérieure dont le rayon est r''. On aura ainsi pour cette somme

$$\theta = kc' \frac{(r' + r'')}{2r''} = \frac{r' + r''}{1 + 2k(z' + z'')} \cdot v.$$

Si, dans cette expression complète, on veut supposer, comme M. Laplace, que la petitesse de k permet de négliger la différence de r'' à r', de ρ'' à ρ', et de se borner à la première puissance de k, elle se trouvera réduite à

$$\theta = 2kc'\rho'v.$$

Elle coïncidera donc exactement avec celle de M. Laplace, sauf que le coefficient littéral $\frac{iv'}{l'}$ de ce géomètre y sera représenté par la seule lettre c'. Elle n'aura donc pas plus de généralité, ou plus d'extension que la sienne, comme on l'a quelquefois supposé; du moins si l'on admet, comme il le fait lui-même, que le coefficient i ou le facteur $\frac{iv'}{l'}$ se détermine expérimentalement par l'observation du décroissement des densités ou des températures, à partir de la couche aérienne d'où l'on compte les variables z ou φ. Mais il faut bien remarquer que la valeur de θ, ainsi réduite par les limitations analytiques qu'on lui a données, ne peut plus être transportée à toute hauteur comme origine, en conservant la même valeur de $\frac{iv'}{l'}$ ou de c', comme on l'a quelquefois supposé.

NOTE II.

La trajectoire décrite par les rayons lumineux en traversant l'at-
mosphère, est assez peu courbe pour que les lignes menées de
ses différents points à un même astre puissent être censées pa-
rallèles, du moins dans les cas ordinaires de la réfraction.

Pour démontrer cette proposition, nous allons évaluer l'amplitude totale de la courbe décrite par le rayon de lumière, dans le cas de la réfraction horizontale, où elle est la plus grande possible. Nous prouverons ensuite que toute cette amplitude, vue du centre d'un astre, ne soutendrait qu'un angle extrêmement petit, et comme insensible, même quand cet astre serait la Lune, celui de tous les corps célestes le plus rapproché de nous.

Soit donc SL (fig. 90) la direction primitive et rectiligne du rayon lumineux qui commence à se courber en L, en entrant dans l'atmosphère. Je la prolonge indéfiniment vers A. La densité de l'air sera nulle ou insensible au point L. Désignons par M le point le plus bas de la trajectoire, celui où sa tangente devient horizontale, et supposons que la densité de l'air y soit celle qui convient à la température de la glace fondante, sous la pression de $0^m,76$. Enfin, supposons que C étant le centre de la Terre, et CM son rayon, que nous nommerons a, on ait .... $CL = r = a + \frac{1}{700}.a$; de sorte que la hauteur du point L, au-dessus de la surface de la Terre, soit égale à $\frac{1}{700}$ du rayon terrestre. D'après les considérations qui ont été exposées § 95, page 165, tout indique que cette hauteur surpasse de beaucoup l'élévation réelle de l'atmosphère terrestre, puisqu'elle la porterait à plus de 60000^m, tandis qu'elle n'atteint probablement pas 46000. Avec ces données, la théorie des réfractions fait connaître l'angle HLA, que la direction primitive du rayon lumineux forme avec l'horizontale LH, menée du point L perpendiculairement au rayon CL. Cet angle, que je nommerai I, est réellement la dépression apparente de l'horizon M, pour un observateur placé en L. Maintenant, du point M menez l'horizontale MH' perpendiculaire à CM, et la droite MS' parallèle à la direction primitive du rayon lumineux; l'angle H'MS' sera la réfraction horizontale en M. Nous la nommerons R. Or, puisque la trajectoire est symétrique autour du point M, si L' est le point où elle sort de l'atmosphère, les arcs ML, ML' seront égaux, et la corde LL' sera aussi perpendiculaire à CM, par conséquent parallèle à l'horizontale MH'. Les angles H'MS', ALQ seront donc égaux entre eux, comme opposés dans un même parallélogramme; ainsi l'on aura ALQ = R; or, par ce qui précède, on a nommé HLA = I, on aura donc HLQ = I + R. De plus l'angle au centre LCM étant égal à HLQ, on aura encore LCM = I + R; par conséquent, la demi-corde LQ, qui est égale à CL sin LCM, aura pour valeur $r \sin (I+R)$, et la corde entière LL'' sera $2r \sin (I+R)$. Maintenant, si du point de sortie L'' on tire la perpendiculaire L''P sur la direction primitive du rayon de lumière, on aura PL'' = LL'' sin PLL'' = $2r \sin (I+R) \sin R$. Or l'astre étant situé sur le prolongement du rayon lumineux LS, toute la trajectoire LML'', vue du centre de l'astre, se projettera sur la ligne PL''; et en nommant D la distance de l'astre au point P, elle soutendra un angle visuel, dont la tangente trigonométrique sera $\dfrac{PL''}{D}$, ou $\dfrac{2r \sin (I+R) \sin R}{D}$, formule dans laquelle on peut, sans erreur sensible, employer pour D la distance de l'astre au centre de la Terre, à cause de la petitesse du numérateur, et du peu de différence de cette distance avec la distance D.

Il ne reste plus qu'à évaluer les diverses parties de cette expression en nombres, afin de voir si la quantité qu'elle représente peut devenir sensible. Je calculerai d'abord la dépression I, par la formule donnée dans la note de la page 276, en y introduisant les particularités du cas actuel. Ainsi r' y devenant a, et r'' devenant $1,01.a$, le rapport $\dfrac{r''}{r'}$ sera $1,01$. En outre la densité au point supérieur ρ'' deviendra nulle; et au point inférieur la densité ρ' sera la densité fondamentale $[\rho]$, à laquelle on rapporte les pouvoirs réfringents. On aura de plus pour ce cas fondamental

$$A(1+\rho) = 0,000\,582\,768.$$

En substituant ces éléments dans la formule citée, elle donnera

$$\operatorname{tang}^2 I = 0,02010 - 0,00060 = 0,01950;$$

d'où l'on tire par les tables trigonométriques $I = 7^\circ\,56'\,58''$, ou, en nombres ronds, $I = 7^\circ\,57'$. Ce serait la dépression apparente HLA de l'horizon M, pour un observateur placé en L, et élevé au-dessus de la surface de la Terre d'une quantité égale à $\frac{1}{190}$ du rayon terrestre.

Il nous faut maintenant connaître la réfraction horizontale R. Nous supposerons $R = 35'$ sexagésimales, ce qui est une des plus grandes valeurs qu'elle puisse avoir dans l'état ordinaire de l'atmosphère. Je dis dans l'état ordinaire; car d'après ce que l'on a vu dans le chapitre des réfractions, il peut arriver des circonstances extraordinaires où la réfraction acquière des valeurs beaucoup plus considérables, et alors la courbure de la trajectoire ne peut plus être supposée très faible, dans les petites portions de son cours où cela a lieu. Mais ces états de l'air ne peuvent constituer un équilibre stable; et par conséquent les effets qui en résultent ne peuvent être qu'accidentels et passagers; bornons-nous donc à la valeur précédente de R, nous aurons $I + R = 8^\circ\,32'$. L'angle visuel soutendu au centre de l'astre sera le plus grand possible pour la Lune, qui est le moins éloigné des corps célestes; il suffira donc de le calculer relativement à cet astre.

Dans ce cas on aura $D = 60 \cdot a$, parce que la distance moyenne de la Lune à la Terre est approximativement égale à 60 rayons terrestres; alors tout est connu dans la formule, et l'angle visuel soutendu par l'amplitude totale de la trajectoire lumineuse, a pour tangente trigonométrique

$$2,01 \cdot \frac{\sin 8^\circ 32' \cdot \sin 15'}{60},$$

résultat qui, étant évalué par les tables trigonométriques, répond à un angle de 10″,5 sexagésimales. Ainsi, dans ces suppositions exagérées, deux rayons visuels menés du centre de la Lune aux deux extrémités L, L″, de la trajectoire, feraient entre eux un angle de 10″,5 ; par conséquent, toutes les autres lignes menées d'un point quelconque de la trajectoire à la Lune, feraient entre elles des angles encore plus petits, puisqu'elles seraient toutes comprises dans l'angle visuel précédent. Relativement au point Q, par exemple, l'angle soutendu au centre de l'astre ne serait plus que moitié du précédent, c'est-à-dire de 5″ ; et il serait encore moindre pour l'observateur qui n'est pas placé sur la corde au point Q, mais au point M sur la trajectoire. Enfin ces petites erreurs, déjà peu sensibles sur la réfraction horizontale, qui est d'ailleurs soumise à tant d'autres incertitudes, deviendraient tout-à-fait inappréciables à une moindre distance de la Lune au zénith ; et à plus forte raison le seraient-elles pour les autres astres qui sont bien plus éloignés. On pourra donc, sans craindre aucune erreur sensible, négliger absolument les angles que les différents rayons visuels forment au centre de l'astre, et supposer ces rayons parallèles entre eux ; d'autant mieux que, dans le précédent calcul, nous avons choisi exprès toutes les circonstances qui pouvaient contribuer le plus à augmenter leur inclinaison mutuelle.

CHAPITRE VIII.

Sur l'observation et la mesure des phénomènes crépusculaires.

Ayant déterminé dans le précédent chapitre les réfractions que les rayons lumineux éprouvent en traversant l'atmosphère terrestre, et trouvé le moyen d'évaluer, au moins approximativement, la courbure des trajectoires qu'ils y décrivent, nous pouvons essayer de fixer les traces d'illumination que leur passage laisse dans les différentes couches d'air, traces qui nous deviennent sensibles par le pouvoir réflecteur de ce fluide, qui renvoie en tous sens une portion de la lumière qui l'a frappé.

J'ai déjà indiqué l'existence de ces phénomènes dans le chap. VI, page 176. Le pouvoir réflecteur de l'air, comme je l'ai dit alors, se manifeste par la lumière qu'il jette dans tous les lieux où quelque portion de l'atmosphère est visible, quoique les rayons solaires n'y pénètrent pas directement. Il se montre encore dans la clarté sensible que les régions atmosphériques, illuminées par le Soleil, continuent de nous envoyer, quelque temps après que cet astre est descendu sous l'horizon, ou lorsqu'il ne l'a pas encore atteint. Le soir, cette clarté s'appelle le *crépuscule*, le matin l'*aurore*. Elle est d'autant plus vive que le Soleil est plus près du plan de l'horizon ; et elle ne cesse d'être observable que lorsqu'il est abaissé d'environ 17 à 18 degrés au-dessous de ce plan. Pour définir ses limites optiques, étudions-la le soir, par une nuit sereine, après que le Soleil a disparu pour nous à l'horizon occidental. Si l'on conçoit alors un cône de rayons lumineux venant du Soleil, tangentiellement à la surface terrestre, et qu'on le prolonge à travers toute l'atmosphère supposée sphérique, en tenant compte des réfractions qu'il y subit, il y tracera en sortant, un cercle qui séparera les régions aériennes, directement illuminées, de celles qui ne le sont pas. Ce cercle limite, ayant son centre sur

l'axe du cône solaire, s'élèvera sur l'horizon oriental à mesure que
le Soleil sera plus profondément descendu du côté opposé, et il
tournera ainsi autour du centre de la Terre, avec un mouvement
angulaire égal à celui de cet astre. Mais un observateur placé sur
la surface terrestre, n'en découvrira jamais que la très petite portion d'arc qui s'élève au-dessus de son horizon apparent; et, par
une illusion de perspective, ce petit arc, projeté visuellement sur
la sphère céleste, lui paraîtra sensiblement une portion de grand
cercle. En outre, la limite observable du phénomène ne devra pas
lui sembler aussi nette que le suppose cette description géométrique. Car la portion illuminée de l'atmosphère jettera nécessairement quelque lumière sur la portion qui ne reçoit pas directement
les rayons du Soleil. Elle deviendra pour celle-ci un corps éclairant, d'une intensité de radiation infiniment moindre que l'astre,
mais qui devra sans doute lui donner encore une lueur sensible,
surtout pour une pupille qui se sera dilatée à mesure qu'elle recevra moins de lumière. Cette illumination secondaire s'appelle *le
second crépuscule*. La portion de l'atmosphère qui la reçoit est
bornée par les trajectoires lumineuses qui, partant de tous les
points du dernier cercle directement illuminé, se propagent tangentiellement à la surface terrestre, du côté opposé au Soleil à
travers toute l'atmosphère obscure; de sorte que ce second espace
crépusculaire est encore limité, à la surface de l'atmosphère, par
un cercle, ayant son centre sur l'axe du cône solaire actuel comme
le premier, et tournant comme lui angulairement avec le Soleil.
On peut géométriquement concevoir ce second espace crépusculaire comme le générateur d'un troisième, éclairé plus faiblement
encore, terminé circulairement de la même manière, et ainsi de
suite indéfiniment.

Les caractères généraux de circularité, et de mouvement angulaire, qu'indiquent ces considérations optiques, se retrouvent en
effet dans les phénomènes réels. Le point de l'horizon que le Soleil vient d'abandonner le soir, paraît entouré d'une auréole lumineuse dont l'intensité va en décroissant à partir de ce point; et,
lorsque le ciel est pur, les bords extrêmes de cette zône se déta-
chant du reste du ciel, y marquent une limite nettement discer-

nable de lumière et d'obscurité. Cette limite se nomme la *courbe crépusculaire*. On la voit monter progressivement au-dessus de l'horizon oriental, atteindre le zénith, et descendre vers l'horizon occidental à mesure que le Soleil s'abaisse plus profondément sous ce plan. Enfin elle se couche elle-même, puis disparaît à la suite de cet astre lorsqu'il a atteint la profondeur de 17 ou 18 degrés : elle offre alors l'apparence optique d'un grand cercle, dont le plan coïncide avec l'horizon.

Peu d'astronomes ont pris le soin d'en observer et d'en noter ainsi toutes les phases, sans doute parce qu'ils n'en sentaient pas l'importance pour leurs études habituelles. Mais, parmi ceux qui l'ont vue et décrite, il en est un dont le témoignage suffit pour constater la possibilité de l'observer avec précision : c'est Lacaille. Voici comment il s'exprime à ce sujet, dans le récit de son voyage au cap de Bonne-Espérance (*) :

« Les 16 et 17 avril 1751, étant en mer et en calme, par un ciel
» extrêmement clair et serein, où je distinguais Vénus à l'horizon
» de la mer, comme une étoile de la seconde grandeur, je vis la
» lumière crépusculaire terminée en arc de cercle, aussi régulière-
» ment que possible. Ayant réglé ma montre à l'heure vraie, au
» coucher du Soleil, je vis cet arc confondu avec l'horizon ; et je
» calculai, par l'heure où je fis cette observation, que le Soleil
» était (alors) abaissé, le 16 avril, de 16° 38' ; le 17, de 17° 13'. »

Mais, si ce témoignage formel de Lacaille lève toute incertitude sur la netteté du phénomène, et sur la possibilité de l'observer distinctement, dans des circonstances atmosphériques favorables, il en laisse une très grande sur son interprétation physique ; car il reste à savoir si la courbe lumineuse dont on constate l'exis-tence, le mouvement angulaire et la disparition, appartient à la limite géométrique du premier espace crépusculaire ou du second, ou du troisième, ou à quelque partie intermédiaire de l'un d'eux.

Parmi les astronomes et les géomètres qui se sont occupés de ce phénomène, Lambert est, je crois, le seul qui ait remarqué

(*) *Mémoires de l'Académie des Sciences*, année 1751, page 454.

l'alternative précédente, et indique les moyens de la décider (*).
Pour en montrer l'étendue, comme il l'a fait lui-même, mais avec des
données probablement plus exactes, j'ai calculé, par ses formules,
la hauteur des dernières couches d'air réfléchissantes qui résulterait
des observations de Lacaille, en attribuant la courbe lumineuse observée à la limite du premier espace crépusculaire, du second, du
troisième, et employant le pouvoir réfringent aujourd'hui connu
de l'air atmosphérique, ainsi que la réfraction horizontale donnée
par nos tables, pour une pression de 0^m,76 et une température
de 20° centésimaux. On trouvera les formules nécessaires pour ce
calcul dans une Note placée à la fin du présent chapitre. Voici quels
ont été les résultats :

	Hauteur des dernières couches d'air réfléchissantes en mètres.
Par la limite du premier espace crépusculaire	58916 mètres.
du second	10797
du troisième	6392.

Cette dernière hauteur étant moindre que celle à laquelle est parvenu M. Gay-Lussac, ne saurait être admise. La seconde paraît
encore bien faible, si l'on considère qu'à l'élévation de 7000 mètres, d'après les observations de M. Gay-Lussac, la densité de
l'air n'était réduite qu'à la moitié environ de sa valeur à la surface
du sol. La véritable hauteur finale est donc vraisemblablement
intermédiaire entre celle-ci et la première; de sorte que la courbe
crépusculaire, lorsqu'on l'observe à l'horizon, appartiendrait à
quelque partie du second espace crépusculaire. C'est aussi l'opinion
de Lambert, et il l'appuie sur des considérations photométriques
qui paraissent évidentes.

Car, dit-il, la couche d'air directement illuminée, qui termine
le premier espace crépusculaire, est, dans cette limite, infiniment
mince. Lorsqu'elle atteint l'horizon occidental, la faible lueur
qu'elle rayonne en vertu de sa minceur, arrive à l'œil de l'obser-

---

(*) *Photométrie* de Lambert, partie V, chap. III, page 430.

vateur à travers la portion du second espace qui reçoit du premier le plus de rayons réfléchis, et à travers la plus longue dimension de cet espace, qui s'étend alors dans tout l'horizon. Celui-ci doit donc offrir encore à cet instant un éclat sensible, auquel la courbe crépusculaire persistante doit s'attribuer; et ainsi elle appartient, non à la première limite, mais à quelque partie du second espace lorsqu'elle se couche et disparaît dans l'horizon.

Alors, par des considérations analogues, Lambert cherche à prouver que ce mélange de lumière n'aura plus lieu, au moins d'une manière sensible, lorsqu'on observera la courbe crépusculaire, avant qu'elle se couche, et quand elle est encore à quelques degrés de hauteur au-dessus de l'horizon occidental. A l'appui de cette remarque, il rapporte une série d'observations faites ainsi par lui-même, à Augsbourg, le soir du 19 novembre 1759; et, en attribuant les nombres observés à la limite géométrique du premier espace crépusculaire, il trouve pour la hauteur des dernières particules d'air réfléchissantes, 29115 mètres; ce qui est presque la moyenne entre les deux premières évaluations déduites tout-à-l'heure des observations de Lacaille. Or, en effet, d'après les calculs de Lambert, la courbe crépusculaire, lorsqu'elle se couche, appartiendrait à peu près à la zone moyenne du second espace crépusculaire, non à la limite du premier. J'ai vérifié l'exactitude de ses calculs, après les avoir réduits en formules générales; et, pour l'utilité du lecteur, j'ai cru bien faire d'insérer ici ces formules en note, parce que l'exposition de Lambert est assez obscure, et que son livre, aujourd'hui très rare, est accompagné de figures dont les lettres ne sont pas toujours exactement placées comme le texte l'exige, ce qui augmente la difficulté d'en bien comprendre le sens.

Ces résultats, déjà bien remarquables sans doute, si on les compare aux idées exagérées qu'on avait sur la hauteur de l'atmosphère à l'époque où écrivait Lambert, il les appuie, je dirais volontiers il les confirme, par une considération dont l'emploi me paraît devoir être d'une grande importance, si on l'appliquait à des observations telles qu'on pourrait les faire aujourd'hui. C'est que la hauteur des couches d'air auxquelles appartient réellement la courbe crépusculaire, se manifeste dans le mouvement angulaire vertical de cette courbe, beaucoup plus sensiblement encore que dans les mesures absolues de sa hauteur, correspondantes aux diverses dépressions du Soleil. Car, selon son calcul, si l'on adoptait la hauteur trop forte donnée par la première limite, la courbe crépusculaire, dans les saisons où sa marche angulaire est la plus rapide, emploierait près d'une heure pour monter de l'horizon oriental jusqu'au zénith, tandis que ses observations lui donnent seulement 38′ 30″; et au contraire, il ne lui faudrait que 14′ pour parcourir la même phase, si on la supposait appartenir à la seconde limite de hauteur, qui est trop faible. De si grandes différences n'échapperaient certainement pas à des observations soigneusement faites et suivies pendant quelque temps. Or, comme la hauteur assignée ainsi aux couches aériennes réfléchissantes, serait évidemment plus faible que celle des dernières couches les plus rares, on aurait ainsi une limite inférieure de la hauteur de l'atmosphère, ce que l'on ne voit jusqu'ici aucun autre moyen d'obtenir.

Cette recherche pourra être admirablement secondée par les effets de polarisation qui s'opèrent dans les couches atmosphériques, en vertu de leur densité inégale et de leur radiation réciproque, effets dont M. Arago a découvert l'existence et les conditions déterminatrices, qu'il a rapportées aux causes que je viens d'indiquer.

Pour en montrer l'application à l'étude des phénomènes crépusculaires, je considère avec lui le Soleil, au moment où il vient de se coucher à l'horizon occidental. Si un observateur, placé à la surface terrestre, analyse alors la lumière envoyée à son œil par les molécules aériennes comprises dans le vertical de l'astre, il trouvera que, depuis l'horizon occidental jusqu'à une petite hauteur apparente, cette lumière ne paraît pas sensiblement polarisée. Mais, à une hauteur plus grande, elle commence à offrir des caractères de polarisation dans le sens vertical. L'intensité de ces caractères s'accroît graduellement jusqu'à une certaine distance angulaire du Soleil, après quoi elle diminue progressivement jusqu'à une autre distance plus grande, où elle devient tout-à-fait insensible, et, au-delà de ce terme, elle recommence à croître jusqu'à l'horizon oriental. Mais alors la polarisation est dirigée suivant un sens rectangulaire au précédent, conséquemment horizontal, dans le cas que nous considérons. Or, M. Arago a découvert que lorsqu'un rayon de lumière naturelle tombe sur un corps quelconque, la portion qui est renvoyée par radiation, dans tous les sens autour du point d'incidence, est toujours partiellement polarisée parallèlement à la surface du corps, comme si elle y eût pénétré à quelque profondeur, et qu'elle fût sortie en subissant une suite de réfractions à travers des couches parallèles. En appliquant ceci aux effets de polarisation atmosphérique, qu'on observe dans le vertical du Soleil, on voit que, depuis cet astre jusqu'au point neutre, la polarisation a les caractères de la réflexion; tandis qu'audelà elle a les caractères de la réfraction. C'est aussi l'énoncé donné par M. Arago.

Des phénomènes exactement pareils, et soumis aux mêmes lois de succession, doivent nécessairement avoir lieu dans tous les plans menés par les centres du Soleil et de la Terre. Mais il s'en produit aussi hors de ces plans, avec des lois de direction et d'intensité plus complexes, de sorte qu'ils deviennent ainsi visibles dans tous les azimuts, autour de chaque observateur. M. Arago a prouvé que ces derniers phénomènes, et sans doute aussi en partie, les premiers, résultent des radiations et des réflexions réciproques, opérées entre les molécules aériennes. Car, en observant, au moment du coucher du Soleil, la lumière envoyée par une zone verticale d'air opposée à cet astre, et plongée dans l'ombre d'un édifice qui la privait de ses rayons directs, il y a encore reconnu les signes d'une polarisation perpendiculaire au plan vertical, laquelle ne pouvait évidemment appartenir qu'à la lumière jetée sur cette masse obscure d'air, par les parties latérales directement illuminées. Or, une pareille radiation doit s'exercer entre les particules d'air qui composent chaque espace crépusculaire éclairé directement ou secondairement, et elle doit aussi s'exercer de l'un à l'autre. Les effets de polarisation qui accompagnent ces radiations et ces réflexions réciproques, ne peuvent donc manquer d'y exister. Aussi les voit-on se manifester encore, long-temps après le coucher du Soleil, jusqu'à de grandes hauteurs apparentes, et à de grandes distances du vertical de cet astre, comme M. Arago l'a constaté, et comme je l'ai souvent vérifié moi-même, tant avec son appareil à images colorées, qu'avec l'appareil à réfractions croisées de M. Savart, qui indique les directions de polarisation si nettement et si facilement (*). Ces phénomènes devront donc servir à caractériser les parties de l'atmosphère d'où les radiations émanent, quand leurs lois géométriques seront fixées par l'observa-

---

(*) Par exemple, le soir du 27 janvier 1839, le ciel étant serein, j'ai encore répété ces observations au coucher du Soleil, sur la terrasse du collége de France, avec l'appareil de M. Savart. Selon la *Connaissance des Temps*, le coucher avait lieu pour Paris à $4^h 47'$, temps moyen ; or, à $5^h 30^s$ t. m., conséquemment 43' après la disparition du Soleil, le contour entier de l'horizon, présentait encore des signes évidents de polarisation, jusque dans l'azimut opposé à cet astre où ils étaient les plus faibles, quoique encore bien sensibles. Les bandes colorées se voyaient jusque dans la masse d'air inférieure où Paris se trouvait plongé, et qui était bien certainement alors dans l'ombre de la Terre, ce qui confirme l'observation de M. Arago. A $5^h 30^s$ je quittai, et je revins à $5^h 45'$. Mais tout avait disparu, et je ne revis aucune trace de polarisation dans aucune partie du ciel.

Ayant communiqué à l'Académie les faits précédents, en y joignant la circonstance de cette disparition subite, M. Arago a dit que, d'après ses observations, les lois habituelles et régulières du phénomène, sont accidentellement troublées, par l'intervention soudaine de nuages formés hors du plan de la vision, et généralement par des modifications survenues dans les couches lointaines, ce qui est en effet une conséquence de leur concours simultané pour déterminer le sens de la polarisation résultante qu'on s'observe. Il en conclut que de semblables causes ont pu faire disparaître le phénomène dans l'observation du 27 janvier. Or, ce qui prouve la justesse de cette remarque, c'est que le 28 et le 30, le ciel s'étant maintenu plus long-temps serein, j'ai vu les bandes polarisées encore subsistantes et très sensibles, le 28, une heure entière, et le 30, $1^h 17'$ après le coucher du Soleil, presque sur le contour entier de l'horizon. M. Arago m'a communiqué en outre, et m'a autorisé à insérer ici, une donnée importante pour l'étude de ce phénomène. C'est que, selon des observations qu'il a faites, la présence de la neige, et en général l'état de la surface du sol concourent, par les radiations et les réflexions propres qui en proviennent, à la distribution des plans suivant lesquels la polarisation dominante en chaque point de l'atmosphère paraît dirigée. Aussi, dans les observations faites après le coucher du Soleil, voit-on des bandes polarisées produites par la seule radiation des corps terrestres.

tion, et rattachées à leur mouvement angulaire central. Et peut-être, alors, y trouvera-t-on des signes propres à définir les limites des divers espaces crépusculaires, ainsi que le point réel de ces espaces auquel appartient la courbe lumineuse, dont on observe le mouvement angulaire et la disparition à l'horizon ; ce qui permettrait d'en conclure avec sûreté une limite inférieure de l'élévation des couches par lesquelles cette courbe est réfléchie ou rayonnée vers l'œil.

D'après l'exposition précédente, on conçoit que la durée des crépuscules, tant du matin que du soir, dépend du temps que le Soleil emploie pour décrire au-dessous de l'horizon l'arc vertical de 17 ou 18°, au-delà duquel la lumière qu'il jette sur l'atmosphère cesse de nous être perceptible même par les réflexions et par les radiations secondaires opérées dans les couches aériennes. Cette durée doit donc varier dans un même lieu, en différentes saisons, selon que les déclinaisons différentes du Soleil lui font employer plus ou moins de temps pour décrire l'arc de dépression auquel le phénomène est borné ; et elle doit aussi être inégale en différents lieux, à déclinaison égale, selon que le cercle diurne décrit par l'astre est plus ou moins oblique sur leur plan horizontal. Ceci donne lieu à un problème qui a beaucoup occupé les géomètres et qui consiste à déterminer quel est le jour de l'année où la durée du crépuscule est la plus courte dans un lieu quelconque dont la latitude est assignée. On en trouve la solution dans la *Photométrie* de Lambert (*), et aussi dans le grand *Traité d'Astronomie* de Delambre (**). Mais comme cette recherche, assez compliquée, n'offre qu'une application curieuse du calcul, qui ne peut fournir aucun secours pour l'étude physique du phénomène, je me borne à renvoyer le lecteur aux deux ouvrages que je viens de citer.

(*) *Photométrie* de Lambert, page 441.
(**) *Traité d'Astronomie* de Delambre, in-4°, tome I, page 351.

Note. Je joins ici un court extrait des calculs de Lambert, avec les deux figures principales qui s'y rapportent. J'ai conservé les lettres dont il a fait usage, quoique leur choix soit peu conforme aux règles de l'analogie.

parce que cela sera utile aux observateurs qui voudraient approfondir cette matière en lisant son ouvrage.

La figure 91 est sa CXIe, un peu agrandie dans ses dimensions, pour que les relations naturelles des lignes y soient moins violées, quoiqu'il soit impossible de les conserver exactement. Elle représente la section de la Terre et de l'atmosphère supposées sphériques par un plan contenant les centres de la Terre et du Soleil. CS' est le rayon solaire central, et SD un autre rayon solaire parallèle à celui-là, lequel, entrant en D dans l'atmosphère, s'y prolonge suivant la trajectoire réfractée DEF, tangente à la Terre en E, où elle devient par conséquent horizontale. Si l'on fait tourner le rayon SD, et son prolongement courbe DEF, autour du rayon central CS' comme axe, la trajectoire DEF engendrera un conoïde de révolution, dont la surface isolera au-dessous d'elle, à partir du cercle décrit par E, toute la portion de l'atmosphère qui ne reçoit du Soleil aucun rayon direct. Et la portion directement éclairée sera terminée par le cercle que décrit le point d'émergence F.

De ce même point F, menons dans le plan de la figure, une seconde trajectoire lumineuse FAG, tangente en A à la surface terrestre. A sera le point terrestre extrême de la section, qui peut voir quelque partie de l'espace atmosphérique directement éclairé. Ainsi, tout l'arc terrestre AE sera éclairé secondairement par cet espace à des degrés divers, selon l'étendue plus ou moins grande qui est au-dessus de l'horizon de chaque point. Il y aura donc, pour tout cet arc, *un premier crépuscule;* et les plans des cercles décrits par A et par E autour du rayon central CS', comprendront la zone de la surface terrestre, pour laquelle le phénomène a lieu ainsi au même instant.

Le point G où la seconde trajectoire sort de l'atmosphère, est le dernier de la section qui puisse recevoir quelque rayon de l'espace immédiatement éclairé. Si de G l'on mène une troisième trajectoire lumineuse tangente à la Terre en H, H sera le point terrestre extrême de la section qui peut voir quelque partie de l'espace GBF, éclairé secondairement. Tous les points de l'arc terrestre AH seront donc éclairés par ce second espace à des degrés divers, mais nullement par le premier; ils jouiront donc *du second crépuscule.* Et les plans des cercles menés par A et par H, perpendiculairement au rayon central CS', comprendront la zone de la surface terrestre où le phénomène a lieu ainsi.

D'après le peu de hauteur de l'atmosphère, comparativement au rayon terrestre, et le peu de courbure des trajectoires, même horizontales, les angles au centre DCF, FCG, ne sont réellement que de 10 à 12 degrés. Les rayons terrestres qui les comprennent et qui limitent les zones des espaces crépusculaires successifs, s'inclinent donc les uns sur les autres beaucoup moins rapidement que ne le représente la figure; et ainsi le point d'émergence de la troisième trajectoire est bien loin d'atteindre le point de l'atmosphère opposé au rayon central, comme il semblerait le faire ici. Mais

Il a fallu exagérer l'ouverture des angles au centre pour rendre les trajectoires distinctes de leurs tangentes extrêmes DK, FL, FM, GN, et pour
séparer sensiblement les perpendiculaires CK, CL, CM, CN, menées du
centre sur ces tangentes, d'avec les rayons CD, CF et CG. Mais la figure
ainsi exagérée, peut de même servir pour définir généralement les directions des rayons CD, CF, CG, autour du rayon central CS', quand on se
donne l'angle qu'ils comprennent; et elle n'a pas d'autre usage.

Les lignes CK, CE, étant respectivement perpendiculaires aux tangentes
menées en D et en E à la première trajectoire horizontale, l'angle KCE,
compris entre elles, est égal à l'inclinaison mutuelle de ces deux tangentes,
conséquemment à la réfraction horizontale, que je désignerai par R. Les
angles ECL, MCA, ACN, sont aussi tous égaux entre eux, et à R par la
même raison. Les angles au centre DCK, FCL, FCM, compris entre chaque
perpendiculaire, et le rayon vecteur mené au point de départ de chaque
tangente, sont pareillement égaux entre eux, puisqu'ils sont formés exactement dans des conditions identiques. Je les exprimerai tous par u. Plaçons en A un observateur ayant la limite F du premier espace crépusculaire
dans son horizon occidental; et soit alors Δ la dépression angulaire du
Soleil au-dessous de son horizon vrai. CA étant, pour lui, la verticale,
l'angle ACS' sera $90 + u$. Or, puisque CK est perpendiculaire à KDS, il
l'est aussi à CS'; ainsi l'angle ACK sera Δ. Or, cet angle se compose de
deux angles u et de trois angles R; on aura donc

$$2u + 3R = \Delta.$$

Plaçons maintenant l'observateur en B; et supposons qu'au moment où
la dépression vraie du Soleil est Δ, il voie à son horizon occidental, non
pas le point F qui lui est invisible, mais le point G, limite extrême de
l'espace atmosphérique, qui est éclairé secondairement. Ce sera alors
l'angle BCS' qui aura pour valeur $90° + \Delta$, et par conséquent ce sera BCK
qui sera Δ. Or, cet angle n'est que le précédent ACK, augmenté de $2u$ et
de $2R$. On aura donc, dans cette supposition de l'observation horizontale
du point G,

$$4u + 5R = \Delta.$$

Généralement, pour chaque nouvelle trajectoire horizontale que l'on
mènera, l'angle au centre, correspondant à la dépression actuelle Δ, augmentera ainsi de $2u$ et de $2R$. Donc, si l'on suppose l'observateur ayant à
son horizon occidental le dernier point du n^e espace crépusculaire dans le
vertical actuel du Soleil, la condition sera

$$2nu + (2n + 1) R = \Delta;$$

par conséquent

$$u = \frac{\Delta - (2n + 1) R}{2n},$$

il faut toujours se rappeler que, dans la nature, l'angle HCS' serait bien loin d'être obtus comme il le paraît ici, à cause de l'exagération d'ouverture que l'on a été forcé de donner, dans le dessin, aux angles DCF, FCG, etc.

Soit r' le rayon CE, CA, CH, de la surface terrestre, ρ' la densité de l'air à cette surface. Soient aussi r'' et ρ'', le rayon et la densité des couches réfléchissantes dont on est supposé observer la limite de disparition. CE et CK étant perpendiculaires en E et en K à la trajectoire horizontale, la théorie des forces centrales donne

$$\frac{CK}{CE} = \frac{\text{vitesse en E}}{\text{vitesse en D}} = \frac{\sqrt{1+4k\rho'}}{\sqrt{1+4k\rho''}}.$$

$4k$ est le pouvoir réfringent de l'air, ou $0,000583768$ pour la densité 1, correspondante à la température 0°, et à la pression barométrique $0,76$ mesurée à Paris. Lambert suppose ρ'' insensible à la hauteur où s'opère la limite de réflexion observable. Nommant donc CK, ρ_* comme CE est r', il a

$$p = r'\sqrt{1+4k\rho'}.$$

Or, l'angle KCD, ou u, étant donné, on a, dans le triangle KCD,

$$r'' = \frac{p}{\cos u};$$

donc

$$r'' = \frac{r'\sqrt{1+4k\rho'}}{\cos u};$$

c'est le résultat de Lambert. Pour la facilité du calcul numérique, il est commode de faire

$$\sqrt{1+4k\rho'} = 1+\delta; \quad \text{d'où} \quad \delta = 2k\rho' - \tfrac{1}{2}(2k\rho')^2 \dots \text{etc.}$$

Alors δ est une très petite quantité; et en cherchant $r''-r'$, qui est la hauteur de l'atmosphère au-dessus de la surface terrestre, il vient

$$r''-r' = r'\left(\frac{\delta + 2\sin^2\frac{1}{2}u}{\cos u}\right).$$

Si l'on veut supposer que le point dont on observe la disparition à l'horizon occidental, appartient à la limite extrême F ou G du premier ou du deuxième espace crépusculaire, ou à tout autre de l'ordre n, il faut employer la valeur de u qui répond à cette supposition, en la déduisant de la dépression Δ que l'on a admise. C'est ainsi qu'ont été calculés les trois nombres que j'ai déduits des observations du Lacaille, dont j'ai emprunté seulement les résultats moyens ; et l'on en déduirait de même ceux que donne Lambert, en partant des données qu'il a employées.

Mais ces suppositions d'observation sont-elles admissibles? C'est ce que Lambert discute ; et c'est en ce point surtout que son Mémoire me semble mériter une grande attention.

Concevons le Soleil se couchant suivant DS. L'observateur placé en E, voit dans le vertical de cet astre, toute la section DKELF du conoïde d'air qui est directement illuminé par ses rayons ; et il découvre aussi toute la portion latérale du même conoïde qui se trouve au-dessus de son horizon apparent. La limite extrême du premier espace crépusculaire n'est visible pour lui que par le seul point F, situé à l'horizon oriental du vertical.

Mais, pour tout autre observateur situé dans la même section, entre E et A, une portion de l'espace atmosphérique directement illuminé est disparue sous l'horizon occidental. Le point F s'est élevé à une certaine hauteur sur l'horizon oriental, et il est devenu le sommet de l'arc qui limite cet espace du côté opposé au Soleil. Si l'observateur est en Q, il a ce sommet à son zénith ; et il ne peut le percevoir qu'accompagné par la lumière que lui envoient les particules d'air de la ligne QF, qui sont éclairées secondairement. A mesure que l'observateur s'avance vers A, cette lumière secondaire augmente avec l'accroissement de la distance au point F. Enfin lorsqu'il arrive en A, il a le sommet F dans son horizon occidental, mêlé avec toute la lumière secondaire venue de tous les points de AF. Alors Lambert pense, avec raison, ce me semble, que cette lumière dissimule le point F ; de sorte qu'à cet instant, ou dans cette position du point F, la limite de la lueur observable doit paraître au-dessus de F. Ainsi, au moment où cette limite paraît se coucher, le point F lui-même est déjà couché, et disparu sous l'horizon occidental depuis un certain temps.

D'après les considérations précédentes, Lambert admet, ou du moins il me semble admettre, que, pour observer réellement la limite F, il ne faut pas lui attribuer l'instant de cette disparition, mais se placer en E et suivre son mouvement progressif d'élévation au-dessus de l'horizon oriental, pendant lequel il suppose qu'elle deviendra perceptible et saisissable lorsqu'elle sera encore à une certaine hauteur. Ceci fait l'objet de sa fig. xciii, que j'ai reproduite dans la fig. 92.

Malgré la différence des lettres, le secteur BCL de cette figure est le même que FCD de la précédente. L'observateur, supposé en A, voit le Soleil se coucher en L ; et le sommet B du premier espace crépusculaire se trouve alors à son horizon oriental. La dépression vraie du Soleil à cet instant est donc égale à la réfraction horizontale R. Après quelque temps, la dépression vraie de cet astre étant devenue Δ, le point B arrive en D ; de sorte que son déplacement angulaire BCD autour du centre est égal au déplacement angulaire qu'a éprouvé le Soleil, ou $\Delta - R$. A cet instant, le point D, s'il est perceptible, se voit par une trajectoire courbe DA, dont les deux tangentes extrêmes, se coupant en I, font entre elles un angle r, qui est la réfraction propre à la distance zénithale apparente HAI ou θ', distance que je représente par $90° — h$, h étant la hauteur apparente de D. Maintenant, si l'on mène les perpendiculaires CF, CG, CE sur les trois tangentes BF, DI, AI, l'angle ECA sera h, ECG, r, et FCA, R. On aura donc

$$GCF = h — R — r.$$

Et puisque BCD est $\Delta — R$, il en résultera

$$BCF + GCD = \Delta — R + GCF = \Delta + h — 2R — r = c;$$

c sera ainsi une quantité connue. Or, BCF et GCD sont des angles de deux triangles rectangles dont les hypoténuses CB, CD sont égales entre elles et à r'', ou au rayon supérieur de l'atmosphère. Ainsi, en nommant ces angles u, u', et désignant par p, p' les perpendiculaires CF, CG, on aura

$$p = r'' \cos u, \quad p' = r'' \cos u', \quad u + u' = c.$$

Les deux premières donnent

$$p \cos u' = p' \cos u,$$

et en éliminant u', par la troisième, il vient

$$\tang u = \frac{p' — p \cos c}{p \sin c}.$$

Or, sur la trajectoire horizontale BA les perpendiculaires CF, CA, ou p et r', menées du centre C aux tangentes extrêmes, sont inverses des vitesses en B et A. Supposant donc la densité en B insensible, comme le fait Lambert, il en résulte

$$p = r' \sqrt{1 + 4k p'^2}.$$

Une relation analogue subsiste entre les perpendiculaires CE, CG menées du centre C sur les tangentes extrêmes de la trajectoire AD. Or CE est $r'' \cos h$, et CG est p'. On aura donc

$$p' = r' \cos h \sqrt{1 + 4k p'^2}.$$

Ces valeurs substituées dans $\tang u$ donnent

$$\tang u = \frac{\cos h — \cos c}{\sin c},$$

ou encore

$$\tang u = \frac{2 \sin \tfrac{1}{2}(c + h) \sin \tfrac{1}{2}(c — h)}{\sin c}; \qquad (2)$$

or c est connu, puisqu'on a

$$c = \Delta + h - 2R - r ; \qquad (1)$$

on pourra donc calculer l'angle u ; et alors on en déduira

$$r'' = \frac{p}{\cos u} = \frac{r' \sqrt{1 + 4k\rho'}}{\cos u}.$$

Pour la facilité du calcul numérique, il sera bien de faire comme précédemment

$$\sqrt{1 + 4k\rho'} = 1 + \delta, \qquad \text{d'où} \qquad \delta = 2k\rho' - \tfrac{1}{2}(2k\rho')^2 - \text{etc.} ;$$

et l'on aura pour la hauteur des particules réfléchissantes en B ou D,

$$r'' - r' = r' \frac{(\delta + 2\sin^2 \tfrac{1}{2} u)}{\cos u}. \qquad (3)$$

Si l'on met dans les formules (1), (2), (3), les données observées par Lambert, pages 448 et 450 de son ouvrage, en prenant comme lui δ égal à 0,0003054, on retrouvera les mêmes nombres qu'il en déduit, pour l'angle BCF ou u, pour la hauteur $r'' - r'$, et pour toutes les autres particularités du phénomène. Il est aisé de vérifier sur les formules mêmes, qu'en effet, dans cette application, le point D dont on observe la hauteur apparente h, est considéré par Lambert comme appartenant toujours à la limite extrême du premier espace crépusculaire, directement illuminé. Car si l'on y fait $h=0$, et $r=R$, ce qui met le point D dans l'horizon occidental apparent, l'angle u ou BCF, qui est le MCF ou u de la figure 91, devient égal à $\frac{1}{2}c$ ou $\frac{\Delta - 3R}{2}$. Or c'est là précisément l'expression de cet angle dans la figure 91, lorsqu'on suppose la limite extrême F du premier espace crépusculaire, immédiatement observée à l'horizon occidental du point A. Mais on ne voit pas sur quoi Lambert fonde l'identité constante du point observé D, avec cette limite, dans les calculs de la figure 92. On serait plutôt porté à croire que le sommet sensible D de la courbe crépusculaire observable appartient toujours à quelque partie de l'espace, illuminé secondairement ; et il ne serait pas impossible que cette partie fût différente à diverses hauteurs. Il faut même, d'après les idées de Lambert, que cela arrive ainsi quand le point D de la figure 92 descend très près de l'horizon occidental, puisqu'il admet qu'on doit cesser de le distinguer quand il est à cet horizon, à cause de la grande longueur du second espace crépusculaire qui s'interpose alors entre lui et l'observateur. Mais c'est ce que le mouvement angulaire du point D autour du centre C fera reconnaître, surtout si l'on peut y attacher quelque autre caractère fixe, tiré de la polarisation.

CHAPITRE VIII.

Des instruments qui servent à augmenter le pouvoir de la vision.

1. Nous venons de redresser les illusions que l'interposition de l'atmosphère produit dans l'aspect du ciel. Nous avons trouvé le moyen de restituer théoriquement aux rayons lumineux qui ont traversé cette enveloppe réfringente, les directions qu'ils auraient eues si elle n'existait pas; car nous savons déduire ces dernières des directions apparentes sous lesquelles ils arrivent ici bas à nos yeux. Nous pouvons maintenant suivre les astres par l'observation comme si nous les apercevions directement à travers le vide, dans la réalité pure de leurs mouvemens. Mais, pour espérer de découvrir les lois suivant lesquelles ces mouvements s'accomplissent, il nous devient nécessaire de définir avec rigueur, et non par de grossiers alignemens, les directions successives des droites qui seraient menées du centre de notre œil aux astres, et à chaque point d'un même astre. Il faut donc, dans l'ensemble de la lumière que chaque point nous envoie et qui nous le rend sensible, pouvoir choisir et discerner un certain rayon, d'une finesse presque idéale et mathématique, qui s'y retrouve toujours placé de la même manière; et définir constamment la direction du point lumineux d'après ce seul rayon, à l'exclusion de tous les autres qui l'accompagnent. C'est le premier service que nous rendent les instrumens dont je vais parler, mais ils ont encore beaucoup d'autres avantages que leur étude nous fera connaître.

2. Pour cela il faut rappeler d'abord les conditions suivant lesquelles s'opère la vision naturelle dans l'organe auquel ils doivent s'adapter : j'entends les conditions extérieures et apparentes, n'ayant pas à examiner ici la construction intérieure et anatomique de l'œil.

La lumière, ainsi que je l'ai déjà dit dans le chapitre VII, peut être considérée comme composée d'éléments matériels de dimension insensible, lancés en tous sens par les corps que nous appelons lu-

mineux. Si l'on conçoit une suite de pareils éléments, successivement émis dans une même direction rectiligne, leur ensemble, ou
pour mieux dire leur succession, constitue ce que l'on appelle théoriquement un *rayon lumineux*; et la radiation totale émise par chaque
point physique d'un corps, peut être représentée comme consistant
en une infinité de pareils rayons, partis centralement de ce point.
Maintenant, lorsque l'œil est placé dans la sphère de cette radiation
générale, il reçoit, par une petite ouverture circulaire que l'on
nomme la *pupille*, les seuls rayons qui se trouvent compris dans
le cône dont le cercle de la pupille est la base et le point rayonnant
le sommet. Tout système conique de rayons, ainsi isolé de la radiation totale, s'appelle en optique un *pinceau de rayons lumineux*,
quelle que soit la largeur de sa base. Ici, le pinceau admis dans
l'œil, y produit une sensation physique qui donne la vision plus ou
moins distincte du point dont la lumière est émanée. Cela a lieu
par une action intérieure que je n'ai pas à examiner; je me bornerai à dire que les rayons lumineux sont conduits, par une suite
de réfractions, jusqu'à une membrane nerveuse, placée au fond de
l'œil et que l'on nomme la *rétine*, où la sensation paraît s'exciter.

En appliquant ceci aux différents points physiques qui composent un corps lumineux de dimension sensible, l'œil aura la
vision de chaque point, au moyen du pinceau particulier qu'il en
recevra; et l'ensemble de ces sensations, lui donnera la vision du
corps lumineux; du moins de la portion de ce corps d'où les
pinceaux peuvent arriver à l'œil et être amenés sur la rétine par
son action.

Pour que cette sensation ait lieu, il n'est pas nécessaire que les
éléments lumineux qui composent chaque rayon soient contigus
les uns aux autres, ce qui supposerait une continuité absolue d'émission peu conforme aux idées physiques qu'on peut se former d'un
tel phénomène. Leur émission, et leur succession dans l'œil,
peuvent être intermittentes sans que l'œil s'en aperçoive; parce
que la sensation opérée dans cet organe se conserve et dure encore
pendant un intervalle de temps appréciable et même fort sensible,
après qu'il ne reçoit plus actuellement de lumière. On a une preuve
évidente de ce fait dans la continuité apparente d'illumination que

présente une circonférence de cercle, lorsqu'elle est parcourue successivement, avec une rapidité convenable, par un très petit corps lumineux. Pour qu'il y ait continuité dans la vision, il suffit donc que les éléments lumineux se succèdent dans l'œil avec des intermittences dont les intervalles soient moindres que la durée de persistance de la sensation.

L'impression produite par ces éléments est la première condition de la visibilité. Mais, pour que la vision soit *distincte*, c'est-à-dire pour que la lumière reçue puisse faire discerner nettement les contours et les détails des objets, il faut que ceux-ci soient placés entre certaines limites d'éloignement, hors desquelles la vision devient plus ou moins *confuse*. La distance la plus favorable n'est pas rigoureusement fixe pour chaque individu ; et elle n'est pas non plus la même pour tous : on l'admet ordinairement de 216 à 217 millimètres, environ 8 pouces, pour les yeux les mieux conformés, lorsque la vision s'applique à de très petits objets, comme les lettres d'un livre. En transportant cette condition d'une manière générale, aux pinceaux lumineux par lesquels la vision s'opère, il en résulte que les rayons qui les composent doivent avoir un certain degré de divergence pour que l'œil puisse les amener sur la rétine, dans les conditions propres à la perception parfaitement distincte des points d'où ils sont émanés. Il faut donc que les instruments d'optique destinés à l'astronomie leur donnent cette divergence nécessaire, avant de les amener dans l'œil. C'est aussi ce qu'ils font admirablement ; car ils s'adaptent si bien à toutes les vues, courtes ou longues, que la perception des objets peut toujours être obtenue par chaque observateur avec une netteté complète, pourvu que son organe ne soit pas essentiellement défectueux.

Je vais maintenant fixer les détails de cet énoncé par quelques définitions géométriques qui donneront un sens précis à plusieurs expressions continuellement nécessaires et que nous avons dû même déjà employer avec leur acception vulgaire, dans les chapitres précédents.

5. Soit, figure 1ʳᵉ, *planches d'optique*, OO′ l'ouverture de la pupille, qui est un petit cercle ayant seulement trois ou quatre millimètres de diamètre dans son état habituel ; marquons son centre en

C. Au-devant d'elle en S, à une distance qu'on doit toujours supposer très considérable relativement à CO ou CO', plaçons un point rayonnant qui envoie à l'œil un pinceau lumineux ayant l'ouverture OO' pour base. Parmi les rayons reçus dans OO', il y en a un SC, qui passe par le centre C : je le nommerai l'*axe géométrique du pinceau*. Soit maintenant S' un autre point rayonnant, et S'C l'axe du pinceau qui en émane. L'angle SCS' sera l'*angle visuel*, compris entre les deux points rayonnants S, S'. En outre, si ces deux points sont les limites d'une droite ou de tout autre objet lumineux contenu dans le plan SCS', auquel cas les axes CS, CS', en seront les deux tangentes extrêmes menées du point C, l'angle visuel SCS', qui comprendra ainsi toute la portion de l'objet visible de C, s'appellera son *diamètre angulaire* ou *apparent*. A la rigueur, les deux tangentes extrêmes qui limitent la visibilité devraient partir des points extrêmes de la pupille O et O' ; mais je suppose la distance de l'objet assez grande relativement au demi-diamètre de la pupille, pour que ces dernières tangentes ne fassent qu'un angle insensible avec les axes tangents menés du centre C.

Admettons maintenant que l'objet vu de C, au lieu d'être plan est un corps à trois dimensions, *fig.* 2. Si, de C comme centre, on décrit une surface conique qui lui soit tangente, elle limitera sa partie visible SS'S''S'''S'ᵛ ; et les arêtes de cette surface seront les axes des pinceaux lumineux extrêmes qui entrent dans l'œil. Alors l'angle solide formé en C contiendra le *disque apparent* de l'objet, analogue au diamètre apparent de la figure précédente. Pour rappeler cette analogie, je le nommerai l'*angle visuel conique*. On démontre en géométrie que ces angles sont entre eux comme les portions de surface qu'ils interceptent sur une même sphère décrite de leur sommet C (*). Prenons le rayon de cette sphère égal à l'unité de longueur, et adoptons pour unité d'angle conique celui qui intercepte sur cette sphère l'unité de surface ; alors l'angle conique C sera exprimé aussi par l'étendue superficielle qu'il y intercepte ; et ce sera là sa mesure, comme les arcs circulaires sont les mesures des angles visuels plans.

(*) *Géométrie de Legendre*, lib. VII, propos. XXIII, scholie, § 2.

4. La même construction va nous servir pour exprimer les quantités relatives de radiation reçues par un corps de dimension quelconque, placé à diverses distances d'un point lumineux S, *fig.* 3. En effet, de ce point comme centre, décrivons une surface sphérique idéale, ayant pour rayon l'unité de longueur. Puis, supposant l'intensité de l'émission constante pendant l'unité de tems, qui sera aussi petite qu'on voudra, nommons n le nombre idéal d'éléments lumineux, qui, durant cet intervalle, seraient reçus par une portion de la surface sphérique égale à l'unité superficielle. Pour toute étendue plus grande ou moindre *prise sur la même sphère*, et qui serait exprimée par α_1^2, le nombre correspondant d'éléments reçus serait $n\alpha^2$. Supprimons maintenant cette surface, et décrivons-en une autre du même centre, avec le rayon d. Le nombre d'éléments reçus par celle-ci pendant le temps 1, sur l'unité superficielle ne sera plus n, mais $\dfrac{n}{d^2}$, inversement aux superficies interceptées sur les deux sphères par le même angle conique. Ainsi pour une étendue superficielle α^2 *prise sur la nouvelle sphère*, ce nombre deviendra $\dfrac{n\alpha^2}{d^2}$. Il variera donc avec la distance du point rayonnant, et avec l'étendue de surface sphérique illuminée, conformément à ce que cette expression indique. Maintenant, si, dans l'angle conique qui a ainsi pour mesure α^2 à la distance d, vous introduisez, n'importe à quelle distance, un corps de forme quelconque OO'O″, auquel ce cône soit tangent extérieurement, l'étendue superficielle OO'O″ recevra du point S dans l'unité de temps, exactement le même nombre d'éléments lumineux que la superficie sphérique α^2 interceptait à cette distance d où elle était placée. Ainsi, pour tout corps quel qu'il soit, la radiation reçue d'un point rayonnant S, pendant le temps 1 est proportionnelle à l'angle conique de radiation et au nombre n; de même que, dans le § 3, le disque superficiel apparent était proportionnel à l'angle visuel conique, quelle que fût la forme du corps observé.

5. Pour transformer ces résultats géométriques en formules calculables, il faut les appliquer aux éléments superficiels ou matériels des corps soit vus, soit illuminés. Car alors, ces éléments étant réduits à d'infiniment petites dimensions, peuvent être assimilés à des plans ou à des solides pyramidaux, pour lesquels tous les raisonnements deviennent individuellement faciles; et la complication ne se montre que dans la sommation générale de leurs résultats individuels, où il n'est plus possible de l'éviter.

Par exemple soit OO', *fig.* 4, une portion de surface éclairée par un point lumineux S. Soit D un de ses points, éloigné de S à la distance SD exprimée par d; et désignons par ω^2 un élément superficiel pris autour de D, dans une étendue si petite qu'il puisse être considéré comme plan. Pour fixer les idées je représente par DM la projection linéaire de cet élément sur le plan de la figure. Si, par le contour de ω^2 on mène des droites au point S, elles formeront l'angle conique de radiation propre à cet élément superficiel. Alors, de S comme centre, avec le rayon SD ou d, décrivons une surface sphérique; et nommons α^2 la portion de cette surface interceptée dans l'angle conique ainsi formé. Le produit $\dfrac{n\alpha^2}{d^2}$ exprimera le nombre d'éléments lumineux reçus dans l'unité de temps par ω^2. Mais ici, α^2 et ω^2 peuvent être considérés comme deux petits plans, dont l'un, α^2 ou DD', est la projection *orthogonale* de l'autre, représenté par DM. Or, si l'on nomme θ leur inclinaison mutuelle, laquelle se trouve donnée pour chaque point D, par la direction de SD relativement au plan tangent en D à la surface éclairée, on a par la géométrie $\alpha^2 = \omega^2 \cos \theta$. De sorte qu'en remplaçant α^2 par cette valeur, l'expression de la radiation reçue par ω^2 dans l'unité de temps devient $\dfrac{n\omega^2}{d^2} \cos \theta$; forme sous laquelle on peut lire comment le degré d'illumination de chaque élément superficiel dépend de sa distance au point lumineux, et de l'obliquité sous laquelle il reçoit le pinceau infiniment délié de rayons qui en émane.

Considérons maintenant le point S comme faisant partie d'un corps lumineux étendu, et cherchons à évaluer la somme des radiations qu'en recevra l'élément superficiel DM ou ω^2, pour lequel nous venons de calculer l'effet de S seul. Pour cela j'isole, dans le corps éclairant, un petit élément superficiel SS', *fig.* 5, dont S

fasse partie et dont je représente l'étendue superficielle par ϖ'^2.
Puis, choisissant dans l'élément DM un point quelconque C, dont
la distance à S ne différera pas sensiblement de d, je décris de ce
point une surface conique, qui suive le contour de l'élément SS';
et je coupe ce cône par une surface sphérique décrite de C, comme
centre, avec le rayon CS ou d, afin d'isoler l'élément superficiel
sphérique SP ou ϖ'^2, qui, ramené à l'unité de distance, c'est-à-
dire divisé par d^2, mesurera l'angle visuel conique sous lequel SS'
est vu de C. Ici, comme dans la théorie de la chaleur rayonnante,
il ne faut pas se représenter la radiation lumineuse comme partant
seulement de la surface mathématique du corps lumineux, mais
comme émanant aussi en tous sens des points situés à une petite
profondeur ST, S'T', dans la substance du corps, quoique non pas
peut-être avec autant de liberté d'émission, ou de transmission, que
s'ils étaient à la surface même. Quelle que soit la loi de cette radiation
tant externe qu'interne, tous les points du corps, d'où C peut en
recevoir à travers l'élément superficiel SS', sont compris dans le
cône visuel décrit du point C avec cet élément pour base ; et ils
constituent la portion de la masse que ce cône embrasse jusqu'à la
profondeur d'où la lumière rayonnée peut sortir. Or, dans les
conditions d'extrême petitesse que nous avons attribuées à l'élément
superficiel SS', cette portion de masse peut être considérée comme
équivalente à celle qui, partant de la même profondeur dans le
cône visuel, aurait pour base la section sphérique SP ou ϖ'^2 au
lieu de SS'. En effet, le solide SPS', qui est la différence de ces
deux masses, a deux éléments infiniment petits, savoir : sa base SP
et sa hauteur PS'. Mais, dans le solide SS'TT', la base SS' seule est
un infiniment petit géométrique ; car, quelque limitée que soit la
profondeur d'où il émane un rayonnement sensible, par cela seul
qu'elle a une existence physique, elle doit être traitée comme finie
relativement aux infiniment petits de la géométrie. Le segment
différentiel SPS' est donc un infiniment petit négligeable comparativement au solide total SS'TT' ; et ainsi l'on peut substituer à celui-
ci le solide SPTT', que sa base sphérique rend plus commode à
évaluer.

Maintenant, après avoir construit le cône visuel pour le point C, si nous le formons pour un autre point de l'élément superficiel DM, en prenant toujours SS' pour base, ce sera réellement un autre cône ayant un autre angle conique ; et, en pénétrant le corps lumineux, il y isolera un solide physiquement distinct de celui que nous venons de considérer. Mais d'abord, pour chacun de ces solides en particulier, on prouvera, comme tout-à-l'heure, qu'on peut lui substituer le solide à base sphérique qui lui correspond dans le cône visuel ; puis, tous les points de DM étant infiniment voisins les uns des autres et leurs cônes visuels s'appuyant tous sur le contour de SS', les solides à base sphérique ne différeront entre eux que par des quantités qui seront pareillement négligeables comparativement à leur masse. De sorte qu'en définitive, on pourra étendre à tous les points de l'élément infiniment petit DM ce que nous avions trouvé tout-à-l'heure pour le point C seul ; c'est-à-dire que toute la radiation qui lui arrive, à travers l'élément SS', peut être considérée comme provenant sensiblement de la seule masse conoïdale SPTT', laquelle a pour base l'élément superficiel sphérique SP ou ω'^2 qui est compris à la distance d, dans l'angle visuel ayant son sommet en C. Ce résultat se justifie par son énoncé même, puisqu'il exprime seulement que la portion du corps rayonnant vue de DM, à travers l'élément superficiel SS', est sensiblement la même que si DM n'était qu'un simple point sans dimension appréciable ; ce qui est en effet réalisé par la petitesse infinie de l'élément DM relativement à son éloignement de SS'.

Maintenant, la radiation totale envoyée à l'élément DM par la masse conoïdale SPTT', est la somme des radiations partielles émanées de tous les points de cette masse. Pour l'obtenir, décomposons le cône visuel total en cônes plus petits ayant tous pour base une petite étendue sphérique s^2, prise sur SP. Puis, considérons un point quelconque σ', situé sur un de ces filets, dans la petite limite de profondeur d'où la lumière peut rayonner au dehors. Si nous nommons d' la distance de σ' à un quelconque des points de l'élément DM, et π l'inclinaison du plan de cet élément, sur l'élément sphérique décrit de σ' avec d' pour rayon, nous pourrons appliquer ici tout ce que nous avons établi précédemment pour la radiation émanée d'un point unique ; c'est-à-dire que le nombre d'éléments lumineux reçus du point o', par l'élément DM, dans l'unité de temps, sera

$$\frac{n'\omega'^2 \cos \tau}{d'^2}$$

Lorsqu'on appliquera cette expression à divers points de la masse conoïdale, la distance d' variera, ainsi que l'inclinaison τ de DM sur la surface sphérique correspondante. Mais d'abord, quant aux variations de d', elles seront très petites, parce que les éléments superficiels ω^2, ω'^2 sont tous deux des infiniment petits géométriques, et que la profondeur d'où la radiation peut sortir est physiquement très petite aussi comparativement à la distance moyenne d des deux éléments. Donc, si l'on employait les valeurs véritables et diverses de d' dans l'expression précédente, comme ω^2 est infiniment petit, les résultats ne différeraient entre eux que de quantités négligeables ; de sorte qu'on peut, sans erreur de cet ordre, y substituer la constante d au lieu de d'. Un raisonnement analogue s'applique à l'angle τ ; car la petitesse de ω^2 et de ω'^2 rendra ses variations très petites du même ordre que celles de d', ce qui permettra également de les négliger, et de substituer partout à τ, la valeur θ qui convient à la distance moyenne d des deux éléments. L'expression de la radiation venue du point o', sur l'élément DM, étant ainsi réduite, deviendra donc

$$\frac{n'\omega^2 \cos \theta}{d^2}$$

Maintenant, si de o' nous passons à un autre point rayonnant situé sur le même filet dirigé vers C, il faudra considérer n' comme susceptible de variations qui ne seront pas négligeables, parce que l'intensité de l'émission peut être fort inégale dans la petite limite de profondeur où elle varie. Mais comme tout le reste de l'expression demeure constant, si les facteurs variables n', pris ensemble, font une somme Is^2, la somme des radiations du filet total sera

$$\frac{Is^2 \omega^2 \cos^2 \theta}{d^2}$$

Or, telle étant la radiation d'un seul filet élémentaire qui a pour base sphérique s^2, leur somme totale, qui occupe l'étendue sphérique α'^2, produira un résultat total proportionnel à ces surfaces. Car, bien que le facteur I, provenant de chaque filet, puisse varier en différentes parties du corps lumineux sensiblement distantes les unes des autres, il doit toujours être considéré comme constant dans l'étendue de chaque élément géométrique, à moins qu'il n'y ait en quelques points des inégalités d'émission tout-à-fait brusques, qui échapperaient à un calcul continu. Ce cas exclus, la somme des radiations échappées à travers l'élément total SS′, et reçues par DM, sera

$$(1) \qquad \frac{I\alpha'^2 \omega^2 \cos\theta}{d^2}.$$

Mais ici, comme pour l'élément DM, α'^2 est la projection orthogonale de l'élément ω'^2 sur la sphère décrite du rayon d; ce qui donne $\alpha'^2 = \omega'^2 \cos\theta'$, θ' étant l'angle que cet élément forme avec le plan tangent à la sphère en S. Donc, si l'on veut faire disparaître α'^2, par cette relation, *l'expression de la radiation totale, reçue par l'élément superficiel ω^2, à travers l'élément ω'^2 de la surface lumineuse, sera*

$$\frac{I\omega^2\omega'^2 \cos\theta \cos\theta'}{d^2}. \qquad (1)$$

Ceci fait donc découvrir comment cette radiation totale dépend de la grandeur des deux éléments, de leur distance, de leur inclinaison respective sur la ligne qui les joint, et enfin de la quantité absolue de lumière qui échappe, dans l'unité de temps, à travers chaque partie superficielle du corps lumineux.

Cette expression étant établie pour deux éléments superficiels infiniment petits, l'un illuminant, l'autre illuminé, son extension à des surfaces d'une étendue finie, n'exige plus qu'un calcul analytique plus ou moins difficile, selon la forme et la position relative des corps mis en présence. Mon but ne peut pas être de développer ici ces recherches dont le lecteur pourra, s'il le veut, trouver une infinité d'exemples dans la *Photométrie* de Lambert (*). Je vais seulement en déduire deux résultats indispensables pour l'intelligence des effets optiques produits par les instruments dont les astronomes font usage.

6. Considérons ω^2 comme représentant la petite ouverture circulaire de la pupille, recevant la lumière envoyée dans l'œil par un élément superficiel lumineux ω'^2, placé à la distance d. Dans cette supposition, θ sera l'angle que le plan de la pupille forme avec un plan normal à d. Supposons que l'élément lumineux s'éloigne graduellement de l'œil, sur cette même ligne, en formant toujours avec elle le même angle θ'; alors la *quantité absolue* de lumière reçue par l'œil variera réciproquement à d^2. Elle deviendra ainsi plus grande ou moindre selon ce rapport, comme si l'élément superficiel lumineux n'était qu'un simple point.

Mais, quoique cette quantité absolue concoure ainsi à la visibilité, elle ne détermine pas seule le jugement que nous portons sur ce qu'on appelle l'*éclat apparent* des corps. Il s'y joint aussi le sentiment de l'angle visuel conique, dans lequel la quantité de lumière reçue par l'œil se trouve répartie. Et ainsi cet *éclat apparent*, que l'on devrait plutôt appeler l'*éclat angulaire*, s'apprécie, à angle visuel égal; ou, ce qui revient au même, il a pour mesure comparable, la quantité absolue de lumière reçue par l'œil de chaque élément superficiel, divisée par l'angle visuel conique sous lequel cet élément est aperçu. Or, ayant appelé ι l'angle conique qui sôutend l'unité de surface sur une sphère du rayon ι, celui qui soutend la superficie ω'^2 sur une sphère du rayon d aura pour expression $\dfrac{\omega'^2}{d^2}$, ou encore $\dfrac{\omega'^2 \cos\theta'}{d^2}$, en remplaçant ω'^2 par sa

---

(*) L'expression que je viens de donner, pour la quantité absolue de lumière émise d'un élément superficiel sur un autre, a été établie par Lambert, comme une conséquence nécessaire de la permanence de l'éclat angulaire à toute distance, et il l'en déduit avec sa sagacité habituelle. J'ai préféré la faire immédiatement sortir des conditions physiques du rayonnement, comme on le fait pour les radiations calorifiques. La marche que j'ai suivie est à peu près la même dont j'avais fait usage, d'après Fourier, dans mon *Traité de Physique*, tome IV, page 651, pour exposer la mesure de ces radiations.

valeur, déduite de la projection *actuelle* de l'élément lumineux
sur la sphère qui a pour rayon la distance *actuelle d*. Or, c'est là
précisément un des facteurs de l'expression qui représente la quantité absolue de lumière reçue par la pupille. Donc, si l'on divise
cette quantité absolue par l'angle visuel, le quotient, qui mesure
l'éclat apparent ou angulaire, sera simplement

$$I \,\varpi^2 \cos \theta \,;$$

il ne dépendra donc point de la distance actuelle de l'élément
superficiel lumineux, ni de son obliquité actuelle sur la distance *d*,
mais seulement de l'intensité absolue de sa radiation exprimée
par I, de l'ouverture ϖ^2 par laquelle la pupille reçoit la lumière,
et aussi de l'inclinaison θ sous laquelle son plan se présente aux
rayons émis. C'est dans ce sens, et sous ces limitations, qu'il faut
comprendre cette proposition d'optique, que *le même corps paraît
également lumineux à toute distance quand aucun milieu intermédiaire n'absorbe l'émission avant qu'elle parvienne à l'œil*. Mais
cela n'est vrai que de l'éclat apparent ou angulaire, sous la condition de constance de I, ϖ, et θ ; et en supposant, d'ailleurs, que
l'intensité de la sensation éprouvée par l'œil ne dépend que de la
quantité de lumière qu'il reçoit à travers la pupille, quelle que soit
la direction intérieure suivant laquelle la rétine en est frappée. Or,
dans la réalité, cette membrane nerveuse n'est pas également
impressionnable sur toute sa surface ; et elle l'est moins dans l'axe
de l'œil où elle reçoit le plus habituellement la lumière, que dans
les parties latérales qui sont plus rarement employées à la vision.
Pour le constater, il n'y a qu'à passer, de la clarté du jour, dans une
chambre obscure où cette clarté ne puisse pénétrer que par une
très petite ouverture. Pendant quelques instants l'obscurité paraît
totale ; mais, par un mécanisme naturel admirable, la pupille se
dilate et se contracte d'elle-même sous l'influence d'une lumière
moins vive ou plus abondante. Elle s'ouvre donc ici peu à peu,
et l'on commence à entrevoir quelque clarté. Or, pendant que ce
passage s'opère on peut remarquer que la petite ouverture lumineuse devient d'abord visible quand on la regarde obliquement,
tandis qu'elle est encore invisible si on la regarde en face. Les par-

ties latérales de la rétine se montrent donc en cela plus sensibles que celles du centre. Ainsi l'on ne peut établir de comparaison entre l'éclat apparent de différents corps, ou d'un même corps à diverses distances, que pour des valeurs identiques de ω et de θ, c'est-à-dire pour des ouvertures égales de la pupille, et une égale obliquité de son plan sur les rayons qu'elle reçoit.

Lorsqu'on observe les corps célestes, le plan de la pupille, à moins d'exceptions intentionnelles, se place perpendiculairement au rayon lumineux qui vient du centre du disque au centre de l'œil. Alors θ est nul pour ce rayon central; et, pour les rayons venus des bords du disque, il est égal au demi-diamètre angulaire de l'astre observé. Si l'observation est faite à l'œil nu, ou avec des lunettes qui agrandissent peu les angles visuels, les valeurs extrêmes de l'angle θ sont encore très petites; et comme $\cos \theta = 1 - 2 \sin^2 \frac{1}{2} \theta$, leur cosinus est sensiblement égal à l'unité, de même que pour le rayon central. En supposant donc que l'intensité I de la radiation lumineuse soit physiquement la même sur toute la surface visible du corps observé, l'éclat apparent sera constant aussi dans toute l'étendue de son disque, malgré les diverses obliquités sous lesquelles se présentent les éléments superficiels réels dont ce disque est la projection. Cette uniformité se remarque en effet sur le disque solaire, lorsqu'on le regarde ainsi à travers des verres colorés, à faces parallèles, qui absorbent une portion de sa lumière assez considérable pour que l'œil puisse admettre le reste sans en être blessé. Mais si l'on faisait cette observation avec des appareils optiques qui agrandissent beaucoup les angles visuels, les valeurs de l'angle θ seraient agrandies dans le même rapport, pour les portions extrêmes du disque que la vision embrasserait. Alors leurs cosinus étant plus différents de l'unité, qui appartient toujours au rayon central, il pourrait en résulter, entre l'éclat apparent du centre et de ces portions extrêmes, des inégalités qui deviendraient sensibles à des épreuves délicates, quoiqu'il pût n'y avoir aucune différence réelle dans l'intensité de la radiation des points ainsi comparés. Cette remarque n'est pas sans importance : car les observations que je viens d'indiquer sont du petit nombre de celles par lesquelles nous pouvons acquérir quelques notions sur la constitution réelle des corps célestes. Mais on en comprendra mieux les détails quand j'aurai exposé la construction et le jeu des appareils optiques dont l'astronomie se sert; comme aussi, en les étudiant, on ne tardera pas à reconnaître combien les définitions précises que je viens de donner étaient essentielles pour bien apprécier leurs effets. Je viens donc maintenant à cette étude, que je commence par l'exposition de leurs propriétés générales.

7. Ces instruments sont de deux sortes, distinguées entre elles seulement par la nature et la disposition des matières employées pour les construire; car leur mode d'action sur l'organe est absolument pareil. Les uns opèrent par *réfraction* à travers des verres à surfaces sphériques, ce sont les *lunettes* ou *télescopes dioptriques*; les autres opèrent par réflexion sur des miroirs également sphériques, on les nomme *télescopes catoptriques*; leur emploi est presque toujours complété par un assemblage dioptrique qui leur est convenablement associé.

Le mode d'action de ces deux systèmes est semblable, et leur théorie est la même. Une portion de l'appareil, appelé *objectif* ou *réflecteur*, recueille et concentre les rayons lumineux venant de l'objet, de manière à en former, près de l'observateur, une petite image beaucoup plus brillante que l'œil ne la recevrait par vision directe. Le reste de l'instrument, appelé *oculaire* parce qu'il se place près de l'œil, est généralement un appareil dioptrique, plus ou moins complexe, du genre de ceux que tout le monde connaît sous le nom de loupes ou de microscopes. Sa destination est d'agrandir les angles visuels sous lesquels on pourrait voir distinctement l'image produite par le système objectif ou réflecteur, si on la regardait avec l'œil non armé; et il dilate aussi, dans la même proportion, les rayons condensés desquels elle résulte. De sorte que, si l'instrument est bien ajusté, on peut voir ainsi l'objet sous un angle visuel beaucoup plus grand qu'à l'œil nu, avec une illumination égale, ou presque égale, de ses éléments superficiels; et aussi distinctement que s'il était rapproché à la distance précise où il peut être vu avec le plus de netteté par chaque observateur. Cet agrandissement des dimensions apparentes, réuni avec une égale intensité d'illumination, et avec une netteté de visibilité parfaite, permet d'apercevoir et d'étudier des détails que l'œil seul n'aurait jamais soupçonnés.

En outre, comme les diverses parties de l'instrument sont toujours invariablement assujéties dans un *tube* ou tuyau métallique pour assurer la permanence de leurs relations, concevons que, à la distance précise où la petite image lumineuse se forme, et que l'on appelle le *foyer* de l'*objectif* ou du *réflecteur*, on fixe transversalement deux fils rectilignes très fins, qui se croisent à angles droits, dans cette image même. Puis, supposons l'instrument tellement construit, que les verres dont l'oculaire se compose, puissent donner la nette perception des fils, sans jamais s'enfoncer jusqu'à leur point d'intersection. Alors ce point, étant vu à travers l'oculaire, interceptera, par son opacité, un tout petit pinceau des rayons introduits, lequel sera d'autant plus mince et d'autant plus assimilable à un rayon unique, que les fils croisés seront plus fins. La direction primitive de ce pinceau se trouvera donc distinctement définie par la condition que son axe central soit ainsi intercepté au point intérieur du tube où les fils se croisent, après les réfractions, ou les réflexions, que l'objectif lui aura fait subir avant d'y arriver. Donc, si toutes les pièces antérieures de l'instrument, et aussi les fils, demeurent invariablement fixés dans le tube, ce que l'on a toujours le plus grand soin de réaliser, le pinceau extérieur ainsi défini a toujours une direction rigoureusement constante relativement aux parois solides du tube; de sorte qu'en mesurant les directions propres de celui-ci, ou plutôt les variations successives de ses directions, ce qui est facile puisqu'il est matériel, on en déduit réellement le mouvement du pinceau lumineux, presque idéal, que le point de croisement des fils a intercepté. La direction *intérieure* de ce pinceau s'appelle l'*axe optique* de l'instrument; elle dépend évidemment du point de la *section focale* où l'on place le croisement des fils. On tâche toujours que ce point soit aussi près que possible de l'axe central du tube autour duquel toutes les réfractions et toutes les réflexions s'opèrent, ou doivent s'opérer symétriquement, lorsque l'instrument est bien réglé. Car, en le supposant tel, si la croix des fils est exactement dans l'axe du tube, le pinceau intérieur qu'elle intercepte provient d'un pinceau extérieur qui s'est introduit en ligne droite sans éprouver aucune déviation ; et cette coïncidence est encore très peu dérangée si la croix des fils est très peu distante de l'axe central. On verra plus loin la démonstration de ces deux résultats : pour le moment, je me borne à constater que la seule fixité de l'axe optique, quelle que soit sa place dans le tube, détermine la direction pareillement constante du pinceau extérieur infiniment mince qui se trouve ainsi intercepté, ce qui remplit la première condition d'observation exacte indiquée dans le § 111.

Ainsi, en somme, augmentation de la grandeur apparente des objets comme s'ils étaient plus proches, netteté parfaite de la vision comme s'ils étaient à la distance de l'œil la plus convenable pour chaque vue, enfin définition presque idéalement rigoureuse des directions suivant lesquelles les rayons lumineux arrivent à l'œil ; tels sont les résultats opérés par les instruments d'optique dont l'astronomie fait usage.

Mon but n'est pas de faire ici un traité d'optique. Mais je dois pourtant dire ce qui est nécessaire à l'astronome pour bien connaître les diverses parties de son instrument, leurs fonctions et leurs relations théoriques, d'où résulte le bon effet de l'ensemble ; je le dois d'autant plus qu'il n'existe, à ma connaissance, aucun ouvrage français où ces notions indispensables soient exposées aussi généralement et aussi exactement qu'il en est besoin. Je vais donc présenter ici les principes fondamentaux, les déductions principales, et les résultats d'application, qui peuvent s'exprimer par des formules purement élémentaires. Cette exposition, facile à suivre, présentera toute la théorie des instruments d'optique sous une forme qui, bien que très générale, sera, je crois, aussi simple et aussi immédiatement applicable que l'on puisse le desirer.

Des appareils dioptriques.

2. Je considère d'abord les appareils dioptriques ; les autres, d'ailleurs aujourd'hui moins usités, s'en déduiront comme un corollaire, ainsi qu'on le verra bientôt.

Tous les verres courbes employés dans ces appareils sont, ou doivent pouvoir se considérer, comme formés avec un cylindre circulaire de verre dont les bases parallèles ont été arrondies en surfaces sphériques ayant leur centre dans l'axe même du cylindre. En outre, pour qu'on en puisse former de bons instruments, il faut que le rayon de courbure des sphères terminales soit très grand comparativement au diamètre transversal du cylindre, et que les rayons lumineux traversent ce système dans des directions très peu inclinées sur l'axe longitudinal. Ces deux conditions rendent les rayons lumineux presque perpendiculaires aux surfaces terminales à leur entrée et à leur sortie, ce qui leur fait éprouver de très petites réfractions à leur incidence et à leur émergence. Enfin, on tâche que la portion intermédiaire du cylindre, qui n'est pas atteinte par les courbures extrêmes, soit aussi courte qu'il est possible, pour ne pas accroître inutilement l'épaisseur totale des verres. Car cette épaisseur nuit aux effets de deux manières : d'abord en multipliant la chance des irrégularités de densité qui peuvent se rencontrer sur le trajet intérieur de chaque rayon lumineux; puis en rendant les points d'incidence et d'émergence d'un même pinceau plus inégalement distants de l'axe longitudinal, ce qui les sépare davantage dans leur route, et rend plus difficile de les rassembler de nouveau en un même cône émergent, comme il est nécessaire de le faire pour obtenir des images distinctes des objets.

Les conditions précédentes étant remplies, si l'on conçoit une ligne droite, ou *axe*, menée par les centres des deux surfaces sphériques qui terminent un pareil verre, et qu'ensuite on dirige un plan coupant suivant cet axe, on aura le *profil* du verre, qui, selon la direction des courbures que l'on peut donner aux deux surfaces, aura nécessairement l'une des formes représentées dans les figures 6, 7, 8, 9, 10, 11. On distingue ces diverses formes par des dénominations qui sont adoptées généralement :

1°. Verre doublement convexe, *fig.* 6. La ressemblance de cette espèce de verre avec une *lentille* lui en a fait donner le nom, qui s'est étendu ensuite à tous les autres verres sphériques.

2°. Plan convexe, *fig.* 7. La concavité ou la convexité est toujours considérée relativement aux objets situés hors du verre, et qui lui envoient des rayons lumineux.

3°. Concave convexe, *fig.* 8 et 9. Ces deux formes diffèrent l'une de l'autre en ce que la première est plus mince au bord qu'au centre, et que la seconde, au contraire, est plus mince au centre qu'au bord. Nous verrons bientôt les particularités qui résultent de cette dissemblance dans la construction.

4°. Plan concave, *fig.* 10.

5°. Doublement concave, *fig.* 11.

Toutes ces formes de verres s'accordent en ceci, que les plans tangents aux deux surfaces sphériques qui les terminent, sont d'abord parallèles entre eux aux points A_1, A_2 où la lentille est percée par son axe. De là, jusqu'aux bords du verre, l'angle des deux plans tangents va toujours en augmentant de plus en plus, et symétriquement de chaque côté de l'axe. Un rayon lumineux qui traverse un pareil verre parallèlement à son axe central, se réfracte précisément comme il ferait dans un prisme qui serait formé par les deux plans tangents aux points d'incidence et d'émergence. Une lentille sphérique, quelle que soit sa forme, peut donc être considérée comme un assemblage de pareils prismes, ou comme un prisme d'ouverture variable, dont l'angle réfringent, d'abord nul sur l'axe $A_1 A_2$ de la lentille, va ensuite en augmentant jusqu'à ses bords.

D'après cela, toutes les formes de verres sphériques que nous avons décrites peuvent se partager en deux classes, selon que la base ou la pointe des prismes réfringents est tournée vers l'axe $A_1 A_2$ de la lentille. La première classe comprendra les *fig.* 6, 7, 8; la seconde, les *fig.* 9, 10, 11.

Il est facile de concevoir l'influence de cette différente disposition des prismes sur la marche des rayons lumineux. Car, si l'on imagine un *faisceau de rayons incidents parallèles entre eux et à l'axe* $A_1 A_2 X$ *des lentilles*, *fig.* 12 et 13, il est évident que toutes celles de la première classe réfracteront ces rayons vers le prolongement $A_2 X$ de l'axe, tandis que celles de la seconde classe, au contraire, les en écarteront. Ainsi les premières feront converger la lumière du faisceau incident, et les autres la feront diverger; aussi a-t-on donné à ces deux classes de lentilles les noms de *verres convergents* et des *verres divergents*.

Il n'est pas moins évident par ce seul énoncé, que si la lumière incidente est hétérogène, la lentille prismatique la dispersera aussi en la réfractant. Ainsi, pour étudier isolément son action réfringente, il faut supposer d'abord que la lumière incidente est homogène.

9. En l'admettant telle, examinons de plus près le phénomène que je viens d'énoncer; et cherchons comment il peut être produit par nos lentilles sphériques en commençant par celles de la première espèce que nous avons nommées convergentes, dont le type général est représenté *fig.* 12. Dans le nombre des rayons qui composent le faisceau incident parallèle à l'axe $A_,A_,$, il en est un $SA_,$ qui coïncide avec cet axe lui-même. Celui-là traverse la lentille aux points où les deux surfaces qui la terminent sont parallèles; de plus, son incidence et son émergence se font perpendiculairement à ces deux surfaces. Il n'en éprouve donc absolument aucune déviation, et il passe en conservant sa direction primitive $SA_,A_,X$. Ce rayon s'appelle *l'axe géométrique* du faisceau incident. Menons, par sa direction, un plan qui se trouvera contenir les centres des deux surfaces réfringentes, et que je supposerai être celui de notre figure même. Il contiendra aussi un certain nombre des rayons incidents que la réfraction n'en fera pas sortir, puisque ce plan est normal aux surfaces du prisme réfringent qu'ils doivent traverser; ainsi, nous pouvons les suivre pendant toute leur route dans notre figure. Or si nous considérons d'abord les plus voisins de l'axe, il est évident qu'ils ne continueront pas leur route en ligne droite, comme le rayon central. Ils éprouveront une réfraction, à la vérité fort petite, parce que le prisme réfringent formé par la lentille près de l'axe a un très petit angle; ils iront donc couper le rayon central quelque part, en F. Si nous considérons de même d'autres rayons incidents plus éloignés de l'axe, le prisme réfringent qu'ils devront traverser aura un plus grand angle. La déviation qu'ils subissent sera donc plus forte, et ils iront couper les premiers quelque part en $F_,$; d'autres, plus écartés encore, iront de même couper ceux-ci en $F_,$, ce qui donnera une suite de points d'intersection de plus en plus rapprochés de la face d'émergence. Maintenant, si nous appliquons ce raisonnement

successif à tous les rayons, graduellement éloignés de l'axe par nuances insensibles, l'ensemble de toutes les intersections, alors infiniment rapprochées les unes des autres, formera, en général, deux branches de courbe qui commencent au point F, où se coupent les rayons très voisins de l'axe, et se terminent en F_1, ou F_2, sur le prolongement du dernier rayon qui traverse la lentille à ses bords. Ces courbes se nomment des *caustiques*. Mais lorsque les surfaces de la lentille ne comprennent qu'un très petit nombre de degrés sur les sphères suivant lesquelles elles sont travaillées, le calcul, comme aussi la simple expérience, montrent qu'il se rassemble beaucoup plus de rayons au point F qu'en tout autre : de sorte que la portion de courbe caustique $F F_1 F_2$, formée dans l'étendue de la lentille, s'y concentre alors presque entièrement. Aussi donne-t-on à ce point le nom de *foyer* ; et même on l'appelle *foyer principal* quand il est donné par des rayons incidents parallèles à l'axe de la lentille, comme nous l'avons supposé ici. Dans les limitations de courbures et d'épaisseurs que nous avons admises, sa distance à la surface d'émergence est sensiblement la même pour chaque lentille, quelle que soit celle des faces que l'on présente aux rayons incidents ; mais cette égalité n'est pas tout-à-fait rigoureuse, comme nous le verrons plus tard quand nous aurons trouvé l'expression algébrique de la *distance focale principale* A_2F.

En raisonnant de même sur les lentilles divergentes dont le type général est représenté par la *fig.* 13, on concevra de même que les intersections successives des rayons contenus dans le plan d'une même section centrale, doivent y former aussi deux branches de courbe $F F_1 F_2$, également symétriques au-dessus et au-dessous de l'axe. Mais le *foyer principal* F des rayons voisins de l'axe tombe du même côté de la lentille que les rayons incidents ; de sorte qu'il ne se fait pas une concentration réelle de lumière en ce point, non plus que sur tout autre point de la courbe des intersections. Tout cela, le calcul et l'expérience le confirment encore. Alors cette courbe indique seulement le lieu où concourent les directions des rayons émergents, idéalement prolongées ; et, par cette raison, le point F prend le nom de *foyer principal virtuel*.

Nous avons raisonné ici sur des rayons contenus dans une même section centrale du faisceau incident ; mais toutes ces sections étant identiques, les résultats seront pareils. Chacune donnera un profil de la lentille, où la caustique, soit réelle, soit virtuelle, qui en dérive se formera de même, à partir du même point F ; et l'ensemble de ces courbes formera une *surface caustique*, telle que l'engendrerait une seule d'entre elles, en tournant révolutivement autour de l'axe A_1A_2, avec le profil de la lentille qui y correspond.

10. Dans toutes les figures que nous avons jusqu'ici considérées, les lentilles sont représentées comme parfaitement symétriques autour de l'axe A_1A_2X ; en sorte que cet axe contient à la fois les centres de courbure des surfaces, et les centres des cercles qui forment leur contour extérieur. Quand cela a lieu, on dit que le verre est *exactement centré* ; et cette condition est très importante pour les usages optiques, comme on le concevra bientôt. Lorsqu'elle n'est pas satisfaite, l'épaisseur de la lentille à ses bords est nécessairement inégale, comme le montre la *fig.* 14, dans laquelle C_1C_2 est réellement l'axe mené par les centres des courbures des deux surfaces sphériques, tandis que A_1A_2X est l'axe apparent, mené par les centres des deux cercles qui forment le contour extérieur du verre.

Il suit de là que les lentilles, tant convergentes que divergentes, sont nécessairement centrées, lorsque leurs épaisseurs sur les bords sont égales partout. Au reste, lorsque nous aurons appris à reconnaître par expérience la position des foyers, nous verrons qu'on peut s'en servir avec beaucoup d'exactitude pour vérifier le centrage dans toute espèce de lentille.

D'après ce que nous avons dit tout-à-l'heure, § 9, sur la formation des caustiques, on doit comprendre que la concentration des rayons transmis se fera toujours d'autant plus complétement, qu'ils passeront plus près de l'axe des lentilles qu'ils traversent. Cette condition d'une complète concentration est indispensable dans les instruments astronomiques, pour que tous les rayons lumineux partis d'un même point de l'astre, et qui arrivent à la surface antérieure de l'objectif en directions *sensiblement* parallèles entre elles, se réunissent aussi tous, *sensiblement*, en un même point de l'image. Quand cette réunion ne se réalise pas avec une exactitude suffisante, les pinceaux lumineux, même homogènes, partis de différents points de l'objet se mêlent dans l'image, ce qui la rend indistincte. On remédie alors à ce défaut, en couvrant les bords des lentilles, et une portion de leur surface la plus distante de l'axe, avec des anneaux circulaires opaques appelés *diaphragmes.* Les rayons lumineux, ne tombant plus alors que sur la portion circulaire et centrale de la lentille qui n'a pas été couverte, la concentration des faisceaux parallèles s'opère plus approximativement en un seul point. Le diamètre de cette portion, qui leur reste ouverte, s'appelle *l'ouverture* du verre.

11. C'est précisément pour ce but que, dans les instruments bien construits, on donne toujours aux lentilles des ouvertures très petites comparativement aux rayons de courbures de leurs surfaces; et l'on n'y admet aussi que des faisceaux lumineux très peu inclinés sur l'axe qui joint leurs centres : ce sont là les seuls moyens, jusqu'ici connus, d'obtenir de la netteté dans la vision. Pour les mieux assurer, lorsqu'il doit y avoir plusieurs verres disposés consécutivement sur un même axe, on noircit en dedans le tube métallique dans lequel ils sont assujétis, afin d'éviter toute réflexion intérieure; et l'on place en outre à diverses distances, dans ce tube, des diaphragmes opaques également noircis, afin d'intercepter tous les rayons dont l'obliquité sur l'axe commun excéderait les étroites limites qu'on peut leur laisser sans inconvénient.

Cette limitation d'obliquité étant aussi essentielle, il convient de la définir d'une manière géométrique et générale. Pour cela, considérons d'abord un seul point rayonnant S, *fig.* 15, placé au-devant de la première surface d'un verre sphérique exactement centré, comme je le supposerai toujours. Par ce point, et l'axe du verre, menons un plan qui coupera la lentille suivant un de ses profils A_1A_2LL. Nous devrons toujours supposer que les rayons émanés du point S sont, pendant toute leur route, très peu inclinés sur l'axe A_1A_2X; et que leurs points d'incidence et d'émergence I_1, I_2, sont très peu éloignés de cet axe, comparativement aux rayons des deux sphères dont le verre est formé.

Cette restriction ne doit pas être bornée aux seuls rayons contenus dans le plan mené par l'axe de la lentille et par le point S. Il faut l'étendre à tous les rayons émanés de ce point, même hors du plan ; et cela est d'autant plus important pour ces derniers, que leur écart complique les déviations qu'ils éprouvent. Car, à la vérité, les premiers restent toujours dans ce plan, parce qu'il est normal aux surfaces qu'ils traversent ; mais ceux-ci passent successivement dans plusieurs plans distincts, ce qui les écarte doublement des autres, et rend leur réunion avec eux plus difficile à opérer. Heureusement cette difficulté peut être éludée, en ne leur laissant faire aussi que de très petits angles avec l'axe longitudinal. Car alors ils se rendent, sinon exactement, du moins presque exactement, aux mêmes foyers que ceux qui ont suivi la section centrale ; de sorte qu'on obtient à très peu près le lieu de la réunion générale en déterminant ces seuls foyers. La même limitation d'obliquité doit être maintenue, à plus forte raison, quand les faisceaux lumineux traversent successivement plusieurs lentilles disposées sur un même axe, comme cela arrive toujours dans les appareils dioptriques dont les astronomes font usage. En l'admettant, il nous suffirait de calculer la marche des rayons compris dans le plan mené par le point rayonnant et par l'axe commun de toutes les lentilles ; et c'est à quoi les physiciens, comme les géomètres, se sont jusqu'ici bornés. Seulement il faut alors se souvenir que la réunion des extérieurs aux mêmes foyers que ceux-ci n'est qu'une approximation, qui doit être réalisée par une juste limitation de l'ouverture des verres, ainsi que des incidences permises à l'ensemble des rayons lumineux que l'instrument transmet. Mais on verra bientôt que les formules, convenablement préparées, donnent avec une facilité égale la marche des rayons primitivement compris dans les sections centrales ou hors de ces sections ; de sorte qu'il sera plus avantageux, et aussi simple, d'envisager la question dans toute sa généralité naturelle.

Des appareils catoptriques.

12. L'analogie de ces appareils avec les dioptriques me permettra d'abréger l'exposé des éléments de leur construction.

Les miroirs sphériques qu'on y emploie se distinguent en *plans*, *concaves*, *convexes*, *fig*. 16, 17, 18. Cette désignation s'applique à celle de leurs surfaces qui est destinée à recevoir et à réfléchir les rayons lumineux. On leur donne généralement un contour circulaire; et la droite C_1A_1, qui joint leur centre de courbure à leur centre de figure, s'appelle leur axe central.

Lorsqu'un rayon lumineux arrive en un point de la surface de ces miroirs, il s'y réfléchit exactement comme il ferait sur le plan tangent en ce point. Le rayon réfléchi se forme dans le plan normal qui contient le rayon incident, et il se dirige du côté opposé de la normale en faisant avec cette ligne un angle égal. On peut donc considérer les miroirs courbes comme composés d'éléments superficiels plans, diversement inclinés sur un axe central commun; et cela suffit pour présenter leurs effets généraux; de même que l'on prévoit ceux des lentilles en les considérant comme des assemblages de prismes réfringents à angles inégaux, disposés aussi autour de leur axe. La limitation de ces effets dans les instruments réels est aussi la même que pour les lentilles, et déterminée par les mêmes motifs. L'étendue des surfaces employées n'est jamais qu'une très petite portion de la sphère sur laquelle elles sont travaillées; et l'on ne laisse se propager, dans les appareils, que les seuls rayons qui s'y sont réfléchis en formant de très petits angles avec leur axe central.

Ces restrictions étant admises, conduisons vers le miroir, concave ou convexe, un faisceau de rayons incidents parallèles entre eux et à son axe central, *fig*. 17 et 18. Par cet axe, menons un plan qui coupe le faisceau, et isole un certain nombre des rayons qui le composent. Ceux-là continueront évidemment de rester dans le plan coupant après s'être réfléchis; et le même résultat ayant lieu pour chaque section diamétrale du faisceau incident, il suffira de suivre les rayons contenus dans une seule d'entre elles que je supposerai coïncider avec le plan des figures. Commençons alors par suivre le rayon incident SA_1, qui est arrivé sur le miroir en coïncidant avec l'axe central. Celui-là rencontrera en A, un plan tangent perpendiculaire à sa direction d'incidence, et ainsi il se réfléchira suivant cette direction même. Maintenant, choisissons un autre rayon incident parallèle au premier, qui perce le miroir à une certaine distance de son axe, mais à une distance toujours très petite comparativement au rayon de sa courbure convexe ou concave. Il sera évidemment réfléchi suivant une direction oblique à sa direction d'incidence; et ainsi il ira couper l'axe central après la réflexion, soit *réellement* si la surface est concave, *fig.* 17, soit *virtuellement* si elle est convexe, *fig.* 18. Or le calcul montre que, pour tous les rayons dont l'incidence s'opère ainsi très près de l'axe, et qui lui sont primitivement parallèles, ce point d'intersection est situé presque exactement au milieu du rayon de courbure central, en F; de sorte que, après avoir été réfléchis, sous cette limitation, ils concourent tous sensiblement en ce point, soit réellement, *fig.* 17, soit, *fig.* 18, par leurs directions idéalement prolongées. L'intervalle A,F, ainsi défini, s'appelle la *distance focale principale du miroir;* et le point F se nomme son *foyer principal.* A mesure que l'incidence s'opère à une plus grande distance de l'axe, les rayons réfléchis s'écartent de plus en plus de ce point de concours; et leurs intersections consécutives forment des surfaces caustiques, réelles ou idéales en avant du miroir ou au-delà. Mais on limite toujours les surfaces et les directions d'incidence dans les instruments réels, de de manière à n'y admettre que le point focal de chaque caustique, afin de ne pas dilater les images des points rayonnants qui les formeraient. Tout cela est analogue à ce que nous avons expliqué pour l'emploi des lentilles, et les résultats en sont pareils.

Il faut seulement remarquer que, dans les instruments formés avec ces dernières, on peut les admettre en nombre quelconque, sans autre inconvénient que d'affaiblir la lumière transmise par la multiplicité des réflexions et des absorptions qu'elle éprouverait. Mais l'opacité des miroirs réflecteurs offre un obstacle physique qui restreint bien plus le nombre de ceux que l'on peut assembler dans un même instrument. Par exemple, si l'on veut employer deux miroirs concaves A, , A,, *fig.* 19, dont le premier A, reçoive immédiatement les rayons lumineux, le second A, devra nécessairement être opposé au-devant de lui dans leur trajet même; de sorte que, pour qu'il ne les intercepte pas en totalité ou en trop grande abondance, avant leur arrivée, et que cependant il les reçoive tous après la première réflexion, il faudra lui donner une ouverture de surface beaucoup plus petite, et le placer très près de la pointe du cône réfléchi par A_1. En outre, pour employer cette seconde réflexion, il faudra percer le premier miroir à son centre de figure A_1, afin de laisser passer les rayons qui l'auront subie. On peut encore faire le petit miroir convexe, *fig.* 20; mais alors le percement de A_1 est encore nécessaire. Si l'on veut éviter cette ouverture qui fait perdre totalement la portion centrale et la plus utile du grand miroir, on pourra fixer dans le cône primitivement réfléchi, toujours très près de sa pointe, un petit miroir plan, oblique, comme le montre la figure 21, afin de renvoyer ce cône latéralement vers l'observateur, ce qui, toutefois, interceptera encore une portion des rayons incidents. Cette perte de lumière semblerait pouvoir être évitée si l'observateur recevait immédiatement dans son œil, soit nu, soit armé d'un appareil dioptrique, les images que le premier miroir A_1, seul, aurait réfléchies. Mais alors lui-même s'interposerait dans le trajet des rayons incidents; et il ne pourrait le faire sans inconvénient que si le miroir réflecteur A_1 était assez grand, comme d'un foyer assez long, pour que la perte de lumière qui résulterait d'un tel arrangement fût négligeable. Les trois combinaisons que je viens d'indiquer sont effectivement employées dans les télescopes catoptriques, comme je l'expliquerai plus tard en donnant les relations de position et courbure des miroirs convenables pour chacune d'elles; mais leur seule description fait comprendre que le nombre des miroirs assemblés dans ces appareils doit toujours être extrêmement restreint. Aussi les y introduit-on seulement dans le système objectif, pour obtenir par leur moyen une première image très lumineuse des objets, que l'on observe ensuite avec un oculaire dioptrique. Ils ont alors sur les lentilles l'avantage spécial de réfléchir simultanément les rayons de toute réfrangibilité sans les séparer, au lieu que la réfraction des lentilles les disperse suivant des directions différentes. Mais on sait aujourd'hui remédier à cet inconvénient par des assemblages de lentilles de pouvoirs réfringents et dispersifs divers, avec lesquels on forme des systèmes objectifs et oculaires que l'on appelle *achromatiques*, parce que les rayons inégalement réfrangibles s'en trouvent en définitive également réfractés, ce qui donne des images sensiblement incolores des objets. Cet achromatisme, il est vrai, n'est jamais absolument rigoureux, comme celui que les miroirs procurent ; mais la différence pouvant être rendue à peine sensible aux yeux les plus exercés, on préfère maintenant l'emploi des lentilles, qui forment des instruments bien plus commodes et plus durables que les télescopes à réflexion, dont les miroirs absorbent une portion considérable de la lumière incidente, et se ternissent toujours par le contact de l'air. Du reste, ces deux classes d'appareil sont comprises dans les mêmes formules, ainsi que je vais le montrer. Mais j'ai cru devoir expliquer d'abord leur construction générale, ainsi que la limitation nécessaire du nombre des miroirs dans les appareils catoptriques, afin de ne pas tomber dans des généralités inusitées pour les applications ; d'autant que les inversions du sens des vitesses, imprimées aux rayons lumineux par la réflexion, sont représentées dans les formules par des changements correspondants de signe, qui exigent quelque attention quand on les applique, ce que les instruments dioptriques ne demandent point, les signes des vitesses de transmission y étant de même sens dans toute l'étendue d'un même appareil.

Théorie générale des instruments d'optique composés.

13. On trouve dans tous les éléments de Physique l'exposé des effets d'optique produits, sous les restrictions précédentes, par une ou plusieurs surfaces sphériques, réfringentes ou réfléchissantes, selon les positions diverses des points rayonnants. Et, en faisant l'application de ces principes aux systèmes particuliers dont les instruments les plus usuels se composent, on en déduit la théorie spéciale de chacun d'eux. Mais cet exposé ne se fait ordinairement qu'avec des limitations de détail qui l'écartent notablement des réalités, surtout quand on veut l'appliquer aux grands instruments astronomiques, dont la perfection est surtout essentielle. En outre, la spécialité des considérations dont on fait usage dérobe au lecteur une multitude de conditions, ainsi que de propriétés, communes à tous ces instruments, lesquelles sont extrêmement nécessaires à connaître pour avoir une intelligence précise de leurs effets. Je crois donc utile de compléter ici ces notions élémentaires par une théorie, aussi générale que simple, qui s'applique à tous les appareils optiques, quels qu'ils puissent être, et dans quelques circonstances qu'ils soient employés, pourvu seulement qu'on les suppose astreints aux restrictions générales de construction que la pratique leur impose. Alors, cette théorie n'exige que les simples notions de la géométrie analytique, comme on le verra par l'exposé même, que je vais faire, de la marche que je suivrai pour l'établir.

14. Je suppose un nombre quelconque m de surfaces sphériques soit réfringentes, soit réfléchissantes, ou entremêlées de ces deux sortes, qui soient disposées centralement sur un même axe AX, *fig*. 22, et dont les ouvertures soient toutes très petites, comparativement à leurs rayons de courbure individuels. La figure représente seulement leurs sections par un plan mené suivant l'axe commun. Les intervalles de ces surfaces entre elles, ainsi que les milieux réfringents qui les séparent les unes des autres, sont absolument quelconques; et leur système total est plongé dans des milieux antérieurs et postérieurs, qui peuvent être identiques ou différents. Un rayon de lumière homogène SI, , d'une réfrangibilité donnée, est introduit dans l'appareil par un point quelconque I, de l'ouverture de la première surface, et dans une direction quelconque relativement à l'axe central, de manière qu'il peut être, ou n'être pas dans un même plan avec lui. Mais on l'assujetit expressément à ne former, avec cet axe, qu'un très petit angle, dont la limite de grandeur est (X); et l'on exige en outre que son inclinaison sur l'axe n'excède jamais cette limite, dans toutes les inflexions ultérieures qu'il subit. Après avoir éprouvé successivement l'action réfringente ou réfléchissante de toutes les surfaces, le rayon sort de l'appareil par la dernière, suivant une certaine direction $I_m R_m$. On demande de déterminer son dernier point d'intersection avec cette surface, ainsi que sa direction d'émergence finale : voilà le premier problème qu'il faut résoudre.

Considérant ensuite, *fig*. 23, un pinceau de rayons incidents, tous d'une même nature, partis primitivement d'un même point S, sous les restrictions précédentes d'obliquité à l'axe central, on démontre qu'après avoir subi l'action de toutes les surfaces, ils se couperont encore tous en un même point f_m, qui sera le foyer final du point rayonnant d'où le pinceau est émané; et l'on assigne les coordonnées de ce foyer, en fonction des coordonnées du point rayonnant.

La solution ainsi obtenue comprend évidemment tous les effets que les instruments optiques peuvent opérer avec les restrictions d'ouvertures, d'incidences et d'obliquité des rayons lumineux sur l'axe central, que nous avons admises. Car tout objet, de dimension sensible, pouvant être considéré comme composé d'un système donné de points rayonnants, l'ensemble des foyers définitifs, propres à tous ces points, pour chaque pinceau de lumière simple qui en émane, constituera finalement l'image totale, soit simple, soit multiple que l'instrument produira.

15. Commençons par établir les conditions qui restreignent le mouvement des rayons dans l'appareil. Pour cela, conformément aux usages de la géométrie analytique, je rapporte tous les points de l'espace à trois axes de coordonnées rectangulaires x, y, z, dont le premier AX, *fig.* 24, est l'axe central de toutes les surfaces, les deux autres étant dirigés rectangulairement dans un sens quelconque. Sur AX, je marque en A, et A_m les centres de figure de la première et de la dernière surface, dont les abscisses, comptées de l'origine A, positivement vers X, seront x_1, x_m. Je désigne ici ces surfaces par l'ordre d'époques dans lequel elles agissent sur le rayon lumineux, en laissant à leur situation relative toute la généralité géométrique que la nature de leurs effets physiques propres peut nécessiter. En admettant cette réserve, je marque aussi des deux côtés de l'axe central, en L_1, L_m, les points extrêmes des sections circulaires de ces surfaces par le plan des x, z, limitées aux dimensions d'ouverture qu'on leur a données; et je désigne par λ_1, λ_m, les demi-diamètres de ces ouvertures qui sont les distances des points L_1, L_m à l'axe central. Nous admettons que ces demi-diamètres sont très petits, comparativement aux rayons des courbures; je les supposerai assez petits, pour que l'on puisse se borner à la première puissance de ce rapport, en calculant la marche des rayons lumineux. Alors le sinus verse total de chaque section centrale deviendra négligeable comparativement à l'ordonnée extrême, ce que je rappellerai aux yeux en figurant ces sections par de simples lignes droites $L_1 A_1 L_1$, $L_m A_m L_m$, perpen-

diculaires à l'axe AX, et ayant pour longueurs $2\lambda_1$, $2\lambda_m$. Toutefois, en composant les formules, cette dernière supposition ne devra être introduite que dans les termes qui sont déjà du premier ordre de petitesse, et pour lesquels le degré d'approximation auquel on s'arrête permet ainsi de l'employer légitimement. J'ajoute que, pour la symétrie des calculs, les formules seront généralement établies comme si toutes les surfaces tournaient leur concavité vers l'origine A des coordonnées ; et leurs rayons de courbure seront employés comme positifs dans cette circonstance ; de sorte que la disposition inverse des surfaces répondra au signe négatif de ces rayons. La légitimité de cette convention, ainsi que sa suffisance analytique, seront démontrées plus loin sur les formules mêmes.

16. Nous sommes convenus que les rayons lumineux de toute nature, introduits dans l'appareil, ne doivent pas former primitivement, avec l'axe central, un angle plus grand que (X). Pour établir cette restriction, je mène par les points extrêmes $L_1 L_1$, de la première section, deux droites $L_1 V$, $L_1 V$, comprises dans le plan de la figure et formant, avec l'axe central, l'angle limite (X). Si l'on fait tourner circulairement ces deux droites autour de l'axe AX, elles engendreront un cône droit tel, que tout point qui lui sera intérieur pourra envoyer à la surface $L_1 L_1$ d'incidence, un ou plusieurs rayons lumineux, restreints dans l'inclinaison limite (X) ; mais tout point qui lui sera extérieur ne pourra envoyer que des rayons formant avec l'axe un angle plus grand que (X). Nous devrons donc supposer toujours les points rayonnants contenus dans ce cône antérieur d'admissibilité. Ainsi il comprendra les portions de l'espace qui devront être seules perceptibles à travers l'instrument, et en constituer ce que l'on appelle le *champ apparent*, pour que les restrictions d'obliquité qui sont supposées dans les calculs se trouvent remplies. C'est ce que l'on réalise en insérant, à divers points de l'axe central, dans l'intérieur de l'appareil, ou au dehors, des diaphragmes circulaires ayant des ouvertures assez petites pour exclure tous les rayons incidents qui pourraient s'introduire avec une trop grande obliquité.

Mais tous les points rayonnants compris dans l'intérieur de ce cône, ne sont pas pour cela tels que leur radiation naturelle puisse

être complétement admise dans l'appareil. Car, par exemple, un
point qui serait situé sur l'arète L,V ne pourrait évidemment
envoyer qu'un seul rayon admissible, qui serait dirigé suivant VL,.
Généralement, un point lumineux étant donné, pour connaître le
système total de rayons admissibles qu'il peut envoyer à la surface
d'incidence, il faut, de ce point comme centre, décrire un cône
droit autour d'une droite parallèle à l'axe central, avec des génératrices inclinées sur cette droite de l'angle limite (X); puis conduire
ce cône jusqu'à la surface d'incidence, et construire la courbe d'intersection. Car elle comprendra dans son intérieur tous les points
d'incidence qui pourront recevoir des rayons admissibles venant
du point donné. Lorsque le cône ainsi décrit, et que j'appellerai
cône d'admissibilité propre, passera tout entier hors de l'ouverture
donnée à la surface d'incidence, aucun rayon admissible ne pourra
venir du point assigné à cette surface; c'est ce qui a lieu pour tout
point situé hors du cône VL, L,V. Si, au contraire, le cône d'admissibilité propre à un point rayonnant, couvre toute la surface
d'incidence ou l'excède, tout rayon venant du point à cette surface
sera admissible, et ainsi l'amplitude de sa radiation naturelle
n'aura pas besoin d'être limitée. C'est ce qui a lieu pour tous les
points compris dans le cône USU, dont les génératrices L,U
partent aussi des points extrêmes de l'ouverture d'incidence, en
formant avec l'axe central l'angle limite (X), mais intérieurement
aux précédentes L,V. Pour tous les points situés entre ce cône
intérieur USU, et l'extérieur VL,L,V, une portion seulement de la
radiation naturelle pourra être admise; et elle sera d'autant plus
considérable qu'ils seront plus voisins du cône USU. Par exemple,
si de A,, comme centre, on décrit, autour de l'axe central, un
troisième cône V,A,V, semblable aux précédents, les points qui
s'y trouveront compris enverront un rayon admissible au centre de
la figure A, de la surface d'incidence; mais les points compris entre
ce dernier cône et le cône extérieur VL, L, V, n'étendront pas leur
radiation admissible jusqu'à ce centre. Dans tous les cas où la radiation naturelle sera ainsi incomplétement admissible, on devra
la supposer artificiellement restreinte dans ses limites d'admissibilité, par des diaphragmes extérieurs ou intérieurs à l'appareil. Au

moyen de ces restrictions, les foyers des points rayonnants voisins
ou éloignés de la surface d'incidence seront compris dans les mêmes
formules, et donnés par les mêmes constructions géométriques,
ainsi qu'on le verra tout-à-l'heure. Mais cette généralité d'application n'aurait pas lieu si l'amplitude de leur radiation naturelle
n'était pas supposée limitée, au besoin, selon les règles que nous
venons d'établir. Car, sans cela, par exemple, les points voisins
de la surface d'incidence enverraient à cette surface des rayons
dont l'obliquité sur l'axe central sortirait tout-à-fait des conditions
de petitesse que nous avons admises; et l'on ne pourrait pas calculer leur marche par la même approximation.

17. Les limites du problème étant fixées, il faut considérer
d'abord un seul rayon de lumière homogène, introduit dans l'appareil sous les restrictions précédentes, et déterminer toutes les
inflexions successives qu'il y subit. Cela exige que l'on assigne la
nature des molécules qui le composent et celle des milieux qu'il
doit parcourir. On les définira en donnant les vitesses successives u, u_1, u_2,...,u_m de ces molécules, tant dans le milieu antérieur
que dans les suivants. Je considérerai toutes ces vitesses comme
positives, lorsque le mouvement des molécules lumineuses tendra
à accroître leur abscisse positive x, et comme négatives dans le cas
contraire; les surfaces réfringentes ou réfléchissantes étant toujours exposées au mouvement actuel du rayon qui leur arrive. Le
sens de ces vitesses restera constant dans tous les appareils qui
opéreront uniquement par transmission, puisque nous n'aurons
jamais à considérer que des rayons très peu obliques à l'axe central; de sorte qu'ils ne pourraient jamais, dans ce cas, revenir sur
eux-mêmes. Mais ils le pourraient si, dans quelque partie de l'appareil, la surface qui reçoit le rayon lumineux devenait opaque
et réfléchissante; car alors, dans le milieu où cela arriverait,
la vitesse étant par exemple u_i, dans l'incidence, deviendrait
$u_{i+1} = -u_i$ dans la réflexion.

Ces conditions de signe se communiquent aux différences des
abscisses centrales consécutives $x_2 - x_1$, $x_3 - x_2$,......, $x_m - x_{m-1}$
ou h_1, h_2,......,h_{m-1} qui expriment les intervalles compris sur l'axe
central, entre les centres de figure des surfaces qu'on suppose agir

consécutivement sur un même rayon lumineux. Lorsque toutes ces surfaces agissent par transmission, comme dans les lunettes, les quantités h_1, h_2,....., h_{m-1} devront être toutes positives, pour que la transmission s'opère physiquement, de chaque surface à la surface suivante, dans l'ordre marqué par l'indice de leur rang. Mais si une quelconque des surfaces, dont le rang est i, agit par réflexion, non par réfraction, auquel cas la vitesse u_{i+1} devient $-u_i$, la surface qui agit *après* celle-là, s'il en existe, devra lui être géométriquement antérieure. L'intervalle central x_{i+1}, $-x_i$ ou h_i, devra donc alors devenir négatif, pour que la continuité supposée de l'action puisse se réaliser physiquement. Le signe propre à chaque intervalle devra toujours être fixé ainsi, d'après le mode de constitution physique de l'appareil, conformément au sens des vitesses successivement réalisées. En supposant ces alternatives de signe toujours appropriées au mode d'action de chaque surface, les mêmes formules analytiques s'appliqueront aux réflexions comme aux transmissions, de sorte qu'il suffira de les établir, en considérant seulement ces dernières dans le raisonnement et dans les figures. Au reste, d'après ce qui a été dit § **12**, les surfaces réfléchissantes sont toujours en très petit nombre dans les instruments réels ; et on ne les y introduit habituellement que pour composer le système objectif, ce qui limite les inversions de signe que je viens d'indiquer, et en facilite l'application. Car, une fois que les rayons lumineux ont éprouvé l'action du système objectif et en sont sortis, leur marche dans les oculaires, toujours dioptriques, s'opère avec des vitesses toujours de même sens.

13. Enfin il nous reste à définir les inflexions diverses et successives du rayon lumineux autour de l'axe central AX, dont il devra toujours très peu s'écarter. Pour cela j'emploie les angles X, Y, Z, qu'il forme avec les trois axes coordonnés. Mais deux de ces angles suffisent pour déterminer sa position, puisqu'ils sont toujours liés entre eux par la relation connue

$$\cos^2 X + \cos^2 Y + \cos^2 Z = 1,$$

qui donne généralement

$$\sin^2 X = \cos^2 Y + \cos^2 Z.$$

En conséquence, je définis la direction du rayon par les seuls angles Y, Z, que je compte à partir de l'extrémité positive de l'axe auquel chacun d'eux se rapporte, en allant de là vers l'extrémité positive des X, depuis o jusqu'à 180°; et j'en conclus le troisième angle X par la relation précédente. Cette convention, géométriquement permise, est en outre parfaitement appropriée au problème que nous considérons. Car on va voir tout-à-l'heure que, dans les limites restreintes auxquelles nous le bornons, les valeurs de $\cos Z$, et de $\cos Y$, se trouvent déterminées sans aucune ambiguité de signe, après la rencontre du rayon lumineux avec chaque surface, lorsqu'on connaît ses éléments primitifs d'incidence, ainsi que les éléments constitutifs de l'appareil; de sorte que le signe positif ou négatif de ces cosinus indique si les angles correspondants sont moindres ou plus grands qu'un droit. Or, en convenant de compter ces angles à partir de chaque point du rayon, sur celle de ses branches qui se dirige vers l'extrémité positive des x, et qui ne fait jamais avec l'axe central qu'un très petit angle, les deux projections du rayon sur le plan des xy et des xz se trouvent déterminées sans aucune ambiguité; de sorte qu'il est complétement défini, quel que soit le sens direct ou rétrograde de la vitesse des molécules qui le décrivent actuellement.

19. Ceci convenu, je considère un rayon lumineux homogène qui, se mouvant avec la vitesse u, dans le milieu antérieur à l'appareil, rencontre la première surface dans le point dont les coordonnées soient $x_1,\ y_1,\ z_1$. D'après les restrictions que nous avons établies, les ordonnées latérales $y_1,\ z_1$ devront être très petites comparativement au rayon de courbure r_1 de la surface; et comme nous bornons l'approximation aux premières puissances des rapports $\dfrac{y_1}{r_1}$, $\dfrac{z_1}{r_1}$, l'abscisse x_1 ne différera de celle du centre de figure A, que par des quantités considérées comme négligeables. Aussi l'ai-je représentée par la même lettre. La direction d'incidence du rayon sera définie par les valeurs de $\cos Y$ et $\cos Z$, qu'on lui attribue dans le premier milieu; et ces cosinus devront être très petits du même ordre que $\dfrac{y_1}{r_1}$ et $\dfrac{z_1}{r_1}$, pour que le rayon fasse un très petit angle X avec l'axe central, comme nous le supposons toujours, ce qui exige que les angles Y et Z diffèrent très peu d'un angle droit. Maintenant, à mesure que le rayon continuera sa marche dans l'appareil, il ne devra rencontrer les autres surfaces qu'à des distances de l'axe central qui seront pareillement très petites relativement aux rayons de leurs courbures, d'après les limitations d'ouverture qu'on leur a données. Mais il faudra en outre que les cosinus de ses angles avec les axes des y et des z, restent toujours très petits du même ordre que les valeurs initiales cos Y et cos Z, pour qu'il ne s'écarte jamais de l'axe central qu'entre des limites très restreintes d'obliquité. Lorsqu'il arrivera ainsi à la dernière surface, les coordonnées de son point d'émergence auront pris de certaines valeurs que je représente par x_m, y_m, z_m; et comme les mêmes restrictions d'ouverture doivent encore avoir lieu alors, x_m devra, dans notre système d'approximation, être censé égal à l'abscisse du centre de figure de cette surface. Enfin lorsque le rayon sera passé de ce point d'émergence dans le dernier milieu extérieur à l'appareil, les cosinus qui déterminent sa direction finale auront pris leurs valeurs définitives que je représenterai par cos Y_m, cos Z_m; et elles devront encore être très petites, pour le maintenir, même alors, très peu incliné sur l'axe central. Dans cette dernière phase de son mouvement la vitesse de ses particules sera devenue celle que le dernier milieu lui imprime, et que je représente par u_m. Dans toutes ces désignations des éléments définitifs, l'adjonction de l'indice m a pour but d'indiquer le nombre total des surfaces dont le rayon lumineux a subi l'action. Ainsi il faudra toujours le faire égal à ce nombre, en réservant l'indice courant i pour l'application particulière aux diverses surfaces dont il indique l'ordre successif d'action, comme on l'a expliqué § 15 et 17.

Ces conventions étant établies, nous allons former les équations qui déterminent généralement la marche du rayon lumineux, lorsqu'il subit simplement l'action d'une seule surface réfringente ou réfléchissante. Nous limiterons ensuite ces équations par les restrictions d'incidences et d'obliquité sur l'axe central, auxquelles les instruments usuels sont assujétis. Quand nous les aurons ainsi ré-

duites, nous verrons qu'il est très facile d'en étendre l'application
à un nombre de surfaces quelconques assemblées sur un même axe.
Car il suffit presque, pour cela, de les écrire consécutivement pour
les surfaces successives, en les liant par les conditions de passage
du rayon de l'une à l'autre, conditions qui, sous les restrictions que
nous avons admises, s'expriment linéairement.

*Équations qui expriment l'action d'une suite de surfaces réfringentes
ou réfléchissantes assemblées consécutivement sur un même axe.*

20. Lorsque les rayons lumineux, considérés comme des droites
mathématiques, rencontrent des milieux matériels d'une étendue
sensible, qui les réfléchissent ou les réfractent, ces phénomènes
s'opèrent exactement comme si le milieu rencontré était terminé
par un plan tangent au point d'incidence. Dans l'hypothèse de la
matérialité de la lumière, ce résultat est facile à concevoir ; car les
forces répulsives et attractives, qui agissent sur les corpuscules
lumineux, autour du point d'incidence, ne sont sensibles qu'à
une si petite distance de ce point, que les courbures appréciables
pour nos sens ne le sont pas dans cette amplitude d'action.

Si la réflexion, ou la réfraction, sont produites par des corps
non cristallisés, comme nous le supposerons dans ce qui va suivre,
elles sont soumises à cette loi commune : que le rayon, soit réfléchi,
soit réfracté, reste dans le même plan, normal à la surface d'incidence, où se trouvait le rayon incident. Mais, quand le rayon est
réfléchi, sa direction modifiée est toujours telle, que l'angle de réflexion, et l'angle d'incidence, comptés de la même normale, sont
égaux entre eux, quelle que soit la nature du rayon et du milieu
réflecteur ; au lieu que, si le rayon est réfracté, le sinus de l'angle
d'incidence et le sinus de l'angle de réfraction, comptés des deux
normales contraires, sont entre eux dans un rapport constant,
lequel est inverse des vitesses actuelles de la lumière dans les deux
milieux. Soit donc u cette vitesse dans le premier milieu, $u_{\prime}$ dans
le second, pour l'espèce particulière de corpuscules lumineux dont
le rayon supposé homogène est composé ; le rapport du premier

au second sinus sera $\dfrac{u_1}{u}$. La réflexion pourra être assimilée à une réfraction, dans laquelle on aurait $u_1 = -u$, quelle que soit la nature du rayon et celle du milieu où le phénomène s'opère. Alors, quand on aura exprimé généralement par le calcul les deux conditions géométriques de la réfraction, il suffira de faire $u_1 = -u$ dans les formules obtenues, pour avoir celles qui s'adaptent à la réflexion.

21. Soit donc, *fig.* 25, SI le rayon incident supposé homogène, I son point d'incidence sur la surface réfringente dont NI est la normale extérieure; IR la direction du rayon réfracté dérivé de SI. Nous sommes convenus de rapporter tous les points de l'espace à trois axes de coordonnées rectangulaires x, y, z. Appelons X, Y, Z, X_1, Y_1, Z_1, ξ, v, ζ les angles respectivement formés avec ces axes, par les droites SI, IR, NI. Alors X, Y, Z, et ξ, v, ζ, devront être censés connus, puisque l'on doit donner la direction du rayon incident, et celle de la normale autour de laquelle il se réfracte. On devra connaître, en outre, les vitesses absolues u, u_1 du rayon, tant dans le premier que dans le second milieu, ce qui donnera l'indice $\dfrac{u_1}{u}$ de la réfraction qu'il subit, en passant de l'un à l'autre; indice qui deviendra -1 si le rayon est réfléchi, au lieu d'être réfracté. Cela posé, je prolonge le rayon incident SI, et la normale NI de l'autre côté du point d'incidence, vers Ls et In. Ces prolongements seront compris, avec IR, dans le plan normal d'incidence SIN; de sorte que SIn sera l'angle d'incidence que je désignerai par V, et RIn sera l'angle de réfraction que je désignerai par V'. Maintenant, du point I, comme centre, avec un rayon égal à l'unité de longueur, je décris un arc de cercle qui coupera les trois droites intérieures aux points A, A', A''. Puis, de A, et de A', je mène AP, A'P' perpendiculaires à In. IA étant 1, on aura

$$AP = \sin V, \qquad IP = \cos V,$$
$$A'P' = \sin V', \qquad IP' = \cos V'.$$

Par la seconde loi de la réfraction, le rapport de AP à A'P' est $\dfrac{u_1}{u}$.

Comme ces deux droites sont parallèles, leurs projections sur les trois axes des coordonnées conserveront la même relation de proportionnalité. Or, d'après les définitions adoptées plus haut, on a évidemment :

Projections de IA sur les trois axes $\cos X\ldots\ldots$ $\cos Y\ldots\ldots$ $\cos Z$;
Projections de IA'$\ldots\ldots\ldots\ldots$ $\cos X_1\ldots\ldots$ $\cos Y_1\ldots\ldots$ $\cos Z_1$;
Projections de IP$\ldots\ldots\ldots\ldots$ $\cos V \cos \xi$, $\cos V \cos \eta$, $\cos V \cos \zeta$;
Projections de IP'$\ldots\ldots\ldots\ldots$ $\cos V' \cos \xi$, $\cos V' \cos \eta$, $\cos V' \cos \zeta$;

par conséquent

Projections de AP, $\cos X - \cos V \cos \xi$, $\cos Y - \cos V \cos \eta$, $\cos Z - \cos V \cos \zeta$;
Projections de A'P', $\cos X_1 - \cos V' \cos \xi$, $\cos Y_1 - \cos V' \cos \eta$, $\cos Z_1 - \cos V' \cos \zeta$.

Ces dernières projections devant avoir entre elles le rapport $\dfrac{u_1}{u}$, pour un même axe coordonné, il en résulte

$$u (\cos X - \cos V \cos \xi) = u_1 (\cos X_1 - \cos V' \cos \xi),$$
$$u (\cos Y - \cos V \cos \eta) = u_1 (\cos Y_1 - \cos V' \cos \eta),$$
$$u (\cos Z - \cos V \cos \zeta) = u_1 (\cos Z_1 - \cos V' \cos \zeta),$$

d'où l'on tire enfin

$$(1) \quad \begin{cases} u_1 \cos X_1 = u \cos X + (u_1 \cos V' - u \cos V) \cos \xi, \\ u_1 \cos Y_1 = u \cos Y + (u_1 \cos V' - u \cos V) \cos \eta, \\ u_1 \cos Z_1 = u \cos Z + (u_1 \cos V' - u \cos V) \cos \zeta, \end{cases}$$

à quoi l'on peut joindre la condition de la réfraction

$$(2) \qquad u \sin V = u_1 \sin V',$$

et ces deux-ci, que fournit la géométrie analytique,

$$(3) \quad \begin{cases} \cos V = \cos X \cos \xi + \cos Y \cos \eta + \cos Z \cos \zeta, \\ \cos V' = \cos X_1 \cos \xi + \cos Y_1 \cos \eta + \cos Z_1 \cos \zeta. \end{cases}$$

Mais il faut remarquer que quatre de ces équations comportent les deux autres. Car, par exemple, si l'on élève les trois équations (1) au carré, qu'on les ajoute ensemble, et qu'on introduise dans leur somme la première des équations (3), on retombe sur l'équation (2). On arrive à un résultat pareil si l'on opère de même sur les équations (1), après en avoir tiré les expressions de $\cos X$, $\cos Y$, $\cos Z$, et qu'on y introduise la seconde des équations (3). On pourrait donc se passer de celles-ci; mais je les ai rappelées explicitement, parce que leur emploi nous sera accidentellement utile. L'usage de ces équations suppose d'ailleurs généralement que, pour toute droite, formant des angles quelconques avec les trois axes rectangulaires, les carrés des cosinus de ces angles donnent toujours une somme égale à 1; mais c'est là une relation si continuellement employée, qu'il est inutile de l'écrire : je la rappelle seulement pour en conclure qu'il suffit, dans chaque cas, de résoudre les deux dernières équations (1). Car, lorsqu'on en aura déduit les deux angles X_1, Y_1 en fonction des éléments d'incidence du rayon lumineux, il n'y aura qu'à prendre la relation générale

$$\cos^2 X_1 + \cos^2 Y_1 + \cos^2 Z_1 = 1,$$

et elle donnera ausssitôt

$$\sin^2 X_1 = \cos^2 Y_1 + \cos^2 Z_1.$$

Lorsque l'on donnera les angles X, Y, Z qui déterminent la direction assignée au rayon incident, ainsi que les angles ξ, ε, ζ qui déterminent celle de la normale au point d'incidence, et que l'on connaîtra en outre le rapport des vitesses $\dfrac{u_1}{u}$, pour l'espèce spéciale de rayon homogène que l'on voudra considérer, la première des équations (3) donnera l'angle d'incidence V, et l'équation (2) en déduira l'angle de réfraction V'. Les valeurs de ces angles étant introduites dans les seconds membres des équations (1), avec les autres données du problème, on en déduira immmédiatement les angles X_1, Y_1, Z_1 qui déterminent la direction du rayon réfracté dans les circonstances assignées. S'il s'agit d'une réflexion, non d'une réfraction, la direction du rayon réfléchi s'obtiendra de la même manière, en faisant seulement $u_1 = -u$.

Mais ici, comme dans beaucoup d'autres questions où l'on emploie les formules générales de la géométrie analytique, les angles cherchés ne sont donnés que par leurs cosinus ; de sorte qu'il faut trouver, soit dans les spécialités de la question, soit dans des conventions antérieures, le moyen d'en compléter la détermination.

D'abord, quant aux angles V et V', en préparant les formules comme pour une réfraction, nous les avons comptés tous deux à partir de la branche de la normale qui est ultérieure au point d'incidence ; ils sont alors de même sens et toujours moindres qu'un angle droit. Leurs sinus et leurs cosinus devront donc être toujours interprétés positivement, s'il arrivait qu'ils fussent donnés par des équations du second degré. En outre, dans les applications que nous aurons à faire, ces angles, ainsi mesurés, seront toujours fort petits, de sorte qu'ils seront presque proportionnels à leurs sinus ; et leurs cosinus différeront très peu de $+\,1$.

Lorsque la réfraction se change en une réflexion, l'angle V', compté comme précédemment à partir de la branche de la normale ultérieure au point d'incidence, passe du côté de cette normale opposé à l'angle V, auquel il devient égal en grandeur. Ce changement de position pourra donc encore être exprimé par les mêmes formules, en attachant alors à V' le signe négatif ; et c'est ce qu'indique aussi l'équation (2) quand on y suppose $u_{\prime} = -\,u$. Il faudra donc interpréter ainsi le signe négatif de $\sin V'$ dans cette circonstance, en le faisant toujours répondre à un cosinus positif, puisque l'angle V', construit comme nous venons de le dire, sera encore moindre qu'un droit, de même que V. En outre, dans les applications que nous allons faire, ces deux angles resteront encore fort petits, pour les réflexions comme pour les réfractions.

Considérons maintenant les angles X, Y, Z, $X_{\prime}$, $Y_{\prime}$, $Z_{\prime}$ qui déterminent dans l'espace les directions absolues, tant du rayon incident que du rayon réfracté ou réfléchi, qui en dérive. Comme ils n'entrent dans nos formules que par leurs cosinus, dont chacun répond à deux angles, de la forme ω et $360° - \omega$, il reste nécessairement à choisir entre ces valeurs ; et cette indétermination tient à ce que la direction d'une droite autour d'un point, qui serait par exemple ici le point d'incidence, peut également être définie par celle de ses deux branches qui est antérieure ou ultérieure à ce point, relativement à une origine fixe de coordonnées rectangulaires x, y, z. Pour éluder cette alternative, j'appliquerai ici la même convention que nous avons faite relativement aux angles V et V′, c'est-à-dire que je définirai toujours la direction des droites par celle de leurs branches qui est située du côté du plan des yz, où se comptent les x positifs. De cette manière, les angles X, $X_{,}$, formés par les droites avec l'axe des x, seront toujours moindres qu'un angle droit, ce qui rendra leurs cosinus toujours positifs. Et même, dans les applications que nous aurons à faire, ces angles seront toujours fort petits, de sorte que leurs cosinus différeront toujours très peu de $+1$. Mais les deux autres angles Y, Z, $Y_{,}$, $Z_{,}$, pourront avoir toutes les valeurs comprises depuis o jusqu'à 180°, ce qui leur permettra de s'adapter à toutes les directions possibles des droites considérées; de sorte que les valeurs négatives de leurs cosinus devront être interprétées par des angles plus grands qu'un droit. Toutefois, dans nos applications, la petitesse constante des angles X, $X_{,}$, bornera toujours les autres angles à des valeurs très peu différentes de 90°, comme le montrent les relations générales

$$\cos^2 Y + \cos^2 Z = \sin^2 X, \qquad \cos^2 Y_{,} + \cos^2 Z_{,} = \sin^2 X_{,},$$

qui ont toujours lieu entre eux comme appartenant à une même droite.

22. Jusqu'ici nous avons laissé aux surfaces réfringentes ou réfléchissantes, toute la généralité possible de forme, parce que cela ne compliquait nullement le calcul. Maintenant, pour arriver à des applications réelles, nous allons écrire que ces surfaces sont sphériques, et que si le rayon lumineux doit en rencontrer successivement plusieurs, disposées consécutivement, les centres de leurs courbures seront toujours situés sur un même axe rectiligne que nous ferons coïncider avec la direction des coordonnées positives x. D'ailleurs les intervalles compris entre les centres de figure de ces surfaces, ainsi que les milieux interposés entre elles, pourront être absolument quelconques. Toutefois, dans les applications que nous aurons à faire, les rayons lumineux perceront toujours les surfaces successives, à des distances de l'axe central qui seront très petites comparativement aux rayons des courbures ; de sorte qu'il convient de préparer les formules spécialement pour ce cas.

Soient alors AX, AY, AZ, *fig.* 26, nos trois axes rectangulaires des coordonnées x, y, z, se coupant en A. Sur le premier, plaçons le centre de courbure de la première surface réfringente ou réfléchissante, en C_1, à une distance donnée $+ a_1$ de l'origine A, du côté des x positifs. Soit SI_1, le rayon lumineux incident, perçant cette surface au point I_1, dont x_1, y_1, z_1 sont les coordonnées. Je considère les éléments qui le composent comme se mouvant vers la surface. Le rayon de courbure $C_1 I_1$ coïncide en direction avec la normale au point d'incidence ; et, en le désignant par r_1, l'équation de la surface sphérique sera

$$\left(\frac{x_1 - a_1}{r_1}\right)^2 + \left(\frac{y_1}{r_1}\right)^2 + \left(\frac{z_1}{r_1}\right)^2 = 1,$$

d'où

$$x_1 = a_1 \pm r_1 \left[1 - \left(\frac{y_1}{r_1}\right)^2 - \left(\frac{z_1}{r_1}\right)^2 \right]^{\frac{1}{2}}.$$

Lorsque l'on considère le rayon de courbure r_1 comme n'ayant pas de signe propre, le signe positif du radical répond au cas où le point d'incidence est dans l'hémisphère postérieur au centre C_1, et le signe négatif répond au cas où il est situé dans l'hémisphère antérieur. Comme les rayons lumineux que nous aurons à considérer s'écarteront toujours très peu de l'axe central, le premier cas arrivera quand les surfaces qui reçoivent le rayon lui présenteront leur concavité, ce qui rendra l'abscisse x_1 du point d'incidence très peu différente de $a_1 + r_1$; et le second cas arrivera quand elles lui présenteront leur convexité, ce qui rendra x_1 très peu différent de $a_1 - r_1$. D'après cela, on pourra suppléer à l'alternative de signe du radical en l'appliquant au rayon de courbure r_1, c'est-à-dire en le considérant comme positif quand la surface qui reçoit le rayon lumineux lui présentera sa concavité, et comme négatif quand elle lui présentera sa convexité. C'est ce que j'ai annoncé § 13. Alors, en construisant les figures et les formules pour le premier cas, comme je l'ai fait, *fig.* 26, elles serviront également pour l'autre, en interprétant seulement le signe de r_1, comme nous venons de le dire; et il n'y aura plus de double signe du radical à considérer quand on voudra calculer l'abscisse x_1 d'incidence.

Prenant donc la figure 26, pour type général de raisonnement, les projections de $C_1 I_1$ sur les trois axes rectangulaires des x, y, z, seront respectivement

$$x_1 - a_1, \qquad y_1, \qquad z_1.$$

En divisant chacune de ces projections par r_1, on aura les cosinus des trois angles que $C_1 I_1$, c'est-à-dire la normale, forme avec les trois axes coordonnés. Il en résultera donc

$$\cos \xi = \frac{x_1 - a_1}{r_1}, \qquad \cos \nu = \frac{y_1}{r_1}, \qquad \cos \zeta = \frac{z_1}{r_1}.$$

D'après la mutabilité de signe que nous avons attribuée à r_1, la valeur de $\cos \xi$, dans nos applications, restera toujours positive et très peu différente de $+1$, soit que la surface qui reçoit le rayon lumineux lui présente sa concavité ou sa convexité. Cela tient à ce que, dans ces deux cas, l'angle ξ, formé par la normale $C_1 I_1$, avec l'axe des x, est toujours mesuré sur la branche de cette normale qui est ultérieure au centre C_1.

Nos équations générales du mouvement du rayon lumineux, étant limitées par les valeurs précédentes, deviennent

$$(1) \quad \begin{cases} u_1 \cos X_1 = u \cos X + \dfrac{(x_1 - a_1)}{r_1} (u \cos V' - u \cos V), \\[2ex] u_1 \cos Y_1 = u \cos Y + \dfrac{y_1}{r_1} (u \cos V' - u \cos V), \\[2ex] u_1 \cos Z_1 = u \cos Z + \dfrac{z_1}{r_1} (u_1 \cos V' - u \cos V), \end{cases}$$

à quoi l'on pourra joindre les suivantes.

$$(2) \qquad u \sin V = u_1 \sin V,$$

$$(3) \quad \begin{cases} \cos V = \dfrac{(x_1 - a_1)}{r_1} \cos X + \dfrac{y_1}{r_1} \cos Y + \dfrac{z_1}{r_1} \cos Z, \\[2ex] \cos V' = \dfrac{(x_1 - a_1)}{r_1} \cos X_1 + \dfrac{y_1}{r_1} \cos Y_1 + \dfrac{z_1}{r_1} \cos Z_1, \end{cases}$$

en se rappelant toujours les conditions d'équivalence que nous avons trouvées généralement entre ces équations.

Si le milieu postérieur à la surface était de même nature que le milieu antérieur, et que la marche du rayon lumineux dût s'y continuer par réfraction, non par réflexion, la vitesse u_i serait égale à la vitesse u, et de même signe qu'elle. On aurait donc alors $V = V'$, et les équations (1), réduites par cette condition, donneraient

$$X_i = X, \qquad Y_i = Y, \qquad Z_i = Z,$$

c'est-à-dire que le rayon lumineux se transmet alors en ligne droite sans être dévié par la surface, quelle que soit la grandeur de l'incidence sous laquelle il la rencontre. Ce résultat était évident d'avance, et je le remarque seulement pour faire voir que les formules le reproduisent avec fidélité.

Un autre cas dans lequel ces équations se résolvent immédiatement, c'est lorsque les rayons incidents rencontrent la surface sphérique à son centre de figure même, au point A_i, où elle est traversée par l'axe central des x, *fig.* 27. En effet, y_i et z_i sont alors nuls; ce qui, étant introduit dans l'équation de la surface sphérique, donne $\frac{x_i - a_i}{r_i} = +1$, puisque l'abscisse x_i est alors celle du centre de figure même, qui est exprimée généralement par $a_i + r_i$. Ces valeurs étant appliquées aux expressions de $\cos V$ et $\cos V'$, il en résulte

$$\cos V = \cos X, \qquad \cos V' = \cos X_i,$$

de sorte que la première des équations (1) se trouve satisfaite d'elle-même. Ensuite y_i et z_i étant faits nuls dans les deux autres, elles se réduisent à

$$u_i \cos Y_i = u \cos Y, \qquad u_i \cos Z_i = u \cos Z.$$

Celles-ci donnent

$$\frac{\cos Z_i}{\cos Y_i} = \frac{\cos Z}{\cos Y}.$$

Elles montrent ainsi que le rayon reste dans sa même section centrale d'incidence. En les élevant au carré et les ajoutant, il vient

$$u_{1}^{2} \sin^{2} X_{1} = u^{2} \sin^{2} X.$$

En résolvant cette équation du second degré on peut, dans tous les cas, n'employer que le signe positif du radical, pourvu que l'on donne aux angles X, X_{1}, une valeur de position autour de l'axe des x, dans leur plan commun. En effet, prenons ainsi généralement

$$u_{1} \sin X_{1} = \sin X.$$

S'agit-il d'une réfraction, u et u_{1}, sont de même signe ; et comme $\cos X$, $\cos X_{1}$, sont toujours positifs dans notre notation, les angles X, X_{1}, seront de même sens, dans leur plan commun. En effet, dans le cas d'incidence centrale que nous considérons, nos formules donnent $\cos Y_{1}$, de même signe que $\cos Y$, et $\cos Z_{1}$ de même signe que $\cos Z$; c'est-à-dire que les angles Y_{1} et Z_{1} sont moindres ou plus grands qu'un droit, semblablement aux angles Y et Z dont ils dérivent, ce qui place les angles X, X_{1} du même côté de l'axe central. Les résultats de cette interprétation sont représentés dans la *fig.* 27, en prenant pour plan des xz la section centrale qui contient les deux rayons.

S'agit-il, au contraire, d'une réflexion, u_{1} étant alors égal à $- u$, le même signe positif du radical donne

$$\sin X_{1} = - \sin X ;$$

conséquemment

$$X_{1} = - X.$$

Alors, pour reproduire l'inversion du signe, il faudra construire l'angle X_{1} autour de l'axe central, en un sens opposé à X, comme le représente la figure 28, construite dans le plan des x, z. Aussi, d'après nos formules, $\cos Y_{1}$ et $\cos Z_{1}$ sont alors de signes contraires à $\cos Y$ et $\cos Z$. C'est-à-dire que les angles Y_{1}, Z_{1}, mesurés vers l'extrémité positive des x, comme nous l'admettons, sont plus grands qu'un droit, quand leurs correspondants Y, Z, sont moindres ; et inversement.

En reprenant cette même supposition d'incidence centrale, dans un cas de réfraction, *fig.* 27, concevons que les rayons incidents, dirigés au centre de figure A, de la surface réfringente, forment, autour de l'axe central, un cône droit dont les arètes fassent, avec cet axe, l'angle constant (X). Alors les rayons réfractés qui en dériveront formeront un cône ayant aussi le même point d'incidence pour centre, mais dont les arètes extrêmes formeront, avec l'axe central, un autre angle X_i, tel qu'on ait

$$u_i \sin(X)_i = u \sin(X).$$

Ce second cône sera donc plus ouvert que le premier si u surpasse u_i, c'est-à-dire si le second milieu est moins réfringent que le premier; et, au contraire, il sera plus contracté si le second milieu est le plus réfringent.

Dans le cas de la réflexion centrale, *fig.* 28, $u_i = - u$, et la même racine donne $(X)_i = - (X)$. Alors le cône incident engendre un cône réfléchi d'égale ouverture.

Ces exemples suffiront pour montrer comment on devra, dans chaque cas, interpréter les résultats analytiques de nos formules, pour en déduire les angles sans ambiguité, et je crois inutile d'y insister davantage.

23. Concevons maintenant que le rayon lumineux, en poursuivant sa route, rencontre une seconde surface, réfringente ou réfléchissante, dont le rayon de courbure soit r_2, et dont le centre, toujours situé sur l'axe des x, soit placé à la distance a_i, de l'origine A. Ce sera un simple problème de géométrie analytique que de trouver les coordonnées x_2, y_2, z_2, du point où le rayon plongé va percer cette surface; et, en désignant par V, l'angle intérieur d'incidence sous lequel il la rencontre, on aura ensuite, comme pour la première surface, page 366,

$$\cos V_i = \frac{(x_2 - a_i)}{r_2} \cos X_i + \frac{y_2}{r_2} \cos Y_i + \frac{z_2}{r_2} \cos Z_i.$$

Cet angle V, engendrera un angle d'émergence postérieur V'_i, dépendant de la nature du milieu qui sera ultérieurement contigu à la seconde surface. Soit u_i la vitesse que doivent y prendre les corpuscules lumineux qui composent le rayon homogène que nous considérons. La seconde loi de la réfraction donnera, dans ce passage,

$$u_1 \sin V_1 = u_2 \sin V'_1 ;$$

donc, si l'on représente par X_2, Y_2, Z_2 les angles que le rayon lumineux formera avec les axes coordonnés, après avoir subi cette nouvelle réfraction, les équations (1) de la page 366, appliquées à ce cas, avec les nouveaux éléments qui lui sont propres, donneront

$$(2) \quad \begin{cases} u_2 \cos X_2 = u_1 \cos X_1 + \dfrac{(x_2 - a_2)}{r_2} \left(u_2 \cos V'_1 - u_1 \cos V_1 \right), \\[2ex] u_2 \cos Y_2 = u_1 \cos Y_1 + \dfrac{y_2}{r_2} \left(u_2 \cos V'_1 - u_1 \cos V_1 \right), \\[2ex] u_2 \cos Z_2 = u_1 \cos Z_1 + \dfrac{z_2}{r_2} \left(u_2 \cos V'_1 - u_1 \cos V_1 \right). \end{cases}$$

Par la manière dont ces équations sont disposées, on voit qu'on pourrait les étendre ainsi successivement à un nombre quelconque de surfaces sphériques, disposées consécutivement sur un même axe central, et séparées par des milieux quelconques, en faisant seulement croître les indices d'une unité, à chaque nouvelle réfraction ou réflexion. Leurs premiers termes sont, en outre, avantageusement préparés pour l'élimination des angles successifs que le rayon lumineux forme avec l'axe central des surfaces. Mais ces angles entrent d'une manière plus compliquée dans les termes qui dépendent des incidences et des émergences successives, où ils se combinent progressivement avec les coordonnées des points dans lesquels le rayon lumineux va percer les surfaces. Il faut éliminer tous ces intermédiaires, pour connaître la direction définitive du rayon en fonction de ses conditions primitives d'incidence, lorsqu'il a traversé un nombre donné de surfaces et de milieux divers. Cette élimination est la seule difficulté que l'emploi de ces formules présente ; mais elle devient insurmontable par la complication des calculs qu'elle entraîne, quand on ne limite pas l'étendue des inflexions successives que le rayon lumineux doit éprouver.

24. Heureusement une pareille limitation a toujours lieu dans

les appareils d'optique destinés à augmenter le pouvoir de la vision. Car, ainsi que je l'ai annoncé, les rayons lumineux n'y forment jamais que de très petits angles avec l'axe commun des surfaces qui les composent; et les distances de tous les points, soit d'incidence, soit d'émergence à cet axe, sont toujours maintenues très petites, comparativement aux rayons des courbures. Ces deux circonstances étant introduites dans les formules générales, y facilitent l'élimination des éléments intermédiaires, entre les incidences primitives et les émergences finales. De manière qu'on peut alors obtenir les relations directes de ces deux extrêmes, et en former les expressions explicites pour un nombre quelconque donné de surfaces, par des opérations de calcul régulières et simples, dont l'application n'offre aucune difficulté; du moins, lorsqu'on se borne à conserver seulement, dans les résultats, les premières puissances des quantités que je viens de désigner comme très petites. C'est ce que je ferai d'abord dans les calculs qui vont suivre. A la vérité, la pratique de l'art apprend aux opticiens très habiles à sortir notablement de cette limite mathématique, au grand avantage des appareils. Mais, outre qu'on ne parvient à cette extension qu'en tenant compte d'une multitude de détails d'art que l'expérience indique, et qui conduiraient à des formules inextricables si l'on voulait les exprimer analytiquement, la résolution du problème ainsi limité, qui peut alors être complète, aura encore une utilité pratique très réelle et très importante. Car la première condition qu'un instrument d'optique doit remplir, c'est d'être rigoureusement parfait, pour les rayons lumineux qui le traversent suivant des directions très voisines de son axe; et il ne peut avoir aucun autre avantage, s'il n'a pas d'abord celui-là. Les relations nécessaires pour l'obtenir sont donc aussi les plus indispensables à réaliser; et les éléments de construction qu'elles laissent indéterminés, sont les seuls dont on puisse ensuite disposer pour donner à l'instrument des qualités plus étendues.

25. Pour montrer par un exemple que les applications réalisent, l'effet analytique, et aussi optique, des deux conditions de limitation que je viens d'indiquer, supposons que C, *fig.* 29, désigne le centre d'une sphère de verre parfaitement homogène, dont $A_1 A_2$ soit un diamètre, lequel prolongé nous servira d'axe des x; en

sorte que le cercle $A_1B A_2B$, tracé dans la figure, représente la section de la sphère par le plan des x, z. Concevons ensuite que, perpendiculairement à A_1A_2, on ait fait, dans cette sphère, une entaille profonde qui la coupe presque jusqu'à son centre, autour duquel il reste seulement une petite portion circulaire OO ; et qu'ensuite on ait rempli la fente BO, BO, avec une matière imperméable à la lumière. Maintenant, à quelque distance en avant de cette sphère, du côté de l'origine A, et sur une autre surface sphérique idéale, concentrique à C, plaçons un nombre quelconque de points rayonnants distincts, S, S_1, S_2 qui jetteront leur lumière sur tout l'hémisphère antérieur situé du côté de A. De tous les rayons lumineux lancés par ces points, il ne se transmettra à l'hémisphère postérieur que ceux qui passent dans l'ouverture libre OO ; et, si on l'a faite très étroite, ils seront nécessairement alors très voisins du centre de la sphère ; de sorte qu'ils s'écarteront très peu de leur axe central propre SC, S_1C, S_2C, lequel traversera toute la sphère sans se dévier, à cause de la perpendicularité des incidences et des émergences, aux points où il la rencontre. En outre, si les points rayonnants sont suffisamment éloignés de la sphère réfringente, comparativement à son diamètre, les incidences des rayons extrèmes SI_1, S_1I_1, S_2I_1, qui composent chaque pinceau lumineux transmis, auront lieu sous des conditions très peu différentes de la perpendicularité, même quand la sphère serait plongée dans l'air ou dans le vide. Car le rapport $\dfrac{u_2}{u_1}$ des vitesses, est toujours moindre que 2, pour la plupart des substances transparentes employées aux usages optiques ; et, pour le verre commun, il est seulement d'environ 1,5. De sorte que les sinus d'incidence et de réfraction devant avoir ce rapport, les angles V, V' auxquels ils appartiennent devront être très petits, pour qu'il en puisse résulter des rayons réfractés passant à une très petite distance du centre intérieur dans les circonstances assignées ; et cette limitation se propagera aussi aux angles d'émergence ainsi que d'incidence postérieurs. Or, plus l'ouverture OO sera rétrécie, plus ces angles seront restreints. Supposons-la tellement réduite, que les carrés de leurs sinus puissent être considérés comme négligeables comparativement à l'unité, dans l'éloignement donné des points rayonnants. Alors les équations (1) et (2) se laisseront aisément résoudre ; car les angles V, V', V_1, V'_1 n'y entrant que par leurs cosinus, auxquels on peut substituer les expressions équivalentes

$$1 - 2\sin^2 \tfrac{1}{2}V, \qquad 1 - 2\sin^2 \tfrac{1}{2}V' \ldots,$$

on pourra, d'après les conditions admises, les remplacer par l'unité, de sorte qu'on aurait simplement

$$(1)\quad\begin{cases} u_1 \cos X_1 = u \cos X + \left(\dfrac{x_1 - a_1}{r_1}\right)(u_1 - u), \\[2ex] u_1 \cos Y_1 = u \cos Y + \dfrac{y_1}{r_1}(u_1 - u), \\[2ex] u_1 \cos Z_1 = u \cos Z + \dfrac{z_1}{r_1}(u_1 - u); \end{cases}$$

$$(2)\quad\begin{cases} u_2 \cos X_2 = u_1 \cos X_1 + \left(\dfrac{x_2 - a_2}{r_2}\right)(u_2 - u_1), \\[2ex] u_2 \cos Y_2 = u_1 \cos Y_1 + \dfrac{y_2}{r_2}(u_2 - u_1), \\[2ex] u_2 \cos Z_2 = u_1 \cos Z_1 + \dfrac{z_2}{r_2}(u_2 - u_1). \end{cases}$$

En additionnant celles de ces équations qui se correspondent, les angles intermédiaires X_1, Y_1, Z_1 disparaissent, et l'on a

$$u_2 \cos X_2 = u \cos X + \left(\dfrac{x_2 - a_2}{r_2}\right)(u_2 - u_1) + \left(\dfrac{x_1 - a_1}{r_1}\right)(u_1 - u),$$

$$u_2 \cos Y_2 = u \cos Y + \dfrac{y_2}{r_2}(u_2 - u_1) + \dfrac{y_1}{r_1}(u_1 - u),$$

$$u_2 \cos Z_2 = u \cos Z + \dfrac{z_2}{r_2}(u_2 - u_1) + \dfrac{z_1}{r_1}(u_1 - u).$$

Il ne resterait donc qu'à déterminer les y_2, et les z_2, en fonction des éléments d'incidence, pour avoir les angles X_2, Y_2, Z_2, complétement dégagés d'élimination. Or c'est là un problème de géométrie facile à résoudre, d'autant que le peu d'obliquité des rayons réfractés, sur l'axe du pinceau auquel ils appartiennent, permettrait de considérer la corde qui joint leurs points d'incidence et d'émergence comme sensiblement égale au diamètre de la sphère. Mais il serait fort peu utile d'exécuter ce calcul; car la condition de limitation imposée ici aux angles V et V′, pour faciliter à ce point l'élimination, restreindrait si excessivement leurs valeurs, qu'il faudrait réduire l'ouverture intérieure OO, presqu'à un simple point, pour que les expressions de $\cos X_{,}$, $\cos Y_{,}$, $\cos Z_{,}$ ainsi formées fussent suffisamment exactes. Et alors, dans chaque pinceau incident, il n'y aurait presque que le rayon central qui serait transmis; ou du moins ce serait presque le seul auquel les expressions obtenues pussent être appliquées, ce qui en restreindrait beaucoup trop l'emploi. Toutefois, puisque, dans cette excessive limitation, l'élimination s'effectue sans aucun obstacle, on conçoit que la petitesse des angles V et V′ devra toujours la faciliter, quand on voudra pousser les approximations plus loin que nous ne venons de le faire; et c'est en effet ce que l'on verra dans un moment.

26. Le mode de limitation intérieur des incidences, que je viens de décrire, s'emploie dans certains appareils, appelés *loupes*, qui font voir distinctement les petits objets, à une distance de l'œil beaucoup moindre qu'on ne le pourrait par la vision naturelle, ce qui les fait paraître agrandis et grossis. La sphère réfringente est alors très petite; l'œil est placé en contact avec l'hémisphère opposé aux points rayonnants; et l'ouverture sensible de la pupille lui permet de recevoir simultanément les pinceaux déliés que ces points lui envoient de divers côtés, à travers la petite ouverture centrale OO. Comment l'interposition de la sphère réfringente change-t-elle les conditions naturelles de la vision? et comment fait-elle voir ainsi les objets agrandis? C'est ce que nous aurons à examiner plus tard : je ne voulais ici qu'indiquer l'effet, analytique et optique, de la limitation des incidences. On la réalise aussi pour le même but, dans les instruments destinés à voir de loin, comme les lunettes et les télescopes à réflexion; mais la manière dont on l'opère est différente, à cause de la dissemblance de leur construction et de leur destination. La pièce antérieure n'est plus alors une sphère complète, mais une lentille de verre, ou un miroir de métal, ayant la forme de segments sphériques d'un petit nombre de degrés; et sa destination spéciale est de recevoir, de chaque point rayonnant soumis à l'observation, un seul pinceau lumineux, le plus large possible, puis de le concentrer par la réfraction ou la réflexion, en un seul foyer. L'épaisseur du pinceau reçu, et transmis ou réfléchi, résulte des dimensions absolues de la lentille ou du miroir. Mais l'exactitude de la concentration en un foyer unique ne peut s'obtenir, surtout ne peut se déterminer généralement par le calcul, qu'en limitant les incidences et les inclinaisons des rayons lumineux sur l'axe central, comme je l'ai spécifié dans le § 24. Il est à remarquer que c'est là aussi ce que nous avions opéré dans la loupe sphérique, en restreignant le diamètre intérieur de chaque pinceau transmis. Seulement, alors, les divers pinceaux pouvaient entrer dans la sphère par des portions diverses, et individuellement limitées de sa surface; au lieu que, actuellement, nous voulons que chaque pinceau admis dans les appareils ait pu couvrir toute la surface antérieure, en conservant, pour tous les rayons lumineux qui le composent, des limitations d'incidence pareilles à celles qu'avaient alors les pinceaux divers. Or on va voir que cela exige les deux conditions spécifiées § 24.

Limitation des équations générales au cas où les incidences du rayon lumineux sur les surfaces et ses inclinaisons sur l'axe central restent toujours très petites.

27. Commençons par introduire ces conditions restreintes, dans l'incidence du rayon lumineux sur la première surface réfringente ou réfléchissante de l'appareil. Pour simplifier les énoncés, je m'exprimerai toujours comme s'il s'agissait de réfractions, ce qui ne limitera en rien les formules analytiques, puisqu'on pourra les appliquer immédiatement aux réflexions, en donnant aux vitesses successives u, u_1, u_2,... u_n les relations propres à ce cas. D'ailleurs, les limitations que nous avons à effectuer ne tiennent point à la nature de l'un ou de l'autre phénomène; elles sont purement géométriques, et restreignent seulement la portion des surfaces sur laquelle ils sont opérés tous deux.

Soient donc x_i, y_i, z_i, les coordonnées courantes de la première surface, que j'appellerai réfringente. Puisqu'elle est sphérique, et que nous avons nommé a_i l'abscisse de son centre, r_i son rayon de courbure, son équation analytique sera

$$(x_i - a_i)^2 + y_i^2 + z_i^2 = r_i^2,$$

et en nommant, comme dans la page 366, ξ, $\imath$, ζ, les angles que le rayon r_i, mené à un quelconque de ses points, forme avec les trois axes coordonnés, on aura toujours

$$x_i - a_i = r_i \cos \xi, \qquad y_i = r_i \cos \imath, \qquad z_i = r_i \cos \zeta,$$

à quoi il faudra joindre

$$\cos^2 \xi + \cos^2 \imath + \cos^2 \zeta = 1 \quad \text{ou} \quad \cos^2 \imath + \cos^2 \zeta = \sin^2 \xi.$$

Une des conditions assignées, c'est que l'angle ξ soit toujours fort petit, dans les points d'incidence du rayon lumineux sur la surface réfringente. En le supposant tel, $\cos \imath$ et $\cos \zeta$ seront du même ordre de petitesse, d'après la relation qu'ils ont avec $\sin^2 \xi$; c'est-à-dire que les angles $\imath$ et ζ seront presque droits. Nous pouvons les exprimer tous deux en ξ d'une manière générale et commode, en introduisant un angle auxiliaire et arbitraire α, tel qu'on ait

$$\cos \imath = \sin \alpha \sin \xi, \qquad \cos \zeta = \cos \alpha \sin \xi;$$

car toute valeur réelle quelconque, assignée à α, donnera pour $\imath$ et ζ des valeurs conformes à leur relation avec ξ. On voit, par ces expressions mêmes, qu'en effet $\cos \imath$ et $\cos \zeta$ sont du même ordre de petitesse que $\sin \xi$; car les facteurs $\sin \alpha$, $\cos \alpha$, étant nécessairement des fractions qui ne peuvent, ni l'une ni l'autre, surpasser 1, le facteur $\sin \xi$ ne pourra qu'en être affaibli, mais non augmenté, dans ces expressions.

ξ devant être très petit, dans les points d'incidence, mettons l'équation en x_i sous la forme équivalente

$$x_i = a_i + r_i - 2r_i \sin^2 \tfrac{1}{2}\xi.$$

$a_i + r_i$ est l'abscisse du centre de figure de la surface sphérique;
je la représenterai habituellement par $(x)_i$, pour abréger. L'expression générale de x_i nous montre donc que tout point d'incidence,
pour lequel ξ sera fort petit, aura son abscisse x_i très peu différente
de celle-là. Car le facteur $\sin^2 \frac{1}{2}\xi$ sera une fraction de $\sin \frac{1}{2}\xi$ aussi
petite que l'est $\sin \frac{1}{2}\xi$ lui-même, relativement à l'unité. Ceci s'énonce
en disant que $\sin^2 \frac{1}{2}\xi$ est très petit du *second ordre*, quand $\sin \frac{1}{2}\xi$
ou $\sin \xi$ est très petit du *premier ordre*. Géométriquement, cela signifie que la perpendiculaire menée d'un tel point d'incidence, sur
l'axe des x, coupera cet axe à une distance du centre de figure de
la surface sphérique, qui sera très petite comparativement à la perpendiculaire elle-même, presque comme si cette surface était un
plan. Si l'on considérait les produits de l'ordre $r_i \sin^2 \frac{1}{2}\xi$ comme
des quantités négligeables comparativement à r_i, la distance dont
il s'agit devrait être supposée insensible, dans l'expression totale
de x_i, quand cette abscisse appartiendra à un des points d'incidence sur la portion de la surface qui est limitée par la petitesse
de ξ. C'est la condition que j'ai réalisée dans les figures, en représentant par des lignes droites les profils de nos lentilles, dans la
petite amplitude d'ouverture offerte aux rayons lumineux, tant
incidents que réfractés, que je considérais; et l'on va voir tout-
à-l'heure que, *pour l'usage que j'en faisais,* cette simplification
était permise par le peu d'obliquité de ces rayons sur l'axe central
des surfaces.

28. Considérons maintenant les angles X, Y, Z que le rayon incident forme avec les trois axes coordonnés. Nous sommes convenus que X devra être fort petit. Or on a toujours

$$\cos^2 X + \cos^2 Y + \cos^2 Z = 1,$$

par conséquent $\cos^2 Y + \cos^2 Z = \sin^2 X$.

$\sin X$ étant fort petit, $\cos Y$, $\cos Z$ le seront pareillement et du
même ordre; c'est-à-dire que les angles Y et Z seront l'un et l'autre
presque droits. En introduisant un nouvel angle auxiliaire i, que
nous considérerons comme entièrement arbitraire, nous pourrons

les exprimer généralement, dans leurs relations avec X, par les formules

$$\cos Y = \sin i \sin X, \qquad \cos Z = \cos i \sin X,$$

où l'on retrouve en effet que $\cos Y$ et $\cos Z$ sont du même ordre de petitesse que $\sin X$.

29. Il faut maintenant introduire ces conditions de petitesse de ξ et de X, dans l'angle d'incidence V, pour voir l'effet qu'elles feront sur lui. Or, nous avons généralement, § 24,

$$\cos V = \cos X \cos \xi + \cos Y \cos i + \cos Z \cos \zeta.$$

Remplaçons $\cos V$, $\cos X$, $\cos \xi$, par leurs expressions rigoureusement équivalentes, $1 - 2 \sin^2 \tfrac{1}{2} V$, $1 - 2 \sin^2 \tfrac{1}{2} X$, $1 - 2 \sin^2 \tfrac{1}{2} \xi$; puis remplaçons les autres cosinus par leurs expressions exactes en $\sin X$ et $\sin \xi$, formées tout-à-l'heure; il en résultera

$$\sin^2 \tfrac{1}{2} V = \sin^2 \tfrac{1}{2} X + \sin^2 \tfrac{1}{2} \xi - \tfrac{1}{2} \cos (i - u) \sin X \sin \xi - 2 \sin^2 \tfrac{1}{2} X \sin^2 \tfrac{1}{2} \xi.$$

ξ étant supposé du même ordre de petitesse que X, $\sin^2 \tfrac{1}{2} \xi$ et $\sin X \sin \xi$ sont du même ordre que $\sin^2 \tfrac{1}{2} X$. Le facteur $\cos (i - u)$, qui affecte le produit $\sin X \sin \xi$, ne peut que l'affaiblir, puisque la valeur d'un cosinus est toujours comprise entre les limites $+1$ et -1. Quant au dernier terme, il est très petit du second ordre par rapport à $\sin^2 \tfrac{1}{2} X$. D'après cela, l'angle V se trouve du même ordre de petitesse que X et ξ; et V' se trouve aussi de cet ordre, d'après sa relation de sinus avec V. Géométriquement, cela signifie qu'en prenant X et ξ très petits tous deux, comme nous le supposons, les angles d'incidence et de réfraction V, V', qui en résulteront, seront aussi du même ordre de petitesse. En conséquence, si nous voulons obtenir l'évaluation des angles X_1, Y_1, Z_1, en négligeant seulement les termes de l'ordre $\sin^2 X$, nous pourrons remplacer $\cos V$ et $\cos V'$ par l'unité, dans les seconds membres des équations (1), page 366, qui sont relatives à Y_1 et à Z_1. Car ces cosinus ne diffèrent de l'unité que par les quantités $-2 \sin^2 \tfrac{1}{2} V$, $-2 \sin^2 \tfrac{1}{2} V'$, lesquelles sont de l'ordre du carré de $\sin X$. Et, dans les deux équations dont il s'agit, les termes où ils entrent sont déjà multipliés par les facteurs $\dfrac{y_1}{r_1}$, $\dfrac{z_1}{r_1}$, qui, ayant pour expression exacte $\cos \eta$, $\cos \zeta$, ou $\sin \alpha \sin \xi$, $\cos \alpha \sin \xi$, sont eux-mêmes de l'ordre de $\sin \xi$. Profitant donc de ces limitations, les deux dernières équations (1) se trouveront réduites à cette forme simple

$$(1) \quad \begin{cases} u_1 \cos Y_1 = u \cos Y + (u_1 - u)\dfrac{y_1}{r_1}, \\[2mm] u_1 \cos Z_1 = u \cos Z + (u_1 - u)\dfrac{z_1}{r_1}; \end{cases}$$

et les valeurs de $\cos Y_1$, $\cos Z_1$, que l'on en déduira, ne seront fautives que dans les termes de l'ordre $\sin^3 X$. On ne pourrait pas opérer ainsi sur la première des équations (1), relative à l'angle X_1, parce que le facteur $\dfrac{x_1 - a_1}{r_1}$, qui y multiplie $\cos V$ et $\cos V'$, n'est plus très petit comme dans les deux autres; de sorte qu'il faudrait pousser plus loin les développements dans son second membre pour en déduire $\cos X$, avec le même degré d'approximation. Mais on peut obtenir X_1 sans la considérer; car cet angle est toujours déterminé rigoureusement en fonction des deux premiers par la relation générale

$$\cos^2 X_1 + \cos^2 Y_1 + \cos^2 Z_1 = 1,$$

laquelle donne $\sin^2 X_1 = \cos^2 Y_1 + \cos^2 Z_1$.

Si l'on compare ces formules à celles que nous avions obtenues § 28, page 373, on verra qu'elles en diffèrent en ce que, alors, nous avions considéré $\sin^2 \frac{1}{2} V$, $\sin^2 \frac{1}{2} V'$ comme des quantités absolument négligeables, afin de faciliter l'élimination; tandis qu'actuellement, au moyen de la petitesse imposée aux rapports $\dfrac{y_1}{r_1}$, $\dfrac{z_1}{r_1}$, nous ne négligeons plus que les produits $\dfrac{y_1}{r_1} \sin^2 \frac{1}{2} V$, $\dfrac{y_1}{r_1} \sin^2 \frac{1}{2} V'$, $\dfrac{z_1}{r_1} \sin^2 \frac{1}{2} V$, $\dfrac{z_1}{r_1} \sin^2 \frac{1}{2} V'$, qui sont d'un ordre de petitesse immédiatement ultérieur. L'approximation obtenue ici, sera donc plus grande que celle que nous avions obtenue alors; et les expressions de $\cos Y_1$, $\cos Z_1$ qu'elle donne, pourront en conséquence être suffisamment exactes pour des valeurs des angles V, V′, bien moins restreintes que nous ne l'avions supposé. Ainsi ce sont elles qu'il faudrait préférablement employer pour calculer la marche des rayons lumineux dans l'intérieur de la loupe sphérique, en les appliquant individuellement aux divers pinceaux lumineux de la figure 29, dont on prendrait successivement le rayon central pour axe des x.

Je montrerai, à la fin de ce chapitre, comment on pourrait déduire de nos formules générales les expressions de ces mêmes $\cos Y_1$, $\cos Z_1$, en tenant compte des troisièmes puissances de $\sin X$ et $\sin \xi$ que nous avons ici considérées comme négligeables. Mais, pour le moment, je me bornerai à cette première approximation. Alors les équations (1), limitées comme nous venons de le faire, déterminent complétement la marche d'un rayon incident quelconque, après qu'il a subi l'action de la surface sphérique; pourvu que son inclinaison sur l'axe central des x, et l'étendue du segment où se fait l'incidence, aient été primitivement restreintes de manière à rendre insensibles les termes que nous avons négligés.

30. Soient x_1, y_1, les coordonnées du point d'incidence d'un de ces rayons, formant primitivement, avec les axes coordonnés, des angles quelconques X, Y, Z, dont le premier seulement devra être limité au degré de petitesse que l'approximation suppose. Après que le rayon aura subi l'action de la surface sphérique, ces angles deviendront X_1, Y_1, Z_1, tels que les donnent les équations (1). Et, en nommant x, y, z ses coordonnées courantes, dans le second milieu, les équations analytiques qui y expriment sa marche seront généralement

$$y - y_1 = (x - x_1)\frac{\cos Y_1}{\cos X_1}, \qquad z - z_1 = (x - x_1)\frac{\cos Z_1}{\cos X_1},$$

Mais, dans les limites de notre approximation, elles peuvent être simplifiées. En effet, nos expressions de $\cos Y_1$ et $\cos Z_1$ ne tiennent pas compte des quantités qui sont du troisième ordre de petitesse, ou d'ordres supérieurs. Nous ne pouvons donc pas atteindre ces quantités dans les résultats que nous en déduisons, et nous devons les y traiter comme négligeables. Car, si nous les conservions, elles y produiraient des termes qui se trouveraient employés sans ceux du même ordre que nous avons négligés ; et les conséquences que nous prétendrions déduire de leur intervention isolée seraient évidemment fautives. Cela posé, $\cos Y_i$ et $\cos Z_i$ sont déjà du premier ordre de petitesse, par les limitations que nous avons données aux rapports $\dfrac{y_i}{r_i}$, $\dfrac{z_i}{r_i}$ et à l'angle X. L'angle X_i est donc aussi du premier ordre, puisqu'on a toujours

$$\sin^2 X_i = \cos^2 Y_i + \cos^2 Z_i.$$

Maintenant, d'après la convention que nous avons faite, d'appliquer les angles X, X_i, ... à la branche du rayon lumineux qui se dirige, réellement ou virtuellement, vers l'extrémité positive de l'axe des x, leurs cosinus sont toujours positifs, comme je l'ai fait remarquer, pages 364 et 368. Ainsi le facteur $\dfrac{1}{\cos X_i}$, qui intervient dans les équations précédentes, peut s'exprimer par $\sin X_i$ de la manière suivante :

$$\frac{1}{\cos X_i} = +\left(1 - \sin^2 X_i\right)^{-\frac{1}{2}} = 1 + \tfrac{1}{2}\sin^2 X_i + \tfrac{3}{8}\sin^4 X_i \ldots \text{etc.}$$

Il ne diffère donc de l'unité que par des termes du second ordre et d'ordres supérieurs, puisque $\sin X_i$ est du premier ordre. D'après cela, il faut négliger tous ces termes dans les rapports $\dfrac{\cos Y_i}{\cos X_i}$, $\dfrac{\cos Z_i}{\cos X_i}$. Car, si l'on en tenait compte, comme $\cos Y_i$ et $\cos Z_i$ sont déjà très petits du premier ordre, ils donneraient, par la multiplication, des produits du troisième ordre et des ordres supérieurs, dont nous avons déjà négligé les analogues en formant $\cos Y_i$ et $\cos Z_i$. Remplaçant donc $\cos X_i$ par $+1$, dans les dénominateurs des deux rapports, les équations du rayon qui a subi l'action de la surface deviendront simplement

$$y - y_i = (x - x_i) \cos Y_{ii}, \qquad z - z_i = (x - x_i) \cos Z_{ii}.$$

Par un motif absolument pareil, nous devrons, dans le facteur $x - x_i$, remplacer l'abscisse x_i du point d'incidence par $a_i + r_i$, c'est-à-dire par l'abscisse $(x)_i$ du centre de figure de la surface sphérique. Pour en avoir la preuve, considérons seulement l'équation en x, y, et mettons-la sous cette forme identique

$$y - y_i = [x - (x)_i] \cos Y_i + [(x)_i - x_i] \cos Y_{ii}.$$

L'équation de la surface sphérique nous donne généralement, § **27**,

$$x_i = a_i + r_i - 2\,r_i \sin^2 \tfrac{1}{2}\xi,$$

ou, en désignant $a_i + r_i$ par $(x)_i$,

$$(x)_i - x_i = 2r_i \sin^2 \tfrac{1}{2}\xi.$$

D'après les conventions que nous avons établies, l'angle ξ est très petit, du même ordre que X. Nous l'avons considéré comme tel dans l'expression de $\sin^2 \tfrac{1}{2}$V, formée § **28**, page 378; et c'est en nous fondant sur cela que nous avons négligé les produits $\dfrac{y_i}{r_i} \sin^2 \tfrac{1}{2}$V, $\dfrac{z_i}{r_i} \sin^2 \tfrac{1}{2}$V, dans les équations (1), comme étant du troisième ordre de petitesse. $(x)_i - x_i$ se trouve donc du second ordre dans notre système d'approximation; et son produit, par $\cos Y_i$, est conséquemment du troisième. Ceci nous oblige à le négliger dans les équations courantes de notre rayon. Car les termes de cet ordre qui ont été négligés dans $\cos Y_i$ et $\cos Z_{ii}$, étant multipliés par le facteur $x - x_i$ qui n'est assujéti à aucune condition de petitesse, auraient aussi donné des produits du troisième ordre, qui se trouvent ici supprimés, et qui auraient été analogues à ceux que donneraient $[(x)_i - x_i] \cos Y_i$, $[(x)_i - x_i] \cos Z_{ii}$, si l'on voulait les conserver. On doit donc négliger également ceux-ci, pour se tenir dans un système uniforme d'approximation. Et alors, les équations courantes du rayon se réduisent à cette forme simplifiée

$$y - y_i = [x - (x)_i] \cos Y_{ii}, \qquad z - z_i = [x - (x)_i] \cos Z_{ii}.$$

$(x)_i$ étant l'abscisse du centre de figure du segment sphérique. Ces résultats une fois établis, nous serviront donc pour tous les rayons incidents, dont l'angle X aura le degré de petitesse exigé par notre approximation.

31. Je vais d'abord appliquer ces formules à un cas très simple, qui en éclaircira et en préparera l'usage pour tous les autres que nous aurons à considérer. Je supposerai que le segment sphérique, limité dans son ouverture comme nous en sommes convenus, reçoit, sur toute sa superficie, un système de rayons incidents parallèles entre eux. Par abréviation, je donnerai désormais, à un pareil système, le nom de *faisceau*. Pour que les équations approchées (1) soient applicables aux rayons qui le composent, il faudra évidemment, mais il suffira, que leur inclinaison commune sur l'axe central du segment sphérique, satisfasse aux conditions de petitesse par lesquelles nous les avons restreintes.

Je considère alors un quelconque de ces rayons dont les coordonnées d'incidence soient x_i, y_i, z_i. Après qu'il aura subi l'action de la surface, ses équations courantes seront, dans les limites de notre approximation,

$$y - y_i = [x - (x)_i] \cos Y_i, \qquad z - z_i = [x - (x)_i] \cos Z_i.$$

Et, en mettant pour $\cos Y_i$, $\cos Z_i$, leurs expressions générales, données par les formules (1), page 379, elles deviendront

$$(2) \quad \begin{cases} u_i (y - y_i) = [x - (x)_i] \left(u \cos Y + (u_i - u) \dfrac{y_i}{r_i} \right), \\[2ex] u_i (z - z_i) = [x - (x)_i] \left(u \cos Z + (u_i - u) \dfrac{z_i}{r_i} \right). \end{cases}$$

Ce rayon peut avoir été dirigé de manière à couper, ou à ne pas couper, primitivement l'axe central des x; il est seulement astreint à ce que l'angle X, qu'il forme avec cet axe dans le milieu antérieur, soit très petit du même ordre que les fractions $\dfrac{y_i}{r_i}$, $\dfrac{z_i}{r_i}$. Maintenant, par le centre de figure de la surface sphérique, je mène un autre rayon incident qui lui soit parallèle. Ce sera l'*axe géométrique* du faisceau incident ; et les angles primitifs X, Y, Z, seront les mêmes pour cet axe que pour les rayons excentriques. De sorte que la limitation donnée à l'angle X permettra de lui appliquer encore les équations (1). Seulement, ses ordonnées d'incidence y_i, z_i seront nulles, ce qui modifiera les angles X_i, Y_i, Z_i qui lui sont propres ; et, en les désignant par l'indice c, pour les distinguer des autres, on aura, relativement à lui,

$$u_i \cos{}_c Y_i = u \cos Y, \qquad u_i \cos{}_c Z_i = u \cos Z ;$$

de sorte qu'en désignant par x, y, z, ses coordonnées courantes dans le second milieu, ses équations, restreintes aussi aux termes de notre approximation, seront alors

$$(3) \qquad \left\{ \begin{array}{l} u_i y = [x - (x)_i] \, u \cos Y, \\ u_i z = [x - (x)_i] \, u \cos Z. \end{array} \right.$$

C'est ce que l'on aurait obtenu immédiatement par les équations (2), en y faisant $y_i = 0$ et $z_i = 0$, pour les appliquer aux particularités d'incidence de ce rayon central. En effet, cette déduction eût été légitime, puisque ce rayon satisfait aussi à la condition de limitation de l'angle X que nos équations supposent généralement exister, et qui est uniquement nécessaire pour qu'elles aient lieu.

Je dis maintenant que ces deux rayons, qui étaient parallèles dans leur incidence, se coupent mutuellement dans le second milieu après avoir subi l'action de la surface ; et que cette intersection s'opère toujours au même point du rayon central réfracté, quelles que soient les ordonnées y_i, z_i d'incidence du rayon excentrique.

Pour le prouver, je suppose les y communs dans les deux projections en x, y, et les z communs dans les deux projections en x, z. Puis, je cherche l'abscisse x d'intersection entre les systèmes de projection qui se correspondent. Alors y_i disparaît comme facteur commun dans la première de ces opérations, z_i dans la seconde, et toutes deux donnent également cette même condition pour x :

$$u_i = \frac{(u_i - u)}{r_i} [(x)_i - x]$$

L'abscisse x ainsi déterminée est donc telle, qu'elle assigne aux deux rayons un même y et un même z. Ces trois coordonnées communes, donnent conséquemment un point commun aux deux rayons considérés. En outre, ce point est le même pour tous les rayons excentriques, puisque les ordonnées d'incidence y_i, z_i, qui seules les distinguaient les uns des autres, ont disparu de l'équation qui détermine l'abscisse d'intersection x. En effet, celle-ci étant fixée, les deux autres coordonnées du point d'intersection en résultent, puisqu'il doit se trouver sur le rayon central. Si on les désigne toutes trois spécialement par x_ρ, y_ρ, z_ρ, on aura évidemment

$$\frac{u_i}{(x)_i - x_\rho} = \frac{u_i - u}{r_i}, \quad \begin{cases} u_i\, y_\rho = -u\left[(x)_i - x_\rho\right]\cos Y, \\ u_i\, z_\rho = -u\left[(x)_i - x_\rho\right]\cos Z. \end{cases}$$

Rien ne manquera donc pour les calculer, quand on se donnera le rayon de courbure r_i de la surface sphérique, le rapport $\frac{u_i - u}{u_i}$, qui dépend des vitesses de la lumière dans les deux milieux qui lui sont contigus, et enfin les angles Y, Z, qui déterminent la direction particulière du faisceau incident.

Toutefois ces éléments de direction primitifs n'entrent pas dans la valeur de $(x)_i - x_\rho$, qui exprime la différence d'abscisse entre le centre de figure de la surface sphérique et le point d'intersection des rayons réfractés, lequel se nomme le *foyer* du faisceau. Si donc, à la distance donnée $(x)_i - x_\rho$ du centre de figure, on mène un plan perpendiculaire à l'axe central de la surface, tous les foyers particuliers des divers faisceaux admissibles se formeront dans ce plan. On l'appelle le *plan focal principal* de la surface; et l'intervalle $(x)_i - x_\rho$ se nomme la *distance focale principale*. Chaque faisceau incident, satisfaisant aux conditions d'admissibilité, forme son foyer dans ce plan focal, sur la direction de l'axe géométrique réfracté qui lui est particulier.

32. Ces résultats étant déduits des équations (1), page 379, se trouvent seulement établis pour le degré d'approximation qu'elles atteignent; et l'on doit seulement en conclure, qu'en donnant aux angles X et ξ la limitation que nous leur avons attribuée alors, les divers rayons dérivés d'un même faisceau pourront, tout au plus, s'écarter quelque peu les uns des autres, à la distance $(x)_1 - x$, de la surface d'incidence où nous trouvons ici qu'ils s'entrecoupent exactement. Or, en effet, lorsqu'on développe les équations primitives (1), jusqu'à y comprendre les termes du troisième ordre en $\sin \xi$ et $\sin X$, que nous avons ici négligés, on découvre deux particularités de ce genre que la première approximation ne manifestait pas. Car, d'abord, l'axe géométrique du faisceau, après avoir été réfracté, n'est réellement coupé que par les seuls rayons qui se trouvaient primitivement dans le plan mené par sa direction d'incidence, et par l'axe central de la surface sphérique. Tous les autres ne l'atteignent point; mais ils sont à une très petite distance de lui quand ils traversent le plan focal principal déterminé par la première approximation. En second lieu, les rayons mêmes qui coupent l'axe géométrique réfracté, ne le rencontrent pas tous au même point, mais en des points différents, et qui se rapprochent toujours du centre de figure de la surface, à mesure que l'incidence a lieu plus loin de ce centre.

Pour achever d'interpréter avec justesse les résultats donnés par la première approximation que nous venons de développer, il faut remarquer que le degré de précision qu'elle atteint est très différent, dans l'appréciation des ordonnées latérales y, z, et dans celle des abscisses x qui appartiennent aux rayons considérés. En effet, quant aux premières, les évaluations qu'on en tire ne commencent à être fautives que dans les quantités de l'ordre $\sin^3 X$ et $\sin^3 \xi$. Mais, pour les obtenir, on néglige les quantités de l'ordre $\sin^2 X$ et $\sin^2 \xi$ dans le facteur $x - x_1$ qui entre dans leurs expressions, à cause de la petitesse des $\cos Y$, ou $\cos Z$, qui les multiplient. Il est donc évident qu'ensuite, lorsqu'on en déduit des valeurs de x, en dégageant ce facteur, comme nous venons de le faire quand nous avons obtenu $(x)_1 - x_1$, ces valeurs sont nécessairement privées des termes de l'ordre qu'on y a négligés; c'est-à-dire qu'elles commencent à être fautives dès le second ordre. Et de même, dans l'approximation suivante, où l'on pousse l'appréciation des ordonnées latérales jusque dans les quantités du troisième ordre, les x ne sont exactes que dans le second. Heureusement on reconnaîtra par la suite, que, pour les applications réelles, cette inégalité d'exactitude correspond très bien au degré de précision physique qu'on a besoin de réaliser pour ces divers éléments; parce que la concentration latérale des rayons est surtout nécessaire à la perception, pour les faire entrer simultanément dans la pupille, tandis que de petites inégalités dans leurs points d'intersection, suivant le sens longitudinal, n'altèrent que très peu sensiblement les impressions que leur ensemble produit sur le fond de l'œil.

35. Les propriétés focales des faisceaux trouvées, § 34, suffiraient pour construire et pour calculer la marche, ainsi que les rencontres, des systèmes coniques de rayons partis d'un même point lumineux, et qui auraient subi simultanément l'action d'une surface sphérique, systèmes que j'appellerai des *pinceaux*. Il faudrait seulement que les rayons qui les composent formassent tous, individuellement, de très petits angles avec l'axe central de cette surface, pour que les équations (1), page 379, pussent leur être généralement appliquées. De sorte que, s'ils émanaient d'un point rayonnant physique, dont l'amplitude de radiation est naturellement indéfinie, il faudrait, au besoin, la restreindre artificiellement par des diaphragmes, soit antérieurs, soit postérieurs à la surface d'incidence, pour n'avoir à considérer que des rayons compris dans les étroites limites d'inclinaison sur l'axe des x, auxquelles nous avons borné ces équations. Mais, ces restrictions étant supposées, lorsqu'elles sont nécessaires, soit R un quelconque des rayons admissibles partant ainsi du point donné. Cela détermine les angles X, Y, Z qu'il forme avec l'axe des X, et dont le premier sera fort petit. Par le centre de figure de la surface, je conçois un rayon fictif parallèle à R, et que j'appelle A. Ce rayon aura les mêmes angles X, Y, Z que R. Alors je considère A comme l'axe géométrique d'un faisceau fictif dont R ferait partie, et je détermine ses ordonnées focales y_1, z_1 dans le plan focal principal de la surface, fixé par la valeur constante de x_1. R réfracté passera donc par ce foyer fictif, et par son point d'incidence propre. Ainsi, en joignant ces deux points par une droite, on aura sa direction dans le second milieu. La même opération répétée sur tout autre rayon R′ du pinceau incident, et supposé pareillement admissible, donnera un autre foyer fictif d'où

l'on conclura sa direction ultérieure, de la même manière; et si tous les rayons du pinceau, ou quelques-uns d'entre eux, doivent se couper mutuellement après avoir subi l'action de la surface, leurs points de rencontre se détermineront d'eux-mêmes par ce procédé.

34. La limitation de l'angle X est donc la condition unique qu'il faut établir analytiquement, pour obtenir par un calcul général les résultats que la construction précédente donnerait. Nous avions prévu cette nécessité dans le § 16, page 353, et nous avons préparé dès-lors, *fig.* 24, les moyens d'y satisfaire. Mais ici, l'analyse, en nous ramenant aux mêmes dispositions, va nous assurer qu'elles suffisent.

A cet effet, formons les équations courantes d'un rayon incident quelconque, ayant x_i, y_i, z_i pour ses coordonnées d'incidence; elles seront

$$y - y_i = (x - x_i)\frac{\cos Y}{\cos X}\,; \qquad z - z_i = (x - x_i)\frac{\cos Z}{\cos X}.$$

Soient a, b, c, les coordonnées du point d'où ce rayon doit partir, et qui sera l'origine commune de tous ceux qui composeront le pinceau incident. Il faudra que ces coordonnées étant prises pour x, y, z, satisfassent aux équations précédentes, ce qui donne les deux conditions

$$(b - y_i)\cos X = (a - x_i)\cos Y\,; \qquad (c - z_i)\cos X = (a - x_i)\cos Z.$$

En élevant les deux membres de ces dernières équations au carré, les additionnant, et ajoutant des deux côtés à leur somme $(a - x_i)^2 \cos^2 X$, on en tire d'abord

$$\left[(x_i - a)^2 + (y_i - b)^2 + (z_i - c)^2 \right] \cos^2 X = (x_i - a)^2\,;$$

conséquemment $\quad \tan^2 X = \dfrac{(y_i - b)^2 + (z_i - c)^2}{(x_i - a)^2}.$

Il faut assujétir $\tan X$ à rester toujours très petite, en conservant aux ordonnées y_i, z_i, d'incidence, leur degré convenu de petitesse relativement au rayon de courbure r_i; c'est-à-dire en les faisant toujours appartenir au segment sphérique, contenu dans les étroites limites imposées à l'angle ξ, § **27**. Pour fixer les idées, je suppose que (X) soit la plus grande valeur que l'on veuille permettre à l'angle X, dans l'approximation que l'on a en vue. Alors les conditions géométriques propres à assurer ce résultat seront faciles à découvrir, en interprétant l'expression générale de tang X que nous venons de trouver. Pour cela, un point rayonnant étant donné, concevons, par ce point, une droite parallèle à l'axe central du segment sphérique; et, supposant qu'il envoie au segment un rayon lumineux, projetons le point d'incidence sur cette droite. $x_i - a$ sera la distance du point rayonnant au point de projection, et ce sera aussi la projection de la distance réelle du point rayonnant au point d'incidence. Menons maintenant de celui-ci une perpendiculaire à la même droite; elle aura pour longueur $\sqrt{(y_i - b)^2 + (z_i - c)^2}$, que je représente par δ; et son rapport à $x_i - a$ sera évidemment tang X, ce qui s'accorde en effet avec l'expression obtenue plus haut. Donc un point rayonnant étant donné, dont les coordonnées soient a, b, c, pour savoir s'il peut envoyer au segment sphérique des rayons lumineux dont l'inclinaison sur l'axe central n'excède pas la limite assignée (X), il faut de ce point pris pour centre, décrire une surface conique autour d'une droite parallèle à l'axe central, avec des génératrices inclinées sur cette droite de l'angle limite (X); l'intersection du segment sphérique par cette surface comprendra dans son intérieur tous les points d'incidence qui satisfont aux conditions exigées, pour la position donnée du point rayonnant; et si elle passe hors du segment sans le couper, aucun rayon parti de ce point ne pourra parvenir au segment dans les limites d'obliquité assignées. L'équation de ce cône, qui limite l'amplitude de la radiation admissible émanée de chaque point rayonnant donné, sera évidemment

$$(y_i - b)^2 + (z_i - c)^2 = (x_i - a)^2 \, \mathrm{tang}^2 (X),$$

a, b, c étant les coordonnées fixes du point rayonnant, et x_i, y_i, z_i des coordonnées variables, assujéties seulement à appartenir au segment sphérique qui doit recevoir les rayons incidents.

38. Ceci détermine, dans le milieu antérieur, un espace conique où sont compris tous les points dont la radiation, soit totale, soit partielle, peut être admise sur la surface d'incidence, sans excéder les bornes de petitesse imposées à l'angle X. En effet, désignons toujours par (X) sa valeur extrême; et soit λ, le demi-diamètre de l'ouverture circulaire que l'on juge devoir donner au segment sphérique d'incidence pour ne pas excéder les bornes nécessaires de l'angle ξ. Prenons alors le point d'incidence sur le contour extérieur de ce segment, de sorte que $x_1^2 + y_1^2$ soit égal à λ_1^2; puis, de ce point comme centre, décrivons, dans le milieu antérieur, une surface conique, ayant pour axe une droite parallèle à l'axe central, et dont les génératrices fassent avec cette droite l'angle limite (X). Si nous nommons a, b, c les coordonnées courantes de cette surface, son équation sera évidemment

$$(y_1 - b)^2 + (z_1 - c)^2 = (x_1 - a)^2 \tan^2 (X),$$

à quoi il faudra joindre $\quad y_1^2 + z_1^2 = \lambda_1^2.$

Si l'on suppose le point d'incidence fixe sur le contour du segment sphérique, la nappe antérieure du cône ainsi décrit contiendra tous les points rayonnants qui peuvent envoyer, au point choisi pour centre, un rayon lumineux formant avec l'axe central un angle moindre que (X). Lorsqu'on fera varier le point d'incidence sur son cercle, ce cône limite se transportera avec lui; et il est facile de voir que tous ces cônes auront pour enveloppe commune un cône semblable, décrit autour de l'axe central, avec l'ouverture d'incidence comme base, par des génératrices formant avec cet axe le même angle limite (X). Ce nouveau cône contiendra donc, dans son intérieur, tous les points de l'espace qui pourront envoyer, à quelque portion du segment sphérique, des rayons incidents dont l'inclinaison sur l'axe central sera (X) ou moindre que (X). Il bornera ainsi l'*étendue du champ apparent*, que l'on pense devoir laisser à l'instrument pour pouvoir y calculer la marche des rayons lumineux en supposant les incidences très petites; et il faudra exclure par des diaphragmes antérieurs ou postérieurs, tous les rayons qui pourraient venir de points plus écartés de l'axe central. Même, pour chacun des points rayonnants compris dans ce cône enveloppe, l'étendue indéfinie de la radiation naturelle devra être restreinte à son cône limite propre, décrit parallèlement à l'axe central sous l'angle (X), comme nous l'avons dit dans le paragraphe précédent; et l'on ne pourra la laisser arriver tout entière, que lorsqu'elle émanera de points rayonnants assez intérieurs au cône enveloppe, comparativement à leur distance, pour que leur cône limite propre couvre ou déborde toute la surface d'incidence. Ces conditions géométriques, que l'analyse nous indique pour l'admissibilité de l'angle X, sont précisément celles que nous avions établies par avance dans le § 16, et la *fig.* 24.

36. En les supposant reproduites, dans la figure 30, je reprends les deux équations générales formées § 34, lesquelles assujétissent seulement les rayons lumineux à partir tous du point unique dont les coordonnées sont a, b, c. On en tire évidemment :

$$\cos Y = \frac{(y_i - b)}{x_i - a} \cos X, \qquad \cos Z = \frac{(z_i - c)}{x_i - a} \cos X,$$

ou, en mettant pour $\cos X$ son expression en tang X,

$$\cos Y = \frac{y_i - b}{x_i - a} \cdot \frac{1}{\sqrt{1 + \operatorname{tang}^2 X}},$$

$$\cos Z = \frac{z_i - c}{x_i - a} \cdot \frac{1}{\sqrt{1 + \operatorname{tang}^2 X}}.$$

D'après les limites fixées à notre approximation, nous devons négliger, dans cos Y et cos Z, les quantités dont la petitesse serait de l'ordre $\sin^3 (X)$. Nous devons donc ici négliger tang^2 X, comparativement à l'unité, dans les dénominateurs de ces expressions. En effet, la petitesse assurée à l'angle X, par nos constructions, rend déjà toujours très petits du même ordre les rapports $\dfrac{y_i - b}{x_i - a}$,

$\dfrac{z_i - c}{x_i - a}$, qui sont ici indépendants de tang X. Car, s'ils sor-

taient de ces limites, la somme de leurs carrés ne pourrait pas
être inférieure à $\mathrm{tang}^2 (X)$, comme l'exige l'équation du cône
propre formé § 34 , lequel renferme tous les rayons lumineux que
nous laissons arriver au segment sphérique, en partant de chaque
point rayonnant donné. Donc, si l'on tenait compte des puis-
sances de $\mathrm{tang}^3 X$, $\mathrm{tang}^4 X$, etc., que le développement du radical
ajouterait à l'unité dans les coefficients de ces premiers facteurs,
les produits ultérieurs qui en résulteraient seraient de l'ordre
$\sin^3 X$, $\sin^3 X$, etc.; et ainsi ils dépasseraient les limites fixées à
notre approximation. Donc, en nous y conformant, il suffira de
prendre ces premiers facteurs seuls, c'est-à-dire

$$\cos Y = \frac{y_{\text{\tiny I}} - b}{x_{\text{\tiny I}} - a}, \qquad \cos Z = \frac{z_{\text{\tiny I}} - c}{x_{\text{\tiny I}} - a},$$

sous la condition toutefois indispensable que l'amplitude indéfinie
de la radiation naturelle sera au besoin restreinte, de manière
que les points d'incidence réels, sur le segment sphérique, soient
contenus dans les bornes de son intersection par le cône limite
propre de chaque point rayonnant, comme il a été expliqué § 34.

37. Dans ces expressions, $x_{\text{\tiny I}} - a$ représente la différence d'abscisse, entre le point d'incidence et le point rayonnant. Si, par ce
dernier, on conçoit une droite parallèle à l'axe central, $x_{\text{\tiny I}} - a$ sera
l'intervalle compris depuis le point rayonnant jusqu'à la projec-
tion du point d'incidence sur cette droite-là. Sa valeur varie donc
pour les divers rayons d'un même pinceau admissible, selon l'é-
tendue plus ou moins grande du segment sphérique qu'il doit embrasser; et elle devient très petite pour tous, si le point rayonnant
se rapproche du segment jusqu'à une très petite distance. Quoique
cette circonstance, lorsqu'elle se présente, donne aux expressions
de $\cos Y$ et $\cos Z$, de très petits dénominateurs, elle ne les fait pas
pour cela sortir des limites restreintes que nous leur avons fixées;
parce que, d'après les conditions d'admissibilité imposées aux pin-
ceaux, les numérateurs $y_{\text{\tiny I}} - b$, $z_{\text{\tiny I}} - c$, y décroissent en même
temps que $x_{\text{\tiny I}} - a$, de manière que le rapport de ces numérateurs
à $x_{\text{\tiny I}} - a$ reste toujours de l'ordre $\mathrm{tang} (X)$. Mais il faut conserver

cette correspondance de variation en évidence, pour que les expressions de cos Y et cos Z puissent servir encore lorsque le point rayonnant arrive presque en contact, ou même en contact, avec le segment sphérique; et c'est pourquoi l'on ne pourrait pas y remplacer généralement x_i par l'abscisse $a_i + r_i$ du centre de figure du segment, quoique cela semblât permis au premier aperçu, puisque x_i n'en diffère jamais que par des quantités que nous considérons comme étant du second ordre de petitesse. Toutefois, on va voir qu'entre les limites d'approximation que nos calculs doivent atteindre, les variations de x_i sont seulement nécessaires à conserver dans cos Y et cos Z, lorsqu'on passe d'un point rayonnant à un autre pour lequel les valeurs de a, b, c sont différentes; et qu'elles doivent être négligées dans l'étendue du pinceau admissible émané de chaque point. De sorte que, l'amplitude conique d'un pinceau quelconque ayant été limitée comme nous l'avons prescrit, les valeurs de $x_i - a$, qui forment les dénominateurs de cos Y et cos Z, doivent être supposées les mêmes pour tous les rayons dont ce pinceau est composé.

58. En effet, considérons un quelconque d'entre eux formant, avec l'axe central, un très petit angle X, lequel devra être moindre que la limite (X), ou tout au plus égal. Ce rayon devant partir du point rayonnant qui a pour coordonnées a, b, c, si l'on nomme x_i, y_i, z_i les coordonnées du point d'incidence auquel il va aboutir, ces deux conditions réunies le placeront sur une surface conique ayant son centre au point rayonnant, et dont l'équation, déjà trouvée § 54, est :

$$(y_i - b)^2 + (z_i - c)^2 = (x_i - a)^2 \, \mathrm{tang}^2 \, X.$$

Le premier membre de cette équation représente le carré de la distance du point d'incidence, à une droite qui serait menée par le point rayonnant parallèlement à l'axe central. J'exprime cette distance par δ, comme je l'ai fait précédemment. Prenons aussi un angle auxiliaire v pouvant recevoir des valeurs quelconques; alors $y_i - b$ et $z_i - c$ pourront être représentées dans leurs relations entre elles et avec $x_i - a$, en décomposant l'équation de la surface conique dans les trois suivantes :

$$\delta = (x_1 - a)\,\mathrm{tang}\,X\,,\qquad y_1 - b = \delta\sin v\,,\qquad z_1 - c = \delta\cos v.$$

Si l'on conçoit, comme tout-à-l'heure, une droite menée par le point rayonnant parallèlement à l'axe central, v est l'angle que forme, avec le plan des x, un autre plan mené par cette droite et par le rayon lumineux incident auquel appartient la distance δ.

Le point d'incidence est sur la surface sphérique dont le rayon est r_1, et dont le centre de courbure, situé sur l'axe des x, a pour abscisse a_1. Ses coordonnées x_1, y_1, z_1 doivent donc satisfaire à l'équation de cette surface, ce qui établit entre elles la relation

$$(x_1 - a_1)^2 + y_1^2 + z_1^2 = r_1^2,$$

laquelle, d'après les conventions faites, § **22**, sur les signes propres du rayon r_1, donne toujours

$$x_1 - a_1 = + r_1\left[1 - \left(\frac{y_1^2 + z_1^2}{r_1^2}\right)\right]^{\frac{1}{2}}.$$

Selon nos conventions $\dfrac{y_1}{r_1}$ et $\dfrac{z_1}{r_1}$ sont des fractions très petites. Le second membre de la dernière équation peut donc être développé en série par la formule du binome, ce qui donne

$$x_1 = a_1 + r_1 - r_1\left[\tfrac{1}{2}\left(\frac{y_1^2 + z_1^2}{r_1^2}\right) + \tfrac{1}{8}\left(\frac{y_1^2 + z_1^2}{r_1^2}\right)^2 \ldots \text{ etc.}\right].$$

Maintenant considérons un autre rayon incident, parti du même point que le premier, et dont les coordonnées d'incidence soient x_1', y_1', z_1'. Nous devrons toujours le supposer compris dans les étroites limites d'amplitude conique, que nous avons fixées à la radiation ; de sorte qu'en spécialisant seulement par un accent de plus les quantités qui se rapportent à lui, nous aurons d'abord pareillement

$$\delta' = (x_1' - a)\,\mathrm{tang}\,X'\,,\qquad y_1' - b = \delta'\sin v'\,,\qquad z_1' - c = \delta'\cos v',$$

X′ étant un angle différent de X, mais astreint, de même, à être moindre que l'angle limite (X). Comme ce nouveau point d'incidence doit être aussi sur le segment sphérique donné, on aura pareillement pour lui

$$x'_1 = a_1 + r_1 - r_1\left[\tfrac{1}{2}\left(\frac{y'^2_1 + z'^2_1}{r_1^2}\right) + \tfrac{1}{8}\left(\frac{y'^2_1 + z'^2_1}{r_1^2}\right)^2 \dots \text{etc.}\right].$$

Prenant donc la différence des deux abscisses x_1, x'_1, il vient

$$x'_1 - a = x_1 - a - \tfrac{1}{2}\left[(y'_1 - y_1)\left(\frac{y'_1 + y_1}{r_1}\right) + (z'_1 - z_1)\left(\frac{z'_1 + z_1}{r_1}\right)\right]\dots \text{etc.}$$

Je me borne à écrire le premier terme du développement, parce qu'il va nous suffire de le considérer. Seulement, je remarque que tous les suivants ont aussi pour facteurs $y'_1 - y_1$ ou $z'_1 - z_1$, multipliés par des puissances supérieures des quantités $\frac{y_1}{r_1}$, $\frac{z_1}{r_1}$, $\frac{y'_1}{r_1}$, $\frac{z'_1}{r_1}$, lesquelles sont individuellement très petites de l'ordre tang X ou sin ξ, parce que le point d'incidence est nécessairement pris sur le segment sphérique.

Or les relations ci-dessus posées donnent

$$y'_1 - y_1 = \delta' \sin v' - \delta \sin v, \qquad z'_1 - z_1 = \delta' \cos v' - \delta \cos v,$$

ou, en mettant pour δ' et δ, leurs expressions en tang X et tang X′, tirées respectivement du cône auquel elles appartiennent

$$y'_1 - y_1 = (x'_1 - a)\sin v' \,\text{tang}\, X' - (x_1 - a)\sin v \,\text{tang}\, X,$$
$$z'_1 - z_1 = (x'_1 - a)\cos v' \,\text{tang}\, X' - (x_1 - a)\cos v \,\text{tang}\, X;$$

si l'on substitue ces valeurs dans le second membre de l'équation précédente, comme tous les termes qui suivent $x_1 - a$ les contiennent en facteurs, on aura nécessairement un résultat de cette forme

$$x'_1 - a = x_1 - a - (x'_1 - a)\left[\,\text{M}\sin v' + \text{N}\cos v'\,\right]\text{tang}\, X'$$
$$+ (x_1 - a)\left[\,\text{M}\sin v + \text{N}\cos v\,\right]\text{tang}\, X,$$

M et N étant des quantités très petites du premier ordre et des ordres supérieurs. De là on tire, quel que soit a,

$$\frac{x'_i - a}{x_i - a} = \frac{1 + (M \sin v + N \cos v) \tang X}{1 + (M \sin v' + N \cos v') \tang X'}.$$

La limitation d'amplitude, donnée à la radiation, rend tang X et tang X', toujours très petits tous deux, et de même ordre que les premiers termes de M et de N; les facteurs trigonométriques qui affectent ces dernières quantités ne peuvent d'ailleurs que les affaiblir. Ainsi tous les produits qui s'ajoutent à l'unité, dans le numérateur du second membre et dans son dénominateur, sont très petits du second ordre; d'où il suit que le rapport $\frac{x'_i - a}{x_i - a}$ ne diffère lui-même de l'unité que par des quantités de cet ordre, quelles que soient les distances $x_i - a$, et $x'_i - a$ elles-mêmes; c'est-à-dire quelle que soit la proximité plus ou moins grande des points rayonnants, au-devant de la surface sphérique, pourvu que l'amplitude de la radiation soit coniquement limitée comme nous en sommes convenus.

39. Prenons maintenant les expressions de cos Y et cos Z relatives à notre second point d'incidence dont les ordonnées sont y'_i et z'_i. Le rayon incident auquel elles appartiennent, satisfaisant aux conditions d'admissibilité, ces expressions seront assujéties aux limitations du § 36. Ainsi, en les affectant d'un accent, pour les distinguer, elles seront

$$\cos Y' = \frac{y'_i - b}{x'_i - a}, \qquad \cos Z' = \frac{z'_i - c}{x'_i - a}.$$

Par les limitations que nous avons données à la radiation, $y'_i - b$ et $z'_i - c$ sont toutes deux très petites du premier ordre relativement à $x'_i - a$. Elles seront donc aussi de ce même ordre relativement à $x_i - a$, dont la proportion à $x'_i - a$ ne diffère de l'unité que par des quantités du second ordre; maintenant mettons ces cosinus sous la forme équivalente

$$\cos Y' = \frac{y'_i - b}{x_i - a}\left(\frac{x_i - a}{x'_i - a}\right), \qquad \cos Z' = \frac{z'_i - c}{x_i - a}\left(\frac{x_i - a}{x'_i - a}\right),$$

les premiers facteurs de ces expressions seront encore du pre-
mier ordre de petitesse. Or le rapport $\dfrac{x_i - a}{x'_i - a}$ qui les multiplie,
ne diffère de l'unité que par des quantités du second ordre. Donc,
ces quantités, si on les conservait, n'ajouteraient aux premiers facteurs que des termes du troisième ordre que nous négligeons.
Ainsi, pour rester dans les limites convenues de notre approximation, il faut prendre

$$\cos Y' = \frac{y'_i - b}{x_i - a}; \qquad \cos Z' = \frac{z'_i - c}{x_i - a}.$$

Le dénominateur de ces expressions se trouve alors le même
pour tous les rayons lumineux compris dans le même cône de radiation admissible; en sorte que les petites inégalités d'abscisse de
leurs points d'incidence n'y influent que pour des quantités négligeables. Et ce résultat est vrai, quel que puisse être $x_i - a$, c'est-
à-dire quelle que soit la distance, grande ou petite, du point d'incidence au plan perpendiculaire à l'axe central, mené par le point
rayonnant. Mais cela n'a lieu évidemment qu'à cause des limites
d'amplitude dans lesquelles la radiation incidente est restreinte;
limites nécessaires pour que les angles X formés par les rayons incidents avec l'axe central, aient le degré de petitesse que leur
supposent les équations approchées (1), page 379.

40. Cette restriction des angles X, comme on l'a vu dans le
§ 34, exige deux conditions indispensables. La première, c'est que
le point rayonnant soit intérieur au cône enveloppe VLLV de
la *fig.* 30; parce que tout point existant hors de cet espace ne
peut envoyer au segment sphérique que des rayons formant avec
l'axe central un angle plus grand que la limite (X). La seconde,
c'est que les points d'incidence des rayons admis sur le segment,
soient compris dans l'intérieur d'un autre cône, décrit du point
rayonnant comme centre, autour d'une droite parallèle à l'axe
central, avec des génératrices inclinées sur cette droite du même
angle (X). Or, quand le point rayonnant se trouve compris dans
l'espace conique intérieur USU de la *fig.* 30, non-seulement il

satisfait à la première de ces conditions, mais en outre tous les rayons qu'il peut envoyer au segment sphérique satisfont à la seconde sans qu'il soit besoin de les limiter ; de sorte que l'abscisse d'incidence d'un quelconque d'entre eux peut être employée pour calculer $x_1 - a$ dans les expressions de $\cos Y$ et $\cos Z$ qui leur appartiennent. On peut donc alors prendre pour x_1 l'abscisse d'incidence du rayon qui perce le segment sphérique à son centre de figure même, en A_1, ce qui donne $x_1 = a_1 + r_1$, et par suite $x_1 - a = a_1 + r_1 - a$. Faisant donc, par abréviation,

$$(x)_1 = a_1 + r_1 ; \qquad (x)_1 - a = a_1 + r_1 - a = (\Delta),$$

on aura pour tous ces pinceaux, *à radiation complète*,

$$\cos Y = \frac{y_1 - b}{(\Delta)} ; \qquad\qquad \cos Z = \frac{z_1 - b}{(\Delta)}.$$

L'espace conique USU, de l'intérieur duquel ils émanent, commence sur l'axe central même, au point S, dont la distance au centre de figure du segment sphérique est $\dfrac{\lambda_1}{\tang(X)} + r_1 - \left[r_1^2 - \lambda_1^2 \right]^{\frac{1}{2}}$, λ_1 étant le demi-diamètre d'ouverture donné à ce segment. Comme $\dfrac{\lambda_1}{r_1}$ doit toujours être une petite fraction dans les instruments réels, le radical peut se développer en une série rapidement convergente suivant les puissances de cette fraction. Et alors l'expression précédente de $A_1 S$ devient

$$\frac{\lambda_1}{\tang(X)} + \lambda_1 \left[\tfrac{1}{2} \left(\frac{\lambda_1}{r_1} \right) + \tfrac{1}{8} \left(\frac{\lambda_1}{r_1} \right)^3 \dots \ \text{etc.} \right].$$

Mais les expressions de $\cos Y$ et $\cos Z$, appartenant aux rayons admissibles, pourront encore être calculées avec le dénominateur constant (Δ), dans des circonstances bien plus étendues. Car cela aura lieu toutes les fois que le point rayonnant pourra envoyer au centre de figure du segment sphérique un rayon compris dans l'amplitude d'admissibilité, ce qui n'exige pas que la radiation admissible couvre la superficie entière de ce segment, comme nous le supposions tout-à-l'heure. En effet, un des rayons admissibles atteignant le centre de figure du segment, $x_i - a$ deviendra égal à (Δ) pour ce rayon-là ; ce qui permettra de lui donner cette même valeur dans le calcul de $\cos Y$ et $\cos Z$ pour tous les autres rayons du pinceau admissible, d'après ce que nous avons tout-à-l'heure démontré. Les points rayonnants auxquels cette extension s'appliquera seront compris dans un nouveau cône droit $V'A_iV'$, *fig.* 30, lequel sera semblable à USU, et décrit comme lui autour de l'axe central sous l'angle limite (X). Mais il aura son centre au centre de figure A_i du segment; de sorte qu'il renfermera dans son intérieur l'espace conique USU, qui est le lieu des points dont la radiation est complétement admissible. Ainsi, généralement, pour tous les points rayonnants compris dans le nouveau cône $V'A_iV'$, quelque proches qu'ils puissent être du segment sphérique, les valeurs de $\cos Y$ et de $\cos Z$, appartenant aux rayons admissibles, pourront être calculées avec le dénominateur (Δ) qui exprime seulement la distance du centre de figure de ce segment à la projection du point sur l'axe central ; et, en agissant ainsi, elles ne seront fautives que dans des termes de l'ordre $\sin^3 X$. La surface externe de ce cône, déterminée par les génératrices $V'AV'$, est le lieu des points rayonnants dont la radiation, restreinte dans leur cône limite propre, atteint précisément le centre de figure A_i du segment sphérique, quelle que soit d'ailleurs l'étendue plus ou moins grande qu'elle occupe sur les portions du segment plus voisines des bords.

Pour tous les autres points situés entre le cône $V'A_iV'$, et le cône enveloppe VLLV, ils ne peuvent envoyer au centre de figure du segment sphérique aucun rayon qui satisfasse aux conditions d'admissibilité, quoiqu'ils puissent en envoyer de tels à des portions du segment plus rapprochées de ses bords. Ainsi, en leur appliquant les expressions réduites de $\cos Y$ et $\cos Z$, il faudra y considérer x_i, dans le dénominateur $x_i - a$, comme désignant l'abscisse d'incidence d'un quelconque des rayons qui composent le pinceau admissible de chacun d'eux. Donc si l'on désigne généralement ce dénominateur par Δ, on aura pour tous les pinceaux admissibles, de quelque point qu'ils partent,

$$x_{,} - a = \Delta ; \qquad \cos Y = \frac{y_{,} - b}{\Delta} ; \qquad \cos Z = \frac{z_{,} - c}{\Delta} ;$$

Δ devant être supposé commun à tous les rayons admissibles de chaque pinceau, mais variable d'un pinceau à un autre quand ils n'ont pas de rayon admissible qui leur soit commun.

Les distinctions précédentes sont nécessitées par la présence des numérateurs $y_{,} - b$, $z_{,} - c$, qui pourraient devenir très grands et même infinis, comparativement à (Δ), quoiqu'ils soient encore très petits par rapport à Δ, si le point rayonnant s'approchait à de très petites distances du segment sphérique sans être compris dans le cône V'A'V'; de sorte que l'emploi du dénominateur (Δ) au lieu de Δ, dans de telles circonstances, rendrait très grandes, ou même infinies, les expressions de $\cos Y$, $\cos Z$, qui doivent toujours rester très petites selon nos conventions, pour que les équations approchées (1), page 379, puissent être appliquées.

41. Les expressions de $\cos Y$ et de $\cos Z$, se trouvant ainsi maintenues dans les limites exigées de petitesse, quelle que soit la position du point rayonnant duquel émanent les pinceaux reconnus admissibles, je les introduis dans les équations approchées (1) du § 29, qui donnent $\cos Y_{,}$, $\cos Z_{,}$; et il en résulte

$$(1) \quad \left\{ \begin{aligned} u_{,} \cos Y_{,} &= - \frac{bu}{\Delta} + \left(\frac{u_{,} - u}{r_{,}} + \frac{u}{\Delta} \right) y_{,}, \\[2mm] u_{,} \cos Z_{,} &= - \frac{cu}{\Delta} + \left(\frac{u_{,} - u}{r_{,}} + \frac{u}{\Delta} \right) z_{,}. \end{aligned} \right.$$

Lorsqu'un rayon incident, parti du point donné, aura été reçu par le segment sphérique dans le point d'incidence dont les ordonnées latérales sont $y_{,}$, $z_{,}$, ces équations feront connaître la direction qu'il prend dans le milieu postérieur, pourvu toutefois que le point d'incidence soit compris dans l'espace d'admissibilité spécifié plus haut.

En supposant ces conditions remplies, je dis que, dans les limites de notre approximation actuelle, *tous les rayons qui composent le pinceau admissible se coupent mutuellement après avoir subi l'action de la surface sphérique, et se coupent tous en un point unique qui est leur foyer commun.*

Pour le prouver, je forme les équations d'un quelconque de ces rayons dérivés, dont x_i, y_i, z_i soient les coordonnées d'incidence. En désignant par x, y, z, ses coordonnées courantes, ces équations seront généralement

$$y - y_i = (x - x_i)\frac{\cos Y_i}{\cos X_i}; \qquad z - z_i = (x - x_i)\frac{\cos Z_i}{\cos X_i}.$$

Mais ici, comme dans le § 30, elles peuvent être simplifiées. En effet, $\cos Y$ et $\cos Z$ étant toujours rendus très petits du premier ordre, par les limitations d'amplitude dans lesquelles nous avons restreint le pinceau incident, $\cos Y_i$ et $\cos Z_i$ se trouvent aussi de cet ordre dans les équations (1). Nous pouvons donc, comme nous l'avons fait alors, remplacer le facteur $\dfrac{1}{\cos X_i}$ par l'unité, dans les seconds membres, puisque son développement en série ne pourrait leur ajouter que des termes du troisième ordre que nous négligeons. Nous aurons ainsi, dans les limites de notre approximation actuelle,

$$y - y_i = (x - x_i)\cos Y_i; \qquad z - z_i = (x - x_i)\cos Z_i;$$

par le même motif, nous pourrions encore, comme dans le § 30, remplacer x_i par l'abscisse centrale $a_i + r_i$ ou $(x)_i$, dans le facteur $x - x_i$. Car la différence $(x)_i - x_i$, étant toujours du second ordre de petitesse, ne donnera ainsi que des produits du troisième quand elle sera multipliée par $\cos Y_i$ ou $\cos Z_i$. Mais, puisqu'ici les valeurs de x_i ne doivent varier que dans la petite amplitude d'incidence propre au pinceau limité que nous considérons, il sera plus commode, pour l'interprétation des résultats, de conserver provisoirement cette lettre, comme exprimant l'abscisse d'incidence d'un quelconque des rayons du pinceau; et cela sera évidemment aussi légitime.

Il ne nous reste donc qu'à substituer les expressions limitées (1), de cos Y_1 et de cos Z_1, dans les équations courantes du rayon dont nous suivons la marche. On a ainsi

$$u_1(y - y_1) = (x - x_1)\left[- \frac{bu}{\Delta} + \left(\frac{u_1 - u}{r_1} + \frac{u}{\Delta} \right) y_1 \right],$$

$$u_1(z - z_1) = (x - x_1)\left[- \frac{cu}{\Delta} + \left(\frac{u_1 - u}{r_1} + \frac{u}{\Delta} \right) z_1 \right].$$

Ce rayon se trouve ici spécifié par ses coordonnées d'incidence x_1, y_1, z_1. Maintenant désignons par x'_1, y'_1, z'_1, les coordonnées d'incidence analogues, pour un autre rayon appartenant au même pinceau, et satisfaisant aussi aux conditions d'admissibilité. x'_1 pourra être encore remplacé par x_1 dans ses équations courantes ; et ainsi elles seront

$$u_1(y - y'_1) = (x - x_1)\left[- \frac{bu}{\Delta} + \left(\frac{u_1 - u}{r_1} + \frac{u}{\Delta} \right) y'_1 \right],$$

$$u_1(z - z'_1) = (x - x_1)\left[- \frac{cu}{\Delta} + \left(\frac{u_1 - u}{r_1} + \frac{u}{\Delta} \right) z'_1 \right].$$

x, y, z représentant les coordonnées courantes qui lui sont propres.

Maintenant, pour prouver que celui-ci coupe le précédent, je suppose les y communs dans les deux projections en x, y; et les z communs dans les deux projections en x, z. Puis je cherche l'abscisse x d'intersection pour chaque système. Alors $y'_1 - y_1$ disparaît dans la première de ces opérations, $z'_1 - z_1$, dans la seconde ; et l'une comme l'autre donnent pour résultat

$$u_1 = (x_1 - x)\left(\frac{u_1 - u}{r_1} + \frac{u}{\Delta} \right),$$

ce qui équivaut à
$$\frac{u_1}{x_1 - x} = \frac{u_1 - u}{r_1} + \frac{u}{\Delta}.$$

L'abscisse x, ainsi déterminée, est donc telle qu'elle assigne aux deux rayons réfractés le même y et le même z. Ces trois coordonnées donnent donc alors un point commun aux deux rayons considérés.

Or, en vertu des limitations d'amplitude fixées au pinceau incident, ces deux rayons ne s'y trouvaient distingués de tous les autres que par leurs ordonnées latérales d'incidence y_i, z_i, y'_i, z'_i, lesquelles ne se trouvent plus dans la valeur de x, ou de $x_i - x$, que nous venons d'obtenir. Maintenant ces caractères de spécification n'entrent pas non plus dans les deux autres coordonnées y_f, z_f du point où les rayons considérés s'entrecoupaient. Car, en cherchant celles-ci sur les projections de l'un ou de l'autre, en y introduisant cette valeur spéciale de x, que je désigne par x_f, les ordonnées latérales d'incidence disparaissent aussi d'elles-mêmes; et l'on a en résultat

$$\frac{u_i}{x_i - x_f} = \frac{u_i - u}{r_i} + \frac{u}{\Delta}; \quad u_i y_f = \frac{bu}{\Delta}(x_i - x_f); \quad u_i z_f = \frac{cu}{\Delta}(x_i - x);$$

on arrivera donc toujours à ces mêmes valeurs de x_f, y_f, z_f, quels que soient les rayons du pinceau incident que l'on considère, pourvu qu'ils satisfassent aux conditions d'admissibilité que nous leur avons assignées généralement. Ainsi, *sous ces conditions*, les rayons réfractés qui en dérivent, se couperont tous au point dont les coordonnées x_f, y_f, z_f ont les valeurs que nous venons d'obtenir; et ce point sera le foyer correspondant à la position donnée du point rayonnant, pour toute la portion de sa radiation dont l'incidence peut être admise.

Ces expressions donnent $\frac{z_f}{y_f}$ égal à $\frac{c}{b}$, il en résulte donc que le foyer se forme dans le plan mené par le point rayonnant et par l'axe central du segment sphérique.

42. En établissant ces calculs relatifs aux pinceaux incidents coniques, sur les particularités de la *fig.* 3o, prise pour type du raisonnement, la vitesse d'incidence u, et la distance Δ, se trouvaient représentées toutes deux comme positives, dans l'observation des objets réels. Alors, les rayons lumineux arrivent à la surface d'incidence en *divergeant* à partir du point *réel* dont ils émanent. Mais, dans la généralité algébrique de nos formules, on pourrait aussi concevoir Δ, ou $x_i - a$, négatif, u restant toujours positif. Alors les rayons lumineux arriveront à la surface d'incidence *en convergeant* vers un point *idéal*, ou géométrique, situé au-delà de cette surface à la distance $- \Delta$. Or il faut toujours admettre la possibilité de cette double interprétation, tout en continuant de raisonner sur la première, comme type des calculs. Et toutes les conditions de limitation que nous avons établies pour la radiation divergente du point rayonnant réel, s'appliqueront à la radiation convergente du point rayonnant idéal.

43. Puisque les expressions de cos Y et cos Z employées dans nos formules s'appliquent à toutes les distances, grandes ou petites, du point rayonnant, au segment sphérique, faisons Δ nul, ce qui mettra ce point dans le segment même. Alors, dans l'équation qui détermine $x_i - x_f$, $\dfrac{u}{\Delta}$ deviendra infini, ce qui exigera que $x_i - x_f$ soit nul comme Δ pour maintenir l'égalité. Quant aux deux autres coordonnées y_f, z_f, pour voir ce qu'elles deviennent dans cette circonstance, il faut d'abord en chasser $x_i - x_f$ par son expression générale en Δ, et faire ensuite partir Δ des dénominateurs, ce qui donne

$$y_f = \frac{bu}{(u_i - u)\dfrac{\Delta}{r_i} + u}\; ; \qquad z_f = \frac{cu}{(u_i - u)\dfrac{\Delta}{r_i} + u}.$$

Supposant alors Δ nul, y_f devient égal à b, z_f à c; et comme on a déjà $x_f = x_i = a$, le foyer se trouve coïncider avec le point rayonnant. Cela devait évidemment arriver ainsi, en supposant les formules exactes; mais cette épreuve donne une vérification utile de leur généralité, résultante des limites d'amplitude imposées à la radiation. Sans cette précaution, il eût été impossible d'étendre les mêmes formules à des points rayonnants indéfiniment voisins, ou éloignés, *de la même surface d'incidence*; parce que l'amplitude de la radiation étant laissée indéfinie, comme elle a lieu naturellement, il y a une limite de proximité en-deçà de laquelle les points rayonnants, même très rapprochés de l'axe central, envoient au segment sphérique des rayons dont l'inclinaison sur cet axe excède nécessairement les limites de petitesse que notre approximation suppose aux angles X.

44. Par le point rayonnant, menons une droite au centre de figure du segment sphérique : une telle droite s'appelle généralement l'*axe du pinceau incident*. Cette dénomination lui conviendrait en effet toujours, si l'on pouvait permettre à tous les points rayonnants l'amplitude indéfinie de leur radiation naturelle. Mais, quand on restreint cette amplitude à de certaines limites d'inclinaison sur l'axe central, comme l'exactitude de notre approximation l'exige, la droite ainsi menée ne réalise physiquement l'idée d'axe, que pour les seuls points rayonnants compris dans le cône USU de la *fig.* 3o, parce que ce sont les seuls dont la radiation admissible couvre toute la superficie du segment sphérique. Néanmoins, l'usage ayant prévalu de donner toujours à cette droite le nom d'axe, je m'y conformerai. Seulement je lui appliquerai la qualification d'*axe géométrique*, pour rappeler qu'elle n'est pas toujours l'axe physique réel du pinceau admis, et qu'elle peut même n'être pas comprise parmi ses rayons.

45. Si le point rayonnant est compris dans l'intérieur du cône V'A,V' de la *fig.* 3o, la superficie d'incidence admissible atteindra ou dépassera le centre de figure du segment sphérique, § 40. L'axe géométrique coïncidera donc alors avec un des rayons admis du pinceau ; de sorte qu'après avoir subi l'action, soit réfringente, soit réfléchissante du segment, il ira concourir au foyer commun. Mais cela n'aura pas lieu si la superficie d'incidence admissible n'atteint pas le centre de figure du segment ; c'est-à-dire si le point rayonnant est situé hors du cône intérieur V'A,V' ; et il serait facile de le constater par le calcul.

46. Cette condition de concours est toujours remplie par les pinceaux incidents, qui, étant totalement composés de rayons admissibles, par leur peu d'inclinaison sur l'axe central, émanent de points dont la distance au segment sphérique peut être considérée comme très grande, ou infiniment grande relativement à ses dimensions. En effet, par un tel éloignement de leurs sommets, comparativement à leur base, les pinceaux incidents dégénèrent en cylindres, individuellement composés de rayons parallèles, et que

nous spécifions par le nom de faisceaux. Les conditions de leur admissibilité se réduisent alors à ce que l'inclinaison commune de leurs éléments sur l'axe central n'excède pas l'angle limite (X). Cela oblige seulement les points rayonnants dont ils émanent à se trouver compris dans l'intérieur du cône enveloppe VLLV, de la *fig.* 3o; lequel, pour ce grand éloignement, se confond avec les cônes intérieurs V'A$_1$V' et USU. Par suite de ces circonstances, tout faisceau, assez peu oblique sur l'axe central pour être admissible, l'est sur la surface totale du segment sphérique d'incidence. Et alors, son axe géométrique étant lui-même un des rayons incidents qui satisfont à la condition d'admissibilité, il va comme tous les autres, après la réfraction, concourir au foyer commun avec eux.

Aussi la supposition de $x_1 - a$, ou Δ, infini, étant introduite dans nos formules actuelles, relatives aux pinceaux coniques spécifiés admissibles, reproduit-elle tous les résultats que nous avions d'abord obtenus pour les faisceaux en les considérant directement § 31. En effet, nous trouvons ici pour les coordonnées focales d'un pinceau quelconque :

$$\frac{u_1}{x_1 - x_j} = \frac{u_1 - u}{r_1} + \frac{u}{\Delta}; \qquad u_1 y_j = \frac{bu}{\Delta}(x_1 - x_j); \qquad u_1 z_j = \frac{cu}{\Delta}(x_1 - x_j).$$

Faisant d'abord Δ infini dans la première, le terme divisé par cette quantité disparaît; et en désignant par x_v la valeur particulière qui en résulte, puis remplaçant x_1 par $(x)_1$ dans le premier membre, comme nous pouvons le faire dans les conditions de notre approximation, il reste

$$\frac{u_1}{(x)_1 - x_v} = \frac{u_1 - u}{r_1};$$

ce qui est précisément le résultat trouvé § 31. Pour avoir ensuite y_j et z_j, il faut modifier convenablement à ce cas les expressions générales

$$\cos Y = \frac{y_1 - b}{x_1 - a}; \qquad \cos Z = \frac{z_1 - c}{x_1 - a};$$

qui s'appliquent généralement à tous les pinceaux admissibles. Car, dans les cas que nous voulons considérer ici, $x_1 - a$, ou Δ, devenant infini aux dénominateurs, on voit que b et c doivent devenir aussi infinis du même ordre, pour que $\cos Y$ et $\cos Z$ puissent embrasser encore la très petite amplitude de valeurs que permettent les conditions d'admissibilité. Les ordonnées y_1, z_1 qui dépendent des dimensions absolues du segment sphérique disparaissent alors sous l'influence du dénominateur infini Δ; et il reste seulement

$$\cos Y = -\frac{b}{\Delta}; \qquad \cos Z = -\frac{c}{\Delta};$$

remplaçant donc les rapports $\dfrac{b}{\Delta}, \dfrac{c}{\Delta}$, par ces valeurs, dans les expressions générales de y_f, z_f, en les associant à la valeur spéciale de x_f, qui coexiste avec eux, et que nous avons désignée par x_r, on a pour résultat

$$u_1 y_1 = -u\left[(x)_1 - x_r\right]\cos Y; \qquad u_1 z_1 = -u\left[(x)_1 - x_r\right]\cos Z;$$

précisément comme nous l'avons trouvé par le calcul direct dans le § 34.

47. L'abscisse focale x_r, étant indépendante des angles Y et Z qui déterminent la direction primitive du faisceau incident, nous en avons conclu que tous les faisceaux assez peu inclinés sur l'axe central pour satisfaire aux conditions d'admissibilité, ont leurs foyers dans un même plan perpendiculaire à l'axe central et mené à la distance $(x)_1 - x_r$ du centre de figure du segment sphérique. L'expression générale de x_r ne dépendant que de x_1, et de Δ ou $x_1 - a$, établit une relation analogue entre les foyers de tous les pinceaux qui ont a et x_1 communs, c'est-à-dire qui partent de points rayonnants situés dans un même plan perpendiculaire à l'axe central, et qui ont un point commun dans leur superficie d'incidence admissible. Pour réaliser ce résultat par une construction qui le rende sensible, choisissons, sur le segment sphérique qui reçoit les rayons lumineux, un point quelconque d'incidence dont l'abscisse soit x_1. Puis, de ce point comme centre, décrivons un cône ayant pour axe

une droite parallèle à l'axe central, et dont les génératrices forment, avec cette droite, l'angle limite (X). La nappe de ce cône qui s'étend dans le milieu antérieur, contiendra tous les points rayonnants qui peuvent envoyer un rayon admissible au point d'incidence choisi sur le segment. Si on la coupe par un plan perpendiculaire à l'axe central, à une distance quelconque $x_1 - a$ du centre du cône, $x_1 - a$ sera constant pour tous les points compris dans le cercle d'intersection. Donc $x_1 - x_{\prime}$ sera aussi constant pour ces mêmes points d'après l'équation; c'est-à-dire que leurs foyers se formeront aussi dans un même plan perpendiculaire à l'axe central et à la même distance $x_1 - x_{\prime}$ du centre du cône.

Choisissons ainsi pour point d'incidence le centre de figure même du segment sphérique, x_1 deviendra $(x)_1$; et le cône limite sera celui qui est désigné par V'A,V' dans la *fig*. 3o. Si on le coupe par un plan perpendiculaire à l'axe central mene en avant de son centre A,, à une distance quelconque exprimée par $(x)_1 - a$, tous les points compris dans le cercle d'intersection auront un *plan focal* commun, qui sera pareillement perpendiculaire à l'axe central; et cela aura lieu ainsi, quelque petite ou grande que puisse être la distance $(x)_1 - a$. Si on la suppose infinie, les points rayonnants compris dans le cercle d'intersection donnent des faisceaux à rayons parallèles, et l'on rentre dans le cas particulier considéré § 31. En effet, comme nous l'avons remarqué déjà, à cette distance infinie les dimensions du segment sphérique deviennent insensibles, et les cônes limites V'A,V', USU, se confondent avec le cône enveloppe VLLV.

Équations qui déterminent la marche d'un rayon lumineux à travers un nombre quelconque de surfaces sphériques réfringentes ou réfléchissantes, assemblées sur un même axe, lorsque les incidences du rayon sur les surfaces et ses inclinaisons sur l'axe central sont supposées très petites.

48. Ayant ainsi fixé avec précision tous les détails de l'action d'une seule surface sphérique sur les rayons lumineux qu'elle réfracte ou qu'elle réfléchit, dans les conditions assignées d'admissibilité, nous n'aurons aucune difficulté pour suivre la marche de

ces rayons à travers un nombre quelconque de pareilles surfaces assemblées sur un même axe central.

Concevons d'abord une deuxième surface, réfringente ou réfléchissante, placée ainsi à une certaine distance au-delà de la première. Le point focal de la première réfraction ou de la première réflexion deviendra, pour cette surface, un point rayonnant dont la radiation ne diffère de celle d'un point lumineux naturel, qu'en ce qu'elle se trouvera comprise dans une certaine amplitude conique, limitée par l'ouverture réelle de la première surface, ou par l'amincissement qui aura pu être primitivement imprimé aux pinceaux incidents pour maintenir leurs rayons dans les conditions d'admissibilité. Donc, si la distance du point focal à l'axe central, et l'inclinaison de ses rayons sur cet axe, sont tels qu'ils puissent rencontrer la deuxième surface dans les conditions d'admissibilité que notre approximation exige, ils seront encore dirigés par elle vers un foyer unique, lequel pourra de même en produire un troisième, par l'action d'une troisième surface, et ainsi de suite, indéfiniment. Chacun de ces foyers étant dans le plan mené par le foyer précédent et par l'axe central des surfaces, que nous supposons le même pour toutes, ils seront tous compris dans le plan ainsi mené par le point rayonnant primitif. Cette dérivation successive exigera seulement que, dans toutes les incidences des rayons sur les surfaces considérées, les angles X_i et ξ_i, propres à chacune d'elles, soient toujours restreints dans les limites de petitesse que nos formules approchées supposent. Ceci ne pourra avoir lieu, en général, qu'autant que les angles primitifs X et ξ seront d'autant plus petits que les surfaces successives seront plus distantes les unes des autres. Ces conséquences évidentes de nos premiers résultats se vérifieront en effet dans les calculs qui vont suivre, lorsque nous les aurons étendus à un nombre quelconque de surfaces sphériques disposées consécutivement sur un même axe, comme cela a lieu dans les instruments d'optique, et comme nous l'avons aussi supposé dans les formules mêmes.

49. Pour cela, considérons d'abord une deuxième surface, réfringente ou réfléchissante, dont r_i soit le rayon de courbure, et qui ait son centre placé sur l'axe des x à une distance de l'origine égale à a_i, conformément aux dénominations que nous avons déjà employées. Pour cette surface, les angles d'incidence X, Y, Z, deviendront X_i, Y_i, Z_i, puisqu'ils appartiennent aux rayons lumineux que la première a réfractés ou réfléchis. Sans spécifier le foyer d'où ces rayons émanent, nous savons que leur inclinaison X_i sur l'axe des x, a le degré de petitesse exigé par notre approximation, puisque les expressions de X_i, Y_i, Z_i et X, Y, Z, ont été déduites de cette condition même. Il faut maintenant les conduire jusqu'à la nouvelle surface, et déterminer les coordonnées x_2, y_2, z_2 du point où ils la rencontrent. Mais, pour que ces valeurs puissent entrer dans nos formules approchées, il faudra que, sur la nouvelle surface, l'angle ξ_1, analogue à ξ, que ces nouvelles coordonnées déterminent, rentre dans les limites de petitesse que nous supposons ; car en désignant par α_i un angle auxiliaire et arbitraire analogue à α du § **27**, on aura généralement, sur la nouvelle surface,

$$x_2 = a_2 + r_2 - r_2 \sin^2 \tfrac{1}{2}\xi_1 ; \qquad y_2 = r_2 \sin\alpha_1 \sin\xi_1 ; \qquad z_2 = r_2 \cos\alpha_1 \sin\xi$$

On voit, par ces expressions mêmes, que la petitesse de l'angle ξ_1 entraîne celles de y_2 et de z_2, comme aussi elle peut inversement en résulter. Or, on parviendra à limiter ces coordonnées latérales, autant qu'on le voudra, en rétrécissant l'ouverture physique de la nouvelle surface par des diaphragmes circulaires de plus en plus étroits ; et l'on connaîtra le degré indispensable de ce rétrécissement par la condition même d'obtenir, à travers l'instrument, des images suffisamment nettes des objets, placées dans les situations que le calcul approché indique. Nous pouvons donc toujours supposer cette condition remplie ainsi, autant que nos formules actuelles l'exigent. Alors ξ_1 étant devenu du même ordre de petitesse que nous avons donné à ξ et à X, pour la première surface, l'abscisse x_2 d'un point quelconque d'incidence sur la seconde surface, ne différera de l'abscisse centrale $a_2 + r_2$ ou $(x)_2$ que par la quantité du second ordre $r_2 \sin^2 \tfrac{1}{2}\xi_1$; de sorte que si cette quantité disparaissait, ou était négligeable dans quelque résultat de calcul, l'abscisse x_2 s'y trouverait remplacée par $(x)_2$, comme si la surface était exactement plane. En outre, la limitation de ξ_i, jointe à celle de X_i, précédemment établie pour tous les rayons dont on doit suivre la marche, restreindra au même ordre de petitesse leurs angles d'incidence et de réfraction V_i, V'_i, sur la nouvelle surface, comme ils l'étaient sur la première par les conditions analogues, ainsi qu'on l'a vu, § 29. De sorte que les équations approchées (1) que nous avions obtenues alors pour cette première surface, page 379, s'appliqueront ici à la seconde, avec le même degré d'approximation, en augmentant d'une unité tous les indices des quantités qu'elles contiennent. Ainsi, en nommant X_2, Y_2, Z_2 les angles formés avec les axes coordonnés, postérieurement à l'action de la seconde surface, par le rayon admissible quelconque auquel X_i, Y_i, Z_i appartenaient, nous aurons

$$(2) \quad \begin{cases} u_2 \cos Y_2 = u_1 \cos Y_1 + (u_2 - u_1)\dfrac{y_2}{r_2}, \\[2mm] u_2 \cos Z_2 = u_1 \cos Z_1 + (u_2 - u_1)\dfrac{z_2}{r_2}. \end{cases}$$

Il serait inutile de chercher à développer de même l'équation rigoureuse relative à l'angle X_2, puisque l'on aura toujours

$$\cos^2 X_2 + \cos^2 Y_2 + \cos^2 Z_2 = 1,$$

par conséquent, $\sin^2 X_2 = \cos^2 Y_2 + \cos^2 Z_2$;

ce qui permettra de calculer $\sin X_2$ quand $\cos Y_2$ et $\cos Z_2$ seront connus. Et l'on voit que, d'après la limitation assurée à ces derniers cosinus, l'angle X_2 se trouvera naturellement du même ordre de petitesse que l'angle primitif X.

80. Il nous reste donc uniquement à former les nouvelles coordonnées d'incidence y_2, z_2, en restant dans les mêmes limites d'approximation. Pour cela, je considère un quelconque des rayons admissibles, qui a subi l'action de la première surface et qui se dirige vers la deuxième. Un tel rayon part nécessairement d'un point d'incidence antérieur, ayant pour coordonnées x_1, y_1, z_1; et il forme les angles X_1, Y_1, Z_1 avec les trois axes coordonnés,

dans le deuxième milieu, où il se trouve actuellement. Ainsi, en
désignant par x, y, z ses coordonnées courantes, les équations
qui expriment sa marche seront généralement

$$y - y_1 = (x - x_1)\frac{\cos Y_1}{\cos X_1}; \qquad z - z_1 = (x - x_1)\frac{\cos Z_1}{\cos X_1};$$

mais nous avons reconnu, page 401, que, pour nos limites d'éva-
luation de $\cos Y_1$ et de $\cos Z_1$, il faut remplacer le facteur $\dfrac{1}{\cos X_1}$ par
l'unité dans les seconds membres de ces équations. Cette simplifica-
tion faite, si nous voulons obtenir les ordonnées latérales y_2, z_2, du
point où le rayon rencontre la seconde surface, il n'y a qu'à donner à l'abscisse générale x sa valeur particulière x_2 propre à ce
point, et nous aurons

$$y_2 = y_1 + (x_2 - x_1)\cos Y_1; \qquad z_2 = z_1 + (x_2 - x_1)\cos Z_1;$$

Il ne reste donc qu'à déterminer x_2, puisque x_1 est censé donné.

Généralement x_1 et x_2 ne diffèrent des abscisses centrales
$(x)_1$, $(x)_2$ que par des quantités que nous considérons ici comme
étant du second ordre de petitesse. Leur différence $x_2 - x_1$ ne diffère donc aussi que dans ce même ordre, de l'intervalle compris
entre les centres de figure des deux surfaces, intervalle que je
représenterai par h_1. Or $x_2 - x_1$ n'entre dans les expressions de
y_2 et de z_2 qu'associé aux facteurs $\cos Y_1$, $\cos Z_1$ qui la multiplient, et qui sont eux-mêmes du premier ordre. Conséquemment
il faut l'y remplacer par h_1. Car, si l'on tenait compte des quantités
du second ordre qui l'écartent de cette valeur, ces quantités, multipliées par $\cos Y_1$ ou $\cos Z_1$, produiraient des termes du troisième
dont les analogues ont été déjà négligés dans les évaluations de ces
cosinus; de sorte que leur conservation, isolée de ceux-là, serait
inexacte. Ainsi, en nous bornant aux limites déjà fixées à notre
approximation, nous devons écrire simplement

$$(x)_2 - (x)_1 = h_1; \qquad y_2 = y_1 + h_1\cos Y_1; \qquad z_2 = z_1 + h_1\cos Z_1;$$

et les valeurs de y_2, z_2, ainsi calculées, ne commenceront à être
fautives que dans les termes de l'ordre $\sin^3(X)$. Ceci est l'extension

à deux surfaces du raisonnement que nous avons fait pour une seule dans le § 50.

Pour montrer la plus grande partie des erreurs que ces expressions pourraient donner, et dont il faut par conséquent les considérer comme susceptibles, en interprétant les résultats qu'on en déduit, supposons que les deux segments sphériques limités qui sont ici offerts consécutivement au trajet des rayons lumineux, vinssent à se toucher par leurs bords, et que les ordonnées latérales d'incidence primitive, $y_{,}$, $z_{,}$, appartinssent à un rayon admissible passant par ces bords mêmes. Il est évident qu'alors, le trajet intérieur du rayon entre les deux surfaces devenant nul, on devrait avoir rigoureusement $y_{,} = y_{,}$, et $z_{,} = z_{,}$; tandis que nos équations ajouteraient $h_{,}$ cos $Y_{,}$ à la première de ces valeurs, et $h_{,}$ cos $Z_{,}$ à la seconde. Mais aussi, dans un tel cas, l'intervalle central $h_{,}$ des deux segments, devenant égal à la somme ou à la différence de leurs sinus versés, serait lui-même du second ordre de petitesse; de sorte que ses produits par cos $Y_{,}$, ou cos $Z_{,}$, seraient du troisième. Ainsi ces produits ajoutés aux valeurs rigoureuses, les altéreraient seulement dans des proportions que nous considérons comme insensibles ou négligeables dans nos calculs, et qu'il faudrait par conséquent interpréter comme telles dans les résultats, si elles venaient à s'y présenter; sauf à reprendre et à pousser plus loin toutes les parties de l'approximation, s'il était besoin de les apprécier plus exactement.

Les expressions de cos $Y_{,}$ et de cos $Z_{,}$, qui entrent dans les valeurs approchées de $y_{,}$ et de $z_{,}$, sont données généralement par les équations (1), page 379, en fonction des éléments d'incidence sur la première surface. En les substituant ici, et dans les équations (2) que nous venons de former, on aura les angles $X_{,}$, $Y_{,}$, $Z_{,}$, produits par l'action de la deuxième surface. Rien n'empêche de procéder ainsi successivement, jusqu'à un nombre quelconque de surfaces consécutives, séparées par des milieux et des intervalles quelconques, comme l'étaient les deux premières que nous venons de considérer.

51. Or cette seule condition de dérivation successive, étant exprimée analytiquement, suffit pour découvrir et fixer tous les ré-

sultats généraux que les appareils optiques produisent, lorsque les inclinaisons des rayons sur l'axe central des surfaces, et leurs incidences sur ces surfaces, sont restreintes aux limites de petitesse que supposent les équations que nous venons de former.

Pour cela j'écris la suite de ces équations relativement à un nombre quelconque de surfaces consécutives, dont les éléments propres, ainsi que les éléments de passage de l'une à l'autre, seraient exprimés par les mêmes lettres que nous venons d'appliquer aux deux premières, en faisant croître successivement les indices d'unité en unité, jusqu'au nombre total m, égal à celui des surfaces assemblées. Seulement j'emploie les lettres h_0 au lieu de zéro, et y_0, z_0, au lieu de y_1 et z_1, en tête des colonnes des y et des z, pour conserver la continuité des dérivations. Tel est le sujet du tableau ci-joint, en regard de la page 413.

52. Lorsque les éléments d'incidence y_1, z_1, $\cos Y$, $\cos Z$, seront donnés pour la première surface de tout l'appareil, on en déduira immédiatement $\cos Y_1$, $\cos Z_1$, par les premières équations de la 2ᵉ et de la 4ᵉ colonne. Avec ces valeurs, et celle de l'intervalle h_1, les équations de la 1ʳᵉ colonne et de la 3ᵉ donneront les y_1 et z_1 d'incidence sur la deuxième surface ; après quoi les 2ᵉ et 4ᵉ colonne donneront $\cos Y_2$ et $\cos Z_2$. En procédant ainsi ultérieurement par des éliminations successives, on obtiendra évidemment y_m, z_m, $\cos Y_m$, $\cos Z_m$ pour tout nombre entier m qui sera donné. Il est également évident que les éliminations qui se rapportent au plan des xy, comme celles qui se rapportent au plan des xz, se font toujours entre les équations qui sont relatives à chacun d'eux, indépendamment de l'autre. En outre, les coefficients de ces équations sont les mêmes dans ces deux systèmes. Il s'ensuit donc que z_m et $\cos Z_m$ seront définitivement composés en z_1 et $\cos Z_1$ de même que y_m et $\cos Y_m$ le seront en y_1 et $\cos Y_1$. On voit ces calculs effectués pour deux surfaces à la suite de notre tableau.

Ces éliminations seraient fort pénibles à développer ainsi ultérieurement, et il serait difficile de découvrir les lois des coefficients auxquelles elles conduisent. Mais on peut considérablement abréger ce calcul, et faciliter l'intelligence des résultats, par diverses considérations analytiques que je vais exposer.

85. Premièrement je me borne à considérer un seul système d'équations ; ce qui suffit, puisque les résultats relatifs à l'autre pourront s'en conclure, en changeant par exemple les y en z, et les cos Y en cos Z. Ensuite, pour simplifier l'expression des éléments entre lesquels s'opère la dérivation, et rendre ainsi leurs relations plus apparentes, je fais

$$u \cos Y = \psi, \qquad \frac{u_1 - u}{r_1} = \frac{1}{\varphi_1}, \qquad \frac{h_1}{u_1} = H_1 ;$$

$$u_1 \cos Y_2 = \psi_1, \qquad \frac{u_2 - u_1}{r_2} = \frac{1}{\varphi_2}, \qquad \frac{h_2}{u_2} = H_2 ;$$

$$u_m \cos Y_m = \psi_m, \qquad \frac{u_m - u_{m-1}}{r_m} = \frac{1}{\varphi_m}, \qquad \frac{h_m}{u_m} = H_m.$$

Alors les conditions de dérivation entre ces nouvelles variables se trouvent exprimées de la manière suivante, où j'écris encore y_0 au lieu de y_1, et H, au lieu de zéro pour coefficient de ψ, dans la colonne des y, afin de conserver la continuité de succession des quantités analogues.

Numéros d'ordre des surfaces. m.	Suite des y. y_m	Suite des ψ. ψ_m
1	$y_1 = y_0 + H_0 \psi$	$\psi_1 = \psi + \dfrac{y_1}{\varphi_1}$
2	$y_2 = y_1 + H_1 \psi_1$	$\psi_2 = \psi_1 + \dfrac{y_2}{\varphi_2}$
3	$y_3 = y_2 + H_2 \psi_2$	$\psi_3 = \psi_2 + \dfrac{y_3}{\varphi_3}$
4	$y_4 = y_3 + H_3 \psi_3$	$\psi_4 = \psi_3 + \dfrac{y_4}{\varphi_4}$
»	»	»
m	$y_m = y_{m-1} + H_{m-1} \psi_{m-1}$	$\psi_m = \psi_{m-1} + \dfrac{y_m}{\varphi_m}$

Voici maintenant les *résultats* déduits immédiatement de ces équations pour les deux premières surfaces, au moyen de l'élimination directe.

Numéros d'ordre des surfaces.	Suite des y.	Suite des $\downarrow$.
1	$y_2 = y_1$	$\downarrow_2 = \downarrow_1 + \dfrac{1}{\varphi_1} y_2$
2	$y_3 = H_2 \downarrow_1 + \left(1 + \dfrac{H_2}{\varphi_1}\right) y_1$	$\downarrow_3 = \left(1 + \dfrac{H_2}{\varphi_2}\right) \downarrow_1 + \left(\dfrac{1}{\varphi_1} + \dfrac{1}{\varphi_2} + \dfrac{H_2}{\varphi_1 \varphi_2}\right) y_1$

Ces résultats s'accordent avec ceux du tableau annexé au paragraphe précédent, comme il est facile de s'en assurer, en y restituant pour les $\downarrow$, les H et les φ, leurs expressions équivalentes. Toutefois ils se présentent déjà sous un aspect plus saisissable. Mais on peut simplifier encore beaucoup le calcul des coefficients définitifs de y_1 et de $\downarrow_1$, comme aussi rendre la loi de leurs termes très manifeste, par certaines considérations qu'il me reste à développer.

54. D'après la manière dont la série de ces équations est disposée, les éliminations s'y opèrent toujours par des expressions linéaires. Les éléments primitifs d'incidence y_1, $\downarrow_1$ ne pourront donc entrer qu'au premier degré dans les valeurs finales de y_m et $\downarrow_m$. En outre, par la nature du problème physique qui nous occupe, y_m et $\downarrow_m$ doivent devenir nuls quel que soit m, lorsqu'on suppose nuls y_1 et $\downarrow_1$. Car cela revient à diriger le rayon incident primitif suivant l'axe même de toutes les surfaces, auquel cas il doit continuer de s'y mouvoir sans se dévier, quels que soient les rayons de courbure des surfaces qu'il rencontre, et de quelques milieux qu'elles soient environnées. De sorte que y_m et z_m doivent être alors toujours nuls, comme aussi $\cos Y_m$ et $\cos Z_m$. C'est en effet ce que donnent les équations successives elles-mêmes, quand on y introduit la supposition de y_1, z_1, $\cos Y_1$ et $\cos Z_1$ nuls. De là et de la forme nécessairement linéaire que doivent avoir y_m et $\downarrow_m$ en y_1 et $\downarrow_1$,

il résulte que, si l'on représente par N_m, P_m, Q_m, R_m, quatre coefficients, variables avec l'indice m, mais indépendants de ces éléments primitifs, les expressions finales de ψ_m et de y_m seront nécessairement de cette forme

$$(A) \qquad \psi_m = N_m \psi + P_m y_1 ; \qquad\qquad y_m = Q_m \psi + R_m y_1.$$

Si l'on parvient à calculer ces quatre coefficients pour un indice m donné, on n'aura qu'à y remplacer ψ, et ψ_m, par leurs expressions en $\cos Y$, $\cos Y_m$; et l'on en déduira les résultats suivants que j'applique aussi à la série des Z, avec les mêmes valeurs des coefficients N, P, Q, R, puisqu'ils seraient évidemment les mêmes pour le même indice m, si l'on opérait sur cette série. On aura donc ainsi généralement

$$u_m \cos Y_m = N_m u \cos Y + P_m y_1 ; \qquad u_m \cos Z_m = N_m u \cos Z + P_m z_1 ;$$
$$y_m = Q_m u \cos Y + R_m y_1 ; \qquad y_m = Q_m u \cos Z + R_m z_1 ,$$

les coefficients de z_1 et de $\cos Z$ dans le second système étant les mêmes que ceux de y_1 et de $\cos Y_1$, dans le premier, pour une valeur égale de l'indice m.

55. Admettons que l'on connût les expressions générales des quatre coefficients pour un indice m quelconque. Il faudra qu'en y faisant varier cet indice d'une unité, elles satisfassent au mode de dérivation que nos deux séries d'équations établissent. En appliquant ceci, par exemple, à la série des ψ et y, formée dans le paragraphe précédent, il faudra que y_m et ψ_m dépendent de y_{m-1} et ψ_{m-1}, comme cette série l'indique. Or, si l'on déduit en effet ces quatre quantités de leur expression générale supposée, et qu'on les substitue dans les dernières équations relatives à y_m et à ψ_m, la condition d'y satisfaire donne

$$Q_m \psi + R_m y_1 = Q_{m-1} \psi + R_{m-1} y_1 + H_{m-1} (N_{m-1} \psi + P_{m-1} y_1),$$
$$N_m \psi + P_m y_1 = N_{m-1} \psi + P_{m-1} y_1 + \frac{1}{\varphi_m} (Q_m \psi + R_m y_1),$$

ou, en rassemblant les termes affectés des mêmes éléments primitifs,

$$(Q_m - Q_{m-1} - H_{m-1} N_{m-1}) \psi + (R_m - R_{m-1} - H_{m-1} P_{m-1}) y_1 = 0 ;$$

$$\left(N_m - N_{m-1} - \frac{Q_m}{\varphi_m} \right) \psi + \left(P_m - P_{m-1} - \frac{R_m}{\varphi_m} \right) y_1 = 0.$$

Ces deux équations doivent se trouver identiques par la forme propre des coefficients N, P, Q, R, sans qu'il faille pour cela établir aucune relation spéciale entre les éléments primitifs γ, et ψ, lesquels doivent demeurer entièrement arbitraires. Les assemblages de termes, qui se trouvent avoir l'un ou l'autre de ces éléments pour facteurs, seront donc individuellement nuls, ce qui donne les quatre conditions suivantes :

$$
(C) \begin{cases} N_m = N_{m-1} + \dfrac{Q_m}{\varphi_m}, \\[2ex] P_m = P_{m-1} + \dfrac{R_m}{\varphi_m}, \end{cases} \qquad (C') \begin{cases} Q_m = Q_{m-1} + H_{m-1}\, N_{m-1}, \\[2ex] R_m = R_{m-1} + H_{m-1}\, P_{m-1}. \end{cases}
$$

Lorsque les quatre coefficients N, P, Q, R seront connus pour l'indice $m-1$, les équations (C') donneront Q_m et R_m. Alors, avec ceux-ci et les précédents, les équations (C) feront connaître N_m et P_m. On aura ainsi les quatre coefficients pour la valeur suivante m de l'indice, ce qui permettra d'en prolonger le calcul indéfiniment avec beaucoup plus de facilité que par l'élimination immédiate.

56. L'emploi de ces dernières expressions s'abrège encore, dans beaucoup de cas, par une relation qui les lie entre elles, et que je vais développer.

Pour cela je chasse d'abord Q_m de N_m et R_m de P_m, au moyen des équations (C'), et j'ordonne les résultats comme il suit :

$$
N_m = N_{m-1} + \frac{Q_{m-1}}{\varphi_m} + \frac{H_{m-1}}{\varphi_m} N_{m-1} = \left(1 + \frac{H_{m-1}}{\varphi_m} \right) N_{m-1} + \frac{Q_{m-1}}{\varphi_m}
$$
$$
= A\, N_{m-1} + B\, Q_{m-1};
$$

$$
P_m = P_{m-1} + \frac{R_{m-1}}{\varphi_m} + \frac{H_{m-1}}{\varphi_m} P_{m-1} = \left(1 + \frac{H_{m-1}}{\varphi_m} \right) P_{m-1} + \frac{R_{m-1}}{\varphi_m}
$$
$$
= A\, P_{m-1} + B\, R_{m-1}.
$$

Les lettres A et B sont substituées par abréviation aux facteurs qu'elles représentent. Cela posé, je multiplie la première de ces équations membre à membre par celle des équations (C') qui donne R_m; et je multiplie la seconde par la première de ces mêmes équations (C') qui donne Q_m. On a ainsi

$$N_m R_m = A N_{m-1} R_{m-1} + B Q_{m-1} R_{m-1} + A H_{m-1} N_{m-1} P_{m-1}$$
$$+ B H_{m-1} Q_{m-1} P_{m-1};$$
$$P_m Q_m = A P_{m-1} Q_{m-1} + B R_{m-1} Q_{m-1} + A H_{m-1} N_{m-1} P_{m-1}$$
$$+ B H_{m-1} N_{m-1} R_{m-1};$$

retranchant la seconde de celles-ci, de la première, il vient

$$N_m R_m - P_m Q_m = (A - B H_{m-1})(N_{m-1} R_{m-1} - P_{m-1} Q_{m-1}):$$

or, d'après la nature des facteurs que A et B représentent, on a

$$A - B H_{m-1} = 1 + \frac{H_{m-1}}{\varphi_m} - \frac{H_{m-1}}{\varphi_m} = 1;$$

il reste donc généralement

$$N_m R_m - P_m Q_m = N_{m-1} R_{m-1} - P_{m-1} Q_{m-1}.$$

La combinaison de termes, qui compose chacun des deux membres de cette équation, est donc telle, qu'elle demeure la même quand on y change l'indice quelconque m en $m-1$. Elle restera donc encore la même quand on y changera $m-1$ en $m-2$, et ainsi consécutivement, en diminuant toujours d'une unité le numéro de l'indice m. On aura donc ainsi en définitive, m étant quelconque,

$$N_m R_m - P_m Q_m = N_3 R_3 - P_2 Q_2 = N_1 R_1 - P_1 Q_1;$$

il suffit donc de former directement la valeur de la fonction pour un quelconque de ces premiers indices, et elle sera la même dans tous les autres. Or ce calcul est tout fait pour $m = 1$ dans la première ligne de notre tableau annexé à la page 416, puisqu'en y restituant, par la pensée, $u \cos Y$, au lieu de $\downarrow$, et $u_1 \cos Y_1$, au lieu de $\downarrow_1$, elles donnent

$$N_1 = 1, \qquad P_1 = \frac{1}{\varphi_1}, \qquad R_1 = 1, \qquad Q_1 = 0,$$

par conséquent $\qquad N_1 R_1 - P_1 Q_1 = 1.$

C'est aussi ce que confirment les coefficients de ψ et de y, que nous avons encore directement calculés pour le cas de $m = 2$, dans ce même tableau de la page 416. Car nous avons trouvé

$$N_2 = 1 + \frac{H_1}{\phi_2}; \qquad P_2 = \frac{1}{\phi_1} + \frac{1}{\phi_2} + \frac{H_1}{\phi_1\phi_2};$$

$$Q_2 = H_1; \qquad R_2 = 1 + \frac{H_1}{\phi_1},$$

ce qui donne encore évidemment

$$N_2 R_2 - P_2 Q_2 = 1:$$

ainsi, on a bien réellement, quel que soit m,

$$N_m R_m - P_m Q_m = 1.$$

57. Il ne nous reste qu'à employer les équations (C) et (C′) au calcul successif des quatre coefficients N, P, Q, R pour les diverses valeurs de m que nous pourrons avoir à considérer dans les applications. Mais ce travail sera abrégé de moitié par les remarques suivantes.

Premièrement, l'élimination directe nous montre que N_2 et Q_2 ne contiennent pas la lettre ϕ_1; donc ceci aura lieu pour Q_3. Car, en vertu des équations (C′), Q_3 se forme de N_2 et de Q_2 combinés avec H_2 qui est indépendant de ϕ_1. Par suite cela aura lieu pour N_3 en vertu de la première des équations (C). En continuant le même raisonnement de proche en proche, pour des valeurs graduellement croissantes de l'indice m, on voit que la lettre ϕ_1 n'entrera ni dans Q_m ni dans N_m.

Deuxièmement, si l'on examine les valeurs de Q_2 et de N_2, on reconnaît aisément que Q_2 se compose des termes de R_2 qui contiennent pour dénominateur ϕ_1, multipliés par ϕ_1; et N_2 se déduit de P_2 par une semblable opération. Ainsi pour la valeur 2 de l'indice m, on a

$$Q_2 + \phi_1^2 \frac{dR_2}{d\phi_1} = 0, \quad \text{et} \quad N_2 + \phi_1^2 \frac{dP_2}{d\phi_1} = 0;$$

d'après cela je dis que ces relations sont générales, et qu'on a toujours, quel que soit m,

$$(D) \qquad Q_m + \varphi_1^2 \frac{d R_m}{d \varphi_1} = 0, \qquad N_m + \varphi_1^2 \frac{d P_m}{d \varphi_1} = 0;$$

de sorte qu'on obtiendra ainsi Q_m et N_m par une simple différentiation relative à φ_1, quand R_m et P_m seront connus pour la même valeur de l'indice m.

Il est aisé de prouver d'abord, que si l'une de ces équations est vraie, l'autre l'est aussi. En effet, reprenons la relation générale, démontrée tout-à-l'heure,

$$N_m R_m - P_m Q_m = 1;$$

si on la différentie relativement à φ_1, en observant que N_m et Q_m ne contiennent pas cette lettre, elle donne

$$N_m \frac{d R_m}{d \varphi_1} - Q_m \frac{d P_m}{d \varphi_1} = 0;$$

prenant dans ce résultat la valeur de $\dfrac{d R_m}{d \varphi_1}$, la multipliant par φ_1^2 et lui ajoutant Q_m, on en tire

$$Q_m + \varphi_1^2 \frac{d R_m}{d \varphi_1} = \frac{Q_m}{N_m} \left(N_m + \varphi_1 \frac{d P_m}{d \varphi_1} \right);$$

donc si le premier membre est nul pour une certaine valeur de l'indice m, Q_m n'étant pas nul, le deuxième facteur du second membre sera aussi nul pour la même valeur de cet indice.

Maintenant, si l'on considère les équations (C'), qui donnent Q_m et R_m, par des quantités dépendantes de l'indice inférieur, en se rappelant que les quantités H_1, H_2, ... H_{m-1}, ne contiennent jamais φ_1, on en tire cette équation identique :

$$Q_m + \varphi_1^2 \frac{d R_m}{d \varphi_1} = Q_{m-1} + \varphi_1^2 \frac{d R_{m-1}}{d \varphi_1} + H_{m-1} \left(N_{m-1} + \varphi_1^2 \frac{d P_{m-1}}{d \varphi_1} \right).$$

Le facteur de H_{m-1} dans le second membre peut être éliminé au moyen de l'équation précédente, en y diminuant l'indice m d'une unité; il vient alors

$$Q_m + \varphi_1^2 \frac{d R_m}{d \varphi_1} = \left(1 + \frac{H_{m-1} N_{m-1}}{Q_{m-1}} \right) \left(Q_{m-1} + \varphi_1^2 \frac{d R_{m-1}}{d \varphi_1} \right);$$

et, par suite, en vertu de la même équation,

$$N_m + \varphi_1^2 \frac{d P_m}{d \varphi_1} = \frac{N_m}{Q_m} \left(1 + \frac{H_{m-1} N_{m-1}}{Q_{m-1}} \right) \left(Q_{m-1} + \varphi_1^2 \frac{d R_{m-1}}{d \varphi_1} \right).$$

Le calcul direct nous a montré que les seconds membres de ces équations sont nuls quand $m - 1 = 2$, ce qui donne $m = 3$. Les premiers membres des deux équations seront donc pareillement nuls pour $m = 3$. Alors, en faisant $m - 1 = 3$, ce qui donne $m = 4$, ils le seront pour $m = 4$; et ainsi de suite, progressivement pour toutes les valeurs de l'indice m. Ce qui démontre les équations (D) énoncées plus haut.

58. D'après cela il devient bien facile de calculer les quatre coefficients N_m, P_m, Q_m, R_m pour telle valeur de l'indice m que l'on voudra assigner. Car, d'abord, il faut former seulement R_m et P_m, puisque le premier donnera Q_m, le second N_m par une simple différentiation relative à φ_1. Or, pour trouver R_m et P_m, on n'a qu'à employer les deux équations

$$R_m = R_{m-1} + H_{m-1} P_{m-1}; \qquad P_m = P_{m-1} + \frac{R_m}{\varphi_m}.$$

En effet, P_{m-1} et R_{m-1} étant supposés obtenus pour une certaine valeur de l'indice m, la première de ces équations fera connaître immédiatement R_m, après quoi la seconde donnera P_m. Avec ces nouvelles valeurs on formera R_{m+1} et P_{m+1}. Puis, avec celles-ci, R_{m+2} et P_{m+2}; de sorte que l'on pourra continuer les déterminations aussi loin que l'on voudra. Or nous venons de former tout-à-l'heure, par l'élimination directe, les expressions de R_2 et de P_2, qui étaient

$$R_2 = 1 + \frac{H_1}{\varphi_1}; \qquad P_2 = \frac{1}{\varphi_1} + \frac{1}{\varphi_2} + \frac{H_1}{\varphi_1 \varphi_2};$$

partant donc de ces valeurs, en prenant $m - 1 = 2$, ou $m = 3$, elles donneront R_3 et P_3 par les relations précédentes ; de là on tirera R_4 et P_4 ; puis R_5 et P_5, et ainsi de suite indéfiniment.

Connaissant ainsi R_m et P_m pour un indice donné, on en déduira Q_m et N_m par les relations directes

$$Q_m = - \varphi_1^2 \frac{dR_m}{d\varphi_1}; \qquad N_m = - \varphi_1^2 \frac{dP_m}{d\varphi_1};$$

cela reviendra à prendre pour Q_m et N_m, les seuls termes de R_m et de P_m qui ont φ_1 pour diviseur, et à les multiplier par φ_1.

Je joins à cette page un tableau qui contient les expressions des quatre coefficients, calculés de cette manière pour cinq surfaces, c'est-à-dire jusqu'à $m = 5$.

Pour ne laisser aucun embarras sur l'usage de ces expressions, je rappelle ici les significations données aux lettres H et ϕ dans le § 85, page 415. Soit une surface dont le rang est i. r_i est le rayon de sa courbure. u_{i-1} est la vitesse de la lumière dans le milieu qui la précède, u_i dans le milieu qui la suit, ces deux vitesses étant propres à l'espèce de rayons homogènes que l'on considère. h_i est l'intervalle compris sur l'axe du système, entre les centres de figure de cette surface et de la surface suivante. Cela posé, on a

$$\frac{u_i - u_{i-1}}{r_i} = \frac{1}{\varphi_i}; \qquad \frac{h_i}{u_i} = H_i.$$

La valeur et le signe de l'intervalle central h_i, se déduisent des éléments analogues appartenant aux abscisses centrales et aux rayons de courbure des surfaces consécutives. On a ainsi

$$h_i = a_{i+1} + r_{i+1} - a_i - r_i,$$

en admettant, comme nous en sommes convenus : 1° que la position relative des surfaces est combinée avec leur mode d'action, de manière à satisfaire aux conditions de la perméabilité ; 2° que les rayons de courbure sont considérés comme positifs quand les surfaces tournent leur concavité vers l'origine des x, et comme négatifs dans le cas contraire.

Lorsqu'on a ainsi formé les quatre coefficients N, P, Q, R, pour un certain nombre m de surfaces, si l'on veut limiter leurs expressions à tout autre nombre n, moindre que m, il n'y a qu'à considérer celles qui excèdent le nombre donné, comme coïncidentes avec la dernière surface réelle, et plongées dans le même milieu qui lui est postérieur. L'identité supposée du milieu rendra infinies les valeurs de φ relatives à ces surfaces idéales ; et la nullité attribuée aux intervalles qui les séparent de la dernière surface réelle, achèvera de détruire les termes qu'elles produiraient dans les valeurs finales des ordonnées et des angles d'émergence. On aura donc ainsi

$$H_n = 0, \qquad H_{n+1} = 0, \text{ etc.};$$
$$\varphi_{n+1} = \infty, \qquad \varphi_{n+2} = \infty, \text{ etc.};$$

et les expressions limitées par ces valeurs seront celles qui conviennent à n surfaces.

Supposons, par exemple, que le nombre des surfaces réelles doive être égal à 3 ; on fera, dans les expressions que nous venons de former, pour cinq surfaces :

$$H_3 = 0, \qquad H_4 = 0,$$
$$\varphi_4 = \infty, \qquad \varphi_5 = \infty,$$

et il en résultera

$$R_3 = 1 + \frac{(H_1 + H_2)}{\varphi_1} + \frac{H_2}{\varphi_2} + \frac{H_1 H_2}{\varphi_1 \varphi_2};$$

$$P_3 = \frac{1}{\varphi_1} + \frac{1}{\varphi_2} + \frac{1}{\varphi_3} + \frac{H_1}{\varphi_1 \varphi_2} + \frac{(H_1 + H_3)}{\varphi_1 \varphi_3} + \frac{H_2}{\varphi_2 \varphi_3} + \frac{H_1 H_2}{\varphi_1 \varphi_2 \varphi_3};$$

$$Q_3 = H_1 + H_3 + \frac{H_2 H_3}{\varphi_2}; \qquad N_3 = 1 + \frac{H_1}{\varphi_2} + \frac{(H_1 + H_3)}{\varphi_3} + \frac{H_1 H_2}{\varphi_2 \varphi_3},$$

précisément comme on l'aurait trouvé en arrêtant l'élimination à la troisième surface. On pourrait être étonné que cet accord s'obtienne, pour les coefficients Q et R, sans qu'il soit besoin d'égaler les rayons de courbure des surfaces fictives à celui de la dernière surface réelle, ni même de leur assigner aucune valeur spéciale. Mais cela s'explique en remarquant que la condition de contact central établie par la nullité des intervalles, jointe à la très petite obliquité des rayons sur l'axe des x, et à la petitesse des sinus verses, que nos formules supposent, rend les ordonnées des surfaces fictives égales à celle de la dernière surface réelle, aux quantités du troisième ordre près que nous négligeons; aussi y_{m+1} devient-il égal à y_m dans les équations de la page 415, quand on suppose H_m nul.

89. Les quatre coefficients étant ainsi formés, pour le nombre donné m des surfaces, avec la condition identique

$$N_m R_m - P_m Q_m = 1$$

qui existe toujours entre eux, il ne reste qu'à les substituer dans les équations générales de la page 417, relatives à l'indice m, qui sont

$$A \begin{cases} u_m \cos Y_m = N_m\, u \cos Y + P_m\, y_1\,; & u_m \cos Z_m = N_m\, u \cos Z + P_m\, z_1\,; \\ y_m = Q_m\, u \cos Y + R_m\, y_1\,; & z_m = Q_m\, u \cos Z + R_m\, z_1\,; \end{cases}$$

après quoi on pourra développer directement toutes les conséquences qui en résultent, sans passer par les surfaces intermédiaires.

Il est évident d'abord que ces équations déterminent complétement la marche d'un rayon lumineux donné, qui rencontre successivement un nombre quelconque de surfaces sphériques disposées sur un même axe, quels que soient les rayons de courbure de ces surfaces, les intervalles qui les séparent, et les milieux interposés entre elles, pourvu seulement que les incidences et les ouvertures successives soient restreintes dans les limites de petitesse que notre approximation suppose. En effet, le rayon lumineux étant défini par ses ordonnées antérieures d'incidence y_1, z_1, sur la première surface, et par les angles Y, Z, qu'il forme alors avec les axes coordonnés, dans le premier milieu où sa vitesse est u, les expressions de y_m, z_m, calculées pour telle valeur de l'indice m que l'on voudra considérer, donneront ses ordonnées latérales d'incidence sur la dernière surface correspondante à cet indice; et les expressions de $\cos Y_m$, $\cos Z_m$, donneront les angles qu'il forme avec les axes coordonnés après avoir passé, de ce point d'incidence, dans le milieu postérieur où la vitesse des corpuscules qui le composent est u_m. De là on peut déduire les équations de ses projections sur les plans coordonnés après qu'il a subi l'action de toutes les surfaces. Car soient x_m, y_m, z_m, les coordonnées du point où il perce la dernière surface, et x, y, z, ses coordonnées courantes dans le dernier milieu où la vitesse est u_m, les équations dont il s'agit seront généralement

$$y - y_m = (x - x_m)\,\frac{\cos Y_m}{\cos X_m}; \qquad z - z_m = (x - x_m)\,\frac{\cos Z_m}{\cos X_m};$$

mais ici, comme dans le § 50, et par des motifs exactement pareils, ces équations peuvent être simplifiées, quand on se borne aux limites de notre approximation. Car d'abord, $\cos Y_m$ et $\cos Z_m$ étant encore maintenus très petits du premier ordre, par toutes les restrictions imposées à la marche du rayon lumineux, le facteur $\dfrac{1}{\cos X_m}$ pourra, dans les seconds membres, être remplacé par l'unité, dont il ne diffère que par des quantités du second ordre de petitesse. En outre, par une raison semblable, l'abscisse x_m pourra être remplacée par l'abscisse même du centre de figure de la dernière surface que nous appelons $(x)_m$. Faisant donc usage de ces simplifications permises, les équations courantes du rayon dans le dernier milieu deviendront

$$y - y_m = [\,x - (x)_m\,]\cos Y_m; \qquad z - z_m = [\,x - (x)_m\,]\cos Z_m.$$

De sorte qu'elles seront entièrement déterminées. En leur donnant cette forme, les valeurs des ordonnées latérales y_m, z_m ne pourront être fautives que dans les termes de l'ordre $\sin^3 X$. Mais les valeurs de l'abscisse x qu'on en déduirait, pour un y donné, pourront l'être déjà dans les termes de l'ordre $\sin^2 (X)$; (X) étant la plus grande inclinaison sur l'axe central, des rayons admis dans l'approximation.

60. De là, en effet, je vais déduire le lieu, la situation, et toutes les particularités des images produites par tout appareil optique composé ainsi d'un nombre quelconque de surfaces, disposées consécutivement sur un même axe central, comme nos formules le supposent. La marche du calcul sera absolument la même que pour une seule surface; et la même succession de raisonnements

nous conduira aux conclusions analogues généralisées. Pour en rendre les résultats sensibles aux yeux, comme à l'esprit, à mesure qu'ils se développeront, je les construirai comme types sur les figures 31 et 32, qui représentent une section générale de l'appareil par le plan des xz, en le définissant seulement par ses surfaces extrêmes $L_1A_1L_1$, $L_mA_mL_m$. Les centres de figure A_1, A_m de ces surfaces, comme de toutes les intermédiaires, sont placés sur la branche positive de l'axe des x dont l'origine est en A. Au-devant de la première, qui sera la surface d'incidence, je reporte les divers cônes limites de la *fig.* 30, ou plutôt leurs génératrices contenues dans le plan des xz; lesquelles forment avec l'axe des x l'angle (X), auquel les inclinaisons des rayons incidents sur cet axe doivent être bornées, pour être censés admissibles dans nos formules. Les surfaces extrêmes sont représentées ici comme opérant par transmission; et le sens du mouvement des rayons lumineux y est indiqué par des flèches. Mais on transporterait ces types à toute autre disposition d'appareil, en modifiant les signes des vitesses, et les faisant se succéder dans tout ordre quelconque, qui serait compatible avec les conditions de la perméabilité.

L'interprétation des résultats auxquels cette discussion va nous conduire sera singulièrement éclaircie et facilitée par une remarque que je vais tout de suite annoncer. Puisque les quatre coefficients généraux N_m, P_m, Q_m, R_m, sont assujétis à une équation de condition numérique, qui existe toujours entre leurs valeurs, le dernier R_m peut être considéré comme un fonction analytique des trois autres, qui sont seuls indépendants. Or ceux-ci peuvent être remplacés dans les applications, et en quelque sorte traduits, par trois éléments physiques qui s'en déduisent, et qui sont tels, que si on les connaît, pour un appareil optique donne, on peut aussitôt assigner tous ses effets par de simples constructions de géométrie. C'est ce j'appellerai *les trois éléments spécifiques* de l'appareil. J'aurai soin de les définir, et de montrer leur usage, à mesure que le développement du calcul nous les indiquera, et nous en donnera l'expression.

61. Le premier de ces éléments est un point de l'axe central, où tous les rayons de même nature, qui ont percé la première surface à son centre de figure A_1, vont définitivement s'entrecouper dans le dernier milieu, soit *réellement*, par un concours physique, soit *virtuellement*, par le prolongement rétrograde de leurs directions finales. Ce point final d'intersection, que je désignerai toujours par la lettre H, peut se trouver antérieur à la dernière surface, comme dans la *fig.* 31 ; ou postérieur, comme dans la *fig.* 32 ; et, dans le cas de transmission pris ici comme type, le concours des rayons émergents en H, serait virtuel pour la première, réel pour la seconde. Mais quelle que soit la nature de l'appareil, ce point jouit de propriétés physiques extrêmement importantes que je vais d'abord développer.

Puisque les rayons incidents qui le donnent, percent la première surface à son centre de figure A_1, leurs ordonnées latérales d'incidence y_1, z_1, sont nulles. Considérant donc un pareil rayon d'une réfrangibilité donnée, j'introduis cette circonstance dans les équations générales (A) du § 59 ; et, désignant spécialement par l'indice antérieur c, les valeurs particulières des éléments d'incidence ainsi que d'émergence finale qui en résultent, ces équations limitées deviennent

$$u_m \cos{}_c Y_m = N_m\, u \cos{}_c Y ; \qquad u_m \cos{}_c Z_m = N_m\, u \cos{}_c Z ;$$
$$_c y_m = Q_m\, u \cos{}_c Y ; \qquad\qquad _c z_m = Q_m\, u \cos{}_c Z .$$

Pour abréger les transcriptions, je sous-entendrai momentanément l'indice m, attaché aux coefficients N, P, Q, R, sauf à le leur restituer à la fin des calculs, quand on devra réaliser leur développement pour le nombre de surfaces que l'on voudra considérer. Ceci convenu, les expressions précédentes donnent d'abord

$$\frac{_c z_m}{_c y_m} = \frac{\cos{}_c Z}{\cos{}_c Y} ; \cdot \qquad \frac{\cos{}_c Z_m}{\cos{}_c Y_m} = \frac{\cos{}_c Z}{\cos{}_c Y} ;$$

la première de ces équations signifie que le point final d'émergence du rayon considéré, est contenu dans le plan mené par l'axe central et par sa direction primitive d'incidence. La seconde montre que le rayon, après son émergence finale, est encore compris tout entier dans ce même plan. La raison physique de ces deux résultats est évidente. Car le rayon ayant percé d'abord la première surface à son centre de figure, sur l'axe central même, le plan mené par cet axe, et par sa direction primitive d'incidence, coupe tout le système des surfaces suivant un de ses méridiens; de sorte que le rayon doit continuer à s'y mouvoir ultérieurement.

Sa direction définitive doit donc généralement couper l'axe central, dans le plan où il est ainsi contenu. Pour confirmer cette conséquence je fais y nul dans la première de ses deux projections, page 426, et z nul dans la seconde. J'ai ainsi, pour les abscisses d'intersection :

$$\text{sur le plan des } xy, \qquad (x)_m - x = \frac{c\,\mathcal{Y}_m}{\cos_c \mathrm{Y}_m};$$

$$\text{sur le plan des } xz, \qquad (x)_m - x = \frac{c\,\mathcal{Z}_m}{\cos_c \mathrm{Z}_m}.$$

Or, en effet, si l'on substitue dans les seconds membres de ces équations, les valeurs des éléments d'émergence qui les composent, et que nous venons de former en particularisant les équations (A), on trouve pour $(x)_m - x$, conséquemment pour x, une valeur commune que je désigne par l'indice h, et qui est

$$(x)_m - x_h = \frac{\mathrm{Q}}{\mathrm{N}}\, u_m.$$

L'intersection avec l'axe central a donc généralement lieu, comme nous l'avions prévu. En outre, puisque la valeur de $(x)_m - x_h$ ne contient ni $\cos \mathrm{Y}$, ni $\cos \mathrm{Z}$, qui caractérisent la direction primitive du rayon incident, on voit que le point d'intersection est le même pour tous les rayons qui ont percé ainsi la première surface à son centre de figure A_1, pourvu seulement que leur peu d'obliquité primitive sur l'axe central des x, ait permis leur admission dans nos formules. $(x)_m - x_h$ est la distance du point d'intersection au-devant du centre de figure A_m de la dernière surface que l'on suppose placée, ainsi que toutes les autres, sur la branche positive des x. Comme elle va jouer un rôle très important dans les effets physiques de l'appareil, je désignerai spécialement sa valeur par la lettre H, dont le signe devra être interprété semblablement à celui de $(x)_m - x_h$, c'est-à-dire par une distance antérieure à la dernière surface, vers l'origine, quand elle sera positive ; et par une distance postérieure quand elle sera négative. Nous aurons alors en général

$$H = \frac{Q}{N}\, u_m.$$

Nous avons prouvé, § 40, page 399, que tous les points rayonnants compris dans le cône V'A,V', reproduit ici, *fig.* 31 et 32, contiennent le centre de figure A, de la première surface, dans leur superficie admissible d'incidence. Ils envoient donc tous, à ce centre, un rayon admissible, qui, s'il n'est pas intercepté physiquement, dans sa route ultérieure, va, dans sa direction finale, couper l'axe central de l'appareil au point H que nous venons de déterminer. Quand les éléments lumineux passent physiquement par ce point, comme dans la *fig.* 32, si l'on y pouvait placer la pupille, n'eût-elle qu'une ouverture infiniment restreinte, l'œil recevrait simultanément tous ces rayons; et, par eux, il aurait la perception plus ou moins nette de tous les points lumineux physiques qui les auraient émis, et qui seraient contenus dans le cône V'A,V', dont les génératrices forment avec l'axe central l'angle limite (X). Pour énoncer cette propriété remarquable, j'appellerai désormais ce point d'intersection et de concours, *le point oculaire* de l'appareil, et je le désignerai toujours dans les figures par la même lettre H qui exprime sa distance antérieure au centre de figure de la dernière surface; ce qui aura l'avantage de rappeler cette relation à l'esprit. La figure 31 le représente ainsi désigné pour une valeur positive de H, et la figure 32 pour une valeur négative. Mais, quel que soit le mode d'action de la dernière surface, qu'elle soit réfringente ou réfléchissante, il faudra toujours que le signe de H soit contraire à celui de la vitesse finale u_m, pour que le concours final des rayons au point H de l'axe, soit réel, non virtuel. Cette condition de réalité ne pourra donc être remplie, qu'autant que le rapport $\frac{Q}{N}$ sera une quantité négative.

Toutefois, pour ne donner à ce résultat de nos formules que le juste degré de précision qu'il comporte, il faut commencer à appliquer ici la remarque générale que nous avons faite § 39, page 426.

La valeur de $x_\omega - x_A$ ou H que nous trouvons ici constante, et indépendante des angles d'incidence Y, Z, représente une différence d'abscisse tirée de nos formules, *par déduction*. Elle peut donc être déjà fautive dans les quantités du second ordre de petitesse. Ainsi la constance de H est bien, à la vérité, évidente par la seule raison de symétrie, pour tous les rayons incidents qui arrivent au centre de figure A, de la première surface, en formant un même angle avec l'axe central des x, puisqu'ils doivent certainement aller couper tous cet axe au même point, dans leur émergence finale, lorsqu'on suppose que les centres de figure de toutes les surfaces y sont placés, comme nous l'avons admis. Mais il peut, il doit même exister quelque différence entre les points de concours de ceux de ces rayons qui font d'abord avec l'axe des angles différents. C'est donc seulement pour les plus petits de ces angles que la valeur de H est *sensiblement* indépendante de leur grandeur, comme nos formules l'indiquent; et c'est avec cette restriction nécessaire qu'il faut l'interpréter dans les applications.

Il est d'ailleurs presque superflu de remarquer que la distance H, étant fonction des vitesses propres aux éléments lumineux introduits, varie généralement avec leur réfrangibilité. Mais nous n'avons pas à nous occuper ici de cette variation, puisque nous supposons les rayons incidents homogènes.

62. Le point oculaire H est réellement le foyer de A_t, pour l'espèce de rayons lumineux, à incidence centrale, que l'on a considérée. Puisque chacun de ces rayons passe finalement par le point oculaire de l'axe propre à sa réfrangibilité, et qu'il continue ensuite de se mouvoir dans le plan central où il était compris primitivement, sa position finale sera fixée dans ce plan, et dans l'espace, si l'on assigne l'angle $_cX_m$ qu'il forme alors avec l'axe central des x. Or le sinus de cet angle résulte des deux éléments $\cos {}_cY_m$, $\cos {}_cZ_m$ dont nous avons les expressions; et l'on en tire

$$\sin^2{}_c X_m = \frac{u^2}{u_m^2} N^2 \sin^2{}_c X \,;$$

d'où
$$\sin {}_c X_m = \pm \frac{u}{u_m} N \sin {}_c X.$$

En faisant d'abord abstraction du double signe, si l'on substitue
le rapport des angles à celui de leurs sinus, comme on peut le
faire dans les conditions restreintes de notre approximation,
on voit que l'angle primitif $_cX$ est changé par l'instrument en
$_cX\,\dfrac{Nu}{u_m}$. D'après cette propriété, le coefficient général $\dfrac{Nu}{u_m}$ s'appelle le *grossissement angulaire*; et c'est le second élément spéci-
fique de l'instrument. La relation de proportionnalité qu'il exprime
est d'ailleurs spéciale aux rayons lumineux d'une même nature,
qui sont introduits par le centre de figure A, de la première surface;
et il ne faudrait pas l'appliquer à des rayons à incidence excentrique, même quand leur réfrangibilité serait pareille. C'est pour
cela que j'ai caractérisé les éléments qui leur appartiennent par
l'indice antérieur c, qui rappelle l'idée de centre. Le coefficient N
et le produit $\dfrac{Nu}{u_m}$ changent aussi évidemment de valeur dans le
même appareil, avec la réfrangibilité des rayons introduits.

Dans l'usage le plus habituel des instruments d'optique, leurs
surfaces extrêmes sont contiguës à l'air ambiant. Alors les deux
vitesses extrêmes u, u_m, propres à un même rayon, sont égales
entre elles; et elles sont de même signe, ou de signe contraire,
selon que le rayon, dans sa marche définitive, est transmis ou réfléchi; de sorte que, pour ces circonstances, le rapport $\dfrac{u}{u_m}$ est toujours $\pm\,1$. L'agrandissement de l'angle primitif $_cX$ par l'appareil
ainsi employé, ne se trouve donc dépendre que de la valeur du
coefficient N, ce qui lui a fait appliquer la dénomination de grossissement angulaire par les auteurs qui n'envisageaient que ce
mode habituel d'expérimentation. Mais ce serait évidemment la limiter trop que de la spécialiser ainsi, et il faut la conserver au
produit $\dfrac{Nu}{u_m}$, auquel elle appartient généralement.

Quant au double signe de sin $_cX_m$, et par suite de $_cX_m$, on pourrait toujours en faire abstraction, puisque la direction finale du
rayon lumineux est complétement fixée par ses deux projections
qui sont obtenues sans ambiguïté de signe; de sorte que la position
de l'angle $_cX_m$, autour de l'axe central, en est une conséquence né-

cessaire. Mais il est facile de décider généralement le choix du signe sur l'expression même ici trouvée pour $\sin {}_e X_m$, en appliquant aux angles ${}_e X$ les valeurs relatives de position que nous leur avons attribuées page 368. En effet, considérons le cas particulier où le système consisterait en une surface réfringente unique, plongée dans un milieu antérieur et postérieur de même nature qui sera, si l'on veut, l'air ambiant. Admettons encore que cette surface agit par transmission, ce qui donnera u_m, ou $u_{_e}$, égal à u. Dans un tel cas, tout rayon incident qui percera la surface à son centre de figure, comme celui auquel ${}_e X$ s'applique, poursuivra évidemment sa route en ligne droite, de sorte qu'on devra avoir ${}_e X_1 = {}_e X$, conséquemment $\sin {}_e X_1 = \sin {}_e X$. Or l'expression générale de N_m, étant limitée au cas de $m = 1$, comme il a été dit § 53, se réduit à $+ 1$. Donc, pour que ${}_e X_1$ se trouve égal à $+ X_e$, il faut que la solution positive seule soit admissible ; c'est-à-dire qu'il faut toujours prendre

$$\sin {}_m X_e = + \frac{u}{u_m} N_m \sin X_e.$$

On arriverait à cette même conséquence si l'on voulait supposer le rayon réfléchi, et non pas transmis, par la surface. En effet, dans ce cas, on aurait de même $N_1 = + 1$; mais il faudrait prendre $u_{_e} = - u$, pour indiquer la réflexion. Or, dans notre système de correspondance, entre les signes des angles ${}_e X$, et leurs positions relatives autour de l'axe central, la réflexion d'un rayon incident central devrait évidemment donner ${}_e X_1 = - X_e$, puisque le plan tangent central où elle s'opère est perpendiculaire à l'axe des x ; donc il faudrait encore prendre la solution positive pour que cette inversion de signe eût lieu, et suivît celle des vitesses.

Ainsi, généralement, le sens dans lequel l'angle ${}_e X_m$ doit se construire autour de l'axe central, dans le plan central qui le renferme, dépend du coefficient $\frac{u}{u_m} N_m$. L'angle primitif X_e étant donné, tant en grandeur qu'en direction, l'angle ${}_e X_m$ devra se construire à partir du point oculaire, dans la même section centrale ; mais il faudra le placer du même côté de l'axe que ${}_e X$, si le

produit $\dfrac{u}{u_m}\,\mathrm{N}_m$ est positif; et du côté contraire si ce produit est négatif. Cette règle doit d'ailleurs être toujours appliquée à la branche
du rayon qui se dirige vers l'extrémité positive des x, soit réellement, soit virtuellement. Car c'est toujours à cette branche positive
que s'appliquent les angles X.

65. Par le point oculaire H de l'axe central, je mène, perpendiculairement à cet axe, un plan que j'appellerai le *plan oculaire
de l'appareil*. Sa trace sur la section centrale des $x\,z$, est désignée
par OHO dans les figures 3_1 et 3_2. Ce plan possède une propriété
physique, dont la considération est si essentielle pour bien comprendre les conditions de la vision à travers les instruments optiques,
que je crois devoir l'énoncer spécialement avant de la démontrer.
Voici en quoi elle consiste. De même que le centre de figure A, de
la première surface a son foyer au point oculaire H, de même
tout autre point de cette surface, dont les ordonnées latérales
sont y_1, z_1, a son foyer *réel* ou *virtuel* dans le plan oculaire, au
point dont les coordonnées latérales sont $\dfrac{y_1}{\mathrm{N}}$ et $\dfrac{z_1}{\mathrm{N}}$. De sorte que ce
foyer, et le point de la surface antérieure dont il dérive, sont tou-
jours compris dans un seul et même plan, mené par l'axe central.
D'après cela, tout point situé sur la première surface à la distance ∂,
de cet axe, a son foyer dans la même section centrale sur le plan
oculaire, à une distance de l'axe égale à $\dfrac{\partial_1}{\mathrm{N}}$. Ce résultat n'a lieu
qu'en considérant le sinus verse de la surface d'incidence comme
étant du second ordre de petitesse, ainsi que le suppose notre approximation; de sorte que, pour les évaluations longitudinales, la
surface entière puisse être censée plane dans l'étendue d'ouverture
qu'on lui a donnée.

Pour démontrer ceci, je prends dans le § 59 les équations finales d'un rayon lumineux quelconque, qui a subi l'action de toutes
les surfaces, et je cherche quelles seront ses ordonnées courantes
latérales y, z, quand il traversera le plan oculaire, tel que nous
venons de le définir. A cet effet il faudra supposer x égal à l'abscisse constante de ce plan, ce qui donne $(x)_m - x$ égal à H ou

$u_m \frac{Q}{N}$. Désignant donc par l'indice spécial h les valeurs de y et z qui résultent de cette substitution, les deux équations dont il s'agit donneront

$$y_h = y_m - u_m \frac{Q}{N} \cos Y_m; \qquad z_h = z_m - u_m \frac{Q}{N} \cos Z_m.$$

Il faut maintenant substituer dans les seconds membres, les expressions générales des éléments d'émergence données par les équations (A), § 59, en supprimant pour abréger l'indice m dans les coefficients, comme nous le faisons ici. Or par cette opération les termes contenant cos Y ou cos Z, qui dépendaient de la direction primitive du rayon, disparaissent, et il reste

$$y_h = \frac{(NR - PQ)}{N} y_1; \qquad z_h = \frac{(NR - PQ)}{N} z_1.$$

Mais, d'après le § 56, la fonction des coefficients qui se trouve ici au numérateur des seconds membres est toujours égale à l'unité; lui donnant donc cette valeur, on a simplement

$$y_h = \frac{y_1}{N}; \qquad z_h = \frac{z_1}{N}.$$

Le point d'intersection que ces coordonnées désignent se trouve ainsi commun à tous les rayons admissibles qui ont eu les mêmes ordonnées latérales d'incidence y_1, z_1; il est donc le foyer du point rayonnant que ces ordonnées latérales détermineraient. Les restrictions assignées à la valeur de H dans le § 61 n'empêchent pas ces expressions d'être exactes jusque dans les quantités du second ordre inclusivement, en tant qu'elles représentent les coordonnées latérales des rayons dans le plan oculaire, à la distance donnée H du centre de figure de la dernière surface.

Les autres propriétés énoncées au commencement de ce paragraphe se déduisent aisément de ces valeurs. D'abord $\frac{z_h}{y_h}$ étant égal à $\frac{z_1}{y_1}$, on voit que, pour chaque rayon lumineux admissible dans l'appareil, le point final d'intersection dans le plan oculaire, et le

point initial d'incidence, sont compris dans un même plan mené
par l'axe central des surfaces. En outre, les ordonnées latérales
z_h, y_h du point final, étant respectivement proportionnelles aux
ordonnées initiales y_i, z_i, dont elles dérivent, et inverses du grossissement angulaire N, les distances δ_h, δ_i de ces deux points à
l'axe central, sont aussi dans le même rapport, en sorte que l'on
a toujours

$$\delta_h = \frac{\delta_i}{N},$$

ce qui est la seconde partie de la proposition énoncée.

64. La plus grande distance possible du point d'incidence à
l'axe central est le demi-diamètre d'ouverture de la première surface que je désignerai par λ_i, en la supposant circulaire. Même, on
ne doit lui attribuer cette limite, qu'autant que les rayons lumineux, ainsi introduits par les bords extrêmes de la surface antérieure, sont physiquement reçus par toutes les surfaces suivantes,
sans les déborder, ou sans être interceptés par des diaphragmes
intérieurs avant de leur parvenir. Admettons qu'il en soit ainsi ;
ou, plutôt, désignons spécialement par λ, le demi-diamètre antérieur qui est réellement *efficace*, c'est-à-dire en dedans duquel les
rayons incidents admissibles, n'importe d'où ils viennent, peuvent être ultérieurement transmis par toutes les surfaces suivantes.
Alors, tous les rayons qui percent la première surface par ses
bords efficaces, ont leurs points d'incidence sur le contour d'un
cercle décrit autour de l'axe central avec le demi-diamètre λ_i. Ces
mêmes rayons dans leur état d'émergence finale, percent donc le
plan oculaire dans un autre cercle décrit autour du même axe avec
le demi-diamètre $\frac{\lambda_i}{N}$; soit que cette intersection ait lieu physiquement dans leur trajet ultérieur, ou virtuellement, par le prolongement rétrograde, et géométrique, des droites qu'ils décrivent
alors. Cela posé, comme le premier cercle est le plus grand possible
pour l'incidence, le second est le plus grand cercle d'intersection ;
de sorte que celui-ci, décrit avec le demi-diamètre $\frac{\lambda_i}{N}$, constitue

une sorte d'anneau idéal, dans l'intérieur duquel tous les rayons émergents passent comme dans une bague, et qu'ils doivent remplir exactement. Je l'appellerai désormais l'*anneau oculaire*; et j'ai désigné sa section verticale dans les figures par *l*H*l*. Or, chaque point d'incidence antérieur peut admettre tous les rayons incidents qui sont compris dans un cône ayant pour axe une droite parallèle à l'axe central, et ses génératrices inclinées sur cette droite de l'angle limite (X), § 33 et 47. Tous ces rayons qui s'entrecoupent dans leur incidence, s'entrecouperont aussi dans leur passage final à travers l'anneau oculaire; ils y formeront donc le foyer réel ou virtuel de la radiation admissible, partie de leur point d'incidence commun. Ainsi l'anneau oculaire total, lieu de ces foyers, est l'image finale de la surface d'incidence, considérée comme centre de radiation d'une amplitude restreinte dans les limites d'admissibilité. D'après ces mêmes propriétés, si l'on trace sur la surface antérieure un espace d'incidence d'une configuration quelconque, déterminé par une certaine relation entre les coordonnées latérales y_1, z_1, les rayons homogènes, introduits par cet espace, perceront finalement le plan oculaire dans un espace déterminé par la même relation entre les produits $N y_h$, $N z_h$. Cet espace d'intersection sera donc géométriquement semblable à l'espace d'incidence, avec le rapport de dimensions linéaires $\frac{1}{N}$. Il sera placé dans l'anneau oculaire relativement aux axes coordonnés, comme le premier l'est dans la surface d'incidence; et les rayons s'y trouveront condensés ou dilatés réciproquement aux superficies qu'ils y remplissent, c'est-à-dire dans le rapport de N^2 à 1.

65. Ceci va faire parfaitement comprendre un petit instrument très ingénieux que le célèbre artiste Ramsden avait nommé *dynamètre*, et qu'il avait imaginé pour évaluer le coefficient N, et par suite, le grossissement angulaire $\frac{N n}{n_m}$, dans les instruments d'optique destinés à observer des objets très distants, lorsque le concours des rayons dans l'anneau oculaire y est *réel*, non *virtuel*; et qu'en outre cet anneau se trouve extérieur au système des surfaces, de sorte qu'on puisse y placer un plan physique, sans empêcher leur action préalable sur les rayons. Quoique la description de cet ap-

pareil exige que j'anticipe sur quelques procédés d'observation dont je n'ai pas encore parlé, cependant je la placerai ici, parce qu'ils sont si simples et si usuels, que je puis, pour ainsi dire, les citer comme des faits connus de tout le monde, et que d'ailleurs ils ne portent pas sur le principe même de l'appareil, mais servent seulement à en rendre l'emploi plus précis.

Cet appareil est composé de trois petits tuyaux de cuivre que je nommerai A, B, C, *fig*. 33, lesquels entrent les uns dans les autres, à frottement, comme ceux d'une lunette de spectacle. Le plus large A, qui a environ un pouce de diamètre et deux pouces au plus de longueur (mesures anglaises), est complétement ouvert. Il n'a d'autre destination que de s'adapter par un de ses bouts en dehors de l'oculaire de l'instrument dont on veut mesurer le coefficient N, et de recevoir par son autre bout le système des deux tubes B et C, quand ils sont complétement ajustés ensemble, comme je vais le dire. En considérant donc ceux-ci séparément, B est fermé à l'un de ses bouts par une plaque circulaire très mince de corne, de mica, ou de nacre de perle, sur laquelle sont tracées finement des droites parallèles, séparées par des intervalles égaux, que Ramsden faisait ordinairement d'un dixième de ligne. Je la désigne par P dans la *fig*. 33, qui représente une section longitudinale de B. Maintenant C, qui entre dans B, par un de ses bouts complétement ouvert, porte à l'autre bout une lentille biconvexe L, de celles que l'on nomme *loupes*, et qui font voir les petits objets grossis ou agrandis, lorsqu'on les en approche à une certaine distance, et qu'on place l'œil derrière, comme je l'ai figuré ici en O. L'emploi de cette loupe n'a pas d'autre but que de faire voir les divisions de P plus agrandies et plus distinctes qu'on ne les verrait avec l'œil nu. Celle que Ramsden adaptait habituellement ainsi à ses dynamètres, amplifiait les dimensions linéaires environ douze fois pour une portée de vue ordinaire, quand elle était approchée à la juste distance des divisions tracées sur P. C'est pour l'amener à ce point juste que C est mobile à frottement dans B. Quand il y est introduit, on regarde le ciel à travers le système des deux tubes, et l'on enfonce ou l'on retire C, jusqu'à ce que les divisions de P se voyent avec le plus de netteté possible, à travers la loupe L.

Cet ajustement étant effectué, on prend l'instrument optique sur lequel on veut faire l'expérience, et on le dirige vers quelque objet très distant, ou même vers le soleil, pour amener ses oculaires au point juste d'enfoncement qui en donne le plus nettement l'image. C'est dans cet état, et pour ce mode d'arrangement de toutes ses parties, qu'il faut y évaluer le coefficient N, puisque c'est ainsi qu'on s'en servira. Le laissant donc dans cette condition, on le dirige, non plus vers un objet défini, mais vers le ciel libre, et s'il se peut, éclatant de blancheur, de sorte que tout le cône VL,L,V de nos figures types, qui embrasse l'étendue du champ apparent, se remplit entièrement de lumière. Ainsi, en supposant que λ_1 représente le demi-diamètre d'ouverture efficace de la première surface, élément qui peut s'apprécier et se constater par des épreuves certaines, comme je le dirai tout-à-l'heure, toute la lumière introduite viendra réellement traverser et remplir l'anneau idéal formé en H dans le plan oculaire, anneau dont le demi-diamètre sera $\dfrac{\lambda_1}{N}$. Il ne faut donc que pouvoir discerner cet anneau et y placer la plaque divisée, pour mesurer son diamètre, que je désignerai par λ_2. Car, le connaissant, et connaissant aussi λ_1, en parties des mêmes divisions, on aura le coefficient N par leur rapport $\dfrac{\lambda_1}{\lambda_2}$. Or, pour cela d'abord, il faut que le plan oculaire où se forme l'anneau idéal soit extérieur à l'instrument. Cette condition étant supposée remplie, je décompose idéalement toute la lumière incidente, de quelque part qu'elle vienne, en une infinité de cônes, ayant chacun pour sommet un point de la surface d'incidence. Ces sommets, considérés comme autant de points rayonnants, formeront leurs foyers respectifs dans l'anneau oculaire; et y engendreront des cônes émergents qui étendront ultérieurement leurs nappes, à partir de ces foyers. Or, on peut reconnaître le lieu de l'anneau à ces deux caractères. Pour cela, ayant adapté le tube enveloppe A autour de l'oculaire de l'instrument, on y insérera le système des deux tubes B et C, sans déranger leur ajustement primitif, ce qui fera voir sur la plaque divisée un cercle lumineux qui sera la section transversale du conoïde d'émergence par cette plaque. Puis, on enfoncera le système BC jus-

qu'au point où cette section occupera le moins de divisions possible,
et se verra aussi le plus nettement sur ses bords à travers la loupe.
Quand cela aura lieu, la plaque mince P coïncidera avec l'anneau
oculaire; et en voyant combien de divisions cet anneau y occupe,
ce sera $2\lambda_k$. Alors on exprimera 2λ, par les mêmes espèces d'unités,
et en le divisant par $2\lambda_h$, on aura la valeur numérique de N. Pour
avoir en outre son signe, il faudra examiner si λ_h est de même signe que λ, ou de signe contraire, c'est-à-dire si l'image de la surface d'incidence se peint droite ou renversée sur la plaque P. Dans
le premier cas, N sera positif, dans le second négatif. Il ne
restera plus qu'à le multiplier par le rapport $\dfrac{u}{u_{in}}$, ou ± 1, des vitesses
extrêmes; et le produit exprimera, tant pour la grandeur que
pour le signe, le grossissement angulaire actuel que l'instrument
produit, dans l'état de distances des surfaces auquel on l'avait
amené.

Toute la difficulté de l'opération se réduit donc à s'assurer que les
rayons lumineux qui bordent le contour de l'anneau oculaire, ont
réellement percé, ou rencontré, la première surface à la distance apparente λ, de l'axe central. Pour cela, le dynamètre étant fixé à
l'instrument, et la grandeur de l'anneau étant mesurée en laissant
à la première surface toute son ouverture apparente, on la ré-
trécira graduellement par des diaphragmes annulaires qui couvriront des portions progressivement croissantes de ses bords, jusqu'à
ce que l'anneau oculaire commence aussi à devenir moindre. Quand
cela aura lieu, on sera sûr que les bords de cet anneau sont formés par les rayons lumineux qui sont entrés par le contour intérieur
du diaphragme. Ainsi, en mesurant son diamètre actuel, et celui de
l'anneau oculaire qui y correspond, ces deux éléments auront certainement entre eux la relation exigée pour que leur rapport
donne N. On pourra vérifier l'opération en la répétant avec des
diaphragmes antérieurs plus étroits encore, car on devra toujours
en déduire pour N la même valeur. L'énoncé de ces opérations
montre que la loupe, adaptée au tube C du dynamètre, n'est
qu'un accessoire utile pour voir plus nettement les divisions
de la plaque, et juger plus exactement le nombre de ces divisions

occupées par l'anneau lumineux qui s'y projette ; c'est pourquoi j'ai pu en introduire ici l'emploi par anticipation , quoique je ne l'eusse pas encore théoriquement expliquée.

66. Ces résultats étant fixés , je reprends, pour un système quelconque de surfaces, la marche que nous avions suivie pour une seule ; et je commence par chercher les conditions finales d'émergence d'un *faisceau* de rayons parallèles , qui aurait été reçu par tous les points de la première surface , dans les limites d'inclinaison sur l'axe central qui permettent son admissibilité. Pour cela , considérant un quelconque de ces rayons , je prends ses équations générales d'émergence , qui , dans les limites d'approximation que nos formules embrassent , sont, comme on l'a vu § 59 ,

$$y - y_m = [x - (x)_m] \cos Y_m ; \qquad z - z_m = [x - (x)_m] \cos Z_m.$$

Dans ces mêmes limites , l'abscisse d'émergence $(x)_m$, contenue aux seconds membres de ces équations , y est censée commune à tous les rayons du faisceau ; et elle se confond avec celle qui appartient au centre de figure de la dernière surface.

Les autres éléments d'émergence y_m, z_m, $\cos Y_m$, $\cos Z_m$ sont donnés par leurs expressions générales (A), § 59 , en fonction des éléments d'incidence. Et si , pour abréger , on sous-entend l'indice m qui affecte leurs coefficients , on a

$$u_m \cos Y_m = Nu \cos Y + P y_i ; \qquad u_m \cos Z_m = Nu \cos Z + P z_i ;$$
$$y_m = Qu \cos Y + R y_i ; \qquad Z_m = Qu \cos Z + R z_i.$$

Maintenant, parmi tous ces rayons, je choisis celui qui a percé la première surface à son centre de figure A_1 , et qui constituait ainsi l'axe géométrique du faisceau incident. Pour celui-là y_i et z_i seront nuls ; mais, à cela près, les expressions précédentes s'y appliqueront également , puisqu'il est compris dans les mêmes conditions d'admissibilité que tous les autres. Introduisant donc ces particularités de son incidence , et désignant par l'indice antérieur c les éléments d'émergence qui en résultent , on aura d'abord ses équations courantes

$$y - {}_e y_m = [x - (x)_m] \cos {}_e Y_m; \qquad z - {}_e z_m = [x - (x)_m] \cos {}_e Z_m,$$

et ses éléments d'émergence

$$u_m \cos {}_e Y_m = N u \cos Y; \qquad\qquad u_m \cos {}_e Z_m = N u \cos Z;$$
$${}_e y_m = Q u \cos Y; \qquad\qquad\qquad {}_e z_m = Q u \cos Z.$$

Or ici, comme pour une seule surface, le rayon central, et le rayon excentrique, qui étaient parallèles dans leur incidence se coupent dans leur émergence finale. En effet, faisons y commun dans les deux projections en $x\,y$, et z commun dans les deux projections en $x\,z$; puis cherchons l'abscisse d'intersection x pour chacun de ces systèmes, d'après les équations courantes des deux rayons. L'expression de sa valeur sera :

sur le plan des $x\,y$
$$(x)_m - x = \frac{y_m - {}_e y_m}{\cos Y_m - \cos {}_e Y_m};$$

sur le plan des $x\,z$
$$(x)_m - x = \frac{z_m - {}_e z_m}{\cos Z_m - \cos {}_e Z_m}.$$

Substituant dans les seconds membres les valeurs des éléments qui les composent, $y_{\scriptscriptstyle 1}$ disparaît comme facteur commun dans la première équation, $z_{\scriptscriptstyle 1}$ dans la seconde, et toutes deux donnent également cette même condition pour x,

$$(x)_m - x = \frac{R}{P}\, u_m;$$

il y a donc intersection pour cette abscisse, puisqu'elle assigne aux deux rayons un même y et un même z. En outre, ce point est le même pour tous les rayons excentriques du faisceau, puisque les ordonnées d'incidence $y_{\scriptscriptstyle 1}$, $z_{\scriptscriptstyle 1}$, qui seules les distinguent, n'entrent pas dans l'expression de x, et conséquemment n'entrent pas non plus dans l'expression de ses autres coordonnées, laquelle peut se déduire des équations de l'axe qui ne les renferme point. Ici, comme pour une seule surface, je désignerai les coordonnées par l'indice r; et, en mettant la valeur commune de $(x)_m - x$, dans les équations de l'un ou l'autre rayon, il viendra

$$\left\{ \begin{array}{l} (x)_m - x_r = \dfrac{R}{P}\, u_m; \\[2em] y_r = - u\, \dfrac{(NR - PQ)}{P}\, \cos Y; \qquad z_r = - u\, \dfrac{(NR - PQ)}{P}\, \cos Z. \end{array} \right.$$

D'après ce qui a été démontré § 39, page 425, la fonction $NR - PQ$ est toujours égale à l'unité. Donnons-lui cette valeur; et, pour abréger, représentons $(x)_m - x_r$ par F. Alors, en restituant aux coefficients N, P, Q, R leurs indices qui marquent le nombre des surfaces assemblées, nous aurons définitivement

$$(x)_m - x_r = F = \frac{R_m}{P_m} u_m; \qquad y_r = -\frac{u}{P_m} \cos Y; \qquad z_r = -\frac{u}{P_m} \cos Z.$$

Lorsqu'il n'y a qu'une seule surface, on a immédiatement, page 416,

$$N_1 = 1; \qquad P_1 = \frac{u_1 - u}{r_1}; \qquad Q_1 = o; \qquad R_1 = 1.$$

Les expressions précédentes reproduisent alors les mêmes valeurs que nous avions obtenues, par le calcul direct, page 385.

67. $(x_m) - x_r$ est la différence d'abscisse entre le centre de figure de la dernière surface, et la projection du foyer du faisceau sur l'axe central de toutes les surfaces assemblées. Puisque son expression générale ne renferme pas les angles X, Y, Z qui caractérisent la direction primitive des rayons incidents, elle est donc indépendante de cette direction, et commune à tous les faisceaux composés de rayons parallèles, dont l'inclinaison primitive sur l'axe central des x est comprise dans les conditions d'admissibilité. J'appellerai désormais cette distance commune la *distance focale principale* de l'appareil; et j'emploierai généralement dans les figures la lettre F pour désigner le point de l'axe central où elle se termine. Ce point est lui-même le foyer particulier du faisceau incident qui serait parallèle à l'axe central, et on le nomme le *foyer principal* de l'appareil. Dans les *fig.* 31 et 32 qui nous servent de type, il est représenté comme antérieur à la dernière surface. Mais il pourrait aussi lui être postérieur, et il faut toujours le concevoir construit conformément au signe propre de $(x_m) - x_r$. Je nommerai encore *plan focal principal*, un plan M F M mené par le point F perpendiculairement à l'axe central. Tous les faisceaux de rayons parallèles que leur peu d'inclinaison primitive sur l'axe central rend

admissibles dans nos formules, formeront leurs foyers dans ce plan, sur la direction finale du rayon incident central qui constitue leur axe géométrique d'incidence ; et les coordonnées latérales de ces foyers seront y_r, z_r, ou $-\dfrac{u}{P_m}\cos Y$, $-\dfrac{u}{P_m}\cos Z$. Elles ne peuvent commencer à être fautives que dans les quantités du troisième ordre de petitesse pour l'abscisse commune x_r, considérée comme donnée fixe. Mais les rayons de chaque faisceau ne s'entrecoupent dans le plan focal mené par cette abscisse, qu'aux quantités du troisième ordre près.

Puisque l'axe géométrique de chaque faisceau incident perce la première surface à son centre de figure, tous ces axes dans leur direction finale coupent l'axe central des surfaces au point oculaire H, dont la distance en avant du centre de figure de la dernière surface a pour expression H ou $u_m \dfrac{Q_m}{N_m}$. Chacun d'eux se trouve alors compris dans son plan d'incidence primitif, et il y forme avec l'axe central un angle $_eX_m$, tel qu'on a

$$\sin{}_e X_m = \frac{u}{u_m} N_m \sin{}_e X.$$

Tout cela n'est évidemment que l'application des résultats démontrés, § **62**, pour tous les rayons incidents admissibles, qui ont percé la première surface à son centre de figure ; et l'on doit en interpréter les conséquences de la même manière.

68. Si, de la distance focale principale F on retranche H, on aura la distance du foyer principal en avant du point oculaire. L'expression de cette distance sera donc

$$F - H = u_m \left(\frac{R_m}{P_m} - \frac{Q_m}{N_m} \right) = u_m \frac{(N_m R_m - P_m Q_m)}{N_m P_m},$$

ou, à cause de l'équation de condition qui lie les quatre coefficients généraux,

$$F - H = \frac{u_m}{N_m P_m}.$$

Cette relation très simple nous servira fréquemment.

69. Concevons un faisceau de rayons parallèles entre eux et à l'axe central, mais dont le sens de vitesse soit inverse de ceux que nous avons jusqu'ici considérés ; et faisons-lui traverser le même système de surfaces en entrant, non plus par la première $A_{,}$, mais par la dernière A_{m} ; de sorte qu'il subisse leur action successive dans un ordre interverti. D'après la généralité des démonstrations précédentes, ce faisceau viendra former quelque part son foyer sur l'axe central, à une certaine distance de la première surface que je désignerai par $F_{,}$, en la considérant comme antérieure au centre de figure $A_{,}$, de même que nous l'avons fait pour F. La longueur $F_{,}$ ainsi définie s'appelle la *distance focale principale réciproque* du système.

Son expression analytique peut se conclure de sa définition même, en intervertissant dans nos formules générales, le sens des vitesses, l'ordre des surfaces, et cherchant la distance focale principale du système ainsi considéré. Après quoi il faut changer le signe de l'expression ainsi obtenue, pour la rendre positive quand cette distance est antérieure à la première surface $A_{,}$, conformément à la convention tout-à-l'heure établie. On trouve alors généralement

$$F_{,} = - u\, \frac{N_{m}}{P_{m}}\,; \quad \text{ce qui équivaut à} \quad F_{,} = - \frac{u}{u_{m}} N_{m}^{2}\,(F - H)\,;$$

mais je ne fais qu'indiquer cette voie, quoique directe, parce que nous allons avoir dans quelques instants un moyen beaucoup plus simple d'arriver à la même détermination.

70. La distance focale principale F est le troisième élément spécifique de tout instrument optique. Les deux autres, déjà définis, sont le grossissement angulaire $\frac{u}{u_{m}} N_{m}$, et la distance H du point oculaire au centre de figure de la dernière surface. Ces trois éléments s'expriment, comme on vient de le voir, en fonction des trois coefficients généraux N_{m}, P_{m}, Q_{m}, le quatrième R_{m}, étant éliminé par l'équation de condition générale qui les unit.

71. J'ai annoncé, page 427, que lorsque ces trois éléments sont donnés dans un instrument, tous ses effets optiques s'en déduisent géométriquement avec une complète détermination.

Pour le prouver, considérons d'abord un faisceau de rayons incidents parallèles entre eux, mais inclinés sur l'axe central d'un certain angle X, compris dans l'amplitude d'admissibilité. Par le centre de figure A, de la première surface, *fig.* 34 et 35, je mène l'axe géométrique A, R de ce faisceau, lequel représentera aussi un rayon admissible, puisqu'il est parallèle aux autres rayons. Pour plus de simplicité, je suppose la figure tracée dans le plan mené par cet axe et par l'axe central des surfaces, plan que je choisis pour celui des $x\,z$. L'angle primitif X ou $_{\text{,}}$X étant donné, je mène en H, dans le plan de la section, la droite indéfinie $\Theta\,\mathrm{H}\,\mathrm{R}_m$, dont la branche positive $\mathrm{H}\,\mathrm{R}_m$ forme avec $\mathrm{H}\,\mathrm{X}$ un angle $_{\text{,}}\mathrm{X}_m$ égal à $_{\text{,}}\mathrm{X}\,\dfrac{\mathrm{N}u}{u_m}$, en ayant soin de lui donner le sens de position qui convient au signe, comme il a été expliqué § 62. Cette droite figure la direction finale de l'axe R A, du faisceau incident, après qu'il a subi l'action de tout l'appareil. Je la prolonge, soit en avant, soit en arrière, jusqu'à ce qu'elle rencontre le plan focal principal quelque part en Θ. Ce point Θ sera le foyer demandé du faisceau incident oblique à l'axe central A X. Cette construction n'est que la traduction des résultats analytiques démontrés tout-à-l'heure, § 67.

Or, en supposant que le faisceau primitif couvrît toute l'ouverture de la surface d'incidence, ses rayons, après leur émergence, devront réellement, ou virtuellement, remplir l'anneau oculaire, dont le diamètre $\dfrac{2\lambda_t}{\mathrm{N}}$ est figuré par $l\,\mathrm{H}\,l$: ceci a été démontré § 64. Il se trouvera donc ainsi transformé par l'instrument en un pinceau conique ayant cet anneau pour base, et le point Θ pour sommet. En outre, si l'on veut suivre individuellement un quelconque des rayons qui le composaient, il n'y aura qu'à se donner ses ordonnées latérales d'incidence $y_{,}$, $z_{,}$. On en déduira aussitôt ses ordonnées latérales d'émergence dans le plan oculaire OHO, lesquelles seront $\dfrac{y_t}{\mathrm{N}}$, $\dfrac{z_t}{\mathrm{N}}$; joignant donc le point ainsi défini, avec le foyer Θ, on aura la direction d'émergence finale du rayon spécialement considéré ; soit qu'il ait été, ou non, primitivement compris dans une section centrale faite par l'axe AX.

Cette construction, qui emploie seulement les trois éléments spécifiques de l'appareil, peut être appliquée à tout rayon incident admissible qui serait donné isolément. En effet, soit R ce rayon. Par le centre de figure A_1, je lui mène une parallèle A : elle sera admissible comme lui. Alors il n'y a qu'à considérer A, comme l'axe géométrique d'un faisceau idéal dont R ferait partie ; et en déterminant le foyer de ce faisceau on aura un des points d'émergence du rayon R. Un autre de ses points est situé dans le plan oculaire, où il a pour coordonnées latérales $\dfrac{y_i}{N}$, $\dfrac{z_i}{N}$. Joignant ces deux points on aura la direction du rayon émergent, laquelle sera d'accord avec les formules générales du § 59. Ceci n'est que la construction du § 35 généralisée dans son application. Comme le système ne contenait alors qu'une seule surface, le plan oculaire coïncidait avec cette surface même, et l'on avait $N = 1$, ce qui reproduit les résultats que nous avions obtenus.

De là on peut conclure les foyers de tous les points rayonnants situés dans l'intérieur du cône d'admissibilité VL, L_1V des figures 3_1 et 3_2, considérées comme types. Car, un de ces points étant donné, il n'y a qu'à déterminer la direction d'émergence de deux rayons admissibles quelconques, qui en émanent, et chercher leur point d'intersection qui se trouvera le même pour tous : ce sera le foyer demandé. La construction se simplifie, en considérant que le foyer se forme toujours dans le plan mené par le point rayonnant et par l'axe central des surfaces, comme on le démontre généralement. Alors si l'on choisit ce plan même pour y mener les deux rayons incidents, et former les émergents qui en dérivent, leur point d'intersection devient plus facile à déterminer.

Le foyer ainsi obtenu pourra être antérieur ou postérieur à la dernière surface, comme aussi éloigné ou proche, selon les circonstances propres à la position du point rayonnant et à la constitution de l'appareil, caractérisée par ses trois éléments spécifiques, que nous avons seuls employés. Leurs valeurs et leurs signes peuvent donner aux points H et F, une diversité infinie de situations, soit entre eux, soit par rapport aux surfaces extrêmes A_1, A_n. Néanmoins le même mode de construction pourra toujours leur être appliqué.

72. Mais ici, comme pour une seule surface, ces constructions géométriques peuvent être suppléées et remplacées avantageusement par un calcul analytique général. A cet effet, il suffit de donner aux éléments d'incidence $\cos Y$, $\cos Z$, les valeurs propres aux rayons qui partent d'un même point lumineux, ayant pour coordonnées a, b, c, et qui en outre sont restreints dans l'amplitude conique de radiation que nos formules exigent. Les conditions par lesquelles ces restrictions sont opérées, ont été exposées § 36 et suivants; et nous en avons déduit, § 59, que pour tous les rayons admissibles émanés d'un même point, qui peut être réel, ou idéal, on a généralement

$$\cos Y = \frac{y_1 - b}{x_1 - a}; \qquad \cos Z = \frac{z_1 - c}{x_1 - a}.$$

y_1, z_1 désignent les coordonnées latérales d'incidence propres au rayon considéré; et x_1 est leur abscisse d'incidence, qui peut être censée commune à tous les rayons d'un même pinceau, mais qui doit être distinguée de l'abscisse centrale $(x)_1$, lorsque le point rayonnant se rapproche beaucoup de la surface d'incidence, parce que $y_1 - b$, $z_1 - c$ deviennent alors des quantités fort petites en même temps que $x_1 - a$. En substituant ces expressions de $\cos Y$ et $\cos Z$, dans les valeurs générales des éléments d'émergence formées § 59, on a les résultats suivants, où, pour abréger, je représente généralement $x_1 - a$ par Δ :

$$u_m \cos Y_m = -\frac{b}{\Delta} Nu + \left(P + \frac{Nu}{\Delta}\right) y_1 ; \qquad y_m = -\frac{b}{\Delta} Qu + \left(R + \frac{Qu}{\Delta}\right) y_1$$

$$u_m \cos Z_m = -\frac{c}{\Delta} Nu + \left(P + \frac{Nu}{\Delta}\right) z_1 ; \qquad z_m = -\frac{c}{\Delta} Qu + \left(R + \frac{Qu}{\Delta}\right) z_1$$

J'opère ici exactement comme nous l'avons fait pour une seule surface, page 402. J'approprie d'abord ces valeurs à un certain rayon du pinceau incident considéré; et je forme leurs analogues pour un autre rayon du même pinceau, dont les coordonnées d'incidence propres soient x'_1, y'_1, z'_1. L'abscisse x'_1 pourra être censée égale x_1, comme on l'a vu page 396. Distinguant donc, de même par un accent, les nouvelles valeurs des éléments d'émergence qui correspondent à ces données, on aura, Δ étant commun,

$$\cos Y'_m = -\frac{b}{\Delta} N u + \left(P + \frac{N u}{\Delta} \right) y'_i, \qquad y'_m = -\frac{b}{\Delta} Q u + \left(R + \frac{Q u}{\Delta} \right) y'_i,$$

$$\cos Z'_m = -\frac{c}{\Delta} N u + \left(P + \frac{N u}{\Delta} \right) z'_i, \qquad z'_m = -\frac{c}{\Delta} Q u + \left(R + \frac{Q u}{\Delta} \right) z'_i.$$

Je forme maintenant les équations courantes des deux rayons émergents, que je restreins aux limites de notre approximation, comme il a été dit § 59. Elles seront

$$y - y_m = \left[x - (x)_m \right] \cos Y_m, \qquad z - z_m = \left[x - (x)_m \right] \cos Z_m,$$
$$y - y'_m = \left[x - (x)_m \right] \cos Y'_m, \qquad z - z'_m = \left[x - (x)_m \right] \cos Z'_m ;$$

x, y, z sont les coordonnées courantes des deux rayons dans le dernier milieu, et $(x)_m$ représente l'abscisse du centre de figure de la dernière surface qui est censée commune à leurs points d'émergence.

Au seul aspect de ces équations, on peut voir que les deux rayons se coupent; car celles qui se rapportent à la projection en xy, sont exactement composées comme celles de la projection en xz. Ainsi, quand on supposera les y communs dans le premier système, et les z communs dans le second, l'élimination conduira toujours à une même expression de x : c'est en effet ce qui a lieu. Mais en outre $y'_i - y_i$ disparaît comme facteur commun dans le premier système; $z'_i - z_i$ disparaît de même dans le second, et la valeur commune de x, que je désigne par x_f, se trouve donnée par l'équation suivante, indépendante de ses éléments d'incidence, dans laquelle je sous-entends par abréviation l'indice m qui affecte les coefficients N, P, Q, R :

$$(x)_m - x = \frac{\left(R + \dfrac{Q u}{\Delta} \right)}{P + \dfrac{N u}{\Delta}} u_m,$$

ou, en chassant R, par la relation générale $NR - PQ = 1$,

$$(x)_m - x_f = \frac{Q}{N} u_m + \frac{u_m}{N \left(P + \dfrac{N u}{\Delta} \right)}.$$

Il y a donc un point d'intersection commun aux deux rayons que nous venons de considérer; et l'on aura ses ordonnées latérales $y_{_f}$, $z_{_f}$ en mettant les valeurs de $x_{_f}$ pour x dans les équations de l'un ou de l'autre. Cette substitution fait disparaître les ordonnées latérales d'incidence, et l'on trouve, après quelques réductions faciles,

$$y_{_f} = \frac{b}{\Delta} \frac{u}{\left(P + \dfrac{Nu}{\Delta}\right)}; \qquad z_{_f} = \frac{c}{\Delta} \frac{u}{\left(P + \dfrac{Nu}{\Delta}\right)};$$

à quoi il faut joindre l'abscisse focale $x_{_f}$, et les éléments antérieurs d'incidence, qui sont donnés par les expressions

$$\left\{ \begin{aligned} &(x)_m - x_{_f} = \Delta_{_f} = \frac{Q}{N} u_m + \frac{u_m}{N\left(P + \dfrac{Nu}{\Delta}\right)}; \\[2ex] &\Delta = x_{_1} - a; \qquad \cos Y = \frac{y_{_1} - b}{\Delta}; \qquad \cos Z = \frac{z_{_1} - c}{\Delta}, \end{aligned} \right.$$

Les ordonnées latérales d'incidence $y_{_1}$, $z_{_1}$ ayant disparu, les coordonnées d'intersection $x_{_f}$, $y_{_f}$, $z_{_f}$, sont communes à tous les rayons incidents admissibles, qui émanent du point rayonnant considéré. Car Δ, ou $x_{_1} - a$, doit être pris avec la même valeur dans toute la superficie d'incidence admissible, qui est propre au pinceau dont ils font partie, § 40. Elles fixent donc et déterminent le foyer du pinceau admissible émané de ce point.

On tire généralement des expressions précédentes

$$\frac{z_{_f}}{y_{_f}} = \frac{c}{b};$$

c'est-à-dire que le foyer d'un point rayonnant se forme toujours dans le plan mené par le point et par l'axe central des surfaces, comme nous l'avions prévu § 48. Mais alors, pour établir cette induction, nous avions raisonné comme si les foyers propres déterminés par les surfaces successives étaient tous *réels*, tandis que quelques-uns d'entre eux peuvent n'être, et ne sont en effet souvent que *virtuels* ; c'est-à-dire que le concours des rayons qui tendraient à les former est prévenu par l'interposition des surfaces suivantes. Ici le résultat se trouve démontré pour tous les cas, puisqu'il est donné par les seules équations finales des rayons émergents.

73. Si l'on suppose que le point rayonnant s'éloigne à l'infini, au-devant de la surface d'incidence, en restant toujours compris dans l'espace d'admissibilité limité par le cône enveloppe $VL_\iota L_\iota V$ des *fig.* 31 et 32, a devient infini, ainsi que b et c, ce qui rend $\frac{b}{a}$ égal à $-\cos Y$, et $\frac{c}{a}$ égal à $-\cos Z$, comme nous l'avons déjà remarqué page 406. Ces particularités étant introduites dans les expressions précédentes de x_ι, y_ι, z_ι, et l'indice f étant remplacé par la lettre s, pour ce cas spécial, elles se réduisent à

$$(x)_m - x_\iota = \left(Q + \frac{\iota}{P}\right)\frac{u_m}{N} = \frac{R}{P}u_m;$$

$$y_s = -\frac{u}{P}\cos Y; \qquad z_\iota = -\frac{u}{P}\cos Z;$$

ce sont les valeurs mêmes que nous avons trouvées § 66, en considérant d'abord directement les faisceaux incidents composés de rayons parallèles entre eux.

Passons tout de suite à l'extrême contraire. Faisons $x_\iota = a$ ou a nul, ce qui mettra le point rayonnant en contact avec la surface antérieure d'incidence. Il en résultera $b = y_\iota$, $c = z_\iota$, pour conserver l'étendue de variation admissible des angles Y, Z. Cela revient à dire que les ordonnées latérales b et c, du point ainsi placé, doivent appartenir au segment sphérique d'incidence, ce qui est en effet un résultat évident du contact supposé. Pour introduire commodément ces particularités dans nos expressions générales de x_ι, y_ι, z_ι, je commence par faire partir a des termes isolés qu'il affecte comme diviseur; puis, le supposant nul, et remplaçant l'indice général f par la lettre h, il vient

$$(x)_m - x_h = \frac{Q}{N}u_m; \qquad y_h = \frac{y_\iota}{N}; \qquad z_h = \frac{z_\iota}{N}.$$

Ce sont précisément les valeurs que nous avons trouvées, page 435, pour les ordonnées foca les d'un pinceau à radiation admissible, émané d'un point de la première surface, et formant son foyer dans le plan oculaire, à une distance du centre de figure de la dernière surface égale à $\dfrac{Q}{N} u_m$ ou Π. L'exactitude de ces déductions particulières vérifie l'étendue d'application des formules que nous venons d'obtenir.

74. Les expressions précédentes de $y_{\prime}$ et $z_{\prime}$ étant dégagées du dénominateur Δ, deviennent

$$y_{\prime} = b\,\frac{u}{Nu + P\Delta}\,; \qquad z_{\prime} = c\,\frac{u}{Nu + P\Delta}\,;$$

D'après cela, lorsque la quantité $N + P\dfrac{\Delta}{u}$ sera positive, $y_{\prime}$ sera de même signe que b, et $z_{\prime}$ de même signe que c. Alors l'instrument amènera chaque foyer, dans le plan de sa section centrale, du même côté de l'axe central où se trouve le point rayonnant dont il dérive ; il donnera donc des images *droites* des objets antérieurs. Si, au contraire, $N + P\dfrac{\Delta}{u}$ est négatif, $y_{\prime}$ sera de signe contraire à b, et $z_{\prime}$ de signe contraire à c. Alors l'instrument donnera des images renversées des objets.

Chacun des termes qui composent cette somme $N + P\dfrac{\Delta}{u}$ domine dans un des extrêmes où l'instrument peut agir, et que nous avons tout-à-l'heure considérés. L'objet est-il infiniment distant? Δ devient infini, ainsi que $P\dfrac{\Delta}{u}$, et la direction ou l'inversion dépendent du seul signe de ce produit. Au contraire, l'objet vient-il s'appliquer sur la surface d'incidence? Alors Δ étant nul, $P\dfrac{\Delta}{u}$ s'évanouit, et la direction ou l'inversion dépendent uniquement du signe de N seul. Ceci est d'accord avec l'expression des ordonnées latérales du foyer pour ce dernier cas, puisqu'elles sont $\dfrac{y_{\prime}}{N}$, $\dfrac{z_{\prime}}{N}$, $y_{\prime}$ et $z_{\prime}$ étant les ordonnées latérales du point d'incidence. Entre ces deux extrêmes, les deux termes contribuent au signe de la somme $N + P\dfrac{\Delta}{u}$, qui, étant positive, indique l'image droite, et négative, l'indique renversée.

Dans l'usage habituel des instruments d'optique, les rayons incidents *partent* d'un point lumineux *réel*, d'où ils arrivent en divergeant à la surface d'incidence. Alors, dans notre notation, Δ est de même signe que u et $\dfrac{\Delta}{u}$ est positif; de sorte que le signe du produit $P\dfrac{\Delta}{u}$ est déterminé uniquement par le signe de P. Mais si l'on supposait Δ de signe contraire à u, ce qui rendrait $\dfrac{\Delta}{u}$ négatif, les rayons incidents arriveraient à la surface d'incidence, en convergeant *vers* un point idéal, ou purement géométrique, situé du côté de la surface opposé à celui où l'incidence s'opère. Nos formules, établies sur le premier cas, comme type des raisonnements, embrassent aussi le second dans leur généralité algébrique; et le signe positif, ou négatif de la quantité $N+P\dfrac{\Delta}{u}$ indique toujours la position droite ou renversée de l'image autour de l'axe central, en la comparant au point, soit réel, soit idéal, dont elle dérive.

73. Nous avons constaté, § **71**, que tous les effets d'un instrument d'optique sont complètement déterminés, et géométriquement assignables, lorsque l'on donne ses trois éléments spécifiques H, N, F. Il doit donc être possible d'exprimer les trois coordonnées focales Δ_f, Y_f, z_f, en fonction de ces éléments; et en effet, on découvre ainsi entre eux des relations aussi remarquables par leur simplicité, qu'utiles par leurs applications physiques.

Pour cela, il faut se rappeler que d'après les § **61**, **66** et **67**, les expressions de H et de F en fonction des coefficients généraux, que nous venons encore de vérifier tout-à-l'heure, sont :

$$H = \frac{Q}{N}u_m; \qquad F = \frac{R}{P}u_m; \qquad d'où \quad F - H = \frac{u_m}{NP}.$$

D'après cela, si de Δ_f obtenu généralement, § **72**, page 450, on retranche H, on trouve

$$\Delta_f - H = \frac{u_m}{N\left(P + \dfrac{Nu}{\Delta}\right)}.$$

Tirant le facteur $\dfrac{1}{P + \dfrac{Nu}{\Delta}}$ de cette relation, pour le substituer dans

$y_{_f}$ et $z_{_f}$, du même paragraphe, il vient

$$u_m\, y_{_f} = \frac{bu}{\Delta}\, \mathrm{N}\,(\Delta_{_f} - \mathrm{H}); \qquad u_m\, z_{_f} = \frac{cu}{\Delta}\, \mathrm{N}\,(\Delta_{_f} - \mathrm{H}).$$

Ce sont déjà les expressions de $y_{_f}$ et $z_{_f}$ transformées comme nous le désirions. Elles sont analogues à celles que nous avons obtenues § **41**, page 4o3, pour une seule surface. Dans ce cas, en effet, où $m = 1$, on a

$$\mathrm{N}_1 = 1, \qquad \mathrm{Q}_1 = 0.$$

H est donc nul alors, et $\Delta_{_f}$ devient $(x)_1 - x_{_f}$ que l'on peut remplacer par $x_1 - x_{_f}$, ce qui reproduit les résultats du § **41**.

Renversons maintenant l'expression de $\Delta_{_f} - \mathrm{H}$, elle donnera

$$\frac{1}{\Delta_{_f} - \mathrm{H}} = \frac{\mathrm{NP}}{u_m} + \frac{u}{u_m}\frac{\mathrm{N}^2}{\Delta}.$$

Le premier terme du second membre est précisément $\dfrac{1}{\mathrm{F} - \mathrm{H}}$; en le remplaçant par cette valeur équivalente, il vient

$$\frac{1}{\Delta_{_f} - \mathrm{H}} = \frac{1}{\mathrm{F} - \mathrm{H}} + \frac{u}{u_m}\frac{\mathrm{N}^2}{\Delta};$$

ceci, joint aux expressions de $y_{_f}$ et $z_{_f}$, complète les transformations désirées. On peut vérifier la dernière équation par les cas particuliers extrêmes qu'elle embrasse. Car, d'abord, si l'on y fait Δ infini, ce qui transforme le pinceau incident en un faisceau à rayons parallèles, elle donne $\Delta_{_f} = \mathrm{F}$, comme cela devait avoir lieu. Si, au contraire, on y fait Δ nul, ce qui place le point rayonnant dans la surface d'incidence même, le second membre devient infini; alors le premier devant l'être aussi pour maintenir l'égalité, il faut que l'on ait $\Delta_{_f} = \mathrm{H}$, c'est-à-dire que le foyer se trouve dans le plan oculaire, comme cela est vrai encore. Ces expressions des coordonnées focales, remarquables par leur généralité, et leur simplicité, nous seront fréquemment utiles.

76. Cherchons sur l'axe central un point tel, que le pinceau rayonnant qui en émane soit transformé par le système en un faisceau de rayons émergents parallèles entre eux, et conséquemment aussi à l'axe central, puisqu'il sera lui-même un de ces rayons.

Il faudra pour cela faire $A_{\prime}$ infini dans notre formule générale, et tirer la valeur de A qui en résulte. Or la condition supposée anéantissant le premier membre de l'équation, on a aussitôt

$$A = -\frac{u}{u_m} N^2 (F - H), \quad \text{ce qui équivant à} \quad A = -\frac{Nu}{P}.$$

Ce A est évidemment la *distance focale réciproque du système*, telle que nous l'avons définie dans le § 69. Car, si le faisceau émergent ainsi formé était renvoyé dans une direction exactement inverse, à travers toutes les surfaces, il retournerait nécessairement vers le point rayonnant d'où il est parti. Aussi cette expression est-elle identique à celle que j'ai annoncée dans le § 69, comme résultante du mouvement ainsi interverti du faisceau.

77. En appliquant ces formules et celles du paragraphe précédent, il faut toujours se rappeler que l'abscisse $A_{\prime}$ étant prise pour donnée fixe, et commune à tous les rayons du pinceau considéré, les valeurs des ordonnées latérales $y_{\prime}$, $z_{\prime}$ qui y correspondent pour chaque rayon, ne peuvent commencer à être fautives que dans les quantités du troisième ordre de petitesse. Mais leur intersection mutuelle, en un seul et même point, n'a lieu toutefois, qu'en supposant les quantités du second ordre négligeables dans les abscisses individuelles qui y correspondent. Les figures 3_1 et 3_2 qui nous servent de type représentent généralement en x le foyer d'un point rayonnant antérieur, dont la radiation naturelle, ou convenablement restreinte, satisfait aux conditions d'admissibilité que nos formules exigent. Alors ϖx, perpendiculaire au plan des xy, est $z_{\prime}$; et xf, menée parallèlement à l'axe des y, du point x à l'axe des x, est $y_{\prime}$. Enfin l'abscisse Af, comptée de l'origine des coordonnées, est $x_{\prime}$; et fA_m est $(x)_m - x_{\prime}$. Cette dernière distance est construite comme antérieure à la dernière surface; et $y_{\prime}$, $z_{\prime}$ sont représentées comme positives; mais il faut les supposer construites, pour chaque cas, conformément au signe algébrique actuel de leurs expressions.

78. On devra en outre considérer toujours comme convenu, que chaque pinceau incident, dont nos formules donnent le foyer final, est censé compris dans le cône d'admissibilité propre au point rayonnant dont il émane, comme je l'ai expliqué § 40, page 397.

En continuant, comme je l'avais fait alors, de raisonner pour le cas d'une émanation réelle, auquel sont adaptées les *fig.* 31 et 32 qui nous servent de type, la portion de la surface d'incidence que chaque pinceau peut couvrir dépend de la situation du point rayonnant dans le cône antérieur $VL_,L_,V$ des *fig.* 31, 32; et le pinceau ne peut couvrir la surface entière que si le point est compris dans le cône interne USU. Ce cas est donc aussi le seul pour lequel les pinceaux émergents provenus de pinceaux incidents admissibles, remplissent entièrement l'anneau oculaire $/H/$; et tous les autres ne peuvent, ou plutôt ne doivent en remplir qu'une portion, proportionnelle à la portion de la surface d'incidence dans laquelle ils ont dû être restreints. Par exemple, tout point rayonnant situé entre les deux cônes $VL_,L_,V$, et $V_,A_,V_,$, ne peut envoyer aucun rayon admissible au centre de figure A, de la surface d'incidence. Les pinceaux émergents qui en dérivent ne peuvent donc non plus fournir aucun rayon passant par le point oculaire H, du moins pour que les principes de notre approximation puissent s'y appliquer. Ainsi, en prenant un appareil où le concours des rayons au point oculaire H fût réel, comme dans la *fig.* 32, si l'on y peut placer la pupille supposée réduite à un simple point, elle ne devra, pour la légitimité de l'approximation, y recevoir aucun rayon émergent provenant de points rayonnants situés hors du cône antérieur $V'A_,V'$: et, plus l'ouverture de ce cône sera restreinte, plus la réunion des rayons, en ce point, sera exacte, toutes les autres circonstances étant d'ailleurs égales, comme nous l'avons déjà remarqué page 431. Aussi trouve-t-on que, dans de tels cas, les images observées deviennent ordinairement plus nettes et mieux définies, lorsqu'on place au-devant de la surface d'incidence un tuyau circulaire concentrique à l'axe central AX, et dont l'ouverture se trouve éloignée à une certaine distance de cette surface, ce qui restreint d'autant plus l'angle limite (X) que le tuyau est plus long. Mais l'amélioration qui en résulte doit surtout être sensible dans les opérations qui se font pendant le jour, parce que l'opacité du corps du tuyau empêche l'accès des rayons qui, venant de parties du ciel trop latérales pour se rendre au même point H que les rayons moins obliques, se

mêleraient avec eux dans l'œil ; et elle doit être moindre , ou insensible, dans les observations faites de nuit , sur des objets qui
n'ont qu'un petit diamètre apparent comme les planètes , surtout
si on les observe près de l'axe central de l'instrument , tout le reste
du champ se trouvant alors exempt de lumière latérale par son
obscurité.

79. Ces expressions des coordonnées focales, en fonction des
éléments spécifiques de l'instrument , sont éminemment propres à
mettre en évidence les conditions physiques qui déterminent la
plupart de ses effets les plus généraux. Pour en donner un exemple pris dans les réalités , concevons l'instrument tourné dans un
sens tel que la vitesse finale u_{39} soit positive dans notre notation ,
ce qui est toujours possible. C'est le cas que représentent les *fig.* 31
et 32. Dans l'observation des objets réels , Δ et u sont toujours de
même signe. Ainsi $\dfrac{u}{u_{39}\Delta}$ sera toujours positif alors , aussi bien que
$\dfrac{u\,N^2}{u_{39}\Delta}$. Ceci admis, on va voir, par la seule inspection des formules ,
que l'action optique de l'instrument , pour diverses distances des
objets, sera extrêmement différente, selon que F—H sera positif ou
négatif ; de sorte qu'il convient de discuter séparément ces deux cas.

1°. Lorsque F — H est positif, le foyer principal de l'instrument est antérieur au point oculaire , comme le représentent les
fig. 31 et 32. Or $\dfrac{u\,N^2}{u_{39}\Delta}$ étant toujours rendu positif, par les circonstances de l'observation , le second membre de l'équation qui
exprime $\dfrac{1}{\Delta_{f}—H}$ sera alors tout entier positif ; de sorte que Δ_{f} — H
sera pareillement positif, c'est-à-dire que l'image formée sera tou-
jours antérieure au point oculaire. Cette nature et cette constance de
signe étant introduites dans les expressions de y_{f} et z_{f} , avec $\dfrac{u}{u_{39}\Delta}$
positif, on voit tout de suite que leur signe propre, conséquem-
ment le sens de l'image, dépend uniquement du signe de N. Si N
est positif, l'image sera toujours droite ; s'il est négatif, elle sera
toujours renversée, quel que soit Δ.

2°. Lorsque F — H est négatif, le foyer principal est postérieur au plan oculaire. Alors les deux termes $\dfrac{1}{F-H}$ et $\dfrac{u}{u_m}\dfrac{N'}{\Delta}$ ont des signes opposés, et cette opposition produit beaucoup plus de variétés dans le lieu, comme dans le sens des images qui se forment pour les diverses distances des objets. Soit d'abord Δ assez grand pour que le terme négatif $\dfrac{1}{F-H}$ surpasse $\dfrac{u}{u_m}\dfrac{N'}{\Delta}$. Alors $\Delta_f - H$ devient négatif, et l'image se forme au-delà du point oculaire; et, comme $\dfrac{u}{u_m\Delta}$ est toujours positif, si N est négatif, elle est droite; s'il est positif, elle est renversée. A mesure que l'objet devient moins distant, le terme positif $\dfrac{u}{u_m}\dfrac{N'}{\Delta}$ augmente, son opposé restant le même, ce qui rend moindre $\dfrac{1}{\Delta_f - H}$, etconséquemment fait croître Δ_f en le laissant toujours négatif. C'est-à-dire que l'image s'éloigne de plus en plus au-delà du point oculaire, en conservant son même sens de situation, droite ou renversée, contrairement au signe de N. Cela a lieu ainsi jusqu'à ce que la somme des deux termes $\dfrac{1}{F-H} + \dfrac{u}{u_m}\dfrac{N'}{\Delta}$ soit nulle, ce qui jette l'image à une distance infinie du plan oculaire, en la rendant infiniment grande. Pour en avoir alors une idée physique, il faut concevoir la somme des deux termes, non pas absolument nulle, mais ayant une valeur infiniment petite, négative d'abord, ce qui donne la limite des cas précédents, puis positive, ce qui rend $\Delta_f - H$ positif, et fait reparaître l'image en avant du point oculaire en la rendant infiniment grande. Son sens suit alors le signe de N, de sorte qu'elle est droite si ce coefficient est positif, renversée s'il est négatif, contrairement à ce qui avait lieu d'abord. Elle conserve ces nouveaux caractères pour toutes les valeurs moindres de Δ, en se rapprochant du plan oculaire; jusqu'à ce qu'enfin elle vienne se former dans ce plan même lorsque Δ est nul, c'est-à-dire lorsque les points rayonnants qui composent l'objet sont situés dans la surface d'incidence même.

La diversité d'effets que nous venons de discuter ici en général est exactement pareille à celle que l'on a contume d'exposer dans les éléments de physique pour les lentilles sphériques divergentes et convergentes, quand elles sont employées à l'observation d'objets réels. Aussi l'identité de conditions et de formules est-elle complète. Dans ces lentilles H est toujours une quantité très petite de l'ordre de leur épaisseur, que l'on suppose négligeable dans toute évaluation longitudinale, pour simplifier l'exposition : cela rend donc H nul. En outre, le coefficient N n'y diffère de $+1$ que par une quantité très petite du même ordre, que l'on néglige également, ce qui y rend N toujours positif. Alors, dans l'application aux objets réels, les lentilles divergentes ayant F positif, agissent comme la première classe d'instruments que nous avons considérés; et les convergentes, qui ont F négatif, agissent comme la seconde classe; mais elles n'offrent qu'un cas infiniment particulier de l'une et de l'autre.

80. Au lieu de considérer un point rayonnant isolé, comme nous l'avons fait dans ce qui précède, concevons un assemblage continu de pareils points, constituant un objet lumineux de dimension sensible, mais dont la radiation générale soit toutefois restreinte dans les limites d'admissibilité exigées par notre approximation. La forme de cet objet et sa situation seront définies par une équation générale entre b, c et Δ, où ces trois éléments seront considérés comme variables. Je la représente par

$$\psi\,[\,b,\ c,\ \Delta\,] = 0;$$

or, les expressions des coordonnées focales, trouvées § 78, donnent généralement

$$\frac{a}{u_m} = \frac{N^2(\Delta_f - H)}{1 - \frac{NP}{u_m}(\Delta_f - H)}\;;\quad b = \frac{N y_f}{1 - \frac{NP}{u_m}(\Delta_f - H)}\;;\quad c = \frac{N z_f}{1 - \frac{NP}{u_m}(\Delta_f - H)}\;;$$

en substituant ces valeurs dans l'équation de la surface prise pour objet, on aura aussitôt le lien et la forme de l'image produite.

Si l'objet était une ligne courbe, il serait défini par deux équations entre b, c, Δ; et en y substituant les mêmes expressions de ces quantités en coordonnées focales, on obtiendrait deux relations entre y_f, z_f, Δ_f, lesquelles détermineraient une autre courbe qui serait l'image formée.

Comme ceci fournit des épreuves utiles pour apprécier la bonté des instruments, j'en donnerai quelques exemples.

Supposons d'abord, *fig.* 34 et 35, que l'objet soit une ligne droite RA, dirigée vers le centre de figure A, de la première surface, dans le plan des xz, et formant avec l'axe central l'angle $+$ I, lequel ne devra pas excéder l'angle limite (X), pour satisfaire aux conditions d'admissibilité, § **40**. Si l'on désigne par x les abscisses courantes de la droite ainsi définie, et par b, c, les ordonnées latérales correspondantes à ces abscisses, elle aura pour équations générales

$$b = 0; \qquad c = (x - x_{,}) \tang I;$$

$x_{,}$ étant l'abscisse du point A,. Comme nous supposons en général $x_{,} - x = + \Delta$, il en résultera

$$b = 0; \quad c = - \Delta \tang I.$$

Alors la transformation en coordonnées focales donne

$$y_{f} = 0; \qquad z_{f} = - \frac{u}{u_{m}} N (\Delta_{f} - H) \tang I;$$

l'image sera donc alors une ligne droite HR$_m$, menée du point oculaire H, dans le plan des xz, et formant avec l'axe central, vers l'extrémité positive des x, un angle dont la tangente trigonométrique a pour valeur $+ \frac{u}{u_{m}} N \tang I$. Ce résultat était facile à prévoir, puisqu'il ne fait que reproduire la construction des rayons émergents, dérivés d'un rayon incident qui a percé la première surface à son centre de figure. Mais je l'ai précisément choisi par ce motif de simplicité. Si l'objet devait être borné à une simple portion de la droite RA, limitée par deux points donnés, on chercherait les coordonnées focales de chacun de ces points, et ils limiteraient l'image sur la droite focale HR$_m$.

Prenons maintenant pour objet une ligne droite dirigée d'une manière quelconque au-devant de la première surface : les équations de ses deux projections, exprimées en b, c et Δ, seront généralement de cette forme

$$b = - \Delta \tang I + y_{,}; \qquad c = - \Delta \tang I' + z_{,}.$$

y_1 et z_1 sont les ordonnées latérales du point où la droite perce la surface d'incidence supposée plane et indéfinie ; et les angles $+\mathrm{I}$, $+\mathrm{I}'$, sont comptés à partir de l'extrémité positive des x. Pour que nos expressions des coordonnées focales soient applicables à un tel cas, il faut concevoir qu'on borne les valeurs de b et c aux seuls points de la droite qui sont compris dans le cône d'admissibilité $\mathrm{V L_1 L_1 V}$ des *fig.* 31, 32 ; et qu'en outre la radiation propre de chaque point de cette droite est aussi, au besoin, restreinte à l'amplitude convenable pour pouvoir être admise dans l'appareil. Alors, la transformation en coordonnées focales, donne :

$$y_f = -\left[\frac{u}{u_m}\,\mathrm{N}\,\mathrm{tang}\,\mathrm{I} + \frac{\mathrm{P}}{u_m}\,y_1\right](\Delta_f - \mathrm{H}) + \frac{y_1}{\mathrm{N}} ;$$

$$z_f = -\left[\frac{u}{u_m}\,\mathrm{N}\,\mathrm{tang}\,\mathrm{I}' + \frac{\mathrm{P}}{u_m}\,z_1\right](\Delta_f - \mathrm{H}) + \frac{z_1}{\mathrm{N}}.$$

Ces équations étant linéaires entre y_f, z_f, et Δ_f, représentent les deux projections d'une droite qui perce le plan oculaire au point dont les ordonnées latérales sont $\frac{y_1}{\mathrm{N}}$, $\frac{z_1}{\mathrm{N}}$. Ces projections font avec l'axe des $+x$ ou des $-\Delta$, des angles dont les tangentes trigonométriques sont : sur le plan des xy, $\frac{u}{u_m}\,\mathrm{N}\,\mathrm{tang}\,\mathrm{I} + \frac{\mathrm{P}}{u_m}\,y_1$; et sur le plan des xz, $\frac{u}{u_m}\,\mathrm{N}\,\mathrm{tang}\,\mathrm{I}' + \frac{\mathrm{P}}{u_m}\,z_1$. Ainsi la forme de l'image est rectiligne, et son lieu se trouve déterminé. Il ne reste qu'à la borner aux points extrêmes de la droite prise pour objet.

Si cette droite devait être parallèle au plan des yz, il faudrait employer sa projection sur ce plan. Je prends alors le plan des xz, de manière qu'il lui soit perpendiculaire ; les équations de la droite seront ainsi

$$\Delta = \mathrm{D}, \qquad c = \mathrm{C}, \qquad b \text{ indéterminé.}$$

D et C sont deux constantes. Ceci étant introduit directement dans les expressions des ordonnées focales, il en résulte

$$\frac{1}{\Delta_f - \mathrm{H}} = \frac{\mathrm{NP}}{u_m} + \frac{u\,\mathrm{N}^2}{u_m\mathrm{D}} ; \qquad u_m z_f = \frac{\mathrm{C}u}{\mathrm{D}}\,\mathrm{N}\,(\Delta_f - \mathrm{H}) ;$$

la première donne Δ_f constant, et par suite z_f constant aussi, y_f restant indéterminé. L'image, toujours rectiligne, reste donc alors parallèle à la droite prise pour objet; mais sa distance à l'axe central, ou son ordonnée z_{f}, au lieu d'être C, comme dans la droite primitive, est changée par l'instrument en $\dfrac{u}{u_m}\,\dfrac{C}{D}\,N(\Delta_{f}-H)$. Si cette ordonnée C était vue directement du point A_{f}, elle soutendrait autour de l'axe central un angle visuel, dont la tangente trigonométrique serait $\dfrac{C}{D}$; et si son image était vue du point H, dans le dernier milieu réfringent, elle y soutendrait, autour du même axe, l'angle dont la tangente trigonométrique est $\dfrac{z_{f}}{\Delta_{f}-H}$ ou $\dfrac{Nu}{u_m}\,\dfrac{C}{D}$. En supposant ces angles assez petits pour qu'on puisse les considérer comme sensiblement proportionnels à leurs tangentes, ce qui est une condition de leur admissibilité dans notre approximation, on voit que le premier d'entre eux se trouve agrandi ou diminué par l'instrument, dans le rapport de $\dfrac{u}{u_m}\,N$ à 1. Cela était facile à prévoir, puisque les deux branches rectilignes qui le comprennent, percent la surface d'incidence à son centre de figure A_{f}.

En général, lorsque l'objet sera tout entier compris dans un plan perpendiculaire à l'axe central, comme cela avait lieu dans le cas qui vient de nous servir d'exemple, l'image lui sera semblable. En effet, en désignant par $+D$ la distance du plan, au-devant de la surface d'incidence, le contour de l'objet sera une courbe plane dont les équations auront cette forme

$$\Delta = D, \qquad \phi\left[\left(\frac{b}{D}\right),\ \left(\frac{c}{D}\right)\right] = 0.$$

Δ étant constant, Δ_{f} sera constant aussi; et la transformation en coordonnées focales donnera pour le contour de l'image

$$\phi\left[\frac{u_m}{u N(\Delta_{f}-H)}\,y_{f},\ \frac{u_m}{u N(\Delta_{f}-H)}\,z_{f}\right] = 0;$$

ce qui exprime une courbe semblable à celle qui limite l'objet. Les dimensions linéaires de l'image sont à celles de l'objet, dans la proportion de $\dfrac{u\,N(\Delta_{_f} - \mathrm{H})}{u_m}$ à D; ce qui peut la rendre plus grande ou moindre que lui.

Si la distance Δ devient infinie, $\Delta_{_f}$ devient F, c'est-à-dire que l'image se forme dans le plan focal principal de l'appareil. Alors le facteur $\dfrac{1}{\mathrm{N}\,(\Delta_{_f} - \mathrm{H})}$ se réduit à $\dfrac{\mathrm{P}}{u_m}$; et l'on a pour l'équation du contour de l'image

$$\varphi\left[\left(\frac{\mathrm{P}}{u}\,y_{_f}\right),\ \left(\frac{\mathrm{P}}{u}\,z_{_f}\right)\right] = 0.$$

Prenons, par exemple, pour objet, un disque circulaire décrit du rayon r, et ayant son centre sur l'axe central A X. Si l'on désigne par ω son demi-diamètre apparent, tel qu'on l'observerait à l'œil nu, en plaçant la pupille au centre de figure A, de la surface d'incidence, et qu'on applique cet angle au rayon r, situé dans le plan des $x\,z$, on aura

$$r = \pm\ \mathrm{D}\ \mathrm{tang}\,\omega.$$

Afin que les dimensions du disque soient proportionnées à sa distance, de manière à le rendre admissible tout entier comme objet dans nos formules, il faudra supposer ω très petit de l'ordre de l'angle (X), qui limite les inclinaisons sur l'axe central, avec lesquelles les rayons incidents peuvent être introduits dans notre approximation; de sorte qu'au besoin on puisse remplacer $\mathrm{tang}\,\omega$ par $\sin\omega$, ou par $\omega\,\sin 1''$. Ceci convenu, l'équation du contour du disque sera

$$\frac{b^2}{\mathrm{D}^2} + \frac{c^2}{\mathrm{D}^2} = \mathrm{tang}^2\,\omega\,;$$

et l'on aura pour celle de son image

$$y_{_f}^2 + z_{_f}^2 = \frac{u^2}{u_m^2}\,\mathrm{N}^2\,(\Delta_{_f} - \mathrm{H})^2\ \mathrm{tang}^2\,\omega.$$

Cette image sera donc encore un cercle décrit autour de l'axe central à la distance $+\,\Delta_{_f}$, en avant de la dernière surface, avec un rayon égal à $\dfrac{u}{u_m}\,\mathrm{N}\,(\Delta_{_f} - \mathrm{H})\ \mathrm{tang}\,\omega$; conséquemment si on l'observe en avant du point oculaire, à la distance $\Delta_{_f} - \mathrm{H}$, son demi-diamètre apparent aura pour tangente trigonométrique $\pm\dfrac{u}{u_m}\,\mathrm{N}\tang\,\omega$;

ou simplement il aura pour valeur $\pm\dfrac{u}{u_m}\,\mathrm{N}\omega$, comme il était facile de le prévoir.

Enfin, pour appliquer nos formules à trois dimensions, concevons au lieu d'un disque plan une sphère, décrite aussi avec un rayon $r = \mathrm{D}\sin\omega$, D étant la distance de son centre au devant du centre de figure A_1 de la surface d'incidence; elle aura pour équation

$$(\mathrm{D}-\Delta)^2 + b^2 + c^2 = r^2;$$

ce qui, étant transformé en coordonnées focales, donnera pour l'équation de l'image

$$\left[\mathrm{D}-\frac{\mathrm{N}}{u_m}(\mathrm{N}u+\mathrm{PD})(\Delta_f-\mathrm{H})\right]^2 + \mathrm{N}^2 y_f^2 + \mathrm{N}^2 z_f^2 = r^2\left[1-\frac{\mathrm{NP}}{u_m}(\Delta_f-\mathrm{H})\right]^2$$

Cette image est donc, généralement parlant, un ellipsoïde de révolution autour de l'axe central des x. Son centre, considéré comme antérieur à la dernière surface de l'appareil, en est à une distance exprimée par $\mathrm{H}+\dfrac{u_m}{\mathrm{N}}\left[\dfrac{(\mathrm{N}u+\mathrm{PD})\mathrm{D}-\mathrm{P}r^2}{(\mathrm{N}u+\mathrm{PD})^2-\mathrm{P}^2 r^2}\right].$

Pour la rapporter à ce centre, je fais généralement

$$\Delta_f = \mathrm{H}+\frac{u_m}{\mathrm{N}}\left[\frac{(\mathrm{N}u+\mathrm{P}\mathrm{D})\mathrm{D}-\mathrm{P}r^2}{(\mathrm{N}u+\mathrm{P}\mathrm{D})^2-\mathrm{P}^2 r^2}\right]-x;$$

alors en substituant cette valeur de Δ_f, la première puissance de x disparaît, et l'équation, transformée en coordonnées centrales, devient

$$\left[(\mathrm{N}u+\mathrm{PD})^2-\mathrm{P}^2 r^2\right]x^2 + (y_f^2 + z_f^2)\,u_m^2 = \frac{r^2 u^2 u_m^2}{(\mathrm{N}u+\mathrm{PD})^2-\mathrm{P}^2 r^2};$$

le demi axe longitudinal de l'ellipsoïde est donc

$$\frac{ru\,u_m}{(\mathrm{N}u+\mathrm{PD})^2-\mathrm{P}^2 r^2}\quad\text{ou}\quad\frac{1}{\mathrm{D}}\frac{u\,u_m\sin\omega}{\left(\mathrm{P}+\mathrm{N}\dfrac{u}{\mathrm{D}}\right)^2-\mathrm{P}^2\sin^2\omega}.$$

On voit, d'après cette expression, qu'il est toujours réel.

Le demi-axe de révolution, perpendiculaire aux x, est

$$\frac{\pm\, ru}{\left[\,(Nu + PD)^2 - P^2 r^2\,\right]^{\frac{1}{2}}} \quad\text{ou}\quad \frac{\pm\, u \sin \omega}{\left[\left(P + \dfrac{Nu}{D}\right)^2 - P^2 \sin^2 \omega\right]^{\frac{1}{2}}};$$

il deviendrait donc imaginaire si la quantité $(Nu + PD)^2 - P^2 r^2$ était négative. Alors, la forme de l'image serait un hyperboloïde de révolution dont l'axe réel serait dirigé suivant l'axe central des x. Cela ne peut jamais avoir lieu que pour certaines valeurs limitées de D, et lorsque $\dfrac{Nu}{D}$ est de signe contraire à P. Dans un tel cas donc, le produit $NP\dfrac{u}{D}$ serait négatif, et aussi NP, puisque le rapport $\dfrac{u}{D}$ est toujours positif dans l'observation d'un objet réel. Or, d'après le § **75**, on a

$$NP = \frac{u_m}{F - H}.$$

Concevons l'instrument tourné dans un sens tel que la vitesse finale u_m soit positive, ce qui est toujours possible. Alors NP ne pourra être négatif, qu'autant que $F - H$ sera négatif; et ainsi l'image de la sphère ne pourra devenir hyperboloïde que dans les instruments où cette circonstance de signe aura lieu. Or, en effet, d'après le § **79**, ce sont les seuls qui permettent de si grandes mutations dans les images, selon les diverses distances des objets.

En passant du réel à l'imaginaire, le demi-axe de révolution devient infini, et l'image est alors un paraboloïde. Cela arrive quand la quantité $(Nu + PD)^2 - P^2 r^2$ devient nulle, ce qui donne

$$D \mp r = -\frac{Nu}{P}.$$

En comparant ce résultat à l'expression de Δ obtenue § **76**, on voit qu'une des extrémités du diamètre longitudinal de la sphère se trouve alors dans le foyer principal réciproque de l'instrument; et la séparation de l'image en deux nappes hyperboloïdes a lieu, quand un quelconque des points intermédiaires du diamètre se trouve dans ce foyer réciproque. Tout en admettant la possibilité de ces transformations, je continuerai, dans ce qui va suivre, d'appliquer à l'image la dénomination générale d'ellipsoïde, pour simplifier les énoncés.

Soit X l'abscisse x du point oculaire, comptée du centre de l'ellipsoïde; elle devra être telle qu'étant prise pour x, elle donne $A_j = $ H. Sa valeur sera donc

$$X = \frac{u_m}{N} \left[\frac{(Nu + PD)\,D - P\,r^2}{(Nu + PD)^2 - P^2\,r^2} \right].$$

Si de ce point, on mène une tangente à l'ellipsoïde, l'angle formé par cette tangente avec l'axe central sera le demi-diamètre apparent de l'image vue du point oculaire H, dans le dernier milieu; en le nommant ω', on trouve

$$\tan\omega' = \pm \frac{u}{u_m} Nr \frac{\left[(Nu + PD)^2 - P^2\,r^2 \right]^{\frac{1}{2}}}{\left\{ \left[(Nu + PD)\,D - P\,r^2 \right]^2 - N^2\,r^2\,u^2 \right\}^{\frac{1}{2}}};$$

ou, en extrayant le facteur D du dénominateur,

$$\tan\omega' = \pm \frac{u}{u_m} N \sin\omega \frac{\left[(Nu + PD)^2 - P^2\,D^2 \sin^2\omega \right]^{\frac{1}{2}}}{\left[(Nu + PD - PD\sin^2\omega)^2 - N^2\,u^2\sin^2\omega \right]^{\frac{1}{2}}}.$$

Pour que la sphère, dont le rayon est r, puisse être admise tout entière comme objet dans nos formules, il faut que $\sin^3\omega$ soit négligeable, comparativement à l'unité; ce qui permettrait de remplacer, au besoin, $\sin\omega$ par $\tan\omega$, dans cette expression. Si, en outre, on suppose la distance D très grande comparativement à $\frac{u_m}{P}$, qui est aussi une ligne égale à $N(F - H)$, le demi-axe longitudinal de l'ellipsoïde, dont nous avons formé l'expression, page 464, se réduit à

$$\frac{u\,u_m \sin\omega}{DP}.$$

Il va donc toujours en se raccourcissant, à mesure que la distance D augmente, et finit par devenir nul quand D est infini; c'est-à-dire que l'ellipsoïde qui forme l'image s'aplatit dans le sens longitudinal, à mesure que la sphère s'éloigne de la surface d'incidence, et finit par dégénérer en un simple disque sensiblement plan, tel que nous voyons les sphéroïdes planétaires. A cette limite de D infini, le demi-axe de révolution de l'ellipsoïde se réduit à

$$\pm \frac{u}{P} \tang \omega, \quad \text{ce qui équivaut à} \quad \pm \frac{u}{u_m} N(F-H) \tang \omega,$$

en mettant pour P sa valeur en fonction des éléments spécifiques de l'appareil. Dans cette même circonstance, le demi-diamètre apparent, vu du point oculaire, se trouve aussi donné par l'expression réduite

$$\tang \omega' = \pm \frac{u}{u_m} N \tang \omega,$$

puisque nous devons considérer $\sin^3 \omega$ comme négligeable. Ces expressions sont en effet les mêmes que nous avons trouvées pour l'image d'un simple disque placé à la distance D de la surface d'incidence, et ayant pour rayon $r = \pm D \tang \omega$.

Les propriétés précédentes fournissent des caractères très délicats pour éprouver la bonté des instruments d'optique, et l'on s'en sert pour la constater. En les dirigeant vers des objets rectilignes d'une grande finesse, tels que des tiges de paratonnerres, par exemple, on examine si, dans toute l'étendue du champ qu'ils embrassent, ils en donnent des images nettes, rectilignes et non déformées; ou bien encore, on prend pour signal des affiches imprimées, appliquées sur des murailles à de grandes distances, et l'on cherche si on les peut lire distinctement. Plus les lettres qui y sont tracées sont petites, plus l'épreuve est délicate; et l'instrument le plus parfait est celui qui fait discerner celles qui sont d'une moindre dimension. Si la vision cesse d'être bonne vers les bords du champ, si les objets rectilignes s'y courbent, ou si les lettres voisines les unes des autres y deviennent confuses, c'est une preuve que chaque point rayonnant n'y forme pas son foyer en un point de dimension insensible; et alors il faut rétrécir le champ par des diaphragmes qui diminuent l'étendue de la surface d'incidence, jusqu'à ce que la netteté des images soit parfaite, pour tous les pinceaux lumineux admis. Toutefois, ce moyen ne réussit qu'autant qu'on a donné à l'instrument la propriété d'amener à un foyer unique les pinceaux de réfrangibilité diverse qui émanent de cha-

que point rayonnant, ce qui ne peut se faire que si l'on établit
entre ses éléments constitutifs certaines relations que j'expliquerai
plus tard. Car sans cela, par exemple, chacun des petits objets
que nous supposions tout-à-l'heure observés, donnerait à travers
l'instrument une infinité d'images, différentes de position ainsi que
de couleur, dont l'ensemble ne reproduirait nullement la finesse
des traits primitifs; et il en résulterait aisément une confusion
telle, qu'on ne pourrait plus les reconnaître. La réunion de toutes
ces images diversement colorées, en une seule incolore, est une
condition que doit remplir tout bon instrument; et les épreuves
précédentes sont très propres à montrer jusqu'à quel point il y
satisfait.

En supposant l'instrument doué de cette faculté d'achromatisme,
la réduction du champ de la vision ramènera toujours expérimentalement les pinceaux lumineux dans les limites d'amplitude, ainsi
que d'inclinaison sur l'axe central, exigées par notre approximation. Mais cela ne se fait ainsi qu'en rétrécissant l'étendue de la
surface d'incidence, et affaiblissant par là l'intensité de la lumière
de chaque pinceau admis dans l'appareil. Or, si l'on pousse le développement des formules jusqu'à la puissance suivante des angles
dont il s'agit, au lieu de le borner comme nous l'avons fait à la première, on trouve que, pour chaque distance donnée des points
rayonnants, à laquelle l'instrument doit spécialement servir, on
peut donner aux courbures des surfaces assemblées des relations
telles, que la dilatation des foyers à égale ouverture soit fort affaiblie. Il y a donc un immense avantage à employer ces combinaisons favorables. On y parvient en se guidant d'abord sur les
indications que le calcul en donne; mais surtout, et bien plus encore, en profitant de celles que les essais déjà réalisés par d'habiles
opticiens ont fait reconnaître pour les meilleures. Car la multiplicité inévitable des surfaces qui composent toujours chaque appareil, complique considérablement les formules qui expriment les
aberrations des foyers, et laisse une très grande indétermination
analytique aux relations de courbures par lesquelles on peut les
atténuer. Or, parmi les combinaisons que le calcul indiquerait
comme favorables, il s'en trouve qui seraient trop périlleuses à

réaliser dans la pratique, parce que, pour peu que les courbures exécutées par le travail mécanique s'écartassent des valeurs assignées, les aberrations résultantes deviendraient très grandes. Il faut donc choisir seulement celles que l'on pourrait appeler à *effets stables*, c'est-à-dire dans lesquelles une petite différence de courbure ne produit que très peu de différence dans les résultats obtenus. C'est là ce que la pratique, et l'expérience habilement variée, peuvent seules faire connaître, et j'indiquerai plus loin les méthodes par lesquelles on peut y parvenir.

81. Lorsqu'un objet d'une forme définie est observé par l'intermédiaire d'un instrument d'optique, dans les conditions de complète admissibilité que nous venons de supposer, l'image finale, réellement ou virtuellement formée, fait pour l'œil qui la regarde l'effet d'un objet réel dont la position au-devant de la surface d'émergence serait déterminée par les coordonnées focales Δ_{f}, y_{f}, z_{f}, propres à chacun des points qui la composent. Il n'y a de différence qu'en ce que l'amplitude de la radiation, partie de ces points, est limitée par l'ouverture de l'anneau oculaire qu'elle doit remplir, de sorte que l'œil ne peut les apercevoir qu'autant qu'il se place dans les nappes des cônes émergents dont cet anneau idéal borne le contour. Les éléments linéaires de cette image, observés ainsi du lieu où l'œil est placé, peuvent soutendre des angles visuels plus grands ou moindres que les éléments homologues de l'objet vus directement de la distance Δ; et le rapport de ces angles apparents aux angles directs constitue l'*amplification angulaire actuelle*, que l'instrument produit.

Il est toujours bien facile de l'évaluer par nos formules, quand on donne le lieu de l'œil, le lieu de l'objet, sa forme, et les trois coefficients principaux de l'instrument. Car de là on déduit les coordonnées focales Δ_{f}, y_{f}, z_{f}, de chaque point de l'image, que l'on peut ensuite considérer comme celles d'un objet réel. Pour offrir un exemple simple et usuel de ce calcul, prenons pour objet une ligne droite de la longueur c, placée perpendiculairement à l'axe central, dans le plan des xz, à la distance Δ au-devant de la surface d'incidence, en la faisant commencer à l'axe central même. Ce sera l'ordonnée c de nos formules; et son image sera l'ordonnée z_f, ayant pour expression

$$z_f = N \frac{u}{u_m} \frac{c}{\Delta} (\Delta_f - H).$$

Je place maintenant le centre de la pupille sur l'axe central, à une distance de la surface d'émergence que je désigne par $+ D'$, en la considérant comme antérieure; D' devra être supposé négatif, si l'œil va se placer au-delà de cette surface relativement à l'origine des coordonnées. Dans cette situation, l'image se trouvera, analytiquement, en avant de l'œil, à la distance $\Delta_f - D'$; et l'angle visuel soutendu par z_f aura pour tangente trigonométrique $\frac{z_f}{\Delta_f - D'}$; tandis que la tangente de l'angle visuel direct, soutendu par la ligne c à la distance Δ, prise du centre de figure de la surface d'incidence, serait $\frac{c}{\Delta}$. Or l'expression de z_f donne

$$\frac{z_f}{\Delta_f - D'} = N \frac{u}{u_m} \frac{c}{\Delta} \frac{(\Delta_f - H)}{(\Delta_f - D')}.$$

Les angles que nous considérons devant toujours être très petits, pour remplir les conditions d'admissibilité, on peut remplacer leur rapport par celui de leurs tangentes trigonométriques. Ainsi, en le tirant de cette équation, on aura l'expression de l'amplification angulaire actuelle, qui sera

$$N \frac{u}{u_m} \frac{(\Delta_f - H)}{(\Delta_f - D')}.$$

Si le centre de la pupille est placé au point oculaire même $D' = H$, l'expression se réduit à $\frac{Nu}{u_m}$, que j'ai appelé spécialement le grossissement angulaire. Si, en outre, les surfaces extrêmes sont contiguës à un même milieu, comme cela a généralement lieu dans les observations habituelles où ce milieu est l'air ambiant, le rapport $\frac{u}{u_m}$ est $+ 1$ ou $- 1$, selon que les rayons dans le marche définitive sont transmis ou réfléchis, comparativement à leur direction d'inévidence. Alors l'amplification est immédiatement exprimée par le coefficient N.

Dans chaque instrument d'optique le lieu le plus convenable de la pupille est déterminé par des considérations que j'expliquerai plus tard, et il est ordinairement indiqué par une pièce percée d'une ouverture centrale qui fait partie du système oculaire; de sorte que l'œil doit se placer dans cette ouverture et y rester fixe, pendant que l'observateur enfonce ou retire les oculaires pour amener l'image à la distance où il la voit le plus nettement. Ceci étant réalisé, si l'instrument est destiné à l'observation d'objets très distants, comme les lunettes et les télescopes à miroirs, l'amplification actuelle peut être mesurée par un procédé aussi simple qu'exact, qui a été employé avec succès par M. Pouillet, et que je vais décrire d'après lui.

Sur le prolongement de l'axe central, à une grande distance et perpendiculairement à cet axe, on place une règle divisée en parties égales, alternativement blanches et noires, et l'on prend ces parties pour objet. La perpendicularité sur l'axe est nécessaire pour que toutes les divisions ayant le même Δ aient aussi le même Δ_f. L'observateur ayant amené le système oculaire au point convenable pour les voir nettement, on adapte aux tuyaux qui terminent ce système, un appareil auxiliaire, représenté par T, *fig.* 36, lequel renferme deux petits miroirs plans m, m', mobiles autour des axes qui les portent, de manière qu'on peut leur donner des inclinaisons diverses relativement à la ligne de vision. Le miroir m, qui s'ajuste ainsi devant l'oculaire, est percé d'un petit trou circulaire coïncidant avec le point O où le centre de la pupille doit se placer, de sorte qu'il lui permet de voir encore à travers l'instrument les divisions agrandies de la règle, comme auparavant. Mais ce même miroir, par le reste de sa surface, peut, en outre, ramener vers l'œil les rayons réfléchis par le second miroir m'; et on les fait tourner l'un et l'autre autour de leurs axes, jusqu'à ce que les divisions de la règle soient vues ainsi par double réflexion, dans la même direction que les images transmises, ce que permet l'ouverture sensible de la pupille qui peut recevoir ainsi sur diverses portions de sa surface les rayons venus par ces deux routes. Quand cette coïncidence est opérée, les images agrandies des divisions se projettent sur leurs images réfléchies de grandeur naturelle; et l'on reconnaît aisément le nombre M que chacune d'elles couvre de ces dernières. Ce nombre exprime l'amplification angulaire, dans les circonstances où l'on a opéré. En effet, l'intervalle des miroirs étant considéré comme insensible, comparativement à la distance de la règle à l'œil, que je nommerai ici Δ, les divisions sont vues par double réflexion, comme elles le seraient directement à l'œil nu, sans l'interposition de l'instrument. En outre, la petitesse des angles visuels directs, ou apparents, permet de les supposer proportionnels à leurs tangentes. Cela posé, une seule division de la règle, vue directement ou par double réflexion, du lieu où est l'œil, soutend un angle visuel égal à $\dfrac{c}{\Delta}\,\dfrac{1''}{\tan 1''}$; et cette même division, vue du même point, par l'intermédiaire de l'instrument, soutend un autre angle égal à $\dfrac{Mc}{\Delta}\,\dfrac{1''}{\tan 1''}$. Le rapport de ces angles, ou l'*amplification angulaire actuelle*, est donc exprimé par M. Sa valeur ainsi obtenue est la même que donnerait l'expression

$$N\,\frac{u}{u_m}\,\frac{(\Delta_f - H)}{(\Delta_f - D')},$$

en supposant la longueur de l'instrument insensible, comparativement à la distance Δ, pour qu'il fût indifférent de prendre la mesure des angles directs au point où est l'œil, ou au centre de figure de la surface d'incidence. Il est à peine nécessaire d'ajouter qu'en réalisant le procédé expérimental, il faut placer la règle du côté de la surface d'incidence qui doit recevoir les rayons lumineux venus des objets réels; c'est-à-dire en face de l'observateur, si les vitesses u et u_m sont de même signe comme dans les lunettes dioptriques et les télescopes à deux miroirs, mais en arrière de lui, au contraire, si u_m est de signe contraire à u.

Le coefficient N contient dans sa composition tous les intervalles qui séparent les diverses surfaces dont l'instrument est composé; sa valeur dans le même instrument variera donc en général pour les différents observateurs, à cause des différentes positions qu'ils sont obligés de donner à l'oculaire pour amener les images finales à la juste distance où ils peuvent les voir distinctement. En outre, je l'ai supposé ici constant pour les rayons de toutes les réfrangibilités ; mais il ne peut avoir cette propriété que par une disposition spéciale de l'appareil. Car il contient aussi dans sa composition les vitesses que reçoit chaque rayon lumineux dans les milieux qu'il traverse successivement ; et comme ces vitesses changent avec la réfrangibilité, le coefficient N devra être généralement inégal pour les images de diverses couleurs que les divisions observées formeront à travers l'instrument, à moins qu'on ne les ait rendues coïncidentes par quelque disposition particulière des milieux et des surfaces qui opèrent par transmission. C'est en effet ce que l'on s'efforce toujours d'obtenir dans les instruments qui contiennent des lentilles réfringentes, et j'exposerai plus loin la condition analytique qu'il faut remplir pour que cette coïncidence ait lieu. Quant à l'inégalité des valeurs de N résultante des inégalités d'intervalle que l'inégale portée de vue des observateurs exige, elle subsiste toujours inévitablement, et nous analyserons plus loin la manière dont le grossissement angulaire s'en trouve ainsi modifié.

82. Je crois utile de compléter ces généralités par la démonstration du théorème suivant :

Dans tout système optique, composé de surfaces sphériques centrées sur un même axe, il existe sur cet axe deux points C_1, C_m tels, que si l'on mène à l'un d'eux C_1 un rayon incident homogène, dirigé d'une manière quelconque, mais compris dans les limites d'admissibilité, ce rayon, après avoir subi l'action de toutes les surfaces, va finalement couper l'axe dans le second point C_m, en suivant une direction d'émergence parallèle à sa direction d'incidence. J'appellerai ces deux points de l'axe, *les centres conjugués* du système.

Ces deux points devant être sur l'axe central, chaque rayon incident mené par le premier, et son dérivé qui passe par le second, devront être contenus dans une même section centrale. Il suffit donc de démontrer le théorème pour une seule section, que je supposerai être le plan des xz. Considérant alors un rayon admissible quelconque, compris dans ce plan, ses éléments d'incidence Z, z_1, et

ses éléments d'émergence Z_m, z_m, seront liés par les formules générales (A), page 425,

$$u_m \cos Z_m = Nu \cos Z + Pz_1; \qquad z_m = Qu \cos Z + Rz_1.$$

Pour que la direction d'émergence soit parallèle à la direction d'incidence, il faut que $\cos Z_m$ soit égal à $\cos Z$. Ceci étant supposé,
nos deux équations pourront être mises sous la forme suivante :

$$(1) \qquad (u_m - Nu)\cos Z = Pz_1; \qquad z_m = Qu \cos Z_m + Rz_1.$$

Maintenant soit $+D_1$ la distance du centre d'incidence C, au devant
de la première surface du système, et $+D_m$ la distance du centre
d'émergence C_m au devant de la dernière. Comme les rayons incidents et émergents que nous considérons sont compris dans les
conditions d'admissibilité, leurs inclinaisons sur l'axe central seront
très petites, de l'ordre (X); et ainsi, dans les limites d'approximation que nos formules embrassent, on aura

$$z_1 = D_1 \cos Z, \qquad z_m = D_m \cos Z_m, \qquad \text{et aussi} \qquad z_1 = D_1 \cos Z_m.$$

Ces valeurs de z_1 et de z_m étant substituées dans les équations (1),
les angles Z, Z_m disparaissent, et il reste pour conditions à satisfaire

$$u_m - Nu = PD_1; \qquad D_m = Qu + RD_1.$$

En éliminant D_1 de la seconde par sa valeur tirée de la première,
et se rappelant que $NR - PQ = 1$, il vient finalement

$$PD_1 = u_m - Nu; \qquad PD_m = Ru_m - u.$$

Ce sont les distances des centres conjugués au devant des centres
de figure de chacune des surfaces extrêmes. La disparition des angles Z, Z_m, qui caractérisent les divers rayons considérés, montre
que la relation de parallélisme demandée s'établit, par les valeurs
trouvées de D_1 et de D_m, quelle que soit la direction d'incidence de
ces rayons, sous la seule réserve qu'ils soient admissibles. Le centre
d'émergence C_m est ainsi le foyer du centre d'incidence C_1. Aussi
les valeurs de D_1 et de D_m satisfont-elles pour Δ et Δ_m à la relation
générale des distances focales

$$\frac{1}{D_m - H} = \frac{N}{u_m}\left(P + \frac{Nu}{D_1}\right); \qquad \text{dans laquelle} \qquad H = \frac{Qu_m}{N}.$$

C'est ce que l'on peut aisément constater, en substituant leurs valeurs précédentes dans les deux membres de cette relation.

*Application spéciale des formules précédentes aux systèmes
catoptriques formés d'un ou de deux miroirs.*

83. Pour montrer par un exemple simple, et qui soit utile,
l'emploi des formules générales auxquelles nous venons de parvenir, je les appliquerai ici à un appareil qui serait composé d'une
seule, ou au plus de deux surfaces assemblées. En ajoutant à cette
simplicité d'éléments constitutifs les conditions particulières qui
caractérisent la réflexion, nous obtiendrons les effets produits par
un miroir ou par deux miroirs conjugués. Cela nous exemptera
d'avoir à considérer ultérieurement ces appareils, que l'on n'emploie jamais en plus grand nombre dans les instruments usuels, et
qu'on y place aussi toujours dans les portions de l'appareil qui
reçoivent les premières les rayons incidents. Nous y trouverons en
outre l'occasion de réaliser analytiquement, dans les formules, les
inversions de vitesse que la réflexion détermine, inversions qui
pourraient seules offrir quelque difficulté, ou plutôt quelque incertitude, dans les applications de détail.

84. Je suppose d'abord une surface unique, soit réfringente,
soit réfléchissante, dont le centre de figure est placé sur la branche
positive de l'axe des x. Quoique nous ayons déjà traité ce cas par
le calcul direct, il ne sera pas inutile de commencer par le déduire
des formules générales, comme confirmation de leur exactitude,
et pour s'exercer, par cet exemple simple, à leur complète interprétation. Conformément aux principes de la notation que nous
avons adoptée, soit r, le rayon de courbure de cette surface,
lequel devra être considéré comme positif, si elle est concave vers
l'origine des x, et comme négatif dans le cas contraire. Je désigne
en outre par u, $u_{\prime}$, les vitesses du rayon lumineux avant et après
qu'il a subi l'action de la surface. Ces vitesses devront être prises
positivement, lorsqu'elles porteront les éléments lumineux vers
l'extrémité positive de l'axe des x; et négativement si elles les ramènent vers l'extrémité négative du même axe : ce sont les conven-

tions qui servent de base à nos formules et que j'ai établies généralement dans le § **17**. Je les rappelle seulement ici pour en faire
l'application exacte aux cas particuliers que nous allons traiter.

Ne considérant qu'une seule surface, nous n'avons ici qu'une
seule des quantités auxiliaires que j'ai appelées $\varphi_1, \varphi_2, \ldots \varphi_m$,
page 415 ; et sa valeur est donnée par l'équation

$$\frac{1}{\varphi_1} = \frac{u_1 - u}{r_1}.$$

Il faut en outre faire $m = 1$ dans les équations qui déterminent les
coefficients généraux pour un nombre de surfaces quelconque ; et
les expressions du § **58**, limitées à ce cas, donneront, comme dans
le tableau de la page 416,

$$N_1 = 1 ; \qquad P_1 = \frac{1}{\varphi_1} ; \qquad Q_1 = 0 ; \qquad R_1 = 1.$$

Il ne reste qu'à les introduire dans les formules des § **59** et suivants, et l'on en tirera tous les effets que l'appareil doit produire.

Cherchons d'abord son point oculaire ; la distance de ce point
en avant de la dernière surface du système est en général, § **61**,

$$H = \frac{Q}{N} u_m ;$$

ici u_m devient u_1, et Q_1 est nul. Conséquemment $H = 0$; c'est-à-
dire que le point oculaire coïncide avec le centre de figure de la
surface unique. Ce résultat était évident d'avance ; car si l'on conçoit un cône de rayons incidents, ayant pour sommet ce centre, le
cône qui en dérivera, après avoir subi l'action unique de la surface, aura encore son sommet au même point.

Considérons maintenant la valeur du grossissement angulaire ;
son expression générale, trouvée § **62**, est

$$\frac{N u}{u_m} ;$$

donc ici, où u_m est u_1, et N_1 égal à 1, elle devient

$$\frac{u}{u_1}.$$

Ainsi, un rayon incident qui arrive au centre de figure de la surface en formant avec l'axe central des x, l'angle primitif $_cX$, forme ensuite avec ce même axe l'angle $_cX_{,}$, tel qu'on a, § 62,

$$\sin {_c}X_{,} = \frac{u}{u_{,}} \sin {_c}X,$$

ou, en se bornant aux premières puissances des angles X, comme nous devons le faire,

$$_cX_{,} = \frac{u}{u_{,}} {_c}X.$$

Ici, deux cas se présentent à considérer dans les applications :

1°. Si la surface opère par transmission, $u_{,}$ est de même signe que u, et $\frac{u_{,}}{u}$ est l'indice de réfraction pour chaque rayon simple qui passe du milieu physiquement antérieur à l'incidence, dans le milieu physiquement ultérieur. Soit $n_{,}$ la valeur de cet indice ; on aura

$$_cX_{,} = \frac{1}{n_{,}} {_c}X.$$

Lorsque $n_{,}$ surpassera l'unité, c'est-à-dire lorsque le second milieu sera plus réfringent que le premier, $_cX_{,}$ sera moindre que $_cX$; ainsi le rayon réfracté se rapprochera de l'axe central plus que le rayon incident dont il dérive. Dans le cas contraire, il s'en éloignera davantage. Les dénominations de premier et de second milieu expriment ici l'ordre de succession des actions physiques, sans aucun égard à la position relative des deux milieux sur l'axe des x.

2°. Si la surface agit par réflexion, on a $u_{,} = -u$; il vient alors

$$_cX_{,} = - {_c}X.$$

C'est-à-dire que le rayon réfléchi forme, avec l'axe central, le même angle que dans son incidence ; mais sa branche tournée vers l'extrémité positive des x se dirige du côté de cet axe opposé à $_cX$. Ce résultat était évident d'avance ; je ne le reproduis que comme un exemple d'interprétation de nos formules ; j'applique ici les angles X, selon nos conventions, à la branche du rayon transmis ou réfléchi que je dirige vers l'extrémité positive des x.

Il est essentiel de remarquer que, dans les deux cas qui précèdent, le sens propre de la vitesse d'incidence u n'entre pas dans les relations de $_,X$, à $_,X$. Ces relations subsistent donc toujours, pour l'un et l'autre cas, soit que l'on prenne u positif ou négatif; c'est-à-dire quelle que soit la direction de transport des éléments lumineux dans le sens des x, quand ils parcourent d'abord le milieu où s'opère leur incidence.

La distance focale principale du système, § **75**, a pour expression générale

$$F = \frac{R}{P}\, u_{_{\scriptscriptstyle (i)}};$$

elle devient donc ici

$$F_{_1} = \frac{R_{_1}}{P_{_1}}\, u_{_{1,1}}$$

ou, en mettant pour $R_{_1}$ et $P_{_1}$ leurs valeurs,

$$F_{_1} = \frac{u_{_1}}{u_{_1} - u}\, r_{_1}.$$

Si la surface opère par transmission, $u_{_1} = nu$; et il vient

$$F_{_1} = \frac{n}{(n_{_1} - 1)}\, r_{_1}.$$

La position de la distance F autour de la surface résulte de son signe, et elle se dirige toujours vers l'extrémité de l'axe des x qui a une dénomination contraire. Pour fixer les idées, supposons la vitesse u moindre que $u_{_1}$; comme cela a lieu quand la lumière passe de l'air atmosphérique dans un milieu plus réfringent, tel que le verre. Alors $n_{_1} - 1$ étant positif, F aura le même signe que $r_{_1}$. Considérée de l'origine A, la distance F sera antérieure à la surface si $r_{_1}$ est positif, postérieure s'il est négatif. Dans le premier cas, la surface tourne sa concavité vers l'origine A; dans le second sa convexité. Ces rapports du sens de la courbure avec la position relative de F subsistent quel que soit le sens primitif de u, pourvu que le rayon se meuve *d'abord* dans le milieu le moins réfringent; mais ils deviendraient inverses si l'on intervertissait l'ordre d'énergie des actions physiques.

85. Lorsque la surface est réfléchissante, $u_1 = -u$; u disparaît
encore de l'expression de F, et il en résulte

$$F_1 = \tfrac{1}{2} r_1.$$

La distance focale principale est donc alors constamment égale à la
moitié du rayon de courbure du miroir. Vue de l'origine des x,
elle est antérieure à la surface réfléchissante si r_1 est positif, postérieure s'il est négatif. Dans le premier cas, la surface tourne sa
concavité vers l'origine des x, dans le second sa convexité. F étant
indépendant de u, chacune de ces dispositions donne à F la même
valeur, soit que u ait été positif ou négatif, c'est-à-dire de quelque
côté que les rayons incidents parallèles à l'axe central se dirigent
vers la surface. Mais, pour que le phénomène de la réflexion s'o-
père réellement avec cette généralité que l'analyse lui attribue, il
faut que la face qui reçoit les rayons soit toujours supposée polie.
C'est là un exemple de l'extension qu'il faut fréquemment donner
aux éléments des questions physiques pour réaliser tous les phénomènes que le calcul embrasse.

Prenons pour objet un disque circulaire décrit du rayon r, dans
un plan perpendiculaire à l'axe central, à la distance $+$ D, *au
devant* de la surface d'incidence, et mettons le centre du disque sur
cet axe même. Si l'on place l'œil au centre de figure A, de la surface
d'incidence, et qu'on observe directement le disque dans le milieu
antérieur, son demi-diamètre apparent u sera donné par l'équation

$$\operatorname{tang} u = \pm \frac{r}{D}.$$

Mais si les rayons qui en émanent subissent l'action d'un appareil
optique quelconque, où ils soient admissibles, ils y produiront
pour image un autre cercle, dont le demi-diamètre, déterminé
page 463, sera

$$\frac{u}{u_m} N \left(\Delta_f - H \right) \operatorname{tang} u.$$

En limitant l'instrument à un seul miroir, H sera nul, et le coefficient N sera égal à $+1$. Dans ce cas, aussi, u_m sera $-u$; et si le
disque est infiniment distant de la surface réfléchissante, Δ_f de-

viendra F, ou $\frac{1}{2} r_1$. Le demi-diamètre de l'image circulaire ainsi formée sera donc

$$- \tfrac{1}{2} r_1 \, \text{tang} \, \omega.$$

Admettons, par exemple, que le disque observé est celui du Soleil, dont le demi-diamètre apparent est à peu près 16′, dans sa valeur moyenne. La tangente trigonométrique d'un tel angle est 0,004 654 24. Le demi-diamètre de l'image réfléchie sera alors

$$- 0,002\,327\,12 . r_1.$$

Il ne sera donc qu'une très petite fraction du rayon de courbure de la sphère réfléchissante, et l'on pourra ainsi la restreindre autant que l'on voudra, en donnant à cette sphère de très petites dimensions. Son signe indique sa position, droite ou renversée autour de l'axe central. Prenons par exemple pour surface, la boule d'un très petit thermomètre à mercure, dont le rayon de courbure r_1 soit seulement de 2 millimètres, la portion de cette boule exposée aux rayons lumineux étant d'ailleurs restreinte par des diaphragmes annulaires, dans les limites d'ouverture admissibles que nos formules exigent. Pour ce cas, en faisant la vitesse d'incidence u positive, r_1 devra être fait négatif et égal à -2 ; alors le demi-diamètre de l'image exprimé en millimètres sera

$$+ 0^{\text{mm}},004\,654\,24.$$

Ce sera donc un disque lumineux, d'une étendue presque insensible, brillant du plus vif éclat, et qui, étant vu de quelque distance, soit à l'œil nu, soit à travers des instruments optiques, présentera des phénomènes de radiation absolument analogues à ceux des planètes ou des étoiles. Comme F se trouve ici de signe contraire à u, l'image se forme virtuellement, par le prolongement rétrograde des rayons réfléchis. La considération, et l'emploi de ce soleil fictif, servent utilement dans plusieurs recherches délicates de physique ou d'astronomie. Toutefois il est essentiel de remarquer, que la reproduction parfaitement régulière de la forme de l'objet, suppose ici que l'œil, pour recevoir l'image, se place dans la nappe conique formée par les rayons réfléchis, dont l'inclinaison sur l'axe central n'excède pas la limite (X). S'il sort de ce cône, il peut encore recevoir une image, qui est toujours virtuellement contenue dans l'intérieur de la sphère réfléchissante ; et conséquemment, si les dimensions de la sphère sont très petites, cette image présente encore, sous quelque angle qu'on la regarde, l'aspect d'un petit disque lumineux ; mais alors sa forme n'est plus circulaire, ni également lumineuse sur toute son étendue.

86. Cherchons maintenant les directions individuelles des rayons réfléchis ; pour cela, je fais $u_i = - u$ dans l'expression de P_i, ce qui la particularise pour la réflexion ; et l'on a dans ce cas

$$N_i = 1 ; \qquad P_i = - \frac{2u}{r_i} ; \qquad Q_i = 0 ; \qquad R_i = 1.$$

Ces valeurs étant introduites dans les équations générales (A) de la page 425, avec les conditions $u_i = - u$, la valeur propre de cette vitesse disparaît ; et l'indice m étant fait égal à 1, il vient

$$\cos Y_i = - \cos Y + \frac{2}{r_i} y_{,}, \qquad \cos Z_i = - \cos Z + \frac{2}{r_i} z_{,},$$

$$y_i = y_{,}, \qquad\qquad z_i = z_{,}.$$

Ces équations déterminent la marche ultérieure du rayon lumineux qui a subi la réflexion sur la surface donnée ; et ici, comme tout-à-l'heure, puisque la vitesse d'incidence u a disparu du calcul, elles ont lieu quel que soit le sens primitif de cette vitesse, pourvu que l'on attribue le poli spéculaire à la face *vers* laquelle se sont primitivement dirigés les rayons incidents. Mais il faut toujours y donner à r_i son signe propre, d'après le sens de courbure de la face tournée vers l'origine des coordonnées.

87. Je considère maintenant un système composé de deux surfaces réfringentes ou réfléchissantes agissant consécutivement sur un même rayon lumineux de réfrangibilité définie. Alors, outre les rayons de courbure des deux surfaces, et les vitesses qu'elles impriment, il intervient un nouvel élément qui est l'intervalle compris entre elles et que nous avons généralement exprimé par h_i. Nous sommes convenus d'ailleurs, § 58, page 423, qu'il faudrait fixer son signe d'après les conditions de perméabilité ou de nonperméabilité des surfaces, de manière que leurs actions sur le rayon lumineux soient physiquement consécutives. Ici la nature de la

question exige trois quantités auxiliaires φ_1, φ_2 et H_1, lesquelles, d'après leurs expressions générales, ou seulement par le tableau de la page 415, sont exprimées comme il suit :

$$\frac{1}{\varphi_1} = \frac{u_1 - u}{r_1}; \qquad \frac{1}{\varphi_2} = \frac{u_2 - u_1}{r_2}; \qquad H_1 = \frac{h_1}{u_1};$$

et les expressions des coefficients généraux étant limitées à deux surfaces, donnent, comme dans le tableau de la page 416,

$$N_2 = 1 + \frac{H_1}{\varphi_2}; \quad P_2 = \frac{1}{\varphi_2} + \frac{1}{\varphi_2} + \frac{H_1}{\varphi_1 \varphi_2}; \quad Q_2 = H_1; \quad R_2 = 1 + \frac{H_1}{\varphi_1}.$$

Ici, Q_2 n'étant pas généralement nul, l'élément spécifique H ou $\frac{Q_2}{N_2} u_2$, n'est pas nul, c'est-à-dire que le point oculaire du système ne coïncide plus avec le centre de figure de la surface d'incidence ou d'émergence, comme précédemment.

Si l'on suppose les vitesses u, u_1, u_2, toutes trois de même signe, et la troisième u_2 égale à la première u, on aura le cas d'une lentille réfringente quelconque, dont les surfaces antérieures et postérieures seraient contiguës à un milieu de même nature, qui serait par exemple l'air ambiant. L'intervalle h_1 deviendra alors l'épaisseur centrale et intérieure de la lentille, que je désignerai spécialement par $+ e_1$. De plus, en nommant n_1 l'indice de réfraction propre à la matière dont elle est faite, et pour l'espèce de rayon lumineux que l'on veut considérer, lorsqu'il passe de la vitesse u dans l'air à la vitesse u_1 dans la lentille, on aura $u_1 = n_1 u$; et ces conditions physiques donneront aux quatre coefficients les valeurs suivantes :

$$N_2 = 1 - \frac{(n_1 - 1) e_1}{n_1 r_2}; \quad P_2 = (n_1 - 1) u \left[\frac{1}{r_1} - \frac{1}{r_2} - \frac{(n_1 - 1) e_1}{n_1 r_1 r_2} \right];$$

$$Q_2 = \frac{e_1}{n_1 u}; \qquad R_2 = 1 + \frac{(n_1 - 1) e_1}{n_1 r_1}.$$

Je ne veux pas ici discuter les conséquences générales de ces expressions ; il sera plus à propos de le faire quand nous considérerons spécialement les systèmes entièrement composés de lentilles qui agissent par transmission dans l'air. Le retour successif des éléments lumineux à leur vitesse initiale permet alors de mettre les coefficients principaux de ces systèmes sous une forme contractée qui en abrége de moitié la formation ; je me bornerai, pour le moment, à en tirer une analogie qui nous sera immédiatement utile dans ce qui va suivre. Pour cela, je les limite au cas particulier et idéal où l'épaisseur centrale e_1 de la lentille pourrait être supposée nulle dans les quatre coefficients ; ce qui exige seulement qu'elle soit du même ordre de petitesse que les sinus verses des deux surfaces. Ces sinus verses sont déjà des quantités très petites du second ordre dans notre approximation ; et comme les quatre coefficients ne s'emploient que multipliés par des quantités du premier ordre, qui sont les éléments d'incidence, les épaisseurs z_1, et $\cos Z$, ainsi réduites, ne donneraient, dans nos formules, que des produits du troisième ordre que nous négligeons. Les expressions précédentes, limitées à ce cas idéal, deviennent donc :

$$N_2 = 1 ; \quad P_2 = (n_1 - 1)\, u \left(\frac{1}{r_1} - \frac{1}{r_2} \right); \quad Q_2 = 0; \quad R_2 = 1.$$

Or F étant la distance focale principale d'un tel système, on a généralement, page 451 :

$$F = \frac{R_2}{P_2}\, u_2 ;$$

donc puisqu'ici $u_2 = u$, il vient

$$\frac{1}{F} = (n_1 - 1) \left(\frac{1}{r_1} - \frac{1}{r_2} \right) = P_2.$$

Si l'on introduit ces résultats dans les équations générales (A) du § 59, qui donnent les éléments d'émergence des rayons, en attribuant à l'indice m sa valeur 2, et faisant $u_2 = u$, la vitesse d'incidence u disparaît, et il reste

$$\cos Y_2 = \cos Y + \frac{y_1}{F} ; \qquad \cos Z_2 = \cos Z + \frac{z_1}{F} ;$$

$$y_2 = y_1 ; \qquad\qquad\qquad z_2 = z_1.$$

Ces équations, qui déterminent la marche des rayons émergents, deviendront identiques à celles qui déterminent la marche des rayons réfléchis par un seul miroir, si l'on prend $F = \frac{1}{2}r_{_1}$, et que l'on change les angles Y, Z d'incidence, sur le miroir, en $\pm(180 - Y)$, et $\pm(180° - Z)$ sur la lentille. Cette dernière condition amène les rayons incidents vers la lentille, suivant la direction de leurs images réfléchies sur le plan tangent au centre de figure du miroir. On a représenté ces résultats dans la *fig.* 37 pour une lentille convergente substituée à un miroir convergent; et dans la *fig.* 38 pour une lentille divergente substituée à un miroir divergent. Les constructions y sont bornées à des rayons compris dans une section centrale, et le sens des vitesses, tant d'incidence que de réflexion ou de réfraction, est indiqué par des flèches dans les deux figures. La première vitesse u est représentée comme négative sur le miroir dont le centre de courbure est en C, ce qui rend les deux autres vitesses positives.

Cette analogie étant constatée, supposons qu'en considérant un système uniquement composé de lentilles réfringentes environnées d'air, on soit parvenu à mettre ses coefficients principaux sous la forme contractée que j'ai annoncée tout-à-l'heure, et qui abrège de moitié leur formation pour le même nombre m de surfaces. Toutes les vitesses successives u, $u_{_1}$, u_m, y seront de même sens. Pour fixer les idées, prenons-les toutes positives : on aura $u_m = u$, puisque les surfaces extrêmes sont supposées contiguës à l'air ambiant. Alors si l'on veut remplacer la première lentille par un miroir, il suffira d'effectuer les transformations précédentes dans ses éléments et dans les angles d'incidence. On fera donc d'abord son épaisseur $c_{_1} = 0$, et sa distance focale principale $F = \frac{1}{2}r_{_1}$, $r_{_1}$ étant le rayon de courbure du miroir substitué, qu'il faudra prendre avec son signe propre, en considérant toujours sa courbure du côté de l'origine des coordonnées. Cela fait, on changera $+ \cos Y$, $+ \cos Z$, en $- \cos Y$, $- \cos Z$, dans les équations (A) qui donnent les éléments d'émergence finale, et elles s'appliqueront immédiatement au système transformé. Seulement si l'on veut y introduire des rayons de réfrangibilité diverse, il faudra prendre toujours u, et F, constants pour la première lentille idéale, c'est-à-dire la supposer achromatique par elle-même, afin qu'elle reproduise cette pro-

priété du miroir. Il faudra aussi supposer toujours que la face réfléchissante du miroir est tournée vers les lentilles suivantes, c'est-à-
dire vers l'extrémité positive des x.

88. J'admets maintenant que les surfaces assemblées sont toutes
deux réfléchissantes. Cela suffira pour les instruments usuels ; car
on n'y emploie jamais plus de deux miroirs. Alors la première
réflexion intervertissant d'abord la vitesse d'incidence, on a
$u_1 = - u$. Mais la seconde réflexion lui imprime une nouvelle inversion en sens contraire qui donne $u_2 = - u_1 = + u$. En introduisant ces conditions dans les quantités auxiliaires φ_1, φ_2 et H,
il en résulte d'abord

$$\frac{1}{\varphi_1} = - \frac{2u}{r_1}; \qquad \frac{1}{\varphi_2} = + \frac{2u}{r_2}; \qquad H_1 = - \frac{h_1}{u};$$

et en mettant ces valeurs particularisées, dans les expressions des
quatre coefficients principaux, il vient

$$N_2 = 1 - \frac{2h_1}{r_2}; \qquad P_2 = 2u\left(- \frac{1}{r_1} + \frac{1}{r_2} + \frac{2h_1}{r_1 r_2}\right);$$

$$Q_2 = - \frac{h_1}{u}; \qquad R_2 = 1 + \frac{2h_1}{r_1}.$$

Pour fixer les idées, je prendrai la vitesse d'incidence u positive,
c'est-à-dire dirigée vers l'extrémité positive des x, comme le représente la *fig.* 39. Alors u_1 étant négatif, le deuxième miroir ne
pourra recevoir physiquement les rayons réfléchis par le premier,
que s'il lui est antérieur relativement à l'origine A ; cela exigera
donc, dans notre notation, que l'on donne à l'intervalle h, une valeur négative, afin que les deux réflexions s'opèrent réellement
dans l'ordre de succession que nous leur avons attribué.

Il se présente ici une analogie toute pareille à celle que nous
avons trouvée entre une seule lentille infiniment mince et un seul
miroir. Pour la découvrir, considérons un système formé de deux
de ces lentilles idéales environnées d'air, et agissant par réfraction
successive sur un même rayon homogène ; il y aura alors quatre
surfaces, et cinq vitesses successives u, u_1, u_2, u_3, u_4, toutes de
même sens ; et en nommant n_1, n_2, les indices de réfraction propres au rayon considéré, lorsqu'il passe de l'air ambiant dans

chacune des deux lentilles, les valeurs consécutives de ces vitesses
seront

$$u_1 = n_1 u; \qquad u_2 = u; \qquad u_3 = n_2 u; \qquad u_4 = u;$$

ce qui donnera

$$\frac{1}{\varphi_1} = + \frac{(n_1 - 1)u}{r_1}; \qquad \frac{1}{\varphi_2} = - \frac{(n_1 - 1)u}{r_2};$$

$$\frac{1}{\varphi_3} = + \frac{(n_2 - 1)u}{r_3}; \qquad \frac{1}{\varphi_4} = - \frac{(n_2 - 1)u}{r_4}.$$

Je prendrai la vitesse d'incidence u positive comme pour les miroirs combinés, ainsi que le représente la *fig.* 39. Alors la vitesse
d'émergence u_4 coïncidera aussi avec celle de la seconde réflexion.

Nous avons en outre ici trois intervalles exprimés dans notre
notation générale par h_1, h_2, h_3; le premier et le troisième, h_1, h_3,
doivent être faits nuls, ou du second ordre de petitesse, comme
représentant les épaisseurs de nos deux lentilles idéales. L'interme-
diaire h_2 représentera leur intervalle central que nous laisserons
arbitraire. Seulement il faudra toujours lui attribuer une valeur
positive, pour que l'action réfringente des deux lentilles s'opère
suivant l'ordre de succession marqué par les indices qui désignent
leur rang.

Cela posé, si l'on introduit les valeurs et les **restrictions** précédentes dans les expressions des quatre coefficients principaux données dans le tableau de la page 423, en les limitant à quatre surfaces, et que l'on fasse par abréviation

$$\frac{1}{F_1} = (n_1 - 1)\left(\frac{1}{r_1} - \frac{1}{r_2}\right), \qquad \frac{1}{F_2} = (n_2 - 1)\left(\frac{1}{r_3} - \frac{1}{r_4}\right),$$

on trouvera les résultats suivants :

$$N_1 = 1 + \frac{h_2}{F_2}; \qquad P_4 = u\left(\frac{1}{F_1} + \frac{1}{F_2} + \frac{h_2}{F_1 F_2}\right);$$

$$Q_3 = \frac{h_2}{u}, \qquad R_2 = 1 + \frac{h_2}{F_1}.$$

Or ces quatre coefficients deviendront identiques à ceux des deux
miroirs conjugués, si l'on fait

$$F_1 = - \tfrac{1}{2} r_1, \qquad F_2 = + \tfrac{1}{2} r_2, \qquad h_2 = - h_1.$$

les r_1 et r_2 des seconds membres étant ceux des deux miroirs, pris avec leurs valeurs et leurs signes propres. Le système dioptrique ainsi constitué sera d'ailleurs physiquement possible, puisque l'intervalle h_1 des deux lentilles idéales en résultera positif, comme il doit l'être, à cause du caractère essentiellement négatif de h, dans le système des deux miroirs, employé avec la vitesse positive u. L'analogie des effets produits sur les rayons lumineux dans ces deux cas, se découvre avec évidence, en comparant les *fig.* 39 et 40, dont la première représente les deux réflexions successives, la seconde les deux réfractions. Un rayon SI, ou S'I, étant supposé arriver aux deux systèmes avec les mêmes éléments d'incidence, en est d'abord modifié différemment. Mais il en sort en I, avec les mêmes éléments d'émergence, puisque les équations (A) qui expriment ces éléments leur assignent identiquement les mêmes valeurs, quand on y substitue les coefficients principaux du premier système ou du second. Seulement, pour l'entière identification des résultats, on devra faire les indices de réfraction n_1, n_2 des lentilles idéales, constants pour toutes les réfrangibilités, en sorte qu'elles seraient achromatiques par elles-mêmes comme les deux miroirs; ce qui rend leurs distances focalement principales F_1, F_2 communes à toutes les espèces de rayons.

Dans les instruments usuels où l'on emploie des miroirs, il n'y en a jamais qu'un, ou deux au plus, sur lesquels on fait d'abord arriver les rayons lumineux, comme dans les *fig.* 37, 38 et 39. L'appareil est ensuite terminé par un système purement dioptrique plus ou moins complexe. Pour développer les effets de ces combinaisons, il suffira donc d'établir généralement les formules propres à des systèmes complétement dioptriques, en y introduisant toutes les contractions que permet le retour des rayons lumineux à une même vitesse quand ils rentrent dans le milieu ambiant interposé entre les lentilles réfringentes; après quoi, si l'on veut substituer des miroirs aux lentilles qui reçoivent les premières les rayons, on le pourra facilement et immédiatement par les modifications analytiques très simples que je viens d'exposer.

89. Mais, pour que ces modifications répondent à des phénomènes effectivement réalisables, il y a encore plusieurs conditions

physiques à satisfaire quand on emploie deux miroirs conjugués, comme le représente la *fig*. 39. Il faut d'abord que le miroir antérieur $A_{,,}$ qui est inévitablement interposé dans le trajet des miroirs incidents, n'en intercepte qu'une très petite proportion, surtout de ceux qui sont parallèles à l'axe central, et qui sont les plus essentiels à recueillir. Cela n'est possible qu'autant qu'il occupe très peu de place autour de cet axe ; et néanmoins, avec cette limitation, il faut encore qu'il reçoive et renvoie la totalité, ou la presque totalité de la lumière rassemblée par la réflexion du premier miroir $A_{,}$ que l'on fait toujours, à cet effet, concave vers les rayons incidents. Ces deux conditions d'étendue restreinte, et de réflexion abondante, exigent indispensablement que le petit miroir $A_{,}$ soit placé assez près du foyer actuel de $A_{,,}$ en avant, ou en arrière, pour pouvoir intercepter totalement les cônes réfléchis par ce premier miroir sous de petites inclinaisons à l'axe central. Enfin, si $A_{,}$ doit renvoyer ces cônes à une pupille placée sur l'axe central au-delà du grand miroir en O, *fig*. 19 et 20, comme cela est pratiqué dans les constructions de Cassegrain et de Gregory, il faudra que le grand miroir $A_{,}$ ait, autour de son centre de figure, une ouverture circulaire à travers laquelle les rayons réfléchis par $A_{,}$ puissent passer, et se propager librement vers l'œil. Or, ce trou diminuant la surface efficace du grand miroir $A_{,,}$ il convient qu'il soit le moindre possible. Pour cela il faut évidemment que le foyer actuel du système total vienne se former très près du trou, par conséquent très près de la surface du grand miroir, afin que les pinceaux émergents soient très amincis quand ils devront le traverser. Ceci suppose donc que le système total des deux miroirs est convergent pour la distance actuelle des objets à l'observation desquels on l'applique ; et, ainsi, on ne peut l'introduire qu'avec cette disposition dans les instruments que je viens de désigner. Toutes ces conditions nécessaires pour l'emploi physique de tels systèmes s'introduisent dans nos formules avec la plus grande facilité ; et les relations qu'elles imposent entre les grandeurs des surfaces, leur intervalle, et leurs rayons de courbure en sortent immédiatement avec autant de simplicité que d'évidence.

90. Je ne cherche pas la position du point oculaire qui n'a ici

aucune importance; car le grand miroir A_1 devant être percé à son centre de figure, les rayons incidents qui se dirigent vers ce centre n'y sont pas réfléchis, et par conséquent il ne se réalise pas de rayons émergents dont la direction passe par le point oculaire du système. On pourrait donc chercher seulement ce point, comme étant le lieu de concours, réel, ou virtuel, des rayons fictifs qui deviennent les axes géométriques des pinceaux émergents; mais cela n'a aucune difficulté par nos formules, et je ne m'y arrêterai pas. Revenant donc à la *fig.* 39, et aux valeurs des coefficients formés, § 88, pour deux miroirs, je considère d'abord la distance focale principale F_2 qui est le premier élément essentiel à connaître, parce que, dans les applications à l'astronomie, on n'a généralement à considérer que des faisceaux incidents à rayons parallèles. Son expression est ici

$$F_2 = \frac{R_2}{P_2} u_2;$$

et puisque $u_2 = u$, si l'on met pour R_2 et P_2 leurs valeurs précédentes, on a, en renversant l'équation,

$$\frac{1}{2F_2} = \frac{1}{r_2} - \frac{1}{r_1 + 2h_1}.$$

91. Dans les instruments usuels le rayon de courbure r_1 est toujours positif, lorsqu'on prend la vitesse d'incidence u positive, parce que le grand miroir A_1 auquel il appartient est toujours fait concave vers les objets dont on veut obtenir les images. Alors le second membre de l'équation devient infini quand on prend l'intervalle h_1 tel qu'on ait

$$r_1 + 2h_1 = 0; \quad \text{d'où} \quad h_1 = -\tfrac{1}{2}r_1.$$

Cette condition placerait le centre de figure du second miroir dans le foyer principal du premier; or la conservation de l'égalité donne pour ce cas $\frac{1}{2F_2}$ infini, ou F_2 nul; c'est-à-dire que le foyer principal du système coïncide alors avec le centre de figure du second miroir. Cela était évident d'avance; car, dans cette disposition, le faisceau incident parallèle à l'axe central, d'où F_2 résulte, est d'abord renvoyé tout entier par le premier miroir A, au centre de figure du second A,, d'où il repart ensuite en divergeant; de sorte que ce centre est son point focal définitif. Cette disposition ne produirait pas l'effet qu'on se propose en composant le système de deux miroirs; mais elle est comme le point de départ des combinaisons réellement applicables.

Faisons donc varier l'intervalle h, autour de cette valeur initiale, en supposant

$$h_1 = -\tfrac{1}{2} r_1 - d,$$

d étant une quantité arbitraire qui sera positive si l'on éloigne le second miroir au-delà du foyer principal du premier, et qui sera négative si on le rapproche en-deçà. Notre équation générale deviendra

$$\frac{1}{2F_2} = \frac{1}{r_2} + \frac{1}{2d}.$$

92. Je la discute d'abord pour le cas où le second miroir serait convexe vers le premier, comme le représente la *fig.* 20. Alors il sera concave vers l'origine A des coordonnées, et r_2 sera positif selon nos conventions. Or, dans les instruments destinés à l'astronomie, on veut toujours que le plan focal principal du système total soit placé au-delà du centre de figure du second miroir, vers A,, afin d'amener près de l'ouverture pratiquée en A,, les images réelles des objets que l'on soumet ensuite à l'observation à travers un oculaire dioptrique. Cela exige donc F, négatif dans notre notation. Maintenant si nous supposons r_2 positif, cette condition ne pourra être remplie qu'en faisant d négatif, c'est-à-dire en plaçant le second miroir A, entre le foyer principal et le centre de figure du premier A,. La réalisation de ces valeurs de d sera seulement limitée par la condition que h, reste négatif pour conserver l'ordre de succession attribué aux actions des deux surfaces. Ainsi $-d$ ne devra pas excéder $\tfrac{1}{2} r_1$, ni même l'égaler; puisque cette dernière supposition rendrait h, nul et mettrait les deux miroirs en contact. Mais un tel rapprochement ne se présentera jamais dans les applications réelles, où r_2, abstraction faite de son signe, doit toujours être bien moindre que r_1, pour ne pas intercepter trop de rayons incidents.

Car ici, par exemple, où r_2 est positif, il suffirait de faire $d = -\frac{1}{2}r_2$ pour que F_2 devînt non-seulement négative, mais négative et infinie ; de sorte qu'en donnant à d toute autre valeur négative moindre que celle-là, et qui serait par exemple $-\dfrac{\frac{1}{2}r_2}{1 + \omega}$, ω étant une quantité positive, on aurait pour F_2 toutes les quantités négatives que l'on pourrait desirer. Cette disposition du second miroir qui lui fait renvoyer, parallèlement à l'axe central, les pinceaux qu'il a reçus du premier, est celle qu'on a choisie dans la construction de la *fig.* 20.

93. Supposons maintenant que le second miroir soit concave vers A_1, comme le représente la *fig.* 19. Alors il sera convexe vers l'origine A, et r_2 sera négatif selon nos conventions. Pour ce cas, toute valeur négative de d donnera F_2 négative comme on l'exige ; c'est-à-dire qu'on l'obtiendra telle, si l'on place le second miroir, comme tout-à-l'heure, entre le foyer principal F_1 et le centre de figure A_1 du premier. Mais, dans tous ces cas, F_2 sera moindre que $\frac{1}{2}r_2$, car notre équation générale donne

$$2F_2 = \frac{r_2}{1 + \left(\dfrac{r_2}{2d}\right)} ;$$

et dans nos suppositions actuelles $\dfrac{r_2}{2d}$ serait une quantité positive.

Donc, en plaçant ainsi le second miroir, le foyer principal du système total se formerait entre le centre de figure A_2 de ce miroir et son foyer principal propre, ce qui l'éloignerait toujours beaucoup trop de l'ouverture pratiquée en A_1 ; tandis qu'il est très important qu'il en soit très rapproché, pour que les pinceaux définitifs rencontrent cette ouverture très près du sommet de leurs cônes propres, et la traversent lorsqu'ils sont très amincis. Or on obtiendra cet allongement de F_2 sans qu'il cesse d'être négatif, si l'on prend d positif, r_2 étant négatif, comme nous le supposons actuellement ; pourvu que la valeur positive de $2d$ surpasse toujours r_2, afin que $\dfrac{r_2}{2d}$ reste une fraction négative moindre que 1. Car, cela ayant lieu, le dénominateur $1 + \dfrac{r_2}{2d}$ deviendra une fraction négative moindre que 1; et F_2, toujours négatif, surpassera $\frac{1}{2}r_2$. Cette supposition de d positif rend l'intervalle h_1 plus grand que $-\frac{1}{2}r_1$, c'est-à-dire qu'elle éloigne le second miroir au-delà du foyer principal du premier, tandis que dans la combinaison précédente, il était en-deçà. C'est ce que représente la *fig.* 19. On voit même que cet éloignement au-delà du premier foyer principal, exprimé ici par d, doit excéder la distance focale principale propre du second miroir qui est $\frac{1}{2}r_2$; car, sans cela, le dénominateur $1 + \dfrac{r_2}{2d}$ deviendrait négatif; et r_2 l'étant aussi, F_2 serait positif, c'est-à-dire que le foyer principal du système total se formerait antérieurement au second miroir du côté des objets, au lieu qu'on veut toujours qu'il lui soit postérieur et tourné vers le premier miroir A_1.

94. Sachant ainsi régler l'intervalle $A_1 A_2$, pour l'approprier au sens de courbure que l'on veut donner au second miroir, il faut calculer l'ouverture de celui-ci, de manière que l'intervalle h_1 étant donné, il reçoive réellement sur sa surface tous les rayons lumineux que l'on veut admettre à l'incidence sur le grand miroir. Or cela est très facile; car les rayons de courbure r_1, r_2, des miroirs étant donnés, ainsi que leur intervalle h_1, les valeurs des coefficients principaux du système sont complétement déterminées. Si donc on se donne aussi les angles Y, Z formés avec les axes des y et des z par un rayon incident qui tombe en un point du contour du premier miroir A_1, sous la plus grande obliquité à l'axe central que l'on veuille admettre, les formules générales (A) du § 89 donneront aussitôt les ordonnées latérales y_2, z_2 du point où il doit percer le second. Comme nous supposons toujours les contours des miroirs circulaires, il suffit de faire ce calcul pour un rayon incident qui serait compris dans le plan des xz. Alors, si l'on représente par λ, le demi-diamètre d'ouverture donné au premier miroir, ce sera aussi l'ordonnée z_1 d'incidence du rayon que nous considérons. Si, en outre, on veut que son inclinaison sur l'axe central soit $90^\circ - Z$, Z ayant une certaine valeur assignée, le point où il per-

cera le second miroir aura pour ordonnée

$$z_1 = Q_2 u \cos Z + R_2 \lambda_1, \text{ c'est-à-dire } z_2 = -h_1 \cos Z + \left(1 + \frac{2h_1}{r_1}\right)\lambda_1.$$

On pourra donc ainsi calculerla grandeur de cette ordonnée pour
les valeurs tant positives que négatives de λ_1 combinées avec les
valeurs tant positives que négatives de l'angle $90^\circ - Z$ ou que l'on
veut admettre. Et il faudra donner au miroir A_2 un demi-diamètre d'ouverture, au moins égal aux plus grandes valeurs obtenues ainsi pour z_1, afin que les rayons lumineux puissent être
réellement reçus par lui avec les conditions fixées pour leur incidence. Par exemple, si l'on voulait que le champ de la seconde
réflexion fût borné par les rayons fictifs à incidence centrale qui
formeraient avec l'axe central un angle donné $90^\circ - (Z)$ ou (X);
λ_1 serait nul pour ces rayons, et la valeur de z_2 nécessaire pour
que le second miroir pût les recevoir serait

$$z_2 = - h_1 \sin(X).$$

Ce qui est évident de soi-même, dans les limites d'approximation
que nous avons adoptées.

95. Il reste enfin à déterminer le demi-diamètre du trou qu'il
faudra percer autour du centre de figure A_1 du premier miroir,
pour laisser passer librement les rayons extrêmes que nous venons
de considérer. Or, en les prenant toujours dans le plan des xz, et
leur donnant pour ordonnée antérieure d'incidence le demi-diamètre λ_1 du premier miroir, leurs éléments d'émergence comptés
à partir du second miroir seront donnés par les deux équations
suivantes, que je tire encore du § 89, en faisant $u_{24} = u_2 = u$,

$$u \cos Z_2 = N_2 u \cos Z + P_2 \lambda_2; \qquad z_4 = Q_2 u \cos Z + R_2 \lambda_1.$$

Dans les limites de notre approximation, le point de réflexion du
rayon sur le second miroir A_2 se projette sur l'axe central à une
distance du centre de figure qui est considérée comme insensible,
de sorte qu'on doit lui attribuer pour abscisse $(x)_2$ son ordonnée
étant z_2. Désignant donc par x, z les coordonnées courantes du
rayon émergent extrême, depuis qu'il a quitté ce point, son équa-

tion générale dans le plan des xz sera

$$z - z_2 = [\, x - (x)_2 \,] \cos Z_2.$$

Lorsqu'il arrive de nouveau à la première surface A_1, son abscisse devient $(x)_1$ dans les mêmes limites d'approximation ; c'est-à-dire qu'on doit la considérer comme égale à celle du centre de figure du premier miroir. Or l'intervalle h_1 des deux miroirs ayant été fait négatif, on a alors

$$(x)_1 - (x)_2 = -\, h_1\,;$$

l'ordonnée z du rayon, pour cette abscisse, sera donc

$$z = z_2 - h_1 \cos Z_2,$$

ou, en la désignant spécialement par z_3, et remplaçant z_2 et $\cos Z_2$ par leurs valeurs,

$$z_3 = (Q_2 u - h_1 N_2) \cos Z + \left(R_2 - h_1 \frac{P_2}{u} \right) \lambda_1.$$

Si l'on veut éliminer les coefficients principaux par leurs expressions données ci-dessus, page 485, il vient

$$z_3 = -\, 2 h_2 \left(1 - \frac{h_2}{r_2} \right) \cos Z - \left[1 - 2 \left(1 + \frac{2 h_1}{r_1} \right) \left(1 - \frac{h_1}{r_2} \right) \right] \lambda_1.$$

Ainsi, lorsqu'on aura constitué l'appareil avec des miroirs de courbures données, dont on aura réglé l'intervalle h_1, cette formule fera connaître le demi-diamètre du trou qu'il faudra percer autour du centre de figure du premier miroir, pour laisser passer les rayons doublement réfléchis qui sont arrivés sur sa surface, en formant d'abord, avec l'axe central, l'angle 90°— Z. On pourra ainsi chercher et apprécier les conditions de courbures, d'intervalles, et d'inclinaison primitives sur l'axe central, qui seront les plus convenables, pour que cette ouverture inévitable n'ait que de petites dimensions.

Comme exemple de vérification, je suppose les rayons incidents parallèles à l'axe central. $\cos Z$ sera nul alors, et les termes qu'il multiplie s'évanouiront. Ceci ayant lieu, plaçons le second miroir précisément au foyer principal du premier ; pour cela, il faudra faire $h_1 = -\tfrac{1}{2} r_1$, ce qui anéantira dans le facteur de λ, les termes dépendants des rayons de courbure. Il restera donc seulement alors

$$z_3 = -\lambda_1 ;$$

c'est-à-dire que le rayon incident parallèle à l'axe central, qui avait rencontré d'abord la surface du premier miroir à une distance λ_1 de cet axe, rencontre encore cette surface après deux réflexions à une distance de l'axe égale, mais de signe contraire. Ce résultat est évidemment vrai ; car, dans les dispositions supposées, la première réflexion renvoie d'abord le rayon au foyer principal du premier miroir, où il trouve la surface du second perpendiculaire à l'axe central. La seconde réflexion le fait donc passer de l'autre côté de cet axe avec une égale inclinaison, ce qui lui fait rencontrer de nouveau le premier miroir à une même distance de l'axe.

96. La discussion dans laquelle nous venons d'entrer dissipera toutes les difficultés de détail qui auraient pu se présenter dans l'application de nos formules. Elle montre, par une épreuve évidente, qu'il suffit d'en développer analytiquement les conséquences pour les appareils complétement dioptriques, où le transport des éléments lumineux s'opère avec des vitesses toujours de même sens ; parce que, à l'aide de quelques transformations algébriques très simples, on peut les appliquer aux appareils mixtes dans lesquels une ou deux des premières lentilles seraient remplacées par des miroirs. Je profiterai, au besoin, de cette liberté dans ce qui va suivre pour abréger l'énoncé des résultats ; et, afin d'en rendre aussi plus évidente la réalisation physique, je considérerai habituellement comme positive la vitesse finale d'émergence u_m, ce qui transportera les rayons émergents vers l'extrémité positive des x, lorsque l'observateur les recevra ; comme je l'ai représenté dans les *fig.* 31 et 32 qui ont servi de type à nos raisonnements.

Conditions de la vision distincte, et théorie des oculaires.

97. Revenant donc à ces figures, je leur applique les résultats généraux que nous avons établis sur la détermination des foyers des points rayonnants, et sur la configuration des images formées par l'ensemble de ces foyers dans un instrument optique quelcon-

que. Il est facile de reconnaître que si cet instrument est terminé par un oculaire dioptrique, comme cela se pratique toujours, et que pour fixer les idées on suppose la vitesse finale u_m positive, la position du point oculaire H, avant ou après la surface d'émergence, conséquemment en dedans ou en dehors de l'appareil, sera une particularité d'une grande importance; et les *fig.* 31 et 32, où cette alternative est représentée, manifestent avec évidence le genre d'influence qu'elle devra avoir sur les effets que l'instrument produira. Si le point H, propre à une certaine espèce de rayon lumineux, tombe au-delà de la dernière surface, supposée réfringente, comme le représente la *fig.* 32, tous les rayons de cette espèce qui auront percé la surface antérieure d'incidence à son centre de figure A_1, sous les limites d'obliquité nécessaires pour l'admissibilité, et qui auront pu continuer librement leur route dans l'intérieur de l'appareil, convergeront finalement vers le point H. Supposons l'instrument tellement ajusté que les images des objets observables se forment en avant de ce point. Alors, en y plaçant la pupille, fût-elle même infiniment restreinte, l'observateur percevra plus ou moins distinctement tous les objets contenus dans le cône antérieur $V'A_1V'$. Mais, en outre, chacun de ces rayons à incidence centrale, en s'introduisant ainsi dans l'œil, sera généralement environné d'un certain nombre d'autres, qui étaient primitivement compris dans le même cône d'admissibilité; et la pupille, en vertu de son ouverture réelle, pourra encore recevoir au moins une portion de ceux-là, conjointement avec le rayon central, en sorte qu'ils contribueront aussi à la perception. Même elle les recevra tous, ainsi que les pinceaux moins complets qui n'atteignent pas le point H dans leur émergence, si le demi-diamètre de son ouverture que je désignerai par ω, égale ou surpasse le demi-diamètre de l'anneau idéal formé en H, c'est-à-dire $\dfrac{\lambda_1}{N}$, λ_1 étant le demi-diamètre d'ouverture efficace de la surface d'incidence. Car tous les rayons admissibles qui sont entrés par cette surface, sont contenus en H dans cet anneau. Ces belles propriétés justifient bien sans doute les dénominations de *point*, et *d'anneau oculaires*, que j'ai affectées au point de concours H, ainsi qu'à l'anneau idéal formé autour de lui.

Les résultats sont bien différents, lorsque le point H est antérieur à la dernière surface que je suppose toujours agir par transmission vers l'extrémité positive des x, *fig.* 31. Dans ce cas, comme dans le précédent, lorsqu'on fait usage de l'appareil, les images finales des objets sont rendues antérieures à la dernière surface. Parmi les rayons lumineux qui les forment, si l'on considère spécialement ceux qui ont percé la première de toutes les surfaces à son centre de figure A_i, ceux-là sortiront encore de l'appareil, suivant des directions finales passant par le point H. Mais leur marche définitive ne s'établissant qu'*après* leur passage à travers la dernière surface, à laquelle le point H est supposé antérieur, leur concours en H ne sera pas *réel*, mais *virtuel*. C'est-à-dire qu'il n'aura lieu qu'entre les prolongements rétrogrades et mathématiques de ces rayons, lesquels sortiront réellement de l'appareil en divergeant, à partir du point H. Dans une telle disposition, si le centre de la pupille est placé quelque part sur le prolongement extérieur de l'axe central, il ne pourra recevoir qu'un seul des rayons dont il s'agit, savoir celui dont la direction primitive d'incidence aura coïncidé avec l'axe central même, et qui aura continué de suivre cet axe dans tout l'intérieur de l'instrument. A la vérité, l'ouverture réelle de la pupille lui en fera recevoir encore quelques autres, que leur divergence, à partir du point H, n'aura pas assez écartés de l'axe central pour qu'ils la débordent à la distance où elle est placée; et ils la déborderont ainsi d'autant plus aisément qu'elle s'éloignera davantage du point H dont ils divergent. Les premiers qui lui échapperont seront ceux qui, dans leur incidence, composaient la surface du cône $V'A_iV'$. Mais, une fois qu'elle commencera à les perdre, si elle s'éloigne davantage de la dernière surface, elle en perdra graduellement de plus intérieurs; jusqu'à ce qu'enfin le seul de ces rayons qui a suivi l'axe central lui parviendrait encore si elle s'éloignait à l'infini. D'après cela, si les objets lumineux, contenus dans le cône antérieur $V'A_iV'$, n'envoyaient à la surface d'incidence que le seul rayon central qui émane de chacun de leurs points, l'œil, en s'éloignant sur l'axe central, perdrait graduellement de vue les plus extérieurs, puis les plus

intérieurs, et finirait enfin par les perdre tous, sauf les seuls
points rayonnants qui seraient situés sur l'axe central lui-même.
Mais ce résultat est modifié, parce que tout point rayonnant situé dans le cône V'A,V' envoie généralement à la surface d'incidence, outre son rayon central, plusieurs autres rayons compris
dans le cône d'admissibilité qui lui est propre; et ces rayons latéraux, après leur émergence, accompagnent encore le rayon central
en divergeant avec lui, non du point H, mais du point généralement antérieur où se forme le foyer du pinceau auquel ils appartiennent. Alors, quand la pupille, en s'éloignant sur l'axe central, a
perdu le rayon central d'un de ces pinceaux, les rayons latéraux
qui l'accompagnaient peuvent encore lui parvenir, jusqu'à ce que
le pinceau entier l'ait débordée; et cet effet doit prolonger plus ou
moins la perception du point rayonnant d'où chaque pinceau incident est provenu. Mais cette perception doit toujours finir par
s'éteindre pour chacun des points dont il s'agit, à mesure que l'œil
s'éloigne. Toutefois, dans ce cas, ainsi que dans le précédent où H
est extérieur, le champ de la perception à travers l'instrument ne
devient jamais complètement nul, lorsque la pupille a une ouverture sensible. En effet, puisque les rayons admissibles venus de
tout l'espace antérieur VL,L,V remplissent réellement ou virtuellement, après leur émergence finale, l'anneau oculaire situé en H,
l'œil placé au-delà de cet anneau se trouve dans un cas analogue à
celui où il serait, s'il regardait l'espace extérieur à travers une fenêtre dont il serait plus ou moins distant; et comme il ne les perdrait jamais tous de vue dans cette circonstance, à quelque distance
qu'il s'éloignât, il en embrasse toujours aussi une certaine étendue à travers la fenêtre idéale de l'instrument optique. Pour avoir
la limite extrême de cette réduction, éloignons le centre de la pupille à l'infini sur l'axe central, en lui donnant un demi-diamètre
égal à ϖ. Si l'on conçoit un cylindre de rayons émergents parallèles
à l'axe central, et dont le demi-diamètre soit ϖ, il est évident
qu'elle le recevra tout entier. Or, un tel cylindre émanerait du
point de l'axe central qui est le foyer principal réciproque du sys-

tème, lequel est situé analytiquement à une distance $A = -\dfrac{N\mu}{P}$,

en avant de la surface d'incidence, § **76**. Et le cône de rayons incidents qui le produirait, devant occuper le demi-diamètre ϖ dans
le plan oculaire, à cause du parallélisme final de ses éléments, il
couvrirait sur la surface d'incidence un cercle dont le demi-diamètre serait Nϖ, § **73**. Ce cône, prolongé en sens rétrograde vers
les objets extérieurs comprendrait donc toute l'étendue du champ
apparent que la pupille embrasserait encore, avec le demi-diamètre ϖ, si son centre était placé sur l'axe central du système à
une distance infinie de la dernière surface, du côté où se dirigent
les rayons émergents. Ceci toutefois ne détermine seulement que
l'amplitude primitive d'inclinaison que ces rayons comprendraient
autour de l'axe central, sans égard à la perception plus ou moins
nette des objets que l'œil en pourrait recevoir.

98. Cette discussion nous conduit à deux conséquences importantes : la première, c'est qu'il convient de partager les instruments d'optique en deux grandes classes, selon que les rayons
lumineux, à incidence centrale, *convergent* finalement vers le point
oculaire, ou *divergent* à partir de ce point. Je le ferai d'abord en
leur appliquant des dénominations qui rappellent cette alternative,
et j'y joindrai les caractères analytiques qui y correspondent, tels
que nous les avons établis généralement page 430. Je distinguerai
ainsi :

1°. Les *appareils convergents*. Caractère physique, concours *réel*
des axes émergents au point oculaire. Caractère analytique $\dfrac{Q}{N}$
négatif.

2°. Les *appareils divergents*. Caractère physique, concours *virtuel* des axes émergents au point oculaire. Caractère analytique $\dfrac{Q}{N}$
positif.

Lorsque la vitesse finale u_n est supposée positive, comme dans
les *fig.* 31 et 32 qui nous servent de type, la première classe d'appareils a son point oculaire H postérieur à la surface d'émergence,
fig. 32 ; la deuxième l'a antérieur à cette surface, *fig.* 31.

99. La seconde conséquence que j'établirai, c'est que : dans les
instruments convergents, le lieu où le centre de l'œil peut être

placé avec le plus d'avantage est le point oculaire lui-même, ce qui met le plan de la pupille dans l'anneau idéal, par lequel tous les rayons admis à l'incidence passent physiquement, après avoir subi l'action complète de toutes les surfaces assemblées. Et, dans les appareils divergents, la meilleure condition sera de mettre l'œil en contact avec la surface d'émergence, pour qu'il soit le plus proche possible du point oculaire, ainsi que de l'anneau idéal, d'où les directions finales des rayons sortent en divergeant.

100. Au reste, soit qu'on adopte ces positions spécialement favorables, soit qu'on s'en écarte, comme on s'y résout quelquefois par des motifs que je ferai plus tard connaître, il faudra toujours que, dans la situation donnée à l'œil, les foyers définitifs, qui sont les centres de radiation des pinceaux émergents, se forment *au-devant de lui*, afin que les rayons qui en partent lui arrivent en divergeant, et même avec un certain degré de divergence propre à lui faire voir nettement les images focales. Une expérience journalière prouve en effet qu'il y a ainsi, pour chaque observateur, une distance des objets, non pas rigoureusement nécessaire, mais spécialement favorable à la netteté de la perception, et que l'on appelle *la portée de la vue*. On la suppose habituellement d'environ $0^m,217$ ou 8 pouces d'ancienne mesure, pour les yeux humains les mieux conformés. Mais il est assez à croire que cette évaluation est surtout applicable à la perception de petits objets comme les caractères d'un livre, et qu'elle doit varier, tant avec leur grandeur apparente qu'avec leur éclat. Quoi qu'il en puisse être, il faudra toujours amener ainsi les images optiques à une certaine distance de l'œil, convenable pour leur perception physique. Exprimons-la généralement par $+ D$ dans notre notation, et admettons aussi, *analytiquement*, que le centre de la pupille est placé sur l'axe central de l'appareil à une distance $+ D'$, *au-devant* de la dernière surface du système ; D' devant devenir négatif si l'œil était postérieur à cette surface. Dans les applications, D devra toujours être de même signe que u_∞, et D' de signe contraire, pour réaliser physiquement les relations de position exigées. On peut s'en convaincre immédiatement sur les figures qui nous servent de type, et dans lesquelles la dernière surface est supposée agir par transmission, en imprimant aux rayons émergents une vitesse finale positive u_m. Car cela exigera D positif, D′ négatif. Mais il suffit d'introduire ces quantités dans une acception analytique conforme à notre notation, et d'établir généralement leurs relations algébriques sur ces types mêmes. Selon ces conventions, que je me dispenserai de répéter, la distance des images finales, au-devant de l'œil sera $\Delta_{/} - $ D′; et, d'après ce qui a été dit tout-à-l'heure, il faudra qu'elle se trouve égale à + D, pour que ces images soient perçues avec une parfaite distinction. Cela exige donc que l'instrument donne $\Delta_{/} = $ D′ + D, pour la distance Δ de l'objet auquel on le destine. Dans les applications à nos types, la valeur de $\Delta_{/}$ résultante de cette condition se trouvera toujours positive, parce que lorsqu'on emploie les instruments pour des observations réelles, la valeur négative que l'on donne à D′, en plaçant l'œil au-delà de la surface d'émergence, est toujours très petite comparativement à + D; de sorte que les images finales auxquelles $\Delta_{/}$ appartient doivent toujours être antérieures à cette surface. Maintenant, pour obtenir une telle valeur de $\Delta_{/}$, il faut se rappeler qu'en désignant par N, P, Q, R, les coefficients généraux de l'instrument, quel qu'il puisse être, $\Delta_{/}$ résulte toujours de Δ, par l'équation

$$\frac{1}{\Delta_{/} - H} = \frac{N}{u_m}\left(P + \frac{Nu}{\Delta}\right), \quad \text{dans laquelle} \quad H = \frac{Q}{N}\,u_m.$$

Ainsi, en substituant pour $\Delta_{/}$ sa valeur exigée, la condition analytique qui établit la netteté de la vision sera généralement

$$\frac{1}{D + D' - H} = \frac{N}{u_m}\left(P + \frac{Nu}{\Delta}\right), \quad \text{avec} \quad H = \frac{Q}{N}\,u_m.$$

Les trois coefficients généraux de l'appareil devront donc toujours satisfaire à cette relation, pour les valeurs qui seront attribuées à D et à D′. Lorsque l'instrument sera convergent, et qu'on voudra placer le centre de la pupille au point oculaire, il faudra faire D′ = H; lorsqu'il sera divergent, et qu'on voudra appliquer l'œil contre la dernière surface, il faudra faire D′ nul. Dans tous les cas, l'équation devant avoir lieu pour chaque Δ, il sera impossible d'y satisfaire simultanément pour plusieurs valeurs de Δ différentes entre elles. D'où il semblerait résulter qu'un instrument optique ne pourrait donner d'images distinctement visibles, qu'autant qu'on l'appliquerait à des points rayonnants compris dans un plan perpendiculaire à son axe central, ce qui est contraire à l'expérience. Mais cette contradiction disparaît en remarquant que la distance D n'est pas absolument fixée à une valeur unique ; que l'œil y tolère au contraire d'assez grandes variations sans que la vision cesse d'être bonne ; et qu'ainsi les valeurs de Δ propres aux divers points de l'objet dont on veut percevoir l'image doivent seulement être bornées à ne pas exiger des valeurs de D trop différentes pour que l'œil puisse les embrasser simultanément. Cela devient surtout facile dans les observations d'objets très distants et d'une amplitude restreinte. Car alors, l'instrument étant ajusté pour la valeur moyenne et très grande de Δ qui convient à leur ensemble, les variations de D pour leurs divers points deviennent excessivement petites, comme l'équation même le montre, et alors leurs images peuvent être perçues nettement toutes à la fois.

101. La diversité des conditions, résultantes des diverses valeurs de D', dans l'équation précédente, disparaît lorsque l'on suppose l'observateur infiniment presbyte. En effet, D étant alors infini, le premier membre de l'équation s'évanouit toujours, quel que soit D'; et comme le facteur N ne peut pas être nul dans l'autre membre, il faut qu'on ait

$$P + \frac{N u}{\Delta} = 0.$$

Cela exprime que l'image finale doit se former à une distance infinie au-devant de la dernière surface, pour la distance donnée Δ de l'objet au-devant de la première.

Si, dans cette même supposition d'un presbytisme illimité, l'appareil était destiné à observer des objets infiniment distants, ce qui est le cas d'application des lunettes et des télescopes à réflexion, le terme divisé par Δ disparaîtrait dans l'équation réduite, et il resterait simplement

$$P = 0.$$

En effet, lorsque P est nul, les équations générales (A) de la page 425 donnent

$$\cos Y_m = \frac{Nu}{u_m} \cos Y ; \qquad \cos Z_m = \frac{Nu}{u_m} \cos Z.$$

Les angles d'émergence Y_m, Z_m, deviennent alors indépendants des ordonnées d'incidence y_1, z_1. Donc, si les angles Y, Z, sont communs à tous les rayons incidents, ce qui arrivera s'ils sont parallèles entre eux, les angles Y_m, Z_m, seront pareillement à tous les rayons émergents qui en dériveront; c'est-à-dire que ces derniers seront de même parallèles entre eux. Or, ceci est précisément la condition nécessaire pour que des objets infiniment distants produisent, à travers l'appareil, des images infiniment distantes, comme l'exige un presbytisme illimité.

102. Revenons au cas général. Lorsqu'un instrument optique est ainsi théoriquement ou physiquement approprié à une certaine distance D de la vision distincte, pour une certaine distance Δ de l'objet, et une position donnée de l'œil, il faut pouvoir le modifier de manière qu'il s'adapte aussi à d'autres portées de vue, sans quoi son usage serait borné à un seul observateur, et même à un état unique de son œil, ce qui serait un inconvénient intolérable. On atteint ce but de deux manières différentes, selon la destination de l'instrument.

S'il est construit pour observer de très petits objets, auquel cas on le nomme *microscope*, on fixe ces objets sur un appareil qui permet de les approcher ou de les éloigner de la première surface, suivant la direction de l'axe central; cela fait varier Δ, sans que les coefficients N, P, Q, varient, puisqu'ils ne le renferment point. On profite de ce mouvement pour amener l'objet à la juste valeur de Δ, par laquelle l'équation de condition se trouve satisfaite pour la valeur actuelle de D, conjointement avec celle de D', qui est la plus favorable. On reconnaît que cela est ainsi par l'effet même qui en résulte, c'est-à-dire par la netteté de la perception, unie à la plus grande étendue possible d'objets embrassés. La valeur de D' qui procure ce dernier avantage est ordinairement indiquée d'avance par une pièce circulaire, dans laquelle il faut placer l'œil. Comme, dans ces instruments, le grossissement angulaire N est presque toujours plus grand que l'unité, et qu'il est souvent un très grand nombre, qu'en outre la distance Δ y est toujours fort petite, de très faibles variations dans la valeur absolue de Δ en produisent de très grandes dans le second membre de l'équation. De sorte qu'un très petit déplacement de l'objet sur l'axe central suffit pour atteindre le but désiré, en même temps que l'œil se fixe dans la situation qui lui semble expérimentalement la plus favorable. Aussi ce mouvement longitudinal est-il opéré par une vis à pas très fin, adaptée à la pièce sur laquelle l'objet est fixé, et que l'on appelle le *porte-objet*.

Lorsque l'instrument est destiné à observer des objets très distants, auquel cas il s'appelle généralement *télescope*, on ne peut les déplacer ainsi ; et d'ailleurs la grandeur même de Δ rend alors les variations du terme $\dfrac{N u}{\Delta}$ très faibles. Dans ce cas on emploie un procédé qui modifie l'instrument même. On le compose de deux systèmes distincts, disposés consécutivement sur le même axe central, et individuellement invariables dans leur constitution propre, mais dont l'intervalle peut être changé dans le sens de l'axe commun. L'un d'eux, le plus voisin de l'œil, s'appelle le *système oculaire* ; l'autre, tourné vers les objets, s'appelle le *système objectif*. Leur mouvement relatif est opéré par des vis qui les éloignent ou qui les rapprochent à volonté, dans le sens longitudinal, sans modifier leur constitution individuelle. Ce changement de leur distance entre eux fait varier les valeurs des coefficients N, P, Q, R, dans le système total. Alors, chaque observateur l'amène au point précis où ils satisfont à l'équation de condition pour la valeur de D qui lui est propre, ce qu'il reconnaît encore par le résultat même, c'est-à-dire par la netteté de la perception.

105. Pour analyser exactement cette variété d'effets, je construis la *fig.* 41 qui représente une section centrale de l'appareil par le plan des zz. Je suppose que le système objectif contienne un certain nombre i de surfaces, que l'intervalle de la dernière de ce système à la première du système oculaire soit h_i, et que l'espace de séparation soit rempli par un milieu où la vitesse de la lumière soit a_i pour l'espèce spéciale de rayons homogènes que l'on veut considérer. Je représente toujours par u la vitesse propre à ces mêmes rayons dans le milieu antérieur où sont les objets, et par u_m cette vitesse dans le dernier milieu où s'opère l'émergence finale ; les choses étant ainsi disposées, nous aurons à considérer :

1°. Le système objectif, pour lequel la vitesse antérieure est u, la postérieure u_i ; je représente par N′, P′, Q′, R′, ses quatre coefficients propres, entre lesquels, d'après le § 89, il doit exister la relation générale

$$N'R' - P'Q' = 1 ;$$

2°. Le système oculaire, pour lequel la vitesse antérieure est u_i, la postérieure u_m ; je représente par N″, P″, Q″, R″, ses quatre coefficients propres, entre lesquels existe aussi la relation générale

$$N''R'' - P''Q'' = 1 ;$$

3°. Enfin le système total, pour lequel la vitesse antérieure est u, la postérieure u_m ; je représente par N, P, Q, R, ses quatre coefficients propres, quand l'intervalle central des deux systèmes qui le composent est h_i : ces quatre coefficients satisferont encore à la relation générale

$$NR - PQ = 1.$$

Cela posé : le système total devant résulter de l'assemblage des deux autres, la condition de continuité établit, entre ses coefficients généraux et ceux des systèmes partiels, des relations qu'il s'agit de découvrir.

Pour cela, je considère un rayon incident quelconque, homogène, satisfaisant aux conditions d'admissibilité, et dont les éléments antérieurs d'incidence soient Y, Z, y_i, z_i. Ce rayon partant du premier milieu, où sa vitesse est u, et sortant dans le milieu intermédiaire où sa vitesse est u_i, ses éléments d'émergence Y_i, Z_i, y_{ii}, z_{ii}, y seront déterminés par les équations suivantes

$$u_i \cos Y_i = N'u \cos Y + P'y_i, \qquad u_i \cos Z_i = N'u \cos Z + P'z_i,$$
$$y_i = Q'u \cos Y + R'y_i, \qquad z_i = Q'u \cos Z + R'z_i.$$

L'émergence de ce rayon a lieu sur la surface A_i, et de là, en passant à la surface A_{i+1}, ses ordonnées latérales d'incidence deviennent

$$y_{i+1} = y_i + h_i \cos Y_i, \qquad z_{i+1} = z_i + h_i \cos Z_i.$$

De là le rayon sort finalement dans le dernier milieu où sa vitesse est u_m; et ses éléments d'émergence y sont déterminés par les équations

$$u_m \cos Y_m = N'' u_i \cos Y_i + P'' y_{i+1}, \qquad u_m \cos Z_m = N'' u_i \cos Z_i + P'' z_{i+1},$$
$$y_m = Q'' u_i \cos Y_i + R'' y_{i+1}, \qquad z_m = Q'' u_i \cos Z_i + P'' z_{i+1}.$$

Les équations relatives à chaque système de projections étant séparées quant aux variables, et composées de la même manière quant aux coefficients généraux des appareils partiels, il nous suffira de considérer les conditions de succession dans un de ces systèmes pour les avoir dans l'autre. Je forme donc y_{i+1}, d'après les expressions de y_i et $\cos Y_i$, ce qui donne

$$y_{i+1} = \left(Q' + N' \frac{h_i}{u_i} \right) u \cos Y + \left(R' + P' \frac{h_i}{u_i} \right) y_i;$$

puis, prenant cette valeur, et celle de $\cos Y_i$, je les substitue dans y_m et $\cos Y_m$, afin d'avoir ces dernières quantités en fonction des éléments primitifs d'incidence. J'obtiens ainsi

$$u_m \cos Y_m = \left(N'N'' + Q'P'' + N'P'' \frac{h_i}{u_i} \right) u \cos Y + \left(P'N'' + R'P'' + P'P'' \frac{h_i}{u_i} \right)$$

$$y_m = \left(N'Q'' + Q'R'' + N'R'' \frac{h_i}{u_i} \right) u \cos Y + \left(P'Q'' + R'R'' + P'R'' \frac{h_i}{u_i} \right)$$

Or en nommant N, P, Q, R, les coefficients généraux du système total, on doit avoir

$$u_m \cos Y_m = N u \cos Y + P y_i; \qquad y_m = Q u \cos Y + R y_i.$$

Pour que les éléments d'émergence ainsi définis s'accordent avec les expressions précédentes, il faut qu'on ait identiquement

$$N = N'N'' + Q'P'' + N'P'' \frac{h_i}{u_i}, \qquad P = P'N'' + R'P'' + P'P'' \frac{h_i}{u_i},$$

$$Q = N'Q'' + Q'R'' + N'R'' \frac{h_i}{u_i}, \qquad R = P'Q'' + R'R'' + P'R'' \frac{h_i}{u_i}.$$

Ce sont les expressions cherchées des coefficients généraux du système total en fonction des coefficients généraux des systèmes partiels séparés par l'intervalle h_i, dans le milieu où la vitesse est u_i. On peut vérifier, sur ces valeurs mêmes, qu'elles satisfont à la relation générale

$$NR - PQ = 1,$$

pourvu que les coefficients des systèmes partiels satisfassent séparément à la condition analogue, comme cela doit toujours être, et comme nous l'avons en effet supposé.

104. Le calcul que nous venons de faire va me fournir l'occasion d'étendre nos formules au cas où l'axe central propre A'' du système oculaire serait seulement parallèle à l'axe central propre A' du système objectif, au lieu d'en être la continuation, comme nous l'avions jusqu'ici supposé. En effet, conservant toujours à chacun de ces systèmes les trois axes coordonnés que nous lui avions affectés, et qui se trouveront maintenant parallèles en direction, mais non plus coïncidents, admettons que les ordonnées latérales de A', comptées de A'', soient $+ b'$ parallèlement aux y'', et $+ c'$ parallèlement aux z''. La marche d'un rayon lumineux à travers le système objectif se calculera d'abord exactement comme tout-à-l'heure, en fonction des éléments d'incidence pris sur ce système. Puis, quand on voudra le conduire au système oculaire, ses éléments angulaires d'introduction seront encore Y_i, Z_i, tels que nous les avons déterminés. Mais ses ordonnées latérales d'incidence, comptées de A'', deviendront $y_{i+1} + b_i$, $z_{i+1} + c_i$, les premiers termes étant les mêmes que précédemment. Il ne restera donc qu'à introduire ces nouveaux éléments d'incidence dans les formules qui expriment l'action propre du système oculaire ; et en profitant des relations que nous venons de découvrir dans le cas de la continuité, on aura pour les éléments d'émergence ces expressions très simples :

$$u_m \cos Y_m = Nu \cos Y + P y_i + P'' b_i; \quad u_m \cos Z_m = Nu \cos Z + P z_i + P'' c_i;$$
$$y_m = Qu \cos Y + R z_i + R'' b_i; \qquad z_m = Qu \cos Z + R z_i + R'' c_i.$$

Les ordonnées latérales d'incidence, y_i, z_i sont comptées à partir de l'axe A' ; et y_m, z_m, b_i, c_i, à partir de A''. Les coefficients N, P, Q, R, sont ceux qui appartiennent au système total, dans le cas de continuité de ces axes.

On obtiendrait, avec la même facilité, les éléments d'émergence finale, si l'axe A'' du système oculaire était dirigé obliquement à l'axe A' du système objectif, pourvu seulement que l'inclinaison mutuelle de ces axes maintînt les rayons émergents du premier système dans les conditions d'admissibilité pour le second. Il suffirait alors de transformer les Y_i, Z_i, y_{i+1}, z_{i+1}, en coordonnées angulaires et latérales, relativement à l'axe A''; après quoi on les substituerait, comme éléments d'incidence, dans les expressions générales des coordonnées d'émergence, comptées de l'axe A'' pour le système oculaire, en fonction des coefficients N'', P'', Q'', R'', propres à ce dernier. Le résultat pourrait ensuite se simplifier, comme tout-à-l'heure, en y introduisant les relations de ces coefficients avec ceux du système total, dans le cas de continuité des axes A', A''. Mais je ne fais qu'indiquer cette généralisation, qui n'a pas d'application habituelle; car presque toujours A'' est fixé, étant le prolongement de A'. Et, si quelquefois on le rend mobile, pour l'amener successivement dans les diverses parties du champ apparent, afin que les rayons qui s'y propagent traversent le système oculaire sous de moindres incidences, ce mouvement de transport maintient toujours A'' parallèle à A', ou du moins on tâche toujours de l'assujétir aussi exactement que possible à cette condition.

105. Ces formules étant préparées, je reprends le cas de la continuité des axes A', A'', et je commence par assujétir le système total à la condition théorique que les pinceaux de lumière incidente, venant de la distance antérieure Δ, sortent définitivement sous forme de faisceaux à rayons parallèles dans le dernier milieu, après avoir subi l'action successive de toutes les surfaces. Cela préparera l'instrument pour un observateur infiniment presbyte, et c'est ainsi que l'on fait généralement. Dans ce cas, la dernière surface du système objectif, et la première du système oculaire, se trouveront séparées par un certain intervalle que je nommerai h_0. Or, pour éviter des alternatives de signe inutiles, je supposerai toujours le système objectif disposé relativement aux rayons incidents, de manière que la vitesse de transmission u soit positive, c'est-à-dire dirigée vers l'extrémité positive des x. Alors la valeur de h_0 devra

être positive pour que le système oculaire agisse sur les rayons postérieurement au système objectif, comme l'exige sa dénomination.
Cette valeur de h_o devra donc être substituée à h_i dans les équations
générales du § **103**, puisque nous supposons les axes des deux systèmes coïncidents; et l'on aura ainsi les valeurs particulières de
N, P, Q, R, qui en résultent pour le système total, lorsque les
systèmes partiels seront donnés. Je désignerai ultérieurement ces
valeurs par N_o, P_o, Q_o, R_o, pour conserver l'analogie de leurs
rapports avec l'intervalle h_o qui les détermine.

D'après ce que l'on a vu tout-à-l'heure, § **101**, la condition analytique que donne à l'instrument cette qualité préparatoire est

$$P + \frac{Nu}{\Delta} = 0.$$

Or, quel que soit l'usage auquel on le destine, la supposition qu'il
est ainsi préparé pour un œil infiniment presbyte, simplifie beaucoup les éléments d'émergence des rayons qui l'ont traversé. En
effet, si l'on introduit la relation précédente dans les équations
de la page 448, qui donnent les valeurs générales de ces éléments
pour un point rayonnant extérieur quelconque, en se souvenant
que $NR - PQ = 1$, elles deviennent

$$u_m \cos Y_m = -\frac{b}{\Delta} Nu, \qquad u_m \cos Z_m = -\frac{c}{\Delta} Nu;$$

$$y_m = -\frac{b}{\Delta} Qu + \frac{y_i}{N}, \qquad z_m = -\frac{c}{\Delta} Qu + \frac{z_i}{N}.$$

Lorsque le point rayonnant s'éloigne à l'infini, dans le cône inté-
rieur d'admissibilité, $-\frac{b}{\Delta}$ représente $\cos Y$, et $-\frac{c}{\Delta}$, $\cos Z$, pour
le rayon incident que l'on considère, comme nous l'avons remar-
qué page 407; et l'on a ainsi, relativement à ce rayon,

$$u_m \cos Y_m = Nu \cos Y, \qquad u_m \cos Z_m = Nu \cos Z;$$

$$y_m = Qu \cos Y + \frac{y_i}{N}, \qquad z_m = Qu \cos Z + \frac{z_i}{N}.$$

106. Pour introduire la même condition de presbytisme dans les équations du § 105 qui expriment les coefficients principaux de l'instrument total en fonction des coefficients partiels des deux systèmes qui le composent, il faut en déduire sous cette même forme l'expression générale de $P + \dfrac{N\,u}{\Delta}$, puis l'égaler à zéro. On obtient ainsi la valeur particulière de l'intervalle h_i ou h_o qui produit le parallélisme d'émergence demandé; puis, en la mettant dans l'expression générale de N, on a la valeur du coefficient N_o qui en résulte, et duquel dépend le grossissement angulaire. Mais ces deux quantités peuvent aussi être obtenues par la marche suivante, qui est plus facile à interpréter physiquement.

Je représente par Δ_f' la distance focale propre au système objectif, pour la distance actuelle Δ de l'objet. Δ_f' s'obtiendra toujours par la relation générale

$$\frac{1}{\Delta_f' - H'} = \frac{N'}{u_i}\left(P' + \frac{N'u}{\Delta}\right), \qquad \text{où l'on a} \qquad H' = \frac{Q'u_i}{N'}.$$

Dans ces formules, la distance Δ_f' est comptée, à partir de la dernière surface du système objectif, avec le signe positif, quand elle lui est antérieure. Pour chaque Δ donné, elle ne dépend que des éléments propres à ce système, et des vitesses de la lumière dans les milieux contigus à ses diverses surfaces. L'image ainsi formée fait l'office d'un objet pour le système oculaire; et lorsque celui-ci est séparé du premier par l'intervalle quelconque h_i, elle se trouve, *analytiquement*, à la distance $\Delta_f' + h_i$, au-devant de sa première surface; en sorte que c'est là proprement la valeur analytique de Δ dans le passage de l'image objective, à l'image finale. Désignant donc à l'ordinaire par Δ_f la distance de celle-ci au-devant de la dernière surface du système oculaire, on aura pareillement

$$\frac{1}{\Delta_f - H''} = \frac{N''}{u_m}\left(P'' + \frac{N''u_i}{\Delta_f' + h_i}\right), \qquad \text{où} \qquad H'' = \frac{Q''u_m}{N''}.$$

Si l'on veut que Δ_f soit infinie, ce qui est la condition de parallélisme des rayons émergents, le premier membre de l'équation devient nul. Il faut donc que le second le soit aussi; et comme N'' ne peut pas l'être, il faut rendre nul le facteur qui l'accompagne.

Cela détermine la valeur de l'intervalle h_i qui produit l'effet demandé ; et, en la désignant par h_0, comme nous en sommes convenus, elle se trouve ainsi être

$$h_0 = -\, \Delta'_f \,-\, \frac{N''}{P''}\, u_i.$$

Si l'on substitue cet intervalle h_0, au lieu de h_i, dans l'expression générale de N du § 105, on obtient la valeur particulière du coefficient N_0 qui y correspond, lequel est ainsi :

$$N_0 = -\, \frac{N'P''}{u_i} \left(\Delta'_f \,-\, \frac{Q'u_i}{N'} \right),$$

ou encore

$$N_0 = -\, \frac{N'P''}{u_i} \left(\Delta'_f \,-\, H' \right).$$

On facilite l'interprétation des résultats, en y remplaçant le coefficient P'' par son expression tirée des éléments spécifiques du système oculaire. Pour cela, soit F'' la distance focale principale de ce système dans les milieux où on le suppose agir. On aura, § 75 :

$$F'' - H'' = \frac{u_m}{N''P''};$$

de là on tire

$$h_0 = -\, \Delta'_f \,-\, \frac{u_i}{u_m}\, N'' \cdot (F'' - H''); \qquad N_0 = -\, \frac{u_m}{u_i}\, \frac{N'(\Delta'_f - H')}{N'(F'' - H'')}.$$

Pour établir ces formules, j'ai considéré l'image formée par l'objectif comme *analytiquement* antérieure au système oculaire, et faisant pour lui l'office d'un objet réel ; mais ce n'était qu'une supposition algébrique, prise comme type général de calcul. Cette image peut en effet être placée ainsi ; alors elle se forme réellement, et ses divers points rayonnent vers l'oculaire, comme feraient ceux d'un objet réel, sauf que l'amplitude de leur radiation est plus restreinte. Dans d'autres cas, le lieu où l'objectif la jetterait est occupé par l'oculaire, qui intercepte les rayons, et change leur route avant qu'elle se forme. Mais la direction de ces rayons vers les foyers qu'ils ne peuvent atteindre agit dans le calcul, comme s'ils y parvenaient en réalité. Toutefois cette fiction n'est plus nécessaire, quand on suit individuellement la marche des rayons par leurs équations courantes, comme nous l'avons fait § **103**; et c'est pour cela que j'ai indiqué la possibilité d'arriver directement aux valeurs de h_0 et de N_0 par le seul emploi des relations analytiques trouvées alors.

107. En examinant les opérations par lesquelles nous avons passé de Δ_f' à Δ_f pour obtenir h_0, il est facile de reconnaître qu'elles ne subiraient aucun changement, si l'axe central A'' du système oculaire cessait de coïncider avec l'axe central A' du système objectif, et lui devenait seulement parallèle, comme dans le § **104**. Ainsi la valeur de h_0, trouvée par le cas de coïncidence de ces axes, s'appliquerait encore à leur parallélisme, et y transformerait aussi les pinceaux émergents en faisceaux composés de rayons parallèles. La marche du calcul qui nous a conduits à ce résultat montre qu'il est général, c'est-à-dire que toute valeur de h_i qui donne une certaine valeur de Δ_f, quand les axes A', A'' sont coïncidents, la donnerait encore s'ils sont seulement parallèles. Aussi, quand on a disposé un instrument optique de manière que l'image finale soit amenée au-devant de l'œil, à la distance où la vision est la plus distincte, cette propriété continue d'exister, si l'on fait mouvoir le système oculaire parallèlement à l'axe central de l'objectif, dans toute l'étendue du champ apparent que l'instrument embrasse. On adapte quelquefois à l'oculaire des vis latérales qui permettent de lui donner un tel mouvement. On s'en sert pour amener successivement son axe propre devant les diverses parties de l'image formée par l'objectif, afin que les rayons qui en émanent arrivent aux surfaces de l'oculaire sous de moindres incidences, et y subissent en conséquence de moindres aberrations de sphéricité.

108. Les opticiens sont généralement dans l'usage d'indiquer le pouvoir amplifiant des oculaires complexes, en désignant la distance focale principale d'une lentille idéale, infiniment mince, qui, appliquée au même objectif dans les mêmes milieux, produirait le même grossissement angulaire N_0 pour un observateur infiniment presbyte; et ils appellent lentille idéale, l'*équivalente* de l'oculaire complexe. Il est bien facile de la définir d'après l'expression N_0 que nous venons de donner. En effet, l'oculaire complexe n'y entrant que par la valeur de son coefficient P'', il suffira pour l'égalité demandée que le coefficient analogue de la lentille idéale ait cette même valeur. Or si l'on désigne par de petites lettres les éléments qui s'y rapportent, on aura pour elle, comme pour tout autre système placé entre les mêmes milieux extérieurs,

$$f'' - h'' = \frac{u_m}{n'' p''}.$$

Mais en rappelant ici les expressions des coefficients généraux pour deux surfaces, établies page 482, et y faisant l'intervalle central de ces surfaces nul pour les adapter à notre lentille idéale, comme nous l'avons fait alors, on trouve $n'' = 1$ et q'' nul, ce qui rend aussi nul h''. Donc, puisque le troisième coefficient p'' doit égaler P'', pour donner la même valeur de N_o, dans les circonstances assignées, il en résultera

$$f'' = \frac{u_m}{P''}.$$

Ainsi, quand on connaîtra le coefficient P'' de l'oculaire complexe, dans les milieux et dans les circonstances où il agit, on aura la distance focale principale de la lentille équivalente, par cette expression de f''.

109. Dans les instruments usuels, les oculaires opèrent toujours par transmission. Je limiterai donc la discussion des formules précédentes à ce cas spécial. Alors les vitesses u_i, u_m de chaque rayon lumineux sont de même sens, conséquemment de même signe, dans le milieu antérieur à l'oculaire et dans le milieu qui lui est postérieur ; de sorte que le rapport $\frac{u_i}{u_m}$ est positif. Or nous sommes convenus de prendre la vitesse u_i positive ; donc u_m devra l'être aussi. En introduisant ces particularités dans l'expression générale de h_o, on voit d'abord que si Δ'_f et $F'' - H''$ étaient tous deux positifs, le système total ne serait pas possible avec les conditions que nous lui avons attribuées. Car l'intervalle h_o des deux systèmes qui le composent se trouverait négatif ; tandis que, avec la valeur positive attribuée à la vitesse de transmission u_i, cet intervalle doit être positif pour que le système oculaire agisse postérieurement au système objectif, comme le suppose sa dénomination.

Dans les lunettes, les microscopes composés, et même les télesco-pes à objectif catoptrique, u_i étant pris positif comme nous l'avons supposé, Δ_f' est toujours négatif; c'est-à-dire que le système ob-jectif, considéré isolément, donnerait une image des objets ob-servés qui serait postérieure à sa dernière surface. Alors $-\Delta_f'$ se trouvant positif, il suffit, pour que l'instrument soit possible, que le terme $-\dfrac{N''}{P''}\,u_i$ ou $-\dfrac{u_i}{u_m}\,N''^2(F''-H'')$, qui dépend de l'ac-tion de l'oculaire, ne le détruise pas complétement. Cette condition sera toujours remplie si $F''-H''$ est négatif, c'est-à-dire si le foyer principal propre du système oculaire, dans les milieux où il agit, tombe au-delà de son point oculaire propre. Car alors, ce second terme devenant positif, ne fait que s'ajouter au premier qui l'est aussi; et leur somme donne h_0 toujours positif. Mais lorsque le contraire arrive, c'est-à-dire lorsque $F''-H''$ est positif, comme dans les lorgnettes de spectacle, où l'oculaire est une lentille di-vergente, la grandeur qu'on peut lui donner dans ce sens est li-mitée. Pour comprendre la raison de cette alternative, il faut remar-quer que le terme $-\dfrac{u_i}{u_m}\,N''^2(F''-H'')$ exprime la distance focale principale *réciproque* de l'oculaire, comptée depuis sa surface an-térieure *vers l'objectif*, dans les milieux où il agit, § 69 et 76, de sorte qu'un faisceau de rayons parallèles, qui retournerait du der-nier milieu à travers l'oculaire, formerait son foyer à cette distance en avant de sa première surface. Alors, l'équation qui détermine h_0 signifie que le foyer réciproque de l'oculaire doit coïncider avec le foyer direct de l'objectif, pour la distance donnée Δ de l'objet. Il est en effet évident que, si cela a lieu, les pinceaux de rayons qui par-tiront réellement ou virtuellement de ce foyer direct sortiront de l'oculaire sous forme de faisceaux à rayons parallèles, comme l'exige le presbytisme illimité de l'observateur qui les reçoit. Or, puisque nous supposons $-\Delta_f'$ positif, le foyer direct de l'objectif est postérieur à sa dernière surface; donc, si le foyer réciproque de l'oculaire est en même temps antérieur à la première de celles qui le composent, c'est-à-dire si $-\dfrac{u_i}{u_m}\,N''^2(F''-H'')$ est une quan-tité positive, la coïncidence demandée pourra toujours être opérée.

Car il suffira alors d'éloigner l'oculaire de l'objectif, autant qu'il est nécessaire pour qu'elle s'établisse. Mais supposez que ce foyer réciproque soit au contraire postérieur à la première surface de l'oculaire, ce qui arrivera si $-\dfrac{u_i}{u_m} N''^2 (F'' - H'')$ est une quantité négative. Alors sa distance à cette surface devra toujours être moindre que $- \Delta'_j$; car, si elle l'excédait, on ne pourrait jamais approcher assez l'oculaire de l'objectif pour que les foyers conjugués des deux systèmes fussent coïncidents; et, s'il y avait égalité, les surfaces qui composent ces deux systèmes arriveraient en contact physique, avant que la coïncidence des foyers fût établie.

110. Non-seulement on remplit toujours les conditions précédentes dans la construction des instruments que je viens de désigner; mais on y compose généralement le système oculaire de manière que sa distance focale réciproque, antérieure ou postérieure à sa première surface, est beaucoup moindre que $- \Delta'_j$, ce qui assure la possibilité de mettre les foyers conjugués en coïncidence, quel que soit son signe. Toutefois cette discussion nous montre qu'il convient de distinguer les systèmes oculaires en deux classes, selon que leur distance focale principale *réciproque*, mesurée à partir de leur première surface est positive ou négative, c'est-à-dire dirigée vers l'objectif, ou vers l'œil. Si elle est positive, lorsque l'instrument total sera ajusté pour un œil infiniment presbyte, la première surface de l'oculaire se trouvera placée *au delà* de l'image que donne l'objectif seul; et ainsi cette image se formera réellement. Si, au contraire, l'oculaire a une distance focale réciproque, négative, sa première surface, dans les mêmes circonstances, se trouvera placée *avant* l'image que donnerait l'objectif; de sorte que cette image ne se formera pas en réalité. Dans le premier cas, les pinceaux de rayons lumineux concentrés par l'objectif, tomberont sur l'oculaire en divergeant de leur foyer propre, qui sera réel; dans le second en convergeant vers ce foyer, qui sera virtuel.

Lorsqu'un système oculaire est donné, et que les éléments qui le composent sont tous définis, il est bien facile de savoir à laquelle de ces deux classes il appartient, puisqu'il suffit pour cela de chercher par le calcul si la quantité $F'' - H''$ y est positive ou négative. Mais, lorsqu'on l'a seulement dans son ensemble, sans connaître le détail de ses éléments constitutifs, ce qui arrive fréquemment, on peut encore le classer par une épreuve expérimentale qui décèle immédiatement son mode d'action. Pour cela, l'ayant séparé de l'instrument total, on le retournera; et on le présentera, par sa *dernière* surface, à des rayons lumineux, venant d'objets très éloignés; puis on recevra, sur un verre dépoli, ou sur une surface blanche, les faisceaux qui l'auront ainsi traversé. S'il donne une image bien nette des objets, son foyer principal réciproque, quand il sera replacé dans l'instrument, sera antérieur à sa première surface; et il appartiendra à la première classe, qui est celle des *oculaires positifs*. Si, au contraire, il ne donne pas d'images nettes des objets éloignés, son foyer principal réciproque, quand on l'emploiera, sera postérieur à sa première surface, et il appartiendra à la classe des *oculaires négatifs*. L'expérience se fait très commodément au fond d'une chambre un peu longue, éclairée par une seule fenêtre.

111. J'ai indiqué ce genre d'épreuve, parce qu'il repose sur l'effet même que chaque classe d'oculaires doit produire étant adaptée à l'instrument total. Mais on peut encore les distinguer l'une de l'autre, d'une manière aussi sûre, et au moins aussi facile, en y étudiant les caractères généraux exposés dans le § **79**, et voyant quels sont ceux qui s'y réalisent. Par exemple, dans les oculaires que nous avons appelés positifs, $F'' - H''$ étant une quantité négative, si l'on applique l'œil contre leur dernière surface, et que l'on place au-devant de la première un très petit objet que l'on en approchera graduellement à diverses distances, on observera, dans l'image formée, toutes les variations de grandeur et de sens, résultantes de cette condition de signe; et l'on pourra toujours amener ainsi l'objet à une distance A telle que l'image arrive au-devant de l'œil à la juste distance D de la vision distincte, ce qui la fera voir avec une parfaite netteté. Mais de pareilles variations ne se produiront point avec les oculaires négatifs où $F'' - H''$ est une quantité positive. L'image formée y sera toujours de même sens, quelle que soit la distance où l'on placera de petit objet. Sa grandeur ne deviendra jamais infinie, et le plus souvent il sera impossible de l'amener à la distance de la vision distincte dans cette position de l'œil.

112. Les observations auxquelles on emploie les instruments optiques ont généralement pour but d'étudier les détails des objets dans leurs images agrandies, ou de déterminer la direction des rayons visuels émanés de leurs divers points. La première classe de recherches peut se faire également avec des oculaires positifs ou négatifs ; mais, pour la seconde, les positifs seuls peuvent être employés. En effet, la direction du rayon visuel que l'on veut spécialement considérer, s'obtient en fixant au foyer de l'objectif, ou, plus exactement, dans son plan focal, deux fils très fins, tendus sur une plaque métallique percée d'une ouverture circulaire concentrique à l'axe du système, de manière que le point où ces fils s'entrecroisent, soit sur cet axe, ou s'en trouve très près. Alors, si l'on conçoit un pinceau de rayons incidents homogènes, qui forme son foyer sur ce point de croisement des fils, et se trouve arrêté par leur opacité, la direction primitive d'incidence de ce pinceau sera exactement définie par cette condition ; et elle aura toujours la même situation relativement à l'axe du système, quel que soit le point de l'espace vers lequel l'instrument soit tourné, du moins en supposant la plaque et les fils qu'elle porte, parfaitement fixes dans le plan focal. Pour nous borner aux cas usuels, je supposerai que le point rayonnant est compris dans le cône antérieur USU des *fig.* 31 et 32 ; en sorte que le pinceau qui en est émané soit admissible sur toute l'étendue de la surface d'incidence. Alors, d'après ce qui a été démontré, page 456, le rayon à incidence centrale qui constitue l'axe géométrique du pinceau incident, sera aussi l'axe central du pinceau transmis par le système objectif. Ainsi lorsque l'image focale, qui n'est jamais un point absolument mathématique, sera, le plus exactement occultée, ou bissectée, par la portion superposée des fils, ce rayon se trouvera dirigé juste au centre idéal de leur intersection. La droite intérieure qu'il suit alors s'appelle l'*axe optique de l'instrument*. Si on le reconduit par la pensée au dehors, à travers l'objectif, il retournera, comme axe géométrique, vers le point lumineux d'où le pinceau total est émané.

Sa direction intérieure, correspondante à l'axe optique, définit donc exactement la direction actuelle du point de l'objet qui est occulté; et, quand ce point se déplace d'une manière quelconque dans l'espace, il faut faire mouvoir l'axe optique, conséquemment le tuyau qui contient l'appareil, d'une quantité angulaire exactement égale pour le ramener en occultation. Cette identité est surtout parfaitement évidente, si l'on suppose le plan des surfaces objectives exactement perpendiculaire à leur axe central, et le point de croisement exactement sur cet axe, deux conditions dont, toujours, on tâche d'approcher autant que possible. Car, en les supposant rigoureusement obtenues, l'axe optique intérieur coïnciderait avec l'axe central des surfaces assemblées, et il retournerait en ligne droite vers le point extérieur occulté, lequel se trouverait ainsi placé sur le prolongement de ce même axe. Supposez maintenant que deux observateurs, ayant des portées de vue différentes, se mettent successivement à observer ainsi par occultation le même point d'un objet, avec le même instrument, armé d'un oculaire donné. D'après ce que je démontrerai tout-à-l'heure, ils devront enfoncer plus ou moins cet oculaire, pour amener l'image finale au-devant de leur œil à la juste distance qui convient à chacun d'eux. Si l'oculaire est positif, cette opération pourra se faire sans déplacer la plaque qui porte les fils, par conséquent sans déranger l'axe optique primitif, puisque la première surface de l'oculaire restera toujours postérieure au plan focal où les fils se croisent, et ne fera que s'en approcher plus ou moins pour chaque observateur, en laissant fixe le point de croisement. Donc, pour que l'occultation soit identiquement opérée par les deux observateurs, il suffira que ce point coïncide exactement avec le plan focal où l'image se forme, ce qui se réalise et se constate par des procédés très exacts que j'exposerai plus tard. Mais les choses se passeront bien différemment si l'oculaire qu'on fait mouvoir est négatif. Car la première surface d'un tel oculaire devant toujours être antérieure au plan focal du système objectif, comme on l'a prouvé § 110, l'image que ce système donnerait, s'il était seul, ne se formera point réellement; et comme lui seul est fixe, toutes celles qui pourront se former ensuite s'éloigneront ou se rapprocheront de lui, quand on enfoncera inégalement l'oculaire. Il n'y aura donc plus alors de plan focal fixe où l'on puisse tendre des fils dont le point de croisement reste immobile, quand divers observateurs se succéderont. Et, si l'on voulait en établir ainsi, en quelque point du système oculaire où il se formerait une image réelle pour un observateur doué d'une certaine portée de vue, la coïncidence n'aurait plus lieu pour un autre; de sorte que la direction de l'axe optique définie par le point de croisement ne leur serait commune que dans le seul cas où le croisement aurait lieu exactement sur l'axe central des surfaces assemblées; à condition encore que cet axe serait rigoureusement rectiligne pour toutes les surfaces, et se maintiendrait mathématiquement tel quand on ferait mouvoir l'oculaire dans le sens longitudinal. De telles circonstances sont presque impossibles à établir physiquement, et il serait très imprudent de les croire rigoureusement réalisées. Aussi n'emploie-t-on jamais que des oculaires positifs, quand on veut établir dans un instrument des fils fixes pour déterminer les directions des rayons visuels par occultation; et l'on réserve les oculaires négatifs pour les seuls cas où l'on veut seulement étudier les détails des objets observés, parce qu'alors le mouvement que divers observateurs impriment à l'image finale, en enfonçant plus ou moins ces oculaires, n'apporte aucune erreur dans les résultats.

115. Nous avons remarqué; § 97 et 98, la dissemblance profonde qui existe entre les instruments optiques, selon que les rayons à incidence centrale concourent dans leur point oculaire réellement ou virtuellement. Le caractère analytique de cette réalité, établi p. 43o, c'est que la quantité $\frac{Q}{N}$ y soit négative; et comme nous prenons ici les vitesses u_i, u_m positives, pour les adapter à des oculaires agissant par transmission, ce même caractère de signe s'appliquera à la quantité H ou $\frac{Q}{N} u_m$. C'est-à-dire que, dans les systèmes que nous considérons, le concours sera réel ou virtuel, selon que le point oculaire H sera postérieur ou antérieur à la surface d'émergence; et en effet, les *fig.* 3o et 3i, qui nous servent de type, confirment évidemment ce résultat. Nous avons donc un grand intérêt à chercher quelle influence la constitution de l'oculaire peut avoir sur cette al-

ternative dans les instruments usuels. Or il est très facile de la
mettre en évidence, surtout lorsqu'ils sont préparés pour un œil
infiniment presbyte, comme nous le supposons ici.

Pour cela je reprends les équations du § 103, page 506, qui
expriment les coefficients généraux du système total en fonction
des coefficients des systèmes partiels dont il est composé. J'élimine
entre la première et la troisième l'intervalle h_i de ces systèmes, et
il en résulte

$$R''N - P''Q = N';$$

tirant de là l'expression de Q, et la substituant dans celle de H,
qui est $\frac{Q}{N} u_m$, il vient

$$H = \frac{R''}{P''} u_m - \frac{N'}{NP''} u_m.$$

Déjà, d'après le § 74, page 453, $\frac{R''}{P''} u_m$ est la distance focale principale F'' du système oculaire dans les milieux où il agit. Nous avons
aussi, pour ce même système,

$$F'' - H'' = \frac{u_m}{N''P''};$$

il en résulte donc généralement

$$H = F'' - \frac{N'N''(F'' - H'')}{N},$$

où l'on peut remarquer que H différera toujours très peu de F'', si
le grossissement angulaire N du système total est considérable.

Particularisons maintenant cette expression de H pour un œil
infiniment presbyte. Alors N devient N_0, et sa valeur, trouvée
page 511, est

$$N_0 = - \frac{u_m}{u_i} \frac{N'(\Delta'_f - H')}{N''(F'' - H'')}.$$

En la substituant dans H, il viendra pour ce cas

$$H = F'' + \frac{u_i}{u_m} \frac{N''^2(F'' - H'')^2}{(\Delta'_f - H')}.$$

Dans les applications usuelles aux lunettes et aux microscopes, λ, — H′ est toujours une quantité négative. En outre, les deux vitesses u_i, u_m, sont de même signe, parce que le système oculaire y opère toujours par transmission ; de sorte que le second terme de H y est constamment négatif. Donc, si F″ est aussi négatif, c'est-à-dire si le foyer principal propre de l'oculaire tombe au-delà de sa dernière surface, H sera entièrement négatif. Conséquemment, le point oculaire du système total sera situé au-delà de sa dernière surface, de sorte que le concours des rayons y sera réel ; et l'instrument sera de la classe de ceux que j'ai appelés *convergents*. Mais, si F″ est positif, le signe de H dépendra de la grandeur de ce premier terme comparativement au second ; et lorsqu'il le surpasse, H est positif, ce qui rend le point oculaire du système total antérieur à sa dernière surface ; de sorte que le concours des rayons à incidence centrale n'y est que virtuel. L'instrument est donc alors de la classe de ceux que j'ai appelés *divergents*.

Cela arrive toujours ainsi dans les lunettes de spectacle, et c'est une conséquence nécessaire de leur construction. L'oculaire est alors une lentille divergente dont l'épaisseur centrale est très petite, ce qui rend F″ positif, N″ presque égal à $+\,1$, et H″ presque nul, comme le montrent les expressions générales de ces éléments rapportées page 482, pour une lentille simple. Le système objectif est ordinairement formé de deux lentilles en contact ; mais son épaisseur centrale est aussi très petite comparativement aux rayons de leurs courbures, ce qui y rend aussi N′ très peu différent de $+\,1$, comme on le voit par l'expression de ce coefficient calculée pour deux lentilles très minces, page 486. Or ces instruments sont toujours destinés à amplifier les angles visuels, ce qui exige que N y soit toujours plus grand que 1, quand ils sont ajustés à la portée de vue de l'observateur. Ainsi le facteur $\dfrac{N'N''}{N}$ y est toujours une fraction moindre que l'unité ; et, en vertu de la petitesse de H″, le terme $\dfrac{N'N''(F''-H'')}{N}$ est toujours moindre que F″ ; ce qui donne H positif, et rend l'appareil divergent.

114. Au reste, que ce soit l'un ou l'autre mode qui se réalise, lorsque l'instrument est préparé pour un œil infiniment presbyte, au moyen de la relation fondamentale

$$P + \frac{N u}{\Delta} = o,$$

un simple mouvement de l'oculaire, dans le sens de l'axe central, suffira pour l'adapter à la juste distance D de la vision distincte, propre à chaque observateur. Afin de rendre ce résultat sensible, je suppose, comme dans la page 500, que $+ D'$ représente analytiquement la distance de l'œil *au-devant* de la dernière surface de l'instrument. Alors la condition de la vision distincte avec la portée de vue $+ D$ sera

$$\Delta_j = D + D'.$$

D' étant toujours beaucoup moindre que D, dans les applications, Δ_j sera nécessairement une quantité positive. Cela posé, je désigne spécialement par h_i la distance de la dernière surface du système objectif à la première du système oculaire, lorsque l'instrument total est parfaitement ajusté conformément à la condition précédente, pour l'observateur désigné. Je fais alors généralement

$$h_i = h_o + e;$$

h_o est, comme ci-dessus, la valeur de h_i qui conviendrait à un œil infiniment presbyte; et $+ e$ représente l'augmentation qu'il faut y faire pour obtenir la valeur demandée de Δ_j. De sorte que e devra être pris positivement si l'on éloigne davantage les deux systèmes, et négativement si on les rapproche. En substituant, dans cette équation, la valeur de h_o trouvée page 511, on aura

$$h_i = - \Delta_j - \frac{N''}{P''} u_i + e.$$

Maintenant j'introduis cette expression de h_i dans l'équation en Δ_j de la page 510, pour avoir la distance focale du système total qui en résulte. Cette équation est

$$\frac{1}{\Delta_j - H''} = \frac{N''}{u_m}\left(P'' + \frac{N'' u_i}{\Delta_j + h_i}\right), \quad \text{où l'on a} \quad H'' = \frac{Q'' u_m}{N''}.$$

Substituant donc h_i dans le second membre, et tirant ensuite Δ_j, on trouve

$$\Delta_f = \mathrm{H}'' + \frac{u_m}{\mathrm{N}''\,\mathrm{P}''} - \frac{u_i\,u_m}{\mathrm{P}''^2}\,\frac{1}{e},$$

Or, en désignant par F'' la distance focale principale du système oculaire, dans les milieux où il agit, nous avons cette relation depuis long-temps démontrée :

$$\mathrm{F}'' - \mathrm{H}'' = \frac{u_m}{\mathrm{N}''\,\mathrm{P}''};$$

il vient donc, en définitive,

$$\Delta_f = \mathrm{F}'' - \frac{u_i\,u_m}{\mathrm{P}''^2}\,\frac{1}{e};$$

ou, si l'on veut éliminer tout-à-fait P'',

$$\Delta_f = \mathrm{F}'' - \frac{u_i}{u_m}\,\mathrm{N}''^2\,(\mathrm{F}'' - \mathrm{H}'')^2\;\frac{1}{e}.$$

Ces expressions simples et générales vont nous découvrir aisément tous les effets qui se produisent sur Δ_f, lorsqu'on retire l'oculaire vers l'œil, ou qu'on l'enfonce vers l'objectif, en partant de la position initiale où h_i est h_0. Il ne restera donc qu'à examiner si de telles variations peuvent réaliser toujours la valeur positive demandée

$$\Delta_f = \mathrm{D} + \mathrm{D}'.$$

115. Je suppose que l'oculaire agit par transmission, ce qui est le cas habituel. Alors les vitesses d'incidence et d'émergence u_i, u_m, sont toutes deux de même sens, conséquemment de même signe entre elles, et leur produit est positif, ainsi que leur rapport. Le dénominateur carré P''^2 est pareillement positif par lui-même. Le produit total $\dfrac{u_i\,u_m}{\mathrm{P}''^2}$ est donc essentiellement positif, dans ces circonstances de transmission ; et, par suite, les variations de Δ_f y sont toujours de sens contraire à celles de e. Examinons leur jeu et leur amplitude possible.

Commençons par faire e nul, ce qui nous ramène à la condition primitive de l'instrument, où h_0 était l'intervalle des deux systèmes. Alors Δ_f devient infini, comme il convient pour un œil infiniment presbyte : c'est le cas que nous avons pris pour point de départ.

Faisons maintenant e très petit, et *négatif* ; c'est-à-dire enfonçons tant soit peu le système oculaire dans les tuyaux qui le contiennent, de manière à le rapprocher du système objectif. Le terme variable qui s'ajoute à F'', dans l'expression de Δ_f, sera alors positif, et d'autant plus grand que e aura été pris moindre, abstraction faite de son signe accidentel. On pourra donc, par ce mouvement, obtenir Δ_f positif et aussi grand que l'on voudra, ce qui rend l'image finale, produite par l'instrument total, antérieure à la surface d'émergence, comme il faut qu'elle le soit pour être observée à travers l'oculaire, au-delà duquel l'œil est nécessairement placé.

Faisons, au contraire, e très petit et *positif*, ce qui éloignera l'oculaire de l'objectif, plus que ne l'exigeait un œil infiniment presbyte. Alors le terme qui s'ajoute à F'', devenant négatif, et aussi grand que l'on voudra, Δ_f pourra être toujours rendu ainsi négatif, ce qui jetterait le foyer final des pinceaux émergents au-delà de la dernière surface du système total. Mais ce résultat n'est jamais à réaliser dans l'application pratique des instruments, parce que l'œil est toujours placé assez près de leur dernière surface pour que l'image finale doive lui être antérieure, ce qui exige Δ_f positif.

Ayant constaté ainsi toute l'amplitude de ces valeurs extrêmes produites par les petites variations de e, suivons-en la succession intermédiaire en partant de leur limite positive; et revenons, pour cela, au premier cas où l'on enfonce l'oculaire, ce qui fait e négatif, d'où résulte d'abord Δ_f positif et infini. Alors, si F'' est négatif, ou si, étant positif, il est moindre que $D + D'$, ce qui a toujours lieu dans les instruments réels, la variation de e, opérée dans ce sens, pourra toujours, *analytiquement*, donner à Δ_f la valeur positive exigée $D + D'$; puisqu'on obtiendra ce résultat, en attribuant à e la valeur essentiellement négative

$$e = -\frac{u_i u_m}{(D + D' - F'')\, P'' \lambda}$$

Mais, pour que cette opération soit *matériellement* réalisable, il faudra que la valeur de $-e$, qui produit cet effet, n'excède pas l'amplitude totale de course que l'oculaire peut parcourir, en s'enfonçant vers l'objectif, amplitude qui est au plus égale à l'intervalle primitif h_o des deux systèmes. Or les instruments sont toujours disposés de manière qu'en les ajustant à toutes les portées de vue, on reste encore bien en-deçà de cette limite de rapprochement qui mettrait l'oculaire en contact avec l'objectif.

116. Si F'' était positif, et plus grand que $D + D'$, il faudrait reculer l'oculaire, au lieu de l'enfoncer, afin de donner à e une valeur positive qui diminuât F'', autant qu'il le faut, pour rendre Δ_f égal à $+ D + D'$. Mais cette disposition n'est jamais admise dans les constructions pratiquées; de sorte qu'en partant du cas où e est nul, et Δ_f infini, il faut toujours y enfoncer l'oculaire pour donner à Δ_f la juste valeur positive $+ D + D'$; et il faut l'enfoncer ainsi d'autant plus que $D + D'$ est moindre, c'est-à-dire que l'observateur a la vue plus courte, en attribuant à D' une même valeur, c'est-à-dire en supposant l'œil placé à égale distance de la dernière surface de l'instrument.

117. Ce changement d'intervalle fait varier le grossissement angulaire $N \dfrac{u}{u_m}$ que produit l'appareil pour différents observateurs. En effet, l'expression générale de N, en fonction des éléments constitutifs du système total est, d'après ce qui a été démontré p. 506,

$$N = N'N'' + Q'P'' + N'P'' \frac{h}{u_i};$$

lorsqu'on y met pour h_i son expression transformée en e, elle devient

$$N = - \frac{N'P''}{u_i} \left(\Delta_f - \frac{Q'u_i}{N'} \right) + \frac{N'P''}{u_i} e.$$

Le terme indépendant de e est précisément la valeur propre à un œil infiniment presbyte, et que nous avons nommée N_o, § **106**, page 511. On aura donc généralement

$$N = N_o + \frac{N'P''}{u_i} e.$$

La variation totale de N, dans chaque appareil, sera donc proportionnelle à e, c'est-à-dire au changement d'intervalle des deux systèmes. Elle sera ainsi plus grande pour un myope que pour un presbyte, parce que le premier exige une plus grande valeur de $-e$. Quant au sens de cette variation, il dépendra du signe du coefficient $\dfrac{N'P''}{u_i}$, ou simplement de P''. Car nous sommes convenus de prendre la vitesse u_i positive; et le coefficient N' est toujours positif dans les instruments réels, parce que le système objectif y est toujours composé, soit d'une surface unique, soit de plusieurs surfaces extrêmement rapprochées les unes des autres, ce qui y rend toujours N' très peu différent de $+\,1$.

Si l'on introduit e dans l'expression générale de P de la page 506, comme nous venons de l'introduire dans N, en éliminant h_i, elle devient :

$$P = P_0 + P'P'' \frac{e}{u_i}.$$

D'après ce qui a été démontré § **74**, page 452, l'instrument fera voir les objets droits ou renversés selon que la fonction

$$N + P \frac{\Delta}{u}$$

sera positive ou négative. Substituons-y les expressions de N et de P transformées en e; la somme $N_0 + P_0 \dfrac{\Delta}{u}$ y sera nulle, puisque c'est précisément par cette condition que N_0 et P_0 ont été déterminés pour s'adapter à une portée de vue infiniment presbyte. Supprimant donc ces termes, la fonction indicatrice du sens des images sera

$$\frac{P''e}{u_i}\left(N' + P'\frac{\Delta}{u}\right), \qquad \text{ou encore} \qquad \frac{\Delta P''e}{u\,u_i}\left(P' + \frac{N'u}{\Delta}\right).$$

Or en désignant par Δ'_f la distance focale actuelle du système objectif, et par H' la valeur de H qui lui est propre, dans les milieux où il opère, on a toujours, page 510,

$$\frac{1}{\Delta'_f - H'} = \frac{N'}{u_i}\left(P' + N'\frac{u}{\Delta}\right).$$

Tirant donc de là le facteur qui contient P', la fonction indicatrice devient

$$\frac{\Delta P'' e}{u N' \left(\Delta'_f - H' \right)}$$

Alors, si l'on y remplace e par la valeur qui amène les images finales au-devant de l'œil à la juste distance D de la vision distincte, elle prend définitivement cette forme

$$- \left(\frac{\Delta}{u} \right) \cdot \frac{u_i \, u_m}{\left(D + D' - F'' \right) P'' N' \left(\Delta'_f - H' \right)},$$

ou encore

$$- u_i \left(\frac{\Delta}{u} \right) \frac{N'' \left(F'' - H'' \right)}{\left(D + D' - F'' \right) N' \left(\Delta'_f - H' \right)}.$$

Pour interpréter son signe, concevons l'instrument placé tout entier du côté des x positifs, et dans un sens tel que, vu de l'origine des coordonnés, le système oculaire se trouve *au-delà* du système objectif. C'est ainsi qu'il est disposé dans les *fig.* 31 et 32 qui nous servent de type. Alors, dans l'observation des objets réels, $\frac{\Delta}{u}$ sera toujours positif, soit que le système objectif agisse uniquement par transmission, ou par réflexion, ou de ces deux manières à la fois. En outre la vitesse intermédiaire u devra être positive pour que les rayons lumineux sortis de ce système se dirigent vers l'oculaire, plus éloigné que lui de l'origine du côté des x positifs. Ceci convenu, le facteur $D + D' - F''$ sera également positif pour tous les observateurs et pour toutes les espèces d'instruments usités. Le signe de la quantité indicatrice dépendra donc uniquement des deux autres facteurs qui la complètent, et dont l'un est propre au système objectif, l'autre au système oculaire qu'on y a adapté. Ainsi lorsque les produits $N'' \left(F'' - H'' \right)$ et $N' \left(\Delta'_f - H' \right)$ seront de signe contraire, la quantité indicatrice sera positive et l'instrument fera voir les objets droits. Lorsqu'ils seront de même signe elle sera négative, et il les fera voir renversés. Cette règle ne souffre pas d'exception.

118. Reprenons l'expression de N en e que nous venons de former § 117. Dans l'usage des microscopes composés, la condition de

la vision distincte s'obtient principalement par les petites variations que l'on fait subir à la distance Δ de l'objet, comme je l'ai
annoncé dans le § 102. Cela est surtout commode dans ces instruments, parce que l'objet s'y trouve placé à une extrêmement
petite distance antérieurement au foyer réciproque du système
objectif; de sorte que les plus légères variations de cette distance
font changer considérablement — Δ'_j, et rapprochent ou éloignent
dans la même proportion la première image, du système oculaire à
travers laquelle on la perçoit. Alors l'intervalle de ce système au
système objectif s'emploie comme un élément variable pour donner successivement des valeurs diverses au grossissement angulaire $N\dfrac{u}{u_m}$. En effet, d'après l'expression générale de N, que j'ai
tout-à-l'heure rappelée, on voit que, dans un même instrument,
opérant dans les mêmes milieux, l'accroissement positif ou négatif
de ce coefficient est proportionnel à e, c'est-à-dire aux variations
de l'intervalle h_i; de sorte que si cet intervalle est d'abord h_i, et
ensuite $h_i + \Lambda$, l'accroissement positif ou négatif de N est $\dfrac{N'\,P'^2}{u_i}\Lambda$.

Ce résultat est indépendant de la distance Δ; et par conséquent,
il subsiste dans les diverses valeurs que l'on peut donner à Δ pour
amener l'image au juste point de la vision distincte à chaque intervalle nouveau que l'on établit. D'après cela, il suffirait de mesurer deux valeurs de N, correspondantes à un allongement
connu Λ, pour avoir toutes les valeurs correspondantes aux intervalles intermédiaires. Mais l'évaluation isolée de cet élément n'est
pas nécessaire dans les microscopes, comme on va tout-à-l'heure
le comprendre, et elle n'y serait d'aucune utilité.

119. Lorsqu'un petit objet est observé à la distance D de la vision distincte, à travers l'air ambiant, sans l'intermédiaire d'aucun
appareil optique, les rayons visuels, qui terminent son contour,
soutendent au centre de la pupille un très petit angle. Mais, lorsque l'interposition des microscopes en donne une image également
perceptible, comprenant un angle visuel beaucoup plus considérable, où l'on discerne des détails inusités, l'esprit, accoutumé à la
première sensation, suppose involontairement l'objet agrandi dans

la proportion de ces angles; et leur rapport, que je nommerai G, constitue alors ce qu'on appelle le *grossissement linéaire* des objets ainsi observés artificiellement.

120. L'expression théorique de G se déduit aisément de cette définition. En effet, considérons un point rayonnant situé dans le plan des xz, à la distance c de l'axe central de l'instrument, et à la distance δ au-devant de la surface d'incidence; puis, prenons d'abord pour objet l'ordonnée c. Le résultat que nous obtiendrons pour ce cas simple s'appliquera à toutes les perpendiculaires menées ainsi autour de l'axe central, et il s'étendra par différences à toutes les dimensions des objets dans des sens quelconques. Or, la petite droite c, vue directement à travers l'air, à la distance D, soutendrait un angle visuel dont la tangente trigonométrique serait $\frac{c}{D}$; mais, étant vue à travers un instrument d'optique, son image aura pour grandeur $z_{\prime}$, et se formera à une certaine distance $\Delta_{\prime}$, au-devant de la surface d'émergence. Supposons l'instrument ajusté de telle sorte, que l'image $z_{\prime}$ se trouve ainsi amenée à la distance $+$ D du point de l'axe central où l'on place le centre de la pupille. Elle soutendra alors un angle visuel dont la tangente trigonométrique sera $\frac{z_{\prime}}{D}$; et comme le rapport de ces tangentes, à cause de leur petitesse, pourra être censé égal au rapport des angles qui y correspondent, on aura alors

$$G = \frac{z_{\prime}}{c}.$$

Or, d'après le § **74**, page 452, on a généralement, dans un instrument quelconque,

$$z_{\prime} = \frac{cu}{Nu + P\Delta}.$$

Il en résulte donc

$$G = \frac{u}{Nu + P\Delta}.$$

Conformément à ce qui a été remarqué dans ce même paragraphe, si l'instrument donne des images droites des objets, $z_{\prime}$ sera de même signe que c, alors G sera positif. Si, au contraire, il renverse, z_i sera de signe contraire à c, et G sera négatif.

Cette expression suppose que l'image z_i se trouve amenée à la distance D de la vision distincte, pour la position qui a été donnée à l'œil sur l'axe central. Or, en désignant par $+ \text{D}'$ la distance du centre de la pupille au-devant de la surface d'émergence, la condition à remplir pour que cela ait lieu est, d'après le § 100, p. 501,

$$\frac{1}{\text{D} + \text{D}' - \text{H}} = \frac{\text{N}}{u_m} \left(\text{P} + \frac{\text{N}u}{\Delta} \right).$$

Tirant donc de là $\text{N}u + \text{P}\Delta$, et le substituant dans G, il vient

$$\text{G} = \frac{u}{u_m} \text{N} \left(\frac{\text{D} + \text{D}' - \text{H}}{\Delta} \right).$$

On voit que la valeur de G ne dépend pas seulement de N, mais aussi du rapport $\dfrac{\text{D} + \text{D}' - \text{H}}{\Delta}$ qui l'accompagne, dans les milieux où l'on opère. On peut donc avoir G plus grand que 1, par conséquent obtenir une amplification apparente des objets, avec un instrument où le grossissement angulaire N est à peine supérieur à 1, ou même moindre que 1, pourvu que la petitesse de Δ, comparativement à $\text{D} + \text{D}' - \text{H}$, rachète la faiblesse de N. C'est ce qui arrive dans de petits microscopes portatifs, composés d'une ou de deux lentilles, qui servent, dans une infinité de circonstances, pour agrandir les détails de petits objets qu'on veut voir nettement. J'en traiterai plus loin, à cause du fréquent usage qu'on en fait dans les instruments astronomiques. Je ne voulais ici que les indiquer comme exemple de cette particularité, qui est très propre à faire sentir la distinction du grossissement angulaire $\text{N}\,\dfrac{u}{u_m}$, et du grossissement linéaire ou apparent G.

Si l'on veut obtenir une expression de G, débarrassée de Δ, il n'y a qu'à éliminer $\dfrac{\text{N}u}{\Delta}$, d'après sa valeur tirée de l'équation qui exprime la condition de la vision distincte. Cela est très facile ; car elle donne

$$\frac{Nu}{\Delta} = -\, P + \frac{u_m}{N\,(D + D' - H)}.$$

Alors la valeur de G devient

$$G = \frac{1}{N} - P\,\frac{(D + D' - H)}{u_m}.$$

121. J'ai laissé subsister dans ces formules les lettres u, u_m, qui désignent les vitesses extrêmes, parce que cela ne les complique pas, et qu'elles se trouvent ainsi embrasser tous les modes de construction, catoptriques ou dioptriques, qui sont théoriquement possibles avec des surfaces sphériques. Le dernier de ces modes est seul usité aujourd'hui ; et, en supposant l'instrument employé dans l'air ambiant, comme c'est l'ordinaire, on a $u = u_m$. Alors le grossissement G se mesure, avec autant de facilité que d'exactitude, par le procédé suivant, qui a été, je crois, imaginé par l'opticien français Ch^es Chevalier.

La *fig.* 42 représente l'instrument rendu horizontal. Le centre de la pupille étant fixé en O, l'œil perçoit parfaitement un très petit objet placé en S, à la distance à au-devant de la première lentille A₁. L'observateur est supposé l'avoir amené expérimentalement à cette distance qui ne lui est pas connue, mais qui est caractérisée par la netteté de la perception. On adapte alors au-devant de l'oculaire un petit miroir plan MM, percé d'un trou circulaire O, qui doit répondre précisément à la place assignée au centre de la pupille, de manière à laisser cette place libre. Pour remplir ces conditions, le miroir est porté par des branches métalliques entre lesquelles il tourne sur des pivots, et ces branches contiennent un anneau qui s'ajuste exactement autour du tuyau de l'oculaire ; de sorte qu'on peut l'enfoncer autant qu'il le faut pour que l'image du petit objet S se voie après l'interposition du miroir, aussi bien qu'auparavant. On fait ensuite tourner le miroir autour de son axe, de manière qu'il rejette vers l'œil l'image réfléchie d'une règle horizontale DD, divisée en parties égales, par exemple en millimètres, et placée perpendiculairement à l'axe central de l'instrument, au-dessous de O, à une distance telle, que l'œil la perçoive ainsi par simple réflexion,

aussi nettement qu'il perçoit par transmission l'image de S. En
outre, on tourne le miroir, et l'on avance ou l'on recule la règle DD
sur son plan horizontal, jusqu'à ce que les rayons réfléchis et les
rayons transmis entrent simultanément dans la pupille, ceux-ci par
sa portion centrale, ceux-là par sa partie extérieure et annulaire.
Alors l'image transmise se voit superposée aux divisions de DD, et
l'on peut *juger* de son amplification apparente ou linéaire, en
comptant le nombre de ces divisions qu'elle recouvre. C'est ainsi
qu'un grain de fécule, isolément imperceptible à l'œil nu, peut
être vu amplifié comme une grosse poire, ayant un diamètre égal
à 30 ou 40 millimètres comptés sur la règle DD. On voit que ce
procédé est tout-à-fait analogue à celui que M. Pouillet a employé
pour mesurer l'*amplification angulaire*, et que j'ai rapporté précédemment d'après lui.

On peut de même ici, par une semblable opération, conclure la
valeur actuelle de G, en nombres. Pour cela, il faut substituer à
l'objet S une lame mince de verre ou d'ivoire, divisée en fractions
connues du millimètre, par exemple en $n^{ièmes}$; et l'ayant pareillement approchée de la lentille objective A_1, jusqu'à ce qu'on la
voie avec une parfaite netteté du même point O, sans rien changer
d'ailleurs à l'état de l'instrument, elle se trouvera évidemment à
la même distance Δ où se trouvait l'objet S qu'elle a remplacé.
Alors, si m de ces petites divisions, vues par transmission, recouvrent n' millimètres sur la règle DD, il n'y a qu'à les considérer
comme un objet dont la grandeur c, exprimée en millimètres, sera
$\frac{m}{n}$. La grandeur de son image transmise, amenée à la distance de la

vision distincte, c'est-à-dire $z_{\prime}$, sera n'. Conséquemment G ou $\frac{z}{c}$

sera $\frac{n' n}{m}$.

G étant connu par cette expérience, on en pourra aussitôt
conclure la grandeur absolue c de tout objet qui aurait été pareillement observé dans le même état de l'instrument, conséquemment
à la même distance Δ de la lentille objective, et dans la même position de l'œil. Car si son image transmise z, recouvre n'' milli-

mètres sur la règle DD, sa grandeur absolue c, exprimée en millimètres, sera $\dfrac{z_f}{G}$ ou $\dfrac{n''}{G}$.

122. Les microscopes ont ordinairement leur système objectif
et leur système oculaire enchâssés dans des tuyaux distincts, qui
glissent à frottement l'un dans l'autre, de sorte que l'intervalle
central de ces systèmes peut être varié entre certaines limites de
course. Cela permet d'en obtenir diverses valeurs de grossissement,
sans changer les verres qui la constituent.

Pour me borner au cas le plus usuel, comme aussi à son application la plus favorable, je supposerai l'instrument convergent,
et le centre de la pupille placé au point oculaire propre à la réfrangibilité définie que l'on veut spécialement considérer. Alors il
faudra faire $D' = H$; et l'expression de G, prise sous la dernière
forme du § **120**, sera

$$G = \frac{1}{N} - \frac{PD}{u_m}.$$

Je décompose, comme précédemment, l'appareil en un système
objectif et un système oculaire, séparés par l'intervalle central h_i,
dans un milieu où la vitesse de la lumière est u_i, pour la réfrangibilité considérée. D'après ce qui a été démontré, page 506, la
continuité de ces deux systèmes donne généralement

$$N = N'N'' + Q'P'' + N'P''\left(\frac{h_i}{u_i}\right), \qquad P = P'N'' + R'P'' + P'P''\left(\frac{h}{u}\right).$$

Concevons qu'une première observation ait été faite avec un certain intervalle des deux systèmes que je désignerai par h; l'instrument aura alors certaines valeurs de N et de P, d'où résultera un
certain grossissement apparent G, lorsque l'œil sera placé au point
oculaire H. Donnons maintenant aux tuyaux un tirage tel, que h_i
devienne $h + A$. Alors N se changera en $N + N'P''\left(\dfrac{A}{u_i}\right)$ et

P en $P + P'P''\left(\dfrac{A}{u_i}\right)$; et, si le centre de la pupille va se placer
au nouveau point oculaire, déterminé par ce second état de l'ins-
trument, il en résultera une nouvelle valeur du grossissement que
je représente par G', laquelle s'exprimera sous la même forme que

la première, en fonctions des coefficients N et P modifiés. On aura
donc ainsi successivement

$$G = \frac{1}{N} - \frac{P}{u_m} D ; \quad G' = \frac{1}{N + N'P''\left(\frac{A}{u_i}\right)} - \frac{\left[P + P'P''\left(\frac{A}{u_i}\right)\right]D}{u_m} ;$$

par conséquent

$$G' - G = - \left[\frac{N'}{N\left[N + N'P''\left(\frac{A}{u_i}\right)\right]} + \frac{P'D}{u_m}\right] P'' \frac{A}{u_i} .$$

La variation $G' - G$ ne sera pas exactement proportionnelle à
l'allongement A, puisque A entre encore au dénominateur du premier terme qui multiplie le facteur commun $\frac{P''A}{u_i}$. Mais ce terme
renfermant le carré de N à son dénominateur, la partie qui dépend
de A y sera le plus souvent négligeable, comparativement à la
première qui en est indépendante; et alors $G' - G$ sera sensiblement proportionnel à A. Cela ayant lieu, il n'y aura qu'à mesurer
G et G' pour les deux états de l'instrument, ce qui peut se faire
par le procédé que je viens de décrire. On aura ainsi $G' - G$; et
comme A sera connu par l'allongement donné aux tuyaux, le rapport $\frac{G' - G}{A}$ fera connaître le coefficient de la proportionnalité
qui dépend de la constitution de l'instrument, quelle que soit
d'ailleurs sa composition. Alors, en partant de la valeur initiale
de G, mesurée comme je l'ai dit tout-à-l'heure, on en déduira
toutes les autres valeurs de G', pour chaque allongement ultérieur
A donné au système; et l'on pourra graver les nombres qui les
expriment sur les tuyaux mêmes de l'instrument, au point d'allongement précis qui donne chacun d'eux. Mais, à cause du terme
$N'P'' \frac{A}{u_i}$ que l'on a négligé au dénominateur du premier terme, il
ne faudra étendre la proportionnalité que dans les limites où il
est insensible, ce que l'on constatera par quelques mesures directes de G, faites entre les limites de tirage que l'on admettra.
Alors chacun des grossissements ainsi évalué se réalisera, quand
l'image de l'objet sera amenée à la juste distance D de la vision,
par la variation de A qui remplira cette condition pour le degré

d'allongement donné aux tuyaux. M. Arago a donné un autre procédé pour mesurer le grossissement linéaire G, ainsi que le grossissement angulaire $N\dfrac{u}{u_m}$, dans des instruments optiques quelconques. Mais il est fondé sur l'emploi de la double réfraction dont je ne considère pas ici les effets; on en peut voir l'explication et la théorie dans mon *Précis de Physique*, t. II, p. 353.

125. Euler, et les auteurs qui ont écrit après lui sur l'optique, définissent le grossissement linéaire G d'une manière en apparence plus générale, mais, à mon avis, moins vraie physiquement que celle dont j'ai fait usage. Pour l'évaluer, ils ne supposent pas l'image amenée à la juste distance D de la vision distincte; ils la considèrent dans le lieu quelconque où elle se forme, et calculent l'angle visuel qu'elle soutend alors, étant vue du point de l'axe où l'on a placé le centre de l'œil. Soit généralement $+\,D'$ la distance de ce point, au-devant de la dernière surface, sa distance à l'image $z_{\prime}$ sera $\Delta_{\prime} - D'$; et l'angle visuel actuel soutendu par $z_{\prime}$ aura pour tangente trigonométrique $\dfrac{z_{\prime}}{\Delta_{\prime} - D'}$. Maintenant, si l'objet c, d'où $z_{\prime}$ dérive, était vu directement par l'œil à la distance D de la vision distincte, l'angle visuel soutendu alors aurait pour tangente trigonométrique $\dfrac{c}{D}$. Le rapport du premier de ces angles au second est ce qu'ils nomment le grossissement linéaire; de sorte que, selon cette définition, on a

$$G = \frac{z_{\prime}}{c}\,\frac{D}{(\Delta_{\prime} - D')}.$$

Or, les conditions de formation de l'image, établies § 75, p. 454, donnent toujours

$$\frac{z_{\prime}}{c} = \frac{u}{u_m}\,\frac{N(\Delta_{\prime} - H)}{\Delta}, \qquad \text{où l'on a} \qquad H = \frac{Q\,u_m}{N};$$

il vient donc, en profitant de cette relation,

$$G = \frac{u}{u_m}\,\frac{ND}{\Delta}\,\frac{(\Delta_{\prime} - H)}{(\Delta_{\prime} - D')}.$$

Lorsque le centre de l'œil est placé au point oculaire même, comme nous le supposions dans le paragraphe précédent, on a $D' = H$;

alors l'expression de G coïncide avec celle que nous avions obtenue
d'abord, p. 530. Seulement, j'ai cru devoir y ajouter la condition
que Δ_f — H fût alors égal à D, c'est-à-dire que l'image se trouvât
amenée à la juste distance de la vision distincte; et, en effet, s'il
n'en était ainsi, comme elle deviendrait indistincte, on ne peut
guère concevoir comment son agrandissement s'apprécierait. La
même concordance a encore lieu, lorsque l'on suppose les objets
observés très distants, et l'instrument préparé pour un observateur
infiniment presbyte. Car alors, Δ se trouve infini ainsi que D; et Δ_f
le devient aussi par construction, ce qui réduit G à n'être plus que
$\frac{u}{u_m}$ N, c'est-à-dire à exprimer seulement le grossissement angulaire. Mais si l'œil devait être supposé infiniment presbyte, sans
que Δ devînt infini, ce qui peut exister pour les microscopes,
cette expression de G ne saurait rester finie qu'en conservant une
valeur finie à D, c'est-à-dire en supposant l'angle visuel direct observé par un œil autrement conformé que celui qu'on applique à
l'instrument, ce qui ne présente plus de sens physique. Voilà
pourquoi j'ai cru bien faire de séparer nettement ces deux cas de
grossissement des objets distants ou proches, au lieu de les réunir
par une analogie qui n'a point de réalité.

124. On construit aussi des lunettes à grossissements variables,
que l'on appelle, pour cette raison, *polyaldes*. Mais, comme on
ne peut plus alors faire varier la distance Δ des objets pour amener
l'image à la juste distance de la vision distincte, l'appareil doit
être disposé de manière à y suppléer par lui-même, ce qui complique nécessairement sa construction. Alors le système objectif
étant désigné par A', on compose l'oculaire de deux systèmes a', a'',
qui peuvent s'écarter graduellement l'un de l'autre, et s'approcher
ensemble du système objectif, de manière à mettre l'instrument,
par cette dernière opération, au point de la vision distincte dans
chaque écartement qu'on leur a donné. Pour connaître comment
le grossissement varie par ce double mouvement, appliquons-le à
l'usage d'un observateur infiniment presbyte; et, prenant le système objectif comme donné, considérons les deux systèmes a', a'',
dans une de leurs positions relatives, où ils constitueront un sys-

tème oculaire total, dont les coefficients généraux seront N'', P'', Q''. Il faudra d'abord que l'appareil entier satisfasse aux conditions de continuité et de vision distincte, établies, pour un pareil cas, par les deux équations de la page 511 ; de sorte qu'en nommant h_0 la distance du système objectif au premier oculaire a' qui en est le plus proche, on devra avoir

$$h_0 = -\Delta'_f - \frac{N''}{P''}\,u_f ; \qquad N_0 = -\frac{N'P''}{u_i}\left(\Delta'_f - H'\right).$$

La seconde de ces équations détermine le grossissement angulaire total $N\dfrac{u}{u_m}$ de l'appareil, en fonction de P'' ; et la première fixe la distance de l'objectif où il faut amener le double système $a'a''$, pour chaque valeur de ce grossissement. Désignons maintenant par i' la vitesse de la lumière dans le milieu interposé entre a' et a'', et nommons $h_{i'}$ l'intervalle qui sépare leurs surfaces les plus voisines. Si nous désignons leurs coefficients propres par de petites lettres, les coefficients N'', P'', propres à leur ensemble, se décomposeront de la manière suivante, conforme aux expressions générales de la page 506 :

$$N'' = n'n'' + q'p'' + n'p''\frac{h_{i'}}{u_{i'}} ; \qquad P'' = p'n'' + r'p'' + p'p''\left(\frac{h_{i'}}{u_{i'}}\right).$$

D'après cela, les variations de P'' seront proportionnelles à celles de $h_{i'}$; et, comme N est proportionnel à P'' pour un système objectif donné, les variations de N seront aussi proportionnelles à celles de $h_{i'}$. Conséquemment, lorsque l'instrument aura été ajusté pour une certaine valeur de cet intervalle, si on l'augmente arbitrairement d'une quantité A, le grossissement N deviendra $N - \dfrac{N'}{u_i}\left(\Delta'_f - H'\right)p'p''\dfrac{A}{u_{i'}}$;

après quoi il faudra faire mouvoir les deux systèmes ensemble pour les mettre à la juste distance h_0 de l'objectif telle qu'elle est exigée par la première équation, ce qui se fera expérimentalement, en rendant la vision distincte pour l'œil infiniment presbyte de l'observateur. Donc, si l'on mesure la valeur initiale de N par le dynamètre pour une première valeur quelconque de l'intervalle $h_{i'}$, et aussi N_i pour une autre $h_{i'} + A$, dans laquelle la variation A sera connue par l'augmentation d'écartement des deux systèmes

a' a'', le rapport $\dfrac{N_2 - N}{A}$ exprimera le coefficient de la proportionnalité pour toutes les autres variations de N intermédiaires ; de
sorte qu'en les ajoutant à N pour chaque valeur de A, on pourra
les graver sur les tuyaux mêmes dans lesquels les variations de A
s'établissent. Tel est le principe des divisions que l'on trace sur ces
instruments. Mais cette discussion de leurs effets montre que les
systèmes individuels a', a'', peuvent y être construits et assemblés
d'une infinité de manières différentes pour un objectif donné. On
profite de cette indétermination de leurs éléments pour introduire
dans le système total divers perfectionnements dont je n'ai pas parlé
encore, comme aussi pour lui donner les variations de grossissement et de longueur totale qui conviennent le mieux à l'usage
auquel ces instruments sont destinés. On s'en sert uniquement pour
l'observation des objets terrestres, parce que la multiplicité de
lentilles qui entrent dans leur composition éteint trop la lumière
pour en faire des instruments astronomiques. Dans ces derniers
on emploie toujours uniquement le nombre de lentilles qui est indispensable à leur perfection ; et, quand on veut en changer le grossissement, on change les oculaires qu'on y adapte, en conservant
toujours leur simplicité.

Évaluation de la clarté apparente des objets, vus par l'intermédiaire
d'un appareil optique.

125. Pour cette recherche, il faut considérer séparément les
appareils convergents et les appareils divergents. Dans les *fig.* 32
et 31 qui nous servent de type, les premiers ont leur point oculaire H, postérieur à la surface d'émergence, les derniers antérieur. Cette surface est supposée agir par transmission, en imprimant aux rayons émergents une vitesse u_{so} positive, c'est-à-dire
dirigée vers l'extrémité positive des x. Pour simplifier les énoncés,
je prendrai aussi la vitesse d'incidence u, dirigée dans ce même
sens, soit comme réalité, soit comme résultant d'une transformation équivalente du système total, ce qui est toujours possible,
comme je l'ai prouvé quand j'ai considéré spécialement un système
objectif composé de miroirs. Si l'on voulait se borner aux applica-

tions usuelles, il faudrait supposer les surfaces extrêmes contiguës
à un même milieu qui serait l'air ambiant, ce qui donnerait
$u = u_m$; alors le grossissement angulaire $\dfrac{Nu}{u_m}$ serait simplement
exprimé par N; mais je conserverai à ces deux vitesses toute la généralité de valeurs que la différente nature des milieux pourrait y
produire, ce qui ne compliquera ni les raisonnements, ni les résultats.

Je considère d'abord les appareils convergents, *fig.* 32; et je
suppose les rayons incidents homogènes. Ceux d'entre eux qui ont
percé la première surface A_1 à son centre de figure, vont, après
leur émergence, concourir réellement en H : je place le centre de
la pupille en ce point. Soit u le demi-diamètre de son ouverture,
et λ_1 le demi-diamètre *efficace* de la surface d'incidence supposée
pareillement circulaire. Si l'on conçoit un pinceau de rayons qui,
dans son incidence, ait couvert entièrement cette surface, en satisfaisant aux conditions d'admissibilité, tous ces rayons, après avoir
traversé la dernière surface, rempliront dans le plan oculaire, un
anneau idéal ayant pour demi-diamètre $\dfrac{\lambda_1}{N}$, § 64, p. 436. Donc, en
choisissant le coefficient N, tel que l'on ait $\dfrac{\lambda_1}{N} = u$, la pupille placée
en H recevra le pinceau émergent tout entier, quelle qu'ait été son
inclinaison primitive sur l'axe central, pourvu qu'elle n'ait pas
excédé les limites que l'admissibilité exige. Car, dans ces limites,
le demi-diamètre $\dfrac{\lambda_1}{N}$ de l'anneau formé en H, est le même pour
toutes les inclinaisons primitives des rayons incidents d'une même
nature.

La condition d'admissibilité complète du pinceau exige que le
point rayonnant dont il dérive, soit compris dans le cône antérieur
USU des *fig.* 30, 31, 32, comme on l'a démontré § 40. Je représente par L le nombre total d'éléments lumineux que ce point rayonnant enverrait pendant l'unité de temps dans la pupille, si elle le regardait directement du centre de figure A_1 de la première surface,
sans l'intermédiaire d'aucun instrument. Ce même point, pendant

la même unité de temps, jettera, sur toute la surface d'incidence, un nombre d'éléments lumineux exprimé par $\frac{L\lambda^2}{\omega^2}$, proportionnellement à l'étendue des cercles illuminés. Car, le peu d'obliquité des pinceaux incidents sur l'axe central, quand ils satisfont aux conditions d'admissibilité, permet de considérer leur section par la surface antérieure, comme des cercles perpendiculaires à leur axe géométrique propre, aux quantités près qui dépendent du carré du sinus des inclinaisons primitives, quantités que nous supposons négligeables dans nos calculs. Ayant désigné par 2λ, le diamètre *efficace* de l'objectif, toute cette quantité de lumière $\frac{L\lambda^2}{\omega^2}$ sera finalement conduite dans l'anneau idéal situé en H, du moins en négligeant les pertes qu'elle peut subir par les réflexions et les absorptions des surfaces et des milieux disposés sur sa route. Seulement la limite d'*efficacité* de la surface antérieure correspondante au diamètre 2λ, devra être établie par l'expérience, comme je l'ai expliqué page 440, ou par des conditions de calcul que j'exposerai bientôt. Alors le demi-diamètre $\frac{\lambda_1}{N}$ de l'anneau ayant été rendu égal au demi-diamètre ω de la pupille, celle-ci recevra en H toute la quantité de lumière $\frac{L\lambda_1^2}{\omega^2}$ transmise par l'appareil dans l'unité de temps; et en y remplaçant ω par sa valeur $\frac{\lambda_1}{N}$, l'expression de cette lumière reçue sera LN^2; tandis que par vision directe, elle eût été L, si la pupille eût été placée en A_1. Le rapport N^2 de ces deux quantités sera encore le même pour des portions étendues d'un objet et de son image finale, qui contiendraient un nombre égal de points homologues; pourvu toutefois que cet objet soit entièrement compris dans le cône antérieur USU de nos figures, comme nous l'avons supposé. Car cela est nécessaire pour que la radiation de tous ses points puisse être complètement admise sur la surface antérieure d'incidence; et aussi pour que la quantité totale de lumière qui traverse l'anneau oculaire dans l'unité de temps, soit égale à LN^2.

Comparons maintenant les grandeurs des angles visuels con

que les portions homologues de l'objet et de son image sou-
tendraient dans l'œil, la première étant vue du point A, dans le
premier milieu où se fait l'incidence, et la seconde du point H dans
le dernier. Pour cela, de A_1, comme centre, *fig.* 43, je décris
autour de l'axe central deux surfaces coniques, dont les génératrices forment avec lui des angles X, et $X + \delta X$, très peu différents l'un de l'autre, et qui interceptent entre elles une petite zone
de l'objet toujours supposé compris dans le cône USU ; puis, je
mène par l'axe central deux plans inclinés l'un à l'autre d'un très
petit angle dièdre v, et qui aillent couper cette zone. Il y aura ainsi
une petite portion quadrangulaire de l'objet qui se trouvera isolée
entre ces plans et les deux surfaces coniques précédentes ; de sorte
qu'elle deviendra la base d'une pyramide visuelle très déliée, ayant
son sommet en A_1. Pour avoir la mesure de l'angle visuel que cette
pyramide soutend, il faut déterminer la superficie du petit trapèze
$MM'M''M'''$, qu'elle intercepte sur une surface sphérique, décrite
du point A, comme centre, avec un rayon A_1S, égal à l'unité de
longueur. Or, déjà, les deux arêtes comprises dans chaque plan
coupant y intercepteront entre elles le petit arc δX, lequel formera
deux des côtés du trapèze. Quant aux autres côtés, le plus rapproché de l'axe central sera un petit arc MM', interceptant autour de
cet axe l'angle v à l'extrémité d'un rayon égal à $\sin X$, de sorte
qu'il aura pour longueur $v \sin X$; et le plus éloigné $M''M'''$, étant
décrit de même, avec le rayon $\sin(X + \delta X)$ aura pour longueur $v \sin(X + \delta X)$. Je représente par S la superficie du petit
trapèze sphérique ainsi limité. Maintenant si nous répétons la
même construction autour du point oculaire H, en l'appliquant à
la portion homologue de l'image, l'angle v restera le même que
tout-à-l'heure. Car, d'après ce qui a été démontré page 450, les deux
plans coupants qui l'interceptent, étant menés par l'axe central, contiennent aussi les foyers des mêmes points qu'ils coupaient dans l'objet. Mais les droites menées de ces foyers au point H formeront avec
l'axe central d'autres angles qui seront X_m et $X_m + \delta X_m$; lesquels,
ainsi qu'on l'a vu, p. 433, seront liés aux premiers par les relations

$$u_m \sin X_m = N u \sin X ; \quad u_m \sin(X_m + \delta X_m) = N u \sin(X + \delta X).$$

Les angles X et X_m, étant toujours censés très petits dans nos formules, ils sont entre eux comme leurs sinus aux quantités du
troisième ordre près. Ainsi le nouveau trapèze sphérique, qui est
vu du point H, aura pour deux de ses côtés $\delta X_m = \dfrac{Nu}{u_m}\, \delta X$; et
ses deux autres côtés seront pareillement

$$\frac{Nu}{u_m}\, e \sin X ; \qquad \frac{Nu}{u_m}\, e \sin(X + \delta X).$$

Toutes ses dimensions seront ainsi proportionnelles à celles du premier trapèze, seulement elles seront agrandies ou diminuées dans
le rapport de $\dfrac{Nu}{u_m}$ à 1. Par conséquent si l'on nomme S_m sa surface,
S étant celle du premier, on aura

$$S_m = \frac{N^2 u^2}{u_m^2}\, S.$$

Maintenant, lorsque l'on isole, dans un objet lumineux, un élément superficiel assez petit pour que l'intensité de sa radiation
puisse être supposée partout uniforme, l'éclat apparent de cet élément a pour mesure la quantité totale de lumière qu'il envoie à la
pupille, divisée par l'angle visuel conique qu'il soutend. Si nous
appliquons ce rapport aux éléments homologues d'un objet et de
son image, pour lesquels ces deux quantités viennent d'être définies, en supposant le premier vu du point A_1, l'autre du point
oculaire H, avec d'égales ouvertures de la pupille, nous aurons :

1°. Éclat apparent de l'objet vu directement dans le premier
milieu :

$$\frac{L}{S}$$

2°. Éclat apparent de l'image vue du point oculaire dans le dernier milieu, à travers l'appareil :

$$\frac{LN^2}{S_m}, \qquad \text{ou} \qquad \frac{L}{S}\frac{u_m^2}{u^2},$$

Ce dernier résultat ne diffère du premier que par le coefficient $\dfrac{u_m^2}{u^2}$
qui le multiplie. Ainsi, en définitive, dans la vision opérée par

l'intermédiaire des surfaces sphériques sous de très petites incidences et de très petites inclinaisons à l'axe central des surfaces,
lorsqu'un objet lumineux est assez distant pour que sa radiation
naturelle soit admissible sur toute la surface d'incidence, si le
coefficient N est rendu égal au diamètre de cette surface divisé
par le diamètre de la pupille, lorsque celle-ci sera placée au point
oculaire H du système, les pinceaux émergents venus de chaque
point de l'objet la rempliront tout entière exactement. Alors l'éclat
apparent de l'image, vue du point oculaire dans le dernier milieu,
et l'éclat apparent des portions homologues de l'objet vues directement dans le premier, sont entre eux comme les carrés des vitesses
de la lumière dans les deux milieux. Ce rapport subsiste quel
que soit le nombre des surfaces assemblées, quelles que soient
leurs courbures et les natures des milieux qui les séparent. Si les
deux milieux extrêmes sont de même nature, comme cela arrive
toujours dans l'usage habituel des instruments, puisqu'ils s'emploient dans l'air qui environne l'observateur, le rapport $\dfrac{u_m^2}{u_2}$ devient 1, et l'éclat apparent des portions homologues devient égal,
pour l'objet et pour l'image, dans les circonstances de grossissement et de positions réciproques, pour lesquelles nous avons fait
notre calcul.

126. Supposons maintenant que l'objet restant toujours compris
dans le cône USU, l'on prenne un grossissement total N′ moindre
que N. Alors $\dfrac{\lambda_1}{N'}$ surpassant ω, l'anneau idéal qui se forme dans le
plan oculaire deviendra plus large que la pupille, et les pinceaux à
radiation complète, qui le remplissent dans leur émergence, la déborderont. Cela posé, sans rien changer au grossissement N′, ré-
trécissons graduellement l'ouverture de la première surface par des
diaphragmes annulaires, jusqu'à ce que son demi-diamètre pri-
mitif λ_1 étant ainsi réduit à λ'_1, donne de nouveau $\dfrac{\lambda'_1}{N'} = \omega$. Nous
n'aurons modifié en rien l'effet produit sur l'œil, puisque nous
aurons seulement mis obstacle à l'incidence de rayons qu'il ne
recevait pas. Mais alors la surface d'incidence étant ainsi rétrécie,

et transmettant des pinceaux qui remplissent entièrement la pupille dans leur émergence, le théorème précédent aura lieu pour les objets à radiation complète situés dans le cône USU. C'est-à-dire que l'éclat apparent de l'image vue du point oculaire H dans le dernier milieu, par l'intermédiaire de l'appareil, et l'éclat apparent de l'objet vu à l'œil nu dans le premier milieu, seront encore entre eux comme u_m^2 est à u^2. Seulement l'instrument ne sera pas employé avec toute l'ouverture de sa surface d'incidence, comme cela serait arrivé, si l'on eût resserré les pinceaux émergents par l'emploi du grossissement plus fort N, qui les eût fait entrer exactement, et tout entiers, dans la pupille sans la déborder.

127. Venons enfin au cas inverse où, par l'emploi d'un autre grossissement N″, plus fort que N, le quotient $\dfrac{\lambda_1}{N''}$ deviendrait moindre que u. Alors, quand les pinceaux émergents à radiation complète traverseront le plan oculaire, ils ne rempliront plus complétement la pupille qui s'y trouve placée en H; ils en couvriront seulement un cercle central d'un rayon moindre, qui sera $\dfrac{\lambda_1}{N''}$, et que je désigne par u'. Donc, si nous concevons idéalement une vraie pupille qui aurait ce diamètre, et que, dans cet état restreint, nous la placions en A, devant l'appareil, nous rentrerons complétement dans la première supposition. Ainsi, l'éclat apparent de l'image, vue alors du point H, à travers l'appareil, sera dans le rapport $\dfrac{u_m^2}{u^2}$ avec l'éclat apparent de l'objet vu directement par cette pupille rétrécie. Or, celui-ci est moindre qu'avec la pupille réelle, dans le rapport de leurs superficies qui est $\dfrac{u'^2}{u^2}$ ou $\dfrac{N^2}{N''^2}$. L'image observée paraîtra donc plus sombre avec le plus fort grossissement N″ qu'elle ne paraissait d'abord avec le grossissement N, ou avec tout autre plus faible encore qui remplissait complétement la pupille ou la débordait. En appliquant ceci aux observations usuelles où $\dfrac{u_m^2}{u^2}$ est 1, on peut dire qu'avec un grossissement trop fort N″, d'où résultent des pinceaux émergents qui ne remplissent pas toute la pupille placée en H, l'assombrissement de l'image tient à ce que, le grossisment adopté N″, dilate ses dimensions, dans une proportion plus forte que la première surface n'augmente la quantité de lumière reçue de chaque point de l'objet, et répartie sur les éléments superficiels de l'image.

128. Il est très facile d'étendre ces résultats aux instruments divergents, *fig.* 31, dans lesquels les rayons à incidence centrale ne concourent que virtuellement au point oculaire H, par leurs prolongements rétrogrades. Pour cela, il suffit de se rappeler que, d'après une proposition établie page 335, l'éclat *apparent* d'un objet réel, dont l'amplitude de radiation est illimitée, reste le même à toute distance, lorsque l'absorption opérée par les milieux intermédiaires est supposée nulle. En effet, dans ces instruments divergents, l'image, toujours antérieure à l'anneau oculaire, lorsqu'on les emploie, impressionne l'œil exactement comme ferait un objet lumineux réel qui occuperait la même place qu'elle, et dont la radiation passerait à travers cet anneau pour arriver à l'œil. Nous pouvons donc, sans changer les conditions de la vision, substituer un tel objet à l'image, en faisant ensuite abstraction des surfaces réfringentes interposées, ce qui permettra de raisonner sur les prolongements rétrogrades et purement géométriques des rayons émergents, comme si c'étaient des radiations réelles. Maintenant supposons qu'au lieu où l'on place l'œil, par exemple en A_m, *fig.* 31, la pupille ayant le demi-diamètre u se trouve complétement remplie ou débordée par les pinceaux rayonnants que chaque point de l'objet fictif lui envoie à travers l'anneau oculaire dont le demi-diamètre est $\frac{A_1}{N}$. L'éclat apparent de cet objet sera le même que pour une pupille idéale de même dimension qui serait placée en H, et qui se remplirait de sa radiation, devenue alors d'une amplitude indéfinie. Il sera donc à l'éclat apparent direct dans le premier milieu, comme $\frac{u_{10}^2}{u^2}$ est à 1, ainsi que cela avait lieu dans les deux premiers cas des instruments convergents, lorsque la pupille réellement placée en H était entièrement remplie par les radiations émergentes.

Mais il en sera autrement, si, par l'amincissement exagéré des pinceaux émergents, la pupille ne se trouve qu'incomplétement remplie par les pinceaux dont les axes géométriques se croisent virtuellement en H, et qui semblent émaner de l'image intérieure. Car, si le demi-diamètre du cercle pupillaire occupé par les pinceaux n'est plus que u', moindre que u, l'éclat apparent observé sera dans le rapport $\dfrac{u'^2}{u^2}$ avec celui que percevrait de A, une pupille réelle réduite au demi-diamètre u'.

129. Il y a donc en général, pour chaque espèce d'instrument, et pour chaque position donnée de l'œil, une limite de grossissement qu'il ne faut pas excéder ; parce que les pinceaux émergents étant trop amincis, et ne remplissant plus une assez grande portion de la pupille, l'éclat apparent de l'image devient trop faible pour qu'on puisse avoir une perception suffisamment nette de ses détails. Mais il ne faut pas non plus, du moins en général, employer des grossissements si faibles que les pinceaux émergents émanés du point H débordent la pupille lorsqu'ils lui parviennent. Car alors, une portion de la lumière reçue par la surface d'incidence, et transmise au point oculaire H, serait perdue pour la vision ; au lieu qu'on l'aurait employée utilement à l'aide d'un grossissement plus fort, qui, amincissant davantage les pinceaux émergents, de manière à les faire entrer en totalité dans la pupille, aurait fait voir l'image sous de plus grandes dimensions angulaires avec un éclat apparent égal. Remarquons toutefois que les résultats ainsi démontrés s'appliquent exclusivement aux objets qui sont compris dans le cône antérieur USU, parce que ce sont les seuls dont la radiation admissible puisse couvrir entièrement la surface d'incidence, comme nos calculs le supposent. C'est ce qui a toujours lieu quand les instruments sont destinés à l'observation d'objets très éloignés, comme les lunettes et les télescopes catoptriques. Mais, pour ceux qu'on emploie à la vision d'objets très rapprochés de la surface d'incidence, et que l'on appelle microscopes, le cône de rayons incidents admissibles qui émane de chaque point de l'objet ne doit couvrir qu'une petite portion de la surface d'incidence, d'autant moindre qu'ils sont moins distants. Alors les pinceaux émergents qui en dérivent, ne remplissant

plus en totalité l'anneau idéal du plan oculaire, sont comparativement bien moins intenses que ceux que la pupille percevrait immédiatement dans la vision directe; de sorte qu'on ne peut plus
leur appliquer généralement le mode de comparaison que nous
venons d'employer pour les objets à radiation complète compris
dans le cône antérieur USU.

150. Pour résumer cette discussion, en bornant ses résultats
aux cas usuels où les surfaces extrêmes sont contiguës à un même
milieu ambiant, désignons généralement par $k = \dfrac{\lambda_1}{N}$ le demi-
diamètre de l'anneau idéal formé dans le plan oculaire, N étant le
grossissement angulaire *actuellement* employé, que nous désignions
tout-à-l'heure par N'' dans le § 127. Soit ϖ le demi-diamètre de la
pupille, dans l'état où elle se trouve, lorsqu'elle reçoit les rayons
émergents. Prenons pour unité d'éclat apparent celui qui aurait
lieu si, dans cet état, elle regardait directement l'objet. Alors, tant
que ϖ surpassera k, ou lui sera tout au plus égal, l'éclat apparent
de l'image sera $\dfrac{k^2}{\varpi^2}$. Cette expression deviendra égale à 1, si ϖ est
égal à k. Alors l'éclat apparent de l'image égalera l'éclat appa-
rent de l'objet vu à l'œil nu; et cette même égalité aura lieu encore
si k surpasse ϖ. Sous cette restriction, le rapport $\dfrac{k^2}{\varpi^2}$ sera la véritable mesure physique de la clarté apparente de l'image transmise.
Euler, et après lui tous les auteurs qui ont écrit sur l'optique,
prennent pour cette évaluation ϖ égal à $\frac{1}{30}$ de pouce de Paris, ancienne division; et ainsi, ils expriment généralement la clarté apparente par $400 k^2$, k étant aussi exprimé en pouces (*). Je ne rapporte cette convention que pour faciliter l'intelligence des formules
où elle est employée; car l'ouverture de la pupille n'a rien d'absolu. Un mécanisme admirable la fait se contracter ou se dilater
spontanément, selon que l'intensité totale de la lumière reçue par
la rétine est plus ou moins vive. Son diamètre peut varier ainsi de

---

(*) Euler, *Dioptrique*, t. III, page 15; Klugel, *Dioptrique*, page 35. Ces
auteurs désignent par y le rapport $\dfrac{\lambda_1}{N}$ que j'ai appelé ici k.

3 à 7 millimètres, et elle est toujours moins ouverte dans les observations de jour que dans les observations de nuit.

151. Il est très essentiel de remarquer que les résultats précédents s'appliquent exclusivement aux cas où l'objet observé produit, dans l'instrument, une image focale d'une étendue sensible. Car ils sont fondés sur la comparaison que l'on peut faire des quantités de lumière réparties sur des unités superficielles homologues de l'image et de l'objet, comparaison qui cesse d'être possible, quand le diamètre apparent de l'un et de l'autre deviennent inappréciables. C'est ce qui arrive, par exemple, quand on observe les étoiles, que leur immense éloignement rend assimilables à des points rayonnants mathématiques. Un instrument parfait devrait en donner des images qui ne seraient aussi que de simples points, lorsqu'il serait ajusté à la portée de vue de l'observateur. Admettons pour un moment qu'il en soit ainsi, et qu'en plaçant la pupille au point oculaire, on observe d'abord l'étoile avec un grossissement N qui rende $\frac{\lambda_1}{N}$ exactement égal au demi-diamètre ϖ de cet organe. La lumière transmise alors se répartira sur l'étendue totale de son ouverture et donnera la sensation du point focal. Maintenant, supposez que, sans modifier λ_1, on emploie un grossissement plus fort ; la même quantité de lumière sera encore contenue dans le pinceau émergent, du moins en faisant abstraction des petites différences qui pourront accidentellement exister dans les facultés absorbantes et réfléchissantes des verres employés. Mais ce pinceau, devenu plus délié sans être moins intense, pénétrera la pupille seulement par une portion de son ouverture, au lieu de la remplir en totalité. Il serait bien difficile de dire, *à priori*, s'il en doit résulter quelque différence, soit dans la sensation, soit dans la distance de l'œil où il faut amener le point focal pour en avoir une perception aussi parfaite.

Supposant toujours l'objet sans dimension appréciable, revenons au premier mode d'observation où l'on a fait $\frac{\lambda_1}{N} = \varpi$. Conservons alors le même grossissement N, en continuant d'employer le même système oculaire. Mais diminuons λ_1, en couvrant les bords de la surface d'incidence par des diaphragmes annulaires de plus en plus étroits, qui le réduisent par exemple d'abord à λ_1. La quantité totale de lumière reçue par la pupille deviendra moindre dans le rapport de λ_1^2 à λ^2. Mais la base du pinceau émergent, à son entrée dans la pupille, sera moindre aussi dans le même rapport, de sorte que la portion restreinte de cet organe qu'il pénètrera recevra exactement la même quantité de lumière qu'auparavant. Quel effet ce changement total, mais non local, doit-il produire dans la perception?

Ce sont là des points de physique qui demandent à être étudiés expérimentalement, car ils peuvent avoir des applications importantes dans les observations des systèmes stellaires composés d'étoiles *angulairement* très voisines, que les instruments les plus amplifiants peuvent seuls séparer. Aussi se sont-ils présentés à la sagacité observatrice de l'illustre astronome W. Herschel, lorsque, le premier, il appliqua de grands pouvoirs amplifiants à des télescopes catoptriques, pour ce genre d'observations, qui lui fournit tant de découvertes. (*Transactions philosophiques* de 1782 et 1786.) Je ne crois pas toutefois qu'en discutant les impressions faites sur l'organe, il ait suffisamment distingué les cas de la perception des objets, avec ou sans diamètre apparent appréciable. Il avait reconnu dès-lors, que les images des étoiles formées par les télescopes les plus parfaits, sont toujours des disques, dont le diamètre apparent diminue dans chaque instrument à mesure que le grossissement augmente (1782, pages 102 et 147). M. Arago a complété cette remarque par une observation inverse, savoir : que, dans un même instrument et avec le même grossissement, la grandeur des disques stellaires augmente à mesure qu'on rétrécit la surface d'incidence par des diaphragmes annulaires; et, ce qui est bien singulier, il s'est assuré que les images des planètes n'éprouvent, dans les mêmes circonstances, aucune variation. Ces effets tiendraient-ils, comme il le croit, à des interférences formées par les rayons qui entrent dans l'instrument près des bords de diaphragmes rétrécis? et l'étendue des disques planétaires y mettrait-elle obstacle? ou seraient-ce des différences opérées dans la vision par les variations, soit d'intensité, soit d'amplitude, que les pin-

ceaux émergents reçoivent de ces diverses circonstances, différences qui deviendraient insensibles pour les pinceaux lumineux
infiniment moins intenses qui proviennent de chaque point des
disques planétaires? Ce sont là des questions sur lesquelles les
physiciens et les astronomes ne peuvent pas rester indifférents, et
j'aurai plus loin l'occasion d'y revenir. M. J.-F. Herschel, dans
son *Traité de la Lumière*, p. 492, a rapporté une suite d'expériences très intéressantes sur ces curieux effets.

152. Lorsqu'on observe avec un instrument optique des objets
qui sont très lumineux par eux-mêmes, on trouve souvent qu'on les
voit plus nets et mieux tranchés dans leurs détails, en rétrécissant l'ouverture efficace du système objectif, par l'apposition d'un
diaphragme annulaire et opaque, qui recouvre sa portion la plus
excentrique. Cette amélioration est évidemment produite par l'exclusion des rayons lumineux qui, tombant sur les bords de la surface objective, avec les plus fortes incidences, sont aussi les plus
affectés par les aberrations de sphéricité, et par conséquent plus
difficiles à réunir au même foyer que les rayons voisins de l'axe.
La diminution de lumière transmise qui s'obtient ainsi ne suffit pas
quand on observe le disque solaire. Il faut y joindre l'interposition de verres plans colorés, placés entre l'oculaire et l'œil pour
affaiblir l'éclat trop vif de l'image transmise, et peut-être aussi
pour absorber le plus grand nombre de rayons calorifiques qui
l'accompagnent. Il ne serait pas sans intérêt d'examiner si les
combinaisons de verres, que l'on trouve ainsi être les plus doux
pour l'œil, ne seraient pas celles qui absorbent le plus complètement ces derniers rayons.

Conditions nécessaires pour la libre transmission des rayons lumi-
neux de l'appareil. Détermination du champ apparent.

155. Tous les calculs qui précèdent supposent que les rayons
lumineux admis à l'incidence sur la première surface de l'appareil ayant pour demi-diamètre λ_1, parviennent librement à toutes
les surfaces suivantes, lorsqu'ils sont arrivés sur la première,
en formant, au plus, avec l'axe central, l'angle limite (X). Or,
indépendamment des artifices par lesquels on pourrait limiter

extérieurement la radiation naturelle des objets, la transmission
ultérieure des rayons incidents admis exige encore que les surfaces,
postérieures à la première, aient assez d'ouverture pour les recevoir sous les inclinaisons d'incidence qu'on leur a permises; et, s'il
y a des diaphragmes intérieurs placés entre les surfaces, il faudra
de même qu'ils aient l'étendue d'ouverture nécessaire pour laisser
passer ces mêmes rayons. Donc, inversement, si les ouvertures
des surfaces et des diaphragmes intérieurs sont données, ainsi que
leur lieu sur l'axe central, leur présence limitera géométriquement
les valeurs de l'angle extrême (X), pour chaque rayon incident
qui aura percé la première surface en un quelconque de ses points.
Il nous devient ainsi indispensable de chercher les expressions mathématiques qui déterminent la dépendance mutuelle de ces éléments.

Je vais me borner à faire ce calcul pour les rayons incidents qui
ont percé la première surface à son centre de figure A_1, *fig.* 31
et 32. Cela suffit pour la théorie des instruments astronomiques,
qui sont toujours destinés à observer des objets très distants. Car
alors les rayons ainsi introduits sont les axes géométriques des
faisceaux lumineux émanés de chaque point de ces objets; et lorsque l'action successive de toutes les surfaces les a conduits à leur
point oculaire H, où ils vont concourir, soit réellement, soit virtuellement, ils y deviennent aussi les axes géométriques des pinceaux émergents dans lesquels chaque faisceau se transforme. Quand
donc le centre de la pupille peut se placer en ce point, ces axes lui
parviennent tous entourés d'un certain nombre de rayons qui constituent chaque pinceau émergent; et c'est sur leur prolongement
que les images de chaque point rayonnant lui apparaissent. A la vérité il se présente des cas où la nécessité de donner aux instruments
certaines propriétés spéciales ne permet pas de rendre le point oculaire extérieur à leur dernière surface; de sorte que le centre de la
pupille ne peut plus s'y placer physiquement. Mais alors, quand ces
instruments sont calculés avec habileté, on les dispose de manière
que le point oculaire intérieur soit excessivement peu distant de leur
dernière surface; de sorte que la pupille, en s'appliquant contre
elle, peut, à cause de son ouverture sensible, recevoir encore les
axes émergents, presque dans une aussi grande amplitude d'incli-

naison que si elle se trouvait placée au point oculaire même. Dans les instruments destinés à observer de très petits objets, le peu de distance des points rayonnants au-devant de la première surface ne permet pas toujours aux pinceaux incidents d'être aussi complétement admissibles sur toute son étendue; et alors, quand ils sont obliques à l'axe du système, leurs axes géométriques ne sont plus les axes physiques des pinceaux émergents. Mais pourtant ils se retrouvent encore, sinon comme axes, du moins comme arêtes externes ou internes, dans les pinceaux émergents dont la base d'incidence admissible atteint le centre de figure de la première surface; de sorte que, dans ce cas même, si le centre de la pupille est placé au point oculaire, ce qu'on a soin de rendre toujours possible, ils appartiennent encore aux portions de la lumière incidente qui, étant les plus centrales, sont les plus essentielles à considérer.

154. Dans les *fig.* 31 et 32, qui servent de type à nos calculs, tous les rayons incidents qui percent ainsi la première surface à son centre de figure A, sont représentés comme intérieurs au cône $V'A,V'$, dont l'amplitude limite le plus grand angle X qu'ils puissent former avec l'axe central pour être compris dans notre approximation. La surface extrême de ce cône borne alors l'étendue du champ apparent tel que nous venons de le définir, le centre de la pupille étant placé au point oculaire H, réellement ou fictivement. Les diamètres d'ouverture donnés aux surfaces et aux diaphragmes intérieurs doivent donc être supposés tels qu'ils restreignent l'angle X dans les bornes d'amplitude que l'approximation nécessite; et ces éléments étant donnés, on aura la demi-amplitude du champ apparent qui en résulte, en cherchant la plus grande valeur de X qui permette la complète transmission d'un rayon central à travers tout l'appareil.

Dans la disposition conique de ces rayons extrêmes, disposition résultante de la circularité toujours donnée aux ouvertures des surfaces et aux diaphragmes intérieurs, il suffit évidemment d'effectuer le calcul pour un seul d'entre eux, par exemple pour celui dont l'incidence s'est opérée dans le plan des xz, et qui par suite continue sa marche sans sortir de ce plan, comme nos formules même le montrent. Car, pour celui-là, les y, tant d'incidence que d'émergence, sont constamment nuls ainsi que les $\cos Y$. Alors pour chaque surface dont le rang est i, les $\cos Z_i$ deviennent analytiquement égaux à $\pm \sin X_i$. Mais, comme nous sommes convenus d'appliquer les angles Z à la branche du rayon lumineux qui se dirige vers l'extrémité positive de l'axe des x, en les mesurant à partir de l'extrémité positive de l'axe des z, il faut, pour appliquer les angles X à cette même branche, prendre seulement le signe supérieur $\cos Z_i = +\sin X_i$. Alors les angles X seront positifs, quand elle se dirigera vers les z positifs, et ils seront négatifs dans le cas contraire, toutes nos autres conventions sur les signes attribués aux rayons des courbures étant d'ailleurs conservées. Les ordonnées z_i se trouvant ainsi comprises dans le plan des xz, pour le rayon dont nous suivons la marche, elles expriment les distances mêmes de ses points successifs, tant d'incidence que d'émergence, à l'axe central, pour chaque surface dont le rang est donné et exprimé par i. Si donc on veut qu'elles deviennent égales au demi-diamètre d'ouverture d'une telle surface que je représenterai par λ_i, il n'y a qu'à leur attribuer cette valeur dans l'expression générale de z_m donnée § 39, page 425, en y remplaçant l'indice m par i. Mais, en outre, il faudra y faire préalablement z_i nul, pour spécifier que le rayon considéré est entré par le centre de figure A_i de la première surface. On aura ainsi

$$\lambda_i = Q_i \, u \sin {}_e X.$$

Lorsque les demi-diamètres λ_1, λ_2, λ_3, ... seront donnés pour toutes les surfaces de l'appareil, il faudra faire successivement i égal à 1, 2, 3, . . . dans cette équation, et calculer la valeur de $\sin {}_e X$ qui en dérive pour chaque valeur correspondante de Q_i. La plus petite de toutes ces valeurs, abstraction faite de son signe, donnera le plus grand des angles ${}_e X$ que *toutes* les surfaces consécutives peuvent admettre à l'incidence avec les ouvertures qu'on leur a données ; et s'il n'y a pas d'autre obstacle intérieur au trajet des rayons, ce sera l'angle limite que j'ai appelé (X) dans nos formules. De sorte que, connaissant ainsi sa grandeur, telle que l'instrument même la donne, on pourra juger s'il convient à l'exactitude de l'approximation de l'admettre tout entière, ou s'il est nécessaire de la restreindre par des obstacles intérieurs.

L'expression générale de z_m, donnée au même paragraphe, est

$$z_m = Q_n\, u \cos Z + R_m\, z_1.$$

Q_1 est donc nul, puisque z_m doit se retrouver égal à z_1 quand $m = 1$; et c'est aussi la valeur que je lui ai attribuée dans l'application à une seule surface, page 476. Il en résulte λ_1 nul, quel que soit $_cX$ dans notre condition de limite; c'est-à-dire que l'angle limite $_cX$ est indépendant de l'ouverture réelle de la première surface. Cela devait évidemment se trouver ainsi, puisque l'expression de λ_1 que nous employons est calculée pour des rayons qui ont percé la première surface à son centre de figure même.

Il n'en est déjà plus ainsi pour la seconde surface, relativement à laquelle Q_1 devient Q_1, dont la valeur est H, ou $\dfrac{h_1}{u_1}$, ainsi qu'on l'a déjà constaté, page 482, dans l'application à deux surfaces. La limite de l'angle $_cX$, donnée par celle-ci, résultera donc de la relation

$$\lambda_2 = \frac{h_1 u}{u_1}\sin {}_cX.$$

D'après la notation que nous avons adoptée, u est la vitesse antérieure d'incidence du rayon lumineux, u_1 sa vitesse après qu'il a traversé la première surface, et h_1 l'intervalle qui sépare celle-ci de la surface suivante.

S'il y avait deux couples de surfaces, comme il arriverait, par exemple, dans un instrument qui serait composé de deux lentilles réfringentes, les conditions précédentes subsisteraient toujours; mais il faudrait y joindre celles que donneraient les deux surfaces suivantes, qui seraient

$$\lambda_3 = Q_3\, u \sin {}_cX; \qquad \lambda_4 = Q_4\, u \sin {}_cX.$$

Si l'épaisseur centrale h_1 du premier couple était nulle, ou pouvait être supposée insensible, λ_2 serait d'abord nulle comme λ_1, quel que fût $_cX$. Cela était évident d'avance, puisque, dans ce cas, l'axe incident continue sa route en ligne droite, quelle que soit son obliquité sur l'axe central. C'est ce qui arrive, par exemple, pour un système de lentilles dont la première serait supposée infiniment mince. Alors les limites de l'angle $_c X$ dépendent uniquement des ouvertures des surfaces suivantes.

Dans les instruments réels, la marche des rayons n'est pas bornée seulement par les ouvertures des surfaces; elle l'est encore, et dans des limites bien plus restreintes, par des diaphragmes opaques, percés d'une ouverture circulaire, que l'on fixe en différents points de l'axe central, et que l'on fait toujours assez étroits pour que les rayons transmis ne puissent jamais atteindre les bords extrêmes des surfaces postérieures à la première. Soit δ le demi-diamètre d'un tel diaphragme, et h, sa distance *au-delà* de la surface dont l'indice est i; on pourra considérer δ comme l'ordonnée d'incidence sur une surface dont l'indice est $i + 1$. Alors δ représentera ϖ_{i+1} pour le cas où z_i serait nul; ce qui donne pour la limite de $_c X$ la condition

$$\delta = Q_{i+1}\, u \sin {_c X}.$$

De sorte que l'on pourra calculer cette limite pour chaque diaphragme, en formant Q_{i+1}.

153. En supposant la pupille réduite à un point, et ne considérant que les rayons qui la percent à son centre, quand elle est réellement placée au point oculaire H, le plus petit de tous les angles $_c X$ ainsi obtenus, étant considéré abstraction faite de son signe, limitera l'amplitude du cône visuel qu'elle pourra embrasser à travers l'instrument. Ce sera le *demi-diamètre angulaire du champ apparent*, dans les circonstances assignées. Mais si le point oculaire est intérieur à l'instrument, et que la pupille, ayant un demi-diamètre ϖ, vienne s'appliquer contre la dernière surface dont le rang est m, il faudra la considérer comme un diaphragme propre à cette surface, ce qui donnera pour les axes extrêmes qu'elle peut admettre, la condition de transmission

$$\varpi = Q_m\, u \sin {_c X}.$$

Cette condition s'ajoutera donc aux précédentes, et concourra avec elles pour assigner la plus petite valeur de l'angle $_c X$, réellement efficace, par laquelle le champ apparent est borné. Si la valeur particulière de $_c X$ qui s'en déduit est moindre que toutes les autres, ou seulement égale à la plus petite, la pupille sera entièrement remplie par les axes émergents; si elle est plus grande qu'une quelconque des précédentes, ces axes ne rempliront que partiellement l'ouverture 2ω de cet organe. Alors l'œil, ainsi placé, découvrira une étendue de champ moindre que son ouverture propre ne le comporterait si les conditions de transmission étaient moins bornées, soit par les ouvertures des surfaces, soit par les dimensions, ou le lieu, des diaphragmes interposés dans le trajet des rayons lumineux.

156. On place généralement les diaphragmes aux points de l'axe central près desquels il se forme des foyers intérieurs réels; et on limite habituellement leurs ouvertures de manière que les droites menées de leurs bords internes, au centre de figure de la surface suivante, forment tout au plus, avec l'axe central, un angle de 16°; ce qui borne à cette valeur les plus grands angles X_{z+i}, sous lesquels les rayons lumineux peuvent réellement se transmettre à ce centre de figure. On recouvre aussi la partie externe et opaque de leur contour avec un enduit noir, afin d'absorber toutes les portions de lumière qui, s'étant introduites latéralement sous de trop grandes obliquités, pourraient frapper les parois du tuyau enveloppe et rejaillir vers l'œil par réflexion ou par rayonnement.

157. Mais, quoique le calcul et l'expérience fournissent ainsi des règles sur lesquelles on se guide, pour donner aux ouvertures des surfaces et des diaphragmes les dimensions les plus convenables à chaque nature d'instrument, on ne s'en sert que comme d'indications approximatives pour construire ces pièces et les assembler. On a même toujours soin de les faire telles, qu'on puisse introduire dans leurs grandeurs efficaces, et dans leurs dispositions relatives, de légers changements au moyen desquels on amène expérimentalement l'appareil total au dernier degré de perfection qu'un travail mécanique n'assurerait pas. Ces modifications ne portent jamais sur le système objectif qui, une fois construit d'après des règles spéciales que j'exposerai, est ensuite maintenu invariable. Elles s'appliquent seulement aux lentilles et aux diaphragmes qui constituent le système oculaire. Ainsi les lentilles sont toujours faites assez larges pour que l'incidence et l'émergence des rayons lumineux que l'appareil doit admettre n'aient ja-

mais lieu sur leurs bords extrêmes, où l'on pourrait craindre des irrégularités de configuration; et on laisse à leurs intervalles quelque possibilité de course avant de les fixer définitivement. Les diaphragmes interposés entre elles, lorsqu'il en existe, ont des ouvertures assez petites pour prévenir la transmission des rayons lumineux par ces bords, et assez grandes pour leur permettre d'arriver aux surfaces sous des incidences au moins aussi fortes, ou même un peu plus fortes, qu'on ne devra finalement les admettre. Alors la disposition définitive de tous ces éléments, et l'étendue du champ qu'il convient de leur faire embrasser, avec l'objectif auquel on les applique, se règlent *par l'expérience de ses effets mêmes*, en profitant des variations qu'ils admettent encore.

Je suppose d'abord l'oculaire destiné aux observations astronomiques. Il est alors formé ordinairement d'une seule lentille, ou de deux au plus; et le centre de la pupille doit se placer à une très petite distance au-delà de sa dernière surface, ou en contact avec elle. On applique alors extérieurement, contre cette surface, un diaphragme fixe dont la monture est légèrement creusée en dehors pour recevoir le globe de l'œil; et on lui donne une ouverture telle, que les objets compris dans l'étendue du champ qui reste visible soient perçus avec une suffisante netteté, quand l'œil se place dans la cavité de la monture, et que le système oculaire total est enfoncé autant qu'il le faut pour la portée de vue de l'observateur. Si l'oculaire est composé de plusieurs lentilles, c'est aussi alors que l'artiste achève de régler leurs intervalles de manière à obtenir le meilleur effet possible de l'instrument.

L'ouverture laissée à ce diaphragme externe détermine donc sur la dernière surface l'ordonnée efficace λ_m pour les rayons lumineux qui bordent le champ visible; et, en se combinant avec le point de l'axe où se place le centre de la pupille, elle limite l'angle final $\pm X_m$ que ces rayons forment avec l'axe central, après leur émergence, en arrivant vers l'œil. Or non-seulement les conditions de notre approximation exigent que cet angle soit toujours peu considérable, mais il faut encore, pour la netteté de la vision, que les rayons lumineux auxquels il est propre quittent la surface d'émergence assez près de son centre de figure pour ne former avec sa normale que des angles contenus aussi dans d'étroites limites. Ces conditions restreignent l'ordonnée d'émergence $\lambda_{_{sp}}$, d'autant plus que l'on veut donner plus de force au grossissement angulaire N; et aussi trouve-t-on, que pour lui faire prendre de très grandes valeurs, telles que 1000 ou 2000, comme on le fait quelquefois dans les grands instruments astronomiques, il faut réduire l'ouverture du diaphragme extérieur de l'oculaire à n'être presque qu'un simple trou d'aiguille pour que la vision soit tolérable.

Lorsque l'oculaire est destiné à l'observation des objets terrestres, l'œil n'est jamais placé aussi près de la dernière surface; et la portion qu'il en découvre a besoin aussi d'être plus grande pour lui faciliter la perception plus directe des objets qui se présentent dans les diverses parties du champ total. Par ces motifs, l'ouverture efficace de la dernière surface de l'oculaire y est maintenue beaucoup plus large que pour les observations astronomiques, et l'on y adapte extérieurement un petit tuyau TT, *fig.* 44, terminé par une ouverture circulaire O, de 5 ou 6 millimètres de diamètre, que l'on appelle *œilleton*, parce qu'elle est destinée à recevoir le globe de l'œil. On la dispose de manière qu'elle soit à peu près à la moitié de l'intervalle qui sépare la dernière surface $A_{_{sp}}$, du point oculaire H propre à l'appareil total. Le système oculaire est alors composé de plusieurs lentilles, ordinairement de quatre, pour redresser les images des objets; et il est positif, c'est-à-dire que sa première surface est postérieure à l'image donnée par l'objectif, laquelle se forme ainsi réellement tout près de cette surface. Or, entre les deux premières lentilles, il y a un point où la totalité de la lumière contenue dans le champ apparent se resserre dans ses plus petites dimensions; et l'on y place un diaphragme qui la restreint autant qu'il est nécessaire pour que la perception des images finales en soit aussi parfaite que possible. On règle donc son ouverture par cette condition même, en la faisant d'abord trop petite, puis l'agrandissant peu à peu, tant que la netteté de la vision persiste, et s'arrêtant un peu avant qu'elle ne commence à s'altérer. En même temps on fait varier tant soit peu les intervalles des lentilles de l'oculaire, pour les amener dans les positions les plus favorables, et on les y fixe. L'amplitude du champ se trouve alors limitée par l'ordonnée intérieure λ_i du diaphragme que l'on a réglé. Le principe de cette opération est ainsi le même que pour les oculaires astronomiques, et il n'y a de différence que par le rang du diaphragme sur lequel on la fait.

138. Dans tous les cas, une fois qu'elle est effectuée, l'angle final $_iX_m$ est lié à l'amplitude du champ, et à la force du grossissement, par la relation générale

$$\sin \,_iX_m = N \frac{u}{u_m} \sin \,_iX.$$

Or, en appliquant ceci à l'un des meilleurs instruments astronomiques qui aient été jusqu'ici exécutés, on va voir que l'expérience fait régler l'ouverture du diaphragme postérieur appliqué à l'oculaire, de manière que l'angle $_iX_m$ ait une valeur extrême à peu près constante, qui ne dépasse pas 15 ou 16 degrés. De sorte que l'amplitude du champ $2\,_iX$, réellement admissible, est toujours à peu près en raison inverse du grossissement angulaire N. Pour cela je prends comme exemple dix oculaires, qui avaient été destinés par Frauenhoffer à la grande lunette de Dorpat, dont l'objectif a une distance focale égale à $4^m,36935$. Le grossissement N, et l'angle $_iX$, étaient indiqués par cet habile artiste comme constatés par l'observation, au moyen de procédés sans doute analogues à ceux que j'ai expliqués plus haut. J'en ai conclu l'angle final $_iX_m$ par la relation précédente, en prenant $u_m = u$, puisque les deux surfaces extrêmes de l'appareil étaient contiguës à l'air ambiant (*).

(*) Les données numériques contenues dans les deux premières colonnes de ce tableau sont extraites de l'admirable ouvrage de M. Struve, intitulé : *Stellarum compositarum mensuræ micrometricæ* ; Pétersbourg, 1837, in-folio ; Introduction, p. VIII. Les six premiers oculaires avaient été éprouvés par Frauenhoffer lui-même. J'ai conservé tous les éléments qu'il leur avait assignés. Les quatre derniers, les plus forts, ont été évalués postérieurement par les successeurs de cet excellent artiste. Je leur ai attribué les pouvoirs de grossissement qui ont été déterminés par M. Struve, lesquels sont notablement plus faibles, et aussi très probablement plus exacts, que ceux qu'on leur avait supposés.

GROSSISSEMENT angulaire mesuré. $N.$	ÉTENDUE du champ observée. $2.X.$	INCLINAISON des axes des pinceaux sur l'axe central à leur sortie de l'instrument, lorsqu'ils se croisent en H au point oculaire ; cornïue. $.X_m.$
94	$17' 54''$	$14^h \, 9' \, 56''$
140	13.36	16. 4.36
214	8.36	15.31.35
320	6.12	16.46 19
480	2.48	11.16 21
600	2.18	11.34 44
682	2.48	16. 7.31
848	1.48	12.49.36
1150	1.30	14.27.42
1500	1.18	16.28.34

En admettant la justesse, au moins très approchée, des mesures comprises dans les deux premières colonnes, ce que la grande habileté de l'artiste autorise à faire, on voit se vérifier en général la proposition que j'ai énoncée. On pourrait même s'étonner de la grandeur admise ainsi pour l'angle final X_m; mais il faut remarquer que les opticiens ne se permettent jamais cette liberté que pour les dernières surfaces les plus rapprochées de l'œil. Or, quand les pinceaux émanés de chaque point de l'objet arrivent à ces surfaces, ils ont été déjà fort amincis par le grossissement résultant des surfaces précédentes. Les rayons qui composent chacun d'eux percent donc les dernières surfaces en des points très voisins les uns des autres, et sous des angles d'incidence très peu différents. Cela fait qu'ils y éprouvent des aberrations presque égales, de sorte qu'ils semblent encore partir d'un point focal sensiblement unique après avoir subi leur action. Ainsi on peut encore les y admettre avec des incidences qui seraient intolérables s'ils eussent pu couvrir de grandes portions de ces dernières surfaces.

Voici l'application du même calcul à deux lunettes destinées à des observations terrestres et que M. Rossin, successeur de notre habile opticien M. Cauchoix, avait construites pour le Dépôt de la marine française. Le demi-diamètre des objectifs était de 25^{mm}. L'amplitude du champ avait été limitée par l'expérience, en variant l'ouverture du premier diaphragme, comme je l'ai dit plus haut; et le grossissement angulaire avait été mesuré avec le dynamètre de Ramsden. J'en ai déduit l'angle $_cX_m$, comme précédemment.

DÉSIGNATION du numéro de l'instrument.	GROSSISSEMENT angulaire mesuré.	ÉTENDUE du champ observée.	INCLINAISON des axes des pinceaux émergents sur l'axe central, lorsqu'ils se croisent en H au point oculaire : conclue.
	$N.$	$2_cX.$	$_cX_m.$
1	28	62'	14° 37' 29"
2	24	76	15. 23. 2

L'angle $_cX_m$, qui résulte ici des dispositions établies par l'expérience, pour obtenir l'effet le plus favorable, se trouve encore restreint dans des limites de valeurs pareilles à celles de Frauenhoffer.

M. Santini mentionne, comme excellente, une lunette terrestre de Ramsden, dans laquelle il a trouvé l'étendue du champ apparent égale à 69', le grossissement mesuré par le dynamètre étant 27. De là on tire :

$$_cX_m = 15° 43' 17'';$$

ce qui rentre encore dans les mêmes limites.

159. Les deux lunettes françaises tout-à-l'heure citées, furent reconnues excellentes; mais la seconde fut trouvée préférable pour le service de mer. Il est facile d'en voir la cause. En effet le demi-diamètre efficace λ, de l'objectif étant pour toutes deux 25^{mm}, si on le divise par le grossissement angulaire N, on aura les résultats suivants :

DÉSIGNATION du numéro de l'instrument.	DIAMÈTRE de l'anneau oculaire. $\dfrac{2\lambda_1}{N}$.	ÉCLAT APPARENT des images, en supposant le diamètre $2r$ de la pupille égal à 1^{mm}. $\dfrac{\lambda_1^2}{N^2 \alpha^2}$.
1	1,7857	0,1993
2	2,0833	0,2713

Avec la première lunette l'éclat apparent des images n'était pas $\frac{1}{5}$ de l'éclat des objets vus à l'œil nu. Avec la seconde il en était plus de $\frac{1}{4}$. Celle-ci devait donc être préférée pour sa clarté, le grossissement qu'elle donnait suffisant d'ailleurs pour l'usage auquel on la destinait.

Si l'on voulait, d'après ces épreuves, prendre $15°30'$, pour la plus grande valeur qu'il convienne de donner à l'angle $_cX_m$, comme le sinus de $15°30'$ est $0,267238$, on aurait cette condition numérique

$$0,267238 = N \sin {}_cX.$$

Cela fixerait donc en général la proportion qu'il faut conserver dans tout instrument optique, entre l'amplitude du champ et la force du grossissement, pour en obtenir l'effet le plus favorable.

140. Lorsque l'on veut appliquer les relations obtenus plus haut entre l'angle $_cX$ et les ouvertures des surfaces successives, il faut prendre, pour $\lambda_1, \lambda_2, \ldots, \lambda_m$, les demi-diamètres *efficaces* de chaque surface correspondant aux plus grandes distances de l'axe central où elles sont réellement rencontrées par l'espèce de rayons lumineux dont on calcule la marche à travers l'appareil. En admettant cette restriction, la demi-amplitude $_cX$ du champ apparent est liée à l'ensemble des demi-diamètres efficaces, et au grossissement angulaire total $\dfrac{Nu}{u_m}$, par une relation très simple que je vais exposer.

Pour cela, supposons les diamètres efficaces donnés, tant en grandeur, qu'avec le signe suivant lequel ils s'appliquent autour de l'axe central, quand ils limitent le trajet d'un même rayon lumineux à travers l'instrument considéré. Je fais alors, par abréviation,

$$\frac{(u_1 - u)}{r_1} \lambda_1 = \pi_1 ; \qquad \frac{(u_2 - u_1)}{r_2} \lambda_2 = \pi_2 , \dots , \qquad \frac{(n_m - u_{m-1})}{r_m} \lambda_m = \pi_m.$$

Dans les conditions imposées à notre approximation, les quantités π_1, π_2,... devront être toutes très petites, et l'on a en effet toujours soin de les rendre telles dans l'exécution. Or, en nous bornant, comme nous pouvons le faire ici, à suivre la marche d'un rayon qui reste dans le plan des xz, ces quantités forment les derniers termes des équations générales, écrites à la quatrième colonne du tableau de la page 413, avec la seule différence que les z_i se trouvent remplacés par λ_i. En outre, pour un tel rayon, les $\cos Z_i$ deviennent égaux à $\sin X_i$, l'indice i étant quelconque. Si l'on ajoute ensemble toutes ces équations ainsi particularisées, les angles X_i intermédiaires disparaissent en ne laissant que les deux extrêmes, et il en résulte

$$u_m \sin X_m = u \sin X + \pi_1 + \pi_2 + \pi_3 + \dots \pi_m.$$

Si nous voulons appliquer cette équation à un rayon qui a percé la première surface à son centre de figure, il faudra faire λ_1 nul, ce qui supprime π_1 ; et en caractérisant par l'indice c les angles X_i, propres à un tel rayon, il reste

$$u_m \sin {}_c X_m = u \sin {}_c X + \pi_2 + \pi_3 + \dots \pi_m.$$

Or, en exprimant l'angle X_m, en fonction des coefficients généraux de l'appareil, et le limitant aussi à un rayon à incidence centrale, nous avons trouvé d'autre part

$$u_m \sin {}_c X_m = N_m u \sin {}_c X.$$

Ces deux équations devant s'accorder et subsister simultanément, il en résulte

$$\sin {}_c X = \frac{\pi_2 + \pi_3 + \dots \pi_m}{(N_m - 1) u}.$$

Ceci est l'expression cherchée du champ apparent, en fonction des ouvertures efficaces des surfaces et du grossissement angulaire total du système , le centre de la pupille étant placé au point oculaire H propre à l'espèce de rayons lumineux que l'on a considérés.

Si l'on reprend comme exemple le cas de deux surfaces , cette expression donnera

$$\sin_e X = \frac{\pi_2}{(N_2 - 1)\,u}.$$

Or, d'après la notation que nous avons employée pour former les coefficients généraux, page 423, on a ici

$$\pi_2 = \frac{(u_2 - u_1)}{r_2}\lambda_2 = \frac{\lambda_2}{\varphi_2};\quad N_2 = 1 + \frac{H_1}{\varphi_2} = 1 + \frac{h_1}{u_1\varphi_2},$$

h_1 étant l'intervalle des deux surfaces. Ces dernières valeurs étant substituées dans $\sin_e X$, donnent

$$\sin_e X = \frac{u_1}{u}\,\frac{\lambda_2}{h_1},$$

précisément comme nous l'avions déjà trouvé , page 554, pour deux surfaces, d'après l'expression de $\sin_e X$ en fonction de Q_2.

En appliquant celle que nous venons de former ici, on devra attribuer aux demi-diamètres efficaces λ_2 , λ_3 ,..., λ_m, les signes qui conviennent à leurs positions autour de l'axe central, comme ordonnées z , quand ils servent de limites au trajet d'un même rayon lumineux. Alors leur association avec les facteurs $\dfrac{u_2 - u_1}{r_2}$, $\dfrac{u_3 - u_2}{r_3}$,.. ×

qui leur correspondent, détermine la valeur ainsi que le signe des quantités π_2 , π_3 ,..., π_m, telles qu'on doit les employer.

Si l'on donne tous les éléments constitutifs de l'instrument, c'est-à-dire les rayons de courbure des surfaces , leurs intervalles, et la nature des milieux qui les séparent , une seule des quantités λ_2 , λ_3 ,.., λ_m étant assignée, déterminera toutes les autres. En effet supposons que l'on se donne, par exemple, le demi-diamètre efficace λ_m que l'on veut attribuer à la dernière surface d'où les rayons sortent pour entrer dans la pupille, placée au point oculaire. Alors le rayon émergent qui coupe l'axe central en ce point, ayant dû percer la première de toutes les surfaces à son centre de figure, on peut lui appliquer l'équation

$$\lambda_m = Q_m\, u \sin {}_e X.$$

Ceci donne donc $\sin {}_e X$, tant en grandeur qu'avec son signe, d'après celui qu'on attribue à λ_m, puisque Q_m peut être calculé d'après la constitution de l'instrument. $_e X$ étant connu, on en déduit tous les autres demi-diamètres efficaces qui y correspondent, au moyen des équations

$$\lambda_2 = Q_2\, u \sin {}_e X, \quad \lambda_3 = Q_3\, u \sin {}_e X, \dots, \quad \lambda_{m-1} = Q_{m-1}\, u \sin {}_e X,$$

dans lesquelles les quantités $Q_2, Q_3, \dots, Q_{m-1}$ doivent être calculées avec les éléments constitutifs de l'instrument. Les valeurs de $\lambda_2, \lambda_3, \dots, \lambda_{m-1}$ s'obtiennent ainsi, tant en grandeur qu'avec les signes propres qu'exige la transmission du rayon central qui a pour ordonnée finale d'émergence λ_m. Je n'y joins pas la première λ_1 qui doit nécessairement se trouver nulle par la condition de l'incidence centrale ; et elle l'est en effet toujours d'après nos formules, puisqu'on a pour elle

$$\lambda_1 = Q_1\, u \sin {}_e X = 0, \qquad \text{à cause de} \quad Q_1 = 0.$$

141. Maintenant, je suppose que les éléments constitutifs de l'instrument ne soient pas définis, mais qu'on demande seulement de le composer avec un certain nombre assigné de surfaces, de manière qu'il produise une certaine amplitude de champ $_e X$, avec un certain grossissement angulaire N_m, dans des milieux donnés. Notre expression précédente de $\sin {}_e X$ fournira une indication très importante sur sa construction la plus favorable. En effet, on en tire

$$u\,(N_m - 1)\sin {}_e X = \pi_1 + \pi_3 + \dots \pi_{m-1} + \pi_m.$$

Le premier membre se trouve donné, et il faut qu'il soit égal à la somme des quantités $\pi_2, \pi_3, \dots, \pi_m$ dont on dispose. Or l'instrument sera d'autant meilleur qu'elles seront individuellement plus petites, puisqu'elles en satisferont d'autant mieux à la condition fondamentale de l'approximation qui les suppose telles. La combinaison la plus favorable sera donc celle qui leur donnera ce caractère au plus haut degré, en les assujétissant d'ailleurs aux autres particularités que l'on veut imposer à l'instrument.

Pour fixer les idées, je suppose le premier membre de l'équation positif; il est toujours possible de le rendre tel, en variant le signe propre de l'angle $_cX$. Admettons alors que l'on n'impose aux quantités π_2, π_3 aucune particularité de relation entre elles, de sorte qu'elles puissent être toutes choisies arbitrairement. Dans ce cas il faudra les faire toutes de même signe et égales entre elles, en leur donnant pour valeur commune $u \dfrac{(N_m - 1)\sin_c X}{m - 1}$. Car, cela étant fait, supposez qu'on veuille affaiblir une quelconque d'entre elles, ou même la rendre négative. Alors, il faudra augmenter la somme des autres d'une égale quantité, conséquemment les faire individuellement plus grandes qu'elles n'étaient d'abord, ce qui les rendra moins propres pour l'approximation où elles entrent.

Admettons maintenant que, pour donner à l'instrument certaines qualités spéciales, les quantités π_2, π_3,..., π_{m-1} doivent se partager en deux groupes de signes contraires $+\,\Pi -\varpi$, dans lesquels l'élément négatif ϖ ne puisse pas être moindre qu'une limite donnée S^2. Alors il faudra lui attribuer cette valeur pour déterminer Π; car si l'on prenait ϖ plus grand que S^2, en lui donnant toujours le signe négatif, il faudrait augmenter $+\,\Pi$ pour maintenir la somme $\Pi - \varpi$ constante et égale à $u\,(N_m - 1)\sin_c X$, comme elle doit l'être.

La combinaison qui donne ainsi aux quantités π_2, π_3,..., π_m les plus petites valeurs, compatibles avec celles de $_cX$ et de N_m, pourrait bien toutefois, dans certains cas, ne pas être pratiquement admissible, à cause de quelques particularités physiques qui en résulteraient; et nous en aurons plus tard l'exemple dans la construction des oculaires positifs appliqués aux instruments d'astronomie. Mais alors, quand on l'a réalisée analytiquement, et qu'on a reconnu les inconvénients qu'elle entraîne, on s'en écarte aussi peu que possible, et justement autant qu'il est indispensable pour qu'ils n'existent plus.

Enfin, il est très essentiel de remarquer que la recherche de ces combinaisons spécialement propres à atténuer les valeurs indivi-

duelles de π_2, π_3,..., π_m, n'est utile qu'autant que l'on veut conci-
lier la plus grande amplitude possible du champ apparent $2_e X$, avec
le grossissement assigné N_m, ce qui est en effet indispensable dans
plusieurs observations d'astronomie que j'aurai l'occasion de spécifier. Mais, lorsqu'on a seulement pour but d'observer, avec le plus
fort grossissement possible, des objets qui soutendent un très petit
angle visuel, comme les disques des planètes et les systèmes d'é-
toiles doubles ou multiples, on peut sans inconvénient diminuer
l'angle $2_e X$ embrassé par l'instrument dans le ciel, autant qu'il le
faut pour que le produit $u\,(N_m - 1)\,\sin_e X$ devienne très petit; et
qu'ainsi l'équation puisse être toujours satisfaite avec de très petites valeurs de π_2, π_3,..., π_m. Alors la constitution d'oculaires qui
conviendra le mieux pour de tels cas, dépendra d'autres principes,
et pourra être fort différente de celle que l'on est obligé d'employer quand la grandeur du champ apparent est une condition
à laquelle il faut s'astreindre : c'est ce dont je donnerai plus loin
des exemples.

142. La limitation du champ apparent $2_e X$, jointe à l'influence
du coefficient N pour condenser les pinceaux émergents à leur entrée dans la pupille, sont les deux circonstances qui donnent aux
instruments optiques l'avantage de rendre visibles, en plein jour,
les étoiles et les planètes qu'on ne distinguerait pas à l'œil nu.

Pour concevoir ce résultat, supposons l'axe de l'œil dirigé vers
une étoile d'un diamètre apparent insensible, alors que l'atmosphère est illuminée par la présence du soleil sur l'horizon; et
représentons par u le demi-diamètre d'ouverture de la pupille,
dans ces circonstances. Elle recevra de l'étoile un faisceau lumineux très délié, qui, propagé jusqu'au fond de l'œil, ira impressionner la pupille à son centre même. Soit S l'intensité de ce
faisceau mesurée par le nombre d'éléments lumineux qu'il introduit à travers la pupille pendant l'unité de temps. Simultanément
avec lui, la surface entière de la rétine recevra d'autres faisceaux
venant de toute la surface du ciel qui entoure l'étoile jusqu'à une
distance angulaire fort considérable que je désigne par V, en la
comptant de l'axe de l'œil ; et quoique chacun de ceux-ci en particulier ait une intensité t, bien moindre que le faisceau stellaire,

la somme totale des impressions qu'ils produisent peut devenir tellement supérieure à son action isolée, qu'elle en rende la sensation comparativement imperceptible, comme en effet cela arrive généralement. Pour fixer ce résultat, soit L la somme des l, venant ainsi de l'amplitude 2V à travers la pupille; la différence L — S sera insensible, à cause de l'excessive prédominance de L sur S.

Plaçons maintenant cette même pupille, toujours de même dimension, au point oculaire d'un appareil optique convergent, dont l'axe soit dirigé vers l'étoile; et choisissons le grossissement angulaire N tel, qu'en nommant λ, le demi-diamètre efficace de la surface objective, $\dfrac{\lambda}{N}$ soit égal à ω. Alors les conditions de la perception deviendront bien différentes. En effet, l'intensité du pinceau émergent stellaire, maintenant introduit dans la pupille, sera SN^2; de sorte que si N était seulement égal à 100, elle serait déjà dix mille fois plus énergique que dans la vision directe; et, en outre, la mobilité des oculaires permettra de donner à ses éléments le degré précis de divergence qui produit la perception la plus nette du point focal. A la vérité, chaque point du ciel, qui pourra aussi être visible à travers l'instrument, introduira dans la pupille un pinceau émergent, dont l'intensité primitive se trouvera agrandie dans la même proportion que S, de sorte qu'elle deviendra lN^2. Mais la portion angulaire du ciel auquel cet agrandissement s'appliquera se trouvera bien plus restreinte, puisqu'elle ne soutendra plus que le petit angle 2_eX, embrassé par le champ de l'instrument, au lieu de 2V qui était son étendue primitive. De sorte que les zones sphériques illuminantes, qui répondent à ces angles, seront entre elles comme $\sin^2 \tfrac{1}{2}{}_eX$ à $\sin^2 \tfrac{1}{2}V$. Ainsi la quantité totale de lumière que la pupille recevra du ciel à travers l'instrument ne sera pas LN^2, mais $\dfrac{LN^2 \sin^2 \tfrac{1}{2}{}_eX}{\sin^2 \tfrac{1}{2}V}$. Cette somme se répartira sur toute l'amplitude angulaire 2_eX_m que le champ embrasse étant vu du point oculaire; ce qui y formera l'image d'un ciel idéal, dont on apercevra seulement une zone sphérique ayant pour surface $\tfrac{1}{2}\pi \sin^2 \tfrac{1}{2}{}_eX_m$, en la supposant décrite avec un rayon égal à l'unité

de longueur; et cette surface sera aussi la mesure de l'angle conique soutendu dans l'œil par le champ illuminé. Admettons, par
exagération, que la lumière venue ainsi des points de l'atmosphère situés à toute distance de l'instrument, s'y concentre néanmoins tout entière dans le même plan focal, et aussi exactement
que l'image stellaire. Alors l'*éclat apparent* du champ, ou du ciel
idéal ainsi observé, aura pour mesure l'intensité de sa lumière
totale divisée par l'angle conique qu'il soutend, c'est-à-dire
$\dfrac{LN^2 \sin^2 \frac{1}{2}{}_e X}{4\pi \sin^2 \frac{1}{2} V \sin^2 \frac{1}{2}{}_e X_m}$. Or, dans tous les instruments d'optique où
les rayons ne subissent que des inflexions très petites autour de
l'axe central, comme sont ceux que l'on emploie et que nous avons
considérés, $\sin {}_e X_m$ est égal à $N \sin {}_e X$ quand les milieux extrêmes
sont de même nature, ce qui est toujours le cas des observations;
et la petitesse des angles permet de supposer encore $\sin \frac{1}{2}{}_e X_m$ égal
à $N \sin \frac{1}{2}{}_e X$, dans les limites d'approximation admises. L'expression précédente se réduit donc alors à $\dfrac{L}{4\pi \sin^2 \frac{1}{2} V}$, c'est-à-dire que
l'éclat apparent du champ vu à travers l'instrument est le même
que celui du ciel réel observé à l'œil nu. Ainsi, en définitive, l'i-
mage stellaire ayant pour intensité agrandie SN^2, se projettera
comme un simple point, sur un ciel idéal égal en éclat au ciel véritable, mais dont la portion visible soutendra seulement l'angle
$2 {}_e X_m$, qui est toujours bien moindre que $2V$. Elle sera donc dans
des conditions beaucoup plus favorables pour être distinguée par
l'œil qu'elle ne l'était dans la vision directe, et d'autant plus favorables que l'amplitude $2 {}_e X$ du champ sera rendue moindre pour une
même valeur de N, ce qui restreindra l'angle ${}_e X_m$, dans la même
proportion, sans que la quantité SN^2 de lumière, venue de l'étoile,
en soit affaiblie. Il se pourrait même que l'étoile devînt ainsi visible, par la seule limitation de ${}_e X$, N étant 1; ce qui arriverait, par
exemple, si elle était observée directement à travers un long tuyau
cylindrique très étroit, au bout duquel l'œil serait placé. Car il
suffirait pour cela que l'intensité S de sa lumière propre, reçue
par la pupille, surpassât la somme des l venant du ciel visible,
autant qu'il est nécessaire pour la perception. L'interposition des

instruments optiques ne fait autre chose qu'opérer avec facilité la
réduction indéfinie de ce ciel visible, en augmentant, dans une
même proportion, l'intensité propre des deux lumières dont on
veut percevoir la différence.

143. Il faut présenter ce résultat sous une autre forme pour
l'étendre à la perception des planètes qui ont un disque sensible.
Car l'éclat apparent de ce disque, vu à travers l'instrument optique, reste aussi le même qu'à l'œil nu, comme celui du ciel idéal
sur lequel il se projette. Mais il occupe sur ce ciel une zone proportionnellement bien plus étendue que sur le ciel réel, ce qui rend
sa perception beaucoup plus facile. En effet, soit $2d$ le diamètre
angulaire de la planète observée à l'œil nu, lequel est toujours fort
petit ; et désignons encore par $2V$, l'amplitude angulaire du champ
que l'œil embrasse sur le ciel réel simultanément avec elle. Le rapport des zones sphériques soutendues par ces deux angles sera
$\dfrac{\sin^2 \frac{1}{2} d}{\sin \frac{1}{2} V}$. Mais, dans la vision à travers l'instrument optique, le

rapport analogue sera $\dfrac{N^2 \sin^2 \frac{1}{2} d}{\sin^2 \frac{1}{2} X_{al}}$, N étant le grossissement angu-

laire, et $2,X_{al}$ l'amplitude du champ vue du point de l'axe central
où l'œil est placé. Or, comme l'angle $,X_{al}$ est toujours rendu bien
moindre que V, et qu'on peut le diminuer à volonté sans affaiblir N, en rétrécissant l'ouverture du diaphragme placé derrière la dernière surface de l'oculaire, il en résulte que l'image
du disque peut devenir ainsi de plus en plus grande sur cette
zone optique, de manière à être rendue enfin perceptible. Dans
ce cas aussi, les quantités de lumière comparées sont bien différentes de ce qu'elles étaient dans la vision directe. Si nous désignons en effet par S celle que la planète envoyait alors à travers la
pupille pendant l'unité de temps, et par L celle qu'y envoyait la
zone du ciel comprise dans l'amplitude $2V$, les quantités analogues
dans la vision à travers l'instrument optique deviennent respecti-

vement SN^2 et $\dfrac{L N^2 \sin^2 \frac{1}{2} X}{\sin^2 \frac{1}{2} V}$. De sorte qu'en vertu du facteur $\sin^2 \frac{1}{2} X$

qui peut être rendu aussi petit que l'on voudra, la première de
ces quantités peut devenir assez prédominante sur la seconde pour

que son excès soit parfaitement perceptible ; au lieu que, dans la
vision directe, S pouvait être si petit comparativement à L, qu'il
devînt imperceptible dans l'appréciation de $L - S$, auquel cas la
planète ne peut être distinguée du reste du ciel avec lequel l'œil la
confond.

144. Si j'ai énoncé les raisonnements qui précèdent, en supposant le centre de la pupille placé au point oculaire d'un instrument
convergent, c'était pour spécialiser plus nettement tous les éléments des comparaisons que je devais établir. Mais on les appliquerait de même au cas où la vision s'opérerait à travers un instrument divergent, dont la dernière surface serait en contact extérieur
avec la pupille. Car, en considérant toujours l'amplitude du champ,
vue du lieu où est l'œil, comme l'image de la zone sphérique du
ciel comprise dans l'amplitude $2X_c$, l'image propre de l'étoile ou
de la planète devrait toujours être comparée à l'illumination de
cette seule zone indéfiniment restreinte, et non pas à celle de la
zone bien plus grande de l'amplitude $2V$ que l'œil soutend dans la
vision directe ; ce qui conduirait absolument aux mêmes conclusions. Au reste, dans ce cas comme dans le précédent, il est fort
douteux que les pinceaux incidents émis par les particules atmosphériques diversement distantes de l'instrument, forment réellement des images distinctes, soit dans le plan focal de l'étoile ou
de la planète, soit dans tout autre plan quelconque. Car l'inégalité de leur éloignement doit disperser leurs foyers individuels sur
différents points de l'axe. Or cette diffusion ne peut que rendre
plus facilement perceptible l'image de l'étoile ou de la planète, qui
se forme tout entière, nette et précise, à une distance focale unique, lorsque l'instrument optique est bien ajusté au point de vue
propre de l'observateur.

*Établissement de l'achromatisme des images dans les instruments
où un certain nombre des surfaces opèrent par transmission.*

145. Les conditions de libre transmission et de visibilité, établies
dans les paragraphes précédents, suffiraient si la lumière incidente
était homogène, ou si toutes les surfaces qui constituent l'appareil

imprimaient des déviations égales aux divers éléments dont elle
est composée. Mais la première supposition ne se réalise jamais
dans les observations réelles ; et la seconde n'existerait que si l'appareil était uniquement composé de miroirs réflecteurs, ce qui n'a
pas lieu ordinairement. Il devient donc indispensable d'examiner
le cas général où les points rayonnants observés émettent simultanément des rayons lumineux de réfrangibilités diverses, sur
lesquels un certain nombre de surfaces assemblées, si ce n'est
toutes, exercent d'inégales réfractions.

Les résultats physiques de cette nouvelle condition deviennent
évidents par la seule inspection des *fig.* 31 et 32, qui expriment généralement les relations de direction des rayons émergents avec les incidents dont ils dérivent. En effet, chaque point lumineux qui émettra
des rayons diversement réfrangibles donnera généralement autant
de foyers distincts Σ qu'il y aura d'espèces différentes de ces rayons.
Tous ces foyers auront leurs lieux propres pour chaque valeur de
l'indice de réfraction ; et les directions des pinceaux définitifs qui
en émaneront seront généralement diverses, comme aussi leur amplitude de radiation finale sera différente. S'il en est ainsi, lorsque
le centre de la pupille se placera par exemple au point oculaire H,
fig. 32, où concourent les axes définitifs des pinceaux à radiation
complète ayant une certaine réfrangibilité, comme on le fait quand
l'instrument est convergent, elle sera hors du point de concours
des autres axes ; et les divers foyers Σ émanés d'un même point
rayonnant S lui en offriront autant d'images différentes par leurs
couleurs ainsi que par leur place, ce qui ôtera toute netteté à la
vision. Des effets pareils se produiront dans les instruments divergents, lorsque l'œil sera en contact avec la dernière surface, puisqu'il y recevra de même les rayons et les axes émergents propres
aux différents foyers Σ, dérivés de chaque point des objets.

146. Les conditions à remplir pour détruire ces diverses causes de
confusion se tirent de leur énoncé même, et elles sont très faciles à
écrire en calcul, par les formules que nous avons préparées § 75,
page 454 et suivantes. Il n'y a qu'à, en effet, combiner l'instrument
de manière que le point de concours H des axes des pinceaux définitifs soit commun aux rayons de toutes les couleurs, et que tous les

foyers Σ, propres à chaque point rayonnant S, coïncident exactement entre eux. La première condition exige que la distance HA_m au centre de la première surface, distance que nous avons nommée H, reste constante quand la réfrangibilité varie; la seconde demande que la distance $A_m f$ du plan focal à la dernière surface, et les ordonnées latérales πf, $\Sigma \pi$ du foyer Σ restent aussi toutes trois constantes dans cette même supposition de variabilité. Or HA_m, ou H, est exprimé par $\dfrac{Qu_m}{N}$ dans nos formules; $A_m f$ l'est par Δ_f, $f\pi$ par y_f, et $\Sigma\pi$ par z_f. Il n'y a donc qu'à introduire cette condition de constance dans leurs expressions. On pourrait desirer encore que l'amplitude de radiation des pinceaux définitifs, mesurée par l'angle conique $l\Sigma l$, soit aussi égale pour tous les pinceaux émergents, inégalement réfrangibles, qui proviennent d'un même point rayonnant extérieur. Mais on va voir que cette condition se trouve satisfaite d'elle-même quand les autres sont remplies.

147. Je reprends donc les expressions générales trouvées § 75 :

$$H = \frac{Qu_m}{N}; \qquad \frac{1}{\Delta_f - H} = \frac{NP}{u_m} + \frac{u}{u_m}\frac{N^2}{\Delta};$$

$$y_f = \frac{b}{\Delta}\frac{u}{u_m} N(\Delta_f - H); \qquad z_f = \frac{c}{\Delta}\frac{u}{u_m} N(\Delta_f - H).$$

Les appareils que nous avons ici à considérer peuvent, dans la généralité de leur constitution, contenir des surfaces réfléchissantes, mêlées à des surfaces réfringentes; de sorte que les vitesses d'incidence et d'émergence, u, u_m, pourraient n'y être pas de même signe. Mais, lorsqu'on les emploie, la première et la dernière de leurs surfaces sont habituellement contiguës à un même milieu, qui est l'air ambiant; et c'est toujours pour ce cas spécial qu'on s'efforce de les rendre achromatiques. Alors chaque rayon lumineux incident et émergent a toujours ses vitesses extrêmes, sinon de même signe, du moins de valeurs égales entre elles, quelle que soit sa réfrangibilité propre; de sorte que le rapport $\dfrac{u}{u_m}$ est constant et égal à ± 1, pour tous les rayons que l'appareil transmet.

Maintenant Δ, b, c étant donnés, nous voulons que Δ_f et H soient constants, quelles que soient les vitesses intermédiaires.

Cela exige aussi la constance de leur différence $\Delta_{\prime} - $ H. Or $\dfrac{u}{u_m}$ étant toujours constant, si nous voulons que $y_{\prime}$ et $z_{\prime}$ soient constants, dans la même circonstance, il faudra d'abord que N soit constant.

Revenant alors à l'équation qui détermine $\Delta_{\prime} - $ H, nous avons, dans son second membre, Δ qui est donné; puis, $\dfrac{u}{u_m}$ qui est constant, et N qui est rendu constant par ce qui précède. Le terme $\dfrac{N^2}{\Delta}\dfrac{u}{u_m}$ y est donc constant, ainsi que le facteur N du premier terme. Donc, pour que $\Delta_{\prime} - $ H soit constant, comme nous l'exigeons, il faudra que le rapport $\dfrac{P}{u_m}$ soit rendu constant.

Enfin, d'après l'expression générale de H, pour qu'il reste constant, N étant constant, il faudra que le produit Qu_m soit rendu constant.

Ainsi, en admettant, comme nous l'avons fait, la constance du rapport $\dfrac{u}{u_m}$ des vitesses extrêmes pour tous les éléments lumineux introduits dans l'appareil, les trois premières conditions de complet achromatisme, reconnues plus haut, se traduisent par trois conditions analytiques qui consistent à rendre constantes, pour toutes les espèces de lumière, par conséquent pour toutes les valeurs des vitesses successives u, u_1, u_2, ..., u_m, les trois quantités finales

$$N_m ; \qquad \dfrac{P_m}{u_m} ; \qquad Q_m u_m ;$$

m étant la valeur de l'indice qui exprime le rang de la surface d'émergence.

Inversement, je dis que si ces trois quantités sont rendues constantes pour un appareil optique quelconque, où les milieux antérieurs et postérieurs sont de même nature, le point de concours H des axes des pinceaux réfractés sera fixe, quelle que soit leur réfrangibilité; et tous les foyers propres à un même point rayonnant coïncideront, comme si la lumière qui en émane était homogène.

En effet, N étant constant ainsi que $\dfrac{P}{u_m}$, et $\dfrac{u}{u_m}$ étant toujours constant pour une même espèce de rayon, $\Delta_f - H$ sera constant pour chaque Δ donné. Mais en outre, Qu_m étant constant avec N, H sera constant, et aussi Δ_f qui est déjà une des coordonnées du foyer. Par suite le produit $N(\Delta_f - H)$ étant constant, et $\dfrac{u}{u_m}$ toujours constant, les deux autres coordonnées y_f, z_f du foyer seront constantes, ce qui est la réciproque annoncée.

148. La constance de la quantité H étant établie, tous les cônes de rayons diversement réfrangibles qui émanent d'un même point rayonnant ont évidemment le même point oculaire. Mais il importe de remarquer que cette identité a également lieu, soit que la radiation admissible du pinceau incident s'étende ou ne s'étende pas jusqu'au centre de figure de la première surface. Seulement, dans ce dernier cas de limitation, le point oculaire commun sera celui qui appartiendrait à un rayon incident central, mené parallèlement à l'un quelconque des admissibles qui composent le pinceau incident.

Maintenant, d'après ce qui a été démontré § 64, p. 437, lorsque le point H a été déterminé pour une valeur particulière de la réfrangibilité, si par ce point l'on mène un plan perpendiculaire à l'axe central des surfaces, tout pinceau incident ayant la réfrangibilité assignée, qui aura circonscrit sur la première surface une certaine figure, remplira dans le plan oculaire ainsi mené une figure semblable, semblablement placée par rapport à l'axe central, et dont les dimensions linéaires auront avec la première le rapport $\dfrac{1}{N}$. Donc, si N est rendu constant, quelle que soit la réfrangibilité, tous les pinceaux hétérogènes, contenus dans le pinceau incident, perceront finalement le plan oculaire dans le même espace superficiel; et, comme ils coïncident déjà en un même foyer par les deux autres conditions de l'achromatisme, l'amplitude de leur radiation finale sera pour tous la même, et les divers rayons hétérogènes qui les composent se superposeront dans leur émergence finale, comme ils se superposaient dans leur incidence primitive, quand ils partaient du point rayonnant. Cette identité finale de composition et d'amplitude résultera ainsi, comme conséquence, de la constance donnée aux trois quantités N_m, $\dfrac{P_m}{u_m}$, $Q_m u_m$, pour le nombre total de surfaces qui composent l'appareil, quelle que soit la réfrangibilité des rayons transmis. Donc, en joignant à cette constance la condition du § **100**, page 501, qui amène le foyer final de chaque point rayonnant à la juste distance D, nécessaire pour la vision distincte, on aura établi tous les caractères nécessaires pour la complète netteté des images observées à travers l'instrument, ainsi que pour leur parfaite identité de couleurs avec les objets dont elles sont dérivées; toujours, néanmoins, dans la supposition des limites d'admissibilité et de petites incidences auxquelles nos formules sont assujéties; comme aussi en admettant la constance du rapport $\dfrac{u}{u_m}$ des vitesses extrêmes, pour tous les éléments lumineux introduits dans l'appareil.

149. Il importe de remarquer que la condition du § **100**, relative à la vision distincte, est exprimée uniquement en fonction des quantités N_m, $\dfrac{P_m}{u_m}$, H, combinées avec le rapport $\dfrac{u}{u_m}$. Donc, si les trois premières quantités sont rendues constantes pour toutes les réfrangibilités, comme nous le supposons, et que la dernière le soit naturellement, à cause de l'identité, ou seulement de l'égale réfringence des milieux extérieurement contigus aux surfaces extrêmes, la condition de la visibilité distincte se trouvera satisfaite pour les foyers de toute couleur dérivés d'un même point rayonnant, lorsqu'elle aura été établie pour un seul d'entre eux. Si l'on reprenait la série des raisonnements que nous venons de faire, sans supposer, à *priori*, $\dfrac{u}{u_m}$ constant pour chaque espèce de rayon lumineux incident et émergent, on trouverait que, dans cette généralité d'abstraction, les trois coordonnées focales $x_{,}$, $y_{,}$, $z_{,}$, et la quantité H, ne peuvent être rendues constantes pour toutes les réfrangibilités qu'en assurant la constance des fonctions

$$\frac{u}{u_m}\, \mathrm{N}_m\,; \qquad \frac{\mathrm{P}_m}{u} + \frac{\mathrm{N}_m}{\Delta}\,; \qquad \frac{\mathrm{Q}_m}{\mathrm{N}_m}\, u_m.$$

Alors l'établissement de l'achromatisme dépendrait de Δ; et ainsi il ne pourrait pas exister simultanément pour toutes les distances dans le même instrument. En outre, le demi-diamètre $\dfrac{\lambda_i}{\mathrm{N}}$ de l'anneau oculaire serait inévitablement variable alors pour les rayons de diverse réfrangibilité, à moins que l'on n'en revînt à supposer $\dfrac{u}{u_m}$ constant, ce qui rétablit l'identité des milieux extrêmes. Ce cas d'identité, toujours réalisé dans les applications usuelles des instruments optiques, est donc aussi le seul où leur achromatisme puisse être complétement opéré pour une distance quelconque des objets; et en effet lorsque l'on suppose $\dfrac{u}{u_m}$ constant, les trois conditions générales de constance que nous venons de poser se réduisent aux trois que nous avions d'abord établies.

150. Revenant donc à celles-ci, il nous faut maintenant les exprimer sous une forme analytique. A cet effet, on remarquera que les trois quantités considérées sont des fonctions complexes, où les éléments constituants de l'appareil, communs à tous les rayons lumineux, se trouvent mêlés avec les vitesses de transmission qui leur sont propres, selon leur réfrangibilité différente. Concevons, qu'en calculant ces fonctions pour chaque espèce de rayon lumineux, on représente par 1 sa vitesse primitive dans l'air ambiant, vitesse qu'il reprend identiquement lorsqu'il rentre dans l'air, en sortant de chacun des milieux réfringents qui composent l'appareil. Alors ses vitesses intérieures, quand il se trouve dans ces milieux, seront exprimées par ses indices de réfraction calculés pour cette unité de vitesse primitive. Je les désignerai dans leur ordre successif par n, $n_{\text{\tiny I}}$, $n_{\text{\tiny II}}\dots$, n_p. Au moyen de cette substitution, les trois quantités N_m, $\dfrac{\mathrm{P}_m}{u_m}$, $\mathrm{Q}_m u_m$, qu'il faut rendre constantes pour l'achromatisme, deviendront des fonctions de ces indices, combinés avec les éléments constants de l'appareil; car, d'après leur composition générale, il est facile de voir que les vitesses u, u_1, u_2,..., u_m n'y entrent que par leurs rapports.

Concevant donc ces trois quantités ainsi formées et appliquées à un rayon lumineux de réfrangibilité moyenne, je représente par δn, δn_1, δn_2,..., δn_m les variations qu'il faut faire subir aux indices pour les transporter à tout autre espèce de rayon, comprise dans l'amplitude de réfrangibilité sensible de la lumière totale que l'appareil devra transmettre. Ces variations seront additives quand la réfrangibilité augmente, et soustractives quand elle diminue. Alors, en appliquant la même caractéristique δ à nos trois quantités considérées comme fonctions de tous les indices de réfraction variables, la condition de leur constance, nécessaire pour l'achromatisme, s'exprimera par les trois équations

$$\delta\,(N_m) = 0; \quad \delta\left(\frac{P_m}{u_m}\right) = 0; \quad \delta\,(Q_m u_m) = 0.$$

Lorsqu'un des milieux traversés par les rayons sera l'air ambiant, l'indice de réfraction qui y correspond deviendra égal à 1; et comme cette valeur sera commune à toutes les réfrangibilités, sa variation par la caractéristique δ sera nulle. Si, en outre, l'appareil contenait des miroirs, et qu'on voulût idéalement les remplacer par des lentilles réfringentes infiniment minces, comme nous l'avons expliqué page 484, il faudrait également considérer les indices de réfraction propres à ces lentilles fictives, comme ne variant pas sous l'influence de la caractéristique δ.

151. Les instruments d'optique destinés aux observations réelles, n'admettant et ne transmettant jamais les rayons lumineux qu'avec des incidences très petites sur toutes les surfaces qui les composent, la dispersion produite par l'inégale réfrangibilité de ces rayons est aussi toujours très peu considérable comparativement aux réfractions absolues qu'ils y subissent. C'est pourquoi, en leur appliquant les trois équations précédentes, on considère généralement la caractéristique δ comme indiquant des variations assez petites autour de la réfrangibilité moyenne, pour que l'on puisse négliger leurs carrés et leurs produits supérieurs, comparativement à leur première puissance. Cela assimile la caractéristique δ aux

indices ordinaires de différentiation, et permet de l'appliquer,
suivant les mêmes règles, aux quantités complexes qu'elle affecte
ici. Néanmoins on ne saurait affirmer avec certitude que cette approximation soit absolument suffisante dans les très grands appareils astronomiques que l'on exécute aujourd'hui; et les rectifications successives à l'aide desquelles on parvient à leur donner la
dernière perfection, pourraient bien avoir, pour un de leurs effets,
de tenir compte ici expérimentalement des petites quantités que le
calcul néglige, comme nous verrons bientôt que cela a lieu indubitablement pour quelques autres de leurs particularités.

152. Mais, en supposant même les variations des indices de
réfrangibilité renfermées dans des amplitudes aussi restreintes, il
serait encore excessivement difficile de satisfaire simultanément
aux trois conditions qui déterminent l'achromatisme complet; et
leur réalisation rigoureuse, si elle est théoriquement possible, en-
traînerait sans doute des complications d'exécution inacceptables.
Aussi, aucun appareil dioptrique n'est-il calculé *à priori* pour les
remplir complétement. On se borne à établir séparément pour le
système objectif, et pour le système oculaire, les conditions d'a-
chromatisme les plus indispensables à leurs fonctions individuelles;
le premier, comme agissant surtout pour recueillir et concentrer
la lumière des objets extérieurs, le second pour la dilater dans une
grande amplitude d'angles visuels, en y ajoutant la netteté de la
perception. Quand ces deux pièces constituantes de l'instrument
sont ainsi préparées, de manière à posséder les qualités qui leur
sont individuellement les plus essentielles, on profite des petites
variations que l'on peut faire encore subir aux intervalles des
lentilles du système oculaire, pour obtenir de l'ensemble le meilleur effet possible; et cette rectification expérimentale supplée à
l'omission de plusieurs petits détails que l'on est obligé de négliger dans la préparation du système total pour n'en pas rendre le
calcul trop compliqué. Je donnerai plus loin des exemples spéciaux de cette marche qui en feront sentir l'application avec évidence. Mais je vais, dès à présent, signaler une de ces propriétés
préparatoires, des plus importantes que doive posséder un système dioptrique; propriété qui résulterait comme conséquence de

l'accomplissement des trois conditions qui assurent l'achromatisme complet, mais que l'on s'efforce du moins d'établir toujours isolément, à défaut des deux autres qui devraient l'accompagner.

153. Elle consiste à faire en sorte que tous les pinceaux émergents de réfrangibilité diverse, émanés d'un même pinceau incident de lumière naturelle, forment leurs foyers sur une même droite, dirigée vers le point de l'axe central où l'on suppose que le centre de la pupille est placé. Ceci ayant lieu, les diverses images de chaque point rayonnant sont vues de ce centre, en projection les unes sur les autres ; et les images des objets étendus se projettent aussi les unes sur les autres *par leurs points homologues*, à d'inégales distances de l'œil ; de sorte que leur défaut de coïncidence rigoureuse ne se manifeste que par cette inégalité. Mais l'œil tolère assez aisément celle-ci, surtout lorsqu'elle est peu considérable, et il aperçoit encore à la fois toutes ces images presque aussi nettement que si elles étaient tout-à-fait coïncidentes. Au lieu qu'il ne tolérerait pas la plus légère discordance de direction dans le sens latéral qui disperserait les foyers de chaque point rayonnant sur des droites diverses ; parce qu'alors, les images de diverses couleurs de chaque objet, projetant les unes sur les autres leurs parties non homologues, les détails intérieurs qui les caractérisent, ainsi que les contours qui les terminent, deviendraient indiscernables par cette mixtion.

154. Cette coïncidence des foyers sur une même ligne visuelle est très facile à établir analytiquement, lorsqu'on suppose le centre de la pupille placé sur l'axe de l'appareil, comme nous l'avons admis. Ce centre se trouvant alors dans la section centrale où chaque point rayonnant forme tous ses foyers, il suffit évidemment d'établir la condition pour une de ces sections, par exemple celle que contient le plan des xz. Soient donc $+a$ et $+c$ les éléments antérieurs qui déterminent la position d'un point rayonnant quelconque, dans cette section-là, $+a$ étant compté sur l'axe des x, en avant du centre de figure de la surface d'incidence comme nous le faisons toujours, et $+c$ étant l'ordonnée z du point observé. Chaque pinceau homogène émané d'un tel point aura pour coordonnées focales $a_{\prime}$, $z_{\prime}$, la première étant comptée à partir du centre de figure de la dernière surface de l'appareil, dans le même sens que Δ; et leurs expressions en fonction de ses coefficients généraux seront

$$z_f = c\,\frac{u}{Nu + P\Delta}, \qquad \Delta_f = H + \frac{u_m\Delta}{N\,(Nu + P\Delta)};$$

dans lesquelles l'abscisse H du point oculaire a pour expression générale

$$H = \frac{Qu_m}{N}.$$

Je sous-entends, par abréviation, l'indice ordinal m qui affecte les trois coefficients N, P, Q, lesquels devront d'ailleurs être calculés par leurs expressions générales pour l'espèce de réfrangibilité considérée.

Admettons maintenant que le centre de la pupille doive être placé à la distance *fixe* $+$ D′, au-devant de la dernière surface de l'appareil, D′ devant être considéré comme négatif, si l'on place l'œil au-delà de cette surface, comme cela sera nécessaire pour réaliser physiquement la perception des rayons émergents, lorsque la vitesse finale u_m sera positive. La distance de l'image, *au devant* de l'œil ainsi fixé, sera *analytiquement* $\Delta_f - D'$; et l'on aura pour son expression :

$$\Delta_f - D' = \frac{(H - D')\,N\,(Nu + P\Delta) + u_m\Delta}{N\,(Nu + P\Delta)}.$$

Si l'on divise z_f par $\Delta_f - D'$, le quotient exprimera la tangente trigonométrique de l'angle formé avec l'axe central du système, du côté des $-\Delta$, par le rayon émergent venu ainsi du foyer particulier auquel les valeurs des coefficients s'appliquent. L'expression de cette tangente sera donc

$$\frac{c\,Nu}{(H - D')\,N\,(Nu + P\Delta) + u_m\Delta}.$$

Si l'on calcule ainsi sa valeur pour des réfrangibilités diverses, c et Δ restant les mêmes, elle déterminera les directions des droites menées du centre de la pupille aux foyers des divers pinceaux provenant du point rayonnant considéré. Donc, pour que toutes ces droites coïncident, il faudra, et il suffira, que la fonction ainsi composée reste constante, quelle que soit la réfrangibilité.

Il est évident que cela aurait lieu toujours si les trois quantités N, $\dfrac{P}{u_m}$, H satisfaisaient elles-mêmes individuellement à cette condition de constance, c'est-à-dire si l'achromatisme du système était complet. Aussi, dans un tel cas, les divers foyers que nous considérons coïncideraient en un point unique; de sorte qu'ils se trouveraient toujours sur une même ligne visuelle, non-seulement pour la position que nous donnons ici à la pupille, mais quelque part qu'elle fût placée dans l'amplitude de radiation des pinceaux émergents. Le caractère de dispersion rectiligne que nous leur donnons maintenant étant beaucoup moins spécial, nécessite seulement la constance de la fonction complexe que nous avons formée; et l'on peut voir d'avance que la condition analytique, d'où cette constance résultera, aura pour un de ses éléments Δ, mais non pas c, puisque c n'entre qu'en facteur commun dans la fonction. C'est-à-dire que sa réalisation, pour un certain Δ, s'étendra à tous les points rayonnants qui ont ce Δ commun, et qui, par conséquent, sont situés dans un même plan perpendiculaire à l'axe central du système.

Afin de rendre les calculs plus simples, je renverse la fonction dont nous devons détruire la variabilité. J'y supprime le facteur commun c, qui reste constant pour chaque point rayonnant quand la réfrangibilité change; et je la simplifie encore en la divisant tout entière par Δ, qui est aussi constant dans la même supposition : elle devient alors

$$(H - D')\left(\frac{N}{\Delta} + \frac{P}{u}\right) + \frac{u_m}{Nu}.$$

Pour ne pas embrasser des généralités inutiles, j'admettrai, comme nous l'avons fait jusqu'ici, que les surfaces extrêmes de l'appareil sont extérieurement contiguës à un même milieu. Alors le rapport $\dfrac{u_m}{u}$ sera toujours $+ 1$ ou $- 1$, quelle que soit la réfrangibilité du rayon lumineux considéré.

Appliquant donc la caractéristique δ comme signe de variations infiniment petites, et traitant le rapport $\dfrac{u}{u_m}$ comme constant, la condition demandée sera

$$\left(\frac{N}{\lambda} + \frac{P}{u}\right)\delta H + (H - D')\left[\frac{\delta N}{\lambda} + \delta\left(\frac{P}{u}\right)\right] - \frac{u_m \delta N}{u N^2} = 0. \qquad (1)$$

Dans cette opération, la distance λ du point rayonnant a dû évidemment être traitée comme constante pour tous les pinceaux qui en dérivent, et l'on n'a pas dû non plus faire varier D', puisque l'œil est supposé placé en un certain point fixe de l'axe central.

155. La condition précédente ne s'emploie jamais seule. Elle doit toujours coexister avec celle qui amène les images à la distance D de la vision distincte, pour la position que l'on a donnée au centre de la pupille sur l'axe central du système. Cela exige que la distance focale λ, devienne égale à $D + D'$ pour la distance λ de l'objet observé. Et, d'après ce qui a été démontré page 501, la relation analytique, qui produit cet effet pour une certaine réfrangibilité déterminée, est

$$\frac{1}{D + D' - H} = \frac{N}{u_m}\left(P + \frac{N u}{\lambda}\right),$$

ou encore

$$\frac{1}{D + D' - H} = N\frac{u}{u_m}\left(\frac{P}{u} + \frac{N}{\lambda}\right). \qquad (2)$$

Seulement, ici, l'on devra y supposer $\dfrac{u}{u_m}$ constant et égal à $+ 1$, ou à $- 1$, puisque nous admettons que les milieux extérieurement contigus aux surfaces extrêmes sont de même nature, ou, du moins, d'égale réfringence.

Si l'on voulait que cette équation fût rigoureusement satisfaite, pour une réfrangibilité quelconque, il faudrait appliquer à ses deux membres la caractéristique δ, et égaler à zéro le résultat de cette variation : cela donnerait une nouvelle condition à remplir. Mais, comme je l'ai annoncé tout-à-l'heure, on n'exige pas habituellement cette égalité absolue de distance focale longitudinale. On se contente d'amener à la distance D les images de réfrangibilité moyenne, en satisfaisant à l'équation (2) pour cette réfrangibilité unique; et l'on tâche seulement que les variations de Δ, n'en éloignent pas tellement les autres que l'œil ne puisse tolérer leur écart.

Le facteur qui multiplie ∂H dans l'équation (3) peut donc alors se tirer de (2); car les variations indiquées par la caractéristique ∂ étant considérées comme infiniment petites, on doit, après qu'elles sont effectuées, attribuer aux coefficients qui les multiplient les valeurs propres à la réfrangibilité moyenne autour de laquelle la caractéristique ∂ s'exerce; l'équation (1) devient ainsi

$$\frac{\partial H}{N(D + D' - H)} + \frac{u}{u_m}(H - D')\left[\frac{\partial N}{\Delta} + \partial\left(\frac{P}{u}\right)\right] - \frac{\partial N}{N^2} = 0. \quad (1)$$

156. Pour nous borner aux réalités les plus utiles, j'appliquerai spécialement cette formule aux deux positions différentes où il convient mieux de placer l'œil, quand l'appareil est convergent ou quand il est divergent; et, afin de lier ces conditions physiques à la situation du point oculaire, je supposerai l'instrument dirigé en un sens tel que la vitesse d'émergence u_m soit positive, c'est-à-dire dirigée vers l'extrémité positive des x, les autres vitesses, tant d'incidence qu'intermédiaires, pouvant d'ailleurs avoir des sens quelconques, compatibles avec les conditions de perméabilité. C'est la disposition représentée dans les *fig.* 31 et 32 qui nous servira de type général. Alors, quand l'appareil sera convergent pour les rayons de moyenne réfrangibilité, la valeur de H propre à ces rayons sera négative; leur point oculaire H sera postérieur à la dernière surface, et leur concours s'y opérera réellement comme le représente la *fig.* 32. Si l'on y place le centre de la pupille, ce sera sa position la plus avantageuse; car n'ayant pas ici la prétention de rendre tous les points oculaires coïncidents, ce sera autour de la valeur moyenne de H que leurs écarts seront les moindres possibles. Dans ce cas, on devra faire $D' = H$. Si, au contraire, l'appareil est divergent pour les rayons moyens, la valeur de H qui leur est propre deviendra positive; leur point oculaire H sera antérieur à la dernière surface, et leur concours n'y sera que virtuel, comme le représente la *fig.* 31. Dans ce cas, la meilleure position de l'œil s'obtiendra en le mettant en contact extérieur avec la dernière surface; pour qu'il se trouve le plus près possible du point H à partir duquel divergent les rayons émergents moyens. Alors il faudra faire D' nul.

157. En considérant d'abord le premier cas, celui des appareils convergents, l'équation de condition éprouve une simplification très favorable. Car D' — H étant nul pour la position donnée à l'œil, le terme multiplié par ce facteur disparaît, et il reste

$$\frac{\partial \mathrm{H}}{\mathrm{D}} - \frac{\partial \mathrm{N}}{\mathrm{N}} = 0, \qquad (1)$$

qu'il faut combiner avec l'équation de visibilité, modifiée par la même condition, ce qui la réduit à

$$\frac{1}{\mathrm{N}\mathrm{D}} = \left(\frac{\mathrm{P}}{u} + \frac{\mathrm{N}}{\Delta} \right) \frac{u}{u_m}, \qquad (2)$$

Ceci suppose implicitement que les points rayonnants auxquels l'observation s'applique sont contenus dans le cône antérieur d'admissibilité V'A,V' de nos figures. Car ces points sont les seuls qui puissent envoyer des rayons admissibles au centre de figure A, de la surface d'incidence, et par suite produire des rayons émergents passant par le point oculaire moyen où le centre de la pupille est placé.

Si l'instrument devait être préparé pour une portée de vue infiniment presbyte, D devenant infini alors, le terme auquel il sert de diviseur disparaît dans ces deux équations, et il reste simplement

$$(1) \qquad \partial \mathrm{N} = 0; \qquad (2) \qquad \frac{\mathrm{P}}{u} + \frac{\mathrm{N}}{\Delta} = 0.$$

La première devient alors indépendante de la distance Δ; et elle exige que, outre la nullité de $\dfrac{\mathrm{P}}{u} + \dfrac{\mathrm{N}}{\Delta}$, on établisse entre les éléments de l'appareil une relation telle que le grossissement angulaire N y soit constant pour les rayons de toute réfrangibilité, ce qui donne d'é-gales grandeurs aux anneaux oculaires qui y correspondent.

Il faut remarquer que, dans l'approximation à laquelle nous

nous bornons, la fonction $\dfrac{P}{u} + \dfrac{N}{\Delta}$ n'a pas besoin d'être rendue nulle que pour les rayons de réfrangibilité moyenne, et pourrait bien ne pas l'être pour les autres rayons. Dans ce dernier cas, qui est le plus ordinaire, les pinceaux incidents de réfrangibilité moyenne, émis par les points rayonnants situés à la distance Δ, sortiront seuls de l'appareil sous forme de faisceaux; et les pinceaux de toute autre réfrangibilité émergeront en pinceaux coniques. Mais, quel que soit l'écartement longitudinal des foyers provenus ainsi d'un même point rayonnant, l'accomplissement simultané des deux conditions prescrites les amènera toujours sur une même droite, dirigée vers le point oculaire moyen où le centre de la pupille est placé, et autour duquel la caractéristique δ opère.

188. L'égalité des anneaux oculaires, donnée par l'équation (1), lorsque l'œil est supposé infiniment presbyte, n'est qu'un cas particulier d'une propriété remarquable qui s'établit généralement dans tous les systèmes dioptriques convergents, lorsqu'ils satisfont à l'équation qui amène tous les foyers de chaque point rayonnant sur une même droite dirigée au point oculaire moyen. Comme cette propriété montre avec évidence en quoi consistent les imperfections d'achromatisme que ces instruments conservent encore après qu'ils sont ainsi préparés, je vais en donner ici la démonstration.

Je reprends donc notre équation (1) sous sa forme générale, telle que nous l'avons établie page 583, avant que la condition de la visibilité distincte y fût introduite; et j'y fais seulement $D' = H$, pour la limiter aux systèmes convergents dans lesquels le centre de la pupille est placé au point oculaire moyen. Elle se réduit ainsi à

$$\left(\frac{P}{u} + \frac{N}{\Delta}\right)\delta H - \frac{u_m}{u}\frac{\delta N}{N^2} = 0;$$

pour l'interpréter avec plus de liberté, je la sépare de toute circonstance étrangère. Non-seulement je ne la restreins pas au cas d'un presbytisme illimité, mais je fais un moment abstraction de la nécessité de préparer l'instrument pour une certaine portée de vue particulière; ou, si l'on veut, je donne idéalement à l'œil la faculté de percevoir distinctement les images à toute distance, sauf à introduire plus tard les limitations que l'absence de cette faculté exigera. D'après les conditions générales attachées à tout instrument optique, si Δ_f est la distance focale correspondante à la distance Δ de l'objet, on a

$$\frac{1}{\Delta_f - H} = \frac{N}{u_m}\left(P + \frac{N u}{\Delta}\right) = N \frac{u}{u_m}\left(\frac{P}{u} + \frac{N}{\Delta}\right);$$

tirant donc de là $\dfrac{P}{u} + \dfrac{N}{\Delta}$, et le substituant dans notre équation de condition, elle devient

$$\frac{\partial H}{\Delta_f - H} - \frac{\partial N}{N} = 0.$$

Soit λ_1 le demi-diamètre d'ouverture donné à la première surface de l'appareil; $\dfrac{\lambda_1}{N}$ sera le demi-diamètre de l'anneau oculaire propre aux rayons de moyenne réfrangibilité, § **64**, page 436. Et, en outre, λ_1 sera constant pour la caractéristique ∂. Alors en l'introduisant sous cette caractéristique, on pourra mettre notre équation de condition sous cette forme

$$\frac{\partial H}{\Delta_f - H} + \frac{\partial\left(\dfrac{\lambda_1}{N}\right)}{\left(\dfrac{\lambda_1}{N}\right)} = 0;$$

ce qui peut se traduire par cette proportion :

$$\Delta_f - H : -\partial H :: \frac{\lambda_1}{N} : \partial\left(\frac{\lambda_1}{N}\right).$$

Elle est maintenant bien facile à interpréter. En effet, $\Delta_f - H$ est la distance de l'anneau oculaire moyen, au-delà du foyer central moyen de l'appareil; et $-\partial H$ est la variation de cette distance, quand on passe à une autre réfrangibilité, de même que $\partial\left(\dfrac{\lambda_1}{N}\right)$ est la variation du demi-diamètre de l'anneau oculaire $\dfrac{\lambda_1}{N}$ qui y répondait. La relation ainsi exprimée signifie donc, qu'en passant de la réfrangibilité moyenne à des réfrangibilités différentes, les variations de diamètre des anneaux oculaires sont proportionnelles aux variations de leurs distances au foyer central moyen actuellement propre à la distance Δ. De sorte que leur dimension absolue reste toujours proportionnelle à l'intervalle qui les sépare de ce foyer. C'est ce que montre la *fig.* 45, dans laquelle H désigne le point oculaire moyen, F le foyer central qui y correspond pour la distance Δ de l'objet, et lHl le diamètre de l'anneau oculaire moyen, ou $\frac{2\lambda_1}{N}$. Les autres lettres, H′, H″ représentent les points oculaires correspondants aux réfrangibilités extrêmes, dont les anneaux propres, comme ceux de toutes les réfrangibilités intermédiaires, sont limités par les droites Fl. Si le foyer central moyen F s'éloignait à l'infini de H, comme nous le supposions tout-à-l'heure, pour le cas d'un œil infiniment presbyte, les droites Fl deviendraient parallèles à l'axe central, ce qui rendrait tous les anneaux oculaires égaux entre eux : c'est en effet le résultat auquel nous avons été conduits.

159. Appliquons notre construction à un pinceau incident de lumière naturelle qui, partant toujours de la même distance Δ au-devant de la surface d'incidence, aurait son axe géométrique oblique à l'axe central, entre les limites d'inclinaison nécessaire pour permettre son admissibilité : c'est ce que représente la *fig.* 46. Le pinceau de moyenne réfrangibilité contenu dans cette lumière produira un pinceau émergent, dont le foyer se formera dans le plan focal moyen propre à la distance Δ, par exemple en f. Alors, en vertu des proportions données aux anneaux par l'équation de condition, tous les autres pinceaux de réfrangibilités différentes qui constituaient le pinceau incident, formeront leurs foyers sur la même ligne visuelle Hf, à diverses distances du point oculaire moyen H, comprises par exemple entre les termes extrêmes, f', f'' ; et, enfin, chaque pinceau émergent rayonnera, à partir de son foyer individuel, à travers l'anneau oculaire qui lui est propre. Pour que cette transmission soit complète, mettons le point rayonnant dans le cône antérieur USU de la *fig.* 32, en sorte que le pinceau incident puisse couvrir toute la surface d'incidence en restant com-

pris dans les conditions d'admissibilité. Alors chaque pinceau émergent remplira aussi complétement l'anneau oculaire qui appartient à sa réfrangibilité propre. Or, ces radiations ayant leurs sommets et leurs bases dispersés par les valeurs diverses de la réfrangibilité, elles traceront évidemment des sections inégales dans le plan oculaire moyen, lorsqu'elles y parviendront; et elles s'y déborderont mutuellement, à moins qu'elles n'y fussent spécialement rassemblées par les deux autres conditions de l'achromatisme, lesquelles nous ne supposons pas ici établies. Conséquemment, lorsque la pupille, ayant son centre au point oculaire moyen H, recevra simultanément ces variations d'inégale amplitude sur l'étendue de son ouverture sensible, elles ne paraîtront superposées que dans la seule direction de la ligne focale Hf; et leur ensemble produira, pour chaque point rayonnant, la sensation d'une image plus ou moins étendue, comme aussi plus ou moins irisée. Ces effets opérés par la dispersion longitudinale des foyers et des anneaux oculaires subsisteront, même pour les pinceaux incidents qui émanent de points placés sur l'axe central de l'appareil, comme on le voit à la seule inspection de la *fig.* 47, en supposant les foyers de diverses réfrangibilités distribués sur cet axe pour une distance donnée Δ de l'objet. La dilatation chromatique qui en résultera dans les images de chaque point rayonnant croîtra avec la dispersion longitudinale qui la produit. On l'apercevra surtout, lorsque l'amplitude des pinceaux émergents sera assez amincie par la force du grossissement N, pour que les cônes formés par leur radiation puissent pénétrer tout entiers dans la pupille. Car alors la diversité de leurs couleurs deviendra plus évidemment manifeste, principalement sur les contours des images où ils se déborderont mutuellement. C'est là sans doute la cause, ou au moins une des causes, qui font que chaque appareil dioptrique ne peut supporter qu'une certaine limite de force du grossissement N, au-delà de laquelle l'imperfection de l'achromatisme y devient intolérable.

460. J'ai analysé avec beaucoup de détail ces particularités, parce que les instruments convergents où elles se réalisent sont spécialement employés dans les observations astronomiques qui demandent le plus de délicatesse. On ne se résout à leur substituer

des appareils divergents que dans certains cas où leur usage devient indispensable ; et alors on fait en sorte qu'ils diffèrent le moins possible des appareils convergents, comme je le montrerai plus loin. Sauf ces cas exceptionnels, les appareils divergents ne servent que pour la confection des lunettes de spectacle et des doublets, avec lesquels on amplifie les divisions tracées sur les limbes des instruments, afin de les lire avec plus de netteté.

Venant donc à ces appareils divergents, on ne peut mieux faire que de mettre la pupille en contact avec leur dernière surface. Je place donc son centre sur l'axe du système dans cette position. Alors D′ est nul dans notre équation générale (1), page 583, qui assure la dispersion rectiligne des foyers, comme aussi dans l'équation (2) de la même page, qui amène les images à la portée de la vision distincte. Elles deviennent donc :

$$(1) \quad \frac{\partial H}{N(D-H)} + \frac{u}{u_m} H \left[\frac{\partial N}{\Delta} + \partial \left(\frac{P}{u} \right) \right] - \frac{\partial N}{N^2} = 0 ;$$

$$(2) \quad \frac{1}{N(D-H)} = \left(\frac{P}{u} + \frac{N}{\Delta} \right) \frac{u}{u_m}.$$

Le terme multiplié par H ne s'évanouit donc pas dans ces appareils ; et son influence croît avec la valeur de H, c'est-à-dire à mesure que le point oculaire moyen est plus enfoncé dans leur intérieur, conséquemment plus distant de la dernière surface, derrière laquelle l'œil est appliqué. Ce terme subsiste même, lorsqu'on veut supposer l'appareil préparé pour une distance infinie de l'objet et de son image. Il ne pourrait disparaître que si H lui-même devenait nul pour les rayons de moyenne réfrangibilité. Or, en effet, cette supposition mettrait le point oculaire moyen en coïncidence avec le centre de figure de la dernière surface, conséquemment avec le centre de la pupille, et l'on reviendrait au cas des appareils convergents.

161. Toutefois il importe de remarquer que, dans les limites d'approximation données ici à nos formules, la nullité rigoureuse de H ne serait pas nécessaire pour que cette réduction eût lieu. Il suffirait que la valeur moyenne de H fût seulement très petite de l'ordre de la dispersion. Car, alors, H se trouvant multipliée dans

l'équation (1) par des quantités qui sont elles-mêmes de cet ordre, le produit se trouverait de l'ordre de leur carré que nous négligeons. J'aurai plus loin l'occasion de montrer que ce cas se réalise dans certaines constructions d'oculaires employés aux usages astronomiques; mais alors on a toujours bien soin que la valeur positive de H qui en résulte soit excessivement petite. Ceci ayant lieu, et l'équation (1) étant satisfaite comme pour H nul, concevons un rayon lumineux à incidence centrale qui, s'étant introduit sous l'angle $_cX$, viendrait border le champ apparent pour une pupille idéale, sans dimension sensible, qui serait placée fictivement au point oculaire intérieur. L'ordonnée d'émergence finale de ce rayon sur la dernière surface de l'appareil sera, d'après nos formules générales,

$$\lambda_m = Qu \sin {}_cX;$$

or on a aussi

$$H = \frac{Q}{N} u_m.$$

Il en résultera donc

$$\lambda_m = \frac{u}{u_m} N H \sin {}_cX.$$

Si cette ordonnée finale λ_m n'excède pas le demi-diamètre de la pupille réelle, les axes de pinceaux admissibles, compris dans l'angle primitif $\pm {}_cX$, entreront dans l'œil précisément comme dans la pupille idéale placée au point oculaire intérieur. Donc leurs foyers hétérogènes étant dispersés sur l'axe émergent moyen qui passe par ce point, puisque l'équation (1) est supposée satisfaite, ils arriveront encore dans la pupille réelle suivant cette même droite; et la perception en sera aussi parfaite, ou presque aussi parfaite, que si le point oculaire moyen était placé sur la surface même d'émergence.

162. En général, quelle que soit la nature de l'appareil, l'équation de condition qui assure la dispersion rectiligne des foyers sur la ligne visuelle centrale, devra être combinée avec la valeur de Δ_j qui amène à la juste portée de la vision distincte, les images de moyenne réfrangibilité. Mais, pour apprécier complétement l'effet physique du système auquel on aura appliqué ces condi-

tions, il faudra examiner jusqu'à quel point les imperfections qu'elles laissent subsister dans l'achromatisme sont supportables. C'est à quoi l'on parviendra, soit par l'observation même, soit en calculant les coordonnées focales Δ_i, y_i, z_i, pour diverses réfrangibilités, d'après leurs expressions particularisées, en les appliquant aux points rayonnants, éloignés ou proches, pour la vision desquels l'instrument est spécialement destiné. Je donnerai plus loin des exemples numériques de ces épreuves.

Emploi des oculaires simples formés par une seule lentille.

163. Mais, dès à présent, pour achever de rendre sensibles les principes généraux que je viens d'exposer sur l'établissement approché de l'achromatisme, par la dispersion rectiligne des foyers que l'équation (1), page 583, assure, je vais les appliquer à la discussion d'une règle que l'expérience a fait adopter aux opticiens, et qui peut s'énoncer généralement de la manière suivante : « Lors-
» que le système objectif d'un instrument optique destiné à l'ob-
» servation des objets célestes, est, par lui-même, exactement ou
» très approximativement achromatique, si le grossissement angu-
» laire $N\dfrac{u}{u_{m}}$, qu'on veut lui faire produire, doit être très fort, et
» ne lui faire embrasser qu'un champ très restreint, on peut, sans
» inconvénient sensible pour l'achromatisme, y adapter des ocu-
» laires simples, c'est-à-dire formés par une seule lentille con-
» vergente ; et il y a même alors de l'avantage à les faire tels,
» surtout pour observer des systèmes stellaires dont le diamètre
» apparent, vu à travers l'appareil, doit être sensiblement nul ou
» excessivement petit. »

Commençons par fixer les coefficients principaux N'', P'', Q'', R'' de l'oculaire simple. Pour cela, il ne faudra que transporter ici ceux que nous avions déjà calculés généralement pour deux surfaces, page 482, en remplaçant l'indice inférieur 2 que nous leur avions appliqué par des primes supérieures, pour les conformer à notre notation actuelle. En outre, pour pouvoir introduire ces deux surfaces comme oculaires dans un instrument quelconque, où nous ne pouvons pas fixer d'avance de rang ordinal, je transformerai aussi, en primes, les indices que nous avions attribués alors aux lettres qui désignent les rayons de courbure des deux faces de la lentille, son épaisseur centrale, et le rapport de réfraction qu'elle exerce sur les rayons lumineux que l'on veut considérer. Comme elle est toujours en contact avec l'air par ses deux faces dans les applications, la vitesse antérieure que nous avions désignée par u, et qui devient actuellement u_i, sera égale à la vitesse finale d'émergence u_m. J'emploie donc les expériences citées en y faisant ces diverses modifications. Par un motif pareil, la vitesse d'incidence u, dans le milieu antérieur au système total, sera aussi toujours égale à $\pm u_m$. On aura donc ainsi :

$$N'' = 1 - \frac{(n'-1)e'}{n'r''}; \quad P'' = (n'-1)u_i\left[\frac{1}{r'} - \frac{1}{r''} - \frac{(n'-1)e'}{n'r'r''}\right];$$

$$Q'' = \frac{e'}{n'u_i}; \quad R'' = 1 + \frac{(n'-1)e'}{n'r'}.$$

Je suppose que l'instrument doit être préparé pour un œil infiniment presbyte : c'est ce que l'on fait toujours. Alors le coefficient angulaire N du système total, et l'intervalle h_i du système objectif au système oculaire, ont les expressions que nous avons respectivement désignées par N_0 et h_0, dans la page 511. Il ne faut donc qu'y introduire les conditions spéciales du système d'oculaire simple que nous voulons considérer, et les circonstances physiques dans lesquelles il sera mis en usage.

Dans ces circonstances, les milieux antérieur et postérieur au système total étant identiques, le grossissement angulaire $N\dfrac{u}{u_m}$ devient $\pm N_0$; et l'on exige qu'il ait une valeur numérique considérable. Or, le coefficient N' du système objectif, qui entre dans l'expression de N_0 de la page 511, est toujours très peu différent de l'unité. Donc, pour que N_0 devienne très grand, comme on se le propose, il faut que le produit $\dfrac{P''}{u_i}(\Delta'_f - H')$ soit lui-même très grand. D'après l'expression actuelle de P'', on voit que cela ne pourra avoir lieu qu'autant que l'un au moins des rayons de courbure r', r'', de la lentille oculaire sera très petit comparativement à Δ'_f — H', et par suite comparativement à χ'_f ; car H' est toujours presque nul dans les systèmes objectifs dont on fait usage. C'est-à-dire que l'un de ces rayons, au moins, devra être une très petite fraction de la longueur focale du système objectif, dans les circonstances où il est employé ; et plus cette fraction sera petite, plus le grossissement angulaire du système sera considérable. D'après cela, les demi-diamètres des faces de la lentille seront nécessairement du même ordre de petitesse, puisqu'ils peuvent, tout au plus, égaler le rayon de courbure d'une d'entre elles, ce qui rendrait cette face hémisphérique ; et ainsi il faudra, par cela seul, qu'elle n'ait que de très petites dimensions.

Quand cette petitesse n'est pas telle qu'on ne puisse travailler artificiellement les deux faces, on fait ordinairement la seconde plane, ce qui la rend plus facile à exécuter. Dans les cas extrêmes où le travail devient impossible, on emploie des globules sphériques, qu'on obtient en fondant l'extrémité d'un fil capillaire de verre, avec les précautions nécessaires pour assurer, ou pour rectifier, leur sphéricité (*). Ces deux dispositions ayant été appliquées à de grands instruments, quoique bien plus rarement la dernière, j'en discuterai séparément l'emploi.

164. Lorsque la seconde surface de la lentille est plane, son rayon de courbure r'' devient infini. Alors les expressions de ses coefficients principaux prennent les valeurs suivantes :

$$N'' = 1; \quad P = (n' - 1)\frac{u_i}{r'}; \quad Q'' = \frac{e'}{n' u_i}; \quad R'' = 1 + \frac{(n' - 1)e'}{n' r'}.$$

Or pour elle, comme pour tout autre système optique où la vitesse d'émergence est u_m, la distance H'' du point oculaire à la dernière surface, et la distance focale principale F'', sont données par les formules suivantes :

$$H'' = \frac{Q''}{N''} u_m; \qquad F'' - H'' = \frac{u_m}{N'' P''}.$$

(*) Les procédés qui font obtenir ce double résultat sont exposés avec détail dans un petit ouvrage du P. della Torre, intitulé : *Nuove osservazioni intorno la Storia naturale* ; Naples, 1763, in-8°.

En substituant dans les seconds membres les valeurs des coefficients principaux, et faisant attention que $\frac{u_m}{u_i} = 1$, parce que, dans l'usage de la lentille, ses deux faces sont contiguës à un même milieu, qui est l'air ambiant, il vient :

$$H'' = \frac{e'}{n'}; \qquad F'' - H'' = \frac{r'}{n' - 1}.$$

L'épaisseur centrale est toujours positive dans notre notation. L'indice de réfraction n' est aussi positif pour les rayons lumineux de toute réfrangibilité; H'' est donc positif, ce qui rend le point oculaire antérieur à la surface d'émergence. Ainsi une lentille simple, dont la face d'émergence est plane, est de la nature des appareils à *point oculaire divergent*.

Il est facile de s'en convaincre à la seule inspection des *fig*. 48 et 49, que l'on a été obligé de construire sur des dimensions exagérées de courbure pour y rendre sensible la marche des rayons lumineux. Dans la première l'incidence est centrale. Un rayon incident SA′ passe de l'air dans la lentille en se réfractant suivant A′I″; ce qui le rapproche de l'axe central A′A″. Puis il se réfracte de nouveau en I″ à la seconde surface; et comme elle se trouve parallèle au plan tangent en A′, il ressort parallèle à sa direction primitive d'incidence suivant I″R. Il va donc nécessairement couper l'axe central en avant de A″; et si l'on calcule trigonométriquement sa marche, en supposant X assez petit pour que $\sin^3 X$ soit négligeable, on trouve en effet que A′A″ étant e', A″H ou H'' est $\frac{e'}{n'}$.

Dans la *fig*. 49, l'incidence est supposée se faire hors de l'axe central, en I′. Un rayon incident extérieur qui n'est pas figuré, engendre le rayon réfracté I′I″, qui, arrivé en I″, ressort dans l'air, suivant I″R, en s'écartant de la normale à ce point. Il va donc couper la droite I′A″ en avant de A″; et, si l'angle X, formé par ce rayon réfracté avec l'axe central est assez petit pour que l'on puisse négliger $\sin^3 X$, il est aisé de voir qu'en désignant par e', l'épaisseur excentrique I′A″, on aura A″H égal à $\frac{e'}{n'}$. Cette valeur ne peut donc être censée égale à A″H ou H″, qu'autant que le sinus verse A′P′ de l'arc A′I′ est supposé négligeable ; et c'est dans cet ordre d'approximation seulement que le point oculaire excentrique H′, qui est le foyer propre de I′, peut être supposé compris dans le plan mené par le point oculaire central H, perpendiculairement à l'axe de la lentille. Nous avions en effet remarqué en général, pages 431, 435, que cette coïncidence d'abscisse des points oculaires n'a lieu qu'aux quantités près du second ordre de notre approximation ; et l'exemple actuel confirme cette limite, puisque l'arc d'incidence A′I′, devant être supposé du premier ordre de petitesse, son sinus verse A′P′ est très petit du second ordre.

165. Nos figures représentent la face antérieure de la lentille comme convexe vers les rayons incidents, ce qui rend r' négatif dans notre notation. Cela est toujours ainsi dans les oculaires simples appliqués aux instruments astronomiques. Avec cette forme, la plus grande ordonnée de la face antérieure ne peut pas surpasser $\pm r'$; et comme on ne cherche jamais à augmenter l'épaisseur sans nécessité, il s'ensuit que la valeur de $+ r'$ dans une telle lentille pourrait être tout au plus égale à $- r'$, ce qui rendrait la surface antérieure hémisphérique, comme le représente la *fig.* 50. On la construit ainsi, dans la pratique, lorsque le rayon de courbure doit être moindre que 1 millimètre, parce qu'on est obligé alors de lui laisser le plus de prise qu'il est possible pour la travailler ; et l'on restreint ensuite l'ouverture efficace de la face antérieure dans les limites d'admissibilité, en la faisant suffisamment recouvrir par les bords de la monture métallique dans laquelle on l'insère, comme aussi en limitant les conditions de perméabilité, au moyen du diaphragme ultérieur. Mais, quand ce degré d'exiguïté extrême n'est pas exigé, ce qui comprend les cas habituels, on donne à la face courbe LA′L, *fig.* 51, une amplitude telle, que son ordonnée extrême A″L soit à peu près égale à $\frac{6}{10}$ du rayon r'. Alors, la demi-ouverture A′L soutend au centre de courbure C′, un angle d'environ 37°, autour de l'axe central A′C′ ; l'épaisseur centrale A′A″ se trouve égale à $\frac{2}{10}$ du rayon ; et les proportions de la lentille sont telles que je les ai figurées. Toutefois l'arc A′L, ainsi exécuté est trop grand pour qu'on puisse le présenter tout entier aux rayons

incidents venus de l'objectif; et l'on est obligé de le restreindre,
comme je le dirai plus bas, tant par les diaphragmes antérieurs
que par celui qu'on applique à la seconde surface de la lentille,
derrière laquelle l'œil est appliqué.

166. L'épaisseur centrale se trouvant ainsi toujours plus petite
que $-r'$, ou tout au plus égale, et l'indice de réfraction n' étant toujours plus grand que l'unité, il s'ensuit que la valeur de H'' ou $\frac{e'}{n'}$,
qui est positive, est nécessairement moindre que la quantité négative $\frac{r'}{n'-1}$ qui exprime $F'' - H''$. La valeur de F'' qui en résulte
est donc négative dans notre notation; c'est-à-dire que la distance
focale principale de la lentille tombe au-delà de sa dernière surface,

Par suite sa distance focale réciproque $-\dfrac{u_i}{u_m} N''^3 (F'' - H'')$ est

positive, puisque $\dfrac{u_i}{u_m}$ est égal à $+ 1$ dans son application. Ainsi,
d'après ce qu'on a démontré, page 514, la lentille construite, suivant
ces conditions, constituera un oculaire positif; de sorte qu'elle
devra être placée postérieurement à l'image propre que le système
objectif jettera derrière lui, laquelle se formera ainsi réellement.

C'est en effet ce que montre l'expression de h_0 de la page 511,
laquelle définit généralement l'intervalle qui doit exister entre la
dernière surface du système objectif, et la première du système
oculaire, pour que les pinceaux lumineux, émanés de chaque
point de l'objet observé, sortent de l'instrument sous forme de
faisceaux composés de rayons parallèles, comme l'exige le presbytisme illimité de l'observateur qui est supposé les recevoir. En
mettant dans cette expression les valeurs de N'' et de $F'' - H''$
propres à la lentille plan-convexe, conjointement avec celle de
$\dfrac{u_i}{u_m}$, qui est ici l'unité, elle donne

$$h_0 = - \Delta'_j - \frac{r'}{n'-1};$$

et comme r' est négatif, tandis que $n' - 1$ est positif, on voit que la quantité qui s'ajoute à la distance focale — Δ'_f du système objectif est positive.

En faisant la même substitution dans la quantité N_o du même paragraphe, qui exprime généralement le grossissement angulaire résultant de l'oculaire choisi, elle devient

$$N_o = -(n' - 1)\frac{N'(\Delta'_f - H')}{r'}$$

Lorsque la constitution du système objectif sera donnée, ainsi que la distance des objets auxquels on veut appliquer l'instrument, le produit $N'(\Delta'_f - H')$ sera connu. Si, de plus, on connaît le rayon de courbure r' de la lentille oculaire, et l'indice n' de la réfraction qu'elle exerce sur chaque rayon de réfrangibilité assignée, le second membre pourra se réduire en nombres, et sa valeur exprimera le grossissement angulaire total N_o, résultant de cette combinaison. Inversement, si l'on donne la valeur de N_o, avec l'indice de réfraction n', on pourra calculer la longueur du rayon de courbure r', qui donnera ce grossissement angulaire.

167. Prenons pour exemple la grande lunette parallactique de l'Observatoire de Dorpat. Suivant les mesures prises par l'excellent astronome M. Struve, la distance focale principale du système objectif y est de $- 4^m,36935$. C'est la valeur de Δ'_f pour les objets infiniment distants. Ce système étant d'ailleurs composé de deux lentilles peu épaisses, placées presque en contact central, N' y est très peu différent de $+ 1$, et H' y est presque nul; de sorte que, dans l'application astronomique, le nombre rapporté tout-à-l'heure peut être considéré comme très approximativement égal à $N'(\Delta'_f - H')$. Supposons que l'on veuille y appliquer pour oculaire une lentille simple, plan-convexe, ayant son côté plan tourné vers l'œil, qui soit faite avec une espèce de verre où l'indice moyen de réfraction n' ait pour valeur $1,5$, et qui produise un grossissement angulaire N_o égal à $- 2000$. La valeur du rayon de courbure r' qui satisfait à cette condition sera :

$$r' = - \frac{4^m,36935}{4000} = - 0^m,0010923.$$

Il excédera donc à peine 1 millimètre. Ainsi, pour pouvoir travailler la lentille, on sera presque inévitablement obligé de la faire hémisphérique, sauf à restreindre son ouverture efficace en l'ajustant dans sa monture, comme aussi en rétrécissant convenablement l'ouverture du diaphragme postérieur qu'on lui appliquera. Le signe négatif de r' montre que sa surface antérieure devra être convexe vers l'objectif, pour satisfaire aux conditions exigées.

168. Généralement, dans les applications des appareils ainsi composés, le facteur $N'(\Delta'_f - H')$ qui dépend du système objectif est toujours négatif. Le rayon de courbure r' de la lentille oculaire est négatif aussi; mais $n' - 1$ est positif, parce que l'indice de réfraction n' est toujours plus grand que l'unité, quelle que soit l'espèce de rayon lumineux auquel il s'applique. Le coefficient N_0 appartenant au système total sera donc toujours négatif avec ces dispositions.

Par les mêmes motifs, le facteur $N''(F'' - H'')$ propre à la lentille oculaire sera négatif. Le facteur $N'(\Delta'_f - H')$ propre au système objectif est aussi négatif, comme je viens de le dire. Donc, par la règle de la page 527, l'instrument donnera des images renversées des objets, quand il sera adapté à la portée de vue de chaque observateur.

Je dis maintenant qu'il sera convergent, c'est-à-dire que son point oculaire sera postérieur à sa dernière surface. Cela résulte de ce que F'' est ici négatif, ainsi que $\Delta'_f - H'$, comme on l'a démontré généralement page 520. Il sera même tel, non-seulement pour un œil infiniment presbyte, mais pour toute portée de vue habituelle, à cause de la grandeur du grossissement N qui rendra toujours la quantité H peu différente de F'', comme nous l'avons remarqué alors. Ainsi l'instrument sera de la classe de ceux que j'ai appelés à *point oculaire convergent;* et il faudra placer la pupille au point de l'axe que la valeur de H indique, c'est-à-dire presque au foyer principal de la lentille oculaire, et d'autant plus près de ce foyer que N sera plus fort.

169. J'ai dit que, dans les systèmes objectifs, N' est toujours très peu différent de 1, et H' presque nul. Supposons-les tels exactement; alors le facteur $N'(\Delta'_f - H')$ se réduira à Δ'_f. Si, en outre, la lentille oculaire est très mince à son centre, de sorte que H'' y soit négligeable, le facteur $\dfrac{n'-1}{r'}$ représentera $\dfrac{1}{F''}$. On aura donc dans ces conditions d'approximation

$$h_0 = -\Delta'_f - F'', \qquad N_0 = -\frac{\Delta'_f}{F''}.$$

Le grossissement angulaire sera alors égal à la distance focale actuelle du système objectif, divisée par la distance focale principale de l'oculaire simple; et celui-ci devra être placé à une pareille distance au-delà de l'image réelle formée par le système objectif. Tel est le calcul ordinaire des opticiens; et il suffit à leurs évaluations habituelles, où la minceur des lentilles oculaires rend H'' très petit comparativement à F''. Mais il deviendrait fautif si la petitesse de la lentille oculaire avait obligé l'artiste de renoncer à cet avantage pour pouvoir la soumettre au travail. Car supposez, par exemple, qu'il ait dû la faire hémisphérique, sauf à rétrécir convenablement son ouverture efficace en l'appliquant à l'instrument. L'épaisseur centrale $+e'$, qui est toujours positive, serait alors $-r'$. On aurait donc

$$H'' = -\frac{r'}{n'},$$

et par suite,

$$F'' = \frac{r'}{n'-1} + H'' = \frac{r'}{n'-1} - \frac{r'}{n'} = \frac{r'}{n'(n'-1)}.$$

Ainsi la valeur de N_0 calculée à la manière habituelle serait

$$N_0 = -\frac{N'(\Delta'_f - H')}{F''} = -n'(n'-1)\frac{N'(\Delta'_f - H')}{r'},$$

au lieu qu'elle doit toujours être

$$N_0 = -(n'-1)\frac{N'(\Delta'_f - H')}{r'}.$$

Le grossissement ainsi évalué serait donc trop fort dans la proportion de n' à 1 ou de 15 à 10, si l'on suppose la lentille oculaire faite d'un crown-glass où l'indice moyen de réfraction serait 1,5. Il n'est pas invraisemblable qu'une erreur de ce genre a fait exagérer par les opticiens de Munich, jusqu'à 1500 et 2000, les grossis-

sements des deux plus forts oculaires de M. Struve, que cet excellent observateur, par des mesures très précises de leurs effets,
a trouvé n'être que 1150 et 1500.

La même cause d'inexactitude vicie également la détermination
approximative de h_0, conséquemment du point de l'axe central où
l'oculaire doit être placé pour transformer les pinceaux incidents
en faisceaux dans leur émergence. Mais il n'en résulte aucun inconvénient final, puisque chaque observateur amène l'oculaire en
son lieu convenable pour sa vue, non par le calcul, mais d'après
la condition même de la netteté de la perception.

170. Toutefois l'expression exacte de h_0, donnée ci-dessus pour
l'oculaire simple, et qui est

$$h_0 = -\Delta'_1 - \frac{r'}{n'-1};$$

cette expression, dis-je, va nous être très utile pour montrer l'extrême danger des oculaires simples appliqués à des objectifs dioptriques, pour produire de très forts grossissements. En effet,
l'expression de N_0 exige alors que le rayon de courbure r' soit fort
petit; et en prenant, par exemple, 1,5 pour la valeur moyenne
de n', le terme $-\dfrac{r'}{n'-1}$ devient $-2r'$. C'est-à-dire que la première surface de la lentille oculaire ici considérée, doit, dans le cas
illimité de presbytisme, se placer au-delà de l'image objective, à une
distance seulement égale au double de son rayon de courbure; et
pour la généralité des observateurs il faut l'en rapprocher encore
davantage. Or, si le système objectif n'est pas rigoureusement
achromatique, *dans le sens longitudinal*, en sorte que les images
focales de diverses couleurs, des points placés dans l'axe de ce
système, ne soient pas rigoureusement coïncidentes, les pinceaux
partis de ces différents foyers, produiront à travers l'oculaire des
pinceaux émergents extrêmement dispersés, et dissemblables tant
pour la distance de leur foyer final à l'œil de l'observateur, que
pour leur degré de divergence propre. De sorte que si $-r'$ était
par exemple de $\frac{1}{2}$ millimètre, et que la dispersion longitudinale
de l'objectif fût seulement double ou égale à 1 millimètre pour les

réfrangibilités extrèmes, il y aura des pinceaux émergents dont le foyer sera postérieur à la dernière surface de l'oculaire et réel, tandis que pour d'autres ce foyer sera antérieur et virtuel. De sorte que les premiers de ces pinceaux arriveront convergents vers l'œil, les autres divergents; ce qui produirait une confusion intolérable. Aussi n'est-ce qu'avec des soins excessifs qu'on peut amener les objectifs dioptriques au degré de perfection nécessaire, pour que de tels oculaires puissent s'y adapter. Mais cet inconvénient n'existe plus quand le système objectif est entièrement catoptrique, c'est-à-dire formé par un ou deux miroirs conjugués; car alors il est rigoureusement achromatique par lui-même. Aussi Herschel, qui a employé les oculaires simples pour les observations stellaires, jusqu'à des proportions de grossissement énormes, avec tant de succès et de prédilection qu'il jugeait les oculaires composés absolument inutiles, ne s'en est jamais servi ainsi qu'en les appliquant à des télescopes réflecteurs; et encore leur effet se trouvait-il spécialement favorisé dans ses observations par une circonstance particulière qui me reste à expliquer.

171. Elle consiste dans le rétrécissement excessif que le champ apparent subit par le seul fait de la petitesse de l'oculaire simple employé pour produire de forts grossissements. L'inévitable nécessité de ce résultat se manifeste à la seule inspection de la $fig.$ 52, qui représente une section centrale du système total auquel la lentille simple A, A_3 est adaptée comme oculaire. Le système objectif y est supposé dioptrique et très mince à son centre de figure, ainsi qu'on le fait toujours. Soient SA, les deux rayons à incidence centrale qui limitent le champ apparent dans le plan de la section considérée, en formant l'angle $_2X$ avec l'axe du système. La minceur de l'objectif à son centre de figure fait que ces rayons s'éloignent très peu de l'axe en le traversant; de façon qu'après en être sortis pour rentrer dans l'air, ils ne font presque que suivre le prolongement de leurs directions primitives comme on les a figurés. Ainsi ils se dirigent vers l'oculaire en comprenant le même angle $_2X$ qu'ils formaient d'abord; et comme ils doivent l'embrasser pour être efficaces, celui-ci restreint déjà leur écart par ses dimensions propres au lieu où il se trouve placé. Il le restreint donc d'autant plus qu'il est plus petit et plus distant de l'objectif, c'est-à-dire à mesure que l'on veut faire croître le grossissement angulaire total du système.

Dans ces mêmes suppositions d'éloignement et de petitesse de l'oculaire simple, un pinceau de rayons incidents qui partirait du centre de figure A, de la première surface objective, serait réfracté par lui presque comme un faisceau de rayons parallèles; de sorte que le foyer final irait se former, presque à l'extrémité de sa distance principale F''. Ce serait donc là, ou tout près de là, que tomberait le point oculaire du système total. Aussi avons-nous trouvé, page 52o, qu'en général l'abscisse H de ce point oculaire, diffère d'autant moins de F'' que le grossissement angulaire total N est plus considérable, quelle que soit d'ailleurs la nature de l'appareil considéré. Et en effet la raison de ce résultat s'applique également aux oculaires composés ou simples.

La *fig.* 52 représente l'objectif comme dioptrique. La conséquence serait la même et aussi évidente, s'il était formé d'un seul miroir qui renvoyât immédiatement les rayons lumineux vers l'oculaire simple, placé à une petite distance de l'axe central, comme dans les grands télescopes à réflexion employés par Herschel et par plusieurs astronomes anglais après lui. Car, dans cette disposition représentée *fig.* 53, il faudrait toujours que les rayons à incidence centrale qui limitent le champ visible par réfraction ne débordassent pas la lentille oculaire qui serait encore placée au-delà du foyer du miroir ; et comme elle devrait n'avoir que des dimensions très petites pour que le grossissement fût considérable, l'écart angulaire de ces rayons ne pourrait être que fort petit. Il en serait de même encore, si ces rayons, avant d'arriver à l'oculaire, étaient latéralement réfléchis par un petit miroir plan, comme dans l'espèce de télescopes représentée *fig.* 21, et que l'on appelle *newtoniens*, parce que Newton a le premier imaginé cette disposition. Mais, dans ces divers cas, et, en général, dans tous les instruments à système objectif quelconque, cet écart se trouve encore bien plus restreint par la condition que les axes des pinceaux émergents ne forment pas avec l'axe central un angle trop exagéré. Car si la limite tolérable de cet angle est $_rX_m$, on devra toujours avoir

$$\sin {}_cX_m = N \sin {}_cX.$$

Ainsi ${}_cX_m$ étant donné, l'angle ${}_cX$ devra être d'autant moindre qu'on voudra rendre N plus fort.

172. Je vais montrer la portée très différente de ces deux sortes de limitation, sur l'exemple même de l'oculaire simple à face postérieure plane que nous venons de considérer. Pour cela je reprends la relation qui existe toujours entre le grossissement angulaire, l'amplitude du champ et les ouvertures efficaces des surfaces, dans tout appareil optique soumis aux conditions des petites incidences. Cette relation, démontrée page 563, est

$$\sin {}_cX = \frac{\pi_2 + \pi_3 + \ldots \pi_m}{(N_m - 1)\,u};$$

et, dans la notation qui l'exprime, en désignant par λ_m le demi-diamètre d'ouverture efficace de la surface dont le rang est m, on a

$$\pi_m = (u_m - u_{m-1})\frac{\lambda_m}{r_m}.$$

Comme l'angle ${}_cX$ est formé par des rayons à incidence centrale, l'ordonnée d'incidence λ_1 sur la première surface du système est nulle, ce qui rend aussi nul π_1, et le fait disparaître de l'expression de $\sin {}_cX$. Si l'objectif est un miroir, tous les termes suivants appartiennent aux surfaces du système oculaire. Si l'objectif est dioptrique, les premiers termes π_2, π_3, ... appartiennent aux lentilles qui le composent. Mais, en les supposant très minces à leur centre de figure, et en contact, ou seulement séparées par des intervalles à peine sensibles, comme cela a lieu presque toujours, les ordonnées λ_2, λ_3, ... qui y correspondent deviennent négligeables, ce qui fait encore disparaître les termes π_2, π_3, ... qui en dérivent. Je me bornerai à ces deux cas. Alors, quand l'oculaire est simple, la formule ne contient plus que les valeurs de π_{m-1} et π_m appartenant à ses deux surfaces. Mais, puisque ici nous faisons sa seconde surface plane, r_m est infini, ce qui fait encore disparaître π_m; de sorte qu'il reste seulement à évaluer la quantité π_{m-1} propre à la première surface de la lentille oculaire. Or, cette surface étant extérieurement contiguë à l'air ambiant, u_{m-1} est u; et $\dfrac{u_{m-1}}{u_{m-2}}$ est l'indice de réfraction n'. On aura donc :

$$\pi_{m-1} = u \left(\frac{u_{m-1} - u_{m-2}}{u} \right) \frac{\lambda_{m-1}}{r_{m-1}} = u \, \frac{(n' - 1)\,\lambda'}{r'},$$

λ' étant le demi-diamètre d'ouverture efficace de la surface antérieure située vers l'objectif. L'expression générale de $\sin {}_cX$ adaptée à ce cas devient donc, en supprimant par abréviation l'indice m,

$$\sin {}_cX = \frac{(n' - 1)\,\lambda'}{(N - 1)\,r'}.$$

175. Reportons-nous maintenant à la *fig.* 52. Les rayons à incidence centrale $A_1 L_2$, qui bordent le champ apparent, ne peuvent pas s'écarter de l'axe central plus qu'il ne faut pour être tangents à la première surface de la lentille oculaire, puisqu'ils ne seraient pas réfractés vers l'œil par elle, s'ils la débordaient. Cette condition de tangence donne donc déjà une limite de leur plus grand écart physiquement possible; et il faut le restreindre bien davantage pour que l'oculaire puisse les amener sensiblement au même point focal que les rayons plus voisins de l'axe. Mais, en faisant d'abord abstraction de cette dernière circonstance, la seule condition de tangence exigerait toujours que l'ordonnée efficace λ' fût moindre que le rayon de courbure r'. Ainsi en la supposant égale à $-r'$, on aurait une amplitude du champ physiquement trop forte; et cette limite serait

$$\sin {}_cX = - \frac{(n' - 1)}{(N - 1)}.$$

Supposons par exemple $N = -2000$ et $n' = 1,5$; on aura, pour cette limite,

$$\sin {}_cX = \frac{1}{4002},$$

ce qui donne

$${}_cX = 51'',54.$$

Ainsi lorsqu'on emploiera un oculaire simple à face postérieure plane, pour produire un grossissement angulaire égal à 2000, l'amplitude totale du champ $2_{\circ}X$ résultante des seules dimensions de cet oculaire serait nécessairement moindre que $1'43''$. Mais elle devra être effectivement réduite bien au-dessous de cette valeur pour que la vision soit tolérable. J'ai expliqué, page 557, comment on opère expérimentalement cette réduction autant qu'elle est nécessaire, au moyen du diaphragme postérieur. Pour nous en faire une idée précise, supposons que pour le grossissement de -2000 ici adopté, on veuille restreindre l'angle final d'émergence $_{\circ}X_m$ à n'être que de $-15°30'$. En mettant ces valeurs dans la relation générale

$$\sin {}_{\circ}X_m = N \sin {}_{\circ}X,$$

il en résultera

$$_{\circ}X = 27'',56.$$

Le champ réel se trouvera ainsi réduit presque à la moitié de la limite précédente. Pour connaître l'ordonnée efficace λ' qui y correspondra sur la surface antérieure de l'oculaire, il n'y a qu'à introduire cette valeur de $_{\circ}X$, conjointement avec les valeurs de n' et de N, dans l'équation entre λ' et $_{\circ}X$ de la page précédente. Alors, en faisant $-\dfrac{\lambda'}{r'} = \sin \imath'$, on trouvera

$$\frac{\lambda'}{r'} = -0,53474, \qquad \imath' = 32°19'36'' ;$$

c'est-à-dire que l'ordonnée efficace antérieure de l'oculaire excéderait un peu la moitié du rayon de courbure de sa surface. Et elle soutendrait au centre de courbure un angle $\imath'$, qui s'élèverait jusqu'à $32°19'$. C'est en effet dans cette prévision que l'on règle les grandeurs des oculaires simples à face postérieure plane, quand leur petitesse n'exige pas qu'on les travaille sur une sphère complète, puisqu'on fait leur ordonnée postérieure égale à $\frac{5}{12}$ de leur rayon de courbure ; de sorte que l'axe du pinceau qui borde le champ n'atteint pas leur contour extrême, même dans les circonstances exagérées de grossissement et d'angle d'émergence que nous considérons ici. Je rappelle, à cette occasion, que de si grandes valeurs de $\imath'$ sont seulement tolérables pour les dernières surfaces des oculaires ; et encore n'y servent-elles que pour faciliter l'admission des objets dans le champ que l'instrument embrasse ;

car on n'effectue jamais les observations que sur des directions beaucoup plus centrales, où les angles ι' deviennent beaucoup plus petits.

174. L'expression précédente de $\sin X$ s'associe à celles de N et de h_i qui, dans le cas d'un œil infiniment presbyte, sont, comme nous l'avons trouvé plus haut,

$$N_0 = -(n'-1)\frac{N'(\Delta_f' - H')}{r'}, \quad \text{et} \quad h_0 = -\Delta_f' - \frac{r'}{n'-1}.$$

Ces expressions sont propres à l'espèce particulière de rayons lumineux dont l'indice de réfraction est n' dans la lentille oculaire. Et, comme l'indice de réfraction n' change avec la réfrangibilité, elles varient aussi en conséquence. Or, non-seulement il serait impossible de détruire complétement cette variation, et de rendre ainsi un tel système complétement achromatique; mais on ne peut pas même y établir généralement la dispersion rectiligne des foyers. En effet, le point oculaire du système étant postérieur à sa dernière surface, et le centre de la pupille s'y trouvant placé, la condition générale de cette dispersion rectiligne, établie page 587, est

$$\frac{\partial H}{\Delta_f - H} - \frac{\partial N}{N} = 0.$$

Avec les forts grossissements, que nous voulons surtout considérer, la valeur absolue de H différera toujours très peu de F''. Elle sera donc très petite comparativement à $\Delta_f - H$ pour toutes les portées de vue auxquelles l'instrument pourra être ajusté, ce qui, joint à l'ouverture sensible de la pupille, affaiblira l'effet des variations chromatiques de H; et elles disparaîtront tout-à-fait, si l'on suppose l'observateur infiniment presbyte, ce qui rend Δ_f infini quand il emploie l'instrument. Alors la condition de la dispersion rectiligne des foyers se réduit à

$$\partial N = 0;$$

c'est-à-dire que, dans les limites d'approximation qu'elle embrasse, elle exige seulement l'égalité des anneaux oculaires de diverses couleurs. Or, avec l'expression trouvée de N_0, on ne peut évidemment y satisfaire. Car d'abord, le facteur $N'(\Delta_f' - H')$ qui dépend de l'objectif, doit être supposé rigoureusement invariable avec la réfrangibilité, pour que l'oculaire simple d'un foyer très court ne s'applique pas à des points focaux dispersés sur l'axe central à d'inégales distances de sa surface antérieure : le rayon de courbure r', qui entre comme diviseur de ce terme, est aussi constant. Les changements de la réfrangibilité n'influent donc, ou ne doivent influer, que sur le coefficient $n' - 1$; de sorte qu'en appliquant à N_0 la caractéristique ∂, qui exprime ces changements, il en résulte

$$\partial N_0 = \frac{N_0}{n' - 1} \partial n'.$$

Or, comme on ne peut pas anéantir $\partial n'$, on voit que la variation de N_0 sera d'autant plus grande, pour un même oculaire simple, que le grossissement N_0 sera lui-même plus considérable; et l'on ne pourra diminuer ce défaut qu'en construisant la lentille oculaire avec les substances pour lesquelles $\partial n'$ est moindre, c'est-à-dire qui sont les moins dispersives.

175. Ainsi, lorsqu'un point rayonnant extérieur sera observé à travers un tel oculaire, les foyers de diverses couleurs, vus du point oculaire du système total, paraîtront situés sur des droites distinctes, inégalement écartées de l'axe central. Conséquemment les images des objets étendus se projetteront les unes sur les autres par leurs points non homologues, ce qui en rendra la perception inévitablement confuse, et d'autant plus que le grossissement angulaire N sera plus considérable. L'effet de cette dispersion latérale s'anéantira toutefois dans le cas unique où le point rayonnant serait situé sur l'axe central de l'appareil. Car alors les foyers de diverses couleurs se formeront tous évidemment sur cet axe même, par la seule raison de symétrie de ses surfaces; et c'est ce que montre aussi l'expression générale que nous avions formée, page 581, pour établir la dispersion rectiligne des foyers. Car la constance de l'angle visuel auquel nous l'avions attachée est satisfaite pour toutes les réfrangibilités, quand l'ordonnée latérale c du point rayonnant est nulle; puisque alors cet angle devient nul lui-même pour toutes les espèces de rayons lumineux. Mais l'inégalité des anneaux oculaires

résultante des variations chromatiques de N subsiste encore même pour ce cas.

177. Concevons maintenant qu'un observateur, ayant adapté ainsi un oculaire simple à un objectif bien achromatique dans le sens longitudinal, même, si l'on veut, à un objectif catoptrique, dirige cet instrument pendant la nuit vers un système stellaire, simple ou multiple, dont le diamètre apparent soit insensible ou tout au plus ne comprenne qu'un très petit nombre de secondes de degré. Ce peu d'étendue lui permettra d'amener l'objet dans l'axe même de l'appareil, ou tout près de cet axe ; auquel cas les foyers de diverses couleurs s'y formeront et paraîtront ainsi en projection les unes sur les autres sur le fond noir du ciel ; de sorte que cette condition d'achromatisme longitudinal sera satisfaite. Il ne restera donc plus que l'inégalité chromatique des anneaux oculaires ; en vertu de laquelle l'étoile, ou le système stellaire observé, devront paraître entourés d'anneaux de diverses couleurs, du moins si leur lumière propre ainsi dispersée circulairement est encore assez vive pour rendre ces anneaux distinctement perceptibles dans leur coloration ; et cet effet étant proportionnel à la force du grossissement actuel, fixera vraisemblablement les bornes de celui qu'on pourra employer. Dans cet exemple, la noirceur supposée du ciel restreint l'amplitude efficace du champ à l'espace angulaire que l'objet observé y occupe ; ce qui tend à affaiblir, et peut rendre presque insensible, le défaut d'achromatisme latéral résultant des variations de N. Mais il n'en sera plus de même si le diamètre apparent de l'objet augmente, puisque le champ efficace devra s'étendre avec lui. Ainsi, un certain grossissement pourra être bon pour observer des étoiles simples ou multiples, et sera mauvais pour observer des planètes, quoique la faiblesse relative de la lumière rayonnée par leurs divers points doive contribuer à rendre moins sensibles les conséquences de sa décomposition : c'est ce qui est arrivé à Herschel. Et ce résultat aurait dû lui montrer que les oculaires simples ne sont pas toujours les meilleurs à employer dans les observations astronomiques, même quand on les adapte, comme il le faisait, à des objectifs catoptriques, conséquemment d'un achromatisme rigoureux.

178. Il a, comme je l'ai dit, poussé ce genre d'application jusqu'à faire ces oculaires de dimensions si petites, que, si l'on n'était pas averti par la dénomination de *lentilles* qu'il leur donne toujours, on pourrait croire avec vraisemblance que c'étaient de simples globules de verre fondu. La théorie de ces oculaires sphériques n'est pas plus difficile avec nos formules que celle des lentilles à face postérieure plane. Seulement le rayon de courbure de cette face, que nous avons désigné par r'', au lieu d'être infini, devient égal au rayon de courbure de la première, mais avec un sens contraire, c'est-à-dire à $-r'$. En même temps l'épaisseur centrale du globule devient égale à son diamètre, c'est-à-dire à $-2r'$. Ces nouvelles relations étant substituées dans les expressions générales des coefficients principaux N'', I'', Q'', R'', propres à une lentille simple, elles prennent la forme suivante :

$$N'' = \frac{(2-n')}{n'}; \quad P'' = \frac{2(n'-1)u_i}{n'r'}; \quad Q'' = -\frac{2r'}{n'u_i}; \quad R'' = \frac{2-n'}{n'}.$$

Il ne reste qu'à introduire ces valeurs dans les équations générales

$$H'' = \frac{Q''}{N''}u_m, \qquad F'' = \frac{R''}{P''}u_m, \qquad F'' - H'' = \frac{u_m}{N''P''}.$$

Et comme la vitesse intermédiaire u_i est égale à la vitesse d'émergence u_m, parce que les deux surfaces du globule oculaire sont contiguës à l'air ambiant, il vient

$$H'' = -\frac{2r'}{(2-n')}; \qquad F'' - H'' = +\frac{n'^2r'}{2(n'-1)(2-n')};$$

d'où

$$F'' = +\frac{(2-n')}{2(n'-1)}r', \quad \text{et} \quad N''(F''-H'') = +\frac{n'r'}{2(n'-1)}$$

n' est toujours plus grand que 1, et moindre que 2, dans toutes les espèces de verre habituellement employées; et, comme le rayon de courbure r' est négatif dans notre notation, puisque la surface antérieure du globule est convexe vers le système objectif, il en résulte : 1° que son point oculaire propre est antérieur à sa dernière surface; 2° que sa distance focale principale F'' est négative; 3° que le produit $N''(F'' - H'')$ y est pareillement négatif; 4° enfin, qu'étant appliqué comme oculaire à un système objectif pour lequel le produit $N'(\Delta'_f - H')$ est aussi toujours négatif dans l'application, le système total composé de cet assemblage aura aussi son point oculaire postérieur à sa dernière surface, à une distance très peu différente de F'', et renversera les objets. Plusieurs de ces résultats s'intervertiraient évidemment si le globule était fait avec une matière où l'indice de réfraction surpasserait 2, comme est par exemple le diamant; mais leur interprétation ne serait pas moins facile.

Pour un observateur infiniment presbyte, la distance du globule au système objectif, et le grossissement angulaire qu'il produira, seront donnés par les équations générales de la page 511,

$$h_0 = -\Delta'_f - \frac{u_i}{u_m} N''^2(F'' - H''), \qquad N_0 = -\frac{u_m}{u_i} \frac{N'(\Delta'_f - H')}{N''(F'' - H'')}.$$

En les particularisant pour les valeurs précédentes, jointes à la condition de $\dfrac{u_i}{u_m} = +1$, elles deviendront

$$h_0 = -\Delta'_f - \frac{(2 - n')}{2(n' - 1)} r', \qquad N_0 = -\frac{2(n' - 1)}{n'} \frac{N'(\Delta'_f - H')}{r'}.$$

Le terme qui s'ajoute à $-\Delta'_f$ dans h_0, étant positif, le globule devra être placé au-delà du foyer propre du système objectif; et ainsi il sera employé comme oculaire positif. On voit, par l'expression même de ce terme, qu'on ne pourrait pas employer ainsi un globule construit avec une substance dans laquelle on aura $n' = 2$, parce qu'alors il faudra le placer dans le foyer même de l'objectif, ce qui donnerait aux plus petites aberrations de sphéricité ou d'achromatisme une influence intolérable. Si n' surpassait 2, le globule devrait être employé comme oculaire négatif, et sa surface antérieure placée avant l'image focale. En le supposant formé d'un verre où l'on ait $n' = 1,5$, la distance de sa surface antérieure à l'image objective serait $-\frac{1}{2}r'$; au lieu qu'elle serait $-2r'$ avec une lentille plane, comme on l'a vu page 601. Sous ce rapport, la forme plano-convexe est donc plus avantageuse.

179. Le plus petit des oculaires employés par Herschel fut appliqué par lui à un objectif catoptrique dont la distance focale principale r', était, en pouces anglais, $-85^{po},2$, ou $-2^m,16468$; chacun de ces pouces valant, à fort peu près, $25^{mm},4$. Le demi-diamètre d'ouverture était $3^{po},2$, ou $0^m,08128$. Le grossissement angulaire produit sur les objets célestes fut -6000, d'après des mesures que j'indiquerai tout-à-l'heure. Si l'on applique cette évaluation à un œil infiniment presbyte, ce sera la valeur de N_0. Calculons les dimensions de l'oculaire d'après ces données, en le supposant d'abord un globule complet. La distance focale F' représentait alors exactement le produit $N'(\Delta' - H')$, parce que, pour une seule surface, H' est rigoureusement nul, et N' est $+1$, comme nous l'avons trouvé page 476. Supposant donc que le globule fût fait avec une espèce de verre où n' fût $1,5$ pour les rayons de réfrangibilité moyenne, on devait avoir alors

$$r' = -\frac{2^m,16468}{6000} = -0^{mm},240453;$$

c'est-à-dire que le rayon de courbure n'était que $\frac{14}{100}$ de millimètre, et par conséquent l'épaisseur totale du globule était $0^{mm},48$. L'amplitude du champ qu'il pouvait embrasser devait donc être aussi excessivement restreinte par cette petitesse, et bien plus encore par la nécessité de ne pas donner de trop grandes valeurs à l'angle focal d'émergence X_m. En effet, pour que la vision fût tolérable, cet angle devrait être vraisemblablement moindre qu'avec les oculaires à surface postérieure plane, c'est-à-dire moindre que $15°30'$. Supposons-le de $16°30'$ pour lui attribuer une valeur exagérée. Alors, en y joignant la valeur du grossissement $N = -6000$ que Herschel dit en avoir obtenu, on obtiendra la demi-amplitude X par la relation générale

$$\sin X_m = N \sin X,$$

qui donnera

$$X = 9'',764.$$

Ainsi, dans ces suppositions extrêmes, l'amplitude totale du champ, que l'instrument embrassait, aurait été seulement $19'',528$.

Aussi Herschel dit-il que la belle étoile de la Lyre le traversait en moins de *trois secondes de temps*. Or, à la distance polaire où la Lyre se trouve, le mouvement diurne lui fait décrire en 1″ de temps un arc de grand cercle égal à 11″,72 ; ce qui donnerait pour la durée de son passage, 1″⅓ en temps.

Le demi-diamètre d'ouverture du miroir était de 3ᵖᵒ,2, ou 81″″,28. Supposant donc que le grossissement angulaire N = — 6000 s'appliquât aux rayons de moyenne réfrangibilité, le demi-diamètre de l'anneau oculaire moyen devait être

$$\frac{\lambda_1}{N} = \frac{81^{mm},28}{6000} = 0^{mm},01354.$$

Ainsi la pupille étant placée au point oculaire de l'instrument, propre aux rayons lumineux de moyenne réfrangibilité, le pinceau émergent formé de ces rayons avait, à son entrée dans l'organe, un diamètre égal à 0ᵐᵐ,02708, c'est-à-dire moindre que $\frac{1}{188}$ de millimètre. Il s'en fallait donc de beaucoup qu'il ne remplît la pupille entière, et il ne devait impressionner qu'une portion excessivement petite de la rétine. Mais la vivacité de cette impression compensait son peu d'étendue, tout le faisceau de lumière qui avait couvert la surface de l'objectif s'y trouvant rassemblé par la force du grossissement.

180. Si l'on veut recommencer le calcul sur les mêmes données, en supposant que la lentille employée eût sa face postérieure plane, et fût hémisphérique, ce qui me semblerait plus vraisemblable d'après l'usage habituel, et d'après les expressions mêmes dont Herschel s'est servi, les formules de la page 594 donneront $N''(F'' — H'')$ égal à $\frac{r'}{n'—1}$. Alors, en faisant le grossissement N, égal à — 6000, et prenant toujours n' égal à 1,5, on trouverait pour rayon de courbure antérieur

$$r' = — \frac{2^{m},16408}{12000} = — 0^{mm},18034.$$

Le diamètre des pinceaux à leur entrée dans l'œil serait d'ailleurs le même que précédemment, puisqu'il ne dépend que du diamètre efficace $2\lambda'$ de l'objectif et du grossissement angulaire N. L'amplitude du champ serait la même aussi, en supposant toujours $_cX_m = 16° 30'$. La confection d'une si petite lentille, à face postérieure plane, n'avait rien d'impossible pour l'habileté d'Herschel ; car on peut aisément obtenir des globules fondus dont le diamètre soit $\frac{38}{100}$ de millimètre, ou même encore moindre. Et si l'on incruste plusieurs globules pareils à côté les uns des autres dans une même couche d'enduit, d'abord mou, puis solidifié par le refroidissement, on peut les travailler ensemble sur un plan, de manière à leur donner une surface commune plane et régulière.

181. Les pinceaux de réfrangibilité moyenne, obtenus par des grossissements si considérables, n'occupant qu'une très petite portion de la pupille, les autres pinceaux, propres à des réfrangibilités différentes, doivent occuper sur cet organe des bases de diverses couleurs qui se débordent mutuellement. Ce phénomène de dispersion latérale, résultant de l'inégalité des anneaux oculaires de diverses couleurs, n'est paparticulier aux oculaires simples. On verra plus loin qu'il doit se produire aussi, presque inévitablement, avec des oculaires composés ; surtout quand on les applique à des objectifs dioptriques, dont l'achromatisme longitudinal ne peut jamais être absolument rigoureux, et qui, de même que les objectifs catoptriques, ne peuvent pas non plus être tout-à-fait exempts d'aberration de sphéricité dans le sens longitudinal. D'après la discussion précédente, l'étendue absolue, ainsi que relative, des anneaux oculaires, doit varier pour le même système objectif avec le diamètre d'ouverture d'incidence qu'on lui donne, avec la force du grossissement qu'on y applique, et avec la grandeur de ses aberrations. Leur mode de superposition sur la pupille, et la dégradation des teintes qui résultent de leur débordement mutuel, doivent donc dépendre de toutes ces circonstances, comme aussi des configurations des diaphragmes que l'on peut appliquer sur l'objectif, à cause des aberrations longitudinales dont il ne peut jamais être exempt. Enfin l'intensité même de la lumière qui compose les pinceaux émergents doit rendre plus ou moins sensible l'effet des impressions simultanées qu'ils excitent. Je laisse aux astronomes physiciens à décider si ce pourrait être là, sinon la cause unique, au moins l'une des causes des apparences que présentent les images des étoiles observées avec de forts grossissements, et que j'ai déjà mentionnées page 55o, en renvoyant au *Traité de la Lumière* de M. Herschel pour la description de leurs détails.

182. Les oculaires simples s'emploient préférablement aux oculaires complexes dans les forts grossissements, afin d'éviter la perte de lumière qui s'opère par les réflexions successives sur des surfaces plus multipliées. On peut surtout leur donner cette préférence lorsqu'on les applique à des observations de nuit, faites sur des systèmes stellaires, où la dispersion latérale qu'ils impriment aux foyers peut être prévenue, en amenant l'objet dans l'axe de l'instrument. Mais, lorsque l'objet observé a un diamètre apparent sensible comme les planètes et les objets terrestres, ou lorsqu'on veut embrasser à la fois une certaine portion angulaire du champ total, par exemple des intervalles de fils micrométriques tendus au foyer du système objectif, il faut employer des oculaires composés de plusieurs lentilles, parce que l'on peut alors les combiner de manière à assurer la dispersion rectiligne des foyers dans toute l'étendue du champ apparent : c'est ce que l'on verra dans les chapitres qui suivront celui-ci. Mais j'achèverai dès à présent d'exposer les applications usuelles des lentilles simples employées isolément ; d'autant que cela me donnera l'occasion d'expliquer comment Herschel a déterminé les énormes grossissements dont il a fait usage.

De la lentille simple, et de ses usages comme besicle ou comme loupe.

183. C'est là le moins complexe de tous les appareils dioptriques, et l'un des plus usuellement employés. Une simple lentille réfringente, placée tout près de l'œil, peut, selon sa forme, donner aux myopes la vision distincte des objets éloignés, et aux presbytes celle des objets proches. Elle peut aussi faire l'office de microscope. Quoique la plupart des Traités de Physique contiennent l'exposé élémentaire de ces résultats ; je crois devoir les faire sor-

tir ici de nos formules générales, d'abord pour en fixer les détails
avec une précision qu'on ne leur donne pas ordinairement, et qui
nous sera nécessaire pour discerner leurs analogues dans les systèmes plus complexes; puis, afin de montrer, par cet exemple
simple, la manière d'interpréter nos formules et de les appliquer
à tous les autres cas.

184. Dans certaines observations de physique, les deux surfaces
de la lentille sont en contact avec des milieux de nature différente,
ce qui rend les vitesses d'incidence et d'émergence u, u_m, inégales
entre elles. Mais pour ne pas m'écarter de mon but spécial, je les
supposerai ici en contact avec un même milieu qui sera l'air ambiant. Alors les coefficients généraux de l'appareil seront ceux
que nous avons préparés, page 593, pour l'oculaire simple; seulement la vitesse antérieure u_i deviendra u, et en supprimant les
accents dont nous les avions affectés, nous aurons

$$N = 1 - \frac{(n'-1)e'}{n'r''}; \qquad P = (n'-1)u\left[\frac{1}{r'} - \frac{1}{r''} - \frac{(n'-1)e'}{n'r'r''}\right];$$

$$Q = \frac{e'}{n'u}; \qquad R = 1 + \frac{(n'-1)e'}{n'r'}.$$

Tous les effets de l'appareil sont indiqués par les valeurs des coordonnées focales propres à chaque Δ jointes à la distance H, du
point oculaire à sa dernière surface. Appliquant donc ici les expressions obtenues, page 452, pour un instrument optique quelconque, avec la condition $u_m = u$, on aura

$$\frac{1}{\Delta_i} - H = N\left(\frac{P}{u} + \frac{N}{\Delta}\right); \qquad H = \frac{Qu}{N};$$

$$y_i = \frac{b}{N + \left(\frac{P}{u}\right)\Delta}; \qquad z_i = \frac{c}{N + \left(\frac{P}{u}\right)\Delta}.$$

185. Examinons d'abord la position du point oculaire qui est
donnée par la valeur de H. Cette valeur est

$$H = \frac{e'}{n'N};$$

dans les constructions les plus ordinaires l'épaisseur centrale e' n'est qu'une fraction du rayon de courbure postérieur r'', ce qui, joint au coefficient $\frac{n'-1}{n'}$, qui est aussi fractionnaire, rend N positif, et très peu différent de $+1$. Même dans les globules sphériques, où l'on a $r'' = r'$, $e' = 2r''$, N est encore positif pour presque toutes les matières réfringentes employées à leur construction. En effet, on a alors

$$N = 1 - \frac{2(n'-1)}{n'} = \frac{2-n'}{n'}.$$

Ainsi N n'y deviendrait négatif que si n' surpassait 2, ce qui n'a lieu que pour le diamant, le soufre, et quelques autres substances dont l'emploi serait tout-à-fait exceptionnel.

Dans tous les cas donc où N est positif, H est également positif, de sorte que le point oculaire est antérieur à la seconde surface de la lentille, et situé du côté des objets, comme dans la figure type 31. Il s'éloigne à l'infini dans ce sens lorsque $N = 0$, et lui deviendrait postérieur, comme dans la *fig.* 32, si N devenait négatif.

186. Il ne sera pas inutile de montrer par quel mode physique s'opèrent ces diverses particularités de la valeur de H. Pour cela, après y avoir remplacé N par son expression en r'', je la renverse, et j'en tire

$$\frac{1}{H} = -\frac{(n'-1)}{r''} + \frac{n'}{e'}.$$

Soit u_1 la vitesse propre aux corpuscules lumineux que l'on considère, lorsqu'ils parcourent l'intérieur de la lentille; et u_2 cette vitesse lorsqu'ils en sont sortis pour rentrer dans l'air. L'indice de réfraction n' est égal à $\frac{u_1}{u_2}$. En le remplaçant par cette expression, l'équation précédente devient

$$\frac{u_2}{H} = \frac{u_1 - u_2}{r''} + \frac{u_1}{e'}.$$

Si on la compare à celle que nous avons trouvée entre $(x)_1 - x_1$

et Δ, page 406, pour un rayon lumineux réfracté par une seule surface, on voit que H est précisément la distance focale $(x)_1 - x_j$, d'un point qui serait placé à la distance $\Delta = e'$, au-devant d'une surface sphérique réfringente dont r'' serait le rayon de courbure, la vitesse dans le milieu antérieur étant u_1, et dans le postérieur u_2. C'est en effet la condition dans laquelle se trouve un pinceau lumineux, qui, ayant son sommet au centre de figure A_1 de la première surface d'une lentille sphérique, est amené par la seconde surface à former son foyer au point oculaire H. Car le point de départ de ce pinceau se trouve à la distance e' au-devant de cette surface ; et il se trouve soumis à l'indice de refraction $\frac{u_2}{u_1}$ ou $\frac{1}{n'}$ en la traversant. Toutes les variétés de valeur que H peut avoir résultent de la distance, antérieure ou postérieure, à laquelle le foyer de ce pinceau central se trouve porté après la seconde réfraction.

187. H devenant infini lorsque N est nul, l'intervention simultanée de ces valeurs dans l'équation qui donne Δ_j, ne permet plus de l'employer immédiatement. Pour les en faire disparaître, je la transforme d'abord dans la suivante

$$\frac{1}{\Delta_j - H} = \frac{1}{F - H} + \frac{N^2}{\Delta},$$

où l'on a

$$F = \frac{Ru}{P};$$

F est la distance focale principale de la lentille. De là on tire

$$\frac{F - \Delta_j}{(N\Delta_j - NH)(NF - NH)} = \frac{1}{\Delta};$$

or on a toujours

$$NH = \frac{e'}{n'};$$

conséquemment

$$\frac{F - \Delta_j}{\left(N\Delta_j - \frac{e'}{n'}\right)\left(NF - \frac{e'}{n'}\right)} = \frac{1}{\Delta}.$$

Cette relation, qui ne contient plus H, est générale pour toutes les lentilles. Maintenant, lorsque N est nul, les termes multipliés par ce coefficient s'évanouissent, et il reste

$$\Delta_{,} = F - \frac{e'^2}{n'^2\Delta}, \quad \text{où l'on a} \quad F = -\frac{r''(r'+r'')}{(n'-1)r'}.$$

On en tirera donc immédiatement $\Delta_{,}$ pour chaque Δ donné, dans le cas particulier dont il s'agit. Quant aux valeurs de $y_{,}$ et de $z_{,}$, elles s'obtiendront sans difficulté en faisant N nul dans leurs expressions générales.

188. Ce cas, et celui de N négatif, sortant des applications ordinaires, je me borne à les indiquer, et je supposerai N positif comme il l'est habituellement. Alors le point oculaire H de la lentille est antérieur à sa seconde surface, et le centre de la pupille ne peut plus physiquement s'y placer pour recevoir les axes émergents dont le concours n'y est que virtuel. L'appareil ainsi disposé se trouve être de la classe de ceux que nous avons appelés divergents, et pour lesquels la meilleure place de l'œil est d'être appliqué immédiatement contre la surface d'émergence pour qu'il soit le plus près possible du point oculaire, page 499. C'est en effet la position qu'on lui donne habituellement dans les applications, et je la lui attribuerai aussi dans les calculs qui vont suivre.

189. Je considère d'abord les lentilles appelées *besicles*, qui sont destinées seulement à restituer la netteté de la vision aux myopes pour les objets distants, aux presbytes pour les objets proches. Alors l'épaisseur centrale e' est toujours extrêmement petite comparativement aux rayons des courbures, ce qui rend N très peu différent de $+1$, et H très peu différent de $\frac{e'}{n'}$, conséquemment presque nul.

190. Occupons-nous d'abord des myopes. Pour eux, les objets très éloignés ne sont pas nettement visibles; et, afin de les rendre tels, il faut rapprocher leur image à la distance antérieure $+D$ propre à la portée de vue de chaque observateur. Supposant donc que celui-ci applique son œil contre la seconde surface de la lentille même, il faudra que la distance focale actuelle $\Delta_{,}$ devienne $+D$, quand Δ est très grand ou infini. Or, en préparant la lentille pour cette dernière supposition, Δ_r devient égal à F, c'est-à-dire à la distance focale principale de la lentille. Il faudra donc et 'il suffira que celle-ci soit égale à $+$ D, c'est-à-dire à la distance de la vision distincte du myope et de même signe qu'elle. Ainsi la lentille devra être divergente, comme cela était évident d'avance par la nature des effets qu'on veut en obtenir.

Maintenant on a, en général,

$$F - H = \frac{u_m}{NP}.$$

Ici u_m est égal à u; et l'extrême minceur de la lentille permet de négliger les termes qui ont pour facteur $\frac{e'}{r'}$. Substituant donc pour N, P, H, leurs valeurs modifiées par ces particularités, et faisant F $= +$ D, cette équation donne

$$(n' - 1)\left(\frac{1}{r'} - \frac{1}{r''}\right) = \frac{1}{D - \frac{e'}{n'}}.$$

Il ne reste donc qu'à choisir les rayons des courbures r', r'', de manière que cette égalité soit satisfaite pour chaque valeur proposée de D et de e', ou même de D seul, e' pouvant être toujours considéré comme relativement négligeable. Cette condition unique pourrait, analytiquement, être remplie d'une infinité de manières différentes, puisqu'on a deux indéterminées pour y satisfaire. Mais on se borne aux combinaisons qui offrent des qualités accessoires utiles à réaliser. Une des plus avantageuses est évidemment que l'axe de la vision, en se dirigeant vers les diverses parties de la lentille, reçoive toujours les rayons lumineux le plus perpendiculairement possible aux deux surfaces réfringentes. Cela exige que l'on fasse la surface extérieure convexe vers les objets, et la postérieure concave vers l'œil, c'est-à-dire r' et r'' tous deux négatifs, avec des valeurs propres à produire la distance focale positive D, ce qui, dans le cas actuel, exige r'' plus court que r'. Cette disposition *périscopique* a été proposée par Wollaston pour les léntilles qu'il appelait de ce nom. Mais il n'a pas assigné quelles étaient les proportions les plus convenables à établir entre les rayons des deux courbures. M. Cauchoix a construit, à Paris, des verres de ce genre; et une longue expérience personnelle m'a convaincu des avantages que Wollaston leur attribuait.

A étant supposé infini pour les objets que la lentille est destinée à faire voir distinctement, le sens des images produites est réglé par celui de P, page 453. Or F devant être positif, H presque nul, et N très peu différent de $+ 1$, l'expression précédente de F — H donne P positif. Par conséquent les images vues à travers la lentille représentent les objets droits, c'est-à-dire dans leur situation naturelle. En outre N étant presque égal à 1, à cause du peu d'épaisseur donnée aux lentilles, l'angle final $_aX_m$ est sensiblement égal à $_aX$; c'est-à-dire que les angles visuels compris entre les axes géométriques des faisceaux incidents, sont égaux ou presque égaux aux angles analogues compris entre les axes géométriques des faisceaux émergents, lesquels se croisent virtuellement au point oculaire H.

Les opticiens ont toujours un grand nombre de lentilles exécutées d'après l'approximation précédente, pour toutes les valeurs de D comprises entre les limites habituelles de la vision. Chaque observateur myope choisit celles qui, étant essayées, lui font voir les objets distants avec netteté, mais dans leurs dimensions à peu près naturelles, et sans fatiguer l'organe. Cette épreuve expérimentale supplée aux petites quantités négligées dans l'approximation; mais il faut la faire avec une extrême prudence, et bien se garder d'adopter des verres qui rapprocheraient les objets distants plus qu'il n'est nécessaire pour en avoir une suffisante perception. Lorsqu'un myope essaie de tels verres, les objets lui paraissent plus petits qu'à l'œil nu, parce qu'il attribue à l'amoindrissement de leurs dimensions la petitesse inusitée de leurs images; et l'effort qu'il fait à son insu pour les percevoir nettement, dans cette proximité exagérée, modifie son organe de manière à le rendre encore plus myope qu'il n'était auparavant. Cet effet dangereux se produit si vite que, dans le cas où le rapprochement des images est notablement trop fort, le myope, après quelques heures de vision à travers les verres, se trouve, lorsqu'il les supprime, absolument incapable de percevoir les objets qui l'entourent; et il ne reprend que peu à peu cette faculté. L'effet est moins sensible quand l'exagération du rapprochement est moindre; mais, pour peu qu'il existe, il finit par opérer dans l'œil un accroissement de myopisme permanent. Il faut donc s'assurer de l'éviter en s'arrêtant à des distances focales plutôt un peu trop longues que trop courtes; et il convient de les essayer séparément pour chaque œil. Car il y a presque toujours quelque différence entre les portées de vue des deux yeux d'un même individu.

191. Venons maintenant aux presbytes. Pour eux la distance D de la vision distincte est très grande. Alors ils ne peuvent pas voir nettement les objets placés à une médiocre distance Δ; par exemple les caractères d'impression, placés à la distance où l'on peut commodément tenir un livre. Mais cela deviendra possible à travers une lentille, dont la distance focale Δ_i deviendra $+$ D, pour la distance assignée Δ des objets. J'introduis donc cette condition dans notre équation générale en Δ_i, en y remplaçant NP par son expression équivalente $\dfrac{1}{F - H}$; et elle donne

$$\frac{1}{D - H} = \frac{1}{F - H} + \frac{N^2}{\Delta},$$

De là on tire

$$F = H - \frac{\Delta(D - H)}{N^2(D - H) - \Delta} = H - \frac{\Delta}{N^2} - \frac{\Delta^2}{N^2\left[N^2(D - H) - \Delta\right]}.$$

Les épaisseurs étant très petites dans les confections de ce genre de lentilles, N est presque égal à 1, et H est très petit comparativement à D, qui est lui-même très grand comparativement à la distance Δ, où l'on veut placer les objets. Ainsi la distance focale principale F doit être faite presque égale à $- \Delta$, de sorte que la lentille doit être convergente.

En remplaçant $\dfrac{1}{F - H}$ par sa valeur $\dfrac{NP}{u_m}$, dans notre équation de condition, et se rappelant que $u_m = u$, elle donne

$$\frac{1}{N(D - H)} = \frac{P}{u} + \frac{N}{\Delta} = \Delta\left[N + \left(\frac{P}{u}\right)\Delta\right].$$

Le premier membre de cette égalité sera toujours positif dans les circonstances de vision et de minceur que nous admettons. Prenons Δ positif, c'est-à-dire l'objet antérieur à la lentille comme il l'est toujours ; le facteur $N + \left(\dfrac{P}{u}\right)\Delta$ sera donc aussi positif ; conséquemment la lentille donnera des images droites des objets, page 452. En outre, N étant presque égal à 1, les axes géométriques des pinceaux émergents comprendront sensiblement le même angle visuel que les pinceaux incidents dont ils dérivent.

Il faut maintenant construire la lentille sur ces conditions. Pour cela on peut négliger les quantités affectées du facteur $\dfrac{e'}{r''}$. Alors tirons $\dfrac{P}{u}$ de notre dernière équation, et le remplaçant par sa valeur réduite en r', r'', puis prenant N égal à 1, il viendra

$$(n' - 1)\left(\frac{1}{r'} - \frac{1}{r''}\right) = \frac{1}{D - \dfrac{e'}{n'}} - \frac{1}{\Delta}.$$

Δ et D sont tous deux positifs ; mais $D - \dfrac{e'}{n'}$ est toujours beaucoup plus grand que Δ. Le second membre est donc négatif dans l'application ; le premier devra donc l'être également. Il ne reste qu'à prendre des valeurs de r' et de r'' qui satisfassent à l'égalité ainsi imposée pour les valeurs données de D et de Δ. Cela peut se faire d'une infinité de manières différentes, parmi lesquelles on choisit celles qui offrent le plus d'avantages accessoires ; et ici, comme pour les lentilles destinées aux myopes, une des meilleures est la combinaison périscopique dans laquelle r' et r'' sont négatifs tous deux, mais r'' plus long que r' pour le cas actuel. Lorsqu'un assortiment de lentilles a été fabriqué conformément à cette approximation pour les diverses valeurs de D que les limites habituelles de la vision embrassent, chaque presbyte choisit celles qui conviennent le mieux à son organe, ce qui supplée expérimentalement aux petites quantités négligées dans la construction.

192. Je viens maintenant à l'emploi des lentilles comme microscopes simples. On va voir que cette application est trop intimement liée à leur usage comme oculaires des instruments astronomiques pour que je puisse ici l'omettre.

Ce n'est qu'un cas particulier des formules générales établies dans le § 120, p. 529; et il faut seulement y introduire les circonstances spéciales de l'appareil, ainsi que de l'observation. Je les limite donc d'abord au cas ordinaire où celle-ci est faite dans l'air ambiant, ce qui donne $u_m = u$. Je place ensuite le centre de la pupille sur l'axe central de la lentille et des x, à une distance de la dernière surface que je représente analytiquement par $+ D'$, en la considérant comme antérieure, ainsi que nous l'avions fait alors. Je prends aussi pour objet une petite droite c, située dans le plan des xz, et perpendiculaire aux x; puis je suppose que l'observateur amène expérimentalement cette droite au-devant de la première surface de la lentille à une distance Δ, telle que l'image $z_{\prime}$, formée à la distance $\Delta_{\prime}$ au-devant de la dernière surface, soit vue par lui avec une parfaite netteté du point où est placée sa pupille. Ces conditions étant remplies, l'image $z_{\prime}$ devra se trouver au-devant de son œil à une certaine distance $+ D$, qui sera celle qui lui semble la plus favorable dans ce mode artificiel de vision. Alors, si l'on désigne $\dfrac{z}{c}$ par G, les équations qui expriment $\Delta_{\prime}$ et $z_{\prime}$

donneront

$$G = \frac{N(D + D' - H)}{\Delta},$$

et aussi

$$G = \frac{1}{N} - \left(\frac{P}{u}\right)(D + D' - H);$$

à quoi il faudra joindre toujours les relations convenues

$$G = \frac{z_{\prime}}{c}; \qquad \Delta_{\prime} = D + D'.$$

Les deux premières ne sont que les expressions générales du § 120, particularisées pour le cas où $u_m = u$; et il n'en pouvait être autrement, puisque la forme des relations entre $\Delta_{\prime}$ et $z_{\prime}$ est la même pour une lentille simple que pour un instrument quelcon-

que. Il ne reste qu'à y remplacer N, H et $\frac{P}{u}$ par les valeurs particulières qui appartiennent à la lentille employée.

193. En faisant ce calcul, on suppose ordinairement D égal à la
distance où chaque observateur perçoit le plus distinctement les petits
objets dans la vision naturelle; et alors G exprime le grossissement linéaire apparent que la lentille est censée produire pour lui.
Mais cette évaluation pourrait bien donner à D une trop petite
valeur; car le rétrécissement du champ, qui s'opère alors, comparativement à celui que la vision naturelle embrasse, rend vraisemblablement la perception distincte à une distance plus grande,
comme on l'éprouve dans l'expérience décrite page 531, lorsque
des divisions tracées sur un papier ou sur une règle sont vues par
la réflexion d'un très petit miroir plan. Il serait donc probablement plus exact d'assimiler la valeur de D à celle qui a lieu pour
chaque observateur dans la vision à travers un trou très fin. Quoi
qu'il en puisse être, G exprimera toujours le grossissement relatif,
pour la valeur qu'on voudra attribuer à D.

194. Discutons d'abord la première expression de G en Δ. Dans
les constructions habituelles, les seules que je veuille ici considérer,
N est positif, et H très petit comparativement à D + D', qui est
lui-même positif ainsi que Δ, quand l'observation s'effectue. G est
donc positif alors, et $z_{\prime}$ de même signe que c, c'est-à-dire que la
lentille donne des images droites des objets observés. Pour ce genre
d'application, sa surface postérieure est toujours faite concave vers
les objets, ou plane; de sorte que le terme qui s'ajoute à l'unité dans
N, est généralement négatif. Ainsi N positif est une fraction moindre que 1; néanmoins on peut, dans ces circonstances, avoir G
plus grand que 1, conséquemment obtenir une amplification linéaire des objets, si D + D — H, qui est ici Δ, — H, surpasse
le dénominateur Δ, autant qu'il le faut pour compenser la faiblesse
de N. Cela suppose l'image plus loin, en avant du point oculaire,
que l'objet n'est en avant de la première surface de la lentille; et
cette disposition exige, comme on le verra tout-à-l'heure, que la
lentille soit convergente. On a ici un exemple sensible de la distinction qu'il faut toujours faire entre l'amplification linéaire G et le

grossissement angulaire $N\dfrac{u}{u_m}$, comme je l'ai remarqué généralement page 530.

Je prends maintenant l'expression de G qui est indépendante de
Δ, et pour la rendre plus facile à interpréter, j'y remplace le produit $N\left(\dfrac{P}{u}\right)$ par sa valeur équivalente $\dfrac{1}{F-H}$, F étant la distance
focale de la lentille. Il vient alors

$$GN - 1 = -\frac{(D + D' - H)}{F - H};$$

conséquemment

$$F - H = -\frac{(D + D' - H)}{GN - 1}.$$

Si l'on suppose H connu, ainsi que N, cette expression donnera
la distance focale principale que doit avoir la lentille pour produire un grossissement assigné G, dans la situation donnée à l'œil,
et pour la portée de vision D qu'on lui attribue. Lorsque la face
postérieure de la lentille est plane, $N = +1$, quelle que soit la matière dont elle est faite; si elle est globulaire, N est $\dfrac{2 - n'}{n'}$, et c'est
là sa plus petite valeur. Or, dans les constructions que nous considérons, n' est toujours moindre que 1,7, ce qui donnerait pour
cette plus petite valeur $\frac{1}{7}$; et comme l'on n'emploie de globules que
pour rendre $+$ G très considérable, $GN - 1$ est toujours positif
dans ces constructions. En outre, pour de telles limites de N, la
petitesse absolue de l'épaisseur e' rend H ou $\dfrac{e'}{n'N}$ très petit comparativement à D, et aussi à $D + D'$, parce que, en faisant les observations, on s'efforce toujours de placer l'œil le plus près possible de la lentille. De là résulte donc $F - H$ négatif, et par suite
aussi F; c'est-à-dire, qu'avec de telles limites de N, de H, de D et
de D', pour avoir un grossissement linéaire $+$ G, et des images
droites, il faut que la lentille soit convergente comme je l'ai tout-
à-l'heure annoncé. Mais l'expression de F contenant ainsi N et
H, sa valeur, pour un même G, variera avec l'épaisseur de la

lentille, avec l'indice de réfraction n' propre à la matière dont elle est faite, et avec la longueur que l'on voudra donner à son rayon de courbure postérieur, la position de l'œil et sa portée de vision restant d'ailleurs constantes.

195. Si l'on veut considérer le cas idéal où la lentille serait sans épaisseur sensible, N devient $+ 1$, et H est nul. Alors la première expression de G en Δ montre que, pour ce cas, le grossissement linéaire G est égal à la distance D de l'image à l'œil, divisée par la distance actuelle Δ de l'objet. La seconde expression appliquée aux mêmes circonstances indique que, pour avoir la distance focale F, qui produira un grossissement assigné $+ G$, il faut diviser D par $G - 1$, et donner au quotient le signe négatif, c'est-à-dire faire la lentille convergente : ce sont les deux règles communément rapportées dans les Éléments de Physique. Mais elles ne peuvent être appliquées que comme approximation, lorsque l'épaisseur centrale c' de la lentille est négligeable, comparativement aux quantités r'', $D + D'$ et F, qui expriment le rayon postérieur de la lentille, la distance de l'image au-devant de sa seconde surface, et la distance focale principale cherchée.

Si l'on consent à construire la lentille sur ces conditions restreintes, il n'y aura qu'à les introduire dans l'expression de $\left(\dfrac{p}{n}\right)$ en fonction des rayons de courbure r' et r'' ; et en la substituant dans l'équation en G, après l'avoir ainsi limitée, on n'aura plus qu'à satisfaire à la condition

$$(n' - 1)\left(\frac{1}{r'} - \frac{1}{r''}\right) = -\frac{(G - 1)}{(D + D')}.$$

Si l'on veut supposer l'œil en contact avec la lentille, D' sera nul, et il ne restera plus qu'à donner à D la valeur correspondante à la portée de vue pour laquelle on veut préparer la lentille.

196. Dans les applications, soit de physique, soit même d'astronomie, on n'est jamais astreint à employer telle ou telle valeur, numériquement fixe, de grossissement : il suffit d'avoir une collection d'oculaires de forces graduées, qui, adaptés successivement au même système objectif, puissent produire les divers ordres de grossissement qu'il pourra supporter, et dont la valeur individuelle soit exactement connue. On peut donc se borner, et l'on se borne en effet à construire, sur la formule approximative, les divers oculaires simples dont on peut avoir occasion de se servir; après quoi l'on détermine expérimentalement leur force réelle, de manière à pouvoir assigner d'avance le grossissement angulaire total qu'ils devront produire étant appliqués à tout système objectif donné. J'indiquerai pour cela deux méthodes, l'une directe, l'autre indirecte, qui me semblent avoir toute la précision desirable. Je commence par la première :

197. L'emploi spécial auquel ces lentilles sont destinées exige qu'elles n'aient que de petites dimensions; et l'on fait généralement leurs deux surfaces convexes, ou tout au plus l'une des deux plane, mais jamais concaves. Cela étant, on peut d'abord déterminer leur épaisseur centrale e', au moyen d'un petit instrument qui m'a servi pour mesurer les diamètres des boules de platine employées aux expériences du pendule et que j'ai décrit dans un Mémoire sur la figure de la Terre (*Académie des Sciences*, tome VIII, page 49). C'est réellement un compas d'épaisseur dont les pointes sont remplacées par de petits disques plans et parallèles qui peuvent se rapprocher jusqu'au contact et s'écarter jusqu'à devenir tangents à la boule comprise entre eux. L'un de ces disques est fixe; l'autre, mobile, pousse, en s'éloignant, la tige d'un comparateur qui est soudée perpendiculairement à sa seconde surface, et l'écart des deux disques se trouve mesuré par cet instrument jusque dans les millièmes de millimètres. Toute lentille biconvexe ou plano-convexe, étant substituée à la boule, on obtiendra de même son épaisseur centrale par ce procédé. Je ne détaille pas ici l'usage du comparateur, parce qu'il est décrit dans le 3ᵉ volume de l'ouvrage de Delambre sur le Système métrique, et dans mon *Précis de Physique*, tome 1ᵉʳ, page 134. Je ferai seulement remarquer qu'on peut borner ici son application à des lentilles oculaires dont les dimensions ne seraient pas excessivement petites; car il suffira de connaître complètement les éléments spécifiques de quelques-unes, ou même d'une seule, pour pouvoir s'en servir comme d'étalon, à la détermination de toutes les autres.

198. L'opticien qui a construit la lentille connaît toujours, au moins approximativement, l'indice moyen de réfraction n', propre au verre dont elle est faite. On pourrait, au besoin, le déterminer sur des échantillons du même verre, ou suppléer à cette donnée par des observations microscopiques que je vais tout-à-l'heure expliquer. Mais, supposant en général n' connu, comme on vient de mesurer e', on en conclura le produit NH, puisque son expression dans une lentille quelconque est

$$\mathrm{NH} = \frac{e'}{n'}.$$

La petitesse de e', dans les lentilles que nous considérons, fait qu'il suffit de connaître n' approximativement pour calculer NH, avec toute la précision nécessaire.

199. On pourrait encore déterminer e', et aussi H, par le procédé suivant, dont le principe fondamental est décrit dans un curieux Mémoire du duc de Chaulnes (*Académie des Sciences*, 1767, page 423). La perfection actuelle des appareils microscopiques me paraît devoir lui donner beaucoup plus de précision encore qu'il n'en a eu entre ses mains.

Ayant un bon microscope à objectif achromatique, susceptible d'être disposé verticalement, *fig.* 54, on adapte au porte-objet PP, un appareil qui puisse mesurer ses mouvements dans le sens de l'axe central, avec la dernière précision pendant un petit intervalle de course. Ce pourrait être, par exemple, un comparateur, fixé aux plaques métalliques de l'instrument, et dont le plan PP pousserait la petite branche. Ce pourrait être aussi, comme dans le sphéromètre, une vis verticale VV, à pas très fins, portant sur sa tête un cercle gradué qui tournerait avec elle devant une règle tranchante et parallèle RR. Si cette règle est aussi divisée en parties égales entre elles, et au pas de la vis, le cercle gradué passera de l'une à l'autre après chaque révolution; et l'on pourra mesurer les déplacements du plan PP avec une extrême exactitude, en comptant d'abord, sur la règle, le nombre de divisions entières dont le cercle se sera élevé ou abaissé, puis évaluant les fractions de ces divisions par le nombre de degrés dont la vis a tourné au-delà d'un nombre entier de révolutions complètes. Ce principe de subdivision micrométique s'applique dans une infinité de circonstances aux instruments d'astronomie.

Cela fait, sur l'anneau métallique du porte-objet PP, on ajuste une lame de verre bien transparente, et l'on dispose le miroir réflecteur GG, de manière qu'il envoie dans l'axe du microscope un cône de lumière blanche des nuées, au moyen duquel l'œil placé en O, puisse bien voir les objets transparents, placés en PP dans le champ de l'instrument. On jette alors sur la lame, dans le prolongement de l'axe central, vers $A_{,,}$ un peu de pousssière de papillons; et l'on y place la lentille L, L, que l'on veut étudier, en la posant par la face $A_{,,}$ qui devra être antérieure quand on l'emploiera comme oculaire. On a préalablement jeté sur l'autre face $A_{,}$ de cette lentille quelque peu de la même poussière, ou mieux encore, d'une poussière d'espèce différente. Alors, pour être sûr que le point de contact $A_{,}$ inférieur est dans l'axe de l'instrument, on amène le corps du microscope ou le porte-objet, à une distance telle, qu'on voie nettement à travers la lentille L, L, les poussières qui y sont placées, et quand cela a lieu, on fait mouvoir le plan PP, par ses vis latérales, jusqu'à ce que le point $A_{,,}$ ainsi reconnu, se trouve au milieu du champ apparent, limité par la petite ouverture LL de la lentille objective. Les poussières déposées sur la surface supérieure $A_{,,}$ n'empêchent pas de voir ainsi par transmission, celles qui sont en $A_{,,}$ parce qu'elles ne se trouvent pas au point de vue en même temps. Je ferai remarquer tout de suite, que $A_{,}$ est vu alors comme un objet réel qui serait placé au point oculaire H de la lentille $L_{,} L_{,,}$ ce qui va nous donner le moyen de déterminer la distance $A_{,}$ H ou H de ce point à la surface antérieure $A_{,,}$ laquelle est un des éléments que nous cherchons.

Tout étant ainsi préparé, on ne touche plus au corps du microscope. Mais, le laissant fixe, on élève ou l'on abaisse le plan PP, à l'aide de son appareil micrométrique, jusqu'à ce que les poussières déposées en $A_{,}$ soient vues nettement du point O dans leurs plus petits détails. Si les relations de position sont telles que les représente notre figure, il faudrait pour cela éloigner le plan PP de l'objectif LL. Je suppose, comme exemple, qu'il en soit ainsi lorsqu'on sera arrivé à avoir la perception la plus parfaite de A_1, on lira sur l'appareil micrométrique la division précise qui répond à ce point de départ. Puis on fera mouvoir PP jusqu'à ce que A_1 redevienne visible, en H, à travers la lentille $L_1 L_1$, et l'ayant amené à son tour à la distance où sa perception est la plus parfaite, on lira de nouveau la division. Alors on enlèvera la lentille $L_1 L_1$, et on continuera le mouvement jusqu'à ce que l'on voie directement de la manière la plus parfaite les poussières déposées sur la lame PP; puis on lira encore la division où l'appareil micrométrique s'arrête. Cette troisième lecture comparée à la précédente, donnera la grandeur et le signe de la distance A_1 H, qui est l'élément H de nos formules. Comparée à la première on en déduira l'épaisseur centrale $A_1 A_1$ ou e'. On pourrait encore, pour la troisième observation, ne pas enlever la lentille $L_1 L_1$, mais faire mouvoir le plan PP par ses vis latérales, jusqu'à ce qu'elle sorte en partie du champ pour laisser voir directement les poussières de la lame PP ; ce qu'il faudrait réitérer successivement des deux côtés de A, pour plus d'exactitude. En opérant ainsi, on pourrait recommencer les opérations précédentes sans rien déranger, de manière à obtenir en peu d'instants plusieurs mesures indépendantes les unes des autres, et qui se vérifieraient mutuellement. Je puis assurer par ma propre expérience, qu'avec un bon microscope, armé de lentilles objectives achromatiques et assez puissantes, ces opérations se font très aisément avec une fort grande précision.

Appliquant alors à l'épaisseur e', le rapport de réfraction n', propre à la matière dont la lentille est faite, on aura $\dfrac{e'}{n'}$ ou NH ; donc, puisqu'on connaît séparément H, on aura N par cette égalité.

200. Il ne reste plus qu'à connaître le troisième coefficient principal de la lentille qui est $\dfrac{P}{a}$, ou $\dfrac{1}{N(F-H)}$. Pour cela, reprenant l'expression de F — H en G, je lui rends sa généralité en remplaçant $D + D'$ par Δ_1, et G par son expression équivalente $\dfrac{2}{e}$. Il vient

alors

$$F - H = -\frac{c(\Delta_f - H)}{Nz_f - c}.$$

Si donc H et N sont déjà connus tous deux, il suffira pour avoir F de déterminer la grandeur de l'image z_f, et sa distance focale actuelle Δ_f, pour un objet c d'une grandeur donnée. Mais si l'on ne connaît que le produit NH, il faudra deux déterminations pareilles. En effet, désignant par des accents les valeurs qui s'y rattachent, elles donneront séparément

$$F - Hz = -\frac{c(\Delta_f' - H)}{Nz_f' - c}; \quad F - H = -\frac{c(\Delta_f'' - H)}{Nz_f'' - c}.$$

Si l'on égale entre eux les seconds membres et qu'on les réduise au même dénominateur, le terme cH disparaît de leur égalité; et en remplaçant le produit NH par $\dfrac{e'}{n'}$, on a pour l'expression de N

$$N = \frac{\dfrac{e'}{n'}\left(z_f'' - z_f'\right) - c\left(\Delta_f'' - \Delta_f'\right)}{z_f'' \Delta_f' - z_f' \Delta_f''}.$$

Il ne reste donc qu'à déterminer les éléments d'observation qui entrent dans ces formules; et l'on y parvient par le procédé suivant.

201. On reprend le microscope de l'expérience précédente; et, enlevant sa lentille objective, on lui substitue celle que l'on vient d'étudier. Mais, comme celle-ci n'est pas achromatique, il faudra que la monture métallique dans laquelle on l'insère ait une ouverture extérieure très restreinte, afin que les rayons lumineux ne puissent la traverser que très près de son centre de figure. Ce montage pourrait être effectué avant les opérations que j'ai tout à l'heure décrites, lesquelles loin d'en être empêchées, en deviendraient plus faciles et plus certaines. Il faut en outre enlever l'oculaire, qui est ordinairement négatif, d'une construction due à Huyghens, et tel qu'on le voit *fig.* 55, pour lui en substituer une du genre positif, dont l'invention est due à Ramsden, et qui est

représenté *fig.* 56. Je décrirai plus loin leurs proportions. Ici je
me borne à dire qu'ils sont, l'un et l'autre, composés de deux lentilles, combinées de manière à opérer la dispersion rectiligne des
foyers du système total, en permettant une plus grande amplitude
de champ que les oculaires simples. Mais, conformément au caractère indiqué par leur dénomination respective et qui a été défini,
page 516, dans l'oculaire négatif, *fig.* 55, la première lentille
$L_1 L_2$, est antérieure au foyer propre du système objectif; de
sorte que les cônes lumineux concentrés par ce système, étant réfractés par elle, vont former une image réelle qui lui est postérieure, en DD, où l'on place un diaphragme pour la limiter. Et
cette image, qui est vue ensuite à travers la loupe $L_3 L_3$; change
tant soit peu de place lorsqu'on enfonce plus ou moins le système
oculaire total T' T', dans le tuyau extérieur TT de l'instrument,
pour que l'image finale perçue par l'œil placé en O, se forme en
avant de ce point à la distance la plus convenable pour chaque observateur. Dans l'oculaire positif, *fig.* 56, au contraire, la première
lentille $L_1 L_1$ est postérieure au foyer propre du système objectif,
foyer qui est figuré ici en MM. De sorte que l'image donnée par
ce système se forme réellement. Alors, en rendant cet oculaire isolément mobile dans un tuyau extérieur T' T', chaque observateur
peut, sans atteindre cette image et sans la modifier, en approcher
ou en éloigner la lentille $L_2 L_2$ autant qu'il lui convient pour que
l'image finale se forme à la distance convenable, au-devant de son
œil placé au point oculaire O. Cette nouvelle disposition étant admise, on insère dans le tuyau extérieur T' T', indépendant de
l'oculaire, un diaphragme circulaire MM, au lieu où doit se former l'image objective et dont l'ouverture restreint sa grandeur
dans les limites d'admissibilité. Puis, à ce diaphragme, on applique
une plaque de verre mince MM, sur laquelle est tracée une division de parties égales, comprenant par exemple des demi-milli-
mètres; de sorte que l'image projetée sur la plaque peut être ainsi
mesurée. Cette plaque divisée se nomme le *micromètre oculaire* du
microscope. Pour qu'elle se trouve placée conformément à ces
deux conditions, de coïncider avec l'image objective, et de la
laisser nettement percevoir à travers l'oculaire, l'artiste enlève

d'abord le tuyau T′ T′ avec le système oculaire mobile qu'il contient ; puis, ayant enfoncé ce système à peu près jusqu'à la moitié de sa course possible, il amène graduellement au-devant de lui le diaphragme qui porte la plaque MM, jusqu'à ce que les divisions qui y sont tracées deviennent parfaitement distinctes, pour une vue moyenne, lorsqu'on les regarde à travers l'oculaire seul, projetées sur le fond blanc du ciel. Ce point obtenu, le diaphragme est fixé invariablement au tuyau T′ T′, par des vis latérales ; puis celui-ci est reporté dans le tuyau enveloppe TT, au bout duquel est fixé le système objectif, et où il peut glisser librement. Par ce mouvement la plaque MM peut toujours être mise en coïncidence exacte avec l'image objective, lorsque celle-ci en a été amenée à une petite distance, en éloignant ou approchant le porte-objet. Alors, quand un observateur quelconque veut se servir de l'instrument, il profite d'abord du petit mouvement de course qui est propre au système oculaire et qu'il conserve toujours, pour l'éloigner ou l'approcher de la plaque MM, à la distance précise où il perçoit le plus nettement possible les divisions qui y sont tracées, sans s'inquiéter de l'image objective et même sans rien mettre sur le porte-objet. Puis, ayant déposé sur celui-ci le petit objet qu'il veut observer, par exemple des poussières de papillons, il fait varier d'abord la distance ∆ de manière que leur image, vue à travers l'oculaire fixé, soit perçue aussi nettement que les divisions de la plaque MM, comme si on la voyait tracée sur ces divisions mêmes. Le déplacement longitudinal imprimé ainsi à l'image par les variations de ∆ étant très rapide, on peut n'en faire qu'un usage approximatif, et profiter du mouvement propre du tuyau T′ T′ dans le tuyau enveloppe TT pour achever d'amener les divisions de MM en coïncidence exacte avec l'image objective ; ce que l'on reconnaîtra lorsque cette image, vue en même temps que les divisions, et avec une égale netteté, paraîtra en outre rester fixe et immobile entre elles, quand on fera mouvoir latéralement l'œil dans toute l'amplitude du champ que l'ouverture postérieure de l'oculaire permet de parcourir. Ces deux caractères de netteté et de fixité de l'image objective s'emploient exactement de la même manière, pour déterminer le point précis des réticules à fils que l'on fixe au foyer du système objectif de beaucoup d'instruments d'astronomie.

202. Dans l'application particulière que nous avons ici en vue, je supposerai que le mouvement longitudinal du tuyau $T'T'$, qui achève la coïncidence des divisions avec l'image focale, est opéré et mesuré par une vis micrométrique, telle que nous l'avions adaptée d'abord au plan PP du porte-objet. J'admettrai en outre que l'artiste a déterminé avec la plus grande précision l'intervalle compris depuis l'extrémité inférieure du tuyau TT où l'on insère la lentille objective, jusqu'à la plaque MM, pour un certain degré moyen de tirage du tuyau $T'T'$; de sorte que tous les autres intervalles plus grands ou moindres, peuvent être ensuite évalués d'après l'amplitude additionnelle de tirage que l'appareil micrométrique indiquera. Enfin je prends pour objet une autre division tracée aussi sur une lame de verre qui s'ajuste sur le plan mobile PP : c'est ce que l'on nomme le *micromètre objectif* du microscope. Ici les traits de cette division devront être plus serrés que ceux de la plaque oculaire MM; ils pourront comprendre par exemple des dixièmes, et au plus des centièmes de millimètre. Des intervalles moindres rendraient l'observation plus difficile, sans accroître l'exactitude des résultats.

Tout étant disposé ainsi, on enfonce d'abord le tuyau $T'T'$ jusque vers le point de sa course, où la plaque MM se trouve vers la moindre distance possible de la lentille objective L, L, que l'on veut étudier; et après avoir ajusté l'oculaire de manière à voir parfaitement les divisions de cette plaque, on se sert de la vis du porte-objet pour amener les divisions de la lame PP, à une distance a telle que leur image transmise se forme exactement ou presque exactement dans le plan MM, ce qui a lieu quand on les voit ainsi avec netteté, en même temps que les autres. Alors, on tourne circulairement la lame PP jusqu'à ce que les traits des deux divisions aient des directions communes. Puis, on achève d'opérer la coïncidence sur MM, avec la dernière rigueur, non plus en faisant mouvoir PP, ce qui déplacerait trop rapidement l'image focale, mais en retirant ou enfonçant le tuyau $T'T'$, conséquemment la plaque MM, au moyen de son appareil micrométrique, jusqu'à ce que les deux systèmes de divisions superposées soient vus avec une égale finesse, comme s'ils étaient tracés dans un même plan. Lorsqu'on jugera la coïncidence exacte, l'échelle de division, que je suppose mesurer ce mouvement, fera connaître la distance de la lame MM à la lentille objective dans la position où l'on croira devoir l'arrêter : ce sera $-A_i$ pour cette position.

On verra alors que m divisions tracées sur PP, coïncident, par exemple, avec M divisions tracées sur MM. Si l'on exprime ces deux nombres en parties d'une même unité de longueur, le premier représentera c_i dans nos formules ; le second z_i ; et l'on connaîtra aussi la distance A_i qui y correspond. Il n'y aura donc qu'à substituer ces valeurs. Si l'on connaît déjà H et N, par les observations précédemment indiquées, une seule expérience de ce genre suffira pour connaître la distance focale principale F de la lentille objective, qu'il faudra attribuer aux rayons de réfrangibilité moyenne, si l'on n'a pas opéré avec une lumière simple, ce qui serait assez difficile. Mais l'erreur de cette supposition se trouvera sans importance, parce que la coïncidence aura été naturellement jugée pour les rayons moyens, et que les observations s'appliqueront encore à ces mêmes rayons quand la lentille sera employée comme oculaire simple. Si l'on connaissait seulement le produit NH, ou $\frac{e'}{n'}$, et non pas ses facteurs séparés, il faudrait conclure d'abord N de deux expériences faites avec des longueurs différentes de tirage du tuyau $T'T'$, ce qui permettrait de calculer H, et ensuite F par l'une ou par l'autre. Je spécifie seulement ici leur nombre indispensablement nécessaire. Mais il est évident qu'on obtiendrait plus de précision en le multipliant, et prenant la moyenne des résultats partiels.

205. Outre l'exactitude que comportent les diverses opérations que je viens d'indiquer, elles ont l'avantage de déterminer les éléments de la lentille, sans y faire intervenir la distance D, à laquelle chaque observateur doit amener l'image dans la vision artificielle, pour en avoir une parfaite perception. Car cette distance, qui est inégale pour différents observateurs, ne peut pas même être individuellement évaluée avec certitude. En confirmation de cette re-

marque, je rapporterai ici la méthode employée par Herschel pour
déterminer les forces relatives des oculaires simples qu'il appliquait
à un même télescope catoptrique, afin d'en obtenir des grossissements linéaires graduellement croissants, jusqu'à l'énorme valeur
de 6000, comme je l'ai dit plus haut. Il prenait pour objet un fil
métallique très fin FF, *fig.* 57, toujours le même; et il le fixait
devant chaque lentille LL, à une distance telle qu'il en pût percevoir ainsi l'image avec une parfaite netteté, en plaçant l'œil le
plus près possible de la face postérieure $A_{\prime\prime}$, avec laquelle il le supposait en contact. Admettant alors que la distance D de l'image à
son œil, ou à la face postérieure A, de la lentille, devait être de
$8\frac{1}{2}$ pouces anglais, ce qui était sans doute la portée de son organe dans la vision naturelle, il fixait à cette distance précise un
tableau blanc PP, qui pouvait être par exemple une lame de verre
dépolie, éclairée en-dessous par un miroir réflecteur GG. Puis, regardant l'image avec un seul œil, et avec l'autre le tableau sur lequel il la voyait projetée, il mesurait avec un compas, à pointes
très fines, l'espace qu'elle lui paraissait y occuper. Cet espace représentait donc pour lui $z_{\prime}$, l'épaisseur du fil étant e, et la distance D du tableau à l'œil étant $\Delta_{\prime}$. Il eût été plus exact, peut-être,
et aussi plus commode de regarder l'image et le tableau du même
œil par des portions différentes de la pupille; opération qui devient
très facile en posant sur la lentille, *fig.* 58, un tuyau très court,
terminé par un petit miroir plan *mm*, percé d'un trou central, pour
voir, non directement, mais par réflexion oblique, des divisions
tracées sur le tableau PP, placé latéralement à la distance exigée
D, en même temps que le centre de l'œil voit l'image du fil FF,
ou $z_{\prime}$, projetée sur ces divisions. Cette disposition, tout-à-fait semblable à celle que M. Chevalier emploie pour déterminer les grossissements microscopiques, et que j'ai décrite, page 531, a été aussi
imaginée par lui. Seulement il remplace avec avantage le fil FF de
Herschel, par une division tracée sur verre. Soit qu'on fasse usage
de cette disposition, ou qu'on observe par vision directe, comme
faisait Herschel, les quantités mesurées établissent nécessairement une relation entre les éléments spécifiques de la lentille. Pour
la connaître, je les introduis dans l'expression de F—H en D + D',

que nous avons formée plus haut ; et en y remplaçant G par sa valeur équivalente $\frac{z_f}{c}$, elle devient

$$F - H = - \frac{c(D + D' - H)}{Nz_f - c}.$$

Maintenant lorsqu'un système oculaire quelconque est appliqué à un système objectif donné, si l'on forme l'expression du coefficient angulaire N_0 du système total, pour un œil infiniment presbyte, comme nous l'avons fait page 511, on voit que les éléments de l'oculaire y entrent seulement par le produit $N(F - H)$, auquel N_0 se trouve réciproque. Or l'expression que nous venons de rapporter donne pour ce produit

$$N(F - H) = - \frac{cN(D + D' - H)}{Nz_f - c}.$$

Concevons qu'on l'ait faite successivement sur deux lentilles de différente force, en prenant toujours pour objet le même fil métallique ou la même grandeur c, et en mesurant les images z'_f, z''_f à la même distance D de l'œil, appliqué à une même distance + D' de la surface d'émergence. Alors si l'on désigne par N_1, N_2 les grossissments angulaires N_0 que ces deux lentilles produiraient pour un œil infiniment presbyte, en les appliquant à un même objectif donné, on aura, par l'expression précédente :

$$\frac{N_2}{N_1} = \frac{N'(N''z''_f - c)(D + D' - H')}{N''(N'z'_f - c)(D + D' - H'')}.$$

Herschel s'efforçait de rendre la distance + D', sinon absolument nulle, du moins très petite, en approchant son œil le plus près possible des secondes surfaces des lentilles. Celles-ci étant faites de verre ordinaire, et n'ayant que de très petites dimensions, les valeurs de H' et de H'' devaient y être aussi très petites, comparativement à D qui était de $8 \frac{1}{2}$ pouces anglais. Le rapport $\frac{D + D' - H'}{D + D' - H''}$ pouvait donc être considéré comme à très peu près constant et égal à + 1. En outre, comme toutes les lentilles comparées produisaient des amplifications linéaires considérables, les images z'_I, z''_I étaient toujours beaucoup plus grandes que c; de sorte qu'il ne devait y avoir qu'une faible erreur à négliger c, comparativement aux produits $N'z'_I$, $N''z''_I$. Le calcul de Herschel renferme implicitement toutes ces limitations. En les admettant, les éléments propres des lentilles comparées disparaissent entièrement du résultat, pour n'y laisser que les grandeurs des images observées à une même distance ; et il vient alors :

$$\frac{N_2}{N_1} = \frac{z''_I}{z'_I}.$$

Les grossissements angulaires, produits avec le même objectif, deviennent donc réciproques à ces grandeurs. C'est aussi ce que Herschel a supposé. Mais on voit à combien de conditions approximatives cette conséquence est restreinte. Si l'on y ajoute les incertitudes de l'observation elle-même telle qu'il la faisait, on concevra qu'il a fallu toute son habileté pour n'en pas déduire ainsi des valeurs excessivement inexactes. Cependant elles ne l'ont pas été autant qu'on aurait pu le craindre. Car, pour sa plus forte lentille par exemple, il a trouvé ainsi qu'elle devait produire, dans son télescope, un grossissement angulaire égal à 5787, tandis qu'il avait d'abord trouvé 6450 par l'évaluation directe, sur des mires distantes qu'il regardait avec un de ses yeux, tandis qu'il leur comparait l'image télescopique observée avec l'autre œil. On n'avait pas encore imaginé alors de faire ces comparaisons avec un même œil, en recevant les rayons lumineux par diverses portions de la pupille. Cette ingénieuse idée est due à Wollaston.

204. Lorsque l'on connaît les trois éléments principaux d'une lentille simple, soit par les procédés microscopiques, soit par toute autre méthode qui conduirait aux mêmes résultats, on peut calculer rigoureusement le grossissement angulaire qu'elle devra produire, étant appliquée comme oculaire simple à un système objectif donné. Ce n'est qu'une application particulière des formules générales établies, page 523 et suivantes, pour des combinaisons quelconques d'oculaires et d'objectifs. Mais on va voir qu'elle conduit à une foule de conséquences importantes pour l'emploi raisonné des instruments astronomiques.

Rappelant donc ici ces formules, en conservant la notation qui y caractérise les éléments constitutifs des deux systèmes combinés, je prends, page 525, l'expression générale du coefficient principal N, pour un système total quelconque, ajusté au point de vue de l'observateur au moyen du tirage e. J'y substitue, pour cette quantité, son expression, page 524, qui opère cet ajustement; et je remplace partout le facteur $\dfrac{u_m}{\mathrm{P}''}$ du système oculaire par sa valeur $\mathrm{N}''(\mathrm{F}'' - \mathrm{H}'')$. J'obtiens ainsi, en définitive,

$$\mathrm{N} = -\frac{u_m}{u_i}\,\frac{\mathrm{N}'(\Delta'_f - \mathrm{H}')}{\mathrm{N}''(\mathrm{F}'' - \mathrm{H}'')} - \frac{\mathrm{N}'\mathrm{N}''(\mathrm{F}'' - \mathrm{H}'')}{(\mathrm{D} + \mathrm{D}' - \mathrm{F}'')}$$

Dans les observations astronomiques ou géodésiques, les seules que je veuille ici considérer, $\dfrac{u_m}{u_i}$ est $+1$, parce que le système oculaire agit par transmission dans un milieu d'égale réfringence, qui est l'air ambiant. La même circonstance, appliquée au système objectif, fait que le grossissement angulaire total $\mathrm{N}\,\dfrac{u}{u_m}$ se trouve exprimé par $\pm\,\mathrm{N}$. Admettons, pour un moment, que la vision soit opérée par des rayons d'une seule réfrangibilité, qui sera par exemple la réfrangibilité moyenne. Avec les instruments tels qu'on les construit et tels qu'on les emploie, les quantités F'' et D' seront habituellement très petites comparativement à D, qui exprime la distance de la vision distincte pour l'observateur qui se sert de l'instrument : la première F'', à cause de la petite distance focale propre qu'on donne toujours aux systèmes oculaires; la seconde D', parce que l'on place toujours la pupille très près de leur dernière surface. En vertu de ces circonstances réunies, le premier terme de N, qui exprime sa valeur pour un œil infiniment presbyte, sera toujours fort considérable, comparativement au second, qui exprime la modification produite par l'enfoncement donné à l'oculaire pour l'ajuster à la portée de vue de l'observateur actuel; surtout si l'on exclut le cas où celui-ci serait extraordinairement myope, ce qui le rendrait peu propre aux observations. Ce sont là des conditions générales qu'il faudra toujours admettre.

205. Dans l'expression précédente de N, Δ'_f est la distance focale actuelle du système objectif pour la distance Δ de l'objet observé; et Δ'_f est liée à la distance focale principale F' de ce système par la relation générale

$$(1) \qquad \frac{1}{\Delta'_f - H'} = \frac{1}{F' - H'} + \frac{u}{u_i}\,\frac{N'^2}{\Delta}.$$

L'instrument agissant dans l'air, le rapport $\dfrac{u}{u_i}$ sera toujours égal à ± 1. Ainsi, après lui avoir attribué sa valeur, on devra joindre cette équation à l'expression de N modifiée par la condition de $\dfrac{u_m}{u_i} = +1$. Cela donnera

$$(2) \qquad N = -\frac{N'(\Delta'_f - H')}{N''(F'' - H'')} - \frac{N'N''(F'' - H'')}{(D + D' - F'')}.$$

Prenons pour objet une mire divisée, placée à la distance Δ au-devant du système objectif, et dirigée perpendiculairement à cette distance. Puis, supposons d'abord que les trois coefficients principaux, tant du système objectif que du système oculaire, soient connus. Δ étant donné, l'équation (1) déterminera $\Delta'_f - H'$; et puisque N' est censé connu, ainsi que les éléments de l'oculaire, l'équation (2) donnera le grossissement angulaire N du système total.

206. On peut aussi déterminer N par l'expérience, en observant avec un même œil les images transmises et réfléchies des divisions de la mire, au moyen du procédé expliqué page 472. En effet, la quantité qui s'obtient ainsi a pour expression générale :

$$N \frac{u}{u_m} \frac{(\Delta_f - H)}{(\Delta_f - D')}.$$

Δ_f est la distance focale actuelle de l'instrument employé; il faut donc la faire égale à $D + D'$, puisque nous le supposons ajusté au point de vue de l'observateur. La quantité obtenue est alors

$$N \frac{u}{u_m} \frac{(D + D' - H)}{D}.$$

Si l'instrument a son point oculaire extérieur, on y place l'œil. Alors $D' = H$, et l'expression précédente se réduit à $N\dfrac{u}{u_m}$. Lorsque ce point est intérieur, il est toujours excessivement rapproché de la dernière surface de l'oculaire dans les constructions usitées ; et comme on applique alors l'œil contre cette surface même, $\dfrac{D' - H}{D}$ devient négligeable comparativement à l'unité ; ce qui permet encore de supposer la quantité obtenue égale à $N\dfrac{u}{u_m}$, avec d'autant moins d'erreur que l'observateur a la vue plus longue.

207. Concevons ainsi N directement observé. Si le système objectif est composé d'un seul miroir, disposé comme dans les télescopes newtoniens, N' est $+1$ et H' est nul. Supposons qu'on y adapte un système oculaire simple ou complexe, de constitution donnée. Tout sera connu dans l'équation (2), sauf le facteur $N'(\Delta'_f - H')$ qui se réduit alors à Δ'_f. On pourra donc en déduire cette quantité ; et, en l'introduisant dans l'équation (1), où Δ est connu, on aura F', c'est-à-dire la distance focale principale du miroir objectif, supposé qu'on n'ait pas pu la déterminer différemment.

208. Appliquons au même miroir un autre oculaire, simple ou complexe, de constitution inconnue ; puis observons N avec la même mire ou avec toute autre. Δ'_f sera le même que tout-à-l'heure, ou pourra se calculer d'après les valeurs de F' et de Δ. L'équation (2) ne contiendra donc d'inconnu que les quantités $N''(F'' - H'')$ et F''. Mais, dans les combinaisons usitées, cette dernière est toujours très petite comparativement à la quantité $D + D'$ qui l'accompagne ; et elle n'entre ainsi isolée qu'au dénominateur du second terme de N, que la petitesse habituelle de $F'' - H''$ rend lui-même très petit comparativement au premier, où le facteur $N''(F'' - H'')$ se trouve en dénominateur. On pourra donc, dans de telles circonstances, considérer d'abord ce premier facteur comme seul inconnu dans l'équation (2), et l'en déduire avec une approximation presque toujours suffisante. Cette valeur servira ensuite pour calculer, avec la même approximation, le grossissement angulaire $N\dfrac{u}{u_m}$ que le même oculaire produirait étant appliqué à tout autre système objectif dont on connaîtrait la constitution ; puisqu'il n'y opérerait aussi, dans les mêmes limites, que par le facteur $N''(F'' - H'')$,

qu'on aurait obtenu. Mais, si l'on connaissait en outre N'' et H'', ne fût-ce qu'approximativement, on déduirait de là F'', assez exactement pour l'employer au dénominateur du second terme de l'équation (2). Après quoi l'on aurait $N''(F'' - H'')$, par un nouveau calcul plus exact.

209. D'après cela, dans un observatoire où l'on possède un télescope newtonien, et un appareil de réflexion pour mesurer les coefficients N, il suffirait de se procurer un seul oculaire simple, dont les éléments soient mesurés, pour déterminer les pouvoirs tant absolus que relatifs de tous les autres oculaires composés ou simples dont on voudrait se servir. Seulement il faudrait que les deux petits miroirs de l'appareil réflecteur pussent être tournés rectangulairement l'un à l'autre, pour réfléchir la mire dans la direction finale de l'image transmise.

210. On pourrait même, par inverse, se passer d'une lentille oculaire mesurée, si l'on connaissait seulement la distance focale principale F' du miroir employé comme objectif dans le télescope newtonien dont on fait usage. Car F' étant donné, on en déduirait d'abord s'_1 pour la mire terrestre, d'après sa distance connue λ. Ensuite le pouvoir propre de tous les oculaires composés ou simples qu'on voudrait essayer se calculerait comme tout-à-l'heure, d'après la valeur observée du grossissement angulaire $N\dfrac{u}{u_m}$ qu'ils produisent sur cette mire, étant combinés avec l'objectif dont il s'agit. La mesure de F', faite immédiatement sur le miroir même, suppléerait ainsi à l'élément analogue que nous supposions déduit de la lentille étalon. Or F' peut être obtenu, soit en déterminant géométriquement le rayon de courbure du miroir par l'application du sphéromètre; soit, comme il est concave, en déterminant dans une chambre obscure la distance focale s'_1 à laquelle il concentre les rayons d'un petit objet lumineux, comme la flamme d'une bougie placée au-devant de sa surface à une distance connue λ.

211. J'ai supposé toutes ces déterminations effectuées avec un télescope newtonien, parce que N' étant 1 et H' nul, leur exposé se trouvait plus simple. Mais on pourrait évidemment les obtenir aussi avec tout autre système objectif dont les trois éléments constitutifs

N', H', F' seraient connus. Même, en restreignant cette détermination aux systèmes d'objectifs habituellement usités, la connaissance isolée de N' ne serait pas indispensable. Car cet élément n'entre ainsi que dans le second terme de l'équation (2), qui est toujours très petit comparativement au premier; et comme N' ne diffère jamais de $+ 1$, dans ces systèmes, que par une fraction très petite, on pourrait toujours, sans aucune erreur, l'y supposer égal à $+ 1$. Alors l'emploi d'un seul oculaire connu, soit simple, soit complexe, joint à l'observation de N, donnerait le facteur $N'(\Delta'_f - H')$, pour la distance actuelle Δ de la mire, par l'équation (1). Après quoi, pour tout autre oculaire appliqué au même objectif et à la même mire, la valeur du facteur $N''(F'' - H'')$ se tirerait de l'équation (2), en mesurant le grossissement actuel N que produirait le système total.

212. Les valeurs de $N \dfrac{u}{u_m}$, observées ou calculées ainsi, pour une mire terrestre, diffèrent toujours de celles que l'on obtiendrait sur le ciel, parce que, dans ces dernières, le facteur $N'(\Delta'_f - H')$ de l'équation (2) se change en $N'(F' - H')$. Lorsque les éléments N' et H' du système objectif sont connus, et ils le sont toujours pour un miroir, on peut déduire F' de Δ'_f par l'équation (1) et le substituer dans N pour avoir sa valeur applicable aux objets célestes. Mais les opticiens qui construisent des objectifs dioptriques ne donnent presque jamais les valeurs de N' et de H' qui s'y appliquent, quoiqu'il leur fût bien facile de les calculer avec une précision toujours suffisante, d'après la connaissance approchée qu'ils ont des épaisseurs et des courbures qu'ils y ont employées. Heureusement on peut suppléer à ces données, pour leurs constructions, parce que l'on sait que le peu d'épaisseur centrale des objectifs y rend toujours H' très petit du même ordre, et N' très peu différent de $+ 1$. Or, en prenant la valeur de $F' - H'$ en $\Delta'_f - H'$ par l'équation (1), on en tire

$$(3) \quad N'(F' - H') = N'(\Delta'_f - H') + \dfrac{\dfrac{u}{u_i} \dfrac{N'^3}{\Delta}(\Delta'_f - H')^2}{1 - \dfrac{u}{u_i} \dfrac{N'^2}{\Delta}(\Delta'_f - H')}.$$

Le premier terme du second membre est donné par les observations des mires terrestres. Alors, si Δ a été pris très grand comparativement à $\Delta'_f - H'$, comme on le fait toujours, le second terme, qui est très petit, peut se calculer avec une exactitude parfaitement suffisante, en réduisant l'équation à cette forme :

$$(3) \quad N'(F' - H') = N'(\Delta'_f - H') + \frac{\dfrac{u}{u_i}\dfrac{N'^2}{\Delta}(\Delta'_f - H')^2}{1 - \dfrac{u}{u_i}\dfrac{N'}{\Delta}(\Delta'_f - H')}.$$

Maintenant le second membre ne contient plus que le produit $N'(\Delta'_f - H')$, qui est donné par l'observation de N sur la mire placée à la distance Δ. Ainsi l'on en déduira le facteur $N'(F' - H')$, qui, substitué dans l'équation (2), donnera la valeur de N propre aux observations célestes.

213. Lorsque le grossissement angulaire N est un très grand nombre, comme 1000 ou 2000, on peut, au premier aperçu, craindre quelque difficulté dans l'application du procédé décrit page 472 ; à cause de la multitude des divisions réfléchies de la mire qui deviennent alors nécessaires pour recouvrir une seule d'entre elles, vue à travers l'instrument optique ; d'autant que l'on ne peut pas diminuer indéfiniment les intervalles de toutes ces divisions, afin de les rendre plus nombreuses, puisque celles qui sont projetées par réflexion sur l'image transmise doivent toujours être maintenues assez grandes pour être perçues ainsi par l'œil avec une suffisante distinction. Mais cette restriction n'a lieu que pour celles-ci, et non pas pour les divisions transmises auxquelles on les compare. On peut donc faire ces dernières beaucoup plus petites dans une proportion connue ; par exemple, les réduire à des millimètres, les autres étant des décimètres, si à la distance où la mire se trouve, des millimètres sont parfaitement discernables à travers l'instrument, tandis que des décimètres sont également bien visibles par réflexion, en vertu des teintes blanches et noires avec lesquelles ils se succèdent. Alors, la superposition étant établie entre ces divisions de grandeur indéfiniment dissemblable, on pourra ainsi étendre l'expérience jusqu'aux plus forts grossisse-

ments. Enfin, on la rendrait plus sûre encore, si l'appareil de réflexion, entre les deux miroirs qui le composent, contenait une petite lunette d'un grossissement très faible et préalablement mesuré, qui servirait seulement pour donner une perception parfaitement nette des grandes divisions de la mire; ce qui équivaudrait à l'emploi d'une mire idéale, où ces divisions auraient été faites plus grandes dans la proportion de ce grossissement.

214. A défaut d'un microscope composé, ajusté comme je l'ai expliqué plus haut pour déterminer tous les éléments des lentilles oculaires, on pourrait employer un appareil fort ingénieux, imaginé par M. Silbermann, préparateur au Conservatoire des Arts et Métiers, et qui pourrait donner des résultats très exacts s'il était exécuté avec soin. Je me bornerai ici à indiquer le principe essentiel sur lequel il repose, en laissant aux expérimentateurs à établir les détails de rectification nécessaires, pour assurer l'exactitude des mesures qu'il pourrait fournir.

Ce n'est réellement que l'emploi simplifié du micromètre oculaire et du micromètre objectif des microscopes, appliqués à la mesure des distances focales actuelles des lentilles convergentes, comme je l'ai décrit plus haut, page 629. La *fig.* 59 représente le profil vertical de l'appareil. RR est une règle métallique divisée, que, pour fixer les idées, je supposerai horizontale. t, t', ϑ sont trois tiges verticales d'égale hauteur, attachées à la règle par leurs pieds, au moyen de pièces à coulisses EF, GH, KL, qui permettent de les transporter sur toutes les parties de la règle où on les fixe par des vis de pression; et ces mêmes pièces portent des appareils de subdivision connus sous le nom de verniers, pour déterminer le point précis de la règle où la face F, H, K de chaque support se trouve transportée. La tige t porte un tuyau horizontal TT, dans lequel s'insère à frottement un tuyau intérieur T'T', terminé d'une part par une loupe LL, de l'autre par un petit trou O, où l'on place l'œil; et l'on enfonce ou l'on retire le tuyau T'T' jusqu'à ce que l'on voie parfaitement les traits d'une division verticale de parties égales, tracées sur une plaque d'ivoire ou de métal DD, appliquée contre le bout ouvert du tuyau TT. Cette plaque, semi-circulaire, est la moitié d'un cercle complet AA, *fig.* 60, qui a d'abord été divisé transversalement sur une petite étendue autour de son centre, par des traits parallèles à l'un de ses diamètres. L'autre moitié $\Delta\Delta_1$, qui se trouve ainsi parfaitement égale à DD_1, s'applique de même, mais retournée, sur une pièce verticale de métal portée par la tige t'; de manière que les points Δ_1, D_1, qui étaient primitivement communs aux divisions tracées sur AA, se trouvent exactement alignés avec le point O, sur une même droite parallèle à la règle RR; et se maintiennent sur cette même droite dans toute l'étendue de course que l'on peut donner aux tiges t, t'. Cela exigera sans doute des vis de rectification adaptées à ces tiges ou à leurs prolongements plans sur lesquels les plaques DD_1, $\Delta\Delta_1$, sont fixées. Quand tout sera ainsi réglé, les plans de ces plaques devront se projeter sur la règle RR, un peu en dehors des faces H et K de leurs supports respectifs. Alors, en supprimant la pièce intermédiaire θ, on pourra approcher les tiges t, t' l'une de l'autre, jusqu'à ce que ces plans se touchent. Donc, si on lit sur les divisions des supports, les points de la règle auxquels ils répondent dans cette position de contact, lorsqu'on viendra ensuite à écarter les tiges t, t' à toute autre distance quelconque, on connaîtra l'intervalle actuel des deux plaques divisées DD_1, $\Delta\Delta_1$, en lisant, sur la règle RR, les nouvelles divisions auxquelles les index des supports seront transportés.

Considérons maintenant la tige intermédiaire θ. Elle porte un anneau métallique dont le centre est sur l'axe Δ_1 D_1. Mais l'une des faces CC de cet anneau n'offre qu'une ouverture plus restreinte que la face opposée. C'est là que l'on insère la lentille convergente dont on veut mesurer les éléments constitutifs, et qui est figurée en L_1L_1. D'après les dispositions précédentes, son axe central A_1A_1 se trouve coïncider avec la droite $\Delta'D'$; mais il faut cependant imaginer que l'anneau métallique destiné à la recevoir, est muni de vis de rappel propres à établir au besoin cette coïncidence exacte, ou à la rectifier si elle avait éprouvé quelque dérangement.

Tout étant ainsi disposé, et les trois tiges étant espacées à des intervalles quelconques, les divisions tracées sur la plaque $\Delta\Delta_1$ font l'office d'un objet dont il faut amener l'image à se former dans le plan DD_1, en continuation des divisions tracées dans ce plan. La première condition de ce résultat, c'est que la distance $\Delta_1 A_1$ surpasse la distance focale principale réciproque de la lentille $L_1 L_1$. Alors l'image de $\Delta\Delta_1$ se forme renversée au-delà de $A_1 A_2$; de sorte qu'elle passe du côté de l'axe central, opposé à l'objet; et ainsi, en la supposant opérée dans le plan DD_1, elle y sera visible du point O à travers la lentille LL, par la partie supérieure du tuyau TT que DD_1 ne remplit pas. Pour l'amener dans cette position précise, on n'aura qu'à faire mouvoir la tige t' sur la règle pendant qu'on aura l'œil fixé en O. Et, pourvu que la distance $A_2 D_1$ surpasse la distance focale principale de $L_1 L_1$, on trouvera toujours une position de la tige t' qui rendra les divisions des deux plaques simultanément visibles. L'expérience apprendra bientôt qu'il ne faut pas trop exagérer la distance focale actuelle $A_2 D_1$, que l'on veut imposer à l'image; parce qu'elle se perçoit mal, devenant alors trop grande et trop irisée. On se restreindra donc dans les limites où sa perception devient très nette; et, ayant amené les traits des divisions qu'elle présente à coïncider en direction, comme en distance apparente, avec celles de DD_1, on comptera combien de divisions de l'une et de l'autre se trouvent comprises entre les traits qui se correspondent sur le même prolongement. Le nombre compté sur $\Delta\Delta_1$ étant b, le nombre de DD_1 qui le recouvre représentera y_f dans notre notation.

215. Je suppose alors qu'on ait préalablement mesuré l'épaisseur centrale $A_1 A_2$ de la lentille, soit avec un compas d'épaisseur, soit par des contacts opérés entre ses faces et les plans $\Delta\Delta_1$ ou DD_1, sur l'appareil même, comme il est facile de l'imaginer. En comparant les divisions de la règle RR, où les supports se sont arrêtés dans ces contacts, et celles où ils sont transportés quand on observe l'image en coïncidence avec DD_1, on en conclura les distances actuelles $A_1 \Delta_1$, $A_2 D_1$. La première sera le Δ de nos formules, la seconde le Δ_f qui y correspond, lequel étant ici postérieur à la lentille, devra être employé comme négatif. Si, outre ces données, on connaît approximativement l'indice de réfraction n_1, propre aux rayons de moyenne réfrangibilité dans la substance dont la lentille est faite, on pourra calculer ses trois éléments principaux, pour les mêmes rayons, auxquels les images observées peuvent être censées appartenir quand elles sont les plus distinctes.

216. Pour cela je reprends les équations générales qui donnent y_f, Δ_f et H dans un instrument quelconque ; puis les ayant particularisées pour une lentille environnée d'air, comme dans la page 616, j'en tire les expressions suivantes :

$$N + \left(\frac{P}{u}\right)\Delta = \frac{b}{y_f}; \quad \frac{1}{\Delta_f - H} = \frac{N}{\Delta}\left[N + \left(\frac{P}{u}\right)\Delta\right]; \quad NH = \frac{e_1}{n_1}.$$

La première donne le facteur $N + \left(\frac{P}{u}\right)\Delta$, en fonction des quantités b et y_f données par l'observation, pour chaque coïncidence de l'image de b avec la division DD_1. En le substituant dans la seconde, celle-ci devient :

$$\frac{1}{\Delta_f - H} = \frac{Nb}{\Delta y_f}.$$

Alors, si l'on réduit les deux membres au même dénominateur, après cette transformation, le produit NH peut être éliminé, et remplacé par sa valeur $\frac{e_1}{n_1}$ qui est connue. Il n'y reste donc plus d'inconnu que le seul coefficient N ; et, en le dégageant, on trouve

$$N = \frac{y_f \Delta}{b\,\Delta_f} + \frac{e_1}{n_1\,\Delta_f}.$$

Par suite $\left(\frac{P}{u}\right)$ et H se déterminent, puisqu'on a

$$\left(\frac{P}{u}\right) = \frac{b}{y_f\,\Delta} - \frac{N}{\Delta}; \qquad H = \frac{e_1}{n_1\,N}.$$

Tous les éléments de la lentille sont donc connus, puisqu'ils se déduisent de ces trois quantités.

217. Supposons l'épaisseur e_1 insensible ; N sera alors égal à $+1$, et H nul. On aura donc

$$\frac{y_f \Delta}{b\,\Delta_f} = 1 \qquad \text{ou} \qquad \frac{y_f}{\Delta_f} = \frac{b}{\Delta};$$

c'est-à-dire que le foyer de chaque point rayonnant se forme, réellement ou virtuellement, sur l'axe géométrique du pinceau incident qui en émane. Dans les expériences décrites, la lentille renverse les objets. Concevons-la placée à une distance des deux plaques divisées telle que l'observation donne $y_f = -b$, c'est-à-dire l'image égale en grandeur à l'objet. On aura pour ce cas $\Delta_f = -\Delta$, ou l'image et l'objet également distants des deux côtés de la lentille infiniment mince. Avec ces valeurs, et $N = 1$, $\left(\dfrac{P}{u}\right)$ devient $-\dfrac{2}{\Delta}$. Si l'on veut tirer de ces résultats la distance focale principale F de la lentille considérée, il faut reprendre l'expression générale

$$F - H = \frac{u_m}{NP}.$$

En l'appliquant au cas actuel, comme l'observation est faite dans l'air, u_m ou u_2 est égal à u. Faisant de plus H nul, N égal à 1, et mettant pour $\left(\dfrac{P}{u}\right)$ sa valeur précédente, on trouve F égal à $-\tfrac{1}{2}\Delta$. C'est-à-dire que la distance focale principale F est la moitié de la distance comprise entre les plaques divisées et la lentille, dans la position où l'image paraît égale à l'objet. Mais ce résultat n'a lieu qu'autant qu'on néglige l'épaisseur centrale e, de la lentille. On n'a d'ailleurs aucun avantage à s'imposer cette condition d'égalité, qui est difficile à obtenir. Toutes les positions sont également bonnes, lorsque l'on observe séparément Δ et Δ_f. Il suffit que l'image y_f soit nettement perçue, et que son rapport avec la grandeur b de l'objet puisse être apprécié exactement par des nombres entiers de divisions des deux plaques. Et lorsqu'on aura ainsi obtenu N, H, $\left(\dfrac{P}{u}\right)$, on en conclura de même la distance focale principale F, par son expression en $\dfrac{1}{NP}$.

213. On peut encore déterminer F, pour les lentilles convergentes, en les employant comme objectifs, pour former une lunette à tirage divisé, à laquelle on adapte comme oculaire une petite lentille convergente d'un foyer très court, dont il faut seulement connaître la distance focale principale réciproque. Ce système étant dirigé sur des objets très distants, on l'ajuste pour une vue très longue. Puis on mesure l'intervalle h_i ou h_o des deux sys-

tèmes, et le mettant dans l'équation de la page 511, on en tire
Δ, qui est F alors. Ce moyen a été pratiquement employé par
MM. Cauchoix et Buron, opticiens français.

*De l'emploi des procédés microscopiques pour la mesure des petits
angles dans les observations d'astronomie.*

219. Cette application a deux buts distincts. On l'emploie pour
lire, et fractionner les intervalles des divisions tracées sur les limbes
métalliques des instruments; ou pour mesurer de très petits angles
compris dans le ciel entre deux rayons visuels.

Dans les instruments à limbes divisés, de dimension médiocre,
le fractionnement des intervalles s'opère au moyen d'un appareil à
traits, appelé *vernier*, que je devrai décrire plus tard, et dont on
peut déjà voir la description dans mon *Précis de Physique*, tome I,
page 128. Il ne s'agit donc alors que de lire exactement les divisions tracées sur cet appareil et sur le limbe. On emploie pour cela,
fig. 61, une lentille simple LL, fixée à l'un des bouts d'un petit
tuyau métallique TT, noirci intérieurement, et dont l'autre bout
est fermé par une plaque opaque percée seulement à son centre
d'un petit trou O, derrière lequel on place l'œil. C'est précisément
l'appareil dont j'ai décrit par avance l'emploi, dans le dynamètre
de Ramsden, pour percevoir nettement les divisions de la plaque
oculaire; comme aussi, dans le procédé de M. Silbermann, pour
reconnaître le nombre exact des divisions de l'objet et de l'image
qui se recouvrent mutuellement. La centralité du trou O, a pour
effet d'amener toujours la pupille dans l'axe de la lentille; et sa distance à celle-ci assujétit la vision à ne s'opérer que par des rayons
symétriquement dirigés autour de cet axe, dans une amplitude limitée d'inclinaison. Le tuyau est contenu dans un anneau métallique AA fixé à l'instrument; et il y est retenu par friction, de manière que chaque observateur peut l'enfoncer ou le retirer pour
approcher la loupe des divisions DD, à la distance précise où
il en perçoit le plus distinctement l'image agrandie. Quand cet
ajustement est opéré, les divisions se trouvent nécessairement un
peu en-deçà de la distance focale réciproque de la lentille. En

effet, Δ_f étant la distance de l'image au-devant de la face antérieure A_1, on a ici, comme dans tout autre système optique agissant dans l'air,

$$\frac{1}{\Delta_f - H} = \frac{1}{F - H} + \frac{N^2}{\Delta}.$$

Soit — D′ la longueur $A_2 O$ du tuyau, à laquelle je donne le signe négatif, parce qu'elle est postérieure à la seconde surface de la lentille; et désignons par + D la portée de la vision distincte de l'observateur, laquelle surpasse toujours beaucoup + D′. Lorsque l'image sera au-devant de l'œil à cette distance + D, sa distance Δ_f, au-devant de A_2, sera

$$\Delta_f = D - D'.$$

Or l'équation qui détermine Δ_f, peut se mettre sous cette forme

$$\frac{1}{N^2(\Delta_f - H)} = \frac{-1}{-N^2(F - H)} + \frac{1}{\Delta},$$

Pour les lentilles dont on fait usage, H est toujours bien moindre que Δ_f. Ainsi, Δ_f étant toujours positif quand l'image est amenée au point de vue, le premier membre de l'équation transformée est pareillement positif alors. Il faut donc pour cela que Δ positif soit moindre que — $N^2(F - H)$, qui est aussi positif, puisque la lentille est convergente. Or ce produit exprime précisément la distance focale principale réciproque de la lentille, prise du côté A_2, comme nous l'avons reconnu page 455, pour tout instrument en général.

Afin de rendre la lecture des divisions plus facile, on les éclaire par la lumière du ciel ou d'une bougie, réfléchie sur un petit plan RR, d'argent mat ou de papier blanc, lequel est transporté par le vernier, et dirigé obliquement au limbe. Il faut donc que, dans la plus grande proximité de la loupe, nécessitée par les plus petites valeurs de D, elle ne soit pas assez près des divisions pour mettre obstacle à l'arrivée de cette lumière réfléchie vers elles. Assignant ainsi à Δ la moindre valeur que l'on veuille admettre, pour la moindre valeur de D que l'on puisse habituellement supposer, on devra préparer l'appareil pour ce rapprochement extrême; car alors il sera toujours applicable quand on éloignera davantage la lentille. Prenant donc ces valeurs minimum de Δ et de D, avec la longueur $- D'$ que l'on veut donner au tuyau TT, il faudra que Δ, devienne égal à $D - D'$ dans l'équation focale. Mais, pour ce calcul préparatoire, on peut négliger l'épaisseur e' de la lentille, ce qui rend H nul, et N' égal à $+ 1$. Il vient alors

$$\frac{1}{D - D'} = \frac{1}{F} + \frac{1}{\Delta};$$

on connaît ainsi la distance focale principale F, qu'il faut donner à la lentille pour remplir les conditions exigées. Or, dans la même supposition de e' nul, on a

$$\frac{1}{F} = (n' - 1)\left(\frac{1}{r'} - \frac{1}{r''}\right),$$

il ne restera donc qu'à choisir à volonté un des rayons de courbure, r', r'', et l'on aura l'autre par cette condition. Quand la lentille sera ainsi construite et ajustée à son tuyau, il faudra disposer l'anneau AA qui porte la loupe, à une distance des divisions telle, que la lentille puisse approcher de celles-ci jusqu'à la distance Δ ou un peu plus près, lorsque le tuyau atteint le maximum de son enfoncement. Alors on n'aura qu'à le retirer pour adapter l'appareil à des vues plus longues; et l'anneau AA le contiendra toujours dans l'étendue de course que cette opération exigera. Le grossissement linéaire G qui en résultera, sera donné, comme pour tout autre microscope, par les formules de la page 530. Si donc on veut y faire N égal à 1 et H nul pour les plier à l'approximation que nous avons admise, en attribuant à D' son signe négatif actuel, on en tirera

$$G = \frac{D - D'}{\Delta}, \quad \text{ou encore} \quad G = 1 - \frac{(D - D')}{F}.$$

G sera donc positif, puisque la longueur D' du tuyau est toujours bien moindre que D dans les constructions. Mais on voit qu'elles seront toujours bornées à des grossissements très faibles; parce que des valeurs de G, un peu considérables, exigeraient de petites valeurs de Δ, qui rendraient l'usage de l'appareil incommode, en obligeant d'approcher la lentille trop près des divisions pour que celles-ci puissent recevoir la lumière du réflecteur.

220. Dans les grands instruments à limbes divisés, fixement établis, tels qu'en possèdent aujourd'hui les principaux observatoires de l'Europe, le fractionnement des divisions s'opère, au moyen de microscopes fixes, à objectif achromatique, munis d'un micromètre oculaire, à réticule, dont le fil, ou les fils, sont mus par des vis à tête divisée. La *fig.* 62 représente un de ces appareils qui nous servira d'exemple pour tous les autres. C'est celui qui est adapté au cercle azimutal du grand instrument astronomique construit par Ramsden pour l'observatoire de Palerme, et qui a servi à toutes les déterminations de Piazzi. Sa description se comprendra facilement après ce qui précède. J'en donnerai ensuite le calcul.

L'appareil était destiné à lire les divisions d'un cercle qui tourne horizontalement au-dessous de sa lentille objective. Pour cela, il est établi verticalement, entre deux colonnes métalliques fixes, liées par des traverses horizontales, percées d'anneaux, qui le serrent à ses deux extrémités. Sa lentille objective qui est simple, mais que l'on ferait aujourd'hui achromatique, se trouve ainsi maintenue à une distance sensiblement constante du limbe mobile, parce que le tube du microscope est de même métal que les colonnes, et a presque la même longueur. Un miroir réflecteur RR, mobile autour d'un axe horizontal, sert à illuminer les divisions que l'on doit lire. Le système oculaire OO est du genre positif, et pareil à celui que j'ai supposé employé dans le microscope composé, *fig.* 56, pour lire les divisions du micromètre oculaire. Il est également formé de deux lentilles, combinées entre elles de manière à opérer la dispersion sensiblement rectiligne des foyers du système total, pour l'œil placé en contact avec sa dernière surface. Ces deux lentilles sont, comme alors, fixées dans un même tube indépendant du corps du microscope, et ayant un petit mouvement de course suivant le sens longitudinal, afin que chaque observateur puisse l'enfoncer ou le retirer autant qu'il lui est nécessaire pour amener les images produites par le système total, à la distance de son œil où il les voit le plus distinctement. Au-devant de cet oculaire mobile, et dans le plan focal propre de l'objectif, en MM, on fixe intérieurement au tuyau enveloppe, non pas une lame de verre divisée, mais un réticule contenant un seul fil transversal très fin, qui peut être transporté dans ce plan, parallèlement à lui-même, au moyen d'une vis VV, dont la tête sortant au-dehors, porte un cadran divisé en soixante parties égales entre elles. Le mécanisme de ce réticule est représenté en détail dans les *fig.* 63 et 64. La première montre le fil FF, tendu au milieu d'un diaphragme métallique qui peut glisser entre deux coulisses sur un châssis plus grand, lequel se fixe au tuyau du microscope; et c'est ce mouvement de glissement que la vis opère avec régularité, en même temps que le parallélisme du fil, dans toutes ses positions, est assuré par la forme rectiligne des coulisses. Aujourd'hui, au lieu d'un seul fil, on trouve préférable d'en employer deux qui se croisent sous un angle très aigu dont l'axe moyen est parallèle aux divisions du cercle, comme le représente la *fig.* 65. Ils sont tendus sur le même châssis mobile; conduits simultanément par la même vis, et l'on prend pour signal leur point d'intersection. Lorsque le microscope est en place, si le plan du réticule coïncide avec le plan focal actuel de l'objectif, l'image des divisions doit pouvoir être vue nettement à travers l'oculaire, en même temps que le fil est en coïncidence avec lui. On prépare l'appareil, comme je le dirai tout-à-l'heure, pour que cet effet ait lieu; et lorsqu'il est en place, on achève de le régler par l'expérience, en faisant mouvoir longitudinalement le réticule ou l'objectif, jusqu'à ce que la coïncidence soit aussi parfaite que possible.

En supposant les pas de la vis rigoureusement égaux, l'espace parcouru par le fil unique, ou par le point d'intersection des deux fils croisés, est proportionnel au nombre de tours et de fractions de tours qu'on lui a fait décrire. Ces fractions se lisent immédiatement sur le cadran divisé que la vis porte sur sa tête, et qui tourne devant un index fixe. Pour connaître le nombre des tours entiers, il y a dans le microscope de Palerme un second châssis plan, *fig.* 64, indépendant du premier, et divisé en parties égales, correspondantes chacune à un tour de la vis. Ce châssis est si mince, et fixé au-dessus du fil à une si petite distance, que ses divisions se voient distinctement à travers l'oculaire, en même temps que le fil. Il est mû latéralement par une vis qui lui est propre, et qui sert à régler sa position relativement au fil. Pour cela, ayant amené la vis VV de celui-ci à peu près au milieu de sa course totale, ce qui le doit conduire au centre du champ apparent, on achève de la tourner jusqu'à ce que le point zéro des divisions tracées sur sa tête coïncide exactement avec l'index fixe. Puis on transporte le châssis supérieur, *fig.* 64, jusqu'à ce que le zéro de ses divisions propres, qui est placé au milieu de l'espace qu'elles embrassent, se trouve exactement aligné sur le fil; après quoi on l'arrête invariablement par des vis de pression. Alors, quand on tourne, ou qu'on détourne la vis VV d'une quantité quelconque, le déplacement du fil parmi les divisions intérieures indique le sens du mouvement opéré, ainsi que le nombre entier de tours qu'elle a décrits; et les fractions de tours sont marquées par la division du cadran porté sur sa tête, qui se trouve amenée devant l'index.

La partie inférieure du microscope, dans laquelle la lentille objective est enchâssée, peut recevoir un petit mouvement horizontal dans l'anneau de la traverse métallique qui la contient, afin que le centre du champ apparent puisse être amené dans la ligne verticale qui passe par le milieu du fil micrométrique, lorsque celui-ci se trouve au milieu de sa course possible, et ajusté sur le zéro de la division intérieure du micromètre. Ce mouvement s'opère et se limite par l'action de deux vis fixées à la traverse inférieure, et agissant en sens contraire sur le tuyau, pour le retenir toujours serré entre elles. Une seule est visible dans la *fig.* 62.

Enfin, la lentille objective elle-même a un très petit mouvement de course dans le sens vertical, qui sert pour l'éloigner ou la rapprocher quelque peu des divisions tracées sur le limbe circulaire, afin que leur image vienne coïncider avec le fil micrométrique, aussi exactement qu'il est possible. Car, ainsi que je l'ai annoncé, sa distance focale et les dimensions de l'instrument ne sont qu'approximativement calculées pour que cette coïncidence ait lieu, et il faut toujours la compléter par l'expérience. Lorsqu'elle est établie, le déplacement horizontal du fil micrométrique, pour chaque révolution de la vis qui le conduit, est *censé* répondre à une certaine fraction connue des divisions du limbe inférieur, ce que l'artiste s'est efforcé d'obtenir par l'ajustement de l'appareil. Mais cette évaluation doit toujours être constatée, et au besoin rectifiée par l'astronome. On concevra comment il peut le faire, quand j'aurai expliqué le calcul préparatoire sur lequel l'artiste se guide pour la réaliser.

221. Soit c l'intervalle linéaire compris entre deux divisions tracées sur le limbe et qu'il s'agit de fractionner. Cet intervalle, placé à la distance Δ au-devant de la première surface du système objectif, donnera, à la distance $\Delta_{,}$ au-devant de la dernière, une image de la grandeur $z_{,}$ qui coïncidera avec le plan du réticule lorsque celui-ci sera ajusté de manière à ce qu'on n'observe aucune parallaxe. Désignant donc, par N, H, F, les trois éléments principaux du système objectif qui agit dans l'air ambiant, on aura alors ces deux relations générales

$$\frac{1}{\Delta_{,} - H} = \frac{1}{F - H} + \frac{N^2}{\Delta} ; \qquad z_{,} = \frac{cN(\Delta_{,} - H)}{\Delta} ,$$

où il faut remarquer que $\Delta_{,} - H$ devant être négatif pour Δ positif, $z_{,}$ devra être négatif si c est positif, c'est-à-dire que l'image sera renversée. Car N est toujours positif dans les constructions usitées.

L'artiste choisit toujours d'avance le système objectif dont il veut faire usage. Il faut donc considérer ses éléments N, H, F comme connus. Il connaît aussi les pas de la vis micrométrique qu'il veut employer. Soit ϖ leur longueur. Il sait enfin par quel nombre de pas il veut représenter l'image de c. Soit m ce nombre. Il faudra préparer les dimensions de l'appareil, de manière que $z_{,}$ devienne égal à $m\varpi$ quand c est l'objet.

222. Pour connaître c, il faut d'abord prendre le rayon r du limbe, et le multiplier par le nombre 2π ou $2.3,1415926$ qui exprime la circonférence dont le rayon est 1. Alors le produit $2\pi r$ sera son contour. On sait combien il renferme d'intervalles c : soit n ce nombre. c sera donc connu, et égal à $\dfrac{2\pi r}{n}$.

Dans le cercle azimutal de Palerme, r est égal à 18 pouces anglais; et il est divisé par intervalles de $10'$, qui sont des sixièmes de degré. Cela donne n égal à $360^\circ.6$, ou 2160. De là résulte donc

c égal à $0^{po},05236$, ou un peu moins de $\frac{1}{19}$ de pouce anglais. J'adopterai cette dernière évaluation approximative.

223. La vis micrométrique est telle, que 70 pas égalent un pouce ; conséquemment 10 pas, ou 10ϖ, égalent $\frac{1}{7}$ de pouce. L'artiste a voulu que ces dix pas fussent l'image de c, ou de $10'$ du limbe, c'est-à-dire $= z_{,}$. Alors chaque révolution de la vis mesure $1'$ sur le limbe ; et comme sa tête est divisée en 60 parties, chacune de ces dernières divisions représente $1''$ du limbe. C'est le mode de fractionnement que l'on a coutume d'adopter, dans ces appareils.

224. De là on peut aisément conclure les dimensions qu'il faut leur donner dans chaque cas de subdivision ainsi choisi. A cet effet je prends la valeur de $\Delta_{,} = \mathrm{H}$ dans la première équation, et la substituant dans la seconde, j'en tire Δ. Il vient alors

$$\Delta = - \mathrm{N}^2 (\mathrm{F} - \mathrm{H}) + \frac{c\mathrm{N} (\mathrm{F} - \mathrm{H})}{z_{,}}.$$

$z_{,}$ et c étant connus pour le fractionnement adopté, on en déduira la valeur de Δ pour le système objectif dont on veut faire usage. On connaîtra ainsi la distance à établir entre sa surface antérieure et le limbe divisé. Avec cette valeur de Δ la première équation donnera $\Delta_{,}$, c'est-à-dire la distance de la seconde surface du système objectif à l'image. Ce sera donc à cette distance qu'il faudra établir le plan du réticule qui porte le fil mobile du micromètre oculaire.

Ce calcul se ferait avec une complète rigueur, connaissant N, H, F. Mais l'exécution pratique ne pourrait jamais y correspondre exactement. Aussi les artistes se bornent à le faire en prenant $\mathrm{N} = + 1$, et H nul, ce qui revient à négliger l'épaisseur du système objectif ; et ils complètent cette approximation expérimentalement, au moyen du petit mouvement de course qu'ils laissent à ce système dans le sens longitudinal, pour achever de régler sa distance aux divisions du limbe.

Dans le cercle de Palerme, par exemple, la distance focale principale F de la lentille objective ainsi évaluée est $= 2$ pouces. On y a en outre, très approximativement, $c = \frac{1}{7}$; $z_{,} = -\frac{1}{7}$, en les exprimant par cette même espèce d'unité. Alors, faisant $\mathrm{N} = 1$

et H nul, la formule donne

$$\Delta = +2 + \frac{14}{19} = +2,7368 ;$$

c'est la distance de la lentille aux divisions du limbe horizontal ; de là on tire, dans le même ordre d'approximation ,

$$\frac{1}{\Delta_{\prime}} = -\frac{1}{2} + \frac{1}{2,7368} ;$$

conséquemment

$$\Delta_{\prime} = -\frac{5,4736}{0,7368} = -7,4289 ;$$

c'est l'intervalle de la lentille au centre du réticule qui porte les fils : il est exprimé en pouces anglais , ainsi que Δ.

225. L'appareil a été construit sur ces dimensions. Mais, comme elles ne sont qu'approximatives, lorsque la lentille, par son mouvement longitudinal, a été amenée expérimentalement à former l'image des divisions dans le plan du réticule sans aucune différence appréciable, il est impossible que les intervalles de ces images répondent rigoureusement à la longueur de dix pas de la vis , comme on l'a supposé dans le calcul préparatoire. Pour obtenir ce double accord, il faudrait, qu'après avoir amené la lentille objective à la distance Δ qui donne à z, la grandeur exigée, on pût encore en éloigner ou en rapprocher le réticule par un autre mouvement propre, afin de mettre le fil en coïncidence avec l'image, dans le plan focal ainsi déterminé. Or, en admettant que l'on fût parvenu à remplir rigoureusement toutes ces conditions, les seules variations de la température ambiante les dérangeraient continuellement, par les modifications qu'elles occasionnent dans les grandeurs des intervalles observés sur le limbe , dans la distance Δ, du limbe à la lentille objective, et dans la longueur du tuyau de métal qui sépare celle-ci du réticule. Si donc des appareils de ce genre peuvent donner des résultats exacts sans avoir besoin d'être retouchés sans cesse, il faut que l'accomplissement rigoureux de toutes les conditions précitées ne soit pas absolument indispensable, ou que l'on puisse, par des compensations expérimentales, en corriger les effets. C'est aussi ce qui a lieu , comme on va le voir.

226. D'abord , les mesures angulaires que l'appareil micrométrique est destiné à fournir, peuvent être obtenues avec une suffisante certitude , sans que le fil curseur coïncide rigoureusement avec l'image focale : il suffit qu'il en soit très près. Alors, quand on le voit le plus nettement qu'il est possible, à travers l'oculaire, l'image de chaque point rayonnant extérieur ne se présente plus , il est vrai, comme un simple point mathématique. Elle se dilate en un petit disque, dont le centre se trouve sur la direction de l'axe du pinceau réfracté ; d'autant plus exactement que le pinceau est plus fin , et que son obliquité sur l'axe central de l'objectif est moindre. On a toujours soin d'assurer ces restrictions, en ne donnant à la lentille objective que très peu d'ouverture, et au microscope très peu de champ ; et comme on règle aussi la place du réticule , de façon que le fil se trouve toujours très près du plan focal actuel, il s'ensuit qu'en faisant bissecter par le fil, l'image toujours très peu dilatée des divisions qu'on observe , on l'amène sensiblement sur l'axe du pinceau réfracté , lequel dérive de l'axe géométrique du pinceau incident. Il faut donc établir nos formules pour ce mode d'observation, qui est celui que l'on réalise dans la pratique usuelle.

227. L'axe réfracté que nous considérons passe par le point oculaire H du système objectif, point dont je désigne l'abscisse par $x_{_h}$. De plus , en le faisant dériver d'un point rayonnant situé dans le plan des xz , il formera avec l'axe central de l'appareil , un angle $_eX_m$, dont le sinus sera $N \sin {}_eX$, $_eX$ étant l'angle analogue formé par l'axe géométrique du pinceau incident. Si donc on désigne par x, z , les coordonnées courantes de cet axe réfracté, il aura pour équation analytique

$$z = N(x - x_{_h}) \sin {}_eX.$$

Faisons provenir $_eX$ d'un point rayonnant, situé à la distance antérieure Δ du système objectif , et à la distance c de l'axe central.

Alors $\sin {}_eX$ sera exprimé par $-\dfrac{c}{\Delta}$ dans notre notation générale,

page 400, puisque z_i est nul pour l'axe géométrique incident que
nous considérons ; et il viendra

$$z = - \frac{Nc}{\Delta} (x - x_i).$$

Le châssis du réticule est fixé dans le tuyau métallique qui contient l'objectif à son extrémité antérieure. Soit $+ $ T la longueur
absolue de cet intervalle, mesuré à partir de la seconde surface
du système objectif, en allant vers l'extrémité positive des x, c'est-
à-dire en s'éloignant des divisions du limbe. Si l'on désigne par $(x)_m$
l'abscisse centrale de cette seconde surface, le plan du réticule
aura pour abscisse $(x)_m + $ T. Or, celle du point oculaire du même
système, que nous nommons x_g, est exprimée par $(x)_m - $ H, dans
notre notation. Donc, lorsque l'axe réfracté que nous considérons perce le plan du réticule, $x - x_h$ devient T $+ $ H ; et l'ordonnée courante z d'intersection a pour valeur

$$z = - \frac{Nc}{\Delta} (T + H).$$

228. Soit r le rayon du limbe circulaire sur lequel on observe la
petite ligne c. Elle soutendra à son centre un certain angle ξ dont le
sinus sera $\frac{c}{r}$, et qui est précisément la quantité dont on veut apprécier ou fractionner les valeurs. Il convient donc de l'introduire
dans l'équation précédente, en y remplaçant c par son expression
équivalente $r \sin \xi$ que l'extrême petitesse des angles ξ permet de
mettre sous la forme $r \xi \frac{\sin 1''}{1''}$, ξ étant alors exprimé en secondes
de degré. On a donc ainsi

$$z = - \frac{Nr(T + H)}{\Delta} \frac{\sin 1''}{1''} \xi.$$

L'ordonnée z se mesure par le mouvement de la vis qui conduit
le fil curseur. Nommons π la longueur d'un de ses pas à la température où l'on opère. Soit alors $\xi^{(1)}$ la valeur de l'angle ξ qui correspond à une seule de ses révolutions, comptée à partir de la position qui met le fil curseur dans l'axe central des x ; et soit $\xi^{(n)}$

l'angle analogue, qui répond à un nombre quelconque m, entier ou fractionnaire, de ces mêmes révolutions, comptées à partir de la même origine. L'équation précédente donnera

$$\varpi = - \frac{Nr(T + H)}{\Delta} \frac{\sin \iota''}{\iota''} \xi^{(1)};$$

$$m\varpi = - \frac{Nr(T + H)}{\Delta} \frac{\sin \iota''}{\iota''} \xi^{(m)};$$

conséquemment

$$\xi^{(m)} = m\xi^{(1)}.$$

229. Ceci suppose les pas de la vis rigoureusement égaux entre eux dans toute la portion de sa course où on l'emploie. Outre les soins extrêmes que l'artiste a dû prendre pour obtenir cette égalité, il s'efforce encore de l'assurer par compensation, en comprenant un grand nombre de ses tours dans l'écrou qui la renferme. L'observateur ne peut toutefois se dispenser de vérifier si cette condition est effectivement remplie; et il doit pareillement éprouver si la vis fait mouvoir instantanément le fil, dès qu'on la tourne ou qu'on la détourne, de la moindre quantité appréciable. Car il est malheureusement difficile et rare que, dans ces alternatives de rotations contraires, elle morde tout de suite dans son écrou, et fasse marcher le fil sans aucun retard en sens opposés. Ce retard s'appelle le *temps perdu*. Si l'on ne peut corriger ce défaut de la vis lorsqu'elle y est sujette, on en atténue au moins les mauvais effets, en prenant soin de la faire toujours tourner dans un même sens, lorsqu'on veut mesurer un intervalle angulaire sur le limbe par le mouvement qu'elle imprime au fil curseur.

230. On pourrait calculer directement $\xi^{(1)}$ par l'équation qui détermine sa valeur en fonction de tous les éléments physiques dont elle résulte; mais il serait difficile de les mesurer assez sûrement pour obtenir ainsi un résultat suffisamment exact. Heureusement il est très facile de suppléer à ce calcul, quand la constance des mouvements de la vis est bien assurée. Car il n'y a qu'à prendre pour objet, sur le limbe, l'intervalle entier de deux divisions consécutives, lequel soutendra à son centre un certain angle connu, que je désignerai par A, et qui sera ainsi constant à toutes les températures. Alors, si M est le nombre entier ou fractionnaire de tours qu'il a fallu faire décrire à la vis pour l'embrasser, dans les circonstances où l'on opère, on aura, en lui appliquant la relation générale :

$$A = M \xi^{(1)},$$

et par suite

$$\xi^{(m)} = \frac{M}{m} A.$$

On obtiendra ainsi l'angle quelconque $\xi^{(m)}$, d'après les seules valeurs simultanément observées de m et de M , sans l'intervention d'aucun autre élément. Ce mode de réduction à l'angle constant A doit être toujours employé, ou censé employé, dans les observations exactes. Car il a d'abord l'avantage de déterminer précisément les valeurs angulaires des mouvements de la vis, pour chaque intervalle des divisions du limbe que l'on veut actuellement fractionner. Et, de plus, en réitérant la mesure de M , à diverses époques, sur un même intervalle limité par les mêmes traits, la constance ou la variabilité de ce nombre montrera la fixité ou la mutabilité des angles que les parties de la vis représentent au centre du limbe, dans chaque circonstance donnée.

231. Quoique cette réduction immédiate aux divisions propres du limbe, dispense complètement d'avoir égard aux variations que les éléments de l'appareil peuvent éprouver par les inégalités de la température, il n'est pas inutile d'examiner comment elles interviennent dans la valeur absolue de l'angle $\xi^{(1)}$, duquel tous les autres se déduisent. Pour cela, j'indique par la caractéristique ∂ les altérations que tous les éléments de l'équation en $\xi^{(1)}$ éprouvent quand on passe d'une température moyenne, de la température θ prise pour terme de départ, à toute autre plus élevée ou plus basse ; et je traite ces altérations comme infiniment petites : on obtient ainsi

$$\partial \xi^{(1)} = \left\{ \frac{\partial A}{A} + \frac{\partial m}{m} - \frac{\partial r}{r} - \frac{\partial [N (T + H)]}{T + H} \right\} \xi^{(1)}.$$

Les changements de l'angle $\xi^{(1)}$ qui correspond à un tour de la vis, se reportent naturellement sur le nombre M de tours qu'il faut lui faire décrire pour mesurer au centre du limbe l'angle constant A, compris entre deux divisions consécutives. En effet, cet angle étant toujours exprimé par $M\xi^{(1)}$, la condition de sa constance, quand $\xi^{(1)}$ varie, donne

$$M\partial\xi^{(1)} + \xi^{(1)}\partial M = 0 ; \quad \text{conséquemment} \quad \partial M = -M\frac{\partial\xi^{(1)}}{\xi^{(1)}};$$

et en mettant pour $\partial\xi^{(1)}$ sa valeur précédente, il en résulte

$$\partial M = -M\left\{\frac{\partial\Delta}{\Delta} + \frac{\partial\varpi}{\varpi} - \frac{\partial r}{r} - \partial\frac{[N(T+H)]}{T+H}\right\}.$$

252. Inversement : si l'on veut connaître l'angle $\xi^{(n)}$, qui sera mesuré au centre du cercle par l'ancien nombre M de tours de la vis, appliqué à cet état changé de la température, il aura pour expression

$$M[\xi^{(1)} + \partial\xi^{(1)}].$$

Ainsi sa valeur primitive, à la température prise pour terme de départ, étant A, sa variation sera $M\xi^{(1)}\dfrac{\partial\xi^{(1)}}{\xi^{(1)}}$, ou $A\dfrac{\partial\xi^{(1)}}{\xi^{(1)}}$. On aura donc, en mettant pour $\partial\xi^{(1)}$ sa valeur,

$$\partial\xi^{(n)} = \left\{\frac{\partial\Delta}{\Delta} + \frac{\partial\varpi}{\varpi} - \frac{\partial r}{r} - \partial\frac{[N(T+H)]}{T+H}\right\}A$$

Les différents termes contenus dans la parenthèse expriment les dilatations linéaires des éléments de l'appareil, pour l'unité de longueur de chacun d'eux. Il ne s'agit donc, pour les évaluer, que de donner à chacun sa valeur et son signe propres, entre les températures comparées. Dans l'appareil de Palerme, par exemple, le limbe du cercle ici considéré, était horizontal, et le microscope vertical. Δ variait donc seulement parce que les colonnes de cuivre jaune qui soutenaient latéralement le microscope par leurs traverses, excédaient en longueur le tuyau de cet instrument qui était fait du même métal. Ainsi $\dfrac{\partial\Delta}{\Delta}$ était la dilatation du cuivre pour l'unité de longueur, laquelle agissait avec le signe positif dans les températures croissantes, parce qu'elle tendait à augmenter Δ.

Mais le limbe du cercle étant construit en cuivre, le terme $\frac{\delta r}{r}$ se trouve égal au précédent et de signe contraire, de sorte que leur effet s'entre-détruit mutuellement. Le terme $\frac{\delta \varpi}{\varpi}$ dépendant de la matière de la vis est la dilatation linéaire de l'acier trempé, qui peut être évaluée à 0,00001378 par degré centésimal. Enfin, N pouvant être supposé sensiblement égal à 1, et H nul dans le dernier terme, il exprimera la dilatation du cuivre jaune, ou laiton, dont était fait le tuyau du microscope, c'est-à-dire 0,00001878 pour 1°. Prenant donc la différence de ces deux termes qui agissent en sens contraire, on aura pour une variation de $+ t$ degrés dans la température,

$$\delta \xi^{(1)} = - \ 0,000005 \ t \xi^{(1)},$$

et par suite

$$\delta \xi^{(n)} = - \ 0,000005 \ t A.$$

Supposons l'appareil réglé pour une température moyenne de 10°; en sorte qu'alors un tour de la vis donnât au centre du cercle exactement 1′ ou 60″ de degré, et 10 tours, 10′ ou 600″, ce qui était l'intervalle des divisions tracées sur le limbe. Le premier de ces angles représentera $\xi^{(1)}$ pour la température normale, le second A. Admettons maintenant, pour t, une variation de $\pm 15°$ centigrades autour de ce terme, ce qui répondra aux températures absolues $+ 25°$ et $- 5°$. Ces éléments, introduits dans les deux formules précédentes, donneront

$$\delta \xi^{(1)} = \mp 0'',0045; \qquad \delta \xi^{(n)} = \mp 0'',045.$$

Les variations résultantes seront donc toujours insensibles aux observations, même pour l'angle total $\xi^{(n)}$, qui répond à 10 tours de la vis. Ainsi, en consentant, comme je l'ai supposé, à ne pas maintenir constamment le fil curseur dans le plan focal *actuel* de la lentille objective, mais à l'amener seulement sur des points de l'axe géométrique des pinceaux réfractés, toujours très voisins de ce plan, si une fois on a réglé la distance de la lentille aux divisions, de manière que l'angle $\xi^{(n)}$, correspondant à 10 tours de la vis, soit précisément de 10′ ou 600″ du limbe, ce rapport a dû rester sensiblement le même à toutes les températures que le cercle et le microscope ont pu naturellement éprouver. Or il paraît qu'il en a été ainsi en réalité ; car on ne voit pas que Piazzi ait reconnu la nécessité d'une correction dépendante des températures, dans les indications de son appareil.

233. On a aujourd'hui, dans les principaux observatoires d'Europe, de grands cercles astronomiques dont le plan est maintenu fixe, et vertical, dans le méridien, parallèlement à un mur épais de pierres de taille, qui est traversé par leur axe de rotation. On les appelle des *cercles muraux*. Je décrirai plus tard la manière dont on les emploie aux observations célestes. Ici je me bornerai à dire que les divisions qu'ils portent ne sont pas tracées ordinairement dans leur plan même, mais sur une bande métallique fixée circulairement en rebord à l'extrémité des rayons, comme les bandes de fer qui recouvrent les roues des voitures. C'est ce que représente la *fig*. 66. Ces divisions se lisent, et se fractionnent, au moyen de microscopes fixes, armés d'un réticule à fils, et complétement semblables à ceux du cercle de Palerme. Mais la disposition transversale du tracé exige que l'axe de vision soit dirigé dans le plan du cercle, conséquemment parallèle au mur auquel il est appliqué. C'est pourquoi l'on fixe à celui-ci le corps des microscopes, qui sont ordinairement au nombre de six également espacés sur le contour du limbe, afin que les inégalités des divisions, résultantes des erreurs du tracé, ou produites par les dilatations inégales des différentes parties de l'instrument, se compensent dans la moyenne des indications ainsi obtenues. Au-devant de chaque microscope il y a un petit miroir métallique plan *mm*, *fig*. 67, percé d'un trou à son centre, et placé obliquement à l'axe de vision A, C. Ce miroir réfléchit sur les divisions du limbe la lumière d'une lampe placée dans une position fixe, et les illumine ainsi sans mettre obstacle à leur lecture par son interposition. Quoique ce mode d'éclairage artificiel ne soit absolument nécessaire que pendant la nuit, il est bon de l'employer constamment, afin que les lectures soient toujours faites dans des circonstances de vision plus comparables. M. Arago l'a introduit à l'Observatoire royal de Paris.

234. D'après la description qui précède, il est évident que les for-

mules établies pour le cercle de Palerme, s'appliqueront aussi à ces appareils. L'unique différence qu'ils présentent consiste en ce que la distance Δ s'y trouve dans le plan du cercle divisé, au lieu de lui être perpendiculaire. Mais il n'en résulte aucun changement dans le mode d'observation des angles $\xi^{(n)}$, non plus que dans l'expression de leurs rapports avec l'angle constant $A^{(n)}$, mesuré dans les mêmes circonstances, pour un intervalle entier des divisions du limbe. Seulement, la réduction immédiate des observations à l'angle A, deviendra ici bien plus rigoureusement nécessaire que dans le cercle de Palerme, parce que la distance Δ du système objectif aux divisions observées, y varie bien davantage par les changements de température. Cela est évident par la *fig.* 67 même. Car le cercle ayant pour rayon r, est fixé dans la muraille à son centre C; et le tuyau des microscopes ayant pour longueur T, est fixé aussi à cette même muraille par des collets qui le prennent ordinairement dans la section transversale où le réticule est fixé. Ainsi, en nommant L la distance CM des deux points d'attache, mesurée sur la muraille, la distance des divisions au système objectif ou Δ est L. $— r — $ T. Maintenant, l'appareil étant réglé pour une certaine température moyenne, qui sera par exemple $10°$, s'il passe à celle de $10° + t$, Δ variera par ses éléments; et, en négligeant la dilatation propre de la muraille, que l'on peut considérer comme insensible, $\delta\Delta$ sera $— \delta(r + T)$. Supposons qu'à la température prise pour point de départ, Δ soit égal à une certaine fraction de $r + T$, que je représente par $\dfrac{r + T}{n}$. Le rapport $\dfrac{\delta\Delta}{\Delta}$ deviendra alors

$$— n\,\frac{\delta(r + T)}{r + T},$$

c'est-à-dire qu'il sera égal à n fois la dilatation linéaire du cuivre jaune, dont le cercle et le tuyau du microscope sont ordinairement faits. Or n étant toujours un nombre assez fort, ce terme aura beaucoup d'influence dans les variations de l'angle fondamental $\xi^{(1)}$, qui répond à un seul pas de la vis directrice. En effet, on aura encore ici, comme dans le cercle de Palerme,

$$\delta\xi^{(1)} = \left\{ \frac{\delta\Delta}{\Delta} + \frac{\delta\alpha}{\alpha} — \frac{\delta r}{r} — \frac{\delta[\,N(T + H)\,]}{T + H} \right\}\,\xi^{(1)},$$

Donc, non-seulement il n'y aura plus compensation entre les termes $\frac{\delta\Delta}{\Delta}$ et $-\frac{\delta r}{r}$, qui *alors* se détruisaient mutuellement ; mais au contraire ces termes s'ajouteront l'un à l'autre, le premier étant considérablement agrandi. Pour réduire cette formule en nombres, supposons dans le dernier terme $N = +1$ et H nul, ce qui le rendra égal à la dilatation linéaire du cuivre jaune pour l'unité de longueur. Il s'ajoutera encore ainsi aux deux précédents, à cause de son signe ; et leur somme, prise pour $+t$ degrés *au-dessus* de la température normale, sera $-0,00001878\,(n+2)\,t$. Le terme restant $\frac{\delta\varpi}{\varpi}$ sera la dilatation linéaire de l'acier trempé pour le même intervalle de température, ou $+0,00001378\,t$. On aura donc, en définitive,

$$\delta\xi^{(1)} = -[0,00001878\,(n+2) - 0,00001378]\,t\,\xi^{(1)},$$

où l'on voit se développer la grandeur du terme qui dépend de n.

255. Cette variation de l'angle $\xi^{(1)}$, qu'un tour de la vis mesure au centre du limbe, se reporte en sens contraire sur le nombre de M de tours qu'il faut lui faire décrire pour mesurer, à ce centre, l'angle constant A, compris entre deux divisions consécutives du limbe. On aura donc ici

$$\delta\xi^{(m)} = -[0,00001878\,(n+2) - 0,00001378]\,t\,A,$$
$$\delta M = +[0,00001878\,(n+2) - 0,00001378]\,M\,t.$$

Dans le cercle mural de l'Observatoire de Paris, par exemple, on a à fort peu près $r = 1^m$; $T = 0^m,16$ et $\Delta = 0^m,04$. Conséquemment $r+T = 1^m,16$, qui, divisés par Δ ou $0^m,04$, donnent $n = 29$, et $n+2 = 31$. Il vient donc alors

$$\delta\xi^{(m)} = -0,0005684\,t\,A ; \qquad \delta M = +0,0005684\,M\,t.$$

Ce cercle est divisé par intervalles de $5'$ ou $300''$ de degré, qui sont représentés par 10 révolutions de la vis directrice. Et comme le cadran fixé sur sa tête est divisé en 60 parties, ces 10 révolutions sont exprimées par 600 parties du cadran, dont chacune est ainsi destinée à représenter $0'',5$. Supposons les microscopes réglés de telle manière, que ces valeurs soient réalisées avec exactitude à une certaine température normale, qui sera, par exemple, $10°$. Prenant donc alors A ou $\xi^{(*)} = 300''$ et $M = 600$, ce qui exprimera M en parties du cadran de la vis; on aura pour toute autre température $10° + t$:

$$\delta \xi^{(*)} = - 0'',17052 \cdot t, \qquad \delta M = + 0,34104 \cdot t.$$

Par exemple, si $t = \pm 15°$, ce qui répond aux températures absolues $+ 25°$ et $- 5°$, il viendra

$$\delta \xi^{(*)} = \mp 2'',5578, \qquad \delta M = \pm 5,156;$$

c'est-à-dire qu'à ces températures, l'angle mesuré au centre du limbe par 10 tours de la vis sera moindre ou plus grand de $2'',56$ qu'il ne l'était à la température de $10°$. Et, inversement, le nombre de parties du cadran de la vis qui mesure l'angle constant $300''$ sera alors $600 \pm 5,12$.

236. Des différences de cet ordre ne doivent pas être négligées dans des observations exactes. Il faut donc en tenir compte, soit par le calcul, soit en les déterminant par expérience sur l'appareil même. Cela est facile, puisqu'elles sont proportionnelles aux excès de la température actuelle sur la température normale que l'on veut prendre pour point de départ. En effet, en comptant les températures t à partir de celle-là, et positivement quand elles l'excèdent, si l'on considère le coefficient de t comme inconnu, on aura dans le mode de division du cercle de Paris.

$$\delta \xi^{(*)} = - ct1°, \qquad \delta M = + ct.$$

Soit maintenant M le nombre inconnu de parties du cadran qui, à la température normale, représente $300''$ au centre du cercle. Si l'on mesure l'arc de $300''$ à deux températures différentes T', T'', comptées de celle-là, et que l'on trouve alors pour M les valeurs M', M'' exprimées en fonctions de ces mêmes parties, $M' - M$ et $M'' - M$ seront les valeurs de δM qui correspondent à ces excès. On devra donc avoir

$$M' - M = cT', \qquad M'' - M = cT'';$$

conséquemment,

$$c = \frac{M'' - M'}{T'' - T'}.$$

On connaîtra donc ainsi le coefficient c, d'autant plus exactement que les températures comparées seront plus distantes entre elles ; et l'on obtiendra aussi le nombre M pour la température normale, lequel sera

$$M = \frac{M'T'' - M''T'}{T'' - T'}.$$

L'exactitude de ces déterminations sera évidemment favorisée en choisissant les circonstances qui donnent à T' et T" des valeurs de signes contraires autour de la température choisie pour point de départ.

M étant connu, on en déduira la valeur de l'angle fondamental $\xi^{(0)}$, qui est mesuré par un tour de la vis à cette même température ; car cette valeur sera $\dfrac{A}{M}$. Alors, dans toute autre température supérieure de t degrés, le nombre m de tours actuellement décrit par la vis mesurera au centre du cercle un angle $\xi^{(m)}$, ayant pour expression

$$\xi^{(m)} = \frac{mA}{M}(1 - ct).$$

De sorte qu'on le conclura immédiatement du nombre m, actuellement observé. Mais il sera peut-être au moins aussi exact de calculer directement le coefficient c par les valeurs connues des dilatations, et des dimensions de l'appareil, comme je l'ai fait tout-à-l'heure.

Les tableaux publiés par l'Observatoire de Greenwich renferment des mesures du nombre M faites à diverses températures, pour chacun des microscopes adaptés aux deux cercles muraux que possède cet établissement. Les variations que ces mesures indiquent suivent le sens indiqué par nos formules, et sont de l'ordre de celles que je viens de calculer pour le cercle mural de Paris. Mais on n'y a pas annexé les données qui seraient nécessaires pour en faire de même l'évaluation numérique.

237. On peut, sans aucun calcul, se rendre physiquement compte de ces variations qui s'opèrent dans l'angle fondamental $\xi^{(1)}$, en considérant par approximation le système objectif du microscope comme sans épaisseur. Il ne faut, pour cela, que jeter les yeux sur la *fig.* 68, qui est construite dans cette supposition, et n'offre d'ailleurs que la reproduction au trait de la *fig.* 67. Le réticule étant fixé en MM, soit FE la quantité dont le fil curseur s'écarte de l'axe central $A_{,}x$ pour une seule révolution de la vis directrice. FA, sera la direction de l'axe du pinceau réfracté sur lequel le fil se trouve amené par ce mouvement; et l'épaisseur du système $A_{,}$ étant supposée nulle, ce sera aussi la direction de l'axe géométrique $A_{,}D$ du pinceau incident dont il dérive. BD sera alors le petit arc mesuré sur le limbe du cercle, lequel déterminera l'angle BCD, ou $\xi^{(1)}$, autour du centre C. Maintenant, si la température augmente de t degrés, EF croîtra par la dilatation de l'acier dont la vis est faite. Mais en même temps la lentille $A_{,}$ s'éloignera de E par la dilatation du tuyau du microscope; et comme ce tuyau, construit en cuivre, est en outre plus long que EF, l'angle $FA_{,}E$ diminuera par ces deux causes, ainsi que son opposé $BA_{,}D$. Or le rayon CB du cercle se trouvant aussi dilaté en même temps que $EA_{,}$, les deux points B, $A_{,}$, qui limitent Δ, se rapprocheront l'un de l'autre par cette double influence. Cela, joint à la diminution de l'angle $BA_{,}D$, raccourcira donc l'arc BD, et par suite diminuera l'angle $\xi^{(1)}$ soutendu en C. C'est précisément l'effet réuni de toutes ces circonstances qui est représenté par notre expression de $\delta\frac{\xi}{t}^{(1)}$.

238. Un autre inconvénient de cette disposition donnée aux microscopes dans les cercles muraux actuels, c'est que les variations de Δ se reportent agrandies sur la distance focale $\Delta_{,}$ à laquelle l'image des divisions se forme au-delà du système objectif; ce qui l'écarte du plan du réticule, soit en avant, soit en arrière, de quantités très notables, et doit la rendre plus difficile à bissecter exactement. Alors l'adduction du fil curseur sur l'axe central des pinceaux réfractés en devient plus incertaine. Pour apprécier ces écarts de l'image, désignons par F la distance focale principale du système objectif. Ce système étant plongé dans l'air ambiant, la relation de $\Delta_{\prime}$ à Δ est donnée par l'équation générale

$$\frac{1}{\Delta_{\prime} - H} = \frac{1}{F - H} + \frac{N^2}{\Delta}.$$

Admettons que les éléments propres N, H, F de l'objectif restent constants à toute température; mais faisons varier Δ d'une très petite quantité $\partial \Delta$. La variation correspondante de $\Delta_{\prime}$ sera

$$\partial \Delta_{\prime} = \frac{N^2 (\Delta_{\prime} - H)^2}{\Delta^2} \, \partial \Delta.$$

Dans cette notation, les valeurs de $\Delta_{\prime}$ sont prises comme positives antérieurement au système objectif; et la distance $+$ T de ce système au réticule est prise, au contraire, comme lui étant postérieure; mais toutes deux sont comptées à partir de la dernière surface du système objectif. D'après ces conventions, la distance de l'image focale, *antérieurement au réticule*, sera exprimée par $\Delta_{\prime} + T$; et la variation thermométrique de cette distance, comptée dans le même sens, sera $\partial \Delta_{\prime} + \partial T$. Remplaçant donc $\partial \Delta_{\prime}$ par sa valeur, cette variation sera

$$\frac{N^2 (\Delta_{\prime} - H)^2}{\Delta^2} \, \partial \Delta + \partial T.$$

239. Appliquons cette formule aux cercles muraux qui ont leurs microscopes dirigés dans le plan de leur limbe. Nous avons reconnu qu'alors $\partial \Delta$ a pour valeur $- \partial(r + T)$, r étant le rayon du cercle. La variation $\partial \Delta_{\prime} + \partial T$, comptée antérieurement au plan du réticule, y deviendra donc

$$- \frac{N^2 (\Delta_{\prime} - H)^2}{\Delta^2} [\partial r + \partial T] + \partial T.$$

Le rayon r et le tuyau T sont généralement construits en cuivre jaune. Soit γ la dilatation linéaire de ce métal pour 1° centésimal d'accroissement de la température, et pour l'unité de longueur. Cette variation pour un accroissement de t degrés sera alors

$$- \left[\frac{N^2 (\Delta_{\prime} - H)^2}{\Delta^2} (r + T) - T \right] \gamma t.$$

Dans le cercle mural de Paris, on a très approximativement $r = 1^m$; $T = 0^m,16$; $\Delta = 0^m,04$. Prenons $N = + 1$ et H nul pour le système objectif, ce qui revient à négliger son épaisseur. Si l'on suppose l'appareil réglé à la température normale d'où l'on compte les t, de manière que l'image focale des divisions coïncide alors, sans parallaxe sensible, avec le fil curseur, la distance de cette image au réticule sera toujours fort petite dans tous les autres cas d'observation; de sorte qu'on pourra, sans erreur sensible, considérer Δ_t dans l'expression précédente comme égal à

T ou $0^m,16$. Alors, Δ étant $0^m,04$, le facteur $\dfrac{N^2 (A_t - H)^2}{\Delta^2}$ deviendra 16. Mettant donc pour r et T leurs valeurs converties en millimètres, conjointement avec celle de γ qui est $0,00001878$, la distance de l'image focale *au-devant* du réticule, exprimée en millimètres, sera

$$- 0^{mm},34565\, t.$$

Le signe de cette expression montre que l'image se formera en avant du réticule, quand t sera négatif, et au-delà quand t sera positif. Sa valeur, dans chaque cas, donnera l'élément longitudinal d'où résulte la parallaxe actuelle. Prenons par exemple $+ 10^\circ$ pour la température d'où les t se comptent, et à laquelle le plan du réticule a été mis en coïncidence avec le plan focal du système objectif; puis cherchons l'écart de l'image autour du fil curseur, lorsque l'on aura $t = \pm 15^\circ$, ce qui répond aux températures absolues $+ 25^\circ$ et $- 5^\circ$. D'après l'expression précédente, cet écart sera $\mp 5^{mm},1833$; quantité considérable, et qui exigera beaucoup de soin dans la bissection de l'image pour amener exactement le fil sur la direction de l'axe géométrique des pinceaux réfractés. Ce résultat provient évidemment de la grandeur du rapport $\dfrac{\Delta_t}{\Delta}$; et il

s'atténuerait rapidement si l'on rendait ce rapport moindre, c'est-à-dire si l'on faisait produire à l'objectif une amplification moindre que je ne l'ai supposée ici. On pourrait même le rendre toujours nul en ne fixant pas le microscope au massif de pierre, mais à une règle de cuivre RR', *fig.* 69, dirigée vers le centre du cercle; et dont l'extrémité R la plus centrale serait attachée invariablement au massif à la distance Δ du centre, tandis que le reste de la longueur serait seulement contenu dans des anneaux fixes qui lui permettraient de s'allonger et de se raccourcir en conservant toujours sa direction vers le centre C. Car en fixant le microscope à cette barre, en M, par la section centrale qui contient son réticule, de manière que la distance MR fût égale à $r + T$, la distance de l'objectif $A_{,,}$ à la circonférence B du cercle, conserverait invariablement la même valeur Δ dans toutes les températures; et l'image focale une fois mise en coïncidence avec le plan du réticule, ne s'en écarterait jamais. S'il arrivait que la construction du cercle ne permît pas de fixer le point R exactement à la distance Δ du centre, mais un peu plus loin, la permanence de l'image dans le plan du réticule ne serait plus absolument rigoureuse; mais on pourrait toujours la rendre si petite qu'elle serait négligeable. Il reste à savoir si cet appareil de compensation conserverait à l'axe des microscopes l'invariable centralité de direction qu'on leur assure, ou qu'on croit leur assurer, en les fixant au massif même. C'est un point que l'expérience seule pourrait décider. Au reste, les inconvénients que pourrait causer le déplacement thermométrique de l'image, dans le sens longitudinal, sont toujours fort atténués par l'extrême petitesse que l'on donne à la lentille objective du microscope, et au peu de champ qu'on lui permet. Car cela fait que, dans le cercle mural de l'Observatoire, par exemple, une étendue de variation telle que nous venons de la calculer produit des effets à peine perceptibles à l'observation. J'expliquerai un peu plus loin la cause de ce résultat.

240. Un artiste anglais, M. Jones, a évité l'inconvénient du déplacement des images, dans le cercle mural qu'il a construit pour l'observatoire d'Armagh, en traçant les divisions dans le plan même de son limbe, et fixant les microscopes au massif de pierre perpendiculairement à ce plan : cette disposition est représentée dans la *fig.* 70. M. Jones a même eu la précaution d'attacher le système objectif et le réticule, au massif, par des pièces séparées; en les enveloppant de deux bouts de tuyaux indépendants entre eux, qui glissent librement l'un dans l'autre, pour obéir aux variations de longueur que les changements de la température ambiante leur font subir. Par cet arrangement, la distance Δ est rendue sensiblement constante, ainsi que T; et le plan du réticule étant une fois amené en coïncidence avec le plan focal, le système objectif ne s'en écarte jamais. L'angle $\xi^{(1)}$, mesuré au centre du cercle par un pas de la vis, ne varie plus alors qu'en vertu de la dilatabilité des éléments ϖ et r dans la formule de la page 663. Sa variation, exprimée par $\left(\dfrac{\delta \varpi}{\varpi} - \dfrac{\delta r}{r} \right) \xi^{(1)}$, devient donc $- 0,0000057\, t\, \xi^{(1)}$ pour t degrés autour de la température normale. Prenant, par exemple, $\xi^{(1)}$ égal à $5'$ ou $300''$, et $t = \pm 15°$, elle sera $\mp 0'',0225$, c'est-à-dire tout-à-fait négligeable.

241. Je considérerai enfin le microscope dans son application comme oculaire, aux lunettes et aux télescopes munis d'un réticule à fils mobiles, qui s'emploient pour mesurer de très petits angles visuels sur le ciel, ou entre des objets terrestres. Je choisirai, comme exemple, la grande lunette parallactique de Dorpat, qui a été construite par Frauenhofer pour cet usage, et que M. Struve a employée à des observations aussi nombreuses que précises, après lui avoir fait subir toutes les épreuves expérimentales que j'ai précisément pour but d'expliquer.

Des angles qui comprennent, au plus, un petit nombre de minutes, et fort souvent quelques secondes de degré, ne pourraient pas être mesurés exactement, si on les observait avec un instrument qu'il faudrait sans cesse mouvoir à la main, pour suivre les objets célestes continuellement déplacés par la rotation diurne. C'est pourquoi le tube qui renferme le système optique est alors monté sur un appareil conduit par un mécanisme d'horlogerie, au moyen duquel il tourne coniquement autour de l'axe de l'équateur, comme le ciel même. De sorte qu'une fois dirigé sur une étoile, il la suit constamment sur son cercle diurne; et l'étoile ne se déplace plus, dans le champ apparent, que de la petite quantité angulaire dont elle paraît s'écarter elle-même de ce cercle dans le sens vertical, par l'inégalité de la réfraction atmosphérique à diverses hauteurs sur l'horizon. Mais, outre que cet écart est lent et progressif, et peut être apprécié par le calcul, il est encore presque égal pour tous les points célestes qui se trouvent simultanément compris dans le petit angle visuel que le champ de l'instrument optique embrasse ; ce qui rend leur déplacement relatif insensible, ou presque insensible, pendant le court intervalle de temps qu'exige une mesure de leur intervalle angulaire. Les angles visuels, ainsi transportés, s'observent donc avec autant de facilité que s'ils étaient fixes, et je le considérerai comme tels.

242. L'instrument optique, destiné à ce genre d'observation, doit être assujéti à certaines conditions générales, qui se trouvent parfaitement réalisées dans celui de Dorpat ; de sorte qu'il suffira de le décrire pour les faire généralement concevoir.

Le système oculaire de la lunette est du genre positif, et composé de deux lentilles, combinées suivant la méthode de Ramsden, pour assurer la dispersion rectiligne des foyers. Au-devant de lui, dans le grand tuyau, et à la distance moyenne de la vision distincte, il y a deux réticules fixes, portant chacun un fil mobile, mû par une vis à tête divisée, qui le transporte dans l'amplitude du champ, parallèlement à lui-même et à l'autre fil. Pour que les deux fils ne se rencontrent pas physiquement pendant ce transport, les plans qui les portent sont distants entre eux. Mais leur distance est si excessivement petite, que les deux fils se voient à la fois, à travers l'oculaire, avec une très grande netteté. M. Struve a mesuré cette distance en déterminant l'étendue de course qu'il fallait faire parcourir au tuyau oculaire, dans le sens longitudinal, pour avoir successivement la plus parfaite perception de chacun des deux fils ; ce qu'il a pu opérer au moyen d'une vis micrométrique qui est adaptée à ce tuyau. Il a trouvé ainsi entre leurs axes un intervalle de $0^{mm},0406$, ou un peu plus de $\frac{1}{100}$ de millimètre. Et comme la distance focale principale du système objectif est, d'après ses mesures, $4^m,36935$, il s'ensuit que, si l'un des deux fils est amené exactement dans le plan focal du système objectif, sans aucune parallaxe appréciable, l'autre fil peut, sans erreur sensible, être considéré comme étant aussi dans ce plan ; ou encore, on peut considérer les deux fils comme ayant une parallaxe moyenne, négligeable pour chacun d'eux.

243. Les positions fixes des deux réticules étant ainsi réglées, concevez chaque fil dirigé sur une étoile distincte comprise dans le

champ de l'instrument. Si l'on transporte l'un d'eux par la vis qui lui est propre, jusqu'à ce qu'il soit vu à travers l'oculaire en coïncidence avec l'autre qui est resté fixe, le nombre *m* de tours, et de fractions de tour, que la vis aura décrits, mesurera l'angle visuel céleste compris extérieurement entre ces deux étoiles; et l'on pourra évaluer ainsi cet angle, comme je le dirai tout-à-l'heure, si l'on connaît tous les éléments constitutifs de l'appareil. Il suffirait donc, pour l'obtenir, qu'un seul des deux fils fût mobile, l'autre restant fixe. Car le mécanisme qui conduit la lunette permettrait toujours d'amener celui-ci sur l'image d'une des deux étoiles, avec laquelle le mouvement parallactique le maintiendrait en coïncidence, après quoi le fil mobile pourrait être ramené sur lui. Mais l'habile artiste a jugé préférable de remplacer cette fixité par un petit mouvement propre de l'un des fils; afin qu'en le déplaçant, la coïncidence pût être opérée, pour un même angle visuel, en des portions différentes de l'autre vis, par des observations successivement réitérées; ce qui permet d'atténuer les effets de ses inégalités inévitables, par leur compensation mutuelle sur un plus grand nombre de ses filets. Dans la suite de cet exposé je désignerai par V cette vis spécialement employée aux déterminations angulaires, et par V′ l'autre vis qui sert seulement à varier le lieu des coïncidences des deux fils.

Par des mesures que je rapporterai tout-à-l'heure, M. Struve a trouvé que, pour chaque pas de la vis V, l'intervalle parcouru par le fil dans le plan focal soutend sur le ciel un angle visuel de $15'',3$, la température étant de $1°$ au thermomètre de Réaumur, ou $0°,8$ de la division centésimale. C'est ce qu'on nomme *la valeur angulaire des pas*, pour la température assignée. Le cadran fixé sur la tête de la vis, et tournant avec elle, est divisé en 100 parties égales qui marquent par conséquent des centièmes de tour; ainsi chacune de ces parties représente angulairement $0'',153$. Elles sont subdivisées en dixièmes et en vingtièmes, que M. Struve assure être perceptibles, même à l'œil nu.

244. La course totale de la vis V est de 80 pas qui comprendraient ainsi angulairement $1224''$ ou $20'24''$ de degré; mais on n'étend point les mesures jusqu'à de si grands intervalles. Car le plus faible oculaire adapté à la lunette ne donne que $17',54$ de champ total; et il ne serait jamais sûr d'observer près de ses bords, où la netteté de la vision est nécessairement moins parfaite que vers les parties centrales. Aussi M. Struve s'abstient-il d'étendre les mesures d'angles au-delà de $12'$ de degré pour cette ouverture du champ; et il les restreint progressivement, à mesure qu'il emploie des oculaires plus forts, qui donnent un champ moindre.

245. Pour assurer l'exact parallélisme des deux fils, le châssis qui porte celui qui a le moins de course peut recevoir un petit mouvement circulaire autour de l'axe central; de sorte qu'on peut ainsi amener ce fil à coïncider exactement avec la direction de l'autre, lorsque celui-ci est transporté sur la même ligne visuelle; après quoi le mouvement de leurs vis propres les fait s'écarter et se rejoindre en restant toujours parallèles entre eux. Pour opérer cette coïncidence, et apprécier l'exactitude avec laquelle on peut l'établir, M. Struve amène le fil mobile en contact apparent avec le fixe, successivement par les deux bords de ce dernier, et il prend la moyenne de ces positions tangentielles. Par exemple, une double observation ainsi faite lui donne les résultats suivants :

Contact antérieur : Indication de la vis V....... $37^t,976$ de sa graduation
Contact postérieur........................... $38\ ,046$

Position moyenne : coïncidence des axes .... $38\ ,011$
Donc : Écart des positions tangentielles, autour
  de la coïncidence....................... $0\ ,035$

246. Chaque tour de la vis V représentant $15'',3$, les $0^t,035$ valent $0'',5355$. Tel était donc l'angle visuel soutendu par la demi-épaisseur du fil fixe; et sa petitesse montre avec quelle précision les coïncidences peuvent être jugées. Pour savoir si les deux fils conservent exactement leur parallélisme, quand on les écarte l'un de l'autre en tournant la vis V, M. Struve a adapté à la lunette son plus faible oculaire, qui embrasse une amplitude de champ égale à $17'\,54''$, comme je l'ai dit plus haut. Puis, ayant porté le lieu de la coïncidence successivement en différentes portions de la course de la vis V, il a fait toucher le fil fixe par le fil mobile aux deux points extrêmes de sa longueur que le champ lui permettait d'a-

percevoir ; et par un grand nombre d'épreuves de ce genre il a
trouvé, en moyenne, que les axes des deux fils, au lieu d'être rigoureusement parallèles, étaient en moyenne inclinés l'un sur l'autre
de $38''$,4. Cette petite obliquité ne peut jamais produire aucune
erreur appréciable sur les mesures des angles visuels, que l'on prend
toujours entre les points des fils situés vers le milieu de leur longueur.

247. Ces fils sont tirés d'un même cocon d'araignée, que l'on
conserve, afin de pouvoir les remettre toujours à très peu près de
même dimension, lorsque quelque accident oblige à les changer.
La perception peut être opérée de deux manières différentes : en
les illuminant par une lampe latérale qui les fait voir éclairés sur le
fond obscur du champ ; ou en les laissant obscurs et opaques sur le
fond du champ illuminé, suivant l'axe de la vision, par un réflecteur. M. Struve réserve le premier procédé pour observer les objets
célestes dont la lumière propre est très faible, comme les comètes,
les nébuleuses et les étoiles difficilement perceptibles. Mais quand
cette lumière est assez forte pour les faire apercevoir sur le champ
illuminé, il trouve plus exact d'observer avec les fils obscurs ;
parce que la ligne d'illumination des fils change nécessairement de
position, sur leur contour, dans les diverses parties du champ où
on les amène, et qu'elle cesse d'être perceptible quand on les amène
en superposition, ce qui empêche de s'assurer que l'on fait coïncider leurs axes.

248. Ces préliminaires essentiels étant établis, je passe à la détermination de l'angle visuel qui répond dans le ciel à chaque intervalle parcouru par le fil curseur que je supposerai d'abord, comme
l'a fait M. Struve, amené exactement dans le plan focal du système
objectif. Soit $+z$, cet intervalle compté à partir de l'axe central,
et décrit dans le plan des xz ; l'angle céleste correspondant sera
$90° - Z$ ou X, dans notre notation. Comme il est mesuré entre
des points infiniment distants, z, sera égal à la distance focale
principale F du système objectif ; et ce système agissant dans un
milieu d'égale réfringence, les équations de la page 454, appliquées
à des faisceaux de rayons parallèles, donneront

$$z = -N(F - H)\sin X.$$

Car, dans cette circonstance, $\dfrac{c}{\Delta}$ devient $-\sin X$, à cause de l'éloignement infini de l'objet, comme nous l'avons déjà remarqué pages 407 et 451.

Soit ϖ la longueur d'un des pas de la vis directrice à une certaine température; et $X^{(m)}$, l'angle X qui répond alors à un nombre m entier ou fractionnaire de ses révolutions; z_i sera $m\varpi$; et en appliquant la même notation au cas où m serait 1, la température restant la même, on aura

$$m\varpi = -N(F - H)\sin X^{(m)}; \qquad \varpi = -N(F - H)\sin X^{(1)};$$

conséquemment,

$$\sin X^{(m)} = m \sin X^{(1)}.$$

D'après cela, si l'on connaît l'angle $X^{(1)}$ qui répond à une seule révolution entière de la vis, on aura l'angle $X^{(m)}$ par la seule lecture de la division qui indique m; du moins, en supposant les pas de la vis rigoureusement égaux, la température constante, et le fil exactement maintenu dans le plan focal du système objectif. Car les angles ainsi mesurés sont toujours assez petits pour qu'on puisse substituer leur rapport à celui de leurs sinus, et je leur donnerai cette forme par la suite, quand il en sera besoin.

249. Si l'on connaît les trois éléments du système objectif, et la longueur ϖ des pas de la vis directrice pour la température à laquelle on opère, on pourra calculer $X^{(1)}$ par son expression. M. Struve l'a d'abord évalué ainsi.

Pour cela il a mesuré avec beaucoup de soin, par un appareil micrométrique muni de microscopes, la longueur totale d'un grand nombre de pas de la vis directrice V, à la température de 1° Réaumur, ou $1^{\circ},25$ centigrade; et il en a conclu, pour cette température,

$$\varpi = 0^{mm},32440.$$

Il a mesuré aussi la distance focale F à cette température, après avoir amené préalablement le fil à coïncider avec l'image d'un objet céleste, sans aucune parallaxe. Mais l'artiste n'ayant pas indiqué les valeurs propres de N et de H, et peut-être M. Struve ne con-

naissant pas la formule exacte qui les nécessite, il a employé une
méthode d'évaluation usitée jusque alors, et qui consiste à augmenter la distance focale — F d'une quantité égale à la moitié de l'é-
paisseur du système objectif. Il a donc pris, au lieu du produit
$N(F — H)$, la somme ainsi formée, qui était — $4^m,36935$; et il
en a conclu

$$\sin X^{(1)} = + \frac{0^{mm},3244}{4^m,36935},$$

ce qui donne

$$X^{(1)} = + 15'',3140.$$

230. La valeur angulaire des mouvements de la vis directrice
peut encore être déterminée par l'observation d'une mire divisée,
placée perpendiculairement à l'axe central de la lunette, à une distance connue et considérable. Désignons par Δ cette distance au-
devant de la première surface du système objectif. Soit — c la
longueur comprise entre un certain nombre connu de divisions
de la mire, que je suppose située dans le plan des xz. Je donne à
c le signe négatif, afin qu'il en résulte une valeur positive de $\sin X$,
pour une valeur positive de w, comme dans la page précédente.
Nommons + z_i la grandeur de l'image de — c, formée par le système objectif, à la distance focale actuelle Δ_i. On aura alors, comme
dans la page 657,

$$\frac{1}{\Delta_i — H} = \frac{1}{F — H} + \frac{N^2}{\Delta}; \qquad z_i = — \frac{c}{\Delta} N(\Delta_i — H);$$

en éliminant Δ_i entre ces équations, on en tire

$$\frac{1}{N(F — H)} = — \left(\frac{c}{\Delta z_i} + \frac{N}{\Delta} \right).$$

Soit w la longueur d'un des pas de la vis à la température où l'on
opère, et m' le nombre entier ou fractionnaire de tours qu'il a
fallu lui faire décrire pour égaler la longueur + z_i de l'image formée par l'objet — c. Alors z_i sera $m'w$, et, en le remplaçant par
cette valeur, l'expression précédente donnera

$$— \frac{w}{N(F — H)} = \frac{c}{m'\Delta} + \frac{Nw}{\Delta},$$

Le premier membre est précisément l'expression de $\sin X^{(\tau)}$, appartenant à l'angle visuel céleste qui répond à un pas de la vis. On aura donc, par cette expérience,

$$\sin X^{(\tau)} = \frac{c}{m'\Delta} + \frac{N\varpi}{\Delta}.$$

Le premier terme de cette expression est entièrement composé de quantités observables. Le second exprime la correction qu'il faut y faire, pour déduire les angles célestes, des angles observés sur la mire qui n'est pas à une distance infinie. Ce second terme contient l'élément N du système objectif, que l'on sait seulement être très peu différent de + 1 dans toutes les constructions usitées ; mais comme ϖ est toujours excessivement petit comparativement à Δ, on peut toujours, sans craindre aucune erreur appréciable, y supposer N égal à 1, ce qui permet de le réduire aussi en nombres, d'après les valeurs mesurées de ϖ et de Δ.

234. Pour appliquer ce procédé, M. Struve a d'abord mesuré très exactement sur le terrain une base dont la longueur s'est trouvée être $344^m,40$. Il l'avait dirigée de manière qu'une de ses extrémités fût à peu près perpendiculaire à l'axe de sa lunette rendue horizontale, et qu'elle fût aussi à peu près perpendiculaire à cet axe. Le centre de figure du système objectif et les deux extrémités de la base, formaient ainsi un triangle dont il a mesuré exactement les trois angles et calculé les trois côtés. Il a obtenu ainsi la position d'un point situé sur le prolongement exact de l'axe de la lunette, à une distance de $2121^m,313$; et, en ce point, perpendiculairement au même axe, il a établi une règle horizontale, ayant de longueur 18 pieds de Paris, ou en mètres $5^m,84711$. Elle était peinte en noir ; et, sur ce fond, il avait espacé 19 petits disques circulaires blancs, qui se suivaient exactement sur une même droite, à des intervalles précis de 1 pied, ou $0^m,32484$. Chacun de ces intervalles, vu du centre de figure extérieur de l'objectif, soutendait ainsi à ce centre un angle visuel égal à $31'',5856$. Ayant alors ajusté l'oculaire de manière à voir parfaitement les fils du réticule, il a amené ce système à une distance Δ, de la surface postérieure de l'objectif, telle que les disques fussent perçus en même temps, avec une égale netteté,

sans aucune parallaxe appréciable. Et enfin, cette distance Δ, restant fixe, il a successivement mesuré les nombres de tours de la vis V qui amenaient le fil mobile sur les centres des différents disques; ce qui donnait les valeurs angulaires de ses pas, dans les circonstances actuelles de l'observation, en comparant les arcs de rotation aux angles décrits. Cette opération a été successivement réitérée avec les divers oculaires que l'on pouvait appliquer à la lunette; et elle a donné en moyenne, pour la valeur angulaire *actuelle* d'un tour,

$$X^{(1)} = 15^{\circ},2885;$$

le sinus de cet angle représentait donc le terme $\dfrac{c}{m'\Delta}$ observé sur la mire terrestre. Il faut encore y ajouter le terme $\dfrac{N\varpi}{\Delta}$, pour avoir la valeur complète de $X^{(1)}$ applicable au ciel. Or l'excessive petitesse de ce terme permet d'y supposer sans aucune erreur $N = +1$, et de l'évaluer avec la longueur de ϖ directement mesurée, laquelle était en millimètres $0^{mm},3244$. Donnant donc aussi à Δ sa valeur métrique $2121^{m},313$, et exprimant $\dfrac{\varpi}{\Delta}$ en secondes de degré, il vient

$$\frac{\varpi}{\Delta} = \frac{0,3244}{2121313} \quad \frac{1''}{\sin 1''} = 0'',0315;$$

ce qui, étant *ajouté* au premier terme déjà obtenu par l'observation, donne enfin pour la valeur angulaire d'un tour de la vis, appliquée à la mesure des angles célestes,

$$X^{(1)} = 15^{\circ},3200.$$

La correction de l'angle terrestre lui est toujours additive; parce que, lorsqu'on le mesure, $-\Delta_{\prime}$ est plus grand que $-F_{\prime}$.

282. Ces observations avaient été faites à la température $+5^{\circ}$ du thermomètre de Réaumur, ou $+6^{\circ},25$ du thermomètre centésimal. Le résultat en est, comme on voit, à peine différent de celui que donne l'évaluation directe tirée de la longueur linéaire des pas, mesurée à la température de 1° R. ou $1^{\circ},25$ centésimal.

M. Struve n'a pas jugé devoir introduire dans cette comparaison, ni dans ses observations en général, une correction dépendante de la température. Il a supposé qu'une telle correction serait insensible; on va voir que ce soupçon est fondé.

285. Je suppose qu'à une certaine température connue θ, on ait réglé la position du réticule de manière qu'en dirigeant la lunette sur un objet céleste, par exemple sur la Lune dans son premier ou son dernier octant, l'image se trouve en coïncidence avec les fils aussi exactement que possible. Le plan du réticule sera alors postérieur à la dernière surface du système objectif d'une certaine quantité que je représente par $+ T_\theta$, en la prenant positive dans ce sens. Et comme, dans notre notation générale, la distance focale principale du système objectif est représentée par $+ F$, en la prenant positive quand elle est antérieure à cette même surface, T_θ aura, ou sera censé avoir pour valeur, $- F$, lorsque le réticule sera ainsi réglé. Les variations de la température produisent très vraisemblablement quelques modifications dans F, puisqu'elles modifient l'indice de réfraction, et peut-être la forme, des verres dont l'objectif est composé. Néanmoins cette influence n'étant pas exactement connue, et ne pouvant être que très faible dans les limites des circonstances où l'instrument s'emploie, j'en ferai abstraction, et je traiterai F comme constante. Mais il n'en peut être ainsi du tuyau métallique auquel le réticule est fixé. Lorsque la température s'élève et devient $\theta + t$, la portion T_θ du tuyau se dilate d'une quantité $T_\theta \gamma t$ ou $- F \gamma t$, γ étant la dilatation linéaire du cuivre jaune pour l'unité de longueur et pour 1° du thermomètre centésimal, laquelle a pour valeur $0,0000187 8$. Cette expansion opérée pendant que le foyer reste fixe, emporte le plan du réticule au-delà de l'image, qui lui devient alors antérieure de la même quantité $- F \gamma t$; et au contraire si la température s'abaisse, ce qui rend t négatif, elle lui devient postérieure; d'où résulte dans les deux cas une parallaxe des fils, dont l'élément longitudinal est généralement représenté par cette expression.

Si donc l'observateur doit mesurer un angle visuel céleste, par le transport du fil curseur dans cet état changé de l'instrument, il devra s'efforcer d'amener ce fil sur le milieu de l'image dilatée qui remplace chaque point focal mathématique, afin qu'il se trouve sur l'axe géométrique du pinceau réfracté, lequel forme l'angle $_{,}X_{,,}$ ou $N_{,}X$ avec l'axe central du système optique. Soit alors T la longueur du tuyau de cuivre comprise entre la seconde surface du système objectif et le réticule qui lui est nécessairement postérieur. En conservant la notation adoptée plus haut, page 661, pour un cas absolument analogue, l'ordonnée courante de cet axe réfracté, mesurée dans le plan du réticule, sera

$$z = N (T + H) \sin {}_{,}X.$$

Cette ordonnée z exprime la quantité dont le fil curseur a été écarté de l'axe par le mouvement de la vis V. Nommons, comme ci-dessus, ϖ l'épaisseur d'un de ses pas, et m le nombre de tours qu'on lui a fait décrire, z sera $m\varpi$; et en remplaçant $\sin {}_{,}X$ par ${}_{,}X \dfrac{\sin 1''}{1''}$, comme la petitesse de ${}_{,}X$ permet de le faire, on aura généralement

$$m\varpi = N (T + H) \frac{\sin 1''}{1''} \, {}_{,}X,$$

l'angle ${}_{,}X$ devant être exprimé ici en secondes de degré.

Si l'on désigne encore par $X^{(1)}$, et $X^{(m)}$, les valeurs de l'angle ${}_{,}X$ correspondantes à un seul tour de la vis et à un nombre quelconque m de tours, comme nous l'avons fait précédemment, l'équation précédente donnera

$$\varpi = N (T + H) \frac{\sin 1''}{1''} X^{(1)}, \quad \text{et} \quad X^{(m)} = m X^{(1)}.$$

La relation des angles $X^{(m)}$ et $X^{(1)}$ sera ainsi encore la même que pour les observations faites dans le plan focal.

En faisant varier la température dans l'équation en $X^{(1)}$, elle donne

$$\partial X^{(1)} = \left\{ \frac{\partial \varpi}{\varpi} - \frac{\partial [N(T + H)]}{T + H} \right\} X^{(1)},$$

et par suite

$$\partial X^{(m)} = \left\{ \frac{\partial \varpi}{\varpi} - \frac{\partial [N(T + H)]}{T + H} \right\} X^{(m)}.$$

Le système objectif ayant toujours une épaisseur centrale très petite, on peut, sans craindre une erreur appréciable, faire $N = + t$ et H nul, dans le terme en $T + H$. Alors il exprime la dilatation linéaire du cuivre, et le premier celle de l'acier, toutes deux calculées pour l'unité de longueur, et pour l'excès t de la température actuelle, au-dessus de la température normale θ. Ces deux termes seront donc respectivement $+ 0,0001378\ t$; et $- 0,0000187 8\ t$. Et il en résultera

$$\partial X^{(1)} = - 0,000005\ t X^{(1)}; \qquad \partial X^{(m)} = - 0,000005\ t X^{(m)}.$$

M. Struve a reconnu qu'il convenait de restreindre les mesures à des angles $X^{(m)}$ moindres que $12'$ ou $720''$ de degré. Attribuons à $X^{(m)}$ cette valeur extrême; prenons aussi $t = \pm 15°$, ce qui répondra aux températures absolues de $+ 25°$ et $- 5°$. Nous aurons avec ces valeurs

$$\partial X^{(m)} = \mp 0'',054.$$

Ainsi, dans ces conditions extrêmes des observations, la réduction exacte des résultats à la température normale, n'y produit que des modifications tout-à-fait négligeables, comme M. Struve l'avait supposé. Les formules sont tout-à-fait semblables à celles que nous avons obtenues en considérant le cercle horizontal de Palerme. Mais je n'ai pas cru inutile de montrer comment on y était ramené directement ici.

254. Par ces mêmes analogies, la distance de l'image en avant du réticule, qui était d'abord supposée nulle à la température normale θ, devient $- F\gamma t$ à la température $\theta + t$. Mettant donc pour F et γ leurs valeurs numériques $- 4^m,36935$, et $0,0000187 8$, cette expression convertie en millimètres donne pour t degrés $0^{mm},082056\ t$, de sorte qu'en supposant $t = \pm 15°$, elle produit $\pm 1^{mm},23084$. L'image focale s'écartera donc toujours très peu du plan du réticule dans les observations; et la variation qui en résultera sera toujours très faible ou insensible, comme en effet M. Struve paraît l'avoir trouvé. Mais l'existence de cet écart est indubitable. Et il en résulte que la bissection de l'image s'opère, en amenant le fil sur la direction de l'axe du pinceau réfracté, sans qu'il se trouve toujours dans le plan focal actuel où elle se forme.

*Sur ce que l'on nomme la parallaxe des fils, dans les instruments
astronomiques munis de réticules.*

255. D'après ce qui a été expliqué dans les paragraphes précédents, lorsqu'on veut mesurer de très petits angles visuels, au moyen de réticules à fils, la condition essentielle de l'opération c'est que le fil ou les fils curseurs, puissent être amenés exactement sur l'axe géométrique des pinceaux réfractés dont on desire déterminer l'intervalle angulaire. Il n'est pas nécessaire pour cela que le plan du réticule coïncide rigoureusement avec le plan focal actuel du système objectif; et, si l'on était parvenu à établir cette coïncidence pour une certaine température, elle cesserait toujours d'avoir lieu pour des températures différentes. Mais il faut cependant que la distance de ces deux plans entre eux soit toujours fort petite. Car, lorsque l'image des fils, vue à travers l'oculaire, est rendue parfaitement distincte, les images des points rayonnants qu'on leur compare, se trouvant alors à une autre distance de l'œil, s'étendent sous forme de disques par l'épanouissement des pinceaux qui les donnent. De sorte qu'il convient de restreindre cette expansion, autant que possible, pour être plus certain qu'en bissectant ces disques, le fil curseur se trouve sur la direction de l'axe des pinceaux, comme le suppose le calcul.

256. Le moyen qu'on emploie pour y parvenir, est, comme je l'ai dit, de placer d'abord approximativement le réticule, dans le plan focal, par le calcul, d'après la distance moyenne connue des objets célestes ou terrestres auxquels on veut appliquer l'instrument; et d'achever de régler sa position définitive par la condition que les fils soient perçus avec toute la netteté possible, à travers l'oculaire, simultanément avec l'image formée des objets. Or, le raisonnement et l'expérience s'accordent à montrer que ce procédé de rectification comporte un degré de précision très différent, selon la constitution du système optique auquel on l'applique.

257. Lorsque nous regardons avec un seul œil, sans l'intermédiaire d'aucun appareil artificiel, deux points lumineux inégalement distants, qui se projettent l'un sur l'autre dans la même ligne visuelle, nous pouvons reconnaître l'inégalité de leur éloignement, en transportant notre œil hors de cette ligne, et les regardant suivant d'autres directions. Car l'amplitude de leur radiation naturelle étant indéfinie, ils nous deviennent visibles dans cette position nouvelle de l'œil, par d'autres rayons lumineux que dans la première, et dont les directions ne sont plus coïncidentes. L'inégal éloignement des deux points se manifeste alors par leur séparation angulaire; ce phénomène s'appelle la *parallaxe apparente* des objets.

Lorsqu'un instrument optique, muni d'un réticule, a beaucoup de champ avec un grossissement faible, on peut observer des traces sensibles d'une telle parallaxe entre les fils du réticule et l'image focale, lorsque les plans qui les contiennent ne sont pas coïncidents. C'est ce que l'on nomme la *parallaxe des fils*. Quand on reconnaît ainsi son existence, on la détruit en faisant peu à peu mouvoir le réticule dans le sens longitudinal jusqu'à ce qu'elle soit complétement disparue. Le plan du réticule est donc alors amené en coïncidence avec le plan focal, avec le degré de précision que cette épreuve comporte; et ainsi l'on peut du moins admettre qu'il s'en trouve très près.

258. Mais, lorsque l'instrument employé embrasse très peu de champ, et que son système objectif a une ouverture très petite comparativement à sa distance focale propre et actuelle, en un mot, lorsqu'il ne reçoit et ne transmet de chaque point lumineux extérieur, qu'un pinceau réfracté d'une amplitude très restreinte, l'épreuve précédente devient beaucoup plus incertaine. Et le plan du réticule peut alors être écarté du plan focal par un intervalle très notable, sans que les fils paraissent quitter l'image, ni même se déplacer sensiblement relativement à elle, lorsqu'on fait mouvoir l'œil dans toute l'étendue de la dernière surface derrière laquelle il est placé. Cela a lieu ainsi, par exemple, dans les microscopes adaptés au cercle mural de l'Observatoire de Paris. Lorsqu'ils ont été réglés à une certaine température moyenne, de manière que les fils de leur réticule semblent coïncider, aussi bien que possible, avec l'image des divisions du limbe, on n'y aperçoit aucune parallaxe appréciable à d'autres températures même fort distantes;

comme M. Arago s'en est assuré, et comme je l'ai constaté également. J'ai cependant prouvé plus haut, par un calcul indubitable, qu'une différence de $\pm 15°$ dans la température doit opérer, entre le plan focal et celui du réticule, un écart de plus de 5^{mm} dans ces appareils, du moins en admettant les valeurs approximatives que j'ai attribuées à leurs éléments.

239. La fixité de la projection, dans cette circonstance, ne semble donc pas d'accord avec l'effet de parallaxe optique qui s'observe entre deux points lumineux séparés l'un de l'autre, lorsqu'ils sont vus directement. Mais la contradiction n'est qu'apparente, et elle tient à l'inégale amplitude de radiation des points lumineux naturels ou artificiels. Les premiers rayonnent sphériquement, dans toutes les directions; et lorsque l'œil qui les observe se déplace, il les voit par des rayons physiquement distincts, qui se trouvent toujours dirigés vers sa position actuelle. Les points lumineux, au contraire, qui se créent artificiellement aux foyers des instruments d'optique, n'ont qu'une amplitude de radiation plus ou moins restreinte; par la grandeur de l'objectif d'abord, qui ne transmet que des pinceaux coniques d'autant plus effilés, qu'il a lui-même moins de surface avec une distance focale plus longue; puis par l'oculaire qui les amincit encore, en même temps qu'il amplifie les angles visuels compris entre leurs axes. Lorsque ces causes réunies laissent encore une certaine amplitude de radiation individuelle aux pinceaux émergents dérivés de chaque point lumineux, l'œil, en se déplaçant, peut encore projeter le fil sur des parties sensiblement différentes de leur amplitude totale. Il peut alors y remarquer quelque parallaxe, si le foyer final duquel ils semblent émaner est notablement au-delà ou en-deçà du fil. Mais cet effet devient inappréciable lorsque les pinceaux émergents ont été suffisamment amincis, et que la petitesse du champ les borne à de très petites inclinaisons autour de l'axe central. Car alors l'œil, en se déplaçant, les reçoit toujours en totalité, sur des parties diverses de la pupille, sans pouvoir y discerner des rayons distincts les uns des autres. De sorte que la projection du fil, qui se perçoit seulement par la suppression de ceux que son opacité intercepte, semble

fixe et permanente dans la direction où elle est une fois opérée, parce que l'œil ne peut pas subdiviser des pinceaux si minces. Ces conditions se trouvent réunies dans les microscopes du cercle mural de l'Observatoire, à cause du peu d'ouverture que le manque d'achromatisme oblige de donner à sa lentille objective, tandis qu'on lui laisse une distance focale proportionnellement considérable. Alors il n'est pas surprenant qu'un écart de 5 millimètres, entre l'image focale et le fil qu'on projette sur elle, ne fasse percevoir aucune parallaxe sensible; la projection ayant toujours pour effet d'intercepter physiquement des rayons lumineux qui ne sont qu'à peine, ou qui ne sont pas du tout différents.

260. Ces dernières considérations pourront utilement s'annexer aux remarques générales que j'ai déjà eu l'occasion de faire, pages 548, 580 et 660 sur la vision opérée par des pinceaux émergents très déliés. Aux considérations que j'ai présentées alors sur l'indétermination que l'œil tolère dans la distance du point focal, quand il perçoit ainsi les images, j'ajouterai qu'avec une lunette de 2 mètres de longueur dont l'objectif était réduit à 5 ou 6 millimètres d'ouverture, et dont le grossissement angulaire N était environ 100°, M. Arago, observant Vénus, pouvait faire varier la position de l'oculaire d'un décimètre entier, sans cesser de voir le disque avec une netteté suffisante. D'après ces données, le diamètre de l'anneau oculaire était $0^{mm},6$; et comme l'œil était placé dans le plan de cet anneau, parce que le point oculaire de la lunette était postérieur à la surface d'émergence, c'était aussi là le diamètre des pinceaux émergents à leur entrée dans la pupille. Ils étaient donc bien plus minces que l'ouverture de cet organe; et cette circonstance était sans doute la cause d'une si grande tolérance de l'œil dans sa distance au point focal.

J'ai eu quelques motifs de supposer que les microscopes, employés au cercle mural de l'Observatoire, auraient leur lentille objective tant soit peu enfoncée dans l'intérieur du tuyau qui la renferme; de sorte que la distance Δ serait plutôt $0^{m},05$ que $0^{m},04$ que j'avais supposé dans le calcul de la page 673. Les autres dimensions étant d'ailleurs les mêmes, il en résulterait $\dfrac{\Delta_1}{\Delta} = \dfrac{16}{5} = 3,2$, et par suite l'écart de l'image au-devant du réticule, pour une différence de $\pm\,15°$ autour de la température normale, serait $\mp\,3^{mm},3011$ au lieu de $\mp\,5^{mm},1833$ que donnait la première valeur attribuée à Δ.

FIN DU TOME PREMIER.

PHYSIQUE. 691

et par suite l'écart de l'image au-devant du réticule, pour une différence de $\pm\,15°$ autour de la température normale, serait $\mp\,3^{mm},3011$ au lieu de $\mp\,5^{mm},1833$ que donnait la première valeur attribuée à Δ.